Technische Thermodynamik

Peter von Böckh • Matthias Stripf

Technische Thermodynamik

Ein beispielorientiertes Einführungsbuch

2., neu bearbeitete und erweiterte Auflage 2015

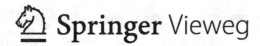
Springer Vieweg

Peter von Böckh
Karlsruhe
Deutschland

Matthias Stripf
Hochschule Karlsruhe – Technik
und Wirtschaft
Karlsruhe
Deutschland

ISBN 978-3-662-46889-0
DOI 10.1007/978-3-662-46890-6

ISBN 978-3-662-46890-6 (eBook)

Die Deutsche Nationalbibliothek verzeichnet diese Publikation in der Deutschen Nationalbibliografie; detaillierte bibliografische Daten sind im Internet über http://dnb.d-nb.de abrufbar.

Springer Vieweg
© Springer-Verlag Berlin Heidelberg 1999, 2015

Springer Berlin Heidelberg ist Teil der Fachverlagsgruppe Springer Science+Business Media
(www.springer.com)

*Gewidmet unseren Frauen Brigitte und Ana.
Wir danken ihnen für ihre Unterstützung, Geduld
und Korrekturen.*

Vorwort

Dieses Buch basiert auf dem Buch „Grundlagen der technischen Thermodynamik", das ich mit meinen lieben Koautoren Juraj Cismar und Willy Schlachter 1999 schrieb und das beim Verlag Sauerländer verlegt wurde. Die während sieben Jahren in Vorlesungen, bei Übungen und im Laborbetrieb gemachten Erfahrungen mit dem Buch zeigten, dass bezüglich der didaktischen Konzepte und auch inhaltlich ein Verbesserungspotential vorhanden ist, was aber eine gründliche Überarbeitung bedeutete. Sauerländer hat die Hochschulbüchersparte auf- und das Buch freigegeben. Die beiden Koautoren standen aus Zeitmangel für eine verbesserte Version des Buches leider nicht mehr zur Verfügung und stellten mir frei, die überarbeitete Version des Buches unter meinem Namen neu zu veröffentlichen. Mit dem jetzt gewonnenen Koautor Matthias Stripf konnte das Buch überarbeitet und aus dem „Dornröschenschlaf" geweckt werden.

Didaktisch orientiert sich das Werk an den hervorragenden amerikanischen Lehrbüchern „Fundamentals of Engineering Thermodynamics" von M. J. Moran und H. N. Shapiro und „Thermodynamics, an Engineering Approach" von Y. A. Cengel und N. A. Boles.

Die Strukturierung des Buches wurde der Reihenfolge der Wissensvermittlung angepasst. Die Verständlichkeit für Studenten konnte verbessert werden. Zusätzlich wurden zugefügt: neue Beispiele, erweitertes Kapitel „Adsorptionskältemaschinen" und Stoffwertberechnungen. Das vorliegende Buch orientiert sich neu an aktuellen Medien und E-Learning.

Die folgenden Ziele waren bei der Überarbeitung des Buches relevant:

- klare und strukturierte Darstellung der Grundlagen
- Definition des Systems, klares Festlegen der Systemgrenzen, Beschreibung der Wechselwirkungen zwischen dem betrachteten System und dessen Umgebung
- Veranschaulichung und Analyse technischer Prozesse anhand von Idealprozessen unter anschließender Berücksichtigung des realen Prozesses nach stets gleicher Methodik
- Vermittlung der Anwendung von Bilanzgleichungen der Erhaltungsgrößen Masse und Energie auf technische Probleme
- Erlernen der Benutzung des zweiten Hauptsatzes bei Entropie- und Exergieanalysen
- Vermittlung des Umgangs mit thermodynamischen Diagrammen

- Vertiefung und Illustration theoretischer Grundlagen anhand vieler praktischer Beispiele
- Erklärung der Benutzung von Tabellen und Diagrammen zur Bestimmung der Stoffwerte im Anhang.

Diese Grundlagen sind so zusammengestellt, dass die Studierenden in die Lage versetzt werden, thermodynamische Prozesse und Maschinen zu verstehen und analytisch zu behandeln. Sie können sich während des Studiums mit Hilfe des Buches und den darin enthaltenen Beispielen für die Prüfungen, Klausuren vorbereiten und die Laborübungen auswerten. Später in der Praxis sind sie in der Lage, Prozesse zu berechnen und zu optimieren. Die Diagramme und Tabellen können in der Praxis benutzt werden.

Der Stoffumfang entspricht den einführenden Kursen in technischer Thermodynamik an Universitäten und Fachhochschulen für Maschinenbau-, Versorgungs- und Verfahrensingenieure. Die für die hier behandelten Prozesse wichtigen Gebiete der Stoff- und Wärmeübertragung sowie der Fluidmechanik wurden nicht besprochen, da diese in spezielle Fachbücher gehören.

Im Internet sind unter www.thermodynamik-online.de folgende Unterlagen abrufbar:

- Mathcad-Programme der im Buch berechneten Beispiele
- Stoffwertprogramme CoolProp mit Mathcad 15 und Prime 3.0
- *Mollier*-h,s-Diagramm, log p,h-Diagramme, h,x-Diagramm als pdf-Dokumente
- Stoffwertprogramme für ideale Gase Rauchgase unter Berücksichtigung der Dissoziation als Mathcad-Programme

Die Berechnungsprogramme der im Buch aufgeführten Beispiele eignen sich in der industriellen Praxis zur Behandlung ähnlicher Probleme.

Frau Brigitte von Böckh hat zum Gelingen des Buches wesentlich beigetragen. Sie hat die Texte und formale Ausführung von Formeln, Bildern und Tabellen akribisch begutachtet und aufwändige Korrekturarbeiten durchgeführt. Durch ihre stilistischen Hinweise wurde die Lesbarkeit des Buches wesentlich verbessert. Dafür danken wir ihr herzlichst.

Karlsruhe, Sommer 2015

Peter von Böckh
Matthias Stripf

Fragen und Kommentare können Sie an unsere E-Mail-Adressen bupvb@web.de und matthias@stripf.com senden.

Inhaltsverzeichnis

Liste verwendeter Symbole

Symbol	Bezeichnung	Einheit
A	Querschnittfläche	m^2
a	Schallgeschwindigkeit	m/s
B	Anergie	J
b	Spezifische Anergie	J/kg
c	Geschwindigkeit	m/s
c_p	spezifische isobare Wärmekapazität	J/(kg K)
$\bar{c}_p$	mittlere spezifische isobare Wärmekapazität	J/(kg K)
c_v	spezifische isochore Wärmekapazität	J/(kg K)
$\bar{c}_v$	mittlere spezifische isochore Wärmekapazität	J/(kg K)
d, D	Durchmesser	m
E	Energie	J
e	spezifische Energie	J/kg
Ex	Exergie	J
ex	spezifische Exergie	J/kg
F	Kraft	N
f	spezifische freie innere Energie (*Helmholtz*-Energie)	J/kg
g	Erdbeschleunigung	m/s^2
g	spezifische freie Enthalpie (*Gibbs*-Enthalpie)	J/kg
H	Enthalpie	J
h	spezifische Enthalpie	J/kg
h_u	spezifischer Heizwert	J/kg
h_o	spezifischer Brennwert	J/kg
h_{um}	spezifischer molarer Heizwert	J/kmol
h_{om}	spezifischer molarer Brennwert	J/kmol
I	Impuls	kg m/s
J	Dissipationsenergie	J
j	spezifische Dissipationsenergie	J/kg

L	Luftmenge der Verbrennung pro kmol Brenngas	kmol/kmol
L_{min}	Mindestluftmenge pro kmol Brenngas	kmol/kmol
l	Luftmasse der Verbrennung pro kg Brennstoff	kg/kg
l_{min}	Mindestluftmasse pro kg Brennstoff	kg/kg
M	Molmasse	kg/kmol
M_d	Drehmoment	Nm
m	Masse	kg
$\dot{m}$	Massenstrom	kg/sw
N_A	*Avogadro*-Konstante	1/kmol
n	Stoffmenge (Anzahl Mole)	–
n	Polytropenexponent	–
n_a	Arbeitsfrequenz	1/s
n_d	Drehzahl	1/s
O_{min}	Mindestsauerstoffmenge pro kmol Brenngas	kmol/kmol
o_{min}	Mindestsauerstoffmasse pro kg Brennstoff	kg/kg
P	Arbeitsleistung	W
P_i	indizierte Leistung	W
P_v	mechanische Verlustleistung	W
P_{eff}	effektive Leistung	W
p	Druck	Pa
q	spezifische Wärme	J/kg
Q	Wärme	J
$\dot{Q}$	Wärmestrom	W
R	spezifische Gaskonstante	J/(kg K)
R_m	universelle (molare) Gaskonstante	J/(kmol K)
r	Raumvektor	m
r_i	Raum-, Volumenanteil der Komponente i	–
S	Entropie	J/K
$\dot{S}$	zeitliche Änderung der Entropie, Entropiestrom	W/K
s	spezifische Entropie	J/(kg K)
T	thermodynamische Temperatur (Absoluttemperatur)	K
t	Zeit	s
U	innere Energie	J
u	spezifische innere Energie	J/kg
V	Volumen	m^3
$\dot{V}$	Volumenstrom	m^3/s
v	spezifisches Volumen	m^3/kg

W_{12}	Arbeit	J
$W_{eff\,12}$	effektive Arbeit	J
W_{i12}	indizierte Arbeit	J
W_{N12}	Nutzarbeit	J
W_{p12}	Druckänderungsarbeit	J
W_{V12}	Volumenänderungsarbeit	J
w_{12}	spezifische Arbeit	J/kg
x	absolute Luftfeuchtigkeit	–
x	Dampfmassenanteil, Dampfgehalt, Massenanteil	–
x_i	Massenanteil der Komponente i	–
y	Molanteil	–
y_i	Molanteil der Komponente i	–
z_R	Realgasfaktor	–
z	geodätische Höhe, Weg	m
β	isobarer Volumenausdehnungskoeffizient	1/K
Δh_v	spezifische Verdampfungsenthalpie	J/kg
Δh_s	spezifische Schmelzenthalpie	J/kg
ε	Leistungszahl, Leistungsziffer, Arbeitszahl	–
ε	Kompressionsverhältnis V_1/V_2	–
η	Wirkungsgrad	–
η_C	*Carnot*-Wirkungsgrad	–
η_{eff}	effektiver Wirkungsgrad	–
η_s	isentroper Wirkungsgrad	–
η_m	mechanischer Wirkungsgrad, indizierter Wirkungsgrad	–
η_{th}	thermischer Wirkungsgrad	–
ϑ	*Celsius*-Temperatur	°C
κ	Isentropenexponent des idealen Gases	–
κ_0	isothermer Kompressibilitätskoeffizient	1/Pa
λ	Luftverhältnis	–
Ψ	Druckverhältnis (*Otto*prozess) p_3/p_2	–
π	Druckverhältnis p_2/p_1	–
ρ	Dichte	kg/m^3
φ	relative Luftfeuchtigkeit	–
φ	Einspritzverhältnis (Dieselprozess) V_3/V_2	–
ω	Winkelgeschwindigkeit	1/s
τ	Temperaturverhältnis T_2/T_1	–

Tiefgestellte Indizes

AK	Abhitzekessel
a	Austritt
ad	Adiabat
ab	Abfuhr, z. B. Q_{ab} abgeführte Wärme
Br	Brennstoff, Verbrennung
C	*Carnot*
D	Wasserdampf
E	Eis
e	Eintritt
el	Elektrisch
F	Flüssigkeit, flüssiges Wasser
G	Gas
i	i-te Komponente
id	Ideal
irr	Irreversibel
KM	Kältemaschine
KP	Kreisprozess
KR	Kontrollraum
k	Kalt
kin	kinetische Energie
kr	kritischer Punkt
L	Luft (trocken)
m	Molar, auf die Molmasse bezogen
mix	Größe der Mischung
P	Pumpe
pot	Potentielle Energie
R	Rauchgas, Abgas, Verbrennungsgas
Rt	Trockenes Rauchgas, Abgas, Verbrennungsgas
r	Dimensionslose reduzierte Größe
rev	Reversibel
s	Isentrop, Sättigungszustand
T	Isotherm
T	Turbine
t	Trocken bei Rauchgas
th	Thermisch
U	Umgebungszustand
V	Verdichter
v	Isochor
WP	Wärmepumpe

w	Warm
zu	Zufuhr, z. B. Q_{zu} zugeführte Wärme
0	Bezugszustand, Referenzzustand, Normzustand
$1+x$	Auf die Masse der trockenen Luft bezogene Zustandsgröße
1, 2, 3, …	Zustandspunkt oder Komponente bei Gasgemischen
12, 23, …	Zustandsänderung von 1 nach 2 bzw. 2 nach 3 beim Prozess
Hochgestellte Indizes	
′	gesättigte (siedende) Flüssigkeit
″	gesättigter, trockener Dampf

Einleitung und Definitionen

1.1 Womit beschäftigt sich die Thermodynamik?

Das Wort Thermodynamik setzt sich aus den griechischen Begriffen *therme* (Wärme) und *dynamis* (Kraft) zusammen. Thermodynamik ist ein Teilgebiet der Wärmelehre und befasst sich mit der Umwandlung verschiedener Energieformen, bei der die Energieform *Wärme* eingeschlossen ist.

Die Energieform Wärme wird praktisch in allen Bereichen der Technik und des alltäglichen Lebens benötigt (Tab. 1.1). Die chemische Energie von Brennstoffen kann in Wärme umgewandelt und direkt zum Heizen (Heizkessel, Herde, Öfen etc.) oder zur Erzeugung mechanischer Arbeit (Verbrennungsmotoren, Gas- und Dampfturbinen) verwendet werden. Andere Energien kann man ebenfalls in Wärme umwandeln, wie z. B. die elektrische Energie in einer Kochplatte oder die kinetische Energie eines Fahrzeugs in der Bremse. Thermodynamik ist die umfassende Lehre der Energieumwandlungen. Sie wird in *statistische* und in *klassische* oder *technische* Thermodynamik eingeteilt.

Die statistische Thermodynamik hat ihren Ursprung in der kinetischen Gastheorie, in der die Gesetze der Mechanik und Quantenmechanik auf Atome und Moleküle angewendet werden. Mit Hilfe der Statistik bestimmt man die makroskopischen Eigenschaften eines aus sehr vielen Teilchen bestehenden Systems.

Dieses Lehrbuch beschränkt sich auf die für die Ingenieurpraxis wichtige technische Thermodynamik, die sich ausschließlich mit makroskopischen Größen und Eigenschaften der Stoffe und Stoffsysteme befasst.

Die Thermodynamik hat vier Hauptsätze, wobei lediglich der erste und zweite für die Praxis von Bedeutung sind. Der *erste Hauptsatz* formuliert die Energieerhaltung. Er ist in der gesamten Physik uneingeschränkt gültig. Er verbietet die Maschine, die fortwährend mehr Arbeit leistet als sie Energie aufnimmt: das sogenannte *Perpetuum mobile erster Art*.

© Springer-Verlag Berlin Heidelberg 2015
P. von Böckh, M. Stripf, *Technische Thermodynamik*, DOI 10.1007/978-3-662-46890-6_1

Tab. 1.1 Anwendungsgebiete der technischen Thermodynamik [2]

Verbrennungsmotoren
Gas- und Dampfturbinen
Kompressoren, Pumpen
Dampfkraftwerke
Antriebssysteme für Flugzeuge und Raketen
Verbrennungssysteme
kryogene Systeme
Gastrennung, Gasverflüssigung
Heizungs-, Lüftungs- und Klimaanlagen
Kälteanlagen
Wärmepumpen
alternative Energiesysteme
Brennstoffzellen
Solarenergie-Anlagen
geothermische Systeme
Windenergie

Der *zweite Hauptsatz* macht Aussagen über die möglichen Richtungen und Grenzen der Energieumwandlungen. Er verbietet Vorgänge, die mit Beobachtungen in der Natur nicht im Einklang sind. Dazu gehören Maschinen, die periodisch Arbeit abgeben und dabei nur von einer Wärmequelle Energie beziehen und keine Wärme an eine andere Quelle abgeben: das sogenannte *Perpetuum mobile zweiter Art*.

Ingenieure verwenden die Gesetze der Thermodynamik und anderer technischer Wissenschaften (Fluidmechanik, Wärmeübertragung, Mechanik, Werkstoffwissenschaften etc.), um ihre Produkte nach folgenden Grundsätzen zu optimieren:

- Erhöhung des Wirkungsgrades von Energieumwandlungsanlagen
- sparsamerer Einsatz nicht erneuerbarer Ressourcen
- Reduktion der Umweltbelastungen
- Reduktion der totalen Kosten.

1.2   Thermodynamisches System

1.2.1   Systeme

Bei jeder technischen Analyse ist die klare Identifikation des zu untersuchenden Gegenstandes ein wichtiger Schritt. In der Mechanik ist bei der Behandlung des Gleichgewichts oder der Bewegung eines starren Körpers der erste Schritt das Freimachen des Körpers, was bedeutet, ihn von der Umgebung zu isolieren. Bindungen werden durch die wirken-

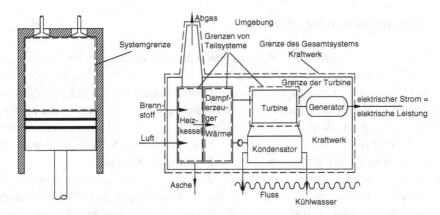

Abb. 1.1 Beispiele von Systemen

den Kräfte und Momente ersetzt und anschließend die Gleichgewichtsbedingungen und der Impulssatz angewendet.

In der Thermodynamik wird anstelle des frei gemachten Körpers der Begriff des *Systems* verwendet. Das System wird durch eine geschlossene Fläche, die *Systemgrenze*, definiert. Alles, was außerhalb der Systemgrenze liegt, gehört zur *Umgebung*, die aus einem oder mehreren Systemen bestehen kann. Ist das System festgelegt, wird untersucht, welche Wechselwirkungen zwischen ihm und der Umgebung auftreten. Diese Wechselwirkungen sind der Transfer verschiedener Energieformen und Massen über die Systemgrenze.

Das System kann etwas Einfaches, wie die Masse eines Stoffes, die in einem Raum eingeschlossen ist oder etwas Komplexes, wie ein Dampfkraftwerk sein. Abbildung 1.1 zeigt Beispiele von Systemen.

Im linken Bild befindet sich Gas in einem Zylinder, der mit einem Kolben abgeschlossen ist. Durch Verschieben des Kolbens verändert sich die Systemgrenze, sie ist also nicht ortsfest. Über den Kolben kann mechanische Arbeit in das System transferiert und durch Kühlwasser Wärme aus dem Zylinder abgeführt werden. Solange die Ventile geschlossen sind (vorausgesetzt, sie und die Kolbenringe sind absolut dicht), kann keine Masse über die Systemgrenze transferiert werden.

Beim Kraftwerk (rechtes Bild) werden über die Systemgrenze des Kraftwerkes Stoffströme (Brennstoff, Verbrennungsluft, Asche, Abgas und Kühlwasser) und elektrischer Strom über die Systemgrenze transferiert. In diesem komplexen System kann man Teilsysteme wie z. B. die Turbine, den Heizkessel und Dampferzeuger definieren, um sie dann getrennt voneinander zu analysieren. Die Umgebung ist ebenfalls in mehrere Teilsysteme, z. B. Atmosphäre, Flusswasser, Kühlwassersystem etc. aufteilbar. Das Kraftwerk wurde hier gewählt, um zu zeigen, welche komplexen Systeme vorkommen können. Im Kraftwerk ist das Teilsystem Turbine ein sehr einfaches offenes System, in das auf der einen Seite Dampf hohen Druckes und hoher Temperatur hinein- und auf der anderen Seite kalter Nassdampf mit niedrigem Druck hinausströmt. Die Turbine liefert dabei über die Welle mechanische Arbeit zum Generator.

1.2.2   Eigenschaften der Systeme

In der Thermodynamik werden die Systeme anhand der Durchlässigkeit ihrer Grenzen für Massen- und Energietransfer unterschieden.

Systeme, über deren Grenzen kein Massentransfer stattfindet, werden *geschlossene Systeme* genannt. Das System enthält stets einen Stoff der gleichen Masse, die Systemgrenze kann sich jedoch räumlich verändern. Ein in Abb. 1.1 gezeigter, von einem Kolben abgeschlossener Zylinder ist ein Beispiel für ein geschlossenes System. Voraussetzung dafür sind ein ideal dichtender Kolben und perfekt dichtende Ventile.

Ein System nennt man *offen*, wenn Massen die Systemgrenze passieren können. Ein Beispiel dafür ist das Kraftwerk in Abb. 1.1. Die Massen werden dort über die Systemgrenzen als Massenströme (Luft-, Brennstoff-, Abgas-, Kühlwassermassenstrom) transferiert. Für ein offenes System verwendet man den von *Prandtl* geschaffenen Begriff *Kontrollraum*.

Systeme, über deren Grenzen überhaupt keine Wärme transferiert werden kann, heißen *adiabate Systeme*. Weniger gebräuchlich ist der Ausdruck *diabat* für Systeme mit Wärmetransfer über die Systemgrenze.

Ein System, bei dem keine mechanische Arbeit die Systemgrenze passieren kann, heißt *arbeitsdicht* oder *isoliert*.

Systeme, bei denen weder Massen noch Wärme noch mechanische Arbeit die Systemgrenze passieren können, nennt man *abgeschlossen* (Abb. 1.2).

Welche Energieform von oder zu einem System transferiert wird, ist von der gewählten Systemgrenze abhängig. Das Beispiel des Dampfkraftwerks in Abb. 1.1 zeigt es anschaulich: Das Gesamtsystem Kraftwerk erhält aus der Umgebung die Massenströme von Brennstoff, Luft und Kühlwasser und gibt an die Umgebung Verbrennungsgas, erwärmtes Kühlwasser und elektrische Leistung ab. Das System Heizkessel erhält aus der Umgebung den Luft- und Brennstoffmassenstrom, liefert an die Umgebung den Abgasmassenstrom und transferiert zu dem Dampferzeuger Wärme, die bei der Umwandlung der chemischen Energie des Brennstoffes bei der Verbrennung entstanden ist. Das System Turbine erhält vom Dampferzeuger Dampf hohen Druckes und liefert an den Kondensator entspannten Dampf sowie mechanische Leistung an den Generator.

Beim vom Kolben abgeschlossenen Zylinder in Abb. 1.1 können zum oder vom System „Gas" über die Zylinderwand die Energieform Wärme und über den Kolben Energie in Form von Arbeit transferiert werden.

Zur Charakterisierung der Systeme sind weitere Merkmale notwendig. Ein System ist *homogen*, wenn seine chemische Zusammensetzung und die physikalischen Eigenschaften innerhalb der Systemgrenzen überall gleich sind. Homogene Bereiche eines Systems heißen *Phasen*. Homogenität in der physikalischen Struktur setzt voraus, dass sich die Materie vollständig in *fester*, *flüssiger* oder *gasförmiger* Phase befinden muss. Beispiele für homogene Systeme sind reine Stoffe, Gasmischungen konstanter Zusammensetzung (z. B. Umgebungsluft, bestehend aus Sauerstoff, Stickstoff und Restgasen) oder aus zwei vollständig mischbaren Flüssigkeiten wie Alkohol und Wasser. Ein *heterogenes System*

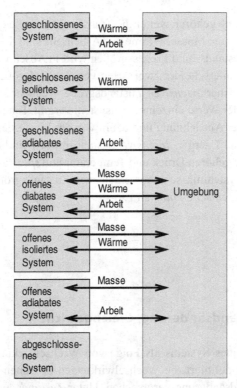

Abb. 1.2 Eigenschaften der Systeme

besteht demgegenüber aus mehr als einer Phase oder Stoffen, die zwar die gleiche Phase haben, aber nicht mischbar sind. Die einzelnen Phasen sind durch *Phasengrenzen* getrennt, über denen sich einzelne Zustandsgrößen sprunghaft ändern. Beispiele für heterogene Stoffe sind Wasser und Wasserdampf, nicht mischbare Flüssigkeiten wie Wasser und Öl und Feststoffe unterschiedlicher Zusammensetzung wie z. B. Granit.

Durch die richtige, problemangepasste Wahl der Systemgrenzen kann die thermodynamische Analyse vereinfacht werden, was die im Buch behandelten Beispiele ausführlich demonstrieren.

1.3 Thermodynamische Prozess- und Zustandsgrößen

1.3.1 Prozess- und Zustandsgrößen

Die Gesamtheit der messbaren physikalischen Eigenschaften beschreibt den *Zustand* eines Systems. Hierzu benötigt man in der klassischen Thermodynamik folgende makroskopisch erfassbare Größen: *Masse, Volumen, Temperatur, Druck, Energie* und *Zusammensetzung*. Sie werden *Zustandsgrößen* genannt. Deren Definition und Beschreibung folgen ausführlich im Kap. 2.

Zur Analyse der Systeme gehören weiter die Transfergrößen, die über die Systemgrenze transferiert werden können: Masse, Wärme und Arbeit. Sie sind die *Prozessgrößen*. Der Unterschied zwischen Zustands- und Prozessgrößen wird in Abschn. 1.3.2 beschrieben.

Die Thermodynamik unterscheidet zwei Arten von Zustandgrößen: *extensive* und *intensive*. Man spricht von einer *extensiven* Zustandsgröße, wenn sich ihr Wert für das Gesamtsystem als Summe der Werte einzelner Teilsysteme ergibt. Eine extensive Zustandsgröße ist abhängig von der Ausdehnung und damit von der Masse des Systems. Beispiele sind: Masse, Volumen und Energie. *Intensive* Zustandsgrößen sind unabhängig von der Größe des Systems. Dazu gehören Druck und Temperatur und *spezifische Größen*, die sich mit Division durch die Systemmasse m aus extensiven Zustandsgrößen gewinnen lassen wie beispielsweise das *spezifische Volumen v*:

$$v = \frac{V}{m} \tag{1.1}$$

1.3.2 Prozess, Zustandsänderung, Gleichgewicht

Die Zustandsänderung eines Systems als Folge von Wechselwirkungen mit der Umgebung ist ein *Prozess*. Er definiert die Wechselwirkungen zwischen System und Umgebung, welche die Zustandsänderung verursachen. Unter *Zustandsänderung* versteht man die Reihenfolge der Zustände, die das System beim Prozess durchläuft. Sie gibt an, wie sich die Zustandsgrößen in einem Prozess verändern. Der Prozess beschreibt, durch welche Wechselwirkungen die Zustandsänderung hervorgerufen wird. Eine bestimmte Zustandsänderung kann durch unterschiedliche Prozesse erfolgen. Der Druck und die Temperatur eines geschlossenen Systems können beispielsweise durch Zufuhr von nur Wärme oder nur Arbeit oder einer Kombination dieser beiden Prozessgrößen geändert werden. Die Werte der transferierten Energien (Wärme und Arbeit) sind Prozessgrößen, die vom Prozess selbst abhängig sind.

Ein Prozess heißt *stationär*, wenn Zustands- und Prozessgrößen keine zeitlichen Änderungen erfahren.

Man spricht von einem *Kreisprozess*, wenn stets die gleichen Prozess-Sequenzen durchlaufen werden, die beim selben Zustand beginnen und enden.

Mit den Begriffen Prozess und Zustandsänderung ist die Zustandsgröße präziser zu definieren:

> Eine Größe ist dann und nur dann eine Zustandsgröße, wenn die Änderung ihres Wertes zwischen zwei Zuständen von der Art des Prozesses unabhängig ist.

Anders ausgedrückt: Die Änderung einer Zustandsgröße ist nur vom Anfangs- und Endzustand abhängig und nicht davon, wie der Prozess durchgeführt wurde. Der Ablauf des Prozesses wird Prozessweg oder einfach nur Weg genannt. Prozessgrößen wie z. B. zugeführte Wärme oder Arbeit hängen vom Weg, d. h. von der Art des Prozesses ab.

Zwei weitere, in engem Zusammenhang mit Zustandsänderungen stehende Begriffe sind:

- *Gleichgewicht*
- *quasistatische Zustandsänderung.*

Die klassische Thermodynamik befasst sich primär mit *Gleichgewichtszuständen* und Zustandsänderungen von einem Gleichgewichtszustand zu einem anderen. Bei Prozessen entstehen als Folge von Wechselwirkungen mit der Umgebung im Systeminneren zwangsläufig Ungleichgewichtszustände. Die Frage ist, wie weit Ungleichgewichtszustände durch Gleichgewichtszustände approximiert werden dürfen bzw. wie rasch sich Ungleichgewichte während des zeitlichen Verlaufs einer Zustandsänderung ausgleichen. In einem Verbrennungsmotor z. B. laufen in den Zylindern sehr schnelle Vorgänge ab, die nicht als Folge von Gleichgewichtszuständen beschrieben werden können. Eine thermodynamische Analyse des Motors kann mit den Gleichgewichtszuständen an den Systemgrenzen erfolgen. Die Mittelwerte der Massenströme, Drücke und Temperaturen der Luft, des Brennstoffes, des Abgases und des Kühlwassers sowie des Drehmoments genügen, um den Motor zu analysieren und den thermischen Wirkungsgrad bestimmen zu können.

Vollständiges thermodynamisches Gleichgewicht bedeutet neben mechanischem Gleichgewicht das thermische und chemische Gleichgewicht sowie das Phasengleichgewicht. Wird ein System von seiner Umgebung isoliert und keinerlei Zustandsänderungen sind feststellbar, befindet sich das System im vollständigen thermodynamischen Gleichgewicht.

Ist ein System sich selbst überlassen, gleichen sich Ungleichgewichte der Zustandsgrößen durch *natürliche Ausgleichsvorgänge* aus. Dies gilt bei Gasen und Flüssigkeiten hinsichtlich Temperatur und Konzentration. Im Gleichgewichtszustand hat das System überall die gleiche Temperatur. Beim Druck gilt, dass dessen Änderung nur dem Druckverlauf entspricht, der durch Gravitation hervorgerufen wird.

Analog zur Mechanik spricht man in der Thermodynamik von *quasistatischen Zustandsänderungen*. Dabei geht man von der Vorstellung aus, dass ein System, ausgehend von einem Gleichgewichtszustand, eine Folge von Zwischenzuständen durchläuft, die sich nur infinitesimal von Gleichgewichtszuständen unterscheiden. Alle Zwischenzustände werden als Gleichgewichtszustände betrachtet (Abb. 1.3).

Die Idealisierung einer realen Zustandsänderung durch quasistatische vereinfacht thermodynamische Betrachtungen und ermöglicht so deren Berechnung. Diese Idealisierung hat sich in der Praxis für die Behandlung thermodynamischer Probleme bewährt. Bei der Auslegung von Schaufelkanälen in Dampfturbinen werden beispielsweise am Ein- und Austritt Gleichgewichtszustände angenommen.

Abb. 1.3 Quasistatische und
nicht statische Zustandsänderung im Zustandsdiagramm

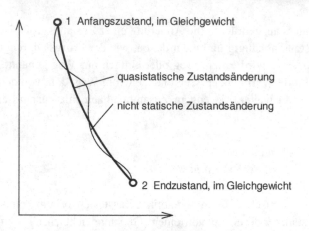

Nicht statische Betrachtungen sind z. B. bei der Erfassung von Verbrennungsvorgängen
in Kolbenmotoren oder Brennkammern von Gasturbinen, Triebwerken oder Heizkesseln
erforderlich. Solche Vorgänge sind nur mit Methoden der Nichtgleichgewichts-Thermo-
dynamik behandelbar, auf die hier jedoch nicht eingegangen wird.

Nicht statische Zustandsänderungen, die von einem Gleichgewichtszustand ausgehen
und in einem solchen enden, sind analysierbar.

1.4 Spezielle Zustandsänderungen

Die speziellen Zustandsänderungen, bei denen eine der thermischen Zustandsgrößen konstant bleibt, haben folgende eigene Namen:

Isotherme Zustandsänderung: Die Temperatur bleibt konstant.

$$T = \text{konst.} \quad \mathrm{d}T = 0$$

Isobare Zustandsänderung: Der Druck bleibt konstant.

$$p = \text{konst.} \quad \mathrm{d}p = 0$$

Isochore Zustandsänderung: Das spezifische Volumen bleibt konstant.

$$v = \text{konst.} \quad \mathrm{d}v = 0$$

Zustandsänderungen, bei denen das Volumen konstant bleibt, sind nicht unbedingt isochor. Beispiel: Eine Gasflasche entleert sich. Das Volumen der Flasche ist konstant, aber
das spezifische Volumen ändert sich.

Sind zwei der thermischen Zustandsgrößen konstant, ist die dritte Zustandsgröße ebenfalls konstant, d. h., es findet keine Zustandsänderung statt.

In Diagrammen heißen die Linien konstanter Temperatur Isothermen, die konstanten Druckes Isobaren und die konstanten Volumens Isochoren.

1.5 Methodik der thermodynamischen Prozessanalyse

Bei thermodynamischen Prozessen können die Energieumwandlungen meist direkt oder indirekt mit den folgenden vier Grundgesetzen beschrieben werden:

- Massenerhaltungssatz
- Energieerhaltungssatz
- erster Hauptsatz der Thermodynamik
- zweiter Hauptsatz der Thermodynamik

Diese Gesetzmäßigkeiten werden *Bilanzgleichungen* genannt. Mit ihnen kann der Umfang der Energieumwandlungen und deren Richtung analysiert und berechnet werden. Zur Berücksichtigung der Umwandlungskinetik benötigt man kinetische Kopplungen, die durch folgende Gesetze erfolgen:

Zweites *Newton*'sches Gesetz
Gesetze der Fluidmechanik
Fourier'sches Wärmeleitungsgesetz
Gesetze der Wärmeübertragung
Fick'sches Diffusionsgesetz

Die kinetischen Kopplungen geben an, wie viel einer Energieform auf Grund vorhandener physikalischer Randbedingungen transferiert werden kann. Damit wird z. B. angegeben, wie viel Wärme von einem strömenden Fluid bei einer bestimmten Temperaturdifferenz an eine Wand transferiert werden kann.

Für den Ingenieur in der Praxis geht es neben der Beherrschung der Grundlagen auch um die Frage der *Methodik*, wie diese Grundlagen und insbesondere die oben genannten Grundgesetze bei konkreten Problemstellungen angewendet werden. Wichtig ist, dass man sich eine systematische Arbeitsweise aneignet. Diese besteht im Wesentlichen stets aus den nachfolgend angegebenen sechs Schritten, die sich bei der praktischen Arbeit bewährt haben und deshalb sehr empfohlen werden.

1.   Was ist gegeben?

Lesen Sie das gestellte Problem sorgfältig durch und versuchen Sie, es mit eigenen Worten zu beschreiben. Analysieren Sie, was über die Problemstellung bekannt ist. Notieren Sie alle Größen, die direkt oder indirekt gegeben oder für die weiteren Überlegungen erforderlich sind.

2.   Was wird gesucht?

Unter der Berücksichtigung von Schritt 1 überlegen Sie, welche Größen zu bestimmen und welche Fragen zu beantworten sind.

3.   Definition des Systems

Machen Sie eine Schema-Skizze des Problems, definieren Sie dort die Systemgrenzen und Zustandspunkte.

Die exakten und problemangepassten Systemgrenzen müssen definiert werden!

Dazu prüfen Sie, ob ein geschlossenes oder offenes System verwendet wird und ob es günstiger ist, mit einem Gesamt- oder mit mehreren Teilsystemen zu arbeiten. Identifizieren Sie die Wechselwirkungen zwischen System und Umgebung.

Stellen Sie fest, welche Zustandsänderungen und Prozesse das System erfährt oder in ihm ablaufen und stellen Sie diese in geeigneten Zustandsdiagrammen dar.

4.   Annahmen

Prüfen Sie, wie das System möglichst einfach zu modellieren ist und welche vereinfachenden Annahmen (symplifying assumptions), Randbedingungen und Voraussetzungen gemacht werden können.

Überlegen Sie, ob Idealisierungen im Stoffverhalten zulässig sind (z. B. ideales Gas statt reales Gas).

5.   Analyse

Die Analyse beginnt mit der Beschaffung erforderlicher Stoffdaten, sofern sie nicht in der Aufgabenstellung gegeben sind.

Stellen Sie die Bilanzgleichungen unter Berücksichtigung der Idealisierungen und Vereinfachungen auf. Überlegen Sie, welche kinetischen Kopplungen benötigt werden.

Wenn alle Beziehungen und Daten vorliegen, prüfen Sie die Beziehungen auf Dimensionsrichtigkeit. Führen Sie dann die nummerischen Berechnungen aus.

Prüfen Sie die Ergebnisse auf größenordnungs- und vorzeichenmäßige Richtigkeit.

Arbeiten Sie so lange wie möglich mit funktionalen Größen, bevor Sie Zahlenwerte einsetzen.

Nach der Analyse müssen Sie prüfen, welche Fehler die gemachten Annahmen verursachten und ob die Vereinfachung trotz dieser Fehler vertretbar ist.

6. Diskussion

Beschreiben Sie die wichtigsten Resultate unter Berücksichtigung des Einflusses der vereinfachenden Annahmen auf die Ergebnisse. Falls notwendig, stellen Sie fest, welche Maßnahmen getroffen wurden, um Fehler durch die Vereinfachungen zu reduzieren (z. B. iteratives Vorgehen, mit der die Änderung der getroffenen Annahmen durch das Ergebnis berücksichtigt wird).

Erst beim 5. Schritt sollte man anfangen, mit Gleichungen zu arbeiten. Wie die Erfahrung zeigt, ist dies für Studierende ungewohnt, da sie das Problem üblicherweise direkt mit Gleichungen zu lösen versuchen. Mit den Schritten 1 bis 4 wird jedoch eine entscheidend wichtige Vorarbeit für die Problemlösung geleistet und der Ablauf der Analyse festgelegt. Sie beeinflusst in wesentlichem Maß die Art und Weise sowie den Umfang der Analyse.

Von besonderer Bedeutung sind die Schritte 3 und 4. Schritt 3 trägt grundlegend zur Klarheit des Vorgehens insgesamt bei. Die Qualität und der Gültigkeitsbereich der Ergebnisse werden weitgehend durch Schritt 4 festgelegt.

Die Anwendung der hier empfohlenen Methodik ist nicht auf die Thermodynamik und thermische Probleme beschränkt; sie kann in angepasster Form bei jeder Problemlösung eingesetzt werden.

Die behandelten Musterbeispiele werden nach der oben beschriebenen Methodik gelöst. Die Aufgabenstellungen sind jeweils so formuliert, dass die Punkte 1 und 2 eindeutig bekannt sind. Im Interesse der Kürze werden diese beiden Punkte bei der Lösung nicht wiederholt, sondern es wird jeweils mit Punkt 3 begonnen.

Beispiel 1.1: Definition von Systemgrenzen

Ein Wärmeübertrager besteht aus einem Rohr, das wiederum von einem konzentrischen Rohr umschlossen ist. Der Wärmeübertrager ist ideal thermisch isoliert, sodass keine Wärme nach außen transferiert werden kann. Im Rohr und außen um das Rohr strömt jeweils Wasser. Das Wasser im Rohr ist kälter als jenes, welches um das Rohr strömt.

Für folgende Systeme sind Grenzen festzulegen und die Transfergrößen zu beschreiben:

a) Gesamtsystem um den Wärmeübertrager

b) System für das Fluid im Rohr

c) System für das Fluid um das Rohr.

Lösung

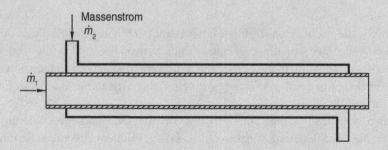

Schema Siehe Skizze

Annahme

*   Der Wärmeübertrager kann nach außen keine Wärme transferieren.

Analyse

a)

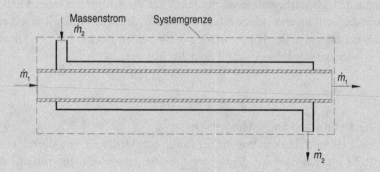

Der Wärmeübertrager befindet sich innerhalb der Systemgrenze. Das offene System kann mit der Umgebung weder Wärme noch Arbeit austauschen. Über die Systemgrenze treten nur zwei Massenströme ein oder aus. Die Zustandsänderung der Massenströme und der Wärmetransfer können analysiert werden.

b)

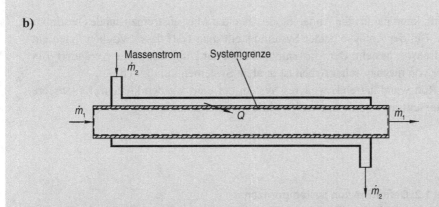

Die Systemgrenze liegt im Rohr. Dieses System hat zwei Umgebungen. Das eine System ist die Umgebung, aus der ein Massenstrom aus- und ein Massenstrom eintreten. Die zweite Umgebung ist der Ringspalt um das Rohr. Aus diesem System wird Wärme zum Rohr transferiert. Aus der Analyse der Zustandsänderungen des Massenstromes am Ein- und Austritt kann die transferierte Wärme bestimmt werden.

c)

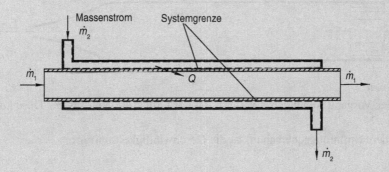

Die Systemgrenze liegt um das Rohr herum. Das System hat wie zuvor zwei Umgebungen. Das eine System ist wieder die Umgebung, aus der ein Massenstrom eintritt und zu der ein Massenstrom austritt. Die zweite Umgebung ist das Rohr. Zu diesem System wird Wärme aus dem Ringspalt transferiert. Die Analyse erfolgt wie zuvor.

Diskussion

Durch die Festlegung der verschiedenen Systemgrenzen können Prozessgrößen ausgeschlossen werden. Legt man die Grenze um den Wärmeübertrager, ist der Wärmetransfer mit der Umgebung ausgeschlossen. Es besteht nur ein Massentransfer in Form von Massenströmen. Ist die Zustandsänderung des einen Massenstromes bestimmt, kann daraus die Änderung des zweiten Massenstromzustandes bestimmt werden. Bei der Analyse beider Systeme stellt man fest, dass zwischen ihnen ein Wärmetransfer besteht. Der Massentransfer mit der Umgebung ist unverändert. Ein Transfer von mechanischer Arbeit ist in allen Systemen unmöglich.

Die Rohrwand hätte als weiteres System definiert werden können. Es tauschte ohne Massentransfer mit den beiden Fluidsystemen Wärme aus.

Beispiel 1.2: Definition von Systemgrenzen

In einem langen Rohr, dessen Ende mit einer Düse versehen ist, bewegt sich ein Kolben mit konstanter Geschwindigkeit. Die Rückseite des Kolbens hat mit dem Atmosphärendruck Kontakt, ebenso der Austritt der Düse. Damit die Strömung in der Düse beschleunigt werden kann, ist der Druck im Rohr größer als jener der Atmosphäre. Der Vorgang verläuft reibungsfrei.

Finden Sie eine Systemgrenze, mit der der Prozess einfach zu analysieren ist.

Lösung

Schema Siehe Skizze

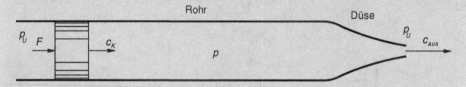

Annahmen

- Da der Vorgang reibungsfrei verläuft, ist der Druck im Rohr bis zur Düse konstant.
- In jedem Strömungsquerschnitt ist die Geschwindigkeit uniform.

Analyse

Die Systemgrenze kann man links vom Kolben beginnend nach rechts bis zum Austritt der Düse ziehen (s. nachstehende Skizze). Mit dieser Festlegung ist die Arbeit, die am Kolben geleistet wird, zu berücksichtigen.

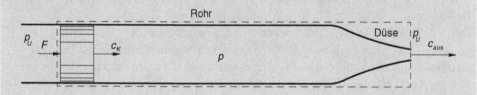

Die Berechnung gestaltet sich einfacher, wenn man berücksichtigt, dass die Geschwindigkeit im Rohr konstant c_K und die Systemgrenze um die Düse gezogen ist.

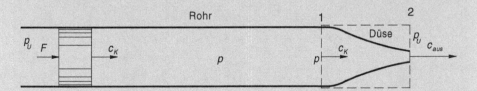

In das so definierte neue System wird von außen keine Arbeit transferiert, was die Analyse wesentlich erleichtert. Mit dem bisher erarbeiteten Wissen kann dieses Beispiel jetzt jedoch noch nicht analysiert werden. Die Analyse dieses Problems erfolgt im Kap. 4, Beispiel 4.10.

Diskussion

Das Beispiel zeigt, dass durch geeignete Wahl der Systemgrenze eine Prozessgröße ausgeschlossen werden kann und die Analyse sich damit vereinfacht.

Literatur

1. Moran MJ, Shapiro HN (1993) Fundamentals of engineering thermodynamics. Wiley, New York
2. von Böckh P, Cizmar J, Schlachter W (1999) Grundlagen der technischen Thermodynamik. Fortis FH, Sauerländer, Aarau

Eigenschaften der Stoffe

2

2.1 Formulierung des Zustands

Die Transfers von Energien und Massen zu oder von einem System können durch die Eigenschaft seiner Grenzen beschrieben werden, nicht aber die Änderung seiner Eigenschaften angeben. In der technischen Thermodynamik können wir uns zur Festlegung des Zustands auf makroskopisch erfassbare Eigenschaften beschränken und dadurch mit einigen wenigen Parametern die Eigenschaften eines Systems beschreiben. Diese Parameter, die das Verhalten des Systems makroskopisch definieren, sind die *Zustandsgrößen*.

Der Zustand des Systems ist nur dann durch wenige makroskopische Zustandsgrößen beschreibbar, wenn sich das System sowohl mechanisch als auch thermisch im Gleichgewichtszustand befindet. Nehmen die Parameter eines Systems feste Werte an, befindet sich das System in einem bestimmten Zustand.

2.1.1 Klassifizierung der Zustandsgrößen

Zustandsgrößen können nach verschiedenen Kriterien eingeteilt werden. Je nach Standpunkt des Beobachters kann man zwischen *inneren* und *äußeren* Zustandsgrößen unterscheiden. Ein außen stehender ruhender Beobachter kann nur die *äußeren* (mechanischen) Zustandsgrößen wie z. B. Systemgeschwindigkeit und geodätische Lage registrieren. Ein mit dem System bewegter Beobachter wird nur die *inneren* (thermodynamischen) Zustandsgrößen wie z. B. Druck, Temperatur und spezifisches Volumen feststellen.

In Systemen der technischen Thermodynamik kommen fast ausschließlich flüssige und gasförmige Stoffe vor. Sie werden unter der Bezeichnung *Fluide* zusammengefasst.

Die inneren Zustandsgrößen beschreiben die thermodynamischen Eigenschaften eines Fluids. Diese können, wie im Kap. 1 bereits erwähnt, *extensiv* (massenabhängig) oder *intensiv* (massenunabhängig) sein.

© Springer-Verlag Berlin Heidelberg 2015
P. von Böckh, M. Stripf, *Technische Thermodynamik*, DOI 10.1007/978-3-662-46890-6_2

Teilt man ein homogenes System, das sich im thermodynamischen Gleichgewicht befindet, durch eine gedachte Trennfläche in zwei Teilsysteme, sind die intensiven Zustandsgrößen des Systems in beiden Teilsystemen gleich. Die extensiven Zustandsgrößen haben je nach Aufteilung des Systems unterschiedliche Werte.

> *Die extensiven Zustandsgrößen werden mit großen Buchstaben, die intensiven (spezifischen) mit kleinen Buchstaben symbolisiert.*

2.1.2   Eigenschaften der Zustandsgrößen

Eine Zustandsgröße muss unabhängig davon sein, durch welche Transfergrößen ein Zustand erreicht wird. Wenn ein Gas zum Beispiel durch Wärmezufuhr den Druck p und die Temperatur T erreicht, kann es den gleichen Zustand haben wie dann, wenn der gleiche Druck und die gleiche Temperatur durch eine Kompression (Arbeitstransfer) erreicht wird.

Damit eine Zustandsgröße diese Bedingung erfüllt, muss sie, mathematisch betrachtet, bezüglich der Variablen ein *vollständiges Differential* bilden. In unserem einfachen System ist eine Zustandsgröße jeweils durch zwei andere Zustandsgrößen (Variablen) definiert. Bezeichnen wir die Zustandsgröße mit z und die beiden Variablen mit x und y, so bildet die Zustandsgröße $z = z(x, y)$ dann und nur dann ein vollständiges Differential, wenn folgende Bedingung erfüllt ist:

$$\left(\frac{\partial}{\partial y} \left(\frac{\partial z}{\partial x} \right)_y \right)_x = \left(\frac{\partial}{\partial x} \left(\frac{\partial z}{\partial y} \right)_x \right)_y$$

Dies bedeutet, dass bei einer Zustandsgröße das Ergebnis der Ableitungen von der Reihenfolge der partiellen Ableitungen unabhängig sein muss. Damit können Änderungen der Zustandsgrößen folgendermaßen angegeben werden:

$$dz = \left(\frac{\partial z}{\partial x} \right)_y \cdot dx + \left(\frac{\partial z}{\partial y} \right)_x \cdot dy \qquad (2.1)$$

2.2   Thermische Zustandsgrößen

Um die Anzahl der Zustandsgrößen, die für die eindeutige Festlegung eines Zustands notwendig sind, zu bestimmen, muss auf Versuche und Beobachtungen zurückgegriffen werden.

Die bestimmte Masse eines reinen Stoffes im geschlossenen System wird bei einem bestimmten Druck und einer bestimmten Temperatur ein bestimmtes Volumen einnehmen. Der Druck p und die Temperatur T sind intensive Zustandsgrößen. Aus dem Volumen V und der Masse m kann die intensive Zustandsgröße spezifisches Volumen v gebildet werden.

Thermische Zustandsgrößen:
Temperatur
Druck
spezifisches Volumen

Die Erfahrung (Versuche) zeigt, dass zu jedem Wertepaar vom Druck und der Temperatur ein bestimmtes spezifisches Volumen zugeordnet werden kann. Dies bedeutet, dass auch jedem bestimmten Druck und spezifischen Volumen eine Temperatur oder jeder bestimmten Temperatur und jedem bestimmten spezifischen Volumen ein bestimmter Druck zugeordnet werden kann. Daher muss folgende Zustandsgleichung existieren:

$$F(p,v,T) = 0 \qquad (2.2)$$

Diese Gleichung gilt für jede Phase aller reinen Stoffe oder chemisch nicht reagierender Stoffgemische mit einer definierten Zusammensetzung ohne Phasenänderung. Man nennt sie *thermische Zustandsgleichung* des Stoffes. Die intensiven Zustandsgrößen Druck, spezifisches Volumen und Temperatur sind *thermische Zustandsgrößen*. Die thermische Zustandsgleichung des spezifischen Volumens wird meistens in der Form

$$v = v(p,T) \qquad (2.3)$$

angegeben. Sie ist experimentell zu ermitteln. Die mathematische Darstellung führt bis auf wenige Ausnahmen (ideales Gas) zu sehr komplexen Gleichungen.

Sind zwei der intensiven thermischen Zustandsgrößen eines reinen Stoffes bekannt, ist auch die dritte thermische Zustandsgröße festgelegt.

Sind zwei der thermischen Zustandsgrößen gegeben, ist bei der Vorgabe einer der extensiven Zustandsgrößen Volumen oder Masse jeweils die andere extensive Zustandsgröße ebenfalls festgelegt.

2.2.1 Dichte und spezifisches Volumen

Bei den hier behandelten Fluiden gilt die Annahme, dass die Stoffe als Kontinua betrachtet werden dürfen. Damit ist es möglich, von Zustandsgrößen „an einem Punkt" zu sprechen. Die *Dichte* an einem Punkt ist definiert durch:

$$\rho = \lim_{\Delta V \to \Delta V'} \left(\frac{\Delta m}{\Delta V} \right)$$

Dabei ist $\Delta V'$ das kleinste Volumen, für das ein definierter Quotient $\Delta m / \Delta V$ existiert, d. h., $\Delta V'$ enthält eine genügende Anzahl Partikel für ein statistisches Mittel. Mathematisch ist die Dichte eine kontinuierliche Funktion des Ortes und der Zeit.

Für eine *Phase* vereinfacht sich die Definition der Dichte, da wegen der Homogenität der Grenzübergang nicht erforderlich ist. Eine Phase hat in einem gegebenen Zustand nur eine Dichte. In diesem Fall kann man direkt schreiben:

$$\rho = \frac{m}{V} \tag{2.4}$$

Das *spezifische Volumen* ist als Kehrwert der Dichte definiert.

$$v = \frac{1}{\rho} \tag{2.5}$$

Dichte und spezifisches Volumen sind Zustandsgrößen der Fluide, die von Temperatur und Druck abhängen. Für ein Fluid existiert eine Funktion:

$$F(p, T, v) = 0 \tag{2.6}$$

Infolge Temperatur- oder Druckänderung kann die Änderung des spezifischen Volumens nach Gl. (2.1) angegeben werden als:

$$dv = \left(\frac{\partial v}{\partial T} \right)_p \cdot dT + \left(\frac{\partial v}{\partial p} \right)_T \cdot dp \tag{2.7}$$

Mit den partiellen Ableitungen werden die auf das spezifische Volumen bezogenen *isobaren Wärmedehnungskoeffizienten* β_0 und *isothermen Kompressibilitätskoeffizienten* κ_0 gebildet.

$$\beta_0 = \frac{1}{v_0} \cdot \left(\frac{\partial v}{\partial T} \right)_p \tag{2.8}$$

$$\kappa_0 = \frac{1}{v_0} \cdot \left(\frac{\partial v}{\partial p} \right)_T \tag{2.9}$$

Dabei ist v_0 das spezifische Volumen bei einer Bezugstemperatur T_0 und einem Bezugsdruck p_0. Die Wärmedehnungs- und Kompressibilitätskoeffizienten sind wiederum temperatur- und druckabhängig. In vielen Tabellen sind diese Koeffizienten ohne Vorzeichen angegeben. Dann ist zu beachten, dass eine positive Druckänderung eine Abnahme, die positive Temperaturänderung eine Zunahme des spezifischen Volumens bewirken.

Die Gln. (2.4) und (2.5) gelten streng genommen nur für homogene Systeme. Zur Behandlung von Dampf-Flüssigkeitssystemen, also heterogenen Systemen, hat sich für das spezifische Volumen die Verwendung von Gl. (2.5) in der Praxis bewährt. Der *Massenanteil der Dampfphase*, auch *Dampfgehalt x* genannt, ist definiert als das Verhältnis der Dampfmasse zur Gesamtmasse des Gemisches. Der hochgestellte Index $''$ symbolisiert die Dampf- und $'$ die Flüssigphase:

$$x = \frac{m''}{m'' + m'} \tag{2.10}$$

Damit erhält man für das spezifische Volumen:

$$v = \frac{V'' + V'}{m'' + m'} = \frac{m'' \cdot v'' + m' \cdot v'}{m'' + m'} = x \cdot v'' + (1 - x) \cdot v' \tag{2.11}$$

Die Dichte des Gemisches ist wiederum der Kehrwert des spezifischen Volumens. Gibt man sie als eine Funktion der Dichte einzelner Phasen an, ist der Kehrwert der Dichte folgendermaßen zu bilden:

$$\frac{1}{\rho} = \frac{x}{\rho''} + \frac{1 - x}{\rho'} \tag{2.12}$$

Das auf die *Stoffmenge bezogene Volumen* ist das *Molvolumen* v_m:

$$v_m = \frac{V}{n} = \frac{V}{m} \cdot M = v \cdot M \tag{2.13}$$

Bei Gasen wird oft das Normvolumen in *Normkubikmeter* angegeben, was das spezifische Volumen beim physikalischen Normzustand von 1,01325 bar Druck und 0 °C Temperatur ist.

Ähnlich kann bei Stoffgemischen, bestehend aus k Komponenten, das spezifische Volumen angegeben werden, vorausgesetzt, die Massenanteile x_i der Komponenten sind bekannt.

$$v = \sum_{i=1}^{k} x_i \cdot v_i \tag{2.14}$$

Gleichung (2.14) gilt streng genommen nur bei Gasmischungen und mischbaren Flüssigkeiten (homogene Mischungen), wenn diese keine chemischen Reaktionen miteinander eingehen. Oft ist die Anwendung auf heterogene Systeme zulässig, sofern die Massen bzw. Volumina der betrachteten Systeme groß genug sind, um das richtige spezifische Volumen zu erfassen. Bei einem Dampf-Flüssigkeitsgemisch muss das gesamte von Dampf und Flüssigkeit erfasste Volumen betrachtet werden und nicht etwa die Dampf- oder Flüssigphase allein.

Beispiel 2.1: Zweiphasensystem: Wasser im Siedezustand

Ein Dampfbehälter von 4 m^3 Volumen enthält bei 20 bar Druck ein Zweiphasengemisch, bestehend aus siedendem Wasser und gesättigtem Dampf. Die Gesamtmasse aus dem Wasser und Dampf beträgt 1000 kg.

Das spezifische Volumen des Dampfes ist $v''=0{,}0996$ m^3/kg und das des Wassers $v'=1{,}1767 \cdot 10^{-3}$ m^3/kg.

Zu bestimmen sind die Masse des Wassers m' und des Dampfes m'' sowie deren Volumen V' und V''.

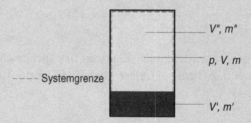

Lösung

Schema Siehe Skizze

Annahmen

- Die Verteilung der Flüssigkeit im Behälter (zusammenhängende Flüssigkeit oder einzelne Tropfen) ist unerheblich.
- Es liegen zwei Phasen im thermischen Gleichgewicht mit uniformen Zustandsgrössen vor.
- Der Zustand ist stationär.

Analyse

Massen und Volumina sind extensive Zustandsgrößen. Deshalb gilt:

$$m' + m'' = m \qquad V' + V'' = V$$

Mit der Definition des spezifischen Volumens nach Gl. (2.5) folgt für beide Phasen:

$$m' \cdot v' = V' \qquad m'' \cdot v'' = V''$$

Damit liegen vier Gleichungen für vier Unbekannte vor. Durch die Kombination obiger Gleichungen erhalten wir:

$$m'' = m - m' \qquad m' \cdot v' + m'' \cdot v'' = V$$

Die Elimination von m'' führt zu:

$$m' = \frac{V - m \cdot v''}{v' - v''} = \frac{4 \cdot m^3 - 1000 \cdot kg \cdot 0,0996 \cdot m^3/kg}{(0,0011767 - 0,0996) \cdot m^3/kg} = \textbf{971,31 kg}$$

$$m'' = m - m' = \textbf{28,69 kg}$$

$$V' = m' \cdot v' = 970,41 \, kg \cdot 1,1768 \cdot 10^{-3} \, m^3/kg = \textbf{1,143 m}^3$$

$$V'' = m'' \cdot v'' = 25,59 \, kg \cdot 0,0996 \, m^3/kg = \textbf{2,857 m}^3$$

Diskussion

Die nummerische Kontrolle $V' + V'' = 1,142 + 2,858 = 4,0 \, m^3$ zeigt, dass die Berechnungen stimmen.

Wegen des viel größeren spezifischen Volumens der Dampfphase nimmt diese 71,4 % des Gesamtvolumens ein, obwohl ihr Massenanteil lediglich 2,9 % beträgt.

2.2.2 Druck

Nach dem Gesetz von *Pascal* wirkt in einem ruhenden Fluid auf die beliebig orientierte Fläche ΔA die Normalkraft ΔF_{normal}. Der Druck ist definiert als:

$$p = \lim_{\Delta A \to \Delta A'} \left(\frac{\Delta F_{normal}}{\Delta A} \right)$$

Dabei hat im Grenzübergang $\Delta A'$ dieselbe Bedeutung wie $\Delta V'$ bei der Definition der Dichte. Wenn die Orientierung des Flächenelements $\Delta A'$ im betrachteten Punkt geändert wird, bleibt der Druck derselbe, solange sich das Fluid in Ruhe befindet (hydrostatischer Spannungszustand). Der Druck p kann aber von Ort zu Ort variieren. Beispiel: Abnahme des Atmosphärendruckes mit der Höhe über Meer.

Bei einem bewegten Fluid wirken auf ein Flächenelement nicht nur der Druck als Normalspannung, sondern im Allgemeinen auch Schubspannungen. Die Beträge dieser Spannungen verändern sich mit der Orientierung des Flächenelements.

Die *Einheit des Druckes* ist **N/m²** oder *Pascal* **Pa**.

In der Technik wird immer noch die Einheit **bar** verwendet. Andere noch gebräuchliche und die in den USA verwendeten Einheiten sowie die entsprechenden Umrechnungsfaktoren der Druckeinheiten sind in Tab. 2.1 angegeben.

In der Thermodynamik sind Drücke stets *Absolutdrücke* und als solche in Zustandsgleichungen zu verwenden, außer, es wird explizit auf eine andere Festlegung hingewiesen.

Tab. 2.1 Einheiten des Druckes und deren Umrechnung

Maßeinheit des Druckes	Pa	Umrechnung in Torr	mmWS
1 bar	10^5	750,06	10 197,2
1 atm	101 325	760	10 332,3
1 at	98 066,5	735,56	10 000,0
1 mm WS	9,80665	0,073556	–
1 psi	6894,74	51,7148	703,068
in. Hg	3386,39	25,4	345,316
in. WG	249,09	1,86832	25,4

> *Der Absolutdruck hat einen Nullpunkt. Negative Absolutdrücke existieren nicht.*

Vielfach werden auf den Umgebungsdruck p_U (Atmosphärendruck) bezogene Drücke angegeben. Diese sind:

Überdruck	$p_{Überdruck} = p_{absolut} - p_{U\,absolut}$
Unterdruck	$p_{Unterdruck} = p_{U\,absolut} - p_{absolut}$

Diese Beziehungen sind in Abb. 2.1 dargestellt.

Der Druck, der auf die Oberfläche eines Fluids wirkt (verursacht durch einen Kolben, die Atmosphäre oder einen Fluiddruck) wird Kolbendruck p_0 genannt. In Fluiden ändert sich der Druck mit der geodätischen Höhe. Unterhalb der Oberfläche üben die Fluidsäulen durch die Schwerkraft einen Druck auf das darunter liegende Fluid oder die Grenzfläche aus. Der Druck im Fluid berechnet sich zu:

$$p = p_0 + \frac{m \cdot g}{A} = p_0 + \frac{\rho \cdot A \cdot g \cdot (z - z_0)}{A} = p_0 + \rho \cdot g \cdot \Delta z \qquad (2.15)$$

Abb. 2.1 Absolutdruck, Amosphärendruck, Überdruck und Unterdruck

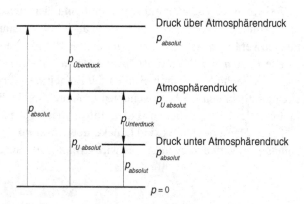

Abb. 2.2 Flüssigkeitsmanometer

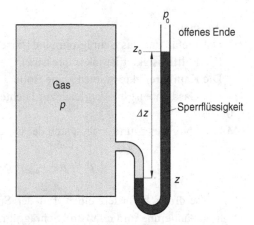

Dieses Verhalten wird auch zur Messung des Druckes genutzt. Abbildung 2.2 zeigt als Beispiel ein Flüssigkeitsmanometer mit einem Anschluss zur Atmosphäre mit dem Druck p_0 und einem anderen zum geschlossenen Behälter. Dieser ist mit einem Gas des Druckes p gefüllt. Die Druckdifferenz wird mit Hilfe einer Flüssigkeitssäule der Höhendifferenz Δz und Dichte ρ gemessen.

Hier ist zu beachen, dass in Gl. (2.15) die Wirkung der Schwerkraft auf die Dichte der Gassäulen vernachlässigt wurde, was erlaubt ist, wenn die Dichte des Gases sehr viel kleiner als die der Sperrflüssigkeit ist.

Beispiel 2.2: Schrägrohrmanometer
In einem Gasbehälter wird der Druck mittels Schrägrohrmanometer gemessen. Das Manometer hat folgende Daten: Neigungswinkel $\alpha=30°$, Durchmesser $D=60$ mm und $d=5$ mm. Die Flüssigkeitssäule hat gegenüber dem nicht belasteten Zustand einen Ausschlag von $l=64$ mm. Die Dichte der Füllflüssigkeit ist $\rho=860$ kg/m^3.

Zu bestimmen ist der Überdruck p_e im Gasbehälter in Pa.

Lösung

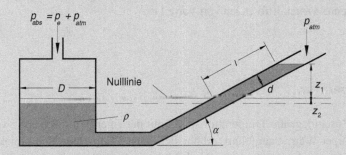

Schema Siehe Skizze

Annahmen

- Das Gefäß und das Schrägrohr sind starre Körper.
- Die Füllflüssigkeit ist inkompressibel.
- Die Kapillareffekte spielen keine Rolle.
- Die Gasdichte ist im Vergleich zur Dichte der Füllflüssigkeit vernachlässigbar.

Analyse

Mit den Niveaus z_1 und z_2 lässt sich der Druck mit Gl. (2.15) bestimmen:

$$p_e = p - p_{atm} = \rho \cdot g \cdot (z_1 + z_2)$$

Der Überdruck befördert einen Teil der Sperrflüssigkeit in das Schrägrohr. Die Volumenänderung im Gefäß und Schrägrohr ist gleich groß. Damit gilt:

$$\pi \cdot \frac{D^2}{4} \cdot z_2 = \pi \cdot \frac{d^2}{4} \cdot l$$

Hieraus kann z_2 bestimmt werden. Die Höhendifferenz z_1 erhalten wir aus der geometrischen Beziehung $z_1 = l \cdot \sin \alpha$. Die Summe der Höhendifferenzen beträgt:

$$z_1 + z_2 = l \cdot \left[\sin \alpha + \left(\frac{d}{D} \right)^2 \right]$$

Damit ist die Druckdifferenz bzw. der Überdruck:

$$p_e = \rho \cdot g \cdot l \cdot \left[\sin \alpha + \left(\frac{d}{D} \right)^2 \right] = 860 \, \frac{\text{kg}}{\text{m}^3} \cdot 9{,}806 \, \frac{\text{m}}{\text{s}^2} \cdot 0{,}064 \cdot \text{m} \cdot \left[0{,}5 + \left(\frac{5}{60} \right)^2 \right] = \mathbf{273{,}6 \, Pa}$$

Diskussion

Das Schrägrohrmanometer ermöglicht eine höhere Ablesegenauigkeit, was bei der Messung kleiner Druckdifferenzen von Vorteil ist.

2.2.3 Temperatur

Die intensive Zustandsgröße Temperatur ist eng mit der Energieform Wärme verbunden. Wird einem Körper Wärme zugeführt, erhöht sich seine Temperatur. Die subjektive Feststellung, dass Körper A „wärmer" als B oder Körper B „kälter" als A ist, liefert keine Grundlagen zur quantitativen Bestimmung der Temperatur. Nur die Eigenschaften von

Tab. 2.2 Einheiten der U.S. Temperatur und deren Umrechnung

Temperaturskala	Maßeinheit	Umrechnung
Absoluttemperatur T	K	$T = T_R/1{,}8 \cdot \text{K/°R}$
Celsius-Temperatur ϑ	°C	$\vartheta = (\vartheta_F - 32 \cdot \text{°F})/1{,}8 \cdot \text{°C/°F}$
Fahrenheit-Temperatur ϑ_F	°F	$\vartheta_F = (\vartheta \cdot 1{,}8) \cdot \text{°F/°C} + 32 \cdot \text{°F}$
Rankine-Temperatur T_R	°R	$T_R = T \cdot 1{,}8 \cdot \text{°R/K}$

Körpern ermöglichen die quantitative Festlegung der Temperatur. Die weltweit verbreitete *Celsius*-Temperaturskala basiert darauf, dass bei 0 °C das Wasser gefriert und bei 100 °C zu sieden anfängt. Die Temperaturen dazwischen können durch Stoffeigenschaften, wie z. B. die Ausdehnung einer Flüssigkeitssäule bei einer Temperaturerhöhung (Glasthermometer), bestimmt werden. Da die Celsius-Temperatur auf den Eigenschaften von Stoffen beruht, nennt man sie *empirische Temperaturskala*.

Hier wird, ausgehend vom *thermischen Gleichgewicht*, die intensive Zustandsgröße *Temperatur* zusammen mit ihrer Messung betrachtet. Auf die naturgesetzlich begründete absolute Temperaturskala wird bei den idealen Gasen in diesem Kapitel und im Kap. 4 eingegangen. In diesem Buch verwenden wir für die Celsiustemperatur das Symbol ϑ und für die Absoluttemperatur T (Tab. 2.2).

> *Die Einheit der empirischen Temperatur ist Grad Celsius °C, die der absoluten Temperatur Kelvin K. Temperaturdifferenzen werden ebenfalls in Kelvin angegeben.*

2.2.3.1 Nullter Hauptsatz der Thermodynamik

Zur Definition des thermischen Gleichgewichts führen wir folgendes Experiment durch: Zwei Kupferblöcke, der eine „kalt", der andere „warm", werden miteinander in Kontakt gebracht und von der Umgebung isoliert (Abb. 2.3). Beide Körper stehen nach dem Kontakt in *thermischer Wechselwirkung*.

Die Beobachtung zeigt uns, dass sich die beiden Körper nach einiger Zeit „gleich warm" bzw. „gleich kalt" anfühlen. Wenn zwischen ihnen keinerlei Veränderungen mehr beobachtet werden können, sind sie im *thermischen Gleichgewicht*.

Durch die präzise Messung der Körpervolumina lässt sich quantitativ feststellen, dass das Volumen des anfänglich wärmeren Körpers ab-, das des kälteren zunimmt. Nach Abschluss der Interaktion, wenn sich beide Körper im thermischen Gleichgewicht befinden, ist keinerlei Volumenänderung mehr feststellbar. Statt des Körpervolumens könnte auch

Abb. 2.3 Demonstration des thermischen Gleichgewichts

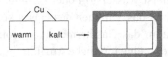

eine andere, physikalisch einfacher messbare Größe verwendet werden, z. B. der elektrische Widerstand.

> *Schlussfolgerung aus diesem Experiment: Es muss eine physikalische Größe existieren, die eindeutig bestimmt, wann sich die beiden Körper im thermischen Gleichgewicht befinden. Diese Größe heißt Temperatur.*

Ferner lässt sich postulieren:

> *Wenn sich zwei Körper, A und B, je für sich im thermischen Gleichgewicht mit einem dritten Körper C befinden, dann sind sie unter sich auch im thermischen Gleichgewicht.*

Diese Aussage ist der *nullte Hauptsatz der Thermodynamik*.

2.2.4 Thermometer und Temperaturskala

Der nullte Hauptsatz findet bei der *Temperaturmessung* praktische Anwendung. Um die Temperatur eines Körpers festzustellen, wird er mit einem zweiten Körper, dessen Temperatur durch seine physikalischen Eigenschaften bestimmbar ist, in Kontakt gebracht. Dieser zweite Körper ist das *Thermometer*, an dem sich zeitlich *asymptotisch* ein thermisches Gleichgewicht einstellt. Da bei dieser Temperaturmessung zum oder vom Thermometer Wärme transferiert wird, verfälscht die Messung das Ergebnis. Bei einer genauen Temperaturmessung ist darauf zu achten, dass die Thermometermasse sehr viel kleiner als die Masse des zu messenden Körpers ist und eine genügend lange Zeit für die Messung zur Verfügung steht.

Das *Thermometer* ist definiert als ein Körper, der eine seiner temperaturabhängigen Eigenschaften quantitativ, d. h. skaliert zu messen gestattet.

Wegen der unterschiedlichen Stoffeigenschaften verschiedener Thermometer ergibt sich das grundsätzliche Problem, dass mit unterschiedlichen Thermometern unterschiedliche Temperaturskalen erhalten werden. Gesucht ist die Definition einer von Stoff und Thermometerart unabhängigen Temperaturskala. Eine Lösung des Problems bietet das so genannte *Gasthermometer*, genauer gesagt: das Gasdruck-Thermometer.

Ein Gasthermometer besteht aus einem mit Gas gefüllten Temperaturfühler und einem Manometer, das den Druck des Gases misst. Als Gas bzw. thermometrische Substanz dient meist Wasserstoff oder Helium. Die Höhe des Quecksilber-Reservoirs wird so eingestellt, dass das Volumen des Gases konstant bleibt. Deshalb wird im angelsächsischen Sprachraum das Gasthermometer „constant-volume gas thermometer" genannt. Abbildung 2.4 zeigt eine mögliche Ausführung. Den Gasdruck p misst man mittels einer zur Atmosphäre offenen Quecksilbersäule. Durch Heben und Senken des Quecksilber-Reservoirs hält man

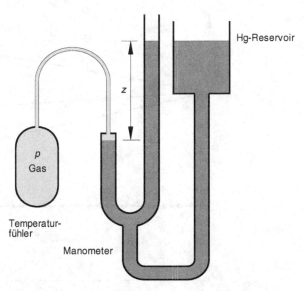

Abb. 2.4 Gasthermometer

das Gasvolumen konstant. Gasthermometer sind äußerst präzise. Sie werden international als Standard-Instrumente zur Kalibrierung anderer Thermometer verwendet.

Bei konstantem Volumen kann zu jedem Druck eines Gases eine Temperatur zugeordnet werden.

Zur Ermittlung der Funktion des Gasthermometers führte man folgende Versuche durch:

- Der Temperaturfühler wurde in ein Wasser-Eis-Bad bei einem Druck von $p_{Tr} = 0{,}00612$ bar (Tripelpunkt des Wassers) getaucht. Der Druck des Thermometers war unter dieser Bedingung nach Erreichen des thermischen Gleichgewichts p_0.
- Als weiterer Zustand wurde der Siedepunkt des Wassers bei Atmosphärendruck gewählt. Den Temperaturfühler tauchte man in siedendes Wasser und las den Druck p ab.

Dieses Messprogramm wurde für verschiedene Füllmengen wiederholt. Mit jeder Füllmenge stellte sich am Eispunkt ein anderer Referenzdruck p_0 ein.

Ferner wurden die gleichen Messungen mit verschiedenen Gasen durchgeführt. Als Resultat trug man die Druckverhältnisse p/p_0 für jedes gemessene Gas über dem Fülldruck p_0 auf (Abb. 2.5).

Das Diagramm zeigte, dass sich die Verläufe des Druckverhältnisses für die verschiedenen Gase relativ wenig unterschieden (in Abb. 2.5 übertrieben dargestellt) und dass der Unterschied bei abnehmendem Druck $p_0 \rightarrow 0$ vollends verschwand. Die Kurven der verschiedenen Gase trafen sich alle in dem gleichen Punkt bei $p_0 = 0$.

Mit dieser auf *William Thomson* (später *Lord Kelvin*) zurückgehenden Entdeckung lässt sich eine stoffunabhängige Temperaturskala definieren. Die Messungen zeigten ferner, dass der Druck proportional zur Temperatur ist.

Abb. 2.5 Gasthermometer-Messung

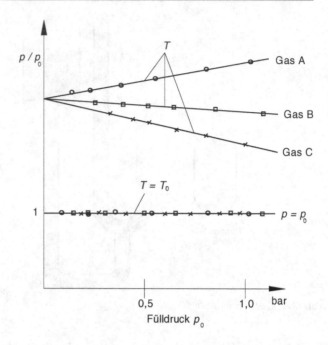

2.3　Energetische Zustandsgrößen

Mit den thermischen Zustandsgrößen kann nur die Änderung des spezifischen Volumens infolge einer Druck- und Temperaturänderung erfasst werden. Zur Analyse der Energieänderung eines Systems sind außerdem die *energetischen Zustandsgrößen* notwendig. Diese sind *innere Energie, Enthalpie* und *Entropie*. Die ersten beiden Größen werden hier behandelt, die Entropie erst im Kap. 4.

Durch die Prozessgrößen Wärme und Arbeit führt man einem System Energie zu und verursacht dadurch eine Zustandsänderung. Dabei wird die Energie des Systems verändert. Die thermischen Zustandsgrößen signalisieren die Änderung des Zustands, geben aber keine Auskunft darüber, in welchem Umfang die Energie des Systems verändert wurde. Die Energie eines geschlossenen Systems wird durch die *innere Energie* erfasst.

Betrachten wir zunächst ein geschlossenes System, bestehend aus einem Zylinder, in dem sich ein Gas befindet und mit einem Kolben abgeschlossen ist. Zunächst wird der Kolben festgehalten, sodass das Volumen konstant ist. Dadurch kann dem System keine Arbeit, sondern nur Wärme zugeführt werden, was eine Änderung der Temperatur und des Druckes im System bewirkt. Die zugeführte Wärme entspricht der Änderung der inneren Energie.

Mit der Messung der zugeführten Wärme (z. B. elektrische Heizung) kann, da sonst kein Energietransfer stattfindet, die Änderung der inneren Energie des Systems bestimmt werden. Da die Masse und das Volumen des Systems konstant sind, ist das spezifische Volumen ebenfalls konstant. Damit ist jeder Temperatur ein bestimmter Druck zugeordnet, dem eine bestimmte innere Energie zugewiesen werden kann. Die Messungen können bei verändertem Volumen, aber gleicher Masse des Gases wiederholt werden. Damit erhält man jeweils zu jedem Wertepaar der Temperatur und dem spezifischen Volumen eine bestimmte innere Energie. Mit den Zustandsgrößen Volumen und Temperatur kann die innere Energie, die eine weitere Zustandsgröße ist, beschrieben werden.

In einem neuen Versuch wird die Änderung der inneren Energie ohne Wärmetransfer nur durch Änderung des Volumens untersucht. Die Arbeit, die über die adiabate Systemgrenze transferiert wird, verändert das Volumen des Systems, was mit einer Änderung des Druckes und der Temperatur verbunden ist. Sie hängt damit nur von diesen beiden Größen ab, die die Änderung der inneren Energie bestimmen. Unter Berücksichtigung der Tatsache, dass der Druck als eine Funktion der Temperatur und des spezifischen Volumens darstellbar ist, gilt:

Die spezifische innere Energie wird als eine Funktion der Temperatur und des spezifischen Volumens angegeben. Eine weitere, aber unübliche Darstellung wäre die innere Energie als eine Funktion der Temperatur und des Druckes.

Die intensive Zustandsgröße *spezifische innere Energie u* der fluiden Phase eines reinen Stoffes oder eines chemisch nicht reagierbaren Stoffgemisches mit bestimmter Zusammensetzung ist durch zwei intensive Zustandsgrößen definiert.

Weitere intensive kalorische Zustandsgrößen sind die *spezifische Enthalpie h* und die *spezifische Entropie s*. Die Enthalpie *h* wird noch in diesem und im Kap. 3, die Entropie im Kap. 4 behandelt.

Ganz allgemein gilt für alle sechs intensiven Zustandsgrößen p, T, v, u, h und s:

Der Zustand einer fluiden Phase eines reinen Stoffes oder chemisch nicht reagierbaren Stoffgemisches mit definierter Zusammensetzung wird durch zwei intensive und eine extensive Zustandsgröße festgelegt.

Bei Stoffgemischen benötigt man zusätzlich noch die Massenanteile der Komponenten.

2.4 Thermische Zustandsgrößen reiner Substanzen

Für die thermischen Zustandsgrößen reiner Substanzen, also Substanzen, die nur aus gleichen Molekülen bestehen, gilt Gl. (2.1) uneingeschränkt für jede Phase einer Substanz. Dreidimensionale p, v, T-Diagramme können erstellt werden, die die drei Phasen fest, gasförmig und flüssig erfassen. Der Druck wird dabei als eine Funktion der Temperatur und des spezifischen Volumens dargestellt. Das Diagramm einer solchen Funktion $p = p(T, v)$ wird *p, v, T-Fläche* genannt.

2.4.1 *p,v,T*-Fläche

Die Koordinaten in einer *p,v,T*-Fläche sind die Werte von *p*, *v* und *T* einer reinen Substanz im Gleichgewichtszustand. Die Fläche stellt Zustandsgleichungen der drei Phasen Gas, Flüssigkeit und Feststoff und die Gebiete, in denen zwei Phasen gleichzeitig vorhanden sind, dar. Das Gebiet, in dem die Substanz in nur einer Phase vorhanden ist, nennt man *Einphasengebiet*.

Unter *Zweiphasengebieten* versteht man das *Nassdampfgebiet* (Gleichgewicht Dampf-Flüssigkeit), das *Schmelzgebiet* (Gleichgewicht Feststoff-Flüssigkeit) und das *Sublimationsgebiet* (Gleichgewicht Gas-Feststoff).

In Abb. 2.6 ist die *p,v,T*-Fläche einer reinen Substanz, deren spezifisches Volumen sich beim Gefrieren verkleinert, dargestellt. Diese Verkleinerung tritt bei den meisten Substanzen auf. Wasser zeigt hier als eine der wenigen Stoffe ein umgekehrtes Verhalten: Das spezifische Volumen des Wassers vergrößert sich beim Gefrieren.

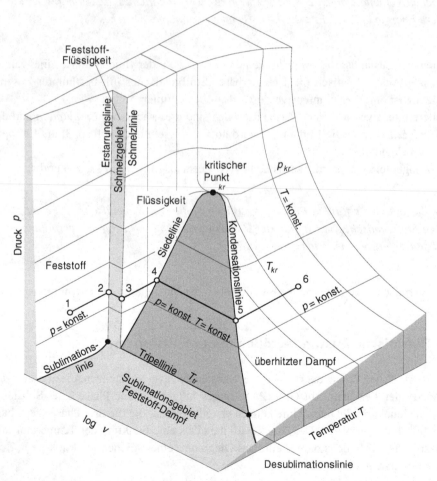

Abb. 2.6 *p,v,T*-Fläche einer reinen Substanz

Die Zustandsänderung und der Übergang von einer in eine andere Phase können am Beispiel der isobaren Zustandsänderung mit Wärmezufuhr von Zustand 1 nach 6 auf der p,v,T-Fläche demonstriert werden. Beim Beginn der Wärmezufuhr befindet sich die Substanz in der festen Phase. Die Temperatur und das spezifische Volumen erhöhen sich, bis Punkt 2 erreicht wird. Hier beginnt die Substanz zu schmelzen. Die Linie, die die linke Seite des Schmelzgebiets begrenzt, wird als *Schmelzlinie* bezeichnet. Die Temperatur der Substanz bleibt konstant, bis Punkt 3 erreicht ist. Die Linie auf dieser Seite des Schmelzgebiets nennt man *Erstarrungslinie*. Bei der Zustandsänderung von 2 nach 3 ist die Substanz gleichzeitig als Feststoff und Flüssigkeit vorhanden. Wenn die ganze Substanz geschmolzen ist, erhöht sich die Temperatur der Flüssigkeit, bis Punkt 4 erreicht wird. Die linke Grenzlinie des Nassdampfgebiets wird *Siedelinie* genannt. Die Temperatur bleibt konstant, bis Punkt 5 erreicht ist. Die Linie auf dieser Seite des Nassdampfgebiets nennt man *Kondensationslinie (Taulinie)*. Im Nassdampfgebiet ist die Substanz sowohl als Flüssigkeit als auch als Dampf vorhanden. Ist die Flüssigkeit ganz verdampft, wird die Temperatur des Dampfes erhöht, bis Punkt 6 erreicht ist. Durch Wärmeabfuhr könnte die Zustandsänderung umgekehrt werden.

Eine einfachere Darstellung der Zustandsgebiete ist mit einem p,T-Diagramm möglich, d. h. die Projektion der p,v,T-Fläche in Richtung der v-Achse.

2.4.2 p,T-Diagramm

Abbildung 2.7 zeigt das p,T-Diagramm, auch Phasen-Diagramm genannt, eines reinen Stoffes. Die einzelnen Zustände werden durch die *Grenzdruckkurven* (fett) separiert. Die

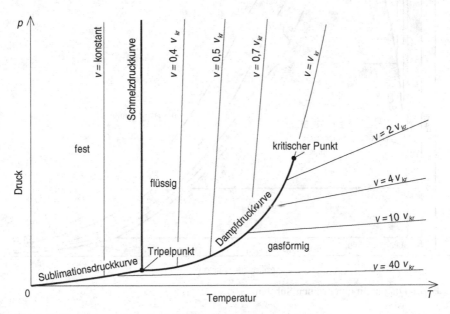

Abb. 2.7 p,T-Diagramm einer reinen Substanz mit eingetragenen Isochoren

Schmelzdruckkurve trennt den festen Zustand vom flüssigen. Rechts der *Schmelzdruck-kurve* ist die Substanz flüssig, links davon fest. Die Schmelzlinie ist die linke Seite, die Erstarrungslinie die rechte Seite der Schmelzdruckkurve. Die flüssige Phase wird von der Dampfphase durch die *Dampfdruckkurve* getrennt. Die linke Seite der Dampfdruckkurve ist die *Siedelinie,* die rechte die *Kondensationslinie*. Rechts der Kurve ist die Substanz gasförmig, links flüssig. Der feste Zustand wird durch die *Sublimationsdruckkurve* vom gasförmigen Zustand getrennt. Die Sublimationslinie ist die linke Seite, die Desublima-tionslinie die rechte Seite der Sublimationsdruckkurve. Links der Kurve ist die Substanz fest, rechts gasförmig. In dem in Abb. 2.8 gezeigten *p,v*-Diagramm einer reinen Substanz sind die Druckkurven aufgespalten.

Zwischen den Einphasengebieten befinden sich die *Zweiphasengebiete*, in denen die Substanz in zwei Phasen gleichzeitig auftreten kann. Diese Gebiete liegen genau auf den

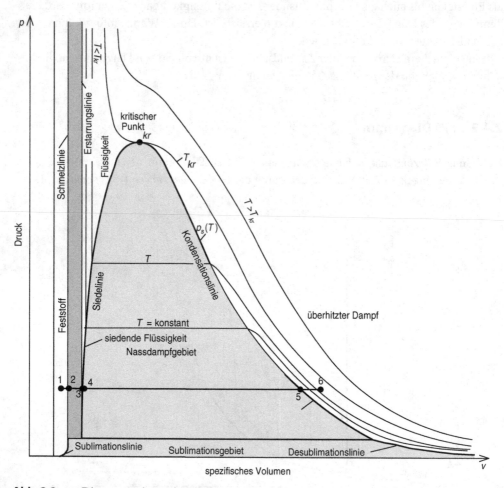

Abb. 2.8 *p,v*-Diagramm einer reinen Substanz

Grenzdruckkurven. Im Vergleich zur p,v,T-Fläche schrumpfen die Zweiphasengebiete zu einer Linie zusammen. Auf der Schmelzdruckkurve kann die Substanz gleichzeitig fest und flüssig, auf der Dampfdruckkurve flüssig und gasförmig und auf der Sublimationsdruckkurve fest und gasförmig sein. Auf den Kurven können jeweils zwei Phasen gleichzeitig auftreten, wobei dem Druck eine bestimmte Temperatur zugeordnet ist.

Damit kann das spezifische Volumen nicht mehr durch die Angabe der Temperatur und des Druckes allein bestimmt werden, sondern es ist eine weitere Größe notwendig, die angibt, welcher Massenanteil der Substanz als Flüssigkeit und welcher als Dampf vorhanden ist. Da in den Zweiphasengebieten der Druck mit der Temperatur (oder umgekehrt) gekoppelt ist, gilt auch hier die Aussage, dass der intensive Zustand eines Stoffes durch zwei intensive Zustandsgrößen festgelegt ist.

Auf der Schmelzdruckkurve wird der Druck *Schmelzdruck* oder *Erstarrungsdruck* und die dazu gehörende Temperatur *Schmelztemperatur* oder *Erstarrungstemperatur* genannt.

Auf der Dampfdruckkurve wird der Druck *Verdampfungsdruck* oder *Kondensationsdruck* und die dazu gehörende Temperatur als *Verdampfungstemperatur* oder *Kondensationstemperatur* bezeichnet.

Auf der Sublimationsdruckkurve wird der Druck *Sublimationsdruck* oder *Desublimationsdruck* und die dazu gehörende Temperatur *Sublimationstemperatur* oder *Desublimationstemperatur* genannt.

Die drei Druckkurven treffen sich am *Tripelpunkt*. Dort kann die Substanz gleichzeitig in allen drei Phasen vorhanden sein. Zum Tripelpunkt gehören die *Tripeltemperatur* und der *Tripeldruck*. Hier hat jede einzelne Phase ein eigenes spezifisches Volumen, das unterschiedlich groß ist. Unterhalb des Tripelpunktes ist die Substanz nur noch als feste oder gasförmige Phase vorhanden, d. h., bei Wärmezufuhr geht die feste direkt in die gasförmige Phase (Trockeneis), bei Wärmeabfuhr die gasförmige direkt in die feste Phase über.

> *Auf den Grenzdruckkurven ist der Druck von der Temperatur abhängig. Zu jeder Temperatur auf der Kurve gehört ein bestimmter Druck.*

Der oberste Punkt der Dampfdruckkurve ist der *kritische Punkt*. Die thermischen Zustandsgrößen am kritischen Punkt werden als kritische Größen *kritische Temperatur* T_{kr}, *kritischer Druck* p_{kr} und *kritisches spezifisches Volumen* v_{kr} bezeichnet. Im Anhang in Tab. A.1.3 sind die kritischen Zustandsgrößen einiger Stoffe aufgelistet.

Bei Temperaturen oberhalb der kritischen Temperatur und bei Drücken oberhalb des kritischen Druckes kann zwischen gasförmiger und flüssiger Phase nicht unterschieden werden. Wird Wasser bei konstantem Druck unterhalb des kritischen Druckes erwärmt, beginnt das Wasser an der Siedelinie zu verdampfen. Die Unterscheidung zwischen flüssiger und gasförmiger Phase erfolgt auf Grund der sich sprunghaft ändernden, unterschiedlichen physikalischen Eigenschaften (Dichte, Viskosität, Brechungsindex etc.). Ist der Druck höher als der kritische Druck, erfolgt weder bei Wärmezufuhr noch bei Wärmeabfuhr eine Änderung der Phase. Ist die Temperatur oberhalb des kritischen Wertes, kann durch eine Druckänderung keine Phasenänderung erreicht werden. Die Phasenänderungen haben folgende Namen:

fest	→	flüssig	Schmelzen
flüssig	→	fest	Erstarrung
flüssig	→	gasförmig	Verdampfung
gasförmig	→	flüssig	Kondensation
fest	→	gasförmig	Sublimation
gasförmig	→	fest	Desublimation

Der Zustand, in dem eine Phasenänderung einsetzt oder beendet ist, wird als *Sättigungszustand* bezeichnet. Im Zweiphasengebiet sind die einzelnen Phasen jeweils im Sättigungszustand. Wenn z. B. Wasser bei konstantem Druck durch Wärmezufuhr zu verdampfen beginnt, wird das Wasser gerade gesättigt und bleibt gesättigt, bis alles Wasser verdampft ist. Der Dampf ist beim Beginn der Verdampfung gesättigt und bleibt so bis zur vollständigen Verdampfung. Umgekehrt beginnt Dampf durch Wärmeabfuhr zu kondensieren. Zu Beginn der Kondensation ist der Dampf gerade gesättigt und bleibt so bis zur vollständigen Verflüssigung. Das entstehende Kondensat (Wasser) ist gesättigt und bleibt gesättigt, bis der ganze Dampf kondensiert ist.

Der zum Sättigungszustand gehörende Druck ist der *Sättigungsdruck* p_s und die mit ihm gekoppelte Temperatur die *Sättigungstemperatur* T_s.

Auf den Grenzdruckkurven in Abb. 2.10 kann das spezifische Volumen der Substanz nicht angegeben werden. Die Kurve macht keine Aussagen darüber, welcher Gewichtsanteil der Substanz sich in der einen und welcher Gewichtsanteil sich in der anderen Phase befindet.

In der p,v,T-Fläche in Abb. 2.6 kann in den Zweiphasengebieten das spezifische Volumen der Substanz abgelesen werden. Dazu muss aber bekannt sein, wie die Gewichtsanteile der Phasen sind. Das spezifische Volumen kann im p,v-Diagramm ähnlich bestimmt werden.

2.5   *p,v*-Diagramm

In Abb. 2.8 ist das p,v-Diagramm einer reinen Substanz dargestellt. In diesem Diagramm kann das spezifische Volumen im Zweiphasengebiet angegeben werden. Im Nassdampfgebiet könnte man Linien konstanter Dampfmassenanteile einzeichnen. Da das Diagramm nicht maßstäblich ist, wurde hier allerdings darauf verzichtet. Auf die Bestimmung der spezifischen Volumina im Zweiphasengebiet wurde bei der Berechnung der Zustandsgrößen in Abschn. 2.2.1 eingegangen.

2.5.1   Phasenübergänge

In der technischen Thermodynamik treten Stoffe meist nur in flüssiger und gasförmiger Phase auf. Daher behandeln wir hier lediglich die Phasenübergänge zwischen der flüssigen und gasförmigen Phase.

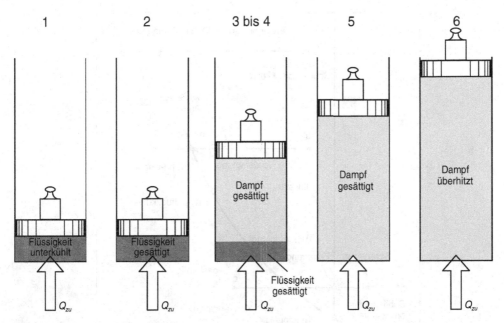

Abb. 2.9 Isobarer Phasenübergang

Der Phasenübergang wird in einem Beispiel illustriert. Wir betrachten ein geschlossenes System, das Abb. 2.9 darstellt. In einem mit einem Kolben abgeschlossenen Zylinder befindet sich Wasser mit der Masse von 1 kg bei einem Druck von 1,0142 bar und der Temperatur von 20 °C (Abb. 2.1). Der Kolben kann im Zylinder reibungsfrei gleiten und hat eine Masse, die zusammen mit dem Umgebungsdruck bewirkt, dass der Druck im Zylinder konstant bei 1,0142 bar bleibt.

Im Zustand 1 hat das spezifische Volumen des Wassers bei 20 °C den Wert von $1,002 \cdot 10^{-3}$ m³/kg. Da 1 kg Wasser im Zylinder eingeschlossen ist, beträgt das Volumen des Wassers 1002 dm³. In diesem Gebiet ist das Wasser kälter als die zum Druck gehörende Sättigungstemperatur. Man bezeichnet es als Gebiet der *unterkühlten Flüssigkeit* oder des *unterkühlten Kondensats*. Dem Wasser wird Wärme zugeführt und der Kolben hebt sich geringfügig an. Die Zustandsänderung wird in Abb. 2.10 in einem *p,T*-Diagramm dargestellt, sie beginnt bei Punkt a. Bis zum Erreichen der Temperatur von 100 °C bleibt das Wasser im Zylinder flüssig. 100 °C ist die Sättigungstemperatur des Wassers bei 1,0142 bar Druck (Punkt b bzw. Zustand 2). Nach Tab. A.2.1 beträgt das Volumen des Wassers beim Erreichen von 100 °C, wenn noch kein Wasser verdampft ist, 1,0435 dm³. Das Wasser ist jetzt gesättigt. Durch die Wärmezufuhr beginnt das flüssige Wasser zu verdampfen und der Kolben steigt weiter an (Abb. 2.10, Punkt b). Nach Tab. A.2.1 ist das spezifische Volumen des gesättigten flüssigen Wassers $1,0435 \cdot 10^{-3}$ m³/kg und das des gesättigten Dampfes 1,672 m³/kg. Je nach Gewichtsanteil des flüssigen Wassers und Wasserdampfes stellt sich ein Volumen zwischen 1,0435 dm³ und 1672 m³ ein (Zustand 3–4).

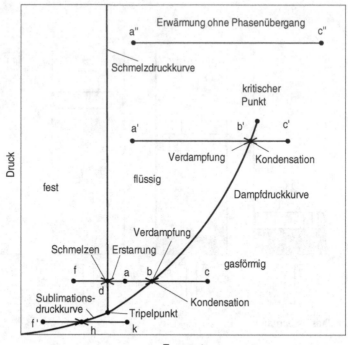

Abb. 2.10 Phasenübergänge im p, T-Diagramm

Mit dem Dampfgehalt kann das spezifische Volumen des Zweiphasengemisches aus Flüssigkeit und Dampf bestimmt werden. Das vom Dampf eingenommene Volumen ist die Masse des Dampfes, multipliziert mit seinem spezifischen Volumen.

$$V_g = m_g \cdot v'' = x \cdot m \cdot v''$$

Analog dazu ist das Volumen der flüssigen Phase:

$$V_l = m_l \cdot v' = (1-x) \cdot m \cdot v'$$

Das Volumen des Zweiphasengemisches ist die Summe der Volumina der einzelnen Phasen.

$$V = V_g + V_l = m \cdot [x \cdot v'' + (1-x) \cdot v'] = m \cdot v \tag{2.16}$$

In unserem Beispiel bleibt die Temperatur bei 100 °C, bis das Wasser vollständig verdampft ist (Abb. 2.10, Punkt b bzw. Zustand 5). Das Volumen des gesättigten Dampfes im Zylinder ist 1672 m³. Bei weiterer Wärmezufuhr erhöht sich die Temperatur des Dampfes. Der Dampf wird überhitzt und das Gebiet des *überhitzten Dampfes* erreicht (Punkt c in Abb. 2.10 bzw. Zustand 6). Der Versuch kann auch umgekehrt werden (Zustandsänderung von c nach a), der überhitzte Dampf kann dann bis zur Sättigung gekühlt werden, in der die Temperatur konstant bleibt und der Dampf anfängt zu kondensieren. Ist der Dampf vollständig kondensiert, wird bei weiterer Wärmeabfuhr das Wasser unterkühlt.

Man kann den Versuch bei anderen konstanten Drücken wiederholen. Solange der Druck unterhalb des kritischen Druckes von 22,064 MPa bleibt, tritt beim Erreichen der Sättigung Verdampfung auf. Die Temperatur des Gemisches aus Flüssigkeit und Dampf wird trotz Wärmezufuhr bis zur vollständigen Verdampfung der Flüssigkeit eine konstante Temperatur (Sättigungstemperatur) haben. Die Verdampfung ist dadurch sichtbar, dass sich unten im Zylinder Flüssigkeit und oben Dampf befinden. Ist der Druck höher als beim vorhergehenden Versuch, z. B. 10 MPa (100 bar), wird die Sättigungstemperatur höher, nämlich 311,0 °C sein. Das spezifische Volumen bei der Sättigung wird kleiner. Aus Tab. A.2.2 erhalten wir folgende Werte: $v' = 1,4526 \cdot 10^{-3}$ m³/kg und $v'' = 18,00 \cdot 10^{-3}$ m³/kg. Die Änderung des Volumens ist viel kleiner als bei dem Versuch mit 1 bar Druck. Diese Zustandsänderung ist in Abb. 2.10 mit den Buchstaben a', b' und c' gekennzeichnet.

Führt man den Versuch bei einem Druck, der höher als der kritische ist, durch, werden bei der Wärmezufuhr die Temperatur und das Volumen des Fluids stetig erhöht, es findet jedoch keine Phasenänderung statt (Zustandsänderung a'' nach c'' in Abb. 2.10).

Entzieht man dem Wasser am Punkt a in Abb. 2.10 Wärme, verringert sich die Temperatur des Wassers bis zu 0,01 °C (Punkt d). Das spezifische Volumen des Wassers wird bis zur Temperatur von 4 °C abnehmen und dann wieder ansteigen (Anomalität des Wassers). Bei der Temperatur von 0,01 °C fängt das Wasser an, zu Eis zu erstarren. Trotz der Wärmeabfuhr wird die Temperatur konstant bleiben, bis das gesamte Wasser erstarrt ist. Das spezifische Volumen der Substanz Wasser erhöht sich bei Erstarrung, was bei den meisten anderen Substanzen umgekehrt ist. Ist alles Wasser erstarrt, wird durch Wärmeabfuhr die Temperatur des Eises gesenkt (Punkt f). Durch Umkehrung des Versuchs kann dem Eis Wärme zugeführt werden. Das Eis erwärmt sich und fängt bei 0,01 °C an zu schmelzen. Die Temperatur bleibt konstant, bis das Eis vollständig geschmolzen ist. Anschließend kann durch Wärmezufuhr die Temperatur des Wassers erhöht werden.

Bei Drücken unterhalb des Tripeldruckes existiert kein flüssiges Wasser mehr, sondern nur noch Eis oder Dampf (Punkte f', h und k). Führt man dem Eis Wärme zu, erwärmt es sich zunächst und beginnt bei der zum Druck gehörenden Sublimationstemperatur (Punkt h) zu sublimieren. Die Temperatur bleibt konstant, bis das Eis vollständig sublimiert ist, anschließend erwärmt sich der Dampf (Punkt k).

2.6 Tabellen und Programme der Zustandsgrößen

Die thermodynamischen Zustandsgrößen sind für den Gebrauch in der Ingenieurpraxis in Form von Gleichungen, Tabellen und Diagrammen verfügbar. Von immer mehr Stoffen existieren die Werte thermodynamischer Zustandsgrößen auch als Programme für PC-Anwender. Hier wird auf den Gebrauch der Tabellen und die im Internet abladbaren Programme thermischer Zustandsgrößen eingegangen. Die Benutzung dieser Tabellen muss ein Ingenieur beherrschen. Die Zustandsdaten vieler Arbeitsfluide für thermodynamische Prozesse sind in internationalen Normen festgelegt (z. B. [9] Wasserdampftafel nach IAPWS-IF97 vom 27.04.1998, VDI-Richtlinie 4670).

In diesem Buch sind in den Tab. A.2–A.6 die thermodynamischen Eigenschaften im Sättigungszustand für Wasser und einige Kältemittel angegeben. Ein spezielles Gebiet stellen die idealen Gase dar, deren energetische Zustandsgrößen in den Tabellen unter A.7 zu finden sind. Für Luft als reales Gas gelten die Tab. A.8.1–A.8.4. Weiterhin sind unter A.9–A.11 die Eigenschaften von Brennstoffen und Verbrennungsgasen zu finden.

Die Stoffwerte unterkühlter Kondensate und überhitzer Dämpfe können u. a. mit den bei der Fachhochschule Zittau/Görlitz verfügbaren Programmen berechnet werden. Für eine nicht ganz genaue Berechnung der Stoffwerte unterkühlter Fluide verwendet man die Werte des gesättigten Kondensats.

2.6.1 Thermische und energetische Zustandsgrößen

Im Folgenden wird die Berechnung der Zustandsgrößen mit den Programmen und die Benutzung der Tabellen kurz beschrieben. Die Gültigkeitsbereiche und Funktionsabhängigkeit der Gleichungen für reine Stoffe zeigt Abb. 2.11, wobei z die Zustandsgrößen symbolisiert.

2.6.2 Programme der Zustandsgrößen

Programme für die thermodynamischen Stoffwerte können von Hochschulen (z. B. Fachhochschule Zittau/Görlitz [9, 10], Ruhruniversität Bochum [14]) oder von der Industrie [8, 5] bezogen werden. Mit den Programmen können noch weitere Zustandsgrößen wie

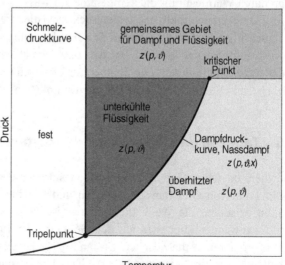

Abb. 2.11 Abgrenzung der Gültigkeitsbereiche (z symbolisiert die Zustandsgrößen)

beispielsweise die Transportgrößen Wärmeleitfähigkeit und dynamische Viskosität bestimmt werden.

Tabellen der Stoffwerte findet man in [2, 15, 7–13].

Im Kap. 12 sind *Mathcad*-Programme und Formeln zur Berechnung der energetischen Zustandsgrößen idealer Gase und Verbrennungsgasen gegeben. Eine Anleitung zur Benutzung des kostenlosen *Coolprop*-Programms, mit dem die Stoffwerte von 124 Fluiden mit Hilfe von *Mathcad* 15 und *Prime* 3.0 bestimmbar sind, wird im Kap. 12 gegeben.

Die *Mathcad*-Programme kann man im Internet abrufen.

2.6.2.1   Tabellen des Sättigungsgebiets

Für das Sättigungsgebiet wurden für Wasser (A.2.1 und A.2.2) und einige Kältemittel (A.3–A.6) jeweils zwei Tabellen erstellt. Sie geben die thermodynamischen Zustandsgrößen für die gesättigte Flüssigkeit und den gesättigten Dampf an. In den *Temperaturtabellen* (z. B. A.2.1) werden die Stoffeigenschaften für die in der ersten Kolonne aufgeführten Sättigungstemperaturen angegeben. Folgende Zustandsgrößen sind aufgelistet: Sättigungsdruck p_s, spezifisches Volumen des gesättigten Wassers v', spezifisches Volumen des gesättigten Dampfes v'', spezifische Enthalpie des gesättigten Wassers h', spezifische Enthalpie des gesättigten Dampfes h'', spezifische Verdampfungsenthalpie Δh_v, spezifische Entropie des gesättigten Wassers s' und spezifische Entropie des gesättigten Dampfes s''.

In den *Drucktabellen* werden die Stoffeigenschaften für den in der ersten Kolonne aufgeführten Sättigungsdruck angegeben. In der zweiten Kolonne ist die zum Druck gehörende Sättigungstemperatur aufgelistet. Die weiteren Kolonnen sind gleich wie bei der Temperaturtabelle.

Das spezifische Volumen des Dampf-Flüssigkeit-Gemisches im Zweiphasengebiet ist mit den spezifischen Volumina des gesättigten Dampfes und gesättigten Wassers bestimmbar. Das spezifische Volumen des Gemisches aus Dampf und Flüssigkeit kann mit Gl. (2.11) berechnet werden. Für Kältemittel gelten die Tab. A.3–A.6.

Beispiel 2.3: Zustandsänderung des Wassers

In einem mit einem Kolben abgeschlossenen Zylinder befinden sich 10 kg Dampf mit dem Druck von 3,0 MPa und der Temperatur von 300 °C (Zustand 1). Durch Wärmeabfuhr wird der Dampf zunächst isochor auf 200 °C (Zustand 2) abgekühlt. Die weitere Wärmeabfuhr folgt isotherm, bis ein Druck von 2,5 MPa (Zustand 3) erreicht wird.

a) Lokalisieren Sie die Zustände in einem p,v-Diagramm.

b) Bestimmen Sie das Volumen bei den einzelnen Zustandsänderungen.

Lösung

Annahmen

- Der Wasserdampf bildet ein geschlossenes System (die Masse bleibt konstant).
- Die Zustände 1, 2 und 3 sind Gleichgewichtszustände.

Analyse

Für die gegebenen Daten findet man folgende Zustandsgrößen:

Zustand 1: Aus Tab. A.2.2 ist die Sättigungstemperatur $\vartheta_s = 233{,}86\,°C$. Da sie kleiner ist als die Temperatur des Dampfes, ist der Dampf überhitzt und erhält für das spezifische Volumen $v_g(3{,}0\ \mathrm{MPa}, 300\,°C) = 0{,}0812\ \mathrm{m^3/kg}$.

Das Volumen des Dampfes beträgt $V_g = v_g \cdot m = \mathbf{0{,}812\ m^3}$.

Zustand 2: Aus Tab. A.2.1 erhält man bei $200\,°C$ Temperatur den dazugehörenden Sättigungsdruck von 15,55 bar. Die spezifischen Volumina bei der Sättigung sind:

$$v'(200\,°C) = 0{,}0011565\ \mathrm{m^3/kg}, \quad v''(200\,°C) = 0{,}1272\ \mathrm{m^3/kg}$$

Das spezifische Volumen im Zustand 2 ist gleich groß wie im Zustand 1. Es ist kleiner als das spezifische Volumen des gesättigten Dampfes. Damit befindet sich der Zustand 2 im Zweiphasengebiet. Der Druck beträgt 1,555 bar. Das Volumen bleibt gemäß Aufgabenstellung gleich wie beim Zustand 1. Der Dampfgehalt ist:

$$x = \frac{v_2 - v_2'(p_2)}{v_2''(p_2) - v_2'(p_2)} = \frac{0{,}08118 - 0{,}0011565}{0{,}1272 - 0{,}0011565} = 0{,}634$$

Zustand 3: Der Druck ist höher als der Sättigungsdruck von 15,54 bar, der Zustand befindet sich im Gebiet der unterkühlten Flüssigkeit. Aus Tab. A.2.4 erhält man folgenden Wert: $v_l(2{,}5\ \mathrm{MPa}, 200\,°C) = 0{,}0011565$.

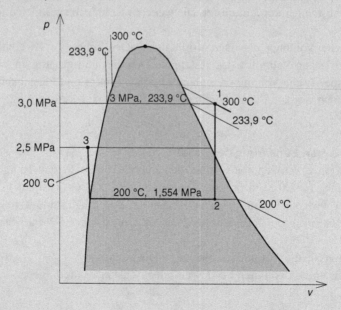

Das Volumen beträgt damit:

$$V_3 = \mathbf{0{,}0116\,m^3}.$$

Diskussion
Die Darstellung der Zustandsänderungen in Diagrammen erleichtert in vielen Fällen das Verständnis für die Zustandsänderung und die Lösung der Probleme.

2.7 Zustandsgleichungen energetischer Zustandsgrößen

Wie am Anfang des Kapitels gezeigt wurde, benötigt man zur vollständigen Beschreibung einer Zustandsänderung die *spezifische innere Energie* als weitere Zustandsgröße. Sie ist eine der *energetischen Zustandsgrößen*. Als zweite energetische Zustandsgröße wird in diesem Kapitel die *Enthalpie* eingeführt. Die energetische Zustandsgröße Entropie wird erst im Kap. 4 besprochen.

Auf die Tabellierung der spezifischen inneren Energie wird in diesem Buch verzichtet, weil ihre Berechnung aus der spezifischen Enthalpie sehr einfach ist. In den meisten Tabellenwerken wird nur die spezifische Enthalpie angegeben. Aus diesem Grund wird hier vor der Behandlung der spezifischen inneren Energie die Zustandsgröße spezifische Enthalpie eingeführt.

2.7.1 Enthalpie

In den Energiebilanzgleichungen für offene Systeme (Kap. 3) tritt häufig der Term $U + p \cdot V$ auf, er wird als energetische Zustandsgröße Enthalpie H eingeführt. Per definitionem ist:

$$H = U + p \cdot V \qquad (2.17)$$

Da die Größen U, p und V Zustandsgrößen sind, ist die Enthalpie ebenfalls eine Zustandsgröße und zwar eine extensive. Die auf die Masse bezogene spezifische Enthalpie ist:

$$h = u + p \cdot v \qquad (2.18)$$

In den Tab. A.2 bis A.6 der Zustandsgrößen sind die Werte für die Enthalpie im Sättigungszustand aufgeführt.

Im Zweiphasengebiet wird die spezifische Enthalpie wie das spezifische Volumen in Gl. (2.19) über den Dampfgehalt bestimmt.

$$h = x \cdot h'' + (1-x) \cdot h' = x \cdot (h'' - h') + h' \qquad (2.19)$$

Die Differenz zwischen der spezifischen Enthalpie des gesättigten Dampfes und der gesättigten Flüssigkeit bezeichnet man als spezifische *Verdampfungsenthalpie* Δh_v. In einigen Lehrbüchern wird das Formelzeichen r statt Δh_v verwendet. Der früher gebräuchliche Begriff Verdampfungswärme sollte nicht mehr benutzt werden.

$$\Delta h_v = h'' - h' \tag{2.20}$$

> *Die spezifische Verdampfungsenthalpie gibt an, wie viel Wärme zur Verdampfung von 1 kg einer gesättigten Flüssigkeit bei isobarer Wärmezufuhr benötigt wird.*

Die Verdampfungsenthalpie beinhaltet die Arbeit, die zur Vergrößerung des Volumens beim Übergang von der flüssigen zur gasförmigen Phase sowie zum „Herausbrechen" der Moleküle aus dem Flüssigkeitsverband benötigt wird.

Mit der Größe Verdampfungsenthalpie kann die spezifische Enthalpie im Zweiphasengebiet auch in folgender Form angegeben werden:

$$h = x \cdot \Delta h_v + h' \tag{2.21}$$

In den Tab. A.2.2 und A.2.3 ist die spezifische Verdampfungsenthalpie des Wassers gegeben. Sie wird mit zunehmendem Druck kleiner und nimmt am kritischen Punkt den Wert null an.

Die Zustandsgröße spezifische Enthalpie h wird als eine Funktion der Temperatur T und des Druckes p angegeben. Diese Darstellung verbietet jedoch keinesfalls andere Formulierungen wie z. B. $h = h(T, v)$ oder $h = h(p, s)$.

Da die spezifische Enthalpie eine Zustandsgröße ist, gilt:

$$dh = \left(\frac{\partial h}{\partial T}\right)_p \cdot dT + \left(\frac{\partial h}{\partial p}\right)_T \cdot dp \tag{2.22}$$

Die erste partielle Ableitung wird als *spezifische Wärmekapazität bei konstantem Druck* c_p oder als *isobare spezifische Wärmekapazität* bezeichnet.

$$c_p = \left(\frac{\partial h}{\partial T}\right)_p \tag{2.23}$$

Die spezifische Wärmekapazität bei konstantem Druck ist eine Stoffeigenschaft, die von der Temperatur und dem Druck des Stoffes abhängig ist.

2.7.2 Innere Energie

Die innere Energie kann nach Gl. (2.17) aus der Enthalpie bestimmt werden.

$$U = H - p \cdot V \tag{2.24}$$

Analog dazu gilt für die spezifische innere Energie:

$$u = h - p \cdot v \tag{2.25}$$

In den Tabellen sind die Werte für die spezifische Enthalpie und das spezifische Volumen als eine Funktion der Temperatur und des Druckes gegeben. Damit kann die spezifische innere Energie nach Gl. (2.25) berechnet werden.

Die spezifische innere Energie im Zweiphasengebiet ist mit dem gleichen Vorgehen wie die spezifische Enthalpie in Gl. (2.19) ermittelbar.

$$u = x \cdot u'' + (1 - x) \cdot u' \tag{2.26}$$

Die *spezifische innere Energie* wird als eine Funktion der Temperatur und des spezifischen Volumens angegeben. Diese Vereinbarung verbietet keineswegs andere Darstellungen wie z. B. $u = u(T, p)$.

Da die spezifische innere Energie eine Zustandsgröße ist, gilt:

$$du = \left(\frac{\partial u}{\partial T} \right)_v \cdot dT + \left(\frac{\partial u}{\partial v} \right)_T \cdot dv$$

Die erste partielle Ableitung wird als *spezifische Wärmekapazität bei konstantem Volumen* c_v oder als *isochore spezifische Wärmekapazität* bezeichnet.

$$c_v = \left(\frac{\partial u}{\partial T} \right)_v \tag{2.27}$$

Die spezifische Wärmekapazität bei konstantem Volumen ist eine Stoffeigenschaft, die von der Temperatur und dem Druck des Stoffes abhängig ist.

2.7.3 Referenzzustände und Referenzwerte

Die in den Tabellen angegebenen kalorischen Zustandsgrößen können nicht direkt gemessen werden, sondern sind aus Messungen anderer Größen berechenbar. Die Berechnungsverfahren benötigen zum Teil den zweiten Hauptsatz der Thermodynamik und können deswegen hier noch nicht behandelt werden. Die Energiebilanzgleichungen brauchen immer die Änderungen der inneren Energie und Enthalpie. Deshalb kann man Nullpunkte für eine der beiden Größen willkürlich wählen. Natürlich wird versucht, diese so zu definieren, dass eine sinnvolle Darstellung der Zustandsgrößen möglich ist. Für das Wasser wurde der Tripelpunkt als Referenzpunkt gewählt, bei dem die spezifische innere Energie des gesättigten flüssigen Wassers gleich null ist. Unterhalb des Tripelpunktes existiert der Stoff flüssiges Wasser nicht, was die Festlegung des Punktes sinnvoll erscheinen lässt.

Gemäß Definition ist die spezifische Enthalpie an diesem Punkt nicht gleich null, sondern h' (0,0061 bar, 0,01 °C)$=p \cdot v=0,612$ J/kg. Die Enthalpie des gesättigten Dampfes
beträgt am Tripelpunkt h'' (0,0061 bar, 0,01 °C)$=2500,9$ kJ/kg.

Bei anderen Stoffen gibt es keine allgemein gültige Regel für die Definition der Nullpunkte. Sie werden in verschiedenen Veröffentlichungen unterschiedlich festgelegt, was
jedoch bei der Berechnung der Differenzen nicht stört.

Die kalorischen Zustandsgrößen können negative Werte annehmen.

In den Kap. 4 und 9 wird auf den dritten Hauptsatz der Thermodynamik verwiesen, der
die absoluten Nullpunkte für die Zustandsgrößen Entropie und innere Energie definiert.

Beispiel 2.4: Verdampfung von Wasser

In einem ideal thermisch isolierten Zylinder befindet sich 1 kg Wasser bei einem
Druck von 1,014 bar im Sättigungszustand. Der Zylinder ist mit einem reibungsfrei
gleitenden Kolben abgeschlossen, der durch den Umgebungsdruck von 1,0 bar und
durch seine Masse einen konstanten Druck im Zylinder aufrechterhält. Durch inten-
sives Rühren mit einem Rührwerk wird das Wasser vollständig verdampft. Bestimmen Sie die Änderung des Volumens, die der inneren Energie und Enthalpie.

Lösung

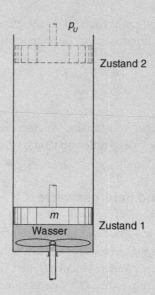

Schema Siehe Skizze

Annahmen

• Wasser ist ein geschlossenes System.
• Anfangs- und Endzustand sind Gleichgewichtszustände.
• Die kinetische und potentielle Energie ändern sich nicht.
• Der Prozess ist isobar und adiabat.

Analyse

Zum Druck von 1,014 bar gehört die Sättigungstemperatur von 100 °C. Die Werte für Enthalpie und spezifisches Volumen sind nach Tab. A.2:

$$v'' = 1,6718 \text{ m}^3/\text{kg} \qquad v' = 0,0010435 \text{ m}^3/\text{kg}$$
$$h'' = 2675,6 \text{ kJ/kg} \qquad h' = 419,17 \text{ kJ/kg}$$

Die innere Energie ist:

$$u'' = h'' - p \cdot v'' = (2675,6 \cdot 10^3 - 101400 \cdot 1,6719) \text{ J/kg} = 2506,1 \text{ kJ/kg}$$
$$u' = h' - p \cdot v' = (419,2 \cdot 10^3 - 101400 \cdot 0,0010435) \text{ J/kg} = 419,1 \text{ kJ/kg}$$

Da sich im System 1 kg Wasser befindet, sind die Zahlenwerte der inneren Energie und die der Enthalpie gleich den Werten der spezifischen Größen.

$$U_2 - U_1 = m \cdot (u'' - u') = \mathbf{2087,1 \ kJ} \quad H_2 - H_1 = m \cdot (h'' - h') = \mathbf{2256,5 \ kJ}$$

Da das Wasser während des Rührvorgangs im Sättigungszustand bleibt, entsprechen die Zustandswerte zu Beginn des Rührens dem der flüssigen und am Ende jenem der gasförmigen Phase. Da 1 kg Wasser im Zylinder eingeschlossen ist, erhält man folgende Volumina:

$$V_1 = \mathbf{0,0010435 \ m^3} \qquad V_2 = \mathbf{1,6718 \ m^3}$$

Diskussion

Die Volumenänderung ist sehr groß. Die Änderung der inneren Energie erfasst die Energie, die zum Loslösen der Moleküle aus der flüssigen Phase notwendig ist. Die Änderung der Enthalpie beinhaltet zusätzlich die für die Volumenänderung benötigte Arbeit.

2.7.4   Näherungswerte für Flüssigkeiten

In Tabellenwerken sind die thermodynamischen Zustandsgrößen v, u und h für unterkühlte Flüssigkeiten oft nicht genügend detailliert oder überhaupt nicht angegeben. Sie können mit guter Näherung entweder mit den Stoffwerten bei der Sättigung oder als inkompressible Fluide behandelt werden. Die Werte des spezifischen Volumens bei einer bestimmten Temperatur im Vergleich zu den Werten der gesättigten Flüssigkeit ändern sich mit dem Druck nur wenig und sind in guter Näherung auch für höhere Drücke als Sättigungsdruck verwendbar.

$$v(p,T) \approx v'(T) \tag{2.28}$$

Die Werte für die spezifische Enthalpie ändern sich stärker. Die innere Energie von Flüssigkeiten ändert sich mit dem Druck nur schwach. In guter Näherung kann sie folgendermaßen bestimmt werden:

$$u(p,T) \approx h'(T) - p_s(T) \cdot v'(T) \tag{2.29}$$

Bei der Enthalpie ist der Einfluss des Druckes wie folgt zu berücksichtigen:

$$h(p,T) \approx h'(T) + v'(T) \cdot (p - p_s(T)) \tag{2.30}$$

Eine andere Möglichkeit zur Bestimmung der spezifischen inneren Energie und Enthalpie ist durch die Annahme inkompressibler Zustandsänderungen möglich. Da $dv = 0$ ist, erhalten wir aus Gl. (2.27) für die Änderung der inneren Energie:

$$du = \left(\frac{\partial u}{\partial T} \right)_v \cdot dT = c_v \cdot dT \tag{2.31}$$

Die Änderung der inneren Energie hängt nur von der Temperatur ab. Die Ableitung entspricht der spezifischen Wärmekapazität bei konstantem Volumen. Somit ist auch sie nur von der Temperatur abhängig.

Enthalpie der Flüssigkeit:

$$h(p,T) = u(T) + p \cdot v \tag{2.32}$$

Die spezifische Wärmekapazität bei konstantem Volumen c_v einer inkompressiblen Flüssigkeit ist gleich der spezifischen Wärmekapazität c_p bei konstantem Druck. Dies lässt sich durch die partielle Ableitung der Enthalpie nach Gl. (2.31) zur Ermittlung der spezifischen Wärmekapazität bei konstantem Druck zeigen.

$$c_p = \left(\frac{\partial h}{\partial T} \right)_p = \left(\frac{\partial u}{\partial T} \right)_v = c_v$$

Im Folgenden bezeichnen wir die isobare und isochore spezifische Wärmekapazität der inkompressiblen Flüssigkeit mit c_p.

In vielen Büchern wird dafür die Bezeichnung c verwendet. Damit dies mit der Bezeichnung der Geschwindigkeit keinen Konflikt erzeugt, wurde hier davon abgesehen. Die Änderung der spezifischen inneren Energie einer inkompressiblen Flüssigkeit ist:

$$u_2 - u_1 = \int_1^2 c_p \cdot dT = \overline{c}_p \cdot (T_2 - T_1) \tag{2.33}$$

Die Änderung der spezifischen Enthalpie beträgt:

$$h_2 - h_1 = u_2 - u_1 + v(p_2 - p_1) = \bar{c}_p \cdot (T_2 - T_1) + v(p_2 - p_1) \qquad (2.34)$$

2.8   Ideale Gase

Die Moleküle eines Gases bewegen sich auf Grund ihrer thermischen Energie mit hoher Geschwindigkeit ungeordnet im gesamten zur Verfügung stehenden Raum. Dabei stoßen die Moleküle aneinander und an die Wand des umgebenden Behälters, wobei sie laufend ihre Richtung ändern. Diese Stoßvorgänge und die Geschwindigkeit der Moleküle bestimmen die thermischen Eigenschaften eines Gases. Bei niedrigen Drücken ist der mittlere Abstand der Gasmoleküle gegenüber ihren Abmessungen sehr groß. In diesem Fall können die Moleküle als Massenpunkte behandelt und ihre gegenseitige Anziehungskraft vernachlässigt werden. Damit kann man wichtige Aussagen über die Eigenschaften der Gase herleiten. Gase, deren Eigenschaften sich durch ein solch idealisiertes Modell beschreiben lassen, nennt man *ideale Gase*. Können die beschriebenen Vereinfachungen nicht vorgenommen werden, handelt es sich um *reale Gase*. In der Regel werden Gase bei Drücken, die sehr viel kleiner als der kritische Druck sind und bei Temperaturen, die genügend weit oberhalb der Kondensationstemperatur liegen, als ideale Gase behandelt.

2.8.1   Thermische Zustandsgleichungen

Messungen von *Boyle* und *Mariotte* zeigten, dass bei idealen Gasen mit einer konstanten Temperatur ϑ das Produkt aus dem Druck und spezifischen Volumen des Gases konstant ist.

$$p \cdot v = \text{konst.} \qquad (2.35)$$

Der Zahlenwert der Konstanten hängt von der Temperatur ab. Für jede Temperatur ϑ stellt Gl. (2.35) im p, v-Diagramm eine Hyperbel dar (Abb. 2.12).

Abb. 2.12 Schar der Isothermen

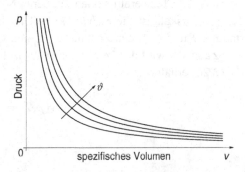

Abb. 2.13 ϑ, V-Diagramm
Zum *Gay-Lussac*-Gesetz

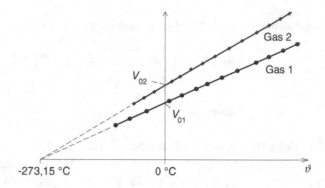

Nach dem Gesetz von *Gay-Lussac* ändert sich das Volumen eines Gases bei konstantem Druck und konstanter Masse proportional mit der Temperatur (Abb. 2.13). Im Diagramm ist das Volumen zweier Gase gleicher Masse über der Celsius-Temperatur aufgetragen. Bei $0\,°C$ haben die Gase jeweils das Volumen V_0. Versuche mit mehreren Gasen zeigten, dass sich die verlängerten Linien des Volumens alle in einem Punkt, bei $-273,15\,°C$, treffen.

$$V = V_0 + \frac{V_0}{273,15\,°C} \cdot \vartheta = V_0 \cdot \frac{273,15\,°C + \vartheta}{273,15\,°C}$$

Auf die Masseneinheit bezogen, gilt:

$$v = v_0 \cdot (1 + \beta_0 \cdot \vartheta) \qquad (2.36)$$

Dabei ist v_0 das spezifische Volumen bei $\vartheta = 0\,°C$ und $\beta_0 = 1/273,15$ K $= 1/T_0$, der bei $0\,°C$ bestimmte *Wärmeausdehnungskoeffizient* der idealen Gase, dessen Wert konstant $1/(273,15$ K$)$ für alle idealen Gase ist.

Die *Kelvin*-Temperatur ist $T = \vartheta + 273,15$ K. Damit ergibt sich aus Gl. (2.36):

$$v = v_0 \cdot \frac{273,15 + \vartheta}{T_0} = v_0 \cdot \frac{T}{T_0} \qquad (2.37)$$

Hier bestätigt sich die mit dem Gasthermometer im Kap. 1 gemachte Erfahrung, dass es eine absolute Temperaturskala gibt, deren Nullpunkt bei $-273,15\,°C$ liegt. Diese absolute Temperaturskala ist die *Kelvin-Skala*. Um die Zustandsänderung eines Gases vom Zustand p, T und v auf den Zustand p_0, T_0 und v_0 zu bestimmen, geht man in zwei Schritten vor. Zunächst wird der Druck von p auf p_0 bei konstanter Temperatur T geändert. Nach Gl. (2.26) erhält man:

$$p \cdot v(p,T) = p_0 \cdot v(p_0,T) \qquad (2.38)$$

Anschließend wird die Temperatur von T auf T_0 bei konstantem Druck p_0 geändert.

$$v(p_0, T) = v(p_0, T_0) \cdot \frac{T}{T_0} \qquad (2.39)$$

In Gl. (2.28) war v_0 das spezifische Volumen bei $\vartheta = 0\,^\circ\text{C}$ für irgendeinen beliebigen Druck. Wählt man v_0 als den Wert $v(p_0, T_0)$, ergeben die Gln. (2.38) und (2.39):

$$\frac{p \cdot v}{T} = \frac{p_0 \cdot v_0}{T_0} \qquad (2.40)$$

Die Größen p_0, T_0, und v_0 nennt man physikalische Normzustandsgrößen. Als Normdruck wurde 1 atm (physikalische Atmosphäre) und als Normtemperatur der Nullpunkt der *Celsius*-Skala gewählt. Das spezifische Normvolumen v_0 ist das spezifische Volumen bei 1 atm Druck und 0 °C Temperatur.

Physikalischer Normzustand:

$$p = 1\ \text{atm} = 101\,325\ \text{Pa} = 760\ \text{Torr}$$

$$T = 273{,}15\ \text{K} \qquad \vartheta = 0\,^\circ\text{C}$$

Da p_0 und T_0 feste Werte sind, erhält man je nach Größe des spezifischen Volumens eine für das jeweilige Gas typische Konstante R, die man als *individuelle Gaskonstante* bezeichnet.

Damit ergibt sich für ein ideales Gas folgender Zusammenhang zwischen den thermischen Zustandsgrößen:

$$p \cdot v = R \cdot T \qquad (2.41)$$

$$p \cdot V = m \cdot R \cdot T \qquad (2.42)$$

Um eine für alle idealen Gase gültige Konstante zu erhalten, wird Gl. (2.42) auf 1 kmol Gasmenge bezogen. Ein kmol ist die Masse eines Stoffes, in dem sich $6{,}0221367 \cdot 10^{26}$ Moleküle befinden.

Das Molvolumen v_m eines Stoffes (Einheit: m³/kmol) ist definiert als:

$$v_m = v \cdot M = \frac{V}{m} \cdot M \qquad (2.43)$$

Das Gesetz von *Avogadro* sagt aus:

Alle idealen Gase haben bei gleicher Temperatur und gleichem Druck dasselbe Molvolumen.

Bei 0 °C Temperatur und bei 1 atm Druck gilt:

$$v_{m0} = 22,4138 \ \frac{\text{m}^3}{\text{kmol}} \tag{2.44}$$

Die Gln. (2.34) und (2.35) in Gl. (2.33) eingesetzt, ergibt:

$$p \cdot v_m = M \cdot R \cdot T = R_m \cdot T$$
$$p \cdot V = n \cdot R_m \cdot T \tag{2.45}$$

Dabei ist n die Molzahl und R_m die *universelle Gaskonstante*, die für alle idealen Gase folgenden Wert hat:

$$R_m = 8314,41 \ \frac{\text{J}}{\text{kmol} \cdot \text{K}}$$

2.8.2 Energetische Zustandsgrößen

Die kalorischen Zustandsgrößen spezifische innere Energie und spezifische Enthalpie können für ideale Gase besonders einfach dargestellt werden. Experimentelle Untersuchungen zeigen, dass die spezifische innere Energie eines idealen Gases nur von der Temperatur abhängig ist. Damit vereinfacht sich Gl. (2.18) zu:

$$\mathrm{d}u = \left(\frac{\partial u}{\partial T} \right)_v \cdot \mathrm{d}T = c_v \cdot \mathrm{d}T \tag{2.46}$$

Die spezifische Wärmekapazität bei konstantem Volumen c_v eines idealen Gases ist nur von der Temperatur abhängig. Damit wird die Änderung der spezifischen inneren Energie:

$$u_2 - u_1 = \int_1^2 c_v(T) \cdot \mathrm{d}T \tag{2.47}$$

Die spezifische Enthalpie eines idealen Gases beträgt:

$$h_2 - h_1 = u_2 - u_1 + p_2 \cdot v_2 - p_1 \cdot v_1 = u_2 - u_1 + R \cdot (T_2 - T_1) \tag{2.48}$$

Damit ist auch die Enthalpie eines idealen Gases nur von der Temperatur abhängig. Aus
Gl. (2.23) erhalten wir:

$$h_2 - h_1 = \int_1^2 c_p(T) \cdot \mathrm{d}T \tag{2.49}$$

Daraus ergibt sich bei idealen Gasen der Zusammenhang zwischen c_p und c_v:

$$c_p(T) = c_v(T) + R \tag{2.50}$$

Die spezifische Wärmekapazität idealer Gase ist nur eine Funktion der Temperatur.

Für einige ideale Gase ist in Abb. 2.14 das Verhältnis $c_v/R = c_p/R - 1$ in Abhängigkeit der
Temperatur dargestellt.

Für Edelgase, die einatomig sind, ist das Verhältnis c_v/R konstant 1,5 und c_p/R konstant
2,5. Die Änderung der spezifischen inneren Energie und spezifischen Enthalpie für Edelgase ist damit:

$$u = u_0 + 1,5 \cdot R \cdot (T_2 - T_1) \qquad h = h_0 + 2,5 \cdot R \cdot (T_2 - T_1)$$

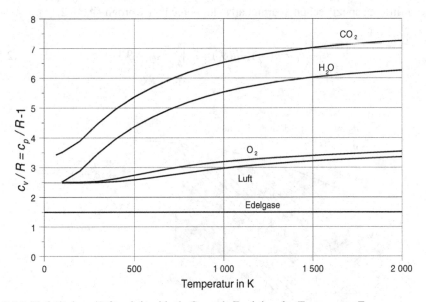

Abb. 2.14 Verhältnis c_v/R für einige ideale Gase als Funktion der Temperatur T

Bei mehratomigen idealen Gasen, die bei technischen Prozessen wichtig sind, ist die spezifische Wärmekapazität eine relativ komplexe Funktion der Temperatur. Sie kann in Form von Polynomen angegeben werden [14].

$$c_p = R \cdot \sum_{k=1}^{k=10} a_k \cdot T_R^{b_k} \tag{2.51}$$

Die Temperatur T_R ist dabei:

$$T_R = \frac{T}{T_0} = 1 + \frac{\vartheta}{273,15\,\mathrm{K}}$$

Die Koeffizienten a_k und b_k der Polynome sind in Kap. 12.1.2 für einige der wichtigsten Gase angegeben.

Bei der Berechnung der Zustandsänderungen ist die Änderung der spezifischen inneren Energie und spezifischen Enthalpie maßgebend. Die Änderung der spezifischen Enthalpie bei einer Zustandsänderung, bei der sich die Temperatur von $\vartheta_0 = 0\,°\mathrm{C}$ auf ϑ ändert, erhält man aus der Integration von Gl. (2.51):

$$h(\vartheta) = h_0 + \int_{0\,°\mathrm{C}}^{\vartheta} c_p(\vartheta) \cdot d\vartheta \tag{2.52}$$

Dabei ist h_0 die Enthalpie bei $0\,°\mathrm{C}$. Die Änderung der spezifischen Enthalpie kann auch mit einer mittleren spezifischen Wärmekapazität berechnet werden (Abb. 2.15).

$$h_2 - h_1 = h(\vartheta_2) - h(\vartheta_1) = \left. \bar{c}_p \right|_{\vartheta_1}^{\vartheta_2} \cdot (\vartheta_2 - \vartheta_1) \tag{2.53}$$

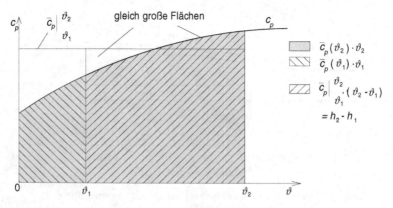

Abb. 2.15 Zur Bestimmung der mittleren spezifischen Wärmekapazität

Mit Gl. (2.53) ist die mittlere spezifische Wärmekapazität bei konstantem Druck zwischen der allgemeinen Temperatur ϑ und der Referenztemperatur $\vartheta = 0\,°C$:

$$\overline{c}_p(\vartheta) = \frac{1}{\vartheta} \int\limits_{0\,°C}^{\vartheta} c_p \cdot d\vartheta = \frac{h(\vartheta) - h(0\,°C)}{\vartheta - 0\,°C}$$

In Tab. A.7.1 sind die mittleren spezifischen Wärmekapazitäten, integriert zwischen $0\,°C$ und den tabellierten Temperaturen ϑ, angegeben. Damit können die mittleren spezifischen Wärmekapazitäten zwischen zwei beliebigen Temperaturen ϑ_1 und ϑ_2 aus der Tabelle bestimmt werden:

$$\overline{c}_p\Big|_{\vartheta_1}^{\vartheta_2} = \frac{\overline{c}_p(\vartheta_2) \cdot \vartheta_2 - \overline{c}_p(\vartheta_1) \cdot \vartheta_1}{\vartheta_2 - \vartheta_1} = \frac{h(\vartheta_2) - h(\vartheta_1)}{\vartheta_2 - \vartheta_1} \tag{2.54}$$

Die Änderung der spezifischen Enthalpie ist dann:

$$h_2 - h_1 = \overline{c}_p(\vartheta_2) \cdot \vartheta_2 - \overline{c}_p(\vartheta_1) \cdot \vartheta_1 \tag{2.55}$$

Mit Gl. (2.48) können die Werte für die mittlere spezifische Wärmekapazität bei konstantem Volumen und damit auch die spezifische innere Energie berechnet werden.

$$\overline{c}_v = \overline{c}_p - R \tag{2.56}$$

Das Verhältnis der spezifischen Wärmekapazitäten wird mit dem Symbol κ bezeichnet und heißt *Isentropenexponent*.

$$\kappa = \frac{c_p}{c_v} \tag{2.57}$$

Seine Bedeutung wird im Kap. 4 besprochen. Die mittleren Isentropenexponenten berechnet man mit den mittleren Werten der spezifischen Wärmekapazitäten.

Die Zusammenhänge zwischen den Größen c_p, c_v, R und κ beschreiben die Gln. (2.56) und (2.57). Sind zwei der vier Größen bekannt, können die anderen zwei berechnet werden. Nachstehend die mathematischen Zusammenhänge zwischen den vier Größen:

$$c_v = c_p - R = \frac{c_p}{\kappa} = \frac{R}{\kappa - 1} \qquad c_p = c_v + R = c_v \cdot \kappa = \frac{\kappa \cdot R}{\kappa - 1}$$

$$\kappa = \frac{c_p}{c_v} = \frac{c_p}{c_p - R} = \frac{c_v + R}{c_v} \qquad R = c_p - c_v = c_p \cdot \left(1 - \frac{1}{\kappa}\right) = c_v \cdot (\kappa - 1) \tag{2.58}$$

Gleichung (2.58) gilt für lokale und mittlere Werte der spezifischen Wärmekapazitäten und des Isentropenexponenten.

2.8.3 Zustandsänderung idealer Gase

Zustandsänderungen idealer Gase können oft durch folgenden exponentiellen Zusammenhang zwischen Druck und spezifischem Volumen beschrieben werden:

$$p \cdot v^n = \text{konst.} \tag{2.59}$$

Für die so beschriebene Zustandsänderung wird der *Polytropenexponent n* als konstant vorausgesetzt. Bei der Zustandsänderung zwischen den Zuständen 1 und 2 gilt unter Berücksichtigung der Zustandsgleichung idealer Gase:

$$\frac{p_2}{p_1} = \left(\frac{v_1}{v_2}\right)^n = \left(\frac{T_2}{T_1}\right)^{n/(n-1)} \tag{2.60}$$

Auf die Bedeutung der *polytropen Zustandsänderungen* wird im Kap. 6 näher eingegangen.

Beispiel 2.5: Zylinder mit federbelastetem Kolben
In einem Zylinder, der mit einem federbelasteten Kolben abgeschlossen ist, befindet sich Luft bei 2 bar Druck und 300 K Temperatur. Der Zylinder hat einen Durchmesser von 100 mm, der Kolben befindet sich 100 mm oberhalb des Zylinderbodens. Durch Wärmezufuhr erhöht sich der Druck auf 5 bar und der Kolben wird reibungsfrei 50 mm verschoben. Der Umgebungsdruck ist 1,0 bar.

Zu bestimmen sind die Temperatur im Zylinder, der Polytropenexponent, die Arbeit, die an der Feder geleistet wird und die Änderung der inneren Energie.
Lösung

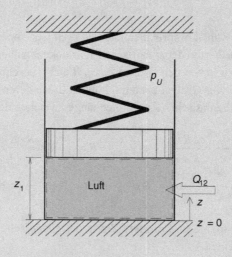

Schema Siehe Skizze

Annahmen

- Wie im Schema dargestellt, ist die Luft im Zylinder eingeschlossen.
- Anfangs- und Endzustand sind Gleichgewichtszustände.
- Der Prozess verläuft reibungsfrei.

Analyse

Der Druck im Zylinder wird durch den Außendruck und die Federkraft bestimmt.

$$p = p_U + \frac{4 \cdot f \cdot (z - z_0)}{\pi \cdot d^2}$$

Dabei ist f die Federkonstante und z_0 die Lage des Kolbens, wenn die Federkraft gleich null ist. f und z_0 können bestimmt werden, da der Ort des Kolbens und der Druck bei zwei Zuständen gegeben ist.

$$p_1 = p_U + \frac{4 \cdot f \cdot (z_1 - z_0)}{\pi \cdot d^2} \qquad p_2 = p_U + \frac{4 \cdot f \cdot (z_2 - z_0)}{\pi \cdot d^2}$$

$$\frac{p_2 - p_U}{p_1 - p_U} = \frac{z_2 - z_0}{z_1 - z_0} \frac{5 - 1}{2 - 1} = \frac{0{,}15 \cdot m - z_0}{0{,}1 \cdot m - z_0} \qquad z_0 = 0{,}08\overline{3} \; m$$

$$f = \frac{p_1 - p_U}{4 \cdot (z_1 - z_0)} \cdot \pi \cdot d^2 = \frac{10^5 \cdot N}{4 \cdot 0{,}01\overline{6} \cdot m \cdot m^2} \cdot \pi \cdot 0{,}01 \cdot m^2 = 47124 \cdot \frac{N}{m}$$

Für die polytrope Zustandsänderung kann aus Gl. (2.60) der Polytropenexponent berechnet werden.

$$n = \frac{\ln(p_2/p_1)}{\ln(v_1/v_2)} = \frac{\ln(p_2/p_1)}{\ln(z_1/z_2)} = \frac{\ln(2{,}5)}{\ln(0{,}6\overline{6})} = -\mathbf{2{,}2599}$$

Da der Druck und das Volumen beider Zustände bekannt sind, bestimmt man für Luft als ideales Gas die Temperatur mit Gl. (2.41):

$$T_2 = T_1 \cdot \frac{p_2 \cdot V_2}{p_1 \cdot V_1} = \frac{p_2 \cdot A \cdot z_2}{p_1 \cdot A \cdot V_1} \cdot T_1 = \frac{5 \cdot 150}{2 \cdot 100} \cdot 300 \; K = \mathbf{1125 \; K}$$

Die Temperaturänderung als polytrope Änderung nach den Gln. (2.41) und (2.60) ist:

$$T_2 = T_1 \cdot (V_1/V_2)^{n-1} = T_1 \cdot (z_1/z_2)^{n-1} = (100/150)^{-2{,}599-1} \cdot 300 \; K = \mathbf{1125 \; K}$$

Wie zu erwarten war, sind die Ergebnisse identisch. Die Arbeit, die an der Feder geleistet wird, ist:

$$W_{12} = \int_{z_1}^{z_2} f \cdot (z - z_0) \cdot dz = f \cdot \left[0,5 \cdot \left(z_2^2 - z_1^2 \right) - z_0 \cdot \left(z_2 - z_1 \right) \right] = 98,175 \text{ J}$$

Die innere Energie kann mit den Gln. (2.48) und (2.56) berechnet werden:

$$U_2 - U_1 = m \cdot (u_2 - u_1) = m \cdot [\overline{c}_p(\vartheta_2) \cdot \vartheta_2 - \overline{c}_p(\vartheta_1) \cdot \vartheta_1 - R(\vartheta_2 - \vartheta_1)]$$

Durch Interpolation wird die mittlere spezifische Wärmekapazität aus Tab. A.7.1 bestimmt. Die mittleren c_p-Werte sind:

$$\overline{c}_p(20\,°C) = 1004,2 \text{ J/(kg} \cdot \text{K)} \qquad \overline{c}_p(40\,°C) = 1004,6 \text{ J/(kg} \cdot \text{K)}$$
$$\overline{c}_p(800\,°C) = 1071,2 \text{ J/(kg} \cdot \text{K)} \qquad \overline{c}_p(900\,°C) = 1081,4 \text{ J/(kg} \cdot \text{K)}$$

Daraus errechnen sich die Werte für 27 °C und 852 °C.

$$\overline{c}_p(27\,°C) = 1004,3 \ \frac{\text{J}}{\text{kg} \cdot \text{K}} \quad \overline{c}_p(852\,°C) = 1076,5 \ \frac{\text{J}}{\text{kg} \cdot \text{K}}$$

Die Masse der Luft kann mit Gl. (2.42) berechnet werden. Die Gaskonstante der Luft entnimmt man Tab. A.1.3: $R = 287,06$ J/(kg K).

$$m = \frac{p_1 \cdot V_1}{R \cdot T_1} = \frac{\pi \cdot p_1 \cdot d^2 \cdot z_1}{4 \cdot R \cdot T_1} = \frac{\pi \cdot 200\,000 \cdot \text{N/m}^2 \cdot 0,1^2 \cdot \text{m}^2 \cdot 0,1 \cdot \text{m}}{4 \cdot 287,1 \cdot \text{J/(kg} \cdot \text{K)} \cdot 300 \text{ K}} = 1,824 \cdot 10^{-3} \text{kg}$$

Jetzt ist die Änderung der inneren Energie zu bestimmen:

$$U_2 - U_1 = 1,824 \cdot 10^{-3} \cdot \text{kg} \cdot (1076,5 \cdot 852 - 1004,3 \cdot 27 - 287,06 \cdot 825) \cdot \text{J/kg} = \textbf{1191 J}$$

Diskussion

Die Berechnung des mittleren c_v-Wertes erfolgt aus der Berechnung des mittleren c_p-Wertes aus Tab. A.7.1. Sofern die Werte der Temperaturen keine runden Werte sind, müssen sie aus der Tabelle durch lineare Interpolation ermittelt werden.

Beispiel 2.6: Verdichtung und Expansion eines idealen Gases
In einem Zylinder mit einem reibungsfrei beweglichen Kolben ist Kohlendioxid eingeschlossen. Der Zylinder hat den Durchmesser von 1,0 m, der Kolben befindet sich 1,0 m vom Zylinderboden entfernt. Der Druck im Zylinder ist 0,98 bar, die Temperatur 20 °C.

Folgende Prozesse sind zu untersuchen: Vergrößerung und Verringerung des Volumens um 10 %. Bei beiden Prozessen werden Zustandsänderungen mit den Polytropenexponenten von 0,0, 1,0 und 1,2931 untersucht.

Bestimmen Sie die Temperatur, den Druck und die Enthalpieänderung.

Lösung

Annahmen

- Das im Zylinder eingeschlossene Kohlendioxid ist ein geschlossenes System.
- Der Anfangs- und Endzustand sind Gleichgewichtszustände.

Analyse

Für die gegebenen Prozesse können mit den Gln. (2.53) und (2.60) die Drücke, Temperaturen und Arbeiten direkt ermittelt werden.

$$p_2 = p_1 \cdot \left(\frac{V_1}{V_2} \right)^n \qquad\qquad T_2 = T_1 \cdot \left(\frac{V_1}{V_2} \right)^{n-1}$$

Kompression $V_2 = 0,9 \cdot V_1$				Expansion $V_2 = 1,1 \cdot V_1$			
n	0,0	1,0	1,2931	0,0	1,0	1,2931	
p_2	0,9800	1,0889	1,1230	0,9800	0,8909	0,8664	bar
T_2	263,84	293,15	302,34	322,46	293,15	285,07	K
ϑ_2	−9,31	20,00	29,19	49,31	20,00	11,92	°C
$h_2 - h_1$	−24,13	0	7,76	25,03	0	−6,74	kJ

Da die Temperaturen im Bereich von $-9,31\,°C$ und $+49,23\,°C$ liegen, entnimmt man die c_p-Werte für CO_2 für $-20\,°C$, $0\,°C$, $20\,°C$, $40\,°C$ und $60\,°C$ Tab. A.7.1.

$$\overline{c}_p(-20\,°C) = 803,1 \qquad \overline{c}_p(0\,°C) = 817,3 \qquad \overline{c}_p(20\,°C) = 828,0$$

$$\overline{c}_p(40\,°C) = 838,6 \qquad \overline{c}_p(60\,°C) = 848,8 \qquad R = 188,92$$

Die mittleren Werte von $\overline{c}_p$ und $\overline{c}_v$ zwischen den Temperaturen T_1 und T_2 können mit Gl. (2.54) berechnet werden, sie sind ebenfalls in der Tabelle eingetragen. Hier wird die Berechnung des Wertes der mittleren spezifischen Wärmekapazität für die Zustandsänderung von $20\,°C$ auf $29,13\,°C$ gezeigt.

$$\overline{c}_p(29,19\,°C) = \overline{c}_p(20\,°C) + \frac{\overline{c}_p(40\,°C) - \overline{c}_p(20\,°C)}{40 - 20} \cdot (29,19 - 20) = 832,9 \, \frac{J}{kg \cdot K}$$

Die Ergebnisse der übrigen Berechnungen sind in der Tabelle dargestellt.

Diskussion

Die Temperaturen, Drücke und Enthalpien können leicht mit den Gleichungen der idealen Gase bestimmt werden. Es ist immer streng darauf zu achten, dass man die richtigen Dimensionen verwendet.

2.9　Reale Gase

Gase, bei denen die räumliche Ausdehnung der Moleküle und die Wechselwirkung zwischen den Molekülen nicht vernachlässigbar sind, werden *reale Gase* genannt. Das Verhalten ihrer thermischen Zustandsgrößen kann nicht mehr durch die ideale Gasgleichung Gl. (2.32) beschrieben werden. Die Abweichung ihres Verhaltens nimmt mit zunehmendem Druck und mit abnehmender Temperatur zu.

2.9.1　Realgasfaktor

Die Abweichung des Verhaltens der thermischen Zustandsgrößen eines Gases von dem eines idealen Gases wird durch den *Realgasfaktor z* (compressibility factor) angegeben. Das Zustandsverhalten der thermischen Zustandsgrößen kann mit dem Realgasfaktor folgendermassen beschrieben werden:

$$p \cdot v = z_R \cdot R \cdot T \tag{2.61}$$

Die Gaskonstante R ist die charakteristische Größe eines Gases und wird auch für reale Gase beibehalten. Der Realgasfaktor z_R kann aus der Messung der drei thermischen Zustandsgrößen p, v und T bestimmt werden. Er gibt an, wie weit die thermischen Zustandsgrößen eines Gases vom Idealgasverhalten abweichen. Liegt der Wert des Realgasfaktors zwischen 0,98 und 1,02, kann das Gas meist noch mit guter Genauigkeit als ideales Gas behandelt werden.

$$z_R = \frac{p \cdot v}{R \cdot T} \tag{2.62}$$

Der Realgasfaktor nimmt beim Grenzübergang $p \to 0$ den Wert von 1 an, d. h., das Gas wird ein ideales Gas.

Abbildung 2.16 zeigt den Realgasfaktor des Wasserstoffes als eine Funktion der Temperatur und des Druckes. Eine mögliche Darstellung des aus Messungen ermittelten Wertes des Realgasfaktors ist eine unendliche Reihe, die *Virialgleichung* genannt wird.

$$z_R = 1 + \frac{B(T)}{V_m} + \frac{C(T)}{V_m^2} + \frac{D(T)}{V_m^3} + \dots$$

Die Koeffizienten B, C, D usw. heißen *Virialkoeffizienten*. Im Grenzfall, wenn der Druck gegen null geht, strebt das Molvolumen gegen unendlich und der Realgasfaktor nimmt den Wert 1 an. Die Virialgleichung und die Virialkoeffizienten lassen sich theoretisch begründen. Der Virialkoeffizient $B(T)$ berücksichtigt die Wechselwirkung der Kräfte zwischen Molekülpaaren, $C(T)$ die zwischen Dreiergruppen usw.

Abb. 2.16 Realgasfaktor des Wasserstoffes [1]

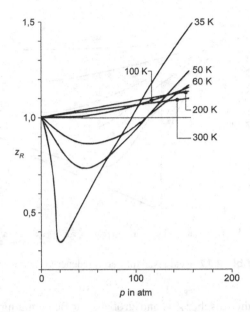

Neben der Virialgleichung, die nur bei nicht allzu hohen Dichten brauchbar ist, wurden zahlreiche andere Zustandsgleichungen vorgeschlagen. Hier wird nur das Theorem der korrespondierenden Zustände behandelt.

2.9.2 Theorem korrespondierender Zustände

Das *Theorem korrespondierender Zustände*, kurz auch *Korrespondenzprinzip* genannt, wurde von *van der Waals* vorgeschlagen. Der Vergleich der Realgasfaktoren verschiedener Gase zeigt ein qualitativ ähnliches Verhalten. Die genaue Analyse ergibt, dass die Kurven verschiedener Gase eng zusammenfallen, wenn die Variablen p und T durch die *reduzierten* Größen p_r und T_r ersetzt werden. Die reduzierten Größen sind die Variablenwerte, geteilt durch den Wert am kritischen Punkt.

$$p_r = \frac{p}{p_{krit}} \qquad T_r = \frac{T}{T_{krit}}$$

In Abb. 2.17 ist der Realgasfaktor verschiedener Gase als eine Funktion der *reduzierten Temperatur* T_r und des *reduzierten Druckes* p_r dargestellt. Das *reduzierte spezifische Volumen* ist $v_r = v/v_{krit}$. Der Zustand mit den gleichen reduzierten Zustandsgrößen p_r und T_r heißt *korrespondierender Zustand*.

Die durch das Korrespondenzprinzip erreichte verallgemeinerte Beziehung für die Realgasfaktoren ist eine Näherung und kein Ersatz für die genauen Gleichungen

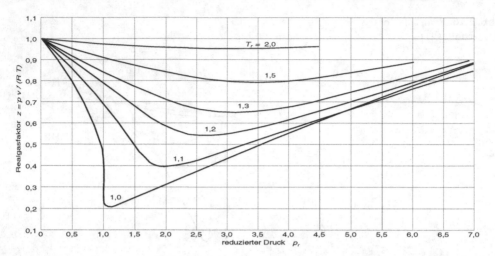

Abb. 2.17 Realgasfaktor verschiedener Gase mit reduzierten Zustandsgrößen [12]

thermischer Zustandsgrößen. Zur Bestimmung des Realgasfaktors werden drei Verfahren vorgestellt:

1. Die 1873 von *van der Waals* vorgeschlagene Zustandsgleichung lautet:

$$p = \frac{R \cdot T}{v - b} - \frac{a}{v^2} \tag{2.63}$$

Dabei ist b das von den Molekülen eingenommene Volumen, und der Term a/v^2 berücksichtigt die Wechselwirkungskräfte zwischen den Molekülen. Die Konstanten a und b können auf Grund der Tatsache, dass die kritische Isotherme im p,v-Diagramm (Abb. 2.6) am kritischen Punkt einen Wendepunkt hat, bestimmt werden. Für diesen Wendepunkt am kritischen Punkt gilt:

$$\left(\frac{\partial p}{\partial v} \right)_T = 0 \qquad \left(\frac{\partial^2 p}{\partial v^2} \right)_T = 0$$

Die Ableitungen der *van der Waals*-Gleichung sind:

$$\left(\frac{\partial p}{\partial v} \right)_T = -\frac{R \cdot T_{krit}}{(v_{krit} - b)^2} + \frac{2 \cdot a}{v_{krit}^3} = 0$$

$$\left(\frac{\partial^2 p}{\partial v^2} \right)_T = \frac{2 \cdot R \cdot T_{krit}}{(v_{krit} - b)^3} - \frac{6 \cdot a}{v_{krit}^4} = 0$$

Weiterhin gilt am kritischen Punkt:

$$p_{krit} = \frac{R \cdot T_{krit}}{v_{krit} - b} - \frac{a}{v_{krit}^2}$$

Damit erhält man für die drei unbekannten Größen a, b und v_{krit}:

$$a = \frac{27}{64} \cdot \frac{R^2 \cdot T_{krit}^2}{p_{krit}}; \quad b = \frac{R \cdot T_{krit}}{8 \cdot p_{krit}}; \quad v_{krit} = \frac{3}{8} \cdot \frac{R \cdot T_{krit}}{p_{krit}}$$

Mit einem reduzierten spezifischen *Pseudovolumen* $v'_r = p_{krit} \cdot v / (R \cdot T_{krit})$ erhalten wir für den Realgasfaktor:

$$z_R = \frac{v'_r}{v'_r - 1/8} - \frac{27}{64 \cdot T_r \cdot v'_r} \qquad (2.64)$$

Der Realgasfaktor kann auch in Abhängigkeit von der reduzierten Temperatur und dem reduzierten Druck bestimmt werden:

$$z_R^3 - \left(\frac{p_r}{8 \cdot T_r} - 1 \right) \cdot z_R^2 + \frac{27 \cdot p_r}{64 \cdot T_r^2} \cdot z_R - \frac{27 \cdot p_r^2}{512 \cdot T_r^3} = 0 \qquad (2.65)$$

Nach Gl. (2.62) ist der Realgasfaktor am kritischen Punkt:

$$z_{krit} = \frac{v_{krit} \cdot p_{krit}}{R \cdot T_{krit}} = \frac{3}{8} = 0,375$$

Wie in Abb. 2.15 zu sehen ist, liegen die Werte für den Realgasfaktor am kritischen Punkt zwischen 0,23 und 0,39. Für die meisten Anwendungen ist die *van der Waals*-Gleichung nicht genügend genau. Sie ist die einfachste Beziehung, die die Abweichung der Zustandsgleichung von derjenigen idealer Gase berücksichtigt.

2. Eine etwas genauere Beziehung ist die *Redlich-Kwong*-Gleichung, die 1947 vorgeschlagen wurde. Sie ist eine empirische Gleichung und lautet:

$$p = \frac{R \cdot T}{v - b} - \frac{a}{v \cdot (v + b) \cdot T^{1/2}} \qquad (2.66)$$

Die Konstanten a und b können nach den gleichen Kriterien wie bei der *van der Waals*-Gleichung ermittelt werden.

$$a = 0,42748 \cdot \frac{R^2 \cdot T_{krit}^{5/2}}{p_{krit}} \qquad b = 0,08664 \cdot \frac{R \cdot T_{krit}}{p_{krit}}$$

Der Realgasfaktor wird damit:

$$z_R = \frac{v_r'}{v_r' - 0,08664} - \frac{0,42748}{(v_r' + 0,08664) \cdot T_r^{3/2}} \tag{2.67}$$

Nach der *Redlich-Kwong*-Gleichung ist der Realgasfaktor am kritischen Punkt 0,333 und nach *van der Waals* 0,375. Beide Gleichungen liefern zu hohe Werte. Die Erfahrung zeigt, dass im Vergleich die *Redlich-Kwong*-Gleichung genauere Werte liefert als die *van der Waals*-Gleichung. Beide Gleichungen sind aber nur für überschlägige Berechnungen geeignet. Werden genauere Werte benötigt, müssen andere, komplexere Gleichungen, die auf gemessenen Stoffwerten basieren bzw. entsprechende Tabellen verwendet werden.

3. Im Anhang kann aus Diagramm B.1 der Realgasfaktor bestimmt werden.

Beispiel 2.7: Verschiedene Gleichungen für reale Gase im Vergleich
In einer Gasflasche mit 50 l Volumen befinden sich 12 kg Sauerstoff bei 20 °C Temperatur. Bestimmen Sie den Druck im Gas
a) als ideales Gas
b) mit dem Realgasfaktor nach B.1 (Prinzip der korrespondierenden Zustände)
c) mit der *van der Waals*-Gleichung
d) mit der *Redlich-Kwong*-Gleichung.
Lösung
Annahmen
• Das Gas ist ein geschlossenes System.
• Das Gas befindet sich im Gleichgewichtszustand.
Analyse
Den Tab. A.1.3 und A.7.1 können folgende Daten entnommen werden:

$$p_{krit} = 50,5 \text{ bar} \qquad T_{krit} = 154,0 \text{ K} \qquad R = 259,84 \text{ J/(kg K)}$$
$$v = V/m = 0,004167 \text{ m}^3/\text{kg}$$

a) Für ein ideales Gas gilt nach Gl. (2.41):

$$p = \frac{T \cdot R}{v} = \frac{293,15 \cdot \text{K} \cdot 259,84 \cdot \text{J} \cdot \text{kg}}{0,004167 \cdot \text{m}^3 \cdot \text{kg} \cdot \text{K}} = 18,280 \text{ MPa} = \mathbf{182,8 \text{ bar}}$$

b) Die Ermittlung aus Abb. B.1 erfolgt iterativ.

$$T_r = T/T_{krit} = 293,15/154,0 = 1,904$$

Mit einem angenommenen Druck von 182,8 bar erhält man für den reduzierten Druck: $p_r = 182,8/50,5 = 3$,

Aus Diagramm B.1 ist der Realgasfaktor $z_R = 0,94$. Nach Gl. (2.52) berechnet sich der Druck zu:

$$p = \frac{z_R \cdot R \cdot T}{v} = \mathbf{171,8\ bar}$$

Der reduzierte Druck ist jetzt $p_r = 3,40$. Da die Isotherme in diesem Bereich sehr flach verläuft, verändert sich der Realgasfaktor nicht.

c) Zur Bestimmung des Realgasfaktors nach *van der Waals* muss zunächst das reduzierte spezifische Volumen v_r' berechnet werden.

$$v_r' = \frac{v \cdot p_{krit}}{R \cdot T_{krit}} = \frac{0,004167 \cdot 50,5 \cdot 10^5}{259,84 \cdot 154} = 0,5259$$

Den Realgasfaktor erhält man mit Gl. (2.64):

$$z_R = \frac{v_r'}{v_r' - 1/8} - \frac{27}{64 \cdot T_r \cdot v_r'} = \frac{0,5259}{0,5259 - 0,125} - \frac{27}{64 \cdot 1,904 \cdot 0,5259} = 0,890$$

$$\text{Nach Gl. (2.52) ist der Druck: } p = \frac{z \cdot R \cdot T}{v} = \mathbf{162,8\ bar}$$

d) Anhand der Gl. (2.67) kann man den Realgasfaktor bestimmen:

$$z_R = \frac{v_r'}{v_r' - 0,08664} - \frac{0,42748}{(v_r' + 0,08664) \cdot T_r^{3/2}} =$$

$$= \frac{0,5259}{0,5259 - 0,08664} - \frac{0,42748}{(0,5259 + 0,08664) \cdot 1,904^{3/2}} = 0,9131$$

$$\text{Der Druck ist damit: } p = \frac{z_R \cdot R \cdot T}{v} = \mathbf{170,3\ bar}$$

Diskussion

Aus den Stoffwerttabellen im VDI Wärmeatlas erhält man einen Druck von 171,11 bar. Nach der der idealen Gasgleichung berechnete Wert ist um 6,8 % zu groß, mit dem Realgasfaktor in Diagramm B.1 ist der Wert um 0,4 % zu groß, nach der *van der Waals*-Gleichung um 4,9 % zu klein und mit der *Redlich-Kwong*-Gleichung um 0,5 % zu klein berechnet.

2.10   Gasmischungen

Viele wichtige thermodynamische Prozesse laufen nicht mit reinen Gasen, sondern mit Gasmischungen wie z. B. trockener Luft, feuchter Luft, Abgasen, Erdgas usw. ab. Das Verständnis für das Verhalten der Gasmischungen ist Voraussetzung für ihre rechnerische Handhabung.

Der folgende Abschnitt befasst sich mit Gasmischungen aus idealen Gaskomponenten, die

- chemisch nicht miteinander reagieren und
- im thermodynamischen Gleichgewicht sind.

Die Eigenschaften der Gasmischungen hängen von den Eigenschaften der Einzelkomponenten ab. Wegen der möglichen Vielfalt ist es nicht praktikabel, Zustandstabellen für jede denkbare Mischung zu erstellen. Deshalb ist es von Bedeutung, die Prinzipien der Zustandsberechnung von Mischungen zu kennen. Im ersten Teil des Abschnitts werden die Mischungen idealer Gase behandelt, im zweiten wird kurz auf die Realgasmischungen eingegangen.

2.10.1   Mischung idealer Gase

Das ideale Gas ist ein Modellstoff, bei dem das Eigenvolumen der Moleküle und die Wechselwirkungskräfte zwischen ihnen vernachlässigbar sind. Diese Voraussetzungen sind desto besser erfüllt, je weiter die Moleküle voneinander entfernt sind, was bei niedrigen Gasdrücken der Wirklichkeit sehr nahe kommt.

2.10.1.1   Massen- und Molanteile der Gasmischung

Zur Bestimmung der Eigenschaften einer Gasmischung müssen ihre Zusammensetzung sowie die Eigenschaften der Einzelkomponenten bekannt sein. Die Zusammensetzung der Gasmischung kann auf zwei Arten angegeben werden:

a) in Massenanteilen
b) in Molanteilen.

Als Beispiel ist eine Mischung aus Stickstoff und Sauerstoff aufgeführt.

Die Masse der Gasmischung ist gleich der Summe der Einzelmassen (Abb. 2.18). Die Bilanz gilt auch für Stoffmengen: Die Molzahl (Stoffmenge) der Gasmischung ist gleich der Summe der Molzahlen (Stoffmengen) der Komponenten (Abb. 2.19).

Die Masse und Menge der zwei Komponenten sind:

$$m = m_{N_2} + m_{O_2} \qquad n = n_{N_2} + n_{O_2}$$

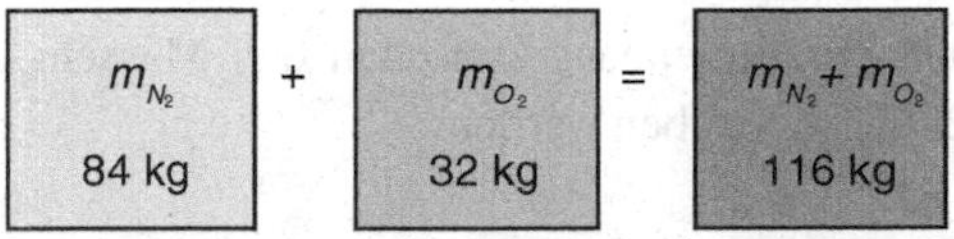

Abb. 2.18 Massenbilanz der
Gasmischung

$$m_{N_2} \quad + \quad m_{O_2} \quad = \quad m_{N_2} + m_{O_2}$$

$$84 \text{ kg} \qquad\qquad 32 \text{ kg} \qquad\qquad 116 \text{ kg}$$

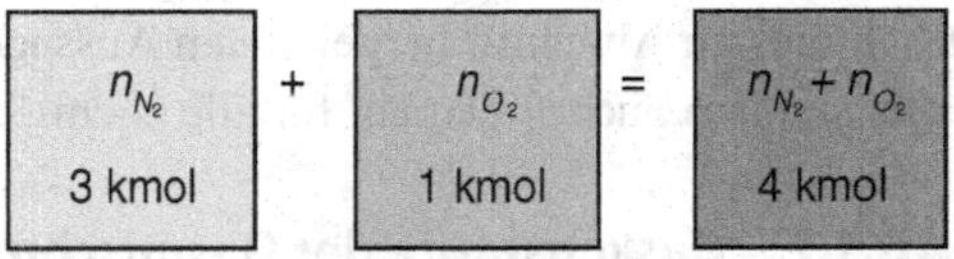

Abb. 2.19 Stoffmengenbilanz
der Gasmischung

$$n_{N_2} \quad + \quad n_{O_2} \quad = \quad n_{N_2} + n_{O_2}$$

$$3 \text{ kmol} \qquad\qquad 1 \text{ kmol} \qquad\qquad 4 \text{ kmol}$$

Für eine Mischung aus k Komponenten erhält man:

$$m = m_1 + m_2 + \ldots + m_k = \sum_{i=1}^{k} m_i \qquad n = n_1 + n_2 + \ldots + n_k = \sum_{i=1}^{k} n_i \qquad (2.68)$$

Damit lassen sich auch die Anteile angeben. So ist der *Massen-* und *Molanteil* der i-ten Komponente:

$$x_i = \frac{m_i}{m} \qquad y_i = \frac{n_i}{n} \qquad (2.69)$$

Da es sich hier um Anteile handelt, muss ihre Summe das Ganze, also 1, ergeben:

$$x_1 + x_2 + \ldots + x_k = \sum_{i=1}^{k} x_i = 1 \qquad y_1 + y_2 + \ldots + y_k = \sum_{i=1}^{k} y_i = 1 \qquad (2.70)$$

Die Masse der i-ten Komponente kann mit Hilfe der Molzahl n_i und der *Molmasse* M_i der Gaskomponente i ausgedrückt werden:

$$m_i = n_i \cdot M_i \qquad (2.71)$$

Für die Gasmischung gilt analog mit n und M:

$$m = n \cdot M \qquad (2.72)$$

Die Größe M (kg/kmol) ist die Molmasse. Zusammen mit Gl. (2.71) erhält man:

$$M = \frac{m}{n} = \frac{m_1 + m_2 + \ldots + m_j}{n} = \frac{n_1 \cdot M_1 + n_2 \cdot M_2 + \ldots + n_j \cdot M_j}{n}$$

Mit den Molanteilen kann daher allgemein geschrieben werden:

$$M = \sum_{i=1}^{j} y_i \cdot M_i \qquad (2.73)$$

Der Zusammenhang zwischen den Massen- und Molanteilen kann aus den Gl. (2.71)–(2.73) angegeben werden:

$$x_i = y_i \cdot \frac{M_i}{M} \tag{2.74}$$

Die in diesem Abschnitt hergeleiteten Aussagen gelten nicht nur für Mischungen idealer Gase, sondern auch allgemein für alle chemisch nicht reagierbaren Stoffmischungen.

2.10.1.2 Gaskonstante der Gasmischung

In einem Volumen V befinden sich die Massen m_1, m_2, ... und m_j der (chemisch nicht reagierenden) Gaskomponenten 1, 2, ... und j jeweils mit dem Druck p, der Temperatur T, den Gaskonstanten R_1, R_2, ... und R_j und den Volumina V_1, V_2, ... und V_j (Abb. 2.20).

Die Komponenten werden nun sich selbst überlassen. Die Moleküle der Komponenten vermischen sich untereinander. Die Temperatur dieses Gemisches ist T, der Druck p.

Befindet sich *nur* die i-te Komponente im Volumen V bei der Temperatur T des Gemisches, übt diese auf die Gefäßwand einen Druck p_i aus. Für jede der Komponenten kann für diesen Fall die Gasgleichung aufgestellt werden:

$$p_1 = \frac{m_1 \cdot R_1 \cdot T}{V} \qquad p_2 = \frac{m_2 \cdot R_2 \cdot T}{V} \qquad p_j = \frac{m_j \cdot R_j \cdot T}{V}$$

Der gemessene Druck, den die Gasmischung auf die Gefäßwand ausübt, ist:

$$p = p_1 + p_2 + \ldots + p_j \tag{2.75}$$

Man nennt p_1, p_2, ... die *Partialdrücke* oder *Teildrücke* der einzelnen Komponenten und p den *Totaldruck* oder *Gesamtdruck* der Mischung.

Abb. 2.20 Entstehung einer Gasmischung

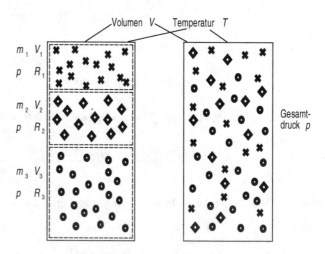

Gleichung (2.75) stellt die mathematische Formulierung des *Dalton'schen Gesetzes* dar:

Die Summe der Partialdrücke ist gleich dem Gesamtdruck der Gasmischung.

Mit Hilfe des *Dalton*'schen Gesetzes lässt sich die Gaskonstante der Gasmischung herleiten. Zunächst wird für jede Gaskomponente die Gasgleichung aufgestellt. Anschließend bildet man die Summe aller Gleichungen:

$$p_1 \cdot V = m_1 \cdot R_1 \cdot T$$
$$p_2 \cdot V = m_2 \cdot R_2 \cdot T$$
$$\cdot$$
$$\cdot$$
$$p_j \cdot V = m_j \cdot R_j \cdot T$$
$$(p_1 + p_2 + \ldots + p_j) \cdot V = (m_1 \cdot R_1 + m_2 \cdot R_2 + \ldots + m_j \cdot R_j) \cdot T$$
$$p \cdot V = (m_1 \cdot R_1 + m_2 \cdot R_2 + \ldots + m_j \cdot R_j) \cdot T$$

Andererseits gilt für die Gasmischung Gl. (2.42):

$$p \cdot V = m \cdot R \cdot T$$

Die Verbindung der letzten zwei Gleichungen ergibt:

$$R = x_1 \cdot R_1 + x_2 \cdot R_2 + \ldots + x_j \cdot R_j \qquad (2.76)$$

Für die Gasmischung gilt wie für jede der Gaskomponenten:

$$R = \frac{R_m}{M} \qquad (2.77)$$

wobei R_m die universelle Gaskonstante ist.

2.10.1.3 Molanteil, Volumenanteil und Partialdruck

Im Modellgas (Abb. 2.18) würden die Komponenten beim Gesamtdruck p des Gases jeweils die Teilvolumina V_1, V_2... und V_j einnehmen. Das Volumen aus den Gasgleichungen für die Gasmischung und die i-te Gaskomponente ist:

$$V = \frac{n \cdot R_m \cdot T}{p} \qquad\qquad V_i = \frac{n_i \cdot R_m \cdot T}{p}$$

Durch Division erhält man:

$$\frac{n_i}{n} = \frac{V_i}{V} = y_i \tag{2.78}$$

Die Bestimmung des Partialdruckes der i-ten Komponente erfolgt mit einem ähnlichen Rechengang.

Die i-te Gaskomponente im Gefäß in Abb. 2.18 links nimmt das Volumen V_i bei der Temperatur T und dem Gefäßdruck p ein. Für diese lautet die Gasgleichung:

$$p_i \cdot V_i = m_i \cdot R_i \cdot T$$

Befindet sich diese i-te Gaskomponente im ganzen Volumen V in Abb. 2.18 rechts bei Temperatur T, dann übt sie auf die Gefäßwand den Partialdruck p_i aus:

$$p_i \cdot V = m_i \cdot R_i \cdot T \tag{2.79}$$

Die Verbindung der beiden letzten Gleichungen ergibt:

$$\frac{V_i}{V} = \frac{p_i}{p} \tag{2.80}$$

Die Kombination der Gl. (2.78) mit Gl. (2.79) resultiert schließlich in:

$$\frac{n_i}{n} = \frac{V_i}{V} = \frac{p_i}{p} = y_i \tag{2.81}$$

> *Bei Gemischen idealer Gase stimmen Molanteile, Volumenanteile und das Verhältnis des Partialdruckes zum Gesamtdruck überein.*

Summiert man die Partialdrücke in Gl. (2.80), erhält man:

$$\sum_{i=1}^{j} p_i = p \cdot \sum_{i=1}^{j} \frac{V_i}{V} = p \tag{2.82}$$

> *Nach dem Gestz von Dalton ist die Summe aller Partialdrücke gleich dem Gesamtdruck der Gasmischung.*

Beispiel 2.8: Massen- und Molanteile, Molmasse und Gaskonstante eines Gasgemisches

Die chemische Analyse eines gasförmigen Brennstoffes ergab folgende molare Zusammensetzung: $y_{H2}=0,38, y_{CH4}=0,32, y_{C2H4}=0,25, y_{N2}=0,05$

Zu berechnen sind:

a) die Molmasse der Gasmischung M (kg/kmol)

b) die Massenanteile der Gaskomponenten

c) die Gaskonstante der Gasmischung.

Lösung

Analyse

a) Die Molmassen der Gaskomponenten M_i entnimmt man Tab. A.1.3 Mit Hilfe der Gl. (2.72) erhält man die gesuchte Molmasse M. Der Übersicht halber werden die Ergebnisse tabellarisch dargestellt:

Gaskomponente	y_i	x_i	M_i kg/kmol	$y_i M_i$ kg/kmol
H_2	0,38	0,0535	2,016	0,766
CH_4	0,32	0,3587	16,043	5,134
C_2H_4	0,25	0,4900	28,054	7,013
N_2	0,05	0,0979	28,013	1,401

$$\sum y_i = 1 \qquad M = \sum y_i \cdot M_i = \mathbf{14,314\,kg/kmol}$$

b) Die betrachtete Gasmenge ist unbekannt. Dies ist aber nicht entscheidend, da die anteilmäßige Zusammensetzung, unabhängig von der Gesamtmenge, immer gleich bleibt. Nimmt man ein kmol der Gasmischung und führt die Berechnung durch, gilt sie naturgemäß auch für eine andere Stoffmenge der gleichen Gasmischung. Die Massen der Gaskomponenten in einem kmol Gasmischung sind in Kolonne 4 der Berechnungstabelle im Aufgabenteil a) bestimmt. Demnach sind in einem kmol der Gasmischung 0,766 kg Wasserstoff enthalten. Ein kmol der Gasmischung hat die Masse von 14,314 kg.

Der Massenanteil der H_2-Komponente ist: $x_{H2}=0,766/14,314=0,0535$ kg/kg.

Die Berechnung der anderen Komponenten ist tabellarisch aufgeführt:

Gaskomponente	$y_i M_i$ kg/kmol	$x_i = v_i M_i / M$ kg/kmol
H_2	0,766	0,0535
CH_4	5,134	0,3587
C_2H_4	7,014	0,4900
N_2	1,401	0,0979

$$\sum y_i \cdot M_i = 14,315 \qquad \sum x_i = 1,0000$$

c) Die Gaskonstante der Gasmischung ermittelt man mit Gl. (2.74). In Tab. A.1.3 findet man die Molmasse der Komponenten.

Gaskomponente kg/kg	x_i kJ/(kg K)	R_i kJ/(kg K)	$x_i R_i$ kJ/(kg K)
H_2	0,0535	4,1240	0,2206
CH_4	0,3587	0,5182	0,1859
C_2H_4	0,4900	0,2964	0,1452
N_2	0,0979	0,2968	0,0291

$$\sum x_i = 1,000 \qquad R = \sum x_i \cdot R_i = 0,5809 \text{ kJ/(kg} \cdot \text{K)}$$

Die Gaskonstante der Gasmischung ist: $R = 0,5809$ **kJ/(kg K)**

Beispiel 2.9: Mol- und Massenanteile, Molmasse eines Gasgemisches

Die Massenanteile einer Gasmischung sind wie folgt gegeben:

$x_{O2} = 0,11$, $x_{N2} = 0,22$, Rest CH_4.

Zu berechnen sind:

a) die Molanteile der Gaskomponenten

b) die Molmasse der Gasmischung.

Analyse

a) Die Lösung erfolgt mit Gl. (2.74). Die erforderlichen Molmassen der Gaskomponenten M_i können Tab. A.1.3 entnommen werden.

Die Stoffmenge des Gases ist in diesem Fall unbekannt. Die Massenanteile sind jedoch von der Stoffmenge oder der Masse des Gases unabhängig. Wir nehmen also eine Einheitsmenge, z. B. 1 kg der Gasmischung und führen die Rechnung für diese Masse durch. Die Resultate sind dann auch für andere Massen oder Stoffmengen gültig.

Gaskomponente	x_i	m_i kg	M_i kg/kmol	$n_i = m_i/M_i$ kmol	$y_i = n/n$
O_2	0,11	0,11	31,999	0,003	0,065
N_2	0,22	0,22	28,013	0,008	0,148
CH_4	0,67	0,67	16,043	0,042	0,787
	1,00	1,00	–	0,053	1,000

b) Aus der Berechnungstabelle liest man ab, dass 1 kg der Gasmischung 0,053 kmol entspricht. Damit ist die Molmasse der Gasmischung:

$$M = \frac{1 \text{ kg}}{0,053 \text{ kmol}} = 18,85 \frac{\text{kg}}{\text{kmol}}$$

2.10.1.4 Energetische Zustandsgrößen idealer Gasmischungen

Zur Anwendung des ersten Hauptsatzes werden innere Energie, Enthalpie und Entropie der Gasmischungen benötigt. Hier wird die Ermittlung der kalorischen Zustandsgrößen Enthalpie und innere Energie von Mischungen idealer Gase behandelt. Die Berechnung der Entropie erfolgt im Kap. 4.

Wir betrachten zunächst eine Gasmischung (Abb. 2.18) mit der Temperatur T und dem Druck p.

Die gesuchten extensiven Zustandsgrößen U und H der Gasmischung ermittelt man durch Addition der Komponentenbeiträge:

$$U = U_1 + U_2 + \ldots + U_j = \sum_{i=1}^{j} U_i \qquad (2.83)$$

$$H = H_1 + H_2 + \ldots + H_j = \sum_{i=1}^{j} H_i \qquad (2.84)$$

Jede der Komponenten hat die Temperatur T der Gasmischung. Bekanntlich hängen die spezifische innere Energie und die spezifische Enthalpie idealer Gase nur von der Temperatur ab. Die Beiträge der Einzelkomponenten sind von deren Massen- oder Molanteil und der Temperatur der Gasmischung abhängig. Mit den spezifischen intensiven Zustandsgrößen ausgedrückt, erhält man:

$$U = m \cdot u = m_1 \cdot u_1 + m_2 \cdot u_2 + \ldots + m_j \cdot u_j = \sum_{i=1}^{j} m_i \cdot u_i \qquad (2.85)$$

$$H = m \cdot h = m_1 \cdot h_1 + m_2 \cdot h_2 + \ldots + m_j \cdot h_j = \sum_{i=1}^{j} m_i \cdot h_i \qquad (2.86)$$

Die Division der Gln. (2.85) und (2.86) durch die Masse der Gasmischung ergibt:

$$u = x_1 \cdot u_1 + x_2 \cdot u_2 + \ldots + x_j \cdot u_j = \sum_{i=1}^{j} x_i \cdot u_i \qquad (2.87)$$

$$h = x_1 \cdot h_1 + x_2 \cdot h_2 + \ldots + x_j \cdot h_j = \sum_{i=1}^{j} x_i \cdot h_i \qquad (2.88)$$

Ist die molare Zusammensetzung bekannt, kann man ähnlich verfahren:

$$u_m = y_1 \cdot u_{m1} + y_2 \cdot u_{m2} + \ldots + y_j \cdot u_{mj} = \sum_{i=1}^{j} y_i \cdot u_{mi} \qquad (2.89)$$

$$h_m = y_1 \cdot h_{m1} + y_2 \cdot h_{m2} + \ldots + y_j \cdot h_{mj} = \sum_{i=1}^{j} y_i \cdot h_{mi} \tag{2.90}$$

Die Differenziation der Gleichungen für u und h nach der Temperatur bei konstantem Volumen oder konstantem Druck ergibt die spezifischen Wärmekapazitäten:

$$c_v = \sum_{i=1}^{j} x_i \cdot c_{vi} \text{ und } c_p = \sum_{i=1}^{j} x_i \cdot c_{pi} \tag{2.91}$$

Sowohl für die Gasmischung als auch für die Komponenten gilt:

$$du = c_v \cdot dT \quad \text{und} \quad dh = c_p \cdot dT \tag{2.92}$$

Beispiel 2.10: Verdichtung einer Mischung idealer Gase

Im mit einem Kolben abgeschlossenen Zylinder befindet sich eine Gasmischung aus 0,2 kg Stickstoff und 0,4 kg Kohlendioxid, die dort vom Zustand $p_1 = 1$ bar, $T_1 = 293$ K auf $p_2 = 2,5$ bar verdichtet wird. Dieses erfolgt mit einem Polytropenexponenten von $n = 1,22$.

Zu berechnen sind die Endtemperatur und Änderung der inneren Energie.

Lösung

Annahmen

- Die Gasmischung bleibt während der Kompression unverändert und homogen.
- Da die Drücke niedrig sind, verhält sich die Gasmischung wie ein ideales Gas.
- Die kinetische und potentielle Energie werden vernachlässigt.

Analyse

Die Berechnung der Temperatur erfolgt nach dem Polytropengesetz des idealen Gases:

$$u_2 - u_1 = \sum_{i=1}^{j} x_i \cdot (u_{i2} - u_{i1})$$

Mit den gegebenen Daten wird die Temperatur:

$$T_2 = 293 \text{ K} \cdot \left(\frac{2,5}{1}\right)^{\frac{1,22-1}{1,22}} = \mathbf{345,6 \text{ K}}$$

Die gesamte Änderung der inneren Energie ist:

$$U_2 - U_1 = (m_{N_2} \cdot \overline{c}_{vN_2} + m_{CO_2} \cdot \overline{c}_{vCO_2}) \cdot (T_2 - T_1)$$

Die c_p-Werte findet man in Tab. A.7.1 durch Interpolation für die Temperaturen 19,85 °C und 72,49 °C:

$$\overline{c}_{pN_2} = 1040,20 \text{ J/(kg·K)} \quad \overline{c}_{pCO_2} = 865,27 \text{ J/(kg·K)}$$

Aus $c_v = c_p - R$ ergibt sich:

$$\overline{c}_{vN_2} = 743,83 \text{ J/(kg·K)} \quad \overline{c}_{vCO_2} = 676,35 \text{ J/(kg·K)}$$

Für die Änderung der inneren Energie erhalten wir damit:

$$U_2 - U_1 = (0,2 \cdot 743,83 + 0,4 \cdot 676,3) \cdot (345,6 - 293) \cdot \text{J} = \mathbf{22,07 \text{ kJ}}$$

Diskussion
Die Berechnung der Temperaturänderung ist mit den Gleichungen der polytropen Zustandsänderung durchführbar, die der inneren Energie benötigt die Tabellenwerte.

2.10.2 Mischung realer Gase

Das Verhalten thermischer Zustandsgrößen realer Gase kann mit dem Realgasfaktor z beschrieben werden.

$$p \cdot V = z_R \cdot n \cdot R_m \cdot T \tag{2.93}$$

Der Realgasfaktor eines realen Gases ist, wie zuvor in diesem Kapitel beschrieben, vom Druck und von der Temperatur abhängig. Gleichung (2.93) gilt für reine Gase und für Gasmischungen. Der Realgasfaktor z kann experimentell ermittelt werden. Für die Berechnung des Realgasfaktors bei der Mischung mehrerer realer Gase wurden verschiedene empirische Verfahren vorgeschlagen. Hier werden die Verfahren zur Bestimmung des Realgasfaktors aus der *Addition der Volumina* und aus der *Addition der Drücke* besprochen. Für beide Fälle hat die Gasmischung den Druck p, die Temperatur T und das Volumen V.

2.10.2.1 Addition der Volumina
Bei der Addition der Volumina geht man davon aus, dass die einzelnen Komponenten jeweils den Druck p und die Temperatur T des Gemisches haben. Damit ist das Volumen der einzelnen Komponenten:

$$V_i = \frac{z_{Ri}(p,T) \cdot n_i \cdot R_m \cdot T}{p}$$

Das Volumen des Gemisches ist die Summe der Volumina der Komponenten.

$$V = V_1 + V_2 + V_3 + \ldots + V_j$$

Für den Realgasfaktor des Gemisches erhält man damit:

$$z = \sum_{i=1}^{j} \frac{V_i}{V} \cdot z_{Ri}(p,T) = \sum_{i=1}^{j} y_i \cdot z_{Ri}(p,T) \tag{2.94}$$

2.10.2.2 Addition der Drücke

Bei der Addition der Drücke geht man davon aus, dass die einzelnen Komponenten jeweils das gesamte Volumen V und die Temperatur T haben. Damit ist der Partialdruck der einzelnen Komponenten:

$$p_i = \frac{z_{Ri}(p_i,T) \cdot n_i \cdot R_m \cdot T}{V}$$

Der Druck des Gemisches ist die Summe der Partialdrücke der Komponenten. Für den Realgasfaktor des Gemisches erhält man damit:

$$z = \sum_{i=1}^{j} \frac{p_i}{p} \cdot z_{Ri}(p_i,T) = \sum_{i=1}^{j} y_i \cdot z_{Ri}(p_i,T) \tag{2.95}$$

Die gezeigte Berechnungsart nach Addition der Volumina liefert die genauesten Resultate. Der Grund dafür ist, dass der intermolekulare Einfluss der beteiligten Gaskomponenten durch den gemeinsamen Druck berücksichtigt wird.

Zur Berechnung von Änderungen der inneren Energie, Enthalpie und Entropie kann man sich empirisch ermittelter Formeln oder Tabellen [5, 8] bedienen.

Beispiel 2.12: Mischung der realen Gase N_2 und CO_2
In einem Behälter befinden sich 25 Vol.-% Stickstoff N_2, der Rest ist CO_2. Diese Gasmischung steht unter einem Druck von 10 MPa bei der Temperatur von 300 K. Mit Hilfe der Volumenaddition ist der Realgasfaktor der Gasmischung zu bestimmen.
Lösung
Annahmen
- Die Berechnung wird mit Gl. (2.93) durchgeführt.
- Die einzelnen Realgasfaktoren der Komponenten bestimmt man aus dem Diagramm B.1 mit dem reduzierten Druck p_r und der reduzierten Temperatur T_r.
- Die Volumenverhältnisse entsprechen den molaren Verhältnissen.

Analyse

Aus Tab. A.1 erhält man die Daten am kritischen Punkt. Anschließend liest man die Realgasfaktoren aus Diagramm B.1 ab. Die interessierenden Daten werden tabellarisch zusammengestellt.

Gaskomponente	y_i	T_{krit} K	p_{krit} MPa	$T_r = T/T_{krit}$	$p_r = p/p_{krit}$	z
N_2	0,25	126,2	3,39	300/126,2=2,38	10/3,39=2,95	0,97
CO_2	0,75	304,2	7,39	300/304,2=0,99	10/7,39=1,35	0,21

Damit erhält man:

$$z_R = y_{N_2} \cdot z_{R,N_2} + y_{CO_2} \cdot z_{R,CO_2} = 0,25 \cdot 0,97 + 0,75 \cdot 0,21 = 0,40$$

Beispiel 2.13: Mischung der realen Gase CO und C_2H_6

Ein Gasbehälter enthält 4 kmol Kohlenmonoxid CO und 6 kmol Ethan C_2H_6 bei einem Druck von 14 MPa und der Temperatur von 300 K. Zu ermitteln ist das Volumen der Gasmischung

a. als angenommenes ideales Gas

b. als reales Gas, gerechnet mit der Addition der Volumina.

Lösung

Annahmen

• Zu a) Die Berechnung erfolgt für eine Mischung idealer Gase.

• Zu b) Die Berechnung erfolgt mit Gl. (2.93).

• Zu b) Die einzelnen Realgasfaktoren der Komponenten werden aus Diagramm B.1 mit dem reduzierten Druck p_r und der reduzierten Temperatur T_r bestimmt.

• Zu b) Die Volumenverhältnisse entsprechen den Molverhältnissen.

Analyse

a) Unter der Annahme, dass das Gas ideal ist, gilt:

$$V = \frac{n \cdot R_m \cdot T}{p} = \frac{10 \cdot \text{kmol} \cdot 8314 \cdot \text{kJ}/(\text{kmol} \cdot \text{K}) \cdot 300 \cdot \text{K}}{14 \cdot 10^6 \cdot \text{Pa}} = \mathbf{1,78\,m^3}$$

b) Aus Tab. A.1.3 erhält man die Daten am kritischen Punkt. Anschließend liest man die Realgasfaktoren aus dem Diagramm B.1 ab. Die relevanten Daten sind tabellarisch zusammengestellt.

Gaskomponente	y_i	T_{krit} K	p_{krit} MPa	$T_r = T/T_{krit}$	$p_r = p/p_{krit}$	z_R
CO	0,4	133	3,50	300/133=2,26	14/3,50=4,00	0,99
C_2H_6	0,6	305,5	4,48	300/305,5=0,98	14/4,48=3,13	0,45

Damit ist der Realgasfaktor:

$$z_R = y_{CO} \cdot z_{R,CO} + y_{C_2H_6} \cdot z_{R,C_2H_6} = 0,4 \cdot 0,99 + 0,6 \cdot 0,45 = 0,67$$

Für das gesuchte Volumen erhält man:

$$V = \frac{Z \cdot n \cdot R_m \cdot T}{p} = \frac{0,67 \cdot 10 \cdot 8314 \cdot 300}{14 \cdot 10^6} = 0,67 \cdot V^{ig} = \mathbf{1,19 \ m^3}$$

Diskussion

Das Volumen der Mischung aus realen Gasen beträgt nur 67 % des gerechneten idealen Gases!

Ist eine hohe Genauigkeit erforderlich, muss man bei derart großen Abweichungen Tabellenwerte oder präzisere Gleichungen verwenden.

Literatur

1. Baehr HD (2004) Thermodynamik, 11. Aufl. Springer-Verlag, Berlin
2. Baehr HD, Diedrichsen Chr (1988) Berechnungsgleichungen für Enthalpie und Entropie der Komponenten von Luft und Verbrennungsgasen. BWK 40(1/2):30–33
3. Baehr HD, Tiller-Roth R (1995) Thermodynamische Eigenschaften umweltverträglicher Kältemittel. Springer-Verlag, Berlin
4. Bücker D (2003) Neue Fundamentalgleichungen als Referenzen für thermodynamische Zustandsgrößen von Ethan, n-Butan und Isobutan. Fortschritt-Berichte VDI, Reihe 6 Energietechnik: 499. VDI-Verlag, Düsseldorf
5. elf atochem, ATO Programm: FORANE
6. IAPWS (1993) Release on the pressure along the melting and sublimation curves or ordinary water substance
7. IAPWS (2006) Release on an eqation of state for H_2O ice Ih
8. ICI KLEA (1988) Programm Klea Calc Windows Version 4.0
9. Kretzschmar H-J, Stöcker I (2006) Stoffwertbibliothek für die Industrie-Formulation IAPWS-IF9 von Wasser und Wasserdampf: FluidEXL mit LibIF97, Hochschule Zittau/Görlitz /FH), Fachgebiet Thermodynamik. http://thermodyamik.hs-zigr.de
10. Kretzschmar H-J, Stöcker I (2006) Software Bibliotheken für Arbeitsfluide der Energietechnik: FluidEXL, Hochschule Zittau/Görlitz/FH), Fachgebiet Thermodynamik. http://thermodyamik.hs-zigr.de
11. Lemmon EW (2000) Thermodynamic properties of air and mixtures of nitrogen, argon and oxygen from 60 to 2000 K at pressures to 2000 MPa. J Phys Chem Ref Data 29(3):331–385
12. Moran MJ, Shapiro HN (1993) Fundamentals of engineering thermodynamics. Wiley, New York
13. Rusby RL (1991) The conversion of thermal reference values to the ITS-90. J Chem Thermodyn 23:1153–1161. (Ergänzende Information des Bureau International Sevres Cedex, France, 1990)
14. Software zur Industrie-Formulation IAPWS-IF97 von Prof. Dr.-Ing. W. Wagner, Ruhruniversität Bochum
15. VDI (2006) VDI Wärmeatlas, 10. Aufl. Springer-Verlag, Düsseldorf
16. VDI-Richtlinie 4670 (2003) Thermodynamische Stoffwerte von feuchter Luft und Verbrennungsgasen. Beuth, Berlin
17. Wagner W, Kretzschmar H-J (2007) Interrnational steam tables. Springer-Verlag, Berlin

Erster Hauptsatz der Thermodynamik

Der erste Hauptsatz der Thermodynamik ist ein allgemein gültiger Energieerhaltungssatz. Um die Energieerhaltungssätze für geschlossene und offene Systeme formulieren zu können, muss man zunächst die benötigten Energiearten auflisten und besprechen.

3.1 Verschiedene Arten der Energie

3.1.1 Arbeit, kinetische und potentielle Energie

Die in der Mechanik vorkommenden Energien sind.

- Arbeit
- kinetische Energie
- potentielle Energie.

Ein Körper der konstanten Masse m bewegt sich mit der Geschwindigkeit $\vec{C}$ auf einer gekrümmten Bahn (Abb. 3.1). Seine Position wird durch die Ortskoordinate beschrieben. Am Körper wirkt die resultierende Kraft. $\vec{F}$ Die von ihr zwischen den Positionen 1 und 2 geleistete Arbeit ist:

$$W_{12} = \int\limits_{r_1}^{r_2} \vec{F}(\vec{r}) \cdot d\vec{r} = \int\limits_{r_1}^{r_2} F_r(r) \cdot dr \tag{3.1}$$

Die Auswertung des Skalarproduktes zeigt, dass nur die in Richtung der Bahnbewegung wirkende Kraftkomponente F_r einen Beitrag leistet.

© Springer-Verlag Berlin Heidelberg 2015
P. von Böckh, M. Stripf, *Technische Thermodynamik*, DOI 10.1007/978-3-662-46890-6_3

Abb. 3.1 Kraft an einem
bewegten Körper

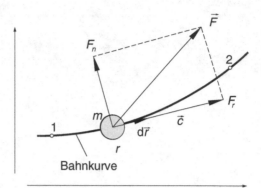

Nach dem zweiten *Newton*'schen Gesetz ist die Kraft:

$$\vec{F}(r) = \frac{\mathrm{d}}{\mathrm{d}t} m \cdot \vec{c}(r)$$

Bei der vorausgesetzten konstanten Masse liefert die Integration von Gl. (3.1) die Arbeit:

$$W_{12} = m \cdot \int_{r_1}^{r_2} \frac{\mathrm{d}\vec{c}(r)}{\mathrm{d}t} \cdot \mathrm{d}r = m \cdot \int_{r_1}^{r_2} \vec{c}(r) \cdot \mathrm{d}\vec{c} = \frac{1}{2} \cdot m \cdot \vec{c}(r)^2 \Big|_1^2 = \frac{1}{2} \cdot m \cdot (c_2^2 - c_1^2) \Big|$$

Die an einem bewegten Körper zur Änderung der Geschwindigkeit geleistete Arbeit ist gleich der Änderung der kinetischen Energie:

$$W_{12} = E_{kin2} - E_{kin1} \tag{3.2}$$

Die *kinetische Energie* ist:

$$E_{kin} = \frac{1}{2} \cdot m \cdot c^2 \tag{3.3}$$

Arbeit bedeutet eine Übertragung von Energie zum oder vom Körper, die in Form kinetischer Energie im Körper gespeichert oder von ihm abgegeben wird.

Die kinetische Energie wird in irgendeiner Bahnposition durch die Masse und dort vorhandene Geschwindigkeit bestimmt und zwar unabhängig davon, wie diese Geschwindigkeit erreicht wurde. Deshalb gilt nach den im Kap. 2 postulierten Aussagen über Zustandsgrößen: *Die kinetische Energie ist eine extensive Zustandsgröße*, da sie proportional zur Masse ist. Die Arbeit W_{12} hängt davon ab, welche Funktion des Weges die Kraft ist. Sie ist daher *keine* Zustandsgröße, sondern eine *Prozessgröße*.

Die Berechnung des Arbeitsintegrals W_{12} nach Gl. (3.1) erfordert die Kenntnis der Kraft als eine Funktion des Weges. Da W_{12} eine Prozessgröße und keine Zustandsgröße ist, wird folgende Schreibweise verwendet:

Abb. 3.2 Anheben eines Körpers gegen die Schwerkraft

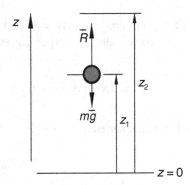

$$W_{12} = \int\limits_1^2 \delta W$$

Dabei ist δW das unvollständige Differential der Arbeit. Das Integral von δW ist nicht $W_2 - W_1$, sondern W_{12}. Es hängt davon ab, wie sich die Kraft entlang des Weges ändert.

Abbildung 3.2 zeigt einen Körper der Masse m, der entgegen der Schwerkraft vertikal vom Niveau z_1 auf das Niveau z_2 gehoben wird. Die wirkende Kraft erhält man als:

$$\vec{F} = \vec{R} - m \cdot \vec{g}$$

Dabei ist $m \cdot g$ die Gewichtskraft und $\vec{R}$ die resultierende aller sonstigen am System angreifenden Kräfte. Auf die Vektorschreibweise kann im Folgenden verzichtet werden, da eindimensional gerechnet wird und Vektorprodukte skalare Größen sind.

Mit den Gleichungen (3.1) bis (3.2) folgt:

$$\int\limits_1^2 R \cdot \mathrm{d}z - m \cdot \int\limits_1^2 g \cdot \mathrm{d}z = \frac{1}{2} m \cdot (c_2^2 - c_1^2)$$

Der erste Term links bedeutet die Arbeit der Kraft R am Körper zwischen den Positionen 1 und 2. Das zweite Integral liefert mit konstant angenommener Erdbeschleunigung g:

$$m \cdot g \cdot \int\limits_1^2 \mathrm{d}z = m \cdot g \cdot (z_2 - z_1) = E_{pot2} - E_{pot1}$$

Sie ist die Änderung der *potentiellen Energie*

$$E_{pot} = m \cdot g \cdot z \tag{3.4}$$

Die potentielle Energie ist wie die kinetische Energie eine Zustandsgröße.

Die Arbeit, die am Körper insgesamt geleistet wird, beträgt damit:

$$W_{12} = \int_1^2 R \cdot \mathrm{d}z = m \cdot \left[\frac{1}{2}(c_2^2 - c_1^2) + g \cdot (z_2 - z_1) \right] = E_{kin2} - E_{kin1} + E_{pot2} - E_{pot1} \quad (3.5)$$

Wirkt keine andere Kraft als die Schwerkraft auf den Körper, liefert Gl. (3.5):

$$0 = E_{kin2} - E_{kin1} + E_{pot2} - E_{pot1} \quad (3.6)$$

In diesem speziellen Fall bleibt die Summe der kinetischen und potentiellen Energie konstant. Die kinetische Energie wird in potentielle Energie umgewandelt wie beispielsweise beim Fall eines Körpers unter der Einwirkung der Schwerkraft. Die kinetische Energie nimmt um denselben Betrag zu, wie die potentielle abnimmt.

Zur zahlenmäßigen Bestimmung der kinetischen und potentiellen Energie ist eine *Normierung* erforderlich:

Potentielle Energie: Festlegung einer dem Problem angepassten geodätischen Referenzhöhe z_0, z. B. Erdoberfläche $z_0 = 0$.

Kinetische Energie: $E_{kin} = 0$, wenn $c = 0$ relativ zur Erdoberfläche ist.

Da es bei Energieanalysen meist um Differenzen geht, spielt die Festlegung der Referenz keine Rolle.

3.1.2   Arbeitstransfer zu einem System

Zunächst wird eine *Vorzeichenkonvention* für die Arbeit getroffen. Die an einem System geleistete Arbeit berechnet sich nach Gl. (3.1) zu:

$$W_{12} = \int_{r_1}^{r_2} F_r \cdot \mathrm{d}r$$

Für thermodynamische Systeme wurden folgende Vorzeichenkonventionen eingeführt:

- Die Arbeit, die einem System zugeführt wird, ist positiv,
- Die Arbeit, die ein System abgibt, ist negativ.

Früher wurde eine andere Konvention getroffen, die die zugeführte Arbeit als negativ und die abgeführte als positiv postulierte, was in einigen amerikanischen Lehrbüchern heute noch so verwendet wird. Diese Konvention basierte auf dem subjektiven Empfinden, dass es für den Nutznießer positiv ist, wenn eine Maschine (System) Arbeit abgibt.

3.1.3 Leistung

Bei vielen Analysen ist nicht die Arbeit, sondern die pro Zeiteinheit transferierte Arbeit, die *momentan übertragene mechanische Leistung P* gegeben. Sie entspricht dem Skalarprodukt des Kraft- und Geschwindigkeitsvektors:

$$P = \vec{F} \cdot \vec{c}$$

Damit ergibt sich das Arbeitsintegral zu:

$$W_{12} = \int_{t_1}^{t_2} \vec{F} \cdot \vec{c} \cdot dt = \int_{t_1}^{t_2} P.dt \tag{3.7}$$

3.1.4 Volumenänderungsarbeit

Das in einem Zylinder von einem Kolben eingeschlossene, expandierende Gas (Abb. 3.3) ist das System. Die Zustandsänderung des Gases verläuft quasistatisch.

Der uniform angenommene Druck im System ist p, der auch an der Systemgrenze zwischen Gas und Kolben auf den Kolben wirkt. A ist die Kolbenfläche. Die durch das System bei einer Kolbenverschiebung von $dz > 0$ geleistete Arbeit beträgt:

$$\delta W = -p \cdot A \cdot dz = -p \cdot dV$$

Abb. 3.3 Zur Volumenänderungsarbeit bei quasistatischer Zustandsänderung

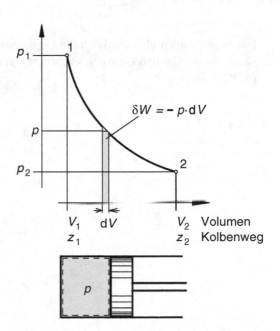

Bei einer Expansion ist die Volumenänderung dV positiv, das System gibt Arbeit ab. Wegen der oben getroffenen Konvention ist die Arbeit negativ, was durch das negative Vorzeichen erreicht wird. Bei der *Verdichtung* ist dV negativ, dem System wird Arbeit zugeführt und δW wird positiv.

Durch Integration über eine Volumenänderung von V_1 nach V_2 erhält man die vom oder am Fluid geleistete *Volumenänderungsarbeit*:

$$W_{V12} = - \int_{V_1}^{V_2} p \cdot dV \tag{3.8}$$

Die für eine Anordnung aus einem Zylinder und Kolben hergeleitete Gl. (3.8) gilt allgemein, wenn der Druck p im System als gleichmäßig vorausgesetzt werden darf. Die Volumenänderungsarbeit ist die Arbeit, die an ein geschlossenes System mit beweglicher Systemgrenze (notwendig, damit sich das Volumen verändern kann) bei einer Volumenänderung übertragen werden kann.

Die Berechnung des Integrals erfordert die Kenntnis des Druckes als eine Funktion des Systemvolumens. Diese Information kann aus Berechnungen oder Messungen gewonnen werden. Die angenommene *quasistatische Zustandsänderung* geht von der Vorstellung aus, dass das Fluid eine Folge von Gleichgewichtszuständen durchläuft. Die Volumenänderungsarbeit entspricht betragsmäßig der Fläche unter der Zustandskurve in einem p, V-Diagramm.

Aus der Grafik in Abb. 3.4 wird ersichtlich, warum die Volumenänderungsarbeit eine Prozessgröße ist: Sie ist vom Weg, d. h. von der Änderung des Druckes mit dem Volumen und somit vom Prozess abhängig.

> Der Weg ist nicht als eine durch die Ortskoordinaten beschriebene Wegstrecke zu verstehen, sondern als die Art des Prozesses, mit der eine Zustandsänderung durchgeführt wird.

Abb. 3.4 Zur Prozessabhängigkeit der Volumenänderungsarbeit

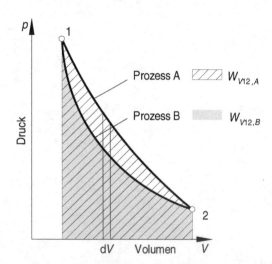

Die reale Prozesskurve idealer Gase im p, V-Diagramm kann mathematisch durch eine sogenannte *Polytrope* sehr gut angenähert werden. Sie hat die Form:

$$p \cdot V^n = p_1 \cdot V_1^n = p_2 \cdot V_2^n = \text{konst.} \tag{3.9}$$

Der während der Zustandsänderung als konstant angenommene Exponent n heißt *Polytropenexponent*. Damit können reale Vorgänge zumindest bereichsweise mathematisch einfach modelliert werden.

Die polytrope Volumenänderungsarbeit kann man berechnen. Dazu wird zuerst p aus Gl. (3.9) bestimmt, dann in Gl. (3.8) eingesetzt und integriert.

$$W_{p12} = \int_1^2 V \cdot dp = \begin{vmatrix} \dfrac{n}{n-1} \cdot (V_2 \cdot p_2 - V_1 \cdot p_1) = n \cdot W_{V12} & \text{für} \quad n \neq 1 \\[2ex] - V_1 \cdot p_1 \cdot \ln\left(\dfrac{V_2}{V_1}\right) = W_{V12} & \text{für} \quad n = 1 \end{vmatrix} \tag{3.10}$$

Mit Gl. (3.9), die die polytrope Zustandsänderung idealer Gase beschreibt, kann die Volumenänderungsarbeit auch als eine Funktion der Temperatur-, Volumen- oder Druckänderung angegeben werden.

$$W_{V12} = \frac{m \cdot R}{n-1} \cdot (T_2 - T_1) = \frac{m \cdot R}{n-1} \cdot T_1 \cdot \left[\left(\frac{V_1}{V_2}\right)^{n-1} - 1\right]$$

$$= \frac{m \cdot R}{n-1} \cdot T_1 \cdot \left[\left(\frac{p_2}{p_1}\right)^{\frac{n-1}{n}} - 1\right] \quad \text{für} \quad n \neq 1 \tag{3.11}$$

3.1.5 Druckänderungsarbeit

Die Volumenänderungsarbeit ist der negative Wert der Fläche unterhalb der Zustandsänderungslinie im p, V-Diagramm.

Die Integration des Volumens über dem Druck ist die *Druckänderungsarbeit* W_{p12}:

$$W_{p12} = \int_{p_1}^{p_2} V \cdot dp \tag{3.12}$$

Abbildung 3.5 zeigt grafisch den mathematischen Zusammenhang zwischen der Volumen- und Druckänderungsarbeit.

$$W_{p12} = W_{V12} + p_2 \cdot V_2 - p_1 \cdot V_1 \tag{3.13}$$

Analog dazu erhalten wir für die spezifischen Größen:

$$w_{p12} = w_{V12} + p_2 \cdot v_2 - p_1 \cdot v_1 \tag{3.14}$$

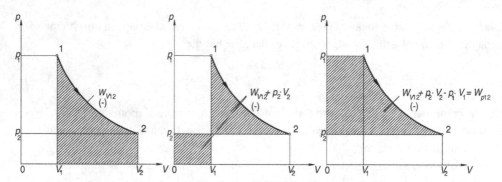

Abb. 3.5 Zusammenhang zwischen Volumen- und Druckänderungsarbeit

Bei polytropen Zustandsänderungen idealer Gase kann die Druckänderungsarbeit ähnlich wie die Volumenänderungsarbeit bestimmt werden:

$$W_{p12} = \int_1^2 V \cdot \mathrm{d}p = \left| \begin{array}{ll} \dfrac{n}{n-1} \cdot (V_2 \cdot p_2 - V_1 \cdot p_1) = n \cdot W_{V12} & \text{für } n \neq 1 \\[3ex] -p_1 \cdot V_1 \cdot \ln\left(\dfrac{V_2}{V_1}\right) = W_{V12} & \text{für } n = 1 \end{array} \right. \tag{3.15}$$

3.1.6   Dissipationsarbeit

Abbildung 3.6 zeigt einen starren Behälter, in dem ein Fluid durch einen von außen angetriebenen Propeller umgerührt wird. Dem geschlossenen System führt man während des Zeitintervalls t_1 bis t_2 Nutzarbeit $W_{N12} = W_{eff12} - J_{a12}$ zu.

Diese Arbeit ist die effektive Arbeit, die sich aus dem Drehmoment M_d und der Winkelgeschwindigkeit ω bestimmen lässt, abzüglich der am Wellenlager verursachten äußeren Dissipation J_{a12}:

$$W_{N12} = W_{eff12} - J_{a12} = \int_{t_1}^{t_2} M_d \cdot \omega \cdot \mathrm{d}t - J_{a12}$$

Die über die Systemgrenze um den Propeller (Abb. 3.6) abgegebene Nutzarbeit geht in Reibung über, die man *innere Dissipation* J_{i12} nennt. Viele Lehrbücher verwenden die

Abb. 3.6 Zur dissipativen Arbeitsübertragung

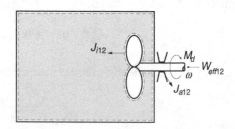

Bezeichnung „Zufuhr von Reibungsarbeit". Damit wird ausgedrückt, dass die Arbeits-übertragung vom Propeller auf das Fluid durch Reibung erfolgt. In diesem Buch kommt die Bezeichnung *Dissipation J* zur Anwendung. Im hier geschilderten Fall wird die *Nutzarbeit* W_{N12} in Form von Dissipationsarbeit J_{i12} an das Fluid abgegeben.

Thermodynamisch betrachtet ist Dissipation ein verlustbehafteter Vorgang, bei dem hochwertige mechanische Arbeit in minderwertige „innere Energie" des Fluids übergeht. Die mechanische Arbeit wird dissipiert, d. h. auf die Fluidmoleküle verteilt und damit „entwertet". Dafür hat sich der Begriff Dissipationsenergie [1] bzw. „Streuenergie" [2] durchgesetzt.

Wichtig ist, dass der betrachtete Propellerprozess als Modell für die Dissipationsarbeit nur in eine Richtung, nämlich als Arbeitszufuhr zum Fluid, erfolgen kann. Der umgekehrte Vorgang, in dem ein im Anfangszustand ruhendes Fluid den Propeller in Bewegung setzen und mechanische Arbeit nach außen abgeben könnte, ist unmöglich, d. h., es wurde noch nie beobachtet. Der Propellerprozess ist im Gegensatz zur Arbeitsübertragung durch Volumenänderung vollkommen *irreversibel*, also nicht umkehrbar. Da die Dissipation im System bleibt, wird sie hier als *innere Dissipation* J_{i12} bezeichnet. Weitere Verluste entstehen durch Reibung außen an den Wellen des Propellers, die als Dissipation an die Umgebung abgegeben werden. Die Antriebsarbeit, die an das System transferiert wird, verringert sich um diese Dissipation, die man *äußere Dissipation* J_{a12} nennt. Sie bleibt stets außerhalb des Systems.

> Dissipation, die in einem System entsteht, kann nicht über die jeweilige System-grenze transferiert werden.

Im zuvor beschriebenen Beispiel bleibt die vom Propeller abgegebene Dissipationsarbeit im System. Die an den Lagern der Welle entstehende äußere Dissipationsarbeit bleibt in der „Umgebung" und kann nicht zum System transferiert werden.

> Dissipation wirkt sich wie eine Wärmezufuhr aus. Wird die mechanische Arbeit in Dissipation umgewandelt, erwärmt sich das Fluid im System. Den gleichen Effekt könnte man durch Zufuhr von Wärme erzielen. Es wäre aber trotz gleicher Auswirkung falsch zu sagen, dass Dissipation eine Wärmezufuhr ist.

Bei thermodynamischen Analysen ist es wichtig, genau festzustellen, was innere und äußere Dissipation sind. Dies kann man am Beispiel eines Ventilators und einer Pumpe, die jeweils mit einem elektrischen Motor angetrieben werden, demonstrieren (Abb. 3.7). Bei der Pumpe ist der Motor außerhalb des Flüssigkeitsstroms, beim Ventilator befindet er sich im Luftstrom des Ventilators.

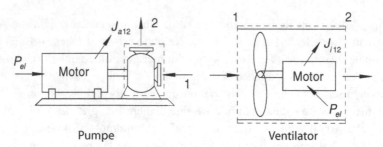

Abb. 3.7 Reibungs- und elektrische Verluste des Motors als innere und äußere Dissipation

Die Dissipation entsteht durch den elektrischen Widerstand der Wicklungen und durch Reibung an den Wellenlagern. Bei der Pumpe wird die Dissipation des Motors an die Umgebung abgegeben, d. h., es handelt sich um äußere Dissipation. Beim Ventilator bleibt die Dissipationsarbeit des Motors im System und ist daher innere Dissipation.

3.1.7 Verschiebearbeit, effektive Arbeit, Nutz- und Kolbenarbeit

Um die verschiedenen Arbeiten und die Dissipation besser analysieren zu können, zeigt Abb. 3.8 ein System, bestehend aus einem Zylinder, in dem ein Gas mit einem Kolben eingeschlossen ist. Das System ist das Gas. Über die Kolbenstange wird beim Verschieben des Kolbens von Position 1 nach 2 die effektive Arbeit W_{eff12} transferiert. Die *effektive Arbeit* ist die Arbeit, die bei einer Zustandsänderung insgesamt zu- oder abgeführt wird. Ein Teil der effektiven Arbeit gelangt durch *äußere Dissipation* zur Umgebung, nicht aber zum System. In unserem Beispiel entsteht die äußere Dissipation J_{a12} durch Reibung am Lager der Kolbenstange. Die verbleibende *Nutzarbeit* W_{N12} wird dem Kolben zugeführt. Über die Systemgrenze wird die Volumenänderungsarbeit W_{V12} am Gas verrichtet und zusätzlich ein Propeller angetrieben. Dieser leistet *innere Dissipationsarbeit* J_{i12}. Der Kolben ist auf der rechten Seite mit dem Umgebungsdruck in Kontakt, sodass dieser Umgebungsdruck auf den Kolben drückt.

Bei der Verdichtung von Position 1 zu Position 2 werden vom und zum Kolben vier verschiedene Arbeiten transferiert:

Abb. 3.8 Aufteilung der Arbeiten

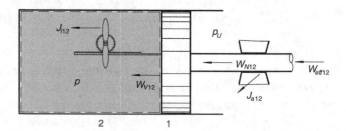

1. Die Nutzarbeit W_{N12}, die nach dem Lager dem Kolben zugeführt wird.
2. Die Volumenänderungsarbeit W_{V12}, die der Kolben an das Gas abgibt.
3. Die Arbeit, die zum Antreiben des Propellers vom Kolben abgegeben wird, bleibt als innere Dissipation J_{i12} im System.
4. Die *Verschiebearbeit* gegen die Atmosphäre, die eine Volumenänderungsarbeit an der Atmosphäre ist. Da der Druck der Umgebung während des Prozesses konstant p_U ist, erhält man aus Gl. (3.8): $W_{U12} = -p_U(V_2 - V_1)$

Die Arbeitsbilanz des Kolbens liefert:

$$0 = \int_{V_1}^{V_2} p \cdot dV - p_U \cdot (V_2 - V_1) - J_{i12} + W_{N12}$$

Die Nutzarbeit ergibt sich daraus zu:

$$W_{N12} = -\int_{V_1}^{V_2} p \cdot dV + p_U \cdot (V_2 - V_1) + J_{i12} \qquad (3.16)$$

Die Nutzarbeit, die einem geschlossenen System zu- oder abgeführt wird, setzt sich aus der Volumenänderungsarbeit, der Verschiebearbeit gegen den Umgebungsdruck und der inneren Dissipationsarbeit zusammen.

Die effektive Arbeit setzt sich aus der Nutzarbeit und äußeren Dissipation (Reibung) zusammen. Sie ist die Arbeit, die effektiv genutzt werden kann:

$$W_{eff12} = W_{N12} + J_{a12} = -\int_{V_1}^{V_2} p \cdot dV + p_U \cdot (V_2 - V_1) + J_{i12} + J_{a12} \qquad (3.17)$$

Die Dissipationsarbeiten J_{i12} und J_{a12} sind stets positive Größen. Bei der Verdichtung des Fluids ist die Volumenänderungsarbeit positiv. Die effektive Arbeit wird um die Verschiebearbeit, die jetzt negativ ist, verringert und um die Dissipationsarbeiten vergrößert. Bei einer Expansion des Fluids ist die Volumenänderungsarbeit negativ. Bei der technischen Expansionsarbeit wird die negative Volumenänderungsarbeit um die positive Verschiebe- und Dissipationsarbeit verringert.

Bei thermodynamischen Analysen spielt die äußere Dissipation meist eine untergeordnete Rolle, sodass die Nutzarbeit, die an der Zustandsänderung direkt teilnimmt, die maßgebende Größe ist.

3.2 Innere Energie eines Systems

Die Energie eines Systems E ist die Summe aller möglichen Energieformen des Systems. Durch Zustandsänderungen wird die Energie eines Systems verändert. Von Bedeutung ist dabei lediglich die Größe der Energieänderung. Die bei dem Prozess verrichtete Arbeit kann in vielen Fällen auch als Energie des Systems gespeichert werden.

Beispiele für solche Zustandsänderungen sind:

- Ein Gas wird zusammengedrückt. Die hineingesteckte Arbeit wird im Gas gespeichert und kann bei einer Expansion wieder als Arbeit abgegeben werden.
- Eine *Batterie* wird geladen. Die auf elektrischem Weg zugeführte Arbeit ist als chemische Energie (abzüglich der beim Ladungsvorgang entstehenden Verluste) in der Batterie gespeichert.
- Beim *Rühren* eines Gases oder einer Flüssigkeit in einem Gefäß erhöht sich die Energie des Systems, was als Temperaturerhöhung messbar ist.

Aus diesen Beispielen lässt sich die Schlussfolgerung ziehen: Die Energieänderung kann in keinem der Beispiele auf Änderungen der kinetischen oder potentiellen Energie zurückgeführt werden. Deshalb muss eine weitere Energieform vorhanden sein, die als *innere Energie* bezeichnet wird.

In der klassischen Thermodynamik besteht die Energie E eines Systems aus drei makroskopischen Anteilen:

- der kinetischen Energie
- der potentiellen Energie und
- der inneren Energie.

Alle Energieänderungen des Systems, die nicht von kinetischer oder potentieller Energie verursacht sind, werden als Änderungen der inneren Energie zusammengefasst.

Wie alle anderen Energieformen ist auch die innere Energie eine *extensive Zustandsgröße* des Systems. Sie wird mit dem Buchstaben U bezeichnet, die Änderung zwischen den zwei Zuständen 1 und 2 mit $U_2 - U_1$.

Die spezifische innere Energie u ergibt sich durch Division mit der Systemmasse m zu:

$$u = U/m$$

Ihre Einheit ist J/kg.

Für die totale Energie eines Systems gilt:

$$E = E_{kin} + E_{pot} + U$$

Sie ist wie ihre sämtlichen Anteile auch eine Zustandsgröße. Die Änderung der Energie zwischen den Zuständen 1 und 2 erhält man als:

$$E_2 - E_1 = E_{kin2} - E_{kin1} + E_{pot2} - E_{pot2} + U_2 - U_1 \qquad (3.18)$$

Ein wesentlicher Schritt ist die Einführung der inneren Energie. Damit vervollständigt man den Energieerhaltungssatz der Mechanik.

Innere Energie wird in die drei Anteile *thermische, chemische* und *nukleare* innere Energie eingeteilt.

Die *thermische innere Energie* resultiert aus den Bewegungen und aus den nicht chemischen und nuklearen Wechselwirkungskräften der Atome und Moleküle des Systems. Die Molekülbewegungen setzen sich aus Translations-, Rotations- und Schwingungsbewegungen zusammen. Die thermische innere Energie eines Festkörpers oder Fluids hängt maßgeblich von der Temperatur ab. Mit dem Anstieg der Temperatur ist eine Erhöhung der Molekülbewegungen und Abnahme der Wechselwirkungskräfte verbunden. Mit einer näheren Beschreibung dieser mikroskopischen Bewegungen befasst sich unter anderem die kinetische Gastheorie.

Die *chemische innere Energie* hat mit den *chemischen Bindungen* zwischen den einzelnen Atomen, die *nukleare innere Energie* mit Kräften innerhalb der Atomkerne zu tun. Durch chemische oder nukleare Reaktionen ändert sich die chemische und nukleare innere Energie.

Bei einem Verbrennungsvorgang nimmt die chemische innere Energie des Brennstoffes ab, die thermische innere Energie der Brennprodukte zu.

Bei der Kernspaltung nimmt die nukleare innere Energie des Brennstabes ab. Die entstehenden schnellen Neutronen (kinetische Energie) und andere Spaltprodukte geben ihre Energie an das Reaktorkühlwasser ab und erhöhen dessen innere Energie.

Bei Prozessen, in denen keine chemischen und nuklearen Veränderungen involviert sind (z. B. beim Erwärmen oder Abkühlen, beim Expandieren oder Komprimieren eines Fluids) hat man es nur mit Änderungen der thermischen inneren Energie zu tun.

3.3 Energieform Wärme

Die Übertragung von *Wärme* an ein System kommt durch unterschiedliche Temperaturen des Systems und seiner Umgebung zustande, und zwar auf Grund des Naturgesetzes, nach dem Wärme stets von selbst in Richtung abnehmender Temperatur fließt. Q_{12} ist die bei einem Prozess zwischen den Systemzuständen 1 und 2 in Form von Wärme von der Umgebung an das System übertragene Energie. Wie die Wärme übertragen wird, ist Gegenstand der Wärmeübertragung [7], auf die hier nicht weiter eingegangen wird.

Für die Wärme treffen wir dieselbe *Vorzeichenkonvention* wie für die Arbeit:

- Die Wärme, die einem System zugeführt wird, ist positiv.
- Die Wärme, die ein System abgibt, ist negativ.

Eine Energieübertragung kann durch Zu- oder Abfuhr von Arbeit und Wärme erfolgen. Prozesse, bei denen die Energieform Wärme transferiert wird, sind *diabat*; wird keine Wärme transferiert, ist der Prozess *adiabat*.

Abbildung 3.9 zeigt neben einem adiabaten auch zwei diabate Zustandsänderungen: A und B zwischen denselben Zuständen 1 und 2, aufgetragen in einem p,V-Diagramm. Der experimentelle Befund zeigt:

$$W_{A12} \neq W_{ad12} \qquad W_{B12} \neq W_{ad12} \qquad \text{und} \qquad W_{A12} \neq W_{B12}$$

Da der Anfangs- und Endzustand in allen drei Fällen gleich ist, gilt:

$$W_{ad12} = E_2 - E_1 \qquad W_{A12} \neq E_2 - E_1 \qquad \text{und} \qquad W_{B12} \neq E_2 - E_1$$

Beim diabaten Prozess wird die Änderung der totalen Energie des Systems nicht allein durch Arbeit verursacht. Neben der Arbeit existiert eine weitere Prozessgröße: der Energietransfer an das System in Form von Wärme.

Ein fundamentaler Aspekt ist, dass unabhängig von der Art der Zustandsänderung vom Zustand 1 nach 2 im System die gleiche *Energieänderung* stattfindet. Das bedeutet, dass der *Nettoenergietransfer* in allen drei Fällen *derselbe* sein muss. Mit den an das System übertragenen Energien Wärme Q_{12} und Arbeit W_{12} erhalten wir für die Energieänderung:

$$E_2 - E_1 + E_{kin2} - E_{kin1} + E_{pot2} - E_{pot1} = W_{12} + Q_{12} \tag{3.19}$$

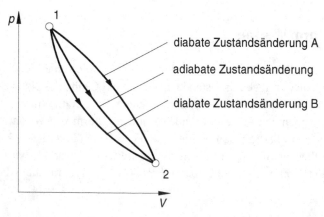

Abb. 3.9 Adiabate und diabate Prozesse zwischen denselben Zuständen

Diese Gleichung ist der Energieerhaltungssatz für Systeme aller Art. Sie sagt aus, dass die Änderung der totalen Energie eines geschlossenen Systems dem Energietransfer in Form von Arbeit und Wärme entspricht.

Innere Energie und Wärme sind keine identischen Größen. Die innere Energie ist eine Zustandsgröße des Systems, während Wärme eine Prozessgröße ist, die beim Energietransfer eine Zustandsänderung verursacht. Wird bei einem Prozess nur Wärme transferiert, entspricht die Größe der Änderung der inneren Energie der Größe der transferierten Wärme. Wichtig ist hier, dass nur Wärme zugeführt wird.

Bezeichnungen wie *„Wärmeinhalt"*, *„Wärmemenge"* oder Aussagen wie *„Reibungsarbeit geht in Wärme über"* sind unkorrekt und sollten daher nicht mehr benutzt werden.

Wie die übertragene Arbeit W_{12} ist die übertragene Wärme Q_{12} eine *Prozessgröße*, die von der Art des Prozesses abhängt. Analog gilt:

$$Q_{12} = \int_1^2 \delta Q$$

Dabei ist δQ ein unvollständiges, d. h. kein totales Differential der Prozessgröße Wärme.

Der *Wärmestrom* $\dot{Q}(t)$ ist die pro Zeiteinheit übertragene Wärme. Die im Zeitintervall t_1 bis t_2 übertragene Wärme beträgt:

$$Q_{12} = \int_{t_1}^{t_2} \dot{Q}(t) \cdot dt$$

3.4 Erster Hauptsatz der Thermodynamik

Der erste Hauptsatz der Thermodynamik ist ein Energieerhaltungssatz. *Helmholtz* formulierte ihn folgendermaßen:

In einem thermodynamischen System kann Energie weder erzeugt noch vernichtet werden. Es können nur einzelne Energieformen in andere Energieformen umgewandelt werden.

Eine andere adäquate Formulierung verbietet das Perpetuum mobile erster Art:

Es gibt keine fortwährend arbeitenden Maschinen, die mehr Arbeit liefern als ihnen Energie zugeführt wird.

Dass beide Aussagen identisch sind, kann leicht gezeigt werden: Die Maschine ist das thermodynamische System. Es ist durchaus möglich, dass die Maschine noch gespeicherte Energie (Schwungrad) in Arbeit umsetzt, d. h. ohne Energiezufuhr Arbeit leistet. Dies ist aber ein einmaliger und kein fortwährender Vorgang. Bei der dauernd arbeitenden Maschine, die mehr Arbeit liefert als sie Energie zugeführt bekommt, würde der Energievorrat des Systems nach kurzer Zeit aufgebraucht sein, d. h., sie könnte keine Energie mehr in Arbeit umsetzen oder wir müssten im System Energie erzeugen. Dies ist nach der ersten Formulierung des ersten Hauptsatzes unmöglich.

> Der erste Hauptsatz der Thermodynamik beruht auf Beobachtungen der Natur und schließt Vorgänge, die noch nie festgestellt wurden, aus.

3.5   Energieanalyse geschlossener Systeme

3.5.1   Energiebilanz stationärer Zustandsänderungen

In einem geschlossenen System findet kein Massentransfer statt. Wir behandeln hier nur quasistatische Zustandsänderungen. Endzustände sind Gleichgewichtszustände, die sich nach der Zustandsänderung zeitlich nicht mehr ändern. Über die Systemgrenze können Wärme und Arbeit transferiert werden. Dieser Transfer verursacht eine Änderung der Energie des Systems, d. h., die Energieformen Arbeit und Wärme werden in die Energie des Systems umgewandelt. Bei technischen Vorgängen in geschlossenen Systemen spielen die kinetische und potentielle Energie praktisch nie eine Rolle, daher kann Gl. (3.19) wie folgt angegeben werden:

$$E_2 - E_1 = U_2 - U_1 = W_{12} + Q_{12} \qquad (3.20)$$

Die Nettoenergieänderung $E_2 - E_1$ ist die Summe aller Arbeits- und Wärmetransfers, die bei der Zustandsänderung stattfanden.

Die differentielle Form des ersten Hauptsatzes für geschlossene Systeme lautet:

$$dU = \delta W + \delta Q \qquad (3.21)$$

Für das in Abb. 3.8 dargestellte System kann eine Bilanzgleichung erstellt werden. Die Arbeit δW, die dem System zugeführt wird, lässt sich in Volumenänderungsarbeit und stets positive innere Dissipation aufteilen.

$$\delta W = -p \cdot dV + \delta J_i \qquad (3.22)$$

Damit wird Gl. (3.21) zu:

$$dU = -p \cdot dV + \delta J_i + \delta Q \qquad (3.23)$$

Mit spezifischen, auf die pro Einheit der Systemmasse bezogenen Werten lautet Gl. (3.23):

$$\mathrm{d}u = -p \cdot \mathrm{d}v + \delta j_i + \delta q \tag{3.24}$$

Integriert erhalten wir:

$$U_2 - U_1 = W_{V12} + J_{i12} + Q_{12} \tag{3.25}$$

$$u_2 - u_1 = w_{V12} + j_{i12} + q_{12} \tag{3.26}$$

Die Gln. (3.25) und (3.26) gelten für quasistatische Zustandsänderungen von einem sich im System befindenden Beobachter. Ein äußerer Beobachter sieht die zugeführte effektive Arbeit. Aus Gl. (3.16) ersetzen wir die Volumenänderungsarbeit durch effektive Arbeit.

$$u_2 - u_1 = w_{eff12} + j_{a12} - p_U \cdot (v_2 - v_1) + q_{12} = w_{N12} - p_U \cdot (v_2 - v_1) + q_{12} \tag{3.27}$$

Die Gln. (3.26) und (3.27) sind grundlegende Gleichungen des ersten Hauptsatzes für stationäre Vorgänge in geschlossenen Systemen. Das folgende Beispiel zeigt, warum man beide Gleichungen benötigt.

Beispiel 3.1: Druckausgleich
Ein Behälter ist mit einem idealen Gas gefüllt und mit einem zweiten, gleich großen, aber vollständig evakuierten Behälter durch ein Ventil verbunden. Beide Behälter sind nach außen thermisch ideal isoliert, also adiabat und haben mit der Umgebung keinen Kontakt. Das Ventil wird geöffnet. Es ist zu bestimmen, wie sich der Zustand des Gases verändert.
Lösung

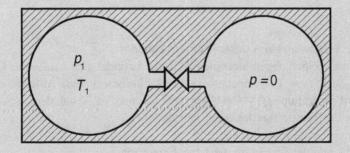

Schema Siehe Skizze
Annahme
- Das Gas ist ein ideales Gas.

Analyse

Da der Vorgang adiabat ist, erhält man mit Gl. (3.26):

$$u_2 - u_1 = w_{V12} + j_{i12}$$

Die Änderung der inneren Energie ist die Summe der Volumenänderungsarbeit und Dissipation. Dass sich das Volumen des Gases verändert, ist eindeutig. Wie groß aber die Volumenänderungsarbeit ist, können wir nicht bestimmen. Auch dass bei diesem Vorgang Dissipation entsteht, erscheint logisch, ist aber nicht berechenbar. Der Prozess ist adiabat und außerdem von der Umgebung isoliert, so kann weder Nutz- und Verschiebearbeit geleistet noch Wärme transferiert werden. Damit liefert Gl. (3.27):

$$u_2 - u_1 = \underbrace{w_{N12}}_{=0} - \underbrace{p_U \cdot (v_2 - v_1)}_{=0} + \underbrace{q_{12}}_{=0} = 0$$

Die innere Energie des Systems bleibt unverändert. Da es sich um ein ideales Gas handelt, bleibt die Temperatur konstant. Der Betrag der Volumenänderungsarbeit ist damit gleich der Dissipation und kann, wenn die Volumina bekannt sind, mit Gl. (3.10) berechnet werden. Da wir ein ideales Gas haben, ist der Druck nach der Expansion bestimmbar. Weil sich die Temperatur nicht verändert, ist der Druck umgekehrt proportional zum Volumen. Da sich das Volumen verdoppelt, wird der Druck halbiert. Dieses Verhalten der idealen Gase wurde von *Avogadro* experimentell bewiesen.

Diskussion

Das Beispiel zeigt sehr schön, dass die Gln. (3.26) und (3.27) beide benötigt werden, um Prozesse in geschlossenen Systemen analysieren zu können.

Beispiel 3.2: Expansion eines Gases in einem Zylinder

In einem vom Kolben abgeschlossenen Zylinder befindet sich ein ideales Gas. Es expandiert nach dem Polytropengesetz ($p \cdot V^n =$ konstant) vom Anfangsvolumen $0,05$ dm^3 auf das Volumen $0,45$ dm^3. Der Anfangsdruck ist 70 bar, der Umgebungsdruck 1 bar. Die Temperatur des Gases beträgt 300 K.

Bestimmen Sie für $n = 0$, $1,0$ und $1,4$:

a) den Druck und die Temperatur nach der Expansion
b) die Volumenänderungsarbeit W_{V12} des Gases
c) die Nutzarbeit W_{N12} unter Vernachlässigung der Reibungseinflüsse
d) den Wärmetransfer Q_{12} bei $n = 1$ unter der Annahme, dass das Gas ein ideales ist.

Lösung

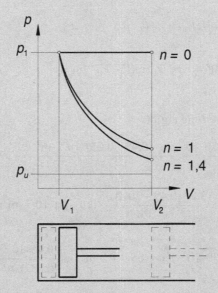

Schema Siehe Skizze

Annahmen

- Das System ist das Gas.
- Das System ist geschlossen, es bestehen keine Leckagen.
- Die Zustandsänderung ist quasistatisch mit $p \cdot V^n = $ konstant.
- Die Kolbenreibung wird vernachlässigt.

Analyse

a) Die Enddrücke sind wegen des gegebenen Polytropengesetzes:

$$p_2 = p_1 \cdot (V_1/V_2)^n$$

$n = 0$: $p_2 = p_1$ $n = 1$: $p_2 = $ **7,78 bar** $n = 1{,}4$: $p_2 = $ **3,23 bar**

Nach Gl. (3.9) sind die Temperaturen nach der Zustandsänderung:

$$T_2 = T_1 \cdot (V_1/V_2)^{n-1}$$

$n = 0$: $T_2 = 2\,700$ K $n = 1$: $T_2 = T_1$ $n = 1{,}4$: $T_2 = 124{,}6$ K

b) Mit Gl. (3.10) berechnet ist die Volumenänderungsarbeit:

$$W_{V12} = \frac{1}{n-1} \cdot (V_2 \cdot p_2 - V_1 \cdot p_1) \quad \text{für } n \neq 1$$

$$W_{V12} = -\int_1^2 p \cdot dV = -p_1 \cdot V_1 \cdot \ln(V_2 / V_1) \quad \text{für } n = 1$$

Die nummerische Auswertung ergibt:

$$n = 0: \quad W_{V12} = -\frac{70 \cdot 10^5 \cdot \text{Pa} \cdot (0,45 - 0,05) \cdot 10^{-3} \cdot \text{m}^3}{1} = -2\,800,0\ \text{J}$$

$$n = 1,4: \quad W_{V12} = -\frac{3,23 \cdot 0,45 - 70 \cdot 0,05}{1 - 1,4} \cdot 10^5 \cdot \text{Pa} \cdot 10^{-3} \cdot \text{m}^3 = -511,7\ \text{J}$$

$$n = 1: \quad W_{V12} = -70 \cdot 10^5 \cdot \text{Pa} \cdot 0,05 \cdot 10^{-3} \cdot \text{m}^3 \cdot \ln\left(\frac{0,45 \cdot 10^{-3} \cdot \text{m}^3}{0,05 \cdot 10^{-3} \cdot \text{m}^3}\right) = -769,0\ \text{J}$$

In allen drei Fällen ist die Arbeit *negativ*, es erfolgt eine *Arbeitsabgabe* an den Kolben. Die Beträge differieren allerdings stark. Da im Fall $n=0$ der Druck konstant bleibt, ergibt sich dafür der größte Betrag (s. Darstellung im p, V-Diagramm unter *Schema*).
c) Die Nutzarbeit kann mit Gl. (3.16) berechnet werden:

$$W_{N12} = -\int_{V_1}^{V_2} p \cdot dV + p_U \cdot (V_2 - V_1)$$

Die Verschiebearbeit des Umgebungsdruckes ist:

$$W_{U12} = p_U \cdot (V_2 - V_1) = 10^5 \text{Pa} \cdot (0,45 - 0,05) \cdot 10^{-3} \text{m}^3 = 40\ \text{J}$$

Somit sind die vom System abgegebenen Nutzarbeiten:

$$n=0: W_{K12} = -2\,760\ \text{J} \qquad n=1,4: W_{K12} = -471,7 \qquad n=1: W_{K12} = -729\ \text{J}$$

Betragsmäßig sind die Werte um die Verschiebearbeit geringer als die der Volumenänderungsarbeiten.
a) Die Energiebilanz für das System lautet:

$$U_2 - U_1 = m \cdot (u_2 - u_1) = W_{V12} + Q_{12}$$

Für $n=1$ gilt $p_1 V_1 = p_2 V_2$, was bei idealen Gasen konstante Temperatur, also isotherme Zustandsänderung bedeutet. Die spezifische innere Energie u eines idealen

Gases hängt nur von der Temperatur ab. Deshalb gilt $u_2 = u_1$. Da sich die innere Energie des Vorgangs nicht ändert, erhält man für die Wärme:

$$Q_{12} = -W_{V12} = \textbf{769,0 J}$$

Diskussion

Das Beispiel zeigt anschaulich die Idealisierung durch die Annahme quasistatischer Verhältnisse. Die Annahme einer polytropen Zustandsänderung ist stets mit den quasistatischen Verhältnissen gekoppelt. Die Simulation realer Vorgänge mittels Polytropenbeziehungen ist daher immer eine Idealisierung.

Für die Ermittlung des Arbeitstransfers genügt die Polytropengleichung. Mit Polytropen sind im Allgemeinen nicht nur Arbeits-, sondern auch Wärmetransfers verbunden. Der Wärmetransfer im betrachteten Bereich n ist desto größer, je näher der Polytropenexponent n bei null ist. Im Fall von $n = 0$ ist die Wärmezufuhr so groß, dass der Druck trotz Vergrößerung des Volumens konstant bleibt, was durch eine Erhöhung der Temperatur auf 2700 K erreicht wird.

Beispiel 3.3: Federbelasteter Kolben aus Beispiel 2.5

Die im Beispiel 2.5 beschriebene Zustandsänderung soll mit dem ersten Hauptsatz analysiert werden.

Folgendes ist zu bestimmen:

a) die Volumenänderungsarbeit und Nutzarbeit

b) die zugeführte Wärme

c) die Größe des Fehlers, der durch die Annahme der polytropen Zustandsänderung entsteht.

Lösung

Schema und *Annahmen* Siehe Beispiel 2.5

Analyse

a) Aus Beispiel 2.5 ist der Druck als Funktion der Federkonstante f und der Höhe z bekannt.

$$p = p_U + \frac{4 \cdot f \cdot (z - z_0)}{\pi \cdot d^2}$$

Dabei ist $f = 47124$ N/m und $z_0 = 0,083$ m. Die Volumenänderungsarbeit wird damit:

$$W_{V12} = -\int_1^2 p \cdot dV = -\int_1^2 (p_U + \frac{4 \cdot f \cdot (z - z_0)}{\pi \cdot d^2}) \cdot \frac{\pi}{4} \cdot d^2 \cdot dz$$

$$= \frac{\pi}{4} \cdot d^2 \cdot p_U \cdot (z_1 - z_2) + f \cdot [0,5 \cdot (z_1^2 - z_2^2) - z_0 \cdot (z_1 - z_2)] = \textbf{-137,4 J}$$

Zur Bestimmung der Nutzarbeit benötigt man die Volumina V_1 und V_2

$$V_1 = \frac{\pi}{4} \cdot d^2 \cdot z_1 = \frac{\pi}{4} \cdot 0{,}01 \cdot \text{m}^2 \cdot 0{,}1 \cdot \text{m} = 0{,}785 \cdot 10^{-3} \cdot \text{m}^3$$

$$V_2 = \frac{\pi}{4} \cdot d^2 \cdot z_2 = \frac{\pi}{4} \cdot 0{,}01 \cdot \text{m}^2 \cdot 0{,}15 \cdot \text{m} = 1{,}178 \cdot 10^{-3} \cdot \text{m}^3$$

Die Nutzarbeit setzt sich nach Gl. (3.16) aus der Volumenänderungsarbeit und Verschiebearbeit gegen die Atmosphäre zusammen.

$$W_{N12} = W_{V12} + p_U \cdot (V_2 - V_1) = -137{,}4 \cdot \text{J} + 10^5 \cdot \frac{\text{N}}{\text{m}^2} \cdot (1{,}178 - 0{,}785) \cdot 10^{-3} \cdot \text{m}^3 = \mathbf{-98{,}2\ J}$$

Sie hat den gleichen Betrag wie die zum Zusammendrücken der Feder benötigte Arbeit, nur sind die Vorzeichen unterschiedlich. Die Feder als System erhält Arbeit, die also positiv sein muss. Das Gas gibt Arbeit, die negativ ist, ab.
b) Die zugeführte Wärme erhält man aus der Energiebilanzgleichung:

$$m \cdot (u_2 - u_1) = \frac{p_1 \cdot V_1}{R \cdot T_1} \cdot (\overline{c}_p - R) \cdot (T_2 - T_1) = Q_{12} + W_{V12}$$

Die Änderung der inneren Energie wurde bereits im Beispiel 2.5 berechnet.

$$Q_{12} = 1\,191{,}5 \cdot \text{J} + 137{,}4 \cdot \text{J} = \mathbf{1\,328{,}7\ J}$$

c) Nimmt man eine polytrope Zustandsänderung an, kann aus Gl. (2.60) der Polytropenexponent bestimmt werden:

$$W_{V12} = \frac{p_2 \cdot V_2 - p_1 \cdot V_1}{n - 1} = \frac{5 \cdot 1{,}178 - 2 \cdot 0{,}785}{-3{,}2599} \cdot 10^5 \cdot \frac{\text{N}}{\text{m}^2} \cdot 10^{-3} \cdot \text{m}^3 = \mathbf{-132{,}5\ J}$$

Diskussion
Die Berechnung der Volumenänderungsarbeit mit der polytropen Zustandsänderung liefert einen Wert, der ca. 4 % kleiner als der exakt berechnete Wert ist. Dies zeigt, dass die Annahme der polytropen Zustandsänderung lediglich eine Näherung ist. Beispiele mit anderen Zahlenwerten können wesentlich größere Fehler aufweisen. Falls andere Mittel zur Verfügung stehen (Prozessablauf, mehrere Messwerte an Zwischenzuständen etc.), sollte geprüft werden, ob die Annahme der polytropen Zustandsänderung zulässig ist.

3.5.2 Energiebilanz instationärer Zustandsänderungen

Die bisher behandelten Prozesse in geschlossenen Systemen waren quasistationäre Prozesse, bei denen jedem Prozesspunkt Gleichgewichtszustände zugewiesen wurden. Wie der zeitliche Ablauf der Zustandsänderung erfolgte, blieb unberücksichtigt. Bei Erwärmung oder Abkühlung eines Systems kann der zeitliche Prozessverlauf von Interesse sein. Die Energiebilanz für instationäre Zustandsänderungen ist in Form einer *Leistungsbilanz* ausdrückbar.

$$\frac{dU}{dt} = P + \dot{Q} \tag{3.28}$$

Die zeitliche Änderung der Energie ist die Summe der momentanen Werte der Leistung und des Wärmestromes. Die Leistung P wird je nach Betrachtung entweder mit der technischen Arbeit oder der Summe der Volumenänderungsarbeit und inneren Dissipation gebildet. Man beachte, dass auf der linken Seite der Leistungsbilanz nicht eine Leistung, sondern die zeitliche Änderung einer Zustandsgröße steht: die der inneren Energie U des Systems.

Die Bilanzgleichung (3.25) gilt zu jedem Zeitpunkt des Prozesses. Bei stationären Zustandsänderungen sind alle in der Leistungsbilanz auftretenden Größen zeitlich konstant und es gilt:

$$0 = P + \dot{Q} \tag{3.29}$$

Bei stationären Prozessen ist die Summe der transferierten Wärmeströme und Leistungen gleich null.

Beispiel 3.4: Aufheizen eines Warmwasserspeichers
Ein Boiler mit 500 l Wasserinhalt wird elektrisch beheizt. Die Heizleistung ist so geregelt, dass die Oberflächentemperatur der Heizelemente stets bei $\vartheta_H = 90\,°C$ bleibt. Der an das Wasser übertragene Wärmestrom ist proportional zur Temperaturdifferenz $\vartheta_H - \vartheta(t)$, wobei $\vartheta(t)$ die momentane Wassertemperatur bedeutet. Zu Beginn der Beheizung ist die Zeit $t = 0$, die Wassertemperatur $\vartheta_0 = 20\,°C$ und die Heizleistung 15 kW. Der Druck im System ist konstant. Die spezifische Wärmekapazität des Wassers beträgt 4,181 kJ/(kg K)

Zu bestimmen sind:
a) der zeitliche Verlauf der Wassertemperatur beim Aufheizen
b) die Aufheizzeit t_A, bis eine Wassertemperatur von $\vartheta_2 = 80\,°C$ erreicht ist
c) die während des Aufheizvorgangs zugeführte Wärme Q_{12} in kWh.

Lösung

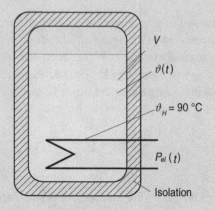

Schema Siehe Skizze

Annahmen

- Der Wasserinhalt ist ein geschlossenes System.
- Der Behälter ist starr und ideal isoliert.
- Die Systemtemperatur ist uniform.
- Die Wärmekapazität ist temperaturunabhängig.
- Die elektrische Leistung wird dem System vollständig zugeführt.

Analyse

a) Die Energiebilanz des ersten Hauptsatzes für geschlossene Systeme ohne Dissipation lautet nach Gl. (3.23):

$$\mathrm{d}U = -p \cdot \mathrm{d}V + \delta Q$$

Um mit der Enthalpie zu arbeiten, addiert man auf beiden Seiten der Gleichung $p \cdot \mathrm{d}V + V \cdot \mathrm{d}p$. Unter Berücksichtigung, dass der Druck konstant ist, erhält man:

$$\mathrm{d}U + p \cdot \mathrm{d}V + V \cdot \mathrm{d}p = -p \cdot \mathrm{d}V + p \cdot \mathrm{d}V + V \cdot \mathrm{d}p + \delta Q$$

$$\mathrm{d}H = \delta Q$$

Um den zeitlichen Verlauf der Temperatur zu bestimmen, wird die Gleichung nach der Zeit abgeleitet:

$$\frac{\mathrm{d}H}{\mathrm{d}t} = m \cdot c_p \frac{\mathrm{d}\vartheta(t)}{\mathrm{d}t} = \dot{Q}$$

Nach Aufgabenstellung ist die Wärmezufuhr proportional zur Temperaturdifferenz zwischen Heizfläche und Wasser.

$$\dot{Q} = C \cdot (\vartheta_H - \vartheta)$$

Damit kann folgende Differentialgleichung gebildet werden:

$$m \cdot c_p \cdot \frac{\mathrm{d}\vartheta}{\mathrm{d}t} = C \cdot (\vartheta_H - \vartheta)$$

Durch Substitution $\mathrm{d}\vartheta = -\mathrm{d}(\vartheta_H - \vartheta)$ erhalten wir:

$$-\frac{\mathrm{d}(\vartheta_H - \vartheta)}{\mathrm{d}t} = \frac{C \cdot (\vartheta_H - \vartheta)}{m \cdot c_p}$$

Da zu Beginn der Aufwärmung die Heizleistung und Wassertemperatur gegeben sind, kann die Konstante C bestimmt werden.

$$C = \frac{\dot{Q}_H(0)}{\vartheta_H - \vartheta_1} = \frac{15\,\mathrm{kW}}{70\,\mathrm{K}} = 214{,}3 \;\; \mathrm{W/K}$$

Um mit dimensionslosen Größen zu arbeiten, wird eine Zeitkonstante t_0 gebildet. Sie ist die Zeit, die mit der vollen anfänglichen Heizleistung von 15 kW zum Aufheizen des Wassers von der Anfangstemperatur bis zur Temperatur der Heizfläche benötigt wird.

$$t_0 = \frac{m \cdot c_p \cdot (\vartheta_H - \vartheta_1)}{\dot{Q}_H(0)} = \frac{m \cdot c_p}{C}$$

Mit der Zeitkonstante t_0 lässt sich die Differentialgleichung wie folgt schreiben:

$$\frac{\mathrm{d}(\vartheta_H - \vartheta)}{\vartheta_H - \vartheta} = -\frac{\mathrm{d}t}{t_0}$$

Mit $\tau = t / t_0$ wird die dimensionslose Zeit τ eingeführt. Damit erhält man nach dem Entlogarithmieren:

$$\frac{\vartheta_H - \vartheta}{\vartheta_H - \vartheta_1} = e^{-t/t_0} = e^{-\tau}$$

Mit der dimensionslosen Temperatur Θ

$$\Theta = \frac{\vartheta - \vartheta_1}{\vartheta_H - \vartheta_1} = \frac{\vartheta_H - \vartheta_1 + \vartheta - \vartheta_H}{\vartheta_H - \vartheta_1} = 1 - \frac{\vartheta_H - \vartheta(t)}{\vartheta_H - \vartheta_1}$$

ergibt sich die dimensionslose Lösung für den zeitlichen Temperaturverlauf zu:

$$\Theta = 1 - e^{-\tau}$$

Die dimensionslose Temperatur ist der Temperaturanstieg, geteilt durch die Temperaturdifferenz zu Beginn der Aufheizung. Hier folgt die grafische Darstellung:

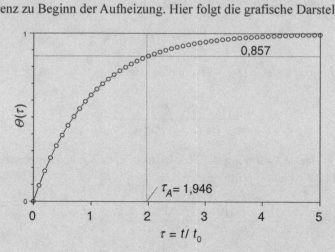

b) Aus der Zeitfunktion ergibt sich die dimensionslose Aufheizzeit τ_A zu:

$$\tau_A = -\ln\left(\frac{\vartheta_H - \vartheta_2}{\vartheta_H - \vartheta_1}\right) = \ln\left(\frac{\vartheta_H - \vartheta_1}{\vartheta_H - \vartheta_2}\right) = \ln\left(\frac{90 - 20}{90 - 80}\right) = 1,946$$

Im Diagramm ist die vertikale Linie bei $\tau_A = 1,946$ eingetragen, ebenso die zugehörige dimensionslose Endtemperatur

$$\Theta(\tau_A) = \frac{\vartheta_2 - \vartheta_1}{\vartheta_H - \vartheta_1} = \frac{80 - 20}{90 - 20} = 0,857$$

als horizontale Linie.

Die Aufheizzeit ist: $t_A = \tau_A \cdot t_0$

Zur Bestimmung der Zeitkonstante t_0 wird die spezifische Wärmekapazität des Wassers benötigt. Es wird angenommen, dass mit dem Wert bei 50 °C gerechnet werden kann. Aus Tab. A.2.4 erhält man 4,1798 kJ/(kg K). In Stunden angegeben beträgt die Zeitkonstante des Systems:

$$t_0 = \frac{499 \cdot \text{kg} \cdot 4,181 \cdot \text{kJ/(kg K)} \cdot (90 - 20) \cdot \text{K}}{15 \cdot (\text{kJ/s}) \cdot 3600 \quad (\text{s/h})} = 2,7053 \ \text{h}$$

Damit beträgt die Aufheizzeit: $t_A = 1,946 \cdot 2,707 \ \text{h} = \mathbf{5,264 \ h}$

c) Der Energiebedarf für die Aufheizung ergibt sich nach Gl. (3.25) aus dem ersten Hauptsatz:

$$Q_{12} = U_2 - U_1 = m \cdot c_p \cdot (\vartheta_2 - \vartheta_1)$$

Die Wassermasse wird mit dem spezifischen Volumen v_w bei 20 °C (Tab. A.2.4) berechnet:

$$m = \frac{V}{v_w} = \frac{0,5 \cdot m^3}{0,0010018 \cdot m^3/kg} = 499 \, kg$$

Die zugeführte Wärme beträgt:

$$Q_{12} = m \cdot c_2 \cdot (\vartheta_2 - \vartheta_1) = \frac{499 \cdot kg \cdot 4,181 \cdot kJ/(kg \cdot K) \cdot (80-20) \cdot K}{3\,600 \, (s/h)} = \mathbf{34,78 \ kWh}$$

Diskussion
Der Vorgang lässt sich durch eine universelle Funktion $\Theta(\tau) = f(\tau)$ vollständig dimensionslos beschreiben. Diese Funktion ist für Aufwärmvorgänge mit der hier verwendeten Temperaturregelung der Heizung allgemein gültig. Für jedes Problem kann die Zeitkonstante bestimmt und aus den dimensionslosen Beziehungen die gewünschte Größe berechnet werden.

Die Systemtemperatur ϑ strebt asymptotisch der Temperatur ϑ_H zu. Der Grund dafür ist, dass die Heizleistung bei der Annäherung der Temperatur ϑ_H gegen null geht.

3.6   Energieanalyse offener Systeme

In der Regel wird in geschlossenen Systemen durch die Systemgrenze eine konstante Masse und meist ein veränderliches Volumen definiert. Bei offenen Systemen werden über die Systemgrenze Massen transferiert. Masse und Volumen eines Systems sind nicht von Interesse, sondern man analysiert die Massentransfers über die Systemgrenze. Bei einer Pumpe z. B. wird nicht das Volumen der Pumpe angegeben, sondern der Volumenstrom bzw. Massenstrom des Wassers, der durch die Pumpe gefördert wird. Wie schon im Kap. 1 erwähnt, nennt man das durch die Systemgrenze eingeschlossene Volumen *Kontrollraum*. Im Folgenden wird der Kontrollraum mit dem Index *KR* angegeben.

3.6.1   Erhaltung der Masse im offenen System

3.6.1.1   Massenbilanz
Für die Massenbilanz wird ein System zunächst ohne Arbeits- oder Wärmetransfer untersucht. Das System ist der Kontrollraum, in den ein Massenstrom hineinströmt und ein Massenstrom herausströmt (Abb. 3.10). Der Kontrollraum wird durch die gestrichelt eingetragene Systemgrenze definiert. Masse und Volumen des Kontrollraumes können sich ändern.

Abb. 3.10 Zur Herleitung der
Massenbilanzgleichung

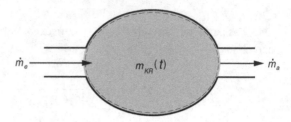

Zum Zeitpunkt t ist die Masse im Kontrollraum: $m = m_{KR}(t)$

Die Massenströme $\dot{m}_e$ und $\dot{m}_a$ müssen nicht notwendigerweise gleich sein. Die Massenänderung des Kontrollraums erhält man als:

$$\frac{\mathrm{d}m_{KR}}{\mathrm{d}t} = \dot{m}_e - \dot{m}_a \tag{3.30}$$

Für den Kontrollraum mit mehreren Ein- und Austritten erhält man die Massenstrombilanz durch Summation der an den Eintritten e und Austritten a passierenden momentanen Massenströme.

$$\frac{\mathrm{d}m_{KR}}{\mathrm{d}t} = \sum_i \dot{m}_{e,i} - \sum_j \dot{m}_{a,j} \tag{3.31}$$

Die Bilanzgleichungen (3.30) und (3.31) sind Gleichungen des Massenerhaltungssatzes.

> In einem Kontrollraum ist die zeitliche Änderung der Masse die Summe eintretender Massenströme abzüglich der Summe austretender Massenströme.

Dies ist der allgemeine *Massenerhaltungssatz für offene Systeme*, der aussagt, dass keine Masse verloren gehen kann.

Wenn sich die Masse des Kontrollraums mit der Zeit nicht verändert, hat man bezüglich der Massenerhaltung stationäre Zustände. Dann gilt, dass die Summe eintretender Massenströme gleich der Summe austretender Massenströme ist:

$$\sum_i \dot{m}_{e,i} = \sum_j \dot{m}_{a,j} \tag{3.32}$$

3.6.1.2 Bestimmung der Massenströme

Die ein- und austretenden *Massenströme* lassen sich durch Integration der lokalen Dichte ρ und lokalen Normalkomponente c_n der Geschwindigkeit über die gesamte Strömungsfläche A bestimmen (Abb. 3.11):

Abb. 3.11 Zur Herleitung
der Massenbilanzgleichung
mit lokalen Größen

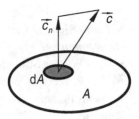

$$\dot{m} = \oint_A c_n \cdot \rho \cdot dA$$

Sowohl die Dichte ρ als auch die Normalkomponente der Geschwindigkeit c_n sind im Allgemeinen Funktionen des Ortes. Auf die Berechnung des Massenstromes wird in Lehrbüchern der Fluidmechanik näher eingegangen [9].

Zur Auswertung der Integrale müssen Dichte und Normalkomponente der Geschwindigkeit als eine Funktion des Ortes bekannt sein. In vielen Fällen darf man näherungsweise mit Mittelwerten arbeiten. Der Massenstrom mit Mittelwerten berechnet sich als:

$$\dot{m} = \overline{\rho} \cdot \overline{c}_n \cdot A \tag{3.33}$$

Beispiel 3.5: Füllen eines Behälters

Ein konstanter Wassermassenstrom von 1 kg/s fließt von oben in einen vertikal gestellten zylindrischen Behälter mit der Grundfläche $A = 1$ m^2. Durch eine Ausflussöffnung strömt unten Wasser aus. Der austretende Massenstrom ist proportional zur Wurzel der Füllhöhe $\left(\dot{m}_2 = C \cdot \sqrt{z} \quad C = 1 \cdot \text{kg} \cdot \text{s}^{-1} \cdot \text{m}^{0,5} \right)$. Zum Zeitpunkt $t = 0$ ist der Tank leer.

Zu bestimmen ist der zeitliche Verlauf der Wasserhöhe $z(t)$ in dimensionsbehafteter und dimensionsloser Darstellung.

Lösung

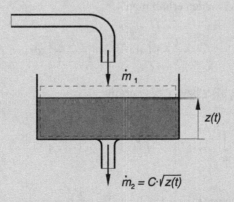

Schema Siehe Skizze

Annahmen

- Das Wasser ist inkompressibel.
- Der Prozess ist adiabat.
- Beim Prozess werden nur Massen transferiert.

Analyse

Der Vorgang ist instationär. Da keine Arbeit und Wärme transferiert werden, genügt für die Analyse Gl. (3.31):

$$\frac{dm_{KR}}{dt} = \dot{m}_1 - \dot{m}_2$$

Die Systemmasse erhalten wir als: $m_{KR} = \rho \cdot A \cdot z$

Damit ergibt sich folgende Differentialgleichung:

$$\frac{dz}{dt} = \frac{\dot{m}_1}{\rho \cdot A} - \frac{C}{\rho \cdot A} \cdot \sqrt{z}$$

Eine Variable $y(z)$ wird folgendermaßen definiert:

$$y = \frac{\dot{m}_1}{\rho \cdot A} - \frac{C}{\rho \cdot A} \cdot \sqrt{z} \qquad \frac{dy}{dz} = -\frac{C}{2 \cdot \rho \cdot A} \cdot \frac{1}{\sqrt{z}} \qquad dz = -\frac{2 \cdot \rho \cdot A}{C} \cdot \sqrt{z} \cdot dy$$

Die noch störende Größe $\sqrt{z}$ kann durch y ersetzt werden. Damit ist dz:

$$\sqrt{z} = \frac{\dot{m}_1 - y \cdot \rho \cdot A}{C} \qquad dz = -\frac{2 \cdot \rho \cdot A}{C} \cdot \frac{\dot{m}_1 - y \cdot \rho \cdot A}{C} \cdot dy$$

Nach Separation der Variablen erhält man:

$$\left(\frac{\dot{m}_1}{\rho \cdot A} \cdot \frac{1}{y} - 1 \right) \cdot dy = -\frac{1}{2} \cdot \left(\frac{C}{\rho \cdot A} \right)^2 dt$$

Die Integration von y_0 bis y bzw. 0 bis t ergibt:

$$\int_{y_0}^{y} \left(\frac{\dot{m}_1}{\rho \cdot A} \cdot \frac{1}{y} - 1 \right) \cdot dy = -\int_{0}^{t} \frac{1}{2} \cdot \left(\frac{C}{\rho \cdot A} \right)^2 dt$$

$$\frac{\dot{m}_1}{\rho \cdot A} \cdot \ln \left(\frac{y}{y_0} \right) - (y - y_0) = -\frac{1}{2} \cdot \left(\frac{C}{\rho \cdot A} \right)^2 t$$

Die Größe y kann jetzt durch z ersetzt werden, wobei $z_0 = 0$ ist:

$$\frac{\dot{m}_1}{\rho \cdot A} \cdot \ln \left(\frac{\dfrac{\dot{m}_1}{\rho \cdot A} - \dfrac{C}{\rho \cdot A} \cdot \sqrt{z}}{\dfrac{\dot{m}_1}{\rho \cdot A}} \right) + \frac{C}{\rho \cdot A} \cdot \sqrt{z} = -\frac{1}{2} \cdot \left(\frac{C}{\rho \cdot A} \right)^2 t$$

Nach Umformungen und nach t aufgelöst, erhalten wir:

$$t = -\frac{2 \cdot m_1 \cdot \rho \cdot A}{C^2} \cdot \left[\ln \left(1 - \frac{C}{\dot{m}_1} \cdot \sqrt{z} \right) + \frac{C}{\dot{m}_1} \cdot \sqrt{z} \right]$$

Analytisch ist diese Gleichung nach z nicht auflösbar. Zu jeder Füllhöhe kann aber nummerisch eine Zeit angegeben werden. Für die dimensionslose Darstellung bestimmt man zunächst die Füllhöhe, die asymptotisch erreicht wird, was dann der Fall ist, wenn der Massenstrom am Austritt gleich groß wie am Eintritt ist.

$$\dot{m}_1 = C \cdot \sqrt{z_\infty} \qquad z_\infty = \dot{m}_1^2 / C^2 = 1\,\mathrm{m}$$

Damit bilden wir die dimensionslose Füllhöhe: $\zeta = z / z_\infty$

Zur Bildung der dimensionslosen Zeit τ wird die Zeitkonstante t_0 als die Zeit, die zum Füllen des Behälters auf die Füllhöhe z_∞ ohne Abfluss benötigt wird, definiert:

$$t_0 = \frac{\rho \cdot A \cdot z_\infty}{\dot{m}_1} = \frac{\dot{m}_1 \cdot \rho \cdot A}{C^2} = \frac{1 \cdot \mathrm{kg/s} \cdot 1000 \cdot \mathrm{kg/m^3} \cdot 1\mathrm{m^2}}{1 \cdot \mathrm{kg^2/(s^2 \cdot m)}} = 1000\,\mathrm{s}$$

Die dimensionslose Zeit τ ist: $\tau = t / t_0 = \dfrac{C^2 \cdot t}{\dot{m}_1 \cdot \rho \cdot A}$

In die ursprüngliche Differentialgleichung eingesetzt, erhalten wir:

$$\frac{d\zeta}{d\tau} = 1\sqrt{\zeta}$$

Die Lösung:

$$\tau = -2 \cdot \left[\ln \left(1 - \sqrt{\zeta} \right) + \sqrt{\zeta} \right]$$

Das Diagramm zeigt den dimensionslosen Füllhöhenverlauf $\zeta(\tau)$.

Diskussion

Nach der etwa achtfachen Zeitkonstante ist die asymptotische Füllhöhe fast vollständig erreicht. Die dimensionslose Darstellung ist universeller als die dimensionsbehaftete. Die Lösung der dimensionslosen Differentialgleichung hätte einen geringeren mathematischen Zeitaufwand bedeutet. Die Zustandsänderung wird allein durch zwei Parameter beschrieben: Die Zeitkonstante t_0 und die asymptotische Füllhöhe z_∞, mit denen sich dimensionslose Größen bilden lassen. Wollte man beispielsweise die Theorie durch ein Experiment verifizieren, genügte es, die dimensionslosen Parameter zu variieren.

3.6.2   Erhaltung der Energie im offenen System

3.6.2.1   Energieanalyse

Das Vorgehen ist ähnlich wie bei der in Abb. 3.10 veranschaulichten Massenbilanz. Wir setzen eindimensionale Strömungsverhältnisse voraus und lassen der Einfachheit halber den Querstrich über den gemittelten Größen weg. Wieder bedeuten e Eintritt und a Austritt. Der Massenstrom mit der spezifischen inneren Energie u_e und der spezifischen kinetischen Energie $c_e^2 / 2$ auf der Höhe z_e strömt zum Kontrollraum. Analoges gilt für den einströmenden Massenstrom. Im Gegensatz zu geschlossenen Systemen müssen jetzt die kinetische und potentielle Energie berücksichtigt werden. Die totale Energie E der Masse m ist zum Zeitpunkt t:

$$E(t) = E_{KR}(t)$$

Abb. 3.12 Zur Herleitung
der Energiebilanzgleichung

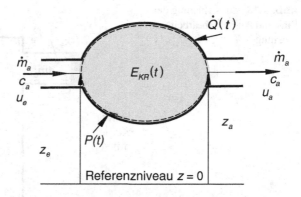

Der Massenstrom transferiert innere, kinetische und potentielle Energie zum System. Ferner werden dem Kontrollraum die Leistung P und der Wärmestrom $\dot{Q}$ zugeführt (Abb. 3.12).

Die zeitliche Änderung der totalen Energie des Kontrollraums ist:

$$\frac{dE_{KR}}{dt} = P + \dot{Q} + \dot{m}_e \cdot \left(u_e + \frac{c_e^2}{2} + g \cdot z_e \right) - \dot{m}_a \cdot \left(u_a + \frac{c_a^2}{2} + g \cdot z_a \right) \qquad (3.34)$$

Liegt keine Massenzu- oder -abfuhr vor, verschwinden in Gl. (3.34) die mit den Massenströmen multiplizierten Terme, und die Energiebilanz geht in Gl. (3.25) für das geschlossene System über.

3.6.2.2   Arbeit am Kontrollraum

Die durch Arbeit ausgedrückte Arbeitsleistung P in Gl. (3.34) wird in zwei Anteile aufgespalten:

1. In die Arbeit, die benötigt wird, damit Masse die Systemgrenze überschreiten kann. Beim Einschieben der Masse dm_e in den Kontrollraum (Abb. 3.13) leistet die Umgebung am System die Einschiebearbeit. Der Kontrollraum leistet beim Ausschieben der Masse dm_a an der Umgebung die Ausschiebearbeit.
2. In Arbeiten, die mittels Welle, Kolbenstange etc. an den Kontrollraum abgegeben werden. Diese Arbeiten werden benötigt, um die Volumenänderungsarbeit, die Änderung der kinetischen und potentiellen Energie sowie die innere Dissipation zu verrichten. Die Summe dieser Arbeiten ist die am Kontrollraum verrichtete Arbeit W_{KR} bzw. die Leistung P_{KR}.

Zur Erklärung der Ein- und Ausschiebearbeit kann man sich einen *fiktiven Kolben* vorstellen, der gegen den am Eintritt herrschenden, mittleren statischen Druck p_e die Masse $\varDelta m_e$ in den Kontrollraum hineinschiebt (Abb. 3.13). Wir setzen am Ein- und Austritt eindimen-

Abb. 3.13 Zur Erklärung der
Ein- und Ausschiebearbeit und
-leistung

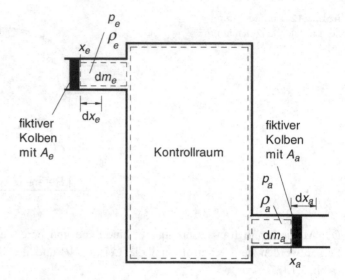

sionale Strömungsverhältnisse voraus. Deshalb kann im Ein- und Austrittsquerschnitt mit mittleren Größen gerechnet werden.

Die Einschiebearbeit δW_e ist das Produkt aus der Kraft $p_e \cdot A_e$ und dem Verschiebeweg $\mathrm{d}x_e$.

$$\delta W_e = p_e \cdot A_e \cdot \mathrm{d}x_e = p_e \cdot \mathrm{d}V_e$$

Die Einschiebeleistung ist die Ableitung der Einschiebearbeit nach der Zeit:

$$P_e = \frac{\delta W_e}{\mathrm{d}t} = p_e \cdot A_e \cdot \frac{\mathrm{d}x_e}{\mathrm{d}t} = p_e \cdot A_e \cdot c_e = \dot{m}_e \cdot p_e \cdot v_e$$

Die Arbeits- und Leistungszufuhr sind beim Einschieben (= Eintritt e) positiv.

Analog dazu gilt am Austritt: Ausschiebeleistung $P_a = -p_a \cdot A_a \cdot c_a$. Diese wird durch das System KR abgegeben, erscheint somit in der Bilanz als negativer Term. Die am Kontrollraum verrichtete Nutzleitung P_N ist:

$$P = P_{KR} + p_e \cdot A_e \cdot c_e - p_a \cdot A_a \cdot c_a = P_{KR} + \dot{m}_e \cdot p_e \cdot v_e - \dot{m}_a \cdot p_a \cdot v_a \qquad (3.35)$$

3.6.3   Energiebilanzgleichung

Durch Einsetzen von Gl. (3.34) in Gl. (3.35) ergibt sich die für den praktischen Gebrauch wichtigste Form der *Energie-* und *Leistungsbilanzgleichung* des offenen Systems:

$$\frac{\mathrm{d}E_{KR}}{\mathrm{d}t} = P + \dot{Q} + \dot{m}_e \left(u_e + p_e \cdot v_e + \frac{c_e^2}{2} + g \cdot z_e \right) - \dot{m}_a \left(u_a + p_a \cdot v_a + \frac{c_a^2}{2} + g \cdot z_a \right)$$

Gemäß Kap. 2 ist die spezifische Enthalpie $h = u + p \cdot v$. Damit erhalten wir:

$$\frac{dE_{KR}}{dt} = P + \dot{Q} + \dot{m}_e \cdot \left(h_e + \frac{c_e^2}{2} + g \cdot z_e\right) - \dot{m}_a \cdot \left(h_a + \frac{c_a^2}{2} + g \cdot z_a\right) \qquad (3.36)$$

Das Auftreten des Terms (Kap. 2) ist der Grund für die Einführung der spezifischen Enthalpie. Die Ein- und Ausschiebearbeit müssen nicht mehr explizit berücksichtigt werden, da sie bereits in der Enthalpie enthalten sind.

Bei mehreren Ein- und Austritten muss analog wie in der Massenstrombilanz über sämtliche Ein- und Austritte summiert werden:

$$\frac{dE_{KR}}{dt} = P + \dot{Q} + \sum_e \dot{m}_e \left(h_e + \frac{c_e^2}{2} + g \cdot z_e\right) - \sum_a \dot{m}_a \left(h_a + \frac{c_a^2}{2} + g \cdot z_a\right) \qquad (3.37)$$

Die Gln. (3.36) und (3.37) sind die für die Ingenieurpraxis wichtigsten Formen des ersten Hauptsatzes der Thermodynamik für offene Systeme.

Dabei ist P die technische Leistung; sie fasst alle mechanischen Leistungen zusammen, die die Systemgrenze überschreiten. $\dot{Q}$ ist der resultierende Wärmestrom über die Systemgrenze.

3.6.3.1 Stationäre Fließprozesse

Bei stationären Zustandsänderungen erfahren die Zustandsgrößen keine zeitlichen Änderungen; die Energie des Kontrollraums bleibt konstant und ihre zeitliche Ableitung ist null.

$$P + \dot{Q} = \sum_i \dot{m}_{a,1} \cdot \left(h_{a,1} + \frac{c_{a,1}^2}{2} + g \cdot z_{a,1}\right) - \sum_j \dot{m}_{e,j} \cdot \left(h_{e,j} + \frac{c_{e,j}^2}{2} + g \cdot z_{e,j}\right)$$

Falls nur ein Massenstrom in den Kontrollraum strömt und der gleiche Massenstrom diesen wieder verlässt, erhalten wir, wenn der Eintritt mit 1 und der Austritt mit 2 bezeichnet wird:

$$q_{12} + w_{N12} = h_2 - h_1 + \frac{1}{2} \cdot (c_2^2 - c_1^2) + g \cdot (z_2 - z_1) \qquad (3.38)$$

Die spezifische Nutzarbeit setzt sich aus folgenden spezifischen Arbeiten zusammen:

- der Volumenänderungsarbeit, die am Fluid geleistet werden muss: w_{V12}
- der Einschiebearbeit: $-p_1 \cdot v_1$
- der Ausschiebearbeit: $p_2 \cdot v_2$
- der Arbeit zur Erhöhung der kinetischen Energie: $0{,}5 \cdot (c_2^2 - c_1^2)$

- der Arbeit zur Erhöhung der potentiellen Energie: $g \cdot (z_2 - z_1)$
- der inneren Dissipation: j_{i12}.

$$q_{12} + w_{N12} = h_2 - h_1 + \frac{1}{2} \cdot (c_2^2 - c_1^2) + g \cdot (z_2 - z_1) \tag{3.39}$$

Durch den Zusammenhang zwischen Volumen- und Druckänderungsarbeit nach Gl. (3.14) erhalten wir:

$$w_{N12} = w_{p12} + j_{i12} + \frac{1}{2} \cdot (c_2^2 - c_1^2) + g \cdot (z_2 - z_1) \tag{3.40}$$

Gleichung (3.40) in Gl. (3.38) eingesetzt, ergibt:

$$q_{12} + w_{p12} + j_{i12} = h_2 - h_1 \tag{3.41}$$

Unter Berücksichtigung des Zusammenhangs zwischen Volumen- und Druckänderungsarbeit bzw. innerer Energie und Enthalpie erhält man:

$$q_{12} + w_{V12} + j_{i12} = u_2 - u_1 \tag{3.42}$$

Gleichung (3.41) ist mit Gl. (3.42), also mit der Bilanzgleichung für geschlossene Systeme identisch.

Ähnlich wie beim geschlossenen System ist Gl. (3.38) für einen äußeren und Gl. (3.41) für einen inneren Betrachter gültig. Dass beide Gleichungen notwendig sind, demonstriert Beispiel 3.6.

3.6.3.2   Totalenthalpie im Fluidstrom

Prozesse in Turbinen und Verdichtern verlaufen fast adiabat; die technische Arbeit ohne Dissipation entspricht der Änderung der Enthalpie und die der kinetischen und potentiellen Energie. Die Energiebilanz in Gl. (3.38) liefert:

$$w_{t12} = h_2 + \frac{c_2^2}{2} + g \cdot z_2 - h_1 - \frac{c_1^2}{2} - g \cdot z_1$$

> Die Summe der spezifischen Enthalpie h und spezifischen kinetischen und potentiellen Energie ist die spezifische Totalenthalpie (spezifische Gesamtenthalpie im Fluidstrom).

$$h_{tot} = h + \frac{c^2}{2} + g \cdot z \tag{3.43}$$

In reinen Strömungselementen wie Düsen und Diffusoren bleibt die Totalenthalpie erhalten.

Beispiel 3.6: Drosselung einer inkompressiblen Strömung

Wasser (inkompressibel) strömt in einem horizontalen Rohr mit konstantem Querschnitt, in das eine Blende eingebaut ist. Der Druck ändert sich von $p_1 = 100$ bar auf $p_2 = 1$ bar. Das Rohr ist thermisch isoliert, damit ist der Vorgang adiabat. Die spezifische Wärmekapazität des Wassers ist $c_p = c_v = 4185$ J/(kg K), das spezifische Volumen $v = 10^{-3}$ m³/kg.

Zu bestimmen sind die Änderungen der Enthalpie und Temperatur.

Lösung

Schema Siehe Skizze

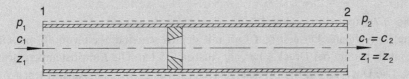

Annahme
- Da das Rohr einen konstanten Querschnitt hat und das Fluid inkompressibel ist, ändert sich die Geschwindigkeit nicht.

Analyse

Wird Gl. (3.41) für die Analyse genommen, erhält man:

$$\underbrace{q_{12}}_{=0} + w_{p12} + j_{i12} = h_2 - h_1$$

Dies bedeutet, dass die Änderung der Enthalpie gleich der Summe der Druckänderungsarbeit und inneren Dissipation ist. Wie groß diese sind, ist nicht bestimmbar. Berücksichtigt man, dass dem Rohr keine Nutzarbeit zugeführt werden kann und sich weder Geschwindigkeit noch Höhe ändern, erhält man aus Gl. (3.38):

$$\underbrace{q_{12} + w_{N12}}_{=0} = h_2 - h_1 + \frac{1}{2} \cdot \underbrace{(c_2^2 - c_1^2)}_{=0} + g \cdot \underbrace{(z_2 - z_1)}_{=0}$$

Die Enthalpie ändert sich ebenfalls nicht. Eine für die Technik wichtige Erkenntnis lautet:

▶ **Die adiabate Expansion ist ohne Änderung der kinetischen und potentiellen Energie isenthalp.**

Für inkompressible Flüssigkeiten gilt:

$$h_2 - h_1 = u_2 - u_1 + v \cdot (p_2 - p_1) = c_v \cdot (T_2 - T_1) + v \cdot (p_2 - p_1)$$

Da die Enthalpieänderung null ist, erhalten wir für die Temperaturänderung:

$$T_2 - T_1 = \frac{v \cdot (p_1 - p_2)}{c_v} = \frac{10^{-3} \cdot m^3/kg \cdot (100-1) \cdot 10^5 \cdot N/m^2}{4\,154 \cdot J/(kg \cdot K)} = 2,38\,K$$

Diskussion

Durch Anwendung beider Gleichungen können die Änderung der Enthalpie und Erwärmung des Wassers bestimmt werden.

Beispiel 3.7: Expansion in einer Düse

In eine konvergente Düse strömt Luft mit der Geschwindigkeit von 50 m/s ein. Am Eintritt beträgt der Druck 3 bar, am Austritt 1,5 bar. Die Eintrittstemperatur ist 300 K. Die Düse hat am Eintritt den Querschnitt von 0,3 m², am Austritt jenen von 0,1 m². Die Luft ist ein perfektes Gas mit folgenden Daten:

$c_p = 1005$ J/(kg K), $R = 287$ J/(kg K).

Bestimmen Sie die Temperatur und Geschwindigkeit am Austritt der Düse und die spezifische Dissipation.

Lösung

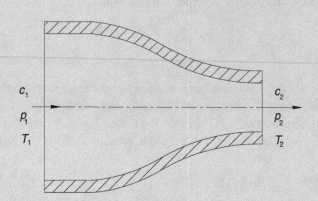

Schema Siehe Skizze

Annahmen

- Die Luft ist ein perfektes Gas, c_p ist konstant.
- Die potentielle Energie kann vernachlässigt werden.
- Der Prozess ist adiabat.

Analyse

Aus der Energiebilanzgleichung erhalten wir:

$$0 = h_2 - h_1 + 0,5 \cdot (c_2^2 - c_1^2)$$

Da der Massenstrom konstant bleibt und die Luft ein ideales Gas ist, gilt für die Geschwindigkeit c_2 nach Gl. (3.33) und der idealen Gasgleichung:

$$c_2 = c_1 \cdot \frac{A_1 \cdot \rho_1}{A_2 \cdot \rho_2} = c_1 \cdot \frac{A_1 \cdot p_1 \cdot T_2}{A_2 \cdot p_2 \cdot T_1}$$

Die Geschwindigkeit in die Bilanzgleichung (3.38) eingesetzt, ergibt:

$$c_p \cdot (T_2 - T_1) = 0,5 \cdot c_1^2 \cdot \left[1 - \left(\frac{A_1 \cdot p_1 \cdot T_2}{A_2 \cdot p_2 \cdot T_1} \right)^2 \right]$$

Dies ist eine quadratische Gleichung für die unbekannte Temperatur T_2. Die Auflösung liefert $T_2 = \mathbf{266,0\ K}$. Damit ist die Geschwindigkeit c_2:

$$c_2 = c_1 \cdot \frac{A_1 \cdot p_1 \cdot T_2}{A_2 \cdot p_2 \cdot T_1} = \mathbf{266,0\ m/s}$$

Der Polytropenexponent dieser Zustandsänderung kann bestimmt werden:

$$n = \frac{\ln(p_2 / p_1)}{\ln(p_2 / p_1) - \ln(T_2 / T_1)} = \frac{\ln(1,5/3)}{\ln(1,5/3) - \ln(266,0/300)} = 1,2097$$

Nach den Gln. (3.11) und (3.15) ist die spezifische Druckänderungsarbeit:

$$w_{p12} = \frac{n}{n-1} \cdot R \cdot (T_2 - T_1) = \frac{1,2099}{0,2099} \cdot 287 \cdot \frac{J}{kg \cdot K} \cdot (266,0 - 300) \cdot K = -56,23\ kJ/kg$$

Aus der Bilanzgleichung (3.41) erhalten wir für die spezifische Dissipation:

$$j_{i12} = c_p \cdot (T_2 - T_1) - w_{p12} = 1005 \cdot (266,0 - 300) \cdot J/kg + 56,23\ kJ/kg = \mathbf{22,1\ kJ / kg}$$

Diskussion

Durch die Erhöhung der Geschwindigkeit werden die Enthalpie und damit die Temperatur verringert. Bei der Berechnung der Geschwindigkeit ist die mit der Änderung der Temperatur und des Druckes verursachte Dichteänderung zu berücksichtigen. Unter der Annahme der polytropen Zustandsänderung kann man die Dissipation bestimmen.

Beispiel 3.8: Mischvorwärmer (Massen- und Energiestrombilanz)
In einem Kraftwerk wird Speisewasser im Mischvorwärmer durch kondensierenden Dampf auf die Sättigungstemperatur des Dampfes (p=konst.) erwärmt. Außerdem strömt das Kaskadenkondensat zum Behälter. Das Speisewasser verlässt den Behälter als gesättigtes Kondensat. Die Zustände der zu- und abströmenden Fluide sind:

1	Speisewasser ein	=465 kg/s	p_1=10 bar	$\vartheta_1 = 110\,^\circ C$
2	Dampf ein		p_2=5,0 bar	$\vartheta_2 = 270\,^\circ C$
3	Kaskade ein	=105 kg/s	p_3=10 bar	$\vartheta_3 = 150\,^\circ C$
4	Speisewasser aus		p_4=5,0 bar	$\vartheta_4 = \vartheta_s\left(p_4\right)$

Zu berechnen ist der Anzapfdampfmassenstrom.
Lösung

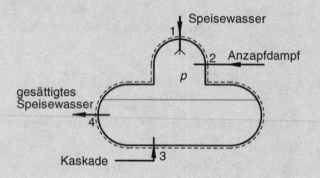

Schema Siehe Skizze
Annahmen
- Wie das Schema zeigt, ist die Systemgrenze nur für den Massentransfer offen.
- Die Zustandsänderungen sind stationär.
- Die kinetischen und potentiellen Energien werden vernachlässigt.
- Mit der Umgebung findet kein Wärmetransfer statt.

Analyse
Massenbilanz nach Gl. (3.32): $\dot{m}_4 = \dot{m}_1 + \dot{m}_2 + \dot{m}_3$
Da weder Arbeit noch Wärme transferiert werden, liefert Gl. (3.37):

$$0 = \dot{m}_1 \cdot h_1 + \dot{m}_2 \cdot h_2 + \dot{m}_3 \cdot h_3 - \dot{m}_4 \cdot h_4$$

Damit sind zwei Gleichungen für die beiden Unbekannten vorhanden. Durch Elimination von $\dot{m}_4$ erhält man für $\dot{m}_2$:

$$\dot{m}_2 = \frac{\dot{m}_1 \cdot (h_4 - h_1) + \dot{m}_3 \cdot (h_4 - h_3)}{h_2 - h_4}$$

Zustandsdaten aus den Wasserdampftafeln A.2.2 und A.2.3:

Zustand	Druck bar	Temperatur °C	Enthalpie kJ/kg	Bemerkungen
1	10	110,00	462,04	lineare Interpolation in A.2.3
2	5	270,00	3 002,52	dito
3	10	150,00	632,50	dito
4	5	151,83	640,09	Sättigungswerte aus A.2.2

Die Zustandspunkte 1 und 3 liegen im Gebiet der unterkühlten Flüssigkeit, 2 im Gebiet des überhitzten Dampfes und 4 auf der Siedelinie ($x = 0$).

$$\dot{m}_2 = \frac{465 \cdot (640,09 - 462,04) + 105 \cdot (640,09 - 632,50)}{(3\,002,52 - 640,09)} \cdot \frac{\text{kg/s} \cdot \text{kJ/kg}}{\text{kJ/kg}} = 35,38\,\text{kg/s}$$

Aus der Massenbilanzgleichung folgt: $\dot{m}_4 = \mathbf{605,38\,kg/s}$

Diskussion

Der Mischvorwärmer ist ein Wärmeübertrager (s. Beschreibung im Kap. 7.5.1). Mit der Umgebung findet kein Wärmetransfer statt. Definierte man die einzelnen Stoffströme als Systeme, fände zwischen den Stoffströmen ein Wärmetransfer statt. Die kinetischen und potentiellen Energieanteile sind im Vergleich zum Wärmestrom, der an das Speisewasser übertragen wird, sehr gering. Die Wärmeleistung des Apparates ist der Wärmestrom, der vom Anzapfdampf abgegeben wird:

$$\dot{Q} = \dot{m}_2 (h_2 - h_4) = 35,4 \ \text{kg/s} \cdot (3\,002,58 - 640,19) \cdot \text{kJ/kg} = 83\,622\,\text{kW}$$

Mit einer angenommenen Strömungsgeschwindigkeit von $c2 = 50$ m/s in der Anzapfdampfleitung (Wassergeschwindigkeiten sind vernachlässigbar) beträgt der kinetische Energiestrom:

$$\dot{E}_{kin} = \frac{1}{2} \dot{m}_2 \cdot c^2$$

Das entspricht einer kinetischen „Leistung" von 44 kW, die aber durch Dissipation in der Strömug in Enthalpie umgewandelt wird und deshalb nicht berücksichtigt werden muss. Natürlich wird der Dampf beim Eintreten in die Rohrleitung beschleunigt, was in einem Druckverlust resultiert, weitere Druckverluste treten in der Rohrleitung auf. Der Druck des Dampfes am Eintritt in den Mischvorwärmer war gegeben und der Druckverlsut in der Rohrleitung spielt daher in dieser Berechnung keine Rolle.

Die vorliegenden Daten stammen von einem Dampfkraftwerk mit der elektrischen Leistung von 650 MW.

Beispiel 3.9: Dampfturbine

Eine Industriedampfturbine mit nachgeschaltetem Kondensator wird mit 6,5 kg/s Frischdampf gespeist. Folgende Dampfdaten sind gegeben:

	p in bar	ϑ in °C	c in m/s	x	h in kJ/kg
1	50	400	50	–	$h(p, \vartheta)$
2	0,1	$\vartheta_s(p)$	200	0,9	
3	0,1	$\vartheta_s(p)$		–	$h'(p)$
4		15			
5		25			

Gesucht sind:

a) die Turbinenleistung P

b) der erforderliche Strömungsquerschnitt des Abdampfstutzens

c) der Kühlwassermassenstrom

Lösung

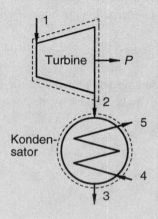

Schema Siehe Skizze

Annahmen

- Die Wärmeverluste in der Turbine und im Kondensator sind vernachlässigbar.
- Die potentielle Energie ist ebenfalls vernachlässigbar.

Analyse

a) Die Energiebilanz für die Turbine lautet:

$$P = \dot{m}_1 \cdot \left(h_2 - h_1 + \frac{c_2^2}{2} - \frac{c_1^2}{2} \right)$$

Die spezifische Enthalpie h_2 ist noch unbekannt. Sie kann für den Druck p_2 mit dem Dampfgehalt x nach Gl. (2.19) bestimmt werden:

$$h_2 = x_2 \cdot \left[h''(p_2) - h'(p_2) \right] + h'(p_2)$$

Die analoge Beziehung gilt für v_2. Zustandsdaten aus A.2.2, A.2.3 und A.2.4:

Zustand	Druck bar	Temperatur °C	spez. Vol. m³/kg	spez. Enthalpie kJ/kg	x
1	50,0	400,00	–	3196,60	–
2' =3	0,1	45,81	0,0010103	191,81	0,0
2"	0,1	45,81	14,6706	2583,90	1,0
2	0,1	45,81	13,2036	2344,69	0,9

Damit ergibt sich für die Turbinenleistung:

$$P = 6,5 \ \frac{\text{kg}}{\text{s}} \cdot \left[(2\,344,7 - 3\,196,6) \cdot \frac{\text{kJ}}{\text{kg}} + (200^2 - 50^2) \cdot \frac{\text{J}}{\text{kg}} \right] = -5\,416 \ \text{kW}$$

Weil die Turbine Leistung abgibt, ist der Wert negativ.

b) Am Turbinenaustritt beträgt die Querschnittsfläche:

$$A_2 = \frac{\dot{V}_2}{c_2} = \frac{\dot{m}_1 \cdot v_2}{c_2} = \frac{6,5\,\text{kg/s} \cdot 13,2036\,\text{m}^3/\text{kg}}{200\,\text{m/s}} = 0,429\,\text{m}^2$$

Die großen Volumenströme, die sich wegen großer spezifischer Volumina am Turbinenaustritt ergeben, sind charakteristisch für Kondensationsturbinen.

c) Die Energiebilanz des Kondensators liefert:

$$0 = \dot{m}_1 (h_2 - h_3) + \dot{m}_{KW} (h_4 - h_5)$$

Die spezifische Enthalpiedifferenz $h_5 - h_4$ des Kühlwassers kann mit guter Näherung mit den Sättigungswerten aus Tab. A.2 als $h'(\vartheta_5) - h'(\vartheta_4)$ oder mit Hilfe der spezifischen Wärmekapazität durch $c_{pW} \cdot (\vartheta_5 - \vartheta_4)$ ausgedrückt werden:

$$\dot{m}_{KW} = \frac{\dot{m}_1 \cdot (h_2 - h_3)}{c_{pW} \cdot (\vartheta_5 - \vartheta_4)} = \frac{6{,}5 \cdot \text{kg/s} \cdot (2\,344{,}65 - 191{,}81) \cdot \text{kJ/kg}}{4{,}1841 \cdot \text{kJ/(kg} \cdot \text{K)} \cdot 10 \cdot \text{K}} = 336{,}85\ \frac{\text{kg}}{\text{s}}$$

Diskussion

Die Leistung verringert sich wegen der sehr hohen Austrittsgeschwindigkeit um 122 kW. Diese relativ hohen Geschwindigkeiten wählt man, um kleine Turbinenaustrittsflächen zu erzielen.

Auf Grund guter Isolation sind die Wärmeverlustströme der Turbinengehäuse im Vergleich zur Turbinenleistung vernachlässigbar; analoges gilt für den Kondensator.

Der Kühlwassermassenstrom einer Dampfturbinenanlage ist wegen der großen Verdampfungs- bzw. Kondensationsenthalpie um Faktoren (in diesem Beispiel 50) größer als jener am Turbinenaustritt. Die Temperaturerhöhung ($\vartheta_5 - \vartheta_4$) des Kühlwassers um 10 K ist ein in der Praxis typischer Wert.

Beispiel 3.10: Luftverdichter
Der Verdichter einer Gasturbine hat folgende thermische Daten:

1:	$\dot{m}_1 = 180\,\text{kg/s}$	$p_1 = 1\,\text{bar}$	$\vartheta_1 = 15\,°C$	$c_1 = 70\,\text{m/s}$
2:	$\dot{m}_2 = 21{,}5\,\text{kg/s}$	$p_2 = 10\,\text{bar}$	$\vartheta_2 = 315\,°C$	$c_2 = 50\,\text{m/s}$
3:		$p_3 = 15\,\text{bar}$	$\vartheta_3 = 395\,°C$	$c_3 = 60\,\text{m/s}$

Zu berechnen ist die Antriebsleistung P_K an der Verdichterwelle.
Lösung

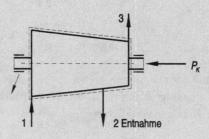

Schema Siehe Skizze

Annahmen

- Der Betrieb ist stationär.
- Die Wärmeverluste werden vernachlässigt.
- Die Luft wird als ein ideales Gas angenommen.

Analyse

Massenbilanz: $0 = \dot{m}_1 - \dot{m}_2 - \dot{m}_3$, $\dot{m}_3 = \dot{m}_1 - \dot{m}_2 = 158{,}5$ kg/s

Energiebilanz für die im Schema angegebene Systemgrenze:

$$P = \dot{m}_2(h_2 + \frac{c_2^2}{2}) + \dot{m}_3(h_3 + \frac{c_3^2}{2}) - \dot{m}_1(h_1 + \frac{c_1^2}{2})$$

Ersetzt man $\dot{m}_3$ aus der Massenbilanz durch $\dot{m}_1 - \dot{m}_2$, erhält man nach Umstellung:

$$P_i = \dot{m}_1(h_2 - h_1 + \frac{c_2^2 - c_1^2}{2}) + (\dot{m}_1 - \dot{m}_2) \cdot (h_3 - h_2 + \frac{c_3^2 - c_2^2}{2})$$

Der erste Term auf der rechten Seite bedeutet die Antriebsleitung des Teilverdichters zwischen Eintritt und Entnahme, der zweite diejenige zwischen Entnahme und Austritt.

Aus Tab. A.7.1 bestimmt man durch Interpolation die spezifischen Enthalpien:

$$h_1 = h_{l}(15\ ^\circ\text{C}) = 15{,}1\ \text{J/kg}$$
$$h_3 = h_L(395\ ^\circ\text{C}) = 406{,}1\ \text{J/kg}$$
$$h_2 = h_L(315\ ^\circ\text{C}) = 321{,}5\ \text{J/kg}$$

Die Differenz der spezifischen kinetischen Energien ist:

$$\frac{c_2^2 - c_1^2}{2} = \frac{50^2 - 70^2}{2}\ \left(\frac{\text{m}}{\text{s}}\right)^2 = -1200\ \text{J/kg} = -1{,}2\ \text{kJ/kg}$$

$$\frac{c_3^2 - c_2^2}{2} = \frac{60^2 - 50^2}{2}\left(\frac{\text{m}}{\text{s}}\right)^2 = 550\ \text{J/kg} = 0{,}55\ \text{kJ/kg}$$

Zahlenmäßig ergibt sich für die technische Leistung, welche für die Verdichtung notwendig ist:

$$P = 180\frac{\text{kg}}{\text{s}} \cdot (306{,}4 - 1{,}2)\frac{\text{kJ}}{\text{kg}} + 158{,}5\frac{\text{kg}}{\text{s}} \cdot (84{,}6 + 0{,}55)\frac{\text{kJ}}{\text{kg}} = \mathbf{68{,}436\ MW}$$

Diskussion
Die Antriebsleistung ist positiv (Zufuhr zum System). Die Differenz der kinetischen
Energien ist im Vergleich zu den Enthalpiedifferenzen gering.

Beispiel 3.11: Kreiselpumpe
Eine Pumpe fördert den Wassermassenstrom von 10 kg/s. Folgende experimentelle
Daten liegen vor:

Eintritt 1:	$p_1=1{,}0$ bar	$\vartheta_1 = 20{,}000\,°C$	$c_1=0$ m/s	$z_1=0$ m
Austritt 2:	$p_2=1{,}5$ bar	$\vartheta_2 = 20{,}015\,°C$	$c_2=10$ m/s	$z_2=30$ m

Zu berechnen sind:
a) die innere hydraulische Leistung P_H
b) der hydraulische Wirkungsgrad.
Lösung

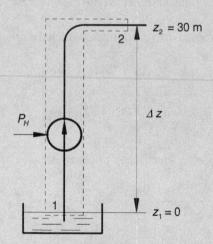

Schema Siehe Skizze
Annahmen
- Der Betrieb ist stationär.
- Es findet kein Wärmetransfer zur Umgebung statt.
- Das Wasser ist ein inkompressibles Medium ($\rho=998{,}16$ kg/m³=konst.).

Analyse

a) Die Massenbilanz ergibt: $\dot{m}_1 = \dot{m}_2 = \dot{m}$

Die Energiebilanz nach Gl. (3.38) lautet: $P = \dot{m} \cdot \left[h_2 - h_1 + \dfrac{c_2^2 - c_1^2}{2} + g(z_2 - z_1) \right]$

Mit der Definition der Enthalpie ergibt sich: $h = u + p \cdot v$

$$P = \dot{m} \cdot \left[u_2 - u_1 + v \cdot (p_2 - p_1) + \frac{c_2^2 - c_1^2}{2} + g(z_2 - z_1) \right]$$

Die Differenz der inneren Energien lässt sich nach Gl. (3.23) ausdrücken durch:

$$u_2 - u_1 = q_{12} + j_{i12} - \int_1^2 p \cdot dv$$

Da die Zustandsänderung adiabat ist, wird $q_{12} = 0$. Somit gilt bei vollständig inkompressiblem Medium ($dv = 0$):

$$u_2 - u_1 = c_p \cdot (\vartheta_2 - \vartheta_1) = j_{i12}$$

Bei Verdichtung oder Expansion eines inkompressiblen Fluids kann eine Temperaturänderung nur durch Dissipation erfolgen. Die Temperaturdifferenz ist ein Maß für die Strömungsverluste.

Die Stoffwerte aus Tab. A.2.4 sind: $\rho = 998{,}16$ kg/m³, $c_p = 4{,}1851$ kJ/(kg K).

$$P = 10 \frac{\text{kg}}{\text{s}} \cdot (62{,}78 + 50{,}1 + 50{,}0 + 294{,}2) \frac{\text{J}}{\text{kg}} = \mathbf{4{,}571\,kW}$$

Die einzelnen Terme sind bewusst zahlenmäßig ausgewiesen. Man erkennt, dass im vorliegenden Fall keine Anteile vernachlässigt werden dürfen: weder die Erhöhung der inneren Energie des Fluids noch die Zunahme des statischen Druckes, weder die kinetische noch die potentielle Energie.

Im Idealfall (reibungsfreie Strömung, keine hydraulischen Verluste in Rohrleitungen und Pumpen) verschwindet der Dissipationsterm j_{i12}. Die kleinstmögliche ideale Pumpenantriebsleistung P_{rev} beträgt:

$$P_{rev} = \dot{m} \cdot \left[v \cdot (p_2 - p_1) + \frac{c_2^2 - c_1^2}{2} + g(z_2 - z_1) \right]$$

$$P_{rev} = 10 \frac{\text{kg}}{\text{s}} \cdot (50{,}1 + 50{,}0 + 294{,}2) \frac{\text{J}}{\text{kg}} = \mathbf{3{,}943\,kW}$$

b) Der Wirkungsgrad ist das Verhältnis der idealen zur inneren Leistung.

$$\eta_H = \frac{P_{rev}}{P} = \frac{3942 \ \text{W}}{4571 \ \text{W}} = 0,863$$

Er ist ein Maß für die Strömungsverluste in den Rohrleitungen und in der Pumpe.

Diskussion

Im vorliegenden Fall sind Dissipation und Erhöhung der potentiellen Energie die größten Anteile der Energiezufuhr.

Bei der Verdichtung erhöhen sich durch Dissipation die Temperatur und innere Energie des inkompressiblen Fluids. Eine Temperaturerhöhung von 0,015 K benötigt 14 % der zugeführten Antriebsleistung.

Das Beispiel zeigt, dass die Theorien der hydraulischen und thermischen Maschinen gemeinsame wissenschaftliche Grundlagen haben.

Literatur

1. Baehr HD (2004) Thermodynamik, 11. Aufl. Springer-Verlag, Berlin
2. Langeheinecke K, Jany P, Thielecke G (Hrsg) (2006) Thermodynamik für Ingenieure, 6. Aufl. Vieweg, Braunschweig
3. Baehr HD, Stephan K (2006) Wärme- und Stoffübertragung, 5. Aufl. Springer-Verlag, Berlin
4. Traupel W (2001) Thermische Turbomaschinen. Thermody-namischströmungstechnische Berechnung, Bd I, 4. Aufl. Springer-Verlag, Berlin
5. Traupel W (2001) Thermische Turbomaschinen. Geänderte Betriebsbedingungen, Regelung, mechanische Probleme, Temperaturprobleme, Bd II, 4. Aufl. Springer-Verlag, Berlin
6. Bohl W (1994) Strömungsmaschinen, Bd. 2, 6. Aufl. Vogel-Buchverlag, Würzburg
7. von Böckh P, Wetzel T (2013) Wärmeübertragung, 5. Aufl. Springer-Verlag, Berlin
8. Lucas K (2001) Thermodynamik, 3. Aufl. Springer, Berlin
9. von Böckh P, Saumweber Ch (2013) Fluidmechnaik, 3. Aufl. Springer-Verlag, Berlin

Zweiter Hauptsatz der Thermodynamik

4

4.1 Einführung

Mit dem ersten Hauptsatz können Energieumwandlungen nur unvollständig analysiert werden. Ein Beispiel dafür ist, dass gemäß Energiebilanz Wärme ohne irgendein Hilfsmittel von einem kälteren zu einem wärmeren Körper transferiert werden könnte. Ein solches Verhalten widerspricht jedoch der Erfahrung, d. h., es wurde noch nie beobachtet. Nach dem ersten Hauptsatz könnte man Wärme vollständig in mechanische Arbeit umwandeln, was, wie die Erfahrung zeigt, wiederum unmöglich ist. Um die Richtung thermodynamischer Prozesse und die Quantität umwandelbarer Anteile von Energien zu bestimmen, benötigt man den zweiten Hauptsatz. Neben den allgemein gültigen Formulierungen des zweiten Hauptsatzes wird zur mathematischen Beschreibung die Zustandsgröße Entropie eingeführt.

4.1.1 Richtung natürlicher Ausgleichsprozesse

Abbildung 4.1 zeigt drei natürliche Ausgleichsprozesse.

> Diese drei Prozesse bestätigen die alltägliche Erfahrung, dass spontan (natürlich, von selbst, ohne technische Hilfe) ablaufende Prozesse in nur eine Richtung erfolgen können.

Bringt man einen Körper mit der Temperatur T in eine kältere Umgebung mit der Temperatur T_0, kühlt sich der Körper *von selbst* ab. Bei einer Umgebung mit sehr viel grö-

© Springer-Verlag Berlin Heidelberg 2015
P. von Böckh, M. Stripf, *Technische Thermodynamik*, DOI 10.1007/978-3-662-46890-6_4

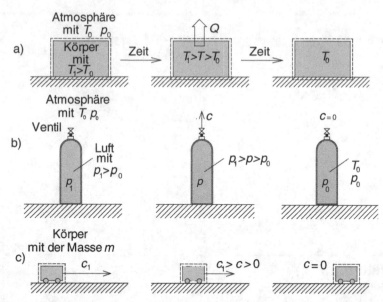

Abb. 4.1 Spontan ablaufende Prozesse, die ein Gleichgewicht mit der Umgebung erreichen, **a** Abkühlung eines Körpers, **b** Druckausgleich, **c** Abbremsen eines Körpers durch Reibung

ßerer Masse wird der Körper nach unendlich langer Zeit die Temperatur der Umgebung annehmen (Abb. 4.1a). Nach dem ersten Hauptsatz nimmt die innere Energie des Körpers um den gleichen Betrag ab, wie die der Umgebung ansteigt. Laut Energieerhaltung wäre auch ein Ansteigen der Körpertemperatur und die damit verbundene Zunahme der inneren Energie des Körpers bei gleichzeitiger Abnahme der inneren Energie der Umgebung erlaubt.

- Es wurde aber noch nie beobachtet, dass sich die Temperatur eines wärmeren Körpers in einer kälteren Umgebung *von selbst* erhöht.

In einem Druckluftbehälter herrscht ein höherer Druck p als in der Umgebung. Beim Öffnen des Ventils strömt Luft *von selbst* in die Umgebung (Abb. 4.1b). Nach unendlich langer Zeit gleicht sich der Druck im Behälter dem der Umgebung an. Die gespeicherte innere Energie der komprimierten Luft im Behälter wird zunächst in kinetische Energie und dann durch Dissipation in innere Energie der Umgebung umgewandelt, die entsprechend erhöht wird. Nach der Energieerhaltung wäre der umgekehrte Prozess, die Absenkung der inneren Energie der Umgebung und die spontane Rückströmung der Luft, auch möglich.

- Es wurde aber noch nie beobachtet, dass sich der Druck in einem Behälter ohne äußere Hilfe *von selbst* erhöht und die innere Energie der Umgebung dabei sinkt.

In der Ebene zur Zeit $t=0$ die Geschwindigkeit c_1 (Abb. 4.1c). Mit der Zeit wird die Geschwindigkeit durch Reibung verlangsamt, und nach genügend langer Zeit bleibt der Körper stehen. Die kinetische Energie des Körpers wird dissipiert und erhöht die innere Energie der Umgebung.

- Es wurde aber noch nie beobachtet, dass sich durch Senkung der inneren Energie der Umgebung ein Körper ohne fremde Hilfe *von selbst* in Bewegung setzt, obwohl dies nach dem Energieerhaltungssatz möglich wäre.

Alle spontan ablaufenden Prozesse sind mit technischer Hilfe umkehrbar.

- Mit einer Wärmepumpe ist der Körper wieder auf die Temperatur T_1 erwärmbar und die Umgebung wird abgekühlt.
- Mittels Kompressor kann Luft der Umgebung auf den Druck p_1 verdichtet und in die Druckluftflasche befördert werden.
- Mit einem Motor kann der Körper wieder auf die Geschwindigkeit c_1 beschleunigt werden.

Der Vorgang bei der Erwärmung des Körpers mittels Wärmepumpe wurde bezüglich des Energietransfers umgekehrt, d. h., der Körper erwärmte sich durch Herabsenken der inneren Energie der Umgebung und der zugeführten Arbeit der Wärmepumpe. Bei den anderen zwei Prozessen wurde zwar der Prozess umgekehrt, jedoch die zuvor an die Umgebung abgegebene Energie nicht in das System zurückgeführt.

Aus diesen drei Prozessen können folgende Schlüsse gezogen werden:

In der Natur existieren Prozesse, die von selbst nur in eine bestimmte Richtung ablaufen können.

Die Umkehrung dieser Prozesse ist nur durch Energiezufuhr von außen möglich. Dabei kann die an die Umgebung abgegebene Energie nur teilweise oder überhaupt nicht zurückgewonnen werden.

Ein sich selbst überlassenes System unterliegt natürlichen Ausgleichsvorgängen, bis sich sowohl intern als auch mit der Umgebung ein Gleichgewichtszustand einstellt.

Ursachen für das Entstehen natürlicher Ausgleichsvorgänge sind stets *Ungleichgewichtszustände*. Beispiele dafür sind:

- Temperaturdifferenzen
- Druckunterschiede
- Niveauunterschiede
- Geschwindigkeitsdifferenzen
- Konzentrationsgefälle.

Sie sind „Antriebe" für sich selbst einstellende Ausgleichsvorgänge. Ungleichgewichtszustände können zur Arbeitsnutzung eingesetzt werden.

4.1.2 Ausgleichsprozess mit Arbeitsgewinn

Anstelle des *natürlichen Ausgleichvorgangs* kann ein Teil der Energie des Systems in mechanische Arbeit umgewandelt werden. Angewendet auf die vorherigen drei Beispiele sind folgende Arbeitsnutzungen möglich:

- Zwischen dem wärmeren Körper als Wärmequelle und der kälteren Umgebung als Wärmesenke ist eine thermische Maschine angeordnet, die mechanische Arbeit leistet. Die Temperaturdifferenz wird zum Antreiben der Maschine verwendet. Ein Teil der inneren Energie des wärmeren Körpers kann bei diesem Prozess in mechanische Arbeit umgewandelt werden.
- Die Druckluftflasche treibt eine Luftturbine an, die, von herausströmender Luft angetrieben, mechanische Arbeit leistet. Man nutzt den Druckunterschied als Antrieb. Ein Teil der gespeicherten inneren Energie der Luft wird in mechanische Arbeit umgewandelt.
- Das Abbremsen des Körpers erfolgt mit einem Generator. Die Geschwindigkeitsdifferenz dient als Antrieb des Generators (Rekuperationsbremse der Elektrolok). Ein Teil der kinetischen Energie des Körpers wird in elektrische Energie umgewandelt.

Bei diesen drei Prozessen wird zumindest ein Teil der Energie, der sonst auf Grund des Ungleichgewichtszustands durch Ausgleich der Umgebung zugeführt würde, in mechanische Arbeit umgewandelt. Nach dem ersten Hauptsatz wäre eine vollständige Umwandlung in mechanische Arbeit möglich. Hier zeigt aber die Erfahrung, dass immer nur ein Teil des Energiepotentials uneingeschränkt in mechanische Arbeit umgewandelt werden kann. Bei Energieumwandlungsvorgängen tritt immer Dissipation auf. Damit geht auch nach dem ersten Hauptsatz ein Teil der Energie „verloren". Aber auch ohne Dissipation ist eine vollständige Umwandlung unmöglich.

Die Erfahrung lehrt, dass Wärme nur zum Teil in mechanische Energie umgewandelt werden kann. Ein Körper kann durch Reibung, erzeugt beispielsweise durch mechanische

Arbeit, von der Umgebungstemperatur auf eine höhere Temperatur erwärmt werden. Nutzt man die erzeugte Temperaturdifferenz, um eine thermische Maschine anzutreiben, stellt man fest, dass die zur Erwärmung aufgewendete Arbeit wesentlich größer ist als die von der thermischen Maschine abgegebene Arbeit. In wesentlich größerem Umfang ist dagegen die Umwandlung kinetischer oder potentieller Energie in mechanische Arbeit möglich.

> Herrscht zwischen einem System und der Umgebung ein Ungleichgewichtszustand, ist dieser zur Arbeitsnutzung verwendbar. Verzichtet man darauf, geht die Möglichkeit der Arbeitsnutzung unwiderruflich verloren.

Bei natürlichen Ausgleichsvorgängen findet eine *Energieentwertung* (Energiedissipation) statt.

Nutzt man den Ungleichgewichtszustand zur Lieferung mechanischer Arbeit, stellen sich die folgenden zwei Fragen:

1. Wie groß ist das theoretisch erreichbare Maximum der Arbeitsnutzung?
2. Welche Energieformen können wie und in welchem Umfang in mechanische Arbeit umgewandelt werden?

4.2   Formulierungen des zweiten Hauptsatzes

4.2.1   Forderungen an den zweiten Hauptsatz

Die bisher gemachten Beobachtungen verlangen nach einem Werkzeug, das die Beschreibung der Vorgänge ermöglicht, die durch den ersten Hauptsatz nicht abgedeckt werden. Dieses Werkzeug soll der zweite Hauptsatz sein, der folgende Eigenschaften haben muss:

1. Voraussage der Richtung von Prozessabläufen
2. Bestimmung der theoretischen Obergrenze der Umwandlung von Energien in mechanische Arbeit (Wirkungsgrad thermischer Maschinen)
3. quantitative Ermittlung der Faktoren, die das Erreichen der theoretisch möglichen Arbeitsfähigkeit von Prozessen verhindern.

Die aufgezählten drei Punkte sind lediglich Forderungen, die auf Grund der hier gemachten Beobachtungen erforderlich und für die Behandlung der technischen Thermodynamik notwendig sind. Es gibt noch sehr viel mehr Anwendungen des zweiten Hauptsatzes, die aber weit über das Gebiet der technischen Thermodynamik hinausgehen (z. B. Philosophie, Ökonomie usw.).

Für den zweiten Hauptsatz existieren verschiedene Formulierungen, die prinzipiell äquivalent sind.

4.2.2   Formulierung von Clausius

Wärme fließt nie von selbst von einem System niedrigerer Temperatur zu einem System höherer Temperatur.

Bei dieser Formulierung sind die Wörter *von selbst* wichtig. Es ist durchaus möglich, einem System niedrigerer Temperatur mittels Wärmepumpe Wärme zu entziehen und diese einem System höherer Temperatur zuzuführen. Das geschieht aber mit Hilfe einer Maschine und nicht von selbst.

4.2.3   Formulierung von Thomson (Lord Kelvin) und Planck

Es ist unmöglich, eine Maschine zu konstruieren, die fortgesetzt (periodisch) Arbeit liefert, indem sie Wärme aus nur einem einzigen Wärmereservoir bezieht.

Analoge Formulierungen:

Es ist unmöglich, die einem Kreisprozess zugeführte Wärme vollständig in Arbeit umzuwandeln.

Es ist unmöglich, durch eine Wärmekraftmaschine die in der Umgebung gespeicherte innere Energie in Arbeit umzuwandeln.

Eine Maschine, die dies könnte, wäre nach *Wilhelm Oswald* ein *Perpetuum mobile zweiter Art* (Abb. 4.2). Theoretisch könnten wir nach dem ersten Hauptsatz, der das Perpetuum mobile erster Art verbietet, gedanklich eine Maschine konstruieren, die ihren Energiebedarf aus nur einem Wärmereservoir deckt. Ein Beispiel dafür wäre ein Unterseeboot, welches die zum Betrieb erforderliche Energie der praktisch unbegrenzten inneren Energie des Ozeans entnimmt. Die damit verbundene Abkühlung des Ozeans gliche sich wieder aus, da die erzeugte kinetische Energie durch Dissipation (Reibung) als Wärme dem Ozean zurückgeführt würde. Die obige Formulierung des zweiten Hauptsatzes verbietet jedoch eine Maschine dieser Art.

Diese Formulierungen setzen den Begriff eines *thermischen Reservoirs* und des *Kreisprozesses* voraus.

Abb. 4.2 Perpetuum mobile
zweiter Art

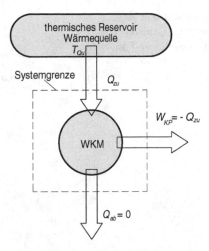

4.2.3.1 Thermisches Reservoir

Ein thermisches Reservoir ist ein System, dessen Temperatur bei einem Prozess trotz Wärmezufuhr oder Wärmeabfuhr konstant bleibt. Dies kann durch eine unendlich große Wärmekapazität oder durch Zufuhr anderer Energieformen (chemische Energie, Nuklearenergie, Sonnenenergie usw.) erreicht werden. Das thermische Reservoir ist eine Idealisierung, die jedoch von einigen Systemen in guter Näherung erfüllt wird.

Beispiele: Atmosphäre

Seen, Flüsse

Feuerraum eines Brennkessels

Ein thermisches Reservoir kann eine *Wärmequelle*, die einem Prozess Wärme zuführt oder eine *Wärmesenke*, der Wärme aus einem Prozess zugeführt wird, sein.

4.2.3.2 Kreisprozesse

Periodisch arbeitende thermische Maschinen arbeiten in Kreisprozessen. In einem Kreisprozess erfährt ein Arbeitsfluid mehrere Zustandsänderungen und erreicht dabei wieder den Ausgangszustand. Somit sind die Zustandsgrößen am Beginn und Ende des Prozesses identisch. Selbst unter idealen Bedingungen muss beim Kreisprozess neben der Wärmezufuhr auch eine Wärmeabfuhr zu einem kälteren thermischen Reservoir (Wärmesenke) erfolgen. Bei einem stationären Kreisprozess ist die Änderung der Energie des Kontrollraums mit der Zeit gleich null. Die kinetische und potentielle Energie haben am Anfang und Ende des Kreisprozesses die jeweils gleichen Werte.

Rechtsläufige Kreisprozesse sind Prozesse von Kraftmaschinen, d. h. Maschinen, die mechanische Arbeit liefern (Gas-, Wasser- und Dampfturbinen, Verbrennungsmotoren). Linksläufige Kreisprozesse nehmen mechanische Arbeit auf (Kältemaschinen, Wärmepumpen).

Die Arbeitsleistung des Kreisprozesses kann aus mehreren mechanischen Leistungen bestehen, die summiert werden (z. B. die positive Leistung des Verdichters und die negative der Turbine in einem Gasturbinenprozess).

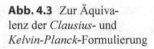

Abb. 4.3 Zur Äquiva-
lenz der *Clausius*- und
Kelvin-Planck-Formulierung

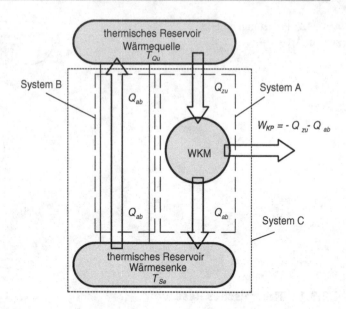

4.2.4 Äquivalenz der Formulierung von Clausius und Kelvin-Planck

Die Äquivalenz beider Formulierungen kann man demonstrieren, indem gezeigt wird,
dass die Verletzung der einen Formulierung die Verletzung der anderen bedeutet.

Abbildung 4.3 zeigt eine Wärmequelle und Wärmesenke mit einer dazwischengeschalteten Wärmekraftmaschine (System A) und einem System (System B), das ohne Maschine
(von selbst) die Wärme von der Senke tieferer Temperatur zur Quelle höherer Temperatur
überträgt. Damit wird die Formulierung von *Clausius* verletzt.

System A arbeitet als eine Wärmekraftmaschine im Kreisprozess, dem die Wärme Q_{zu}
aus der Quelle zugeführt, die Wärme Q_{ab} zur Senke abgeführt wird und die Arbeit W_{KP}
an die Umgebung abgibt. Dieser Prozess verletzt die Formulierung von *Kelvin-Planck*
nicht.

Die beiden dazwischengeschalteten Systeme A und B sowie die Wärmesenke können zu einem Gesamtsystem C zusammengefasst werden, das dann lediglich die Wärme
$Q_{zu} + Q_{ab}$ aus der Wärmequelle bezieht und Arbeit an die Umgebung abgibt. Damit wird
die *Kelvin-Planck*-Formulierung verletzt.

Beide Formulierungen des zweiten Hauptsatzes sind negative Aussagen und können als
solche nicht bewiesen werden.

> Wie der erste beruht auch der zweite Hauptsatz auf experimentellen Beobachtungen.
> Bisher wurden keine widersprechenden Feststellungen bekannt.

4.3 Umkehrbarkeit der Prozesse

Ein Prozess ist dann *umkehrbar* oder *reversibel*, wenn nach einer Zustandsänderung der ursprüngliche Zustand hergestellt werden kann, ohne dass irgendeine bleibende Veränderung an der Umgebung, also ohne Energietransfer, stattfindet.

Bleiben irgendwelche Veränderungen an der Umgebung zurück, ist ein Prozess *nicht umkehrbar* oder *irreversibel*.

4.3.1 Irreversible Prozesse

Die in Abb. 4.1 dargestellten Ausgleichsprozesse sind ohne technische Hilfsmittel nicht umkehrbar, sie sind irreversibel.

Beim Temperaturausgleich wird vom wärmeren Körper Wärme an die Umgebung abgegeben. Damit der Vorgang stattfinden kann, ist zwischen dem Körper und der Umgebung eine endliche Temperaturdifferenz notwendig. Der vor dem Ausgleich wärmere Körper kann nur mit technischer Hilfe wieder erwärmt werden.

Beim Druckausgleich der Druckluftflasche geht durch Dissipation die Enthalpie der Luft in innere Energie der Umgebung über. Um die Druckluftflasche wieder zu füllen, wird ein Kompressor benötigt, der wiederum elektrischen Strom oder mechanische Arbeit braucht.

Diese Erfahrungen legen folgende Formulierung des zweiten Hauptsatzes nahe:

> Alle Prozesse, bei denen Dissipation auftritt oder Wärme bei einer endlichen Temperaturdifferenz übertragen wird, sind irreversibel.

> Alle in der Natur ablaufenden Prozesse sind irreversibel.

Nach der Formulierung von *Clausius* fließt Wärme von selbst nur von einem wärmeren auf einen kälteren Körper. Damit kann der einmal durchgeführte Wärmeübertragungsprozess ohne technische Hilfe (z. B. Wärmepumpe) nicht rückgängig gemacht werden. Rein theoretisch ist ein reversibler Wärmetransfer nur zwischen zwei Körpern gleicher Temperatur möglich. In theoretischen Betrachtungen verwendet man diesen „reversiblen" Wärmetransfer zum Vergleich mit realen Prozessen.

In der technischen Thermodynamik kann die Irreversibilität der Prozesse in der Energiebilanzgleichung durch die Dissipationsenergie J_{12} erfasst werden. Die Dissipation resultiert stets in einer Erhöhung der inneren Energie eines Systems und ist damit in ihrer Wirkung äquivalent zu einer Wärmezufuhr. Welcher Anteil der bei endlicher Temperaturdifferenz transferierten Wärme als Irreversibilität auftritt, ist mit der Energiebilanzgleichung nicht erfassbar. Die Irreversibilität des Wärmetransfers wird in diesem Kapitel später analytisch behandelt.

Für Ingenieure ist die Analyse der Irreversibilitäten zur Optimierung von Maschinen und Prozessen wichtig.

4.3.2   Reversible Prozesse

In der Natur existieren keine *reversiblen Prozesse*. Gedanklich gebildete reversible Prozesse werden aber zur Beurteilung wirklicher Vorgänge verwendet, weil sie perfekt ohne Verluste ablaufen. Sie bilden ein Maß für die Vollkommenheit von Prozessen.

> Ein Prozess ist dann und nur dann reversibel, wenn im Prozess keine Wärme bei einer endlichen Temperaturdifferenz übertragen wird und wenn keine Dissipation auftritt.

Angenähert reversible Prozesse finden bei dem idealen Pendel oder der idealen Gasdruckfeder statt. Ein ideales Pendel existiert nur im Vakuum bei reibungsfreier Aufhängung. Bei der Pendelbewegung findet eine stetige Umwandlung kinetischer Energie in potentielle Energie und umgekehrt statt. Verliefe der Prozess reibungsfrei, schwänge das Pendel unendlich lange weiter.

Eine Gasdruckfeder kann bei weitem nicht so gut realisiert werden wie ein Pendel. Vorausgesetzt, es finden weder Reibung noch Wärmeübertragung statt, schwänge eine Gasdruckfeder ebenfalls unendlich lange weiter (Abb. 4.4).

Technisch realisierte, thermodynamische Teilprozesse können dem reversiblen Prozess sehr nahe kommen. In modernen Dampfturbinen ist der Anteil der Reibung am gesamten Energieumsatz sehr gering und der reversible Prozess in der Turbine (nicht im Gesamtprozess) wird bis zu 97 % angenähert.

Abb. 4.4 Ideales Pendel und ideale Gasdruckfeder als Beispiele reversibler Prozesse

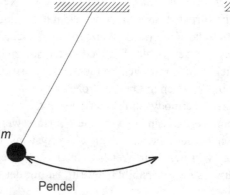

Pendel

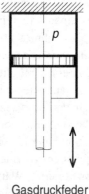

Gasdruckfeder

4.3.3   Intern reversible Prozesse

Die Irreversibilitäten eines Prozesses können im System, in der Umgebung oder in beiden liegen. Teilprozesse sind intern reversibel, wenn beim Teilprozess keine Irreversibilitäten auftreten.

Intern reversible Prozesse werden sich zur weiteren Behandlung des zweiten Hauptsatzes als sehr brauchbar erweisen. Sie stellen eine Idealisierung dar, ähnlich wie in der Mechanik Massenpunkte oder starre Körper.

Bei *intern reversiblen Prozessen* werden folgende Annahmen getroffen:

- Alle intensiven Zustandsgrößen (p, v, T und Zusammensetzung) im System haben in allen Prozesspunkten lokal den gleichen Wert. Eine Folge von *Gleichgewichtszuständen* wird durchlaufen. Man spricht von einem *quasistatischen Prozess*.
- Es findet keine Dissipation statt.
- Der Wärmetransfer erfolgt zwischen zwei Systemen gleicher Temperatur.

Da alle Prozesse in der Natur irreversibel sind, ist es selbstverständlich, dass die intern irreversiblen Prozesse eine Idealisierung darstellen. Sie können jedoch als Vergleichsprozesse zur Bewertung der wirklichen irreversiblen Prozesse herangezogen werden.

4.4   Analytische Form der Kelvin-Planck-Formulierung

Abbildung 4.5 zeigt eine reale thermische Kraftmaschine, die nach dem zweiten Hauptsatz erlaubt ist. Die Wärmekraftmaschine (WKM) bezieht aus dem wärmeren Reservoir (Wärmequelle) die Wärme Q_{zu} und führt die Wärme Q_{ab} dem kälteren Reservoir (Wärmesenke) zu. Die von der Maschine erzeugte Kreisprozessarbeit W_{KP} wird über die Systemgrenze abgegeben. Dabei wird auf dem Weg zum Endverbraucher durch äußere Dissipation J_{KPa} (z. B. Lagerreibung, Getriebeverluste usw.) ein Teil der Arbeit der Umgebung oder anderen Systemen zugeführt. Der Index a deutet an, dass die Dissipationsarbeit außerhalb des Systems stattfindet. Der Endverbraucher erhält die effektive Kreisprozessarbeit W_{eKP}. In der Technik wird diesen Verlusten mit dem *mechanischen Wirkungsgrad* η_m Rechnung getragen.

In einem stationären Kreisprozess erreicht das Arbeitsmedium nach Durchlaufen der Prozesszyklen wieder den Anfangszustand. Dies gilt auch für kinetische und potentielle Energie. Damit wird nach dem ersten Hauptsatz die Summe der Kreisprozessarbeit, der zu- und abgeführten Wärme nach Gl. (4.1) gleich null.

$$W_{KP} + Q_{zu} + Q_{ab} = 0 \tag{4.1}$$

Bei einem Kreisprozess, der nach außen Arbeit abgibt (Arbeit mit negativem Vorzeichen), ist die zugeführte Wärme größer als der Betrag der abgeführten. Die über die Systemgrenze abgegebene Arbeit ist gleich dem negativen Wert der total umgesetzten Wärme.

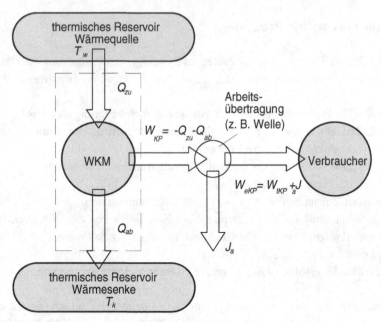

Abb. 4.5 Wärmekraftmaschine im Kreisprozess

Bei einer idealen Maschine ohne Reibung ist die Kreisprozessarbeit gleich der effektiven Arbeit. Hätten wir einen Kreisprozess mit nur einer Wärmequelle, was aber nicht erlaubt ist, wandelte man in diesem Prozess die gesamte zugeführte Wärme in Arbeit um. In
einer solchen, nach dem zweiten Hauptsatz unmöglichen Maschine würde die zugeführte Wärme vollständig in effektive Arbeit umgewandelt. Demnach gilt für eine wirkliche
Kraftmaschine nach dem zweiten Hauptsatz:

$$|W_{KP}| < |Q_{zu}| \tag{4.2}$$

In einem Kreisprozess, der Arbeit nach außen abgibt, ist der Betrag der abgegebenen
Arbeit stets kleiner als der der zugeführten Wärme.

Die Kreisprozessarbeit ergibt sich zu

$$W_{KP} = -Q_{zu} - Q_{ab} \tag{4.3}$$

Der Betrag der effektiven Arbeit ist kleiner oder gleich wie der Betrag der Summe der
zu- und abgeführten Wärme. Die durch Dissipation über die Systemgrenzen nach außen
„verlorene" Arbeit ist oft schwer von der abgeführten Wärme oder Dissipation im Systeminneren zu trennen. Sie beeinflusst nicht den Kreisprozess und bleibt in den nachfolgenden
Betrachtungen deshalb unberücksichtigt.

4.5   Zweiter Hauptsatz für Kreisprozesse

Hier werden die bisher gemachten Aussagen des zweiten Hauptsatzes auf thermische Kraft- und Arbeitsmaschinen (Kreisprozesse) angewendet.

4.5.1   Auswirkung auf Wärmekraftmaschinen

Bei *Wärmekraftmaschinen* wird vom Kreisprozess (*Wärmekraftprozess*) Arbeit abgegeben (Kap. 3). In Zustandsdiagrammen verläuft der Prozess im Uhrzeigersinn, er wird *rechtsläufig* genannt. Der Betrag der zugeführten Wärme ist größer als der Betrag der abgeführten Wärme. Die Wärmezufuhr in den Wärmekraftmaschinen erfolgt aus Primärenergiequellen (z. B. fossile Brennstoffe, Nuklearenergie, Sonnenenergie, Biogas usw.). All diese Energiequellen verursachen bei der Energieumwandlung Kosten. Der *thermische Wirkungsgrad* η_{th} eines Prozesses wird als das Verhältnis der erzeugten Kreisprozessarbeit zur zugeführten Wärme bezeichnet.

$$\eta_{th} = \frac{|W_{KP}|}{Q_{zu}} \tag{4.4}$$

Da die Arbeit vom Kreisprozess abgegeben wird, ist sie negativ und muss deshalb als Betrag angegeben werden. Mit Gl. (4.1) erhält man:

$$\eta_{th} = \frac{Q_{zu} - |Q_{ab}|}{Q_{zu}} = 1 - \frac{|Q_{ab}|}{Q_{zu}} \tag{4.5}$$

Für die Kreisprozessarbeit verwendet man bei Strömungsmaschinen den Begriff *technische oder innere Arbeit* und bei Kolbenmaschinen *indizierte Arbeit*. Sie ist die über die Systemgrenze transferierte Arbeit.

Nach dem zweiten Hauptsatz muss bei einem Kreisprozess Wärme abgeführt werden. Aus diesem Grund kann der thermische Wirkungsgrad nie gleich eins werden.

> In einem Wärmekraftmaschinenprozess kann nie die gesamte zugeführte Wärme in mechanische Arbeit umgewandelt werden.

Für den Ingenieur ist es von größtem Interesse zu wissen, wie groß der maximal erreichbare Wirkungsgrad ist. Der optimale Wirkungsgrad eines Kreisprozesses, der von einer wärmeren Quelle Wärme bezieht und an eine kältere Senke Wärme abgibt, wird später in diesem Kapitel ermittelt. *Carnot* formuliert auf Grund seiner Beobachtungen zwei Postulate:

1. Der thermische Wirkungsgrad eines irreversiblen Wärmekraftprozesses ist stets kleiner als der eines reversiblen, wenn beide zwischen den gleichen thermischen Reservoiren arbeiten.
2. Alle reversiblen Wärmekraftprozesse, die zwischen den gleichen thermischen Reservoiren arbeiten, haben denselben thermischen Wirkungsgrad.

Da das erste Postulat eine andere Formulierung des zweiten Hauptsatzes ist, kann man mit Hilfe des in Abb. 4.6 dargestellten Prozesses zeigen: Wir haben zunächst zwei Systeme, bestehend aus zwei thermischen Kraftmaschinen, die aus dem warmen Reservoir Wärme beziehen und zum kalten Reservoir Wärme abführen. Eine thermische Kraftmaschine arbeitet reversibel, die andere irreversibel. Beide Prozesse erhalten die gleiche Wärme Q_{zu} aus dem warmen Reservoir.

Da wir in beiden Fällen Kreisprozesse haben, ist der Zustand am Anfang und Ende des Prozesses gleich. Damit gilt nach dem ersten Hauptsatz:

$$Q_{KP} + W_{KP} = 0 \qquad\qquad (4.6)$$

Die im Kreisprozess umgesetzte Wärme Q_{KP} ist:

$$Q_{KP} = Q_{zu} - |Q_{ab}| \qquad\qquad (4.7)$$

Abb. 4.6 Prozess zur
Demonstration der
Carnot-Postulate

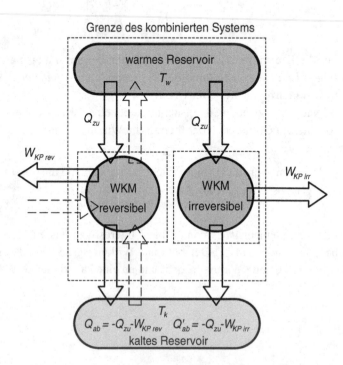

Die Kreisprozessarbeit W_{KP} ist in beiden Prozessen negativ. Der Betrag der an das kalte Reservoir abgeführten Wärme der irreversiblen Maschine ist größer, weil der Betrag der Arbeit irreversibler Maschinen kleiner als der reversibler Maschinen ist.

$$\left|Q'_{ab}\right| > \left|Q_{ab}\right| \quad \text{wenn} \quad \left|W_{KP_{irr}}\right| < \left|W_{KP_{rev}}\right| \qquad (4.8)$$

Den Prozess der reversiblen Maschine könnte man zum reversiblen Arbeitsmaschinenprozess (Wärmepumpe) umfunktionieren. Da der Prozess reversibel bleibt, ändern sich nur die Vorzeichen, nicht aber die Beträge der Prozessgrößen (gestrichelte Pfeile der Prozessgrößen). Dies bedeutet: Dem System wird gleich viel Arbeit zugeführt, wie es zuvor geliefert hat. Dem warmen Reservoir wird von der reversiblen Maschine jetzt gleich viel Wärme zugeführt, wie zuvor bezogen und dem kalten Reservoir gleich viel Wärme entnommen, wie zuvor zugeführt.

Das kombinierte System besteht aus der irreversiblen Kraftmaschine, der reversiblen Wärmepumpe und dem warmen Reservoir. Dies erhält gleich viel Wärme zurück, wie es zuvor abgab. Damit kommuniziert das kombinierte System nur mit der Umgebung und dem kalten Reservoir. Letzteres gibt an die reversible Maschine Wärme ab und erhält Wärme von der irreversiblen Maschine.

Wäre der Betrag der Arbeit der irreversiblen Maschine größer als die der reversiblen, gäbe das System nach außen Arbeit ab und bezöge mehr Wärme aus dem kalten Reservoir, als es abgäbe. Damit hätten wir ein Perpetuum mobile zweiter Art, was nach dem zweiten Hauptsatz verboten ist. Ist der Betrag der abgegebenen Arbeit kleiner als der der zugeführten, wird dem System Arbeit und dem kalten Reservoir Wärme zugeführt. Dies ist nach dem zweiten Hauptsatz erlaubt:

$$Q_{KP_{komb}} = Q'_{ab} - Q_{ab} < 0 \quad \text{wenn} \quad \left|Q'_{ab}\right| > \left|Q_{ab}\right|$$

Der Betrag der Arbeit irreversibler Maschinen muss somit kleiner sein als jener reversibler Maschinen, womit Prinzip 1 nachgewiesen wäre.

Der Betrag der Arbeit eines reversiblen Kraftmaschinenprozesses muss stets größer als der eines irreversiblen sein.

$$\left|W_{KP_{rev}}\right| > \left|W_{KP_{irr}}\right|$$

Da die zugeführte Wärme für beide Prozesse gleich groß ist, wird der Wirkungsgrad der reversiblen Maschine größer.

Im gleichen System kann Postulat 2 demonstriert werden. Die zwei reversiblen Wärmekraftmaschinen erhalten aus dem warmen Reservoir gleich viel Wärme. Es wird angenommen, dass eine Maschine einen schlechteren Wirkungsgrad hat, d. h., sie leistet weniger Arbeit als die andere und führt mehr Wärme ab. Der Prozess der „schlechteren" Maschine wird zu einer Arbeitsmaschine umgedreht und dieser dann die abgeführte Wärme der Kraftmaschine zugeführt. Da die Kraftmaschine weniger Wärme abgibt als die Arbeitsmaschine benötigt, wird dem Prozess nur von kaltem Reservoir Wärme zugeführt. Dem warmen Reservoir wird gleich viel Wärme zu- wie abgeführt, sodass per saldo dorthin kein Wärmetransfer stattfindet. Da der Betrag der Arbeit der „besseren" Maschine größer ist als jener der „schlechteren", gibt der Prozess insgesamt Arbeit ab. Der Prozess bezieht Wärme nur aus dem kalten Reservoir, gibt aber keine ab. Dies ist nach dem zweiten Hauptsatz verboten. Nur wenn beide Maschinen den gleichen Wirkungsgrad aufweisen, erhält man einen kombinierten Prozess, der nach dem ersten und zweiten Hauptsätz möglich ist.

4.5.2 Auswirkung auf thermische Arbeitsmaschinen

Bei *thermischen Arbeitsmaschinen* wird dem Kreisprozess von außen mechanische Arbeit zugeführt. Damit entnimmt man einem kälteren Reservoir (Wärmequelle) Wärme, die zu einem wärmeren Reservoir (Wärmesenke) transferiert wird (Abb. 4.7). Der Betrag der zugeführten Wärme ist größer als der der entnommenen. Der Prozess verläuft in den thermischen Zustandsdiagrammen gegen den Uhrzeigersinn und wird daher *linksläufiger Prozess* genannt.

Thermische Arbeitsmaschinen sind *Kälteanlagen* und *Wärmepumpen*.

Die für Wärmekraftmaschinen aufgestellten Energiebilanzgleichungen sind auch hier gültig.

Bei Kälteanlagen und Wärmepumpen ist die Wärme das zu fördernde „Gut". Der Kostenfaktor ist die effektive Arbeit, die meist in Form von elektrischem Strom für den Motorantrieb bereitgestellt wird. Deshalb werden bei diesen Maschinen nicht Wirkungsgrade, sondern Leistungsgrade (auch Leistungskoeffizient, Arbeitszahl, COP=coefficient of performance) angegeben.

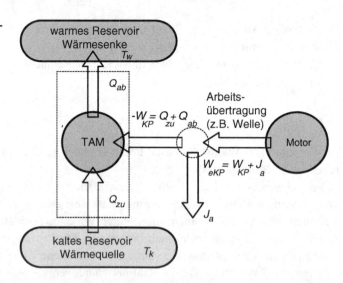

Abb. 4.7 Thermische Arbeitsmaschine im Kreisprozess

Bei der Kälteanlage ist die maßgebende Wärme jene, die dem zu kühlenden Gut entzogen, also dem System zugeführt wird. Die *Leistungsziffer einer Kälteanlage* ε_{KM} ist:

$$\varepsilon_{KM} = \frac{Q_{zu}}{W_{KP}} = \frac{Q_{zu}}{|Q_{ab}| - Q_{zu}} \tag{4.9}$$

Bei der Wärmepumpe interessiert die vom System abgeführte Wärme. Für die *Leistungsziffer einer Wärmepumpe* ε_{WP} erhält man:

$$\varepsilon_{WP} = \frac{|Q_{ab}|}{W_{KP}} = \frac{|Q_{ab}|}{|Q_{ab}| - Q_{zu}} \tag{4.10}$$

Hier lässt sich mit den gleichen Überlegungen wie bei der thermischen Kraftmaschine zeigen, dass der reversible Prozess den größten Leistungsgrad liefert.

4.6   *Kelvin*-Temperaturskala

Bisher wurde noch nicht erläutert, wie groß die vom Prozess an die Wärmesenke abgeführte Wärme sein muss. Die *Kelvin-Planck*-Formulierung des zweiten Hauptsatzes verbietet lediglich eine Maschine, die nur aus einem thermischen Reservoir Wärme bezieht und dabei periodisch Arbeit leistet. In dem in Abschn. 4.5 beschriebenen Wärmekraftprozess wird aus einem wärmeren Reservoir Wärme bezogen und einem kälteren Reservoir Wärme zugeführt. Der ermittelte Wirkungsgrad der reversiblen Maschine ist nach Gl. (4.5) kleiner als eins. Da die bisherigen Betrachtungen keine Aussagen darüber machen, wie groß die abzuführende Wärme ist, könnte sie beliebig klein, aber nicht null werden, ohne dass der zweite Hauptsatz in seiner bisherigen Formulierung verletzt wäre.

Nach dem zweiten *Carnot*-Postulat ist der Wirkungsgrad der reversiblen Maschine vom Prozess selbst unabhängig und wird nur durch die beiden thermischen Reservoire bestimmt. Diese haben außer ihrer Temperatur keine anderen Eigenschaften. Daher sind die Temperaturen für den Wirkungsgrad des Prozesses maßgebend.

Da nach dem zweiten *Carnot*-Postulat der Wirkungsgrad vom Prozess und verwendeten Arbeitsmedium unabhängig ist, wird nach einer von diesen Größen unabhängigen Temperaturskala gesucht. Die im Kap. 2 festgestellten Eigenschaften idealer Gase führte zur absoluten *Kelvin*-Temperaturskala. Durch das zweite *Carnot*-Postulat werden wir ebenfalls zur *Kelvin*-Temperaturskala, die auch *thermodynamische Temperaturskala* genannt wird, geführt.

Der Wirkungsgrad eines reversiblen Wärmekraftmaschinen-Prozesses ist in Gl. (4.5) gegeben. Er hängt lediglich von der Temperatur der Reservoire ab. Nimmt man die Gültigkeit irgendeiner noch zu definierenden Temperaturskala an, ist die empirische Temperatur des warmen Reservoirs ϑ_w und die des kalten ϑ_k. Der Wirkungsgrad des Prozesses ist nur eine Funktion dieser Temperaturen.

$$\eta_{th_{rev}} = \eta_{th_{rev}}(\vartheta_w, \vartheta_k) = 1 - \frac{|Q_{ab}|}{Q_{zu}} \tag{4.11}$$

Damit ist das Verhältnis der abgegebenen und zugeführten Wärme nur eine Funktion der beiden Temperaturen ϑ_w und ϑ_k.

$$\left(\frac{|Q_{ab}|}{Q_{zu}}\right)_{KP_{rev}} = \Psi(\vartheta_w, \vartheta_k) \tag{4.12}$$

Der Index KP_{rev} deutet an, dass es sich um einen reversiblen Kreisprozess handelt. Gl. (4.12) zeigt, dass das Verhältnis der abgegebenen zur zugeführten Wärme nur von den beiden Reservoirtemperaturen abhängt.

Die Funktion ψ ist in Gl. (4.12) noch nicht definiert, liefert aber die Basis für die thermodynamische Temperaturskala. *Kelvin* formulierte für die Funktion ψ den einfachen Ansatz:

$$\frac{|Q_{ab}|}{Q_{zu}} = \Psi(\vartheta_w, \vartheta_k) = \frac{T_k}{T_w} \tag{4.13}$$

Die Temperaturen sind die absoluten Temperaturen in der *Kelvin-Temperaturskala*. Diese zeichnet sich dadurch aus, dass Temperaturen der thermischen Reservoire im selben Verhältnis stehen wie die ab- und zugeführte Wärme eines reversiblen Kreisprozesses.

Zur vollständigen Definition ist die Angabe einer Referenz notwendig. Nach Kap. 2.2.3 wird als Referenz die Temperatur am Tripelpunkt des Wassers mit dem Wert $T = 273,16$ K gesetzt. Wenn ein reversibler Kreisprozess zwischen einem Reservoir mit der Temperatur T und einem Reservoir mit der Temperatur 273,16 K geschaltet ist, gilt:

$$T = 273,16 \cdot \frac{|Q_{ab}|}{Q_{Tp}} \cdot K \tag{4.14}$$

In Gl. (4.14) ist Q_{ab} die an das kalte Reservoir mit der Temperatur T abgeführte, Q_{Tp} die vom warmen Reservoir mit der Tripelpunkttemperatur 273,16 K zugeführte Wärme. Bei der *Kelvin*-Temperaturskala ist die Wärme, die bei einer bestimmten Temperatur zu- oder abgeführt wird, die thermometrische Eigenschaft. Sie ist von jeglicher Materialbeschaffenheit unabhängig. Die *Kelvin*-Temperaturskala hat einen *absoluten Nullpunkt*, unter dem keine Temperaturen existieren. Gleichung (4.13) verbietet negative Temperaturen, was man durch Experimente belegte.

Es gibt keine Temperaturen, die kleiner als null K sind.

Die Eigenschaften idealer Gase in Abschn. 2.6.1 weisen auch auf das Vorhandensein des absoluten Nullpunktes hin. Die experimentelle Ermittlung der Temperatur ist mit dem reversiblen Kreisprozess unmöglich, da er nur als Gedankenmodell existiert.

Die absolute Temperatur wurde im Kap. 2 mit einem bestimmten Arbeitsmittel, dem idealen Gas, begründet. Wie in diesem Kapitel besprochen, resultiert die thermodynamische Temperatur auch aus dem zweiten Hauptsatz der Thermodynamik.

4.7   Obergrenze der Nutzung reversibler Kreisprozesse

Mit der von *Kelvin* vorgeschlagenen absoluten Temperatur kann der maximal erreichbare Wirkungsgrad thermischer Kraftmaschinenprozesse und die maximal mögliche Leistungsziffer thermischer Arbeitsmaschinenprozesse angegeben werden. Wie schon gezeigt, liefert der reversible Kreisprozess die höchsten Werte.

4.7.1   Thermische Kraftmaschinenprozesse

Die von *Carnot* postulierten rechtsläufigen Kreisprozesse, die zwischen einem warmen und kalten Reservoir arbeiten, haben einen maximalen Wirkungsgrad, der auch *Carnot-Wirkungsgrad* η_C heißt. Er ist nach den Gln. (4.5) und (4.14):

$$\eta_C = 1 - \frac{T_k}{T_w} \qquad (4.15)$$

Bei einem angenommenen reversiblen Kreisprozess kann die Umgebungstemperatur nicht unterschritten werden. Damit wäre die tiefstmögliche Temperatur des kalten Reservoirs gleich die der Umgebung. Die verwendeten Werkstoffe bestimmen die Temperatur des warmen Reservoirs.

Abbildung 4.8 zeigt den *Carnot*-Wirkungsgrad für 15 °C Temperatur des kalten Reservoirs.

Hier wird nochmals darauf hingewiesen, dass der reversible Kreisprozess mit einem kalten und warmen Reservoir lediglich ein nur gedanklich verwirklichbarer Prozess ist und in der Realität nicht existiert.

Der *Carnot*-Wirkungsgrad ist der maximal erreichbare Wirkungsgrad eines Wärmekraftmaschinen-Kreisprozesses zwischen der kalten Temperatur T_k und der warmen Temperatur T_w.

Abb. 4.8 *Carnot*-Wirkungs-
grad des reversiblen Kraftmaschinenprozesses bei einer
Temperatur von 15 °C des
kalten Reservoirs

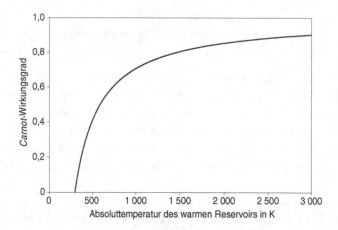

Zur Beurteilung wirklicher Prozesse bedient man sich des *Carnot*-Wirkungsgrades. Das
Wunschziel aller Verbesserungen von Kreisprozessen ist, den *Carnot*-Wirkungsgrad zu
erreichen. Dabei sind die Wirtschaftlichkeit und praktische Möglichkeit einer Verwirkli-
chung zu berücksichtigen.

Reale (irreversible) Kreisprozesse haben stets einen kleineren Wirkungsgrad als reversible. Bisher wurden keine Aussagen über Größe und Ursache der Irreversibilität gemacht.
Ursachen der Irreversibilitäten sind Reibung und/oder Wärmetransport bei endlichen
Temperaturdifferenzen. Der Einfluss der Reibung ist trivial, der des Wärmeaustausches
bei endlicher Temperaturdifferenz wird in diesem Kapitel später behandelt.

Stellt man die Wirkungsgrade der Wärmekraftmaschinen dem *Carnot*-Wirkungsgrad
gegenüber, sieht man, dass sie wesentlich kleiner sind. Dampfkraftwerke haben Wirkungsgrade, die zwischen 30 und maximal 55 % liegen. Das warme Reservoir ist der Feuerraum des Dampfkessels. Dessen Temperatur ist lokal unterschiedlich groß. Sie nimmt
entlang des Stömungsweges des Verbrennungsgases von etwa 1800 auf 400 K ab, sodass
mit einer mittleren Temperatur von 1100 K für das warme Reservoir gerechnet werden
kann. An sich ist das kalte Reservoir die Umgebung, die aber über den Kondensator mit
dem Prozess verbunden ist. Die Temperatur im Kondensator und damit das vom Prozess
kontaktierte kalte Reservoir ist etwa 15 K höher als die Umgebungstemperatur. Für eine
Temperatur des kalten Reservoirs von 300 und 1100 K des warmen Reservoirs beträgt
der *Carnot*-Wirkungsgrad 73 %. Er ist damit beinahe doppelt so groß wie die wirklich
erreichten Werte.

Die Wirkungsgrade der Verbrennungsmotoren liegen zwischen 20 und 50 %. Die Wärmezufuhr in den Motoren erfolgt durch Verbrennung zwischen 800 und 3000 K. Man
kann mit einer mittleren Temperatur von 2000 K für das warme Reservoir rechnen. Das
Abgas strömt mit 1000 bis 1200 K in die Umgebung und kühlt dort auf Umgebungstemperatur ab. Für das kalte Reservoir (die Umgebung) kann eine Temperatur von 700 K

angenommen werden. Der *Carnot*-Wirkungsgrad ist damit 65 %. Ähnliche Verhältnisse herrschen bei Gasturbinen, die einen Wirkungsgrad von 35 % erreichen.

Die mittleren Temperaturen des Wärmetransfers und Verbesserungsmöglichkeiten der Kreisprozesse im Sinne der „*Carnotisierung*" werden später behandelt.

4.7.2 Kälteanlagen und Wärmepumpen

Die Aussage, dass das Verhältnis der zugeführten zur abgeführten Wärme gleich dem Verhältnis der entsprechenden Reservoirtemperaturen ist, gilt auch für linksläufige Kreisprozesse. Hier muss man beachten, dass die Wärmequelle das kalte Reservoir mit der kalten Temperatur T_k und die Wärmesenke das warme Reservoir mit der warmen Temperatur T_w ist.

Der reversible linksläufige Kreisprozess liefert die maximale Leistungsziffer der Kälteanlage und Wärmepumpe. Die Gln. (4.9) und (4.10) ergeben mit Gl. (4.13) analoge Beziehungen wie beim Wärmekraftprozess.

$$\varepsilon_{KM_{max}} = \frac{T_k}{T_w - T_k} \tag{4.16}$$

$$\varepsilon_{WP_{max}} = \frac{T_w}{T_w - T_k} \tag{4.17}$$

In diesem Kapitel wird der Einfluss der Irreversibilitäten bei linksläufigen Kreisprozessen noch quantitativ behandelt.

> Die maximal erreichbare Leistungsziffer ist die des reversiblen Kreisprozesses zwischen zwei Reservoiren.

Bei einer Wärmepumpe ist die Umgebung die Wärmequelle, also das kalte Reservoir. Der Wärmeaustausch erfolgt meist über einen Verdampfer bei einer ca. 10 K tieferen Temperatur. Die Wärmesenke ist das zu beheizende Objekt und der Wärmeaustausch erfolgt bei einer etwa 10 K höheren Temperatur. Bei der Umgebungstemperatur von 0 °C ist die Temperatur, bei der der Wärmetransfer aus dem kalten Reservoir erfolgt, $T_k = 263$ K. Die Temperatur des zu beheizenden Objekts beträgt 20 °C. Die Temperatur für den Wärmetransfer aus dem warmen Reservoir beträgt $T_w = 303$ K. Der maximal erreichbare Leistungsgrad der Wärmepumpe liegt dann bei 7,58. Reale Wärmepumpen erreichen bei diesen Bedingungen Leistungsgrade von ca. 4.

Beispiel 4.1: Beurteilung einer Carnot-Kraftmaschine

Ein Erfinder meldet eine *Carnot*-Kraftmaschine, die bei der zugeführten Wärme von 4000 J die effektive mechanische Arbeit von -2400 J liefert, zum Patent an. In dem Kreisprozess wird Wärme von einem heißen Gas mit 400 °C bezogen und bei 20 °C Wärme an die Atmosphäre abgegeben. Prüfen Sie diese Patentanmeldung.

Lösung

Annahme

- Die Temperatur des heißen Gases ist die des warmen, die der Atmosphäre die des kalten Reservoirs.

Analyse

Der vom Erfinder angegebene Wirkungsgrad beträgt:

$$\eta = \frac{|W_{eKP}|}{Q_{zu}} = \frac{2400 \cdot \text{J}}{4000 \cdot \text{J}} = 0,60$$

Ein reversibler Prozess kann folgenden maximalen *Carnot*-Wirkungsgrad erreichen:

$$\eta_C = 1 - \frac{T_k}{T_w} = 1 - \frac{293,15 \cdot \text{K}}{673,15 \cdot \text{K}} = 0,56$$

Nach dem zweiten Hauptsatz ist diese Maschine nicht möglich. Daher muss der Patentanspruch abgelehnt werden.

Diskussion

Der *Carnot*-Wirkungsgrad ist eine sehr einfach zu bestimmende Größe, um die Machbarkeit thermischer Kraftmaschinen zu beurteilen. Die Temperaturen sind in Kelvin einzusetzen.

Beispiel 4.2: Kühlhaus mit Kältemaschine

In einem Kühlhaus wird bei -20 °C einem Kältemittel bei einer Verdampfertemperatur von -25 °C Wärme zugeführt. Im Kondensator erfolgt die Wärmeabgabe an die 20 °C warme Umgebung bei einer Kondensatortemperatur von 40 °C. Die Kälteleistung der Anlage ist 12 kW. Die für den Antrieb des gekapselten Kompressors aufgenommene elektrische Leistung beträgt 6 kW.

Bestimmen Sie den an die Umgebung abgegebenen Wärmestrom und den Leistungsgrad der Anlage. Vergleichen Sie ihn mit dem eines reversiblen Prozesses.

Wärmeverluste nach außen sind vernachlässigbar.

Lösung

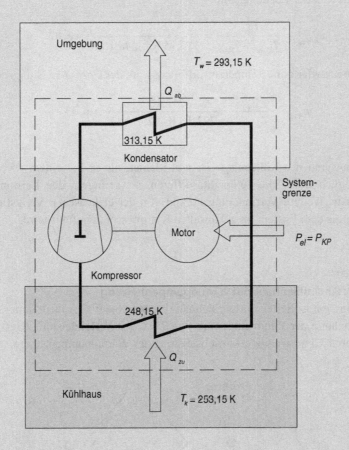

Umgebung

$T_w = 293{,}15$ K

$\dot{Q}_{ab}$

313,15 K

Kondensator

System-grenze

Motor

$P_{el} = P_{KP}$

Kompressor

248,15 K

$\dot{Q}_{zu}$

Kühlhaus

$T_k = 253{,}15$ K

Schema Siehe Skizzze

Annahme

- Da keine weiteren Angaben vorhanden sind, wird zur Berechnung der *Carnot*-Leistungsziffer die Temperatur des Verdampfers als die Temperatur des kalten Reservoirs, die des Kondensators als die des warmen Reservoirs angenommen.

Analyse

Der an die Umgebung abgegebene Wärmestrom ist die Summe der zugeführten Wärme und effektiven elektrischen Leistung, die als Arbeit und innere Reibung dem Kompressor zugeführt wird.

$$\dot{Q}_{ab} = -P_{KP} - \dot{Q}_{zu} = -6 \text{ kW} - 12 \text{ kW} = -18 \text{ kW}$$

Leistungszahl der Kälteanlage: $\varepsilon_{KM} = \dfrac{\dot{Q}_{zu}}{P_{eKP}} = \dfrac{12 \text{ kW}}{6 \text{ kW}} = 2{,}0$

Maximal erreichbarer Leistungsgrad:

$$\varepsilon_{KM_{max}} = \frac{T_{Verd.}}{T_{Kond.} - T_{Verd.}} = \frac{248{,}15\ \text{K}}{313{,}15\ \text{K} - 248{,}15\ \text{K}} = \mathbf{3{,}82}$$

Beim Wärmetransfer ohne Temperaturdifferenz wäre der *Carnot*-Leistungsgrad:

$$\varepsilon_{KMC} = \frac{T_k}{T_w - T_k} = \frac{253{,}15\ \text{K}}{293{,}15\ \text{K} - 253{,}15\ \text{K}} = \mathbf{6{,}33}$$

Diskussion

Der Leistungsgrad der Kälteanlage ist viel kleiner, als er bei einem reversiblen Prozess möglich wäre. Die Temperaturdifferenzen verringern den Leistungsgrad bereits massiv. Weitere Verringerung kommt von der elektrischen Verlustleistung des Motors, die dem System im gekapselten Kompressor zugeführt wird.

Beispiel 4.3: Einfamilienhaus mit Wärmepumpenheizung

Ein modernes, gut isoliertes Einfamilienhaus benötigt bei 0 °C Außentemperatur zur Aufrechterhaltung der Raumtemperatur von 22 °C 3 kW Heizleistung. Bestimmen Sie die theoretisch notwendige Antriebsleistung der Wärmepumpenanlage.

Lösung

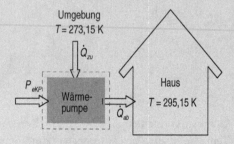

Schema Siehe Skizze

Annahmen

- Bei der Raumtemperatur von 22 °C werden bei einer Fußbodenheizung eine Vorlauftemperatur von 35 °C und eine Rücklauftemperatur von 25 °C benötigt. Die mittlere Temperatur des warmen Reservoirs liegt damit bei 30 °C.
- Die Temperatur des Verdampfers muss etwa 10 K tiefer sein als die der Umgebung. Die Temperatur des kalten Reservoirs ist damit − 10 °C.

Analyse

Der Leistungsgrad der reversiblen Wärmepumpe beträgt:

$$\varepsilon_{WP_{max}} = \frac{T_w}{T_w - T_k} = \frac{303{,}15\ \text{K}}{303{,}15\ \text{K} - 263{,}15\ \text{K}} = 7{,}58$$

Die erforderliche Mindestleistung liegt bei:

$$P_{eKP_{th}} = \left| \dot{Q}_{ab} \right| / \varepsilon_{W_{max}} = 3 \text{ kW}/7{,}58 = \mathbf{396\ W}$$

Diskussion
Hätte man die Umgebungs- und Raumtemperatur als Reservoirtemperatur angenommen, wäre die Leistungsziffer sogar auf 13,4 angestiegen. Die wirkliche Antriebsleistung einer realen Wärmepumpe wird wegen Irreversibilitäten wesentlich größer. Bei diesen Temperaturen ist eine Leistungsziffer von ca. 3,3 zu erwarten, was einer Motorleistung von etwa 900 W entspricht.

Beispiel 4.4: Reversible Wärmekraftmaschine
Der mit einem rechtsläufigen Kreisprozess betriebenen reversiblen Wärmekraftmaschine wird von einem warmen Reservoir bei einer Temperatur von 1500 K Wärme zugeführt und bei der Temperatur von 290 K Wärme an die Umgebung abgegeben. Die Maschine soll 1 kW effektive Leistung liefern.

Bestimmen Sie die theoretisch mindesterforderliche Wärmezufuhr.

Lösung

Annahme
- Der Prozess ist reversibel.

Analyse
Der *Carnot*-Wirkungsgrad beträgt: $\eta_C = \dfrac{|P_{KP}|}{\dot{Q}_{zu}} = 1 - \dfrac{T_k}{T_w} - 1 - \dfrac{290 \text{ K}}{1500 \text{ K}} = \mathbf{0{,}807}$

Damit ergibt sich der mindesterforderliche zugeführte Wärmestrom als:

$$\dot{Q}_{zu} = \frac{|P_{KP}|}{\eta_C} = \frac{1 \text{ kW}}{0{,}801} = \mathbf{1{,}240\ kW}$$

Diskussion
Wegen Irreversibilitäten ist dieser Wirkungsgrad bei einer realen Maschine nicht erreichbar.

4.8 Entropie

4.8.1 Analytische Formulierung des zweiten Hauptsatzes

Clausius formulierte den zweiten Hauptsatz quantitativ mit einer Ungleichung. Diese *Clausius-Ungleichung* ist lediglich eine andere Form des zweiten Hauptsatzes. Sie ist Grundlage für die Einführung der Zustandsgröße *Entropie*. Bei dieser Formulierung werden alle Systeme, die an einer Zustandsänderung teilnehmen, berücksichtigt. Für eine Zustandsänderung, an der insgesamt n Systeme beteiligt sind, lautet die *Clausius*-Ungleichung:

$$\sum_{i=1}^{i=n} \frac{(\delta Q + \delta J)_i}{T_i} \geq 0 \tag{4.18}$$

Im Term $(\delta Q + \delta J)_i$ ist die transferierte Wärme δQ und Dissipation δJ im i-ten System. T_i ist die Absoluttemperatur, bei der die Transfers der infinitesimalen Wärme δQ und Dissipation δJ an den Grenzen des Systems i stattfinden.

Wird in einem Prozess, an dem n Systeme beteiligt sind, jeweils die Zustandsänderung vom Zustand 1 zum Zustand 2 durchgeführt, erhält man aus Gl. (4.18):

$$\sum_{i=1}^{n} \left(\int_1^2 \frac{\delta Q + \delta J}{T} \right)_i \geq 0 \tag{4.19}$$

Beim reversiblen Kreisprozess einer thermischen Kraftmaschine besteht zwischen der zu- und abgeführten Wärme und der Temperatur des warmen und kalten Reservoirs folgender Zusammenhang:

$$\frac{Q_{zu}}{T_w} = -\frac{Q_{ab}}{T_k} \tag{4.20}$$

Am reversiblen Kreisprozess (Abb. 4.9) sind drei Systeme beteiligt: das warme Reservoir, der Kreisprozess selbst und das kalte Reservoir. In diesem Prozess erfolgt der Wärmeaustausch bei unendlich kleiner Temperaturdifferenz und konstanter Temperatur, die daher aus dem Integral herausgenommen werden kann.

Abb. 4.9 Die drei Systeme des Kreisprozesses

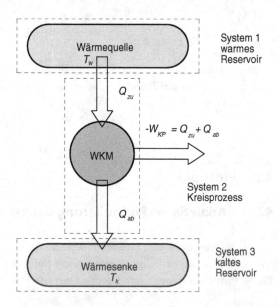

Für die drei Systeme erhält man folgende Integrale:

warmes Reservoir
$$\int\limits_{\text{warmes Reservoir}} \frac{\delta Q}{T} = -\frac{|Q_{zu}|}{T_w}$$

Kreisprozess
$$\int\limits_{\text{Kreisprozess}} \frac{\delta Q_{rev}}{T} = \frac{|Q_{zu}|}{T_w} - \frac{|Q_{ab}|}{T_k} = 0$$

kaltes Reservoir
$$\int\limits_{\text{kaltes Reservoir}} \frac{\delta Q}{T} = \frac{|Q_{ab}|}{T_k}$$

Um der Richtung der Prozesse Rechnung zu tragen, wurde der Betrag der transferierten Wärme eingesetzt. Vom warmen Reservoir wird Wärme abgeführt, das Integral ist daher negativ. Dem kalten Reservoir wird Wärme zugeführt, das Integral ist deshalb positiv. Berücksichtigt man die Definiton des Wirkungsgrades der reversiblen Kraftmaschine nach Gl. (4.6), beträgt die Summe der Integrale:

$$\sum \int \frac{\delta Q + \delta J}{T} = \int\limits_{\text{warmes Reservoir}} \frac{\delta Q}{T} + \int\limits_{\text{kaltes Reservoir}} \frac{\delta Q}{T} = -\frac{|Q_{zu}|}{T_w} + \frac{|Q_{ab}|}{T_k} = 0$$

Bei der *Clausius*-Ungleichung gilt für den reversiblen Kreisprozess die Gleichheit mit null. Dies bedeutet, dass bei einem reversiblen Kreisprozess die Summe aller Quotienten, gebildet aus Wärme und Temperatur, gleich null ist.

Bei einem irreversiblen Kreisprozess, der zwischen den gleichen Reservoiren arbeitet und gleich viel Wärme vom warmen Reservoir bezieht wie der reversible Prozess, ist die abgeführte Wärme Q'_{ab} größer als beim reversiblen Prozess. Die innere Arbeit des irreversiblen Kreisprozesses ist kleiner als die des reversiblen Prozesses. Da der Wärmeaustausch bei den gleichen Temperaturen wie im reversiblen Prozess erfolgt, verursacht Dissipation eine Verringerung der Arbeit. Für die drei Systeme des irreversiblen Prozesses erhält man folgende Integrale:

warmes Reservoir
$$\int\limits_{\text{warmes Reservoir}} \frac{\delta Q}{T} = -\frac{|Q_{zu}|}{T_w}$$

Kreisprozess
$$\oint\limits_{\text{Kreisprozess}} \frac{\delta Q_{irr}}{T} = \frac{|Q_{zu}|}{T_w} - \frac{|Q_{ab}|}{T_k} + \oint \frac{\delta J}{T} = 0$$

kaltes Reservoir
$$\int\limits_{\text{kaltes Reservoir}} \frac{\delta Q}{T} = \frac{|Q'_{ab}|}{T_k}$$

Der Summe der Integrale ist:

$$\sum \int \frac{\delta Q + \delta J}{T} = -\frac{|Q_{zu}|}{T_w} + \frac{|Q'_{ab}|}{T_k} = \int \frac{\delta J}{T}$$

Die Energie, die durch Dissipation „verloren" geht, bleibt immer im System, d. h., die Dissipationsarbeit hat ein positives Vorzeichen und muss immer größer als null sein. Damit ist gezeigt, dass für Kreisprozesse die *Clausius*-Ungleichung gültig ist. Kreisprozesse, bei denen die Summe der Integrale kleiner als null wäre, müssten dem Betrage nach größere Arbeit liefern als der Betrag der Arbeit des reversiblen Kreisprozesses. Dies ist nach dem *Carnot*-Postulat unmöglich.

Mit der *Clausius*-Ungleichung können Kreisprozesse beurteilt werden. Das Ergebnis der Summe wird mit ΔS_{irr} bezeichnet

$$\sum \int \frac{\delta Q + \delta J}{T} = \Delta S_{irr} \tag{4.21}$$

Ein Kreisprozess kann jetzt mit der Größe ΔS_{irr} folgendermaßen beurteilt werden:

$$\Delta S_{irr} = 0 \quad \textit{der Prozess hat keine Irreversibilitäten,}$$

$$\Delta S_{irr} > 0 \quad \textit{der Prozess hat Irreversibilitäten,}$$

$$\Delta S_{irr} < 0 \quad \textit{der Prozess ist nicht möglich.}$$

Clausius beschränkte die Anwendung nicht auf Kreisprozesse. Am Beispiel des Temperaturausgleichs wird die Anwendung auf beliebige Prozesse demonstriert. Die Temperatur des Körpers ist T und die der Umgebung T_U. Die Umgebung stellt ein thermisches Reservoir dar. Es wird festgestellt, dass der Körper abkühlt. Er gibt an die Umgebung Wärme ab. Abbildung 4.10 zeigt den Prozess.

Mit der Zeit verändert sich die Temperatur T des Körpers. In jedem infinitesimalen Zeitabschnitt wird die infinitesimale Wärme δQ vom Körper an die Umgebung abgegeben. An diesem Prozess sind zwei Systeme beteiligt: System 1 ist der Körper mit der Temperatur T und System 2 ist die Umgebung mit der konstanten Temperatur T_U. Bei beiden Systemen gilt für die Änderung der Größe $\delta Q/T$:

Abb. 4.10 Natürlicher
Temperaturausgleich

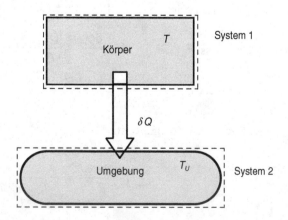

$$\text{Körper} \qquad dS_K = -\frac{|\delta Q|}{T}$$

$$\text{Umgebung} \qquad dS_U = \frac{|\delta Q|}{T_U}$$

Damit die Richtung des Wärmetransports korrekt bestimmt wird, wurde die Wärme als Betrag eingesetzt. Hier legte man lediglich fest, dass Wärme vom Körper an die Umgebung abgegeben wird. Das System Körper gibt Wärme ab, daher ist δQ negativ. Das System Umgebung erhält Wärme, damit ist δQ dort positiv. Die Summe beider Gleichungen ergibt:

$$\sum \frac{\delta Q}{T} = |\delta Q| \cdot \left(\frac{1}{T_U} - \frac{1}{T} \right)$$

Gleichung (4.21) liefert nur dann positive Ergebnisse, wenn T größer als T_U ist. Dies ist mit der Formulierung des zweiten Hauptsatzes von *Clausius* identisch, die lautet: *Wärme kann von selbst nur von einem wärmeren auf einen kälteren Körper übergehen.*

Bei dem hier betrachteten Vorgang wurde nicht a priori festgelegt, welches System die höhere Temperatur hat. Es wurde nur anhand der Beobachtung vorgegeben, dass bei diesem Prozess die Wärme vom Körper an die Umgebung abgegeben wird. Die *Clausius*-Ungleichung legt in diesem Fall fest, dass die Temperatur des Körpers größer sein muss als die der Umgebung. Hätte man die Temperaturen festgelegt, würde die *Clausius*-Ungleichung die Richtung des Wärmetransports bestimmen.

4.8.2 Zustandsgröße Entropie

Clausius hat die Größe $(\delta Q + \delta J)/T$ als Änderung der extensiven Zustandsgröße S, die er *Entropie* nannte, eingeführt. Damit gilt:

$$dS = \frac{\delta Q + \delta J}{T} \tag{4.22}$$

Die Zustandsgröße S ist dann und nur dann eine Zustandsgröße, wenn ihre Änderung zwischen zwei Zuständen vom Weg (Durchführung des Prozesses) unabhängig ist. Bei der Integration von Gl. (4.22) muss gelten:

$$S_2 - S_1 = \int_1^2 \frac{\delta Q + \delta J}{T} \tag{4.23}$$

Wenn also S eine Zustandsgröße ist, muss das Integral bei einer Zustandsänderung von S_1 nach S_2 unabhängig davon, wie groß die zu- oder abgeführte Wärme bzw. Dissipation sind, den gleichen Wert liefern.

Für die reversible Wärmekraftmaschine ist dies sofort ersichtlich. Beim reversiblen Kreisprozess besteht zwischen der zu- und abgeführten Wärme und den Temperaturen der Reservoire folgende Beziehung:

$$\frac{Q_{zu}}{T_w} = -\frac{Q_{ab}}{T_k} \tag{4.24}$$

Erfolgt die Zustandsänderung von Zustand 1 auf Zustand 2 mit Wärmezufuhr, entspricht die rechte Seite der Gl. (4.24) der Entropieänderung $S_2 - S_1$ nach Gl. (4.23), da die Temperatur T_w konstant ist. Bei der Wärmeabfuhr geschieht die Zustandsänderung von Zustand 2 auf Zustand 1. Analog dazu stellt die linke Seite der Gleichung die Entropieänderung $(S_1 - S_2)$ dar, die somit den gleichen Betrag, aber mit negativem Vorzeichen wie die Entropieänderung von 1 nach 2 hat. Dies ist unabhängig davon, bei welcher Temperatur die Wärmeabgabe erfolgt. Die abgegebene Wärme ist dabei proportional zur Temperatur T_k.

Auch mathematisch kann gezeigt werden, dass die Entropie ein vollständiges Differential darstellt, was gleichwertig mit der Aussage der Gl. (4.23) ist.

Die *Dimension der Entropie* ist J/K.

Die spezifische, auf die Masse bezogene Entropie wird mit dem Symbol *s* dargestellt. Die *spezifische Entropie s* hat die Dimension J/(kg K).

4.8.3   Berechnung der Zustandsgröße Entropie reiner Substanzen

Entropie kann aus den kalorischen und thermischen Zustandsgrößen berechnet werden. Aus der Energiebilanzgleichung (3.24) des ersten Hauptsatzes erhält man mit den Gln. (3.24), (3.41) und (4.18) folgende Zusammenhänge:

$$du = \delta w + \delta q = -p \cdot dv + \delta j + \delta q$$
$$dh = \delta w + \delta q = v \cdot dp + \delta j + \delta q$$

Für die Entropie gilt nach der Definition von *Clausius* damit:

$$ds = \frac{\delta q + \delta j}{T} = \frac{du}{T} + \frac{p}{T} \cdot dv \tag{4.25}$$

$$ds = \frac{\delta q + \delta j}{T} = \frac{dh}{T} - \frac{v}{T} \cdot dp \tag{4.26}$$

Die Gln. (4.25) und (4.26) sind fundamentale Relationen, die den ersten und zweiten Hauptsatz der Thermodynamik verbinden.

Bei bekannten Beziehungen für das spezifische Volumen und die spezifische Enthalpie als Funktion der Temperatur und des Druckes kann die Entropie nach Gl. (4.25) oder (4.26) bestimmt werden. Zur Berechnung wird ein Referenzwert für die Temperatur und den Druck definiert, bei der die Entropie gleich null ist. Beim Wasser z. B. wird die Entropie des Wassers nach internationaler Norm am Tripelpunkt gleich null. Solange reine Stoffe behandelt und nur Entropiedifferenzen bestimmt werden müssen, kann man den Nullpunkt beliebig festlegen. Bei chemischen Reaktionen ist aber zwingend ein absoluter Nullpunkt zu definieren. Dieser ist bei chemisch homogenen festen Körpern der absolute Nullpunkt der Temperatur (dritter Hauptsatz).

Für Stoffe, wie z. B. Wasser, Ammoniak, Kältemittel, Luft usw., die für thermische Maschinen verwendet werden, liegen die Werte für die Entropie in tabellierter Form vor.

Wie im Kap. 2 beschrieben, sind die Tabellen wie bei den anderen kalorischen und thermischen Zustandsgrößen in unterschiedliche Gebiete aufgeteilt. Für überhitzte Dämpfe werden neben der spezifischen Entropie die Werte der spezifischen Enthalpie und des spezifischen Volumens als eine Funktion des Druckes und der Temperatur angegeben $s(\vartheta, p)$.

4.8.3.1 Sättigungszustand und Nassdampfgebiet

Im Sättigungsgebiet sind die spezifischen Werte für gesättigte Flüssigkeit und gesättigten Dampf entweder als eine Funktion der Sättigungstemperatur oder des Sättigungsdruckes angegeben. Für den flüssigen und gasförmigen Zustand verwendet man in der Literatur unterschiedliche Bezeichnungen.

$$\text{flüssig: } s'(p_s \text{ oder } \vartheta_s) \text{ oder } s_l(p_s \text{ oder } \vartheta_s)$$
$$\text{gasförmig: } s''(p_s \text{ oder } \vartheta_s) \text{ oder } s_g(p_s \text{ oder } \vartheta_s)$$

In diesem Buch werden die Bezeichnungen s' und s'' verwendet. Im Nassdampfgebiet berechnet man die spezifische Entropie analog wie die spezifische Enthalpie mit Hilfe des Dampfgehalts x.

$$s = x \cdot s'' + (1-x) \cdot s' = x \cdot (s'' - s') + s' \qquad (4.27)$$

Die Steigung der Dampfdruckkurve kann mit Hilfe der Entropie durch die *Clausius-Clapeyron-Gleichung* angegeben werden:

$$\frac{dp_s}{dT} = \frac{s'' - s'}{v'' - v'}$$

Berücksichtigt man, dass bei der Verdampfung die transferierte Wärme der Verdampfungsenthalpie entspricht und die Temperatur konstant ist, kann die Entropiedifferenz als $s'' - s' = \Delta h^v / T$ angegeben werden. Ferner ist das spezifische Volumen des Dampfes sehr viel größer als das der Flüssigkeit. Man kann es als ideales Gas einsetzen und erhält dann:

$$\frac{dp_s}{dT} \approx \frac{\Delta h_v}{v'' \cdot T} \approx \frac{\Delta h_v \cdot p_s}{R \cdot T^2}$$

$$\ln(p_s) \approx \frac{\Delta h_v}{R \cdot T} \tag{4.28}$$

Mit Hilfe dieser Beziehung können gute Näherungsformeln für den Sättigungsdruck als Funktion der Sättigungstemperatur gebildet werden. In Abb. 4.11 ist im Diagramm $\ln(p)$ als eine Funktion von $1/T$ für Wasser, Frigen 134a und Propan aufgetragen.

Gleichung (4.28) kann für näherungsweise Berechnung des Sättigungsdruckes und der Sättigungstemperatur verwendet werden.

4.8.3.2   Näherungswerte für Flüssigkeiten

Für häufig verwendete Stoffe sind die Werte wie im Gebiet des überhitzten Dampfes angegeben. Fehlen diese Daten, kann mit guter Näherung der Wert für das gesättigte Kondensat genommen werden.

$$s \approx s'(\vartheta_s)$$

Mit Gl. (4.26) bestimmt man die Enthalpieänderung inkompressibler Flüssigkeiten:

$$s_2 - s_1 = c_{pm} \cdot \ln(T_2/T_1) - (p_2 - p_1) \cdot \left(\frac{dv}{dT}\right) \tag{4.29}$$

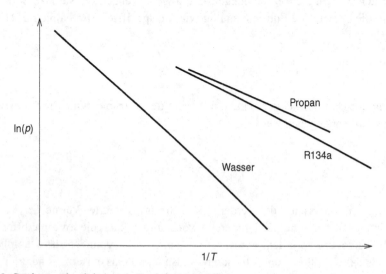

Abb. 4.11 Sättigungsdruck $\ln(p)$ als Funktion von $1/T$

4.8.3.3 Entropieänderung idealer Gase

Die Änderung der spezifischen inneren Energie und spezifischen Enthalpie idealer Gase hängt nur von der Temperatur ab und ist gegeben als (s. Kap. 2):

$$\mathrm{d}u = c_v \cdot \mathrm{d}T \qquad \mathrm{d}h = c_p \cdot \mathrm{d}T$$

Diese Beziehungen in die Gln. (4.25) und (4.26) eingesetzt, ergeben:

$$\mathrm{d}s = \frac{c_v(T)}{T} \cdot \mathrm{d}T + \frac{p}{T} \cdot \mathrm{d}v = \frac{c_v(T)}{T} \cdot \mathrm{d}T + \frac{R}{v} \cdot \mathrm{d}v \tag{4.30}$$

$$\mathrm{d}s = \frac{c_p(T)}{T} \cdot \mathrm{d}T - \frac{v}{T} \cdot \mathrm{d}p = \frac{c_p(T)}{T} \cdot \mathrm{d}T - \frac{R}{p} \cdot \mathrm{d}p \tag{4.31}$$

Bei idealen Gasen hängen c_v und c_p nur von der Temperatur ab (s. Kap. 2). Das Integral der Gln. (4.30) und (4.31) ergibt:

$$s(T_2, v_2) - s(T_1, v_1) = \int_1^2 \frac{c_v}{T} \cdot \mathrm{d}T + R \cdot \ln\left(\frac{v_2}{v_1}\right) \tag{4.32}$$

$$s(T_2, p_2) - s(T_1, p_1) = \int_1^2 \frac{c_p}{T} \cdot \mathrm{d}T - R \cdot \ln\left(\frac{p_2}{p_1}\right) \tag{4.33}$$

Die im Kap. 2 bei der Berechnung der inneren Energie und Enthalpie verwendeten mittleren spezifischen Wärmekapazitäten können für eine genaue Berechnung der Entropieänderung nicht verwendet werden. Mit dem in Gl. (2.51) definierten Polynom für c_p ist die Entropieänderung exakt berechenbar. Normiert man die Entropie auf die Bezugstemperatur T_0 und den Bezugsdruck p_0, kann die Entropieänderung folgendermaßen bestimmt werden:

$$s(T_2, p_2) - s(T_1, p_1) = \int_{T_1}^{T_2} \frac{c_p}{T} \cdot \mathrm{d}T - R \cdot \ln\left(\frac{p_2}{p_1}\right) = s_0(\vartheta_2) - s_0(\vartheta_1) - R \cdot \ln\left(\frac{p_2}{p_1}\right) \tag{4.34}$$

Die auf den Druck p_0 *normierte Entropie* ist $s_0(\vartheta)$. In der Tab. A.7.1 sind die auf 1,01325 bar normierten Werte der spezifischen Entropie einiger idealer Gase und Gasgemische angegeben. Auf die absolute Entropie wird im Kap. 11 eingegangen.

Außer zur Berechnung der Entropieänderung können die normierten Entropiewerte auch zur Bestimmung der Temperatur bei einer isentropen Zustandsänderung verwendet werden.

Bei isentroper Zustandsänderung ist die linke Seite der Gl. (4.34) gleich null. Damit muss die Differenz der temperaturabhängigen normierten Entropien gleich groß sein wie die durch den druckabhängigen Term verursachte Änderung

$$s_0(\vartheta_2) = s_0(\vartheta_1) + R \cdot \ln\left(\frac{p_2}{p_1}\right) \tag{4.35}$$

Bei bekannter Temperatur des Zustands 1 kann $s_0(\vartheta_1)$ Tab. A.7.1 entnommen und für die gegebene Druckänderung $s_0(\vartheta_2)$ berechnet werden. ϑ_2 wird aus Tabellen in A.7.1 invers interpoliert. Mit der so bestimmten Temperatur entnimmt man mittels linearer Interpolation die mittlere spezifische Wärmekapazität.

$$h_2(\vartheta_2) - h_1(\vartheta_1) = c_{pm}(\vartheta_2) \cdot \vartheta_2 - c_{pm}(\vartheta_1) \cdot \vartheta_1 = c_p \Big|_{\vartheta_1}^{\vartheta_2} \cdot (\vartheta_2 - \vartheta_1) \tag{4.36}$$

Das oben beschriebene Vorgehen demonstriert Beispiel 4.5.

Bei gegebenem Verdichtungsverhältnis $\varepsilon = V_1/V_2$ (z. B. Hubkolbenmaschinen) kann man bei isentroper Zustandsänderung die Temperatur iterativ ermitteln. Dazu wird in Gl. (4.35) das Druckverhältnis p_2/p_1 mit einer angenommenen Temperatur ϑ_2 aus der Gasgleichung bestimmt und eingesetzt.

$$s_0(\vartheta_2) = s_0(\vartheta_1) + R \cdot \ln\left(\frac{v_1}{v_2} \cdot \frac{T_2}{T_1} \right) = s_0(\vartheta_1) - R \cdot \ln\left(\varepsilon \cdot \frac{\vartheta_1 + 273{,}15 \text{ K}}{\vartheta_2 + 273{,}15 \text{ K}} \right) \tag{4.37}$$

Mit der angenommenen Temperatur ϑ_2 kann $s_0(\vartheta_2)$ bestimmt und dann ϑ_2 invers interpoliert werden. Der Vorgang wird wiederholt, bis die erforderliche Genauigkeit erreicht ist.

Beispiel 4.5: Isentrope Verdichtung eines idealen Gases

In einem Zylinder wird Luft mit einem Kolben von 0,98 bar Druck und 20 °C Temperatur isentrop auf 5 bar verdichtet. Bestimmen Sie die Endtemperatur und spezifische Volumenänderungsarbeit

a) mit Hilfe der Tab. A.7.1

b) mit genauen Werten mit der Gleichung aus Tab. A.7.2.

Lösung

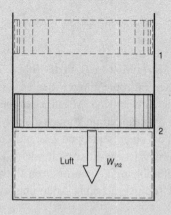

Schema Siehe Skizze

Annahmen

- Die Luft bildet ein geschlossenes System.
- Die Zustandsänderung ist quasistatisch.
- Die Endzustände sind Gleichgewichtszustände.

Analyse

a) Die Entropieänderung nach Gl. (4.25) wird durch die Temperatur- und Druckänderung hervorgerufen. Da sich die Entropie in diesem Fall nicht ändert, muss die durch die Temperaturänderung bewirkte Änderung den gleichen Betrag wie die durch die Druckänderung bewirkte Entropieänderung haben. Damit gilt:

Aus Tab. A.7.1 ist $s_0(20\,°C) = 0{,}2329$ kJ/(kg K).

$$s_0(\vartheta_2) = s_0(\vartheta_1) + R \cdot \ln\left(\frac{p_2}{p_1}\right) = 0{,}7008 \ \frac{J}{kg \cdot K}$$

Nach Tab. A.7.1 liegt die Entropie damit zwischen den Werten von:

$s_0(150\,°C) = 0{,}6003$ kJ/(kg K) und $s_0(200\,°C) = 0{,}7173$ kJ/(kg K)

Die Temperatur ϑ_2 erhält man durch lineare Interpolation:

$$\vartheta_2 = 150\,°C + \frac{s_0(\vartheta_2) - s_0(150\,°C)}{s_0(200\,°C) - s_0(150\,°C)} \cdot 50\,K = \mathbf{192{,}77\,°C}$$

Da bei isentroper Zustandsänderung weder ein Wärmetransfer noch eine Dissipation stattfinden, lautet die Energiebilanzgleichung:

$$u_2 - u_1 = w_{V12} = (c_{pm} - R) \cdot (T_2 - T_1)$$

Für die spezifischen Wärmekapazitäten aus Tab. A.7.1 erhält man:

$$\overline{c}_p(192{,}78\,°C) = 1011{,}27 \ J/(kg\,K) \qquad \overline{c}_p(20\,°C) = 1004{,}2 \ J/(kg\,K)$$

Nach Gl. (2.54) ist die mittlere spezifische Wärmekapazität:

$$\overline{c}_p\big|_{20\,°C}^{192{,}76\,°C} = \frac{c_p(\vartheta_2) \cdot \vartheta_2 - \overline{c}_p(\vartheta_1) \cdot \vartheta_1}{\vartheta_2 - \vartheta_1} = 1012{,}05 \ \frac{J}{kg \cdot K}$$

Damit beträgt die spezifische Volumenänderungsarbeit:

$$w_{V12} = (\overline{c}_p - R) \cdot (T_2 - T_1) = \mathbf{125{,}26 \ kJ/kg}$$

b) Für die exakte Berechnung ist die Formel für $s(\vartheta_2)$ aus Tab. A.7.2 zu verwenden.

$$s_0(\vartheta,i) = \int\limits_{0\,^{\circ}C}^{\vartheta} \frac{c_p(\vartheta,i)}{T}\cdot d\vartheta = s_{00} + R_i \cdot \left(a_{1,i}\cdot\ln(T_R) + \sum_{k=2}^{10}\frac{a_{k,i}}{b_k}\cdot(T_R^{b_k}-1)\right)$$

Die dimensionslose Temperatur $T_R = T/(273{,}15 \text{ K})$ muss iterativ ermittelt werden, was am besten mit einem Programm geschieht. Auf Grund der Berechnungen beträgt die Temperatur nach der Kompression **192,45 °C**.

Diskussion

Die mit Tab. A.7.1 ermittelte Temperatur ist nach der Kompression 0,28 K größer als die mit der exakten Formel iterativ berechnete. Bezogen auf die Temperaturänderung und damit auf die Volumenänderungsarbeit beträgt die Abweichung 0,2 %. Der Unterschied wird durch die lineare Interpolation verursacht.

4.8.4 Entropieänderung der Mischungen idealer Gase

Die Berechnung der Entropieänderung der Mischungen, die aus idealen Gasen bestehen, erfolgt nach den gleichen Grundsätzen, wie sie bei der Enthalpie und inneren Energie im Kap. 2 angewendet wurden.

Die extensive Zustandsgröße S der Gasmischung findet man durch Addition der Beiträge einzelner Komponenten.

$$S = S_1 + S_2 + \ldots + S_j = \sum_{i=1}^{i=j} S_i \tag{4.38}$$

Dabei ist S_i die Entropie der i-ten Gaskomponente bei Temperatur T und beim Partialdruck p_i. S ist die Entropie der Gasmischung bei der Temperatur T und beim Gesamtdruck p des Gemisches.

Die spezifische Entropie des idealen Gases hängt nicht wie die innere Energie und Enthalpie nur von der Temperatur allein ab, sondern ist zusätzlich noch vom Druck p oder dem spezifischen Volumen v abhängig.

Berücksichtigt man, dass $S = m \cdot s$ und $S_i = m_i \cdot s_i$ ist, erhält Gl. (4.38) folgende Form:

$$s = x_1 \cdot s_1 + x_2 \cdot s_2 + \ldots + x_j \cdot s_j = \sum_{i=1}^{i=j} x_i \cdot s_i(T, p_i) \tag{4.39}$$

Bei molarer Zusammensetzung erfolgt die Herleitung analog:

$$s_m = \sum_{i=1}^{i=j} y_i \cdot s_{mi}(T, p_i) \tag{4.40}$$

In den meisten Fällen werden die spezifische innere Energie u, die Enthalpie h und Entropie s mit den Massenanteilen der Komponenten errechnet. Bei bekannter molarer Zusammensetzung kann die Umrechnung auf einfache Weise erfolgen. Für die Gasmischung und Komponenten gilt:

$$u_m = M \cdot u, \qquad h_m = M \cdot h, \qquad s_m = M \cdot s \qquad (4.41)$$

Die Entropieänderung der Gasmischung setzt sich aus den Beträgen der Änderung der Einzelkomponenten zusammen:

$$S_2 - S_1 = \Delta S_{12} = \sum_{i=1}^{j} (S_{i2} - S_{i1}) = \sum_{i=1}^{j} \Delta S_{i12} = \sum_{i=1}^{j} m_i \cdot \Delta s_i \qquad (4.42)$$

Die Division dieser Gleichung durch die Gesamtmasse ergibt die Änderung der spezifischen Entropie der Gasmischung:

$$\Delta s_{12} = \sum_{i=1}^{j} \frac{m_i}{m} \cdot \Delta s_i = \sum_{i=1}^{j} x_i \cdot \Delta s_i \qquad (4.43)$$

Im Gegensatz zur inneren Energie und Enthalpie hängt die Entropieänderung nach den Gln. (4.26) und (4.27) nicht nur von der Temperatur T, sondern auch noch vom Druck p ab. Für die $i$te Komponente gilt:

$$\Delta s_i = s_{0i}(\vartheta_2) - s_{0i}(\vartheta_1) - R_i \cdot \ln\left(\frac{p_{i2}}{p_{i1}}\right) = s_{0i}(\vartheta_2) - s_{0i}(\vartheta_1) - R_i \cdot \ln(y_i) \qquad (4.44)$$

Bleibt die Zusammensetzung der Gasmischung konstant, gilt für beide Zustände das *Dalton*'sche Gesetz nach Gl. (2.75):

$$\frac{p_{i1}}{p_1} = y_i \qquad \frac{p_{i2}}{p_2} = y_i \qquad \frac{p_{i2}}{p_{i1}} = \frac{p_2}{p_1}$$

Damit ist das Verhältnis der Partialdrücke einer Komponente gleich dem Verhältnis der Gesamtdrücke der Zustände 1 und 2. Für die Änderung der spezifischen Entropie gilt:

$$\Delta s = \sum_{i=1}^{i=j} x_i \cdot s_{0i} - \ln\left(\frac{p_2}{p_1}\right) \cdot \sum_{i=1}^{i=j} x_i \cdot R_i = \sum_{i=1}^{i=j} x_i \cdot s_{0i} - \ln\left(\frac{p_2}{p_1}\right) \cdot R_{mix} \qquad (4.45)$$

Wie im Kap. 3 erwähnt, sind Mischprozesse immer irreversibel. Als Maß der entstandenen Irreversibilität dient die Entropieproduktion.

Bei der Mischung der Gasgemische A und B setzt sich die Entropieänderung aus den Änderungsbeiträgen der Einzelkomponenten zusammen. Die Entropieänderungen der Einzelkomponenten der Gasgemische A und B werden hier separat betrachtet. Mit i sind die Komponenten der Ausgangsmischung A, mit j die der Ausgangsmischung B bezeichnet.

Durch den Mischvorgang ändern sich die Zustandsdaten der Einzelkomponenten von T_A, p_{iA} zu T_C, p_{iC} bzw. von T_B, p_B zu T_C, p_{jC}.

So ist die Entropieänderung der Ausgangsmischungen A und B:

$$\Delta S_A = \sum_{i=1}^{k} m_{iA} \cdot \Delta s_{iA} \qquad \Delta S_B = \sum_{j=1}^{k} m_{jB} \cdot \Delta s_{jB} \qquad (4.46)$$

Darin sind Δs_{iA} und Δs_{jB} die Entropieänderungen der Komponenten des Gemisches A und B bei der Zustandsänderung von A und B nach C. Sie werden nach Gl. (4.46) berechnet.

Die totale Entropieproduktion des Mischvorgangs ist die Summe der Entropieproduktionen:

$$\Delta S = \Delta S_A + \Delta S_B \qquad (4.47)$$

Die Berechnung von ΔS_A und ΔS_B muss streng getrennt erfolgen, auch wenn sich in beiden Ausgangsmischungen eine oder mehrere Einzelkomponenten befinden. Zu beachten ist, dass man die richtigen Partialdrücke verwendet. Beinhalten beispielsweise sowohl das Gasgemisch A als auch B das gleiche Gas als Komponente, ist der Partialdruck dieses Gases in der Mischung C vom Gesamtanteil in der Endmischung abhängig.

Das folgende Beispiel zeigt das Berechnungsverfahren.

Beispiel 4.6: Entropieänderung einer Gasmischung

In einem Mischprozess werden 0,2 kg Stickstoff und 0,4 kg Kohlendioxid vermischt. Die Temperatur von 20 °C und der Druck von 1 bar beider Komponenten bleiben vor und nach der Mischung gleich groß.

Zu bestimmen ist die Entropieproduktion ΔS des Mischvorgangs.

Lösung

Annahmen

• Der Mischprozess ist adiabat.

• Vor und nach der Mischung herrscht ein Gleichgewichtszustand.

Analyse

Die Grundlage zur Berechnung der Entropieänderung bilden die Gln. (4.38) und (4.39). Die erforderlichen spezifischen Entropien werden Tab. A.7.1 entnommen. Zunächst muss die Entropie des Gasgemisches im Zustand 1 bestimmt werden. Dazu benötigt man die Molanteile und Partialdrücke der Komponenten.

$$y_{N_2} = \frac{m_{N_2}/M_{N2}}{m_{N_2}/M_{N2} + m_{CO_2}/M_{CO_2}} = 0,440$$

$$y_{N_2} = \frac{m_{N_2}/M_{N2}}{m_{N_2}/M_{N2} + m_{CO_2}/M_{CO_2}} = 0,560$$

Die Entropie der Gasmischung ist:

$$S_{mix1} = m_{N2} \cdot [s_{0N_2}(\vartheta) - R_{N_2} \cdot \ln(\psi_{N_2} \cdot p_1/p_0)] +$$
$$+ m_{CO_2} \cdot [s_{0CO_2}(\vartheta) - R_{CO_2} \cdot \ln(\psi_{CO_2} \cdot p_1/p_0)] = \mathbf{0,1348 \ kJ/K}$$

Um die Entropieproduktion zu bestimmen, muss die Entropie der Komponenten vor der Mischung berechnet und addiert werden.

$$S_{N2} = m_{N2} \cdot [s_{0N_2}(\vartheta) - R_{N_2} \cdot \ln(p_1/p_0)] = \mathbf{0,0155 \ kJ/K}$$

$$S_{CO_2} = m_{CO_2} \cdot [s_{0CO_2}(\vartheta) - R_{CO_2} \cdot \ln(p_1/p_0)] = \mathbf{0,0244 \ kJ/K}$$

Die Entropie beider Komponenten, die vor der Mischung addiert wurden, ist:

$$S_{tot} = S_{N_2} + S_{CO_2} = \mathbf{0,0399 \ kJ/K}$$

Die Gesamtentropieproduktion beträgt:

$$\Delta S = S_{mix} - S_{N_2} - S_{CO_2} = \mathbf{0,1437 \ kJ/K}$$

Diskussion
Beim betrachteten Mischprozess nimmt die Gesamtentropie des Gasgemisches aus den Komponenten A und B um 0,1414 kJ/K zu. Damit bestätigt sich, dass die Vermischung ein nicht umkehrbarer Prozess ist. Dies gilt allgemein für alle Mischprozesse. Bei idealen Gasen verringert sich der Partialdruck der Komponenten, wodurch die Entropie erhöht wird.

4.8.5 Fundamentalgleichungen

Die spezifische Entropie kann man aus Gl. (4.25) als eine Funktion der inneren Energie u und des spezifischen Volumens v angeben.

$$s = s(u,v)$$

Es ist ungewöhnlich, eine energetische Zustandsgröße als eine Funktion der spezifischen inneren Energie zu definieren. Bisher war man gewohnt, die Zustandsgröße als eine Funktion der Wertepaare T, p, oder T, v anzugeben. Die aus dem zweiten Hauptsatz folgende Funktion $s(u, v)$ enthält die vollständige Information aller thermodynamischen Eigenschaften einer Phase, für die man sonst drei Gleichungen benötigt: die thermische Zustandsgleichung $p(T, v)$, die energetische Zustandsgleichung $u(T, v)$ und die Entropie-Zustandsgleichung $s(T, v)$. Eine Gleichung zwischen einem Satz von drei Zustandsgleichungen, hier s, u und v, nennt man nach *Max Planck kanonische Zustandsgleichung* oder *Fundamentalgleichung* des Systems. Aus Gl. (4.25) erhält man:

$$(\partial s/\partial u)_v = 1/T$$

Umgeformt und mit Gl. (4.26) berechnet erhält man:

$$T = T(s,v) = (\partial u/\partial s)_v$$

$$p = p(s,v) = -(\partial u/\partial v)_s$$

Für die Berechnung der energetischen Zustandsgrößen haben sich die Zustandsgrößen *Helmholtz-Funktion (freie innere Energie)* $f(T, v)$

$$f = f(T,v) = u - T \cdot s$$

und die *Gibbs-Funktion (freie Enthalpie)*

$$g = f(T,p) = h - T \cdot s$$

als brauchbar erwiesen.

Aus Messungen der Zustandsgrößen spezifisches Volumen und Schallgeschwindigkeit können die beiden Funktionen mathematisch erfasst und aus ihnen die thermischen, energetischen und Entropie-Zustandsgrößen durch einfaches Differenzieren hergeleitet werden (s. Tab. 4.1). Außerdem ist die Berechnung der Schallgeschwindigkeit und Oberflächenspannung möglich.

Tab. 4.1 *Helmholtz-* und *Gibbs*-Funktion mit ihren Ableitungen

	Helmholtz-Funktion	*Gibbs*-Funktion
Definition	$f = f(T,v) = u - T \cdot s$	$g = f(T,p) = h - T \cdot s$
Differential	$df = -s \cdot dT - p \cdot dv$	$dg = -s \cdot dT + v \cdot dp$
Zustands-	$s(T,v) = -\left(\dfrac{\partial f}{\partial T}\right)_v$	$s(T,p) = -\left(\dfrac{\partial g}{\partial T}\right)_p$
Gleichungen	$p(T,v) = -\left(\dfrac{\partial f}{\partial v}\right)_T$	$v(T,p) = \left(\dfrac{\partial g}{\partial p}\right)_T$
	$u(T,v) = f - T \cdot \left(\dfrac{\partial f}{\partial T}\right)_v$	$h(T,p) = g - T \cdot \left(\dfrac{\partial g}{\partial T}\right)_p$
spez. Wärmekapazität	$c_v(T,v) = -T \cdot \left(\dfrac{\partial^2 f}{\partial T^2}\right)_v$	$c_p(T,v) = -T \cdot \left(\dfrac{\partial^2 g}{\partial T^2}\right)_p$
Schallgeschwindigkeit	$a(p,T) = \left[\dfrac{\left(\dfrac{\partial g}{\partial p}\right)_T^2 \cdot \left(\dfrac{\partial^2 g}{\partial T^2}\right)_p}{\left(\dfrac{\partial^2 g}{\partial p \cdot \partial T}\right)^2 - \left(\dfrac{\partial^2 g}{\partial p^2}\right)_T \cdot \left(\dfrac{\partial^2 g}{\partial T^2}\right)_p}\right]^{0,5}$	

Die in der Tabelle aufgeführten Gleichungen verwendet man bei der Entwicklung von Stoffwertprogrammen.

4.9 Entropiediagramme

Entropiediagramme sind sinnvolle Hilfsmittel, um Prozesse grafisch darzustellen und zu analysieren. Das noch zu besprechende *Mollier-h,s*-Diagramm für Wasserdampf war bis in die 70er Jahre das Arbeitsmittel schlechthin für Ingenieure bei der Berechnung von Dampfmaschinen und Dampfturbinen. Durch neue Computerprogramme hat es als Rechenhilfe an Bedeutung verloren, wird aber zur Veranschaulichung von Prozessen noch immer häufig verwendet.

4.9.1 Temperatur-Entropie-Diagramm (*T, s*-Diagramm)

Das *T,s-Diagramm* hat die Temperatur als Ordinate und die Entropie als Abszisse. Abbildung 4.12 zeigt das *T,s*-Diagramm des Wassers und Wasserdampfes als Beispiel für die fluide Phase eines reinen Stoffes.

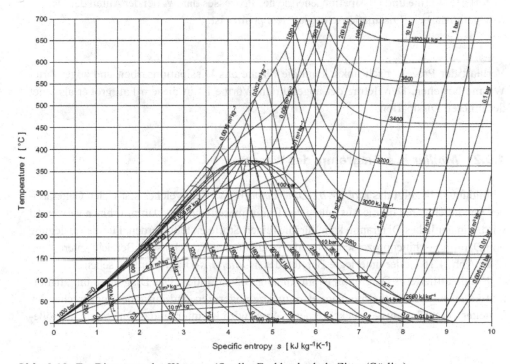

Abb. 4.12 *T, s*-Diagramm des Wassers. (Quelle: Fachhochschule Zittau/Görlitz)

Im T, s-Diagramm können die Isobaren, Isochoren und Dampfgehaltslinien eingezeichnet werden, wobei die Isochoren des Dampfes steiler als die Isobaren sind. Die Gründe dafür werden bei den Diagrammen der idealen Gase besprochen. Die Isobaren der flüssigen
Phase liegen so nah an der Sättigungslinie, dass sie nicht sichtbar sind.

Das T, s-Diagramm ist auch zur Darstellung der transferierten Wärme und Dissipationsenergie eines Prozesses geeignet (Abb. 4.13).

Aus der Definition der Entropie nach Gl. (4.22) erhält man:

$$q_{12} + j_{12} = \int_1^2 T \cdot \mathrm{d}s \tag{4.48}$$

Die integrierte Fläche besteht aus der zu- oder abgeführten Wärme und Dissipationsarbeit.
Das Diagramm kann keinen Aufschluss darüber geben, welcher Anteil aus dem Wärmetransfer und welcher aus der Dissipationsarbeit resultiert.

Verläuft die Prozesslinie nach rechts, kann die Fläche aus Dissipationsarbeit und zu- oder
abgeführter Wärme bestehen. Wird dabei Wärme abgeführt, ist ihr Betrag kleiner als der
innerer Dissipation.

> Die Fläche unterhalb der Zustandsänderungslinie im T,s-Diagramm stellt die trans-
> ferierte Wärme und Dissipationsenergie des Prozesses dar, wobei der Anteil der Dis-
> sipationsarbeit (Dissipationsenergie) stets positiv ist.

Verläuft der Prozess nach links, kann die Fläche aus Dissipationsarbeit und abgeführter
Wärme bestehen. Der Betrag der abgeführten Wärme ist in diesem Fall größer als jener
der inneren Dissipation.

4.9.2   *Mollier-h, s*-Diagramm des Wasser

Abbildung 4.14 zeigt das *Mollier-h,s-Diagramm* für Wasser, welches seit vielen Generatio-
nen von Ingenieuren für die Auslegung von Dampfmaschinen und Dampfturbinen verwendet
wird. Ein ähnliches Diagramm kann für alle reinen Stoffe erstellt werden. Für die Auslegung
von Dampfmaschinenprozessen ist nur der grau unterlegte „technische Bereich" interessant.

In Abb. 4.15 ist der unterlegte Bereich des *Mollier-h,s*-Diagramms zu sehen.

Ein detaillierteres Diagramm ist im Anhang B.2 zu finden. Das Diagramm im pdf-For-
mat kann unter *www.thermodynamik-online.de* abgerufen und mit einem ensprechenden
Drucker vergrößert ausgedruckt werden. Ferner wird im Internet das Diagramm in größe-

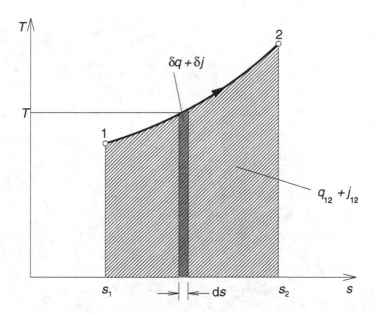

Abb. 4.13 Transferierte Wärme und Dissipationsenergie im T,s-Diagramm

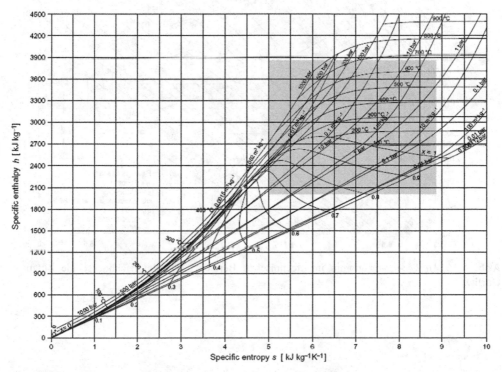

Abb. 4.14 Mollier- h,s-Diagramm des Wassers. (Quelle: Fachhochschule Zittau/Görlitz)

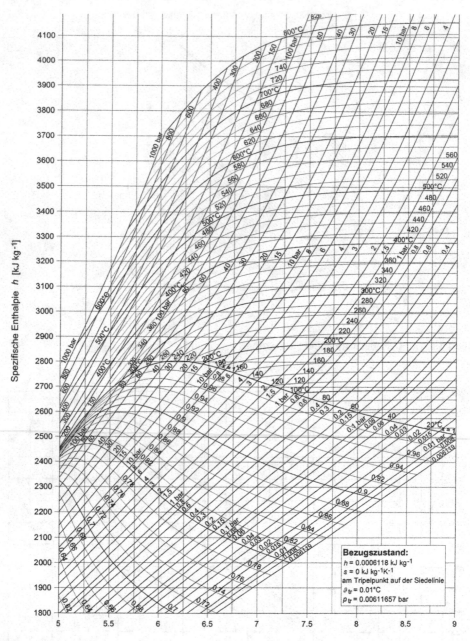

Abb. 4.15 *Mollier-h,s*-Diagramm im „technischen Bereich". (Quelle: Fachhochschule Zittau/ Görlitz)

rem Format von Hans-Joachim Kretzschmar, Ines Stoecker: „*Mollier h,s*-Diagramm for Water and Steam", ISBN-10: 3-540-74874-1, ISBN-13: 978-3-540-74874-8 gegen Gebühr angeboten.

Im Diagramm sind die Isothermen, Isochoren und Isobaren eingezeichnet. Unterhalb der Sättigungslinie befindet sich das Nassdampfgebiet. Die Isothermen sind nur bis zur Sättigungslinie eingetragen. Im Nassdampfgebiet verlaufen sie parallel zur entsprechenden Isobare. In den Gebieten, in denen die Isothermen waagerecht verlaufen, hängt die Enthalpie nur noch von der Temperatur ab; Dampf kann als ideales Gas behandelt werden.

Beispiel 4.7: Dampfturbinenprozess im *Mollier-h,s*-Diagramm

In einer Dampfturbine wird Dampf adiabat von 540 °C Temperatur und 16 MPa Druck auf 10 kPa Druck entspannt, wobei 10 % des isentropen Enthalpiegefälles dissipiert. Der Massenstrom des Dampfes beträgt 20 kg/s.

Bestimmen Sie die innere Leistung der Turbine.

Lösung

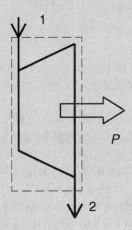

Schema Siehe Skizze

Annahmen

- Die Turbine ist ein offenes System.
- Die Expansion verläuft stationär.
- Die Dissipation wird durch eine 10 %ige Verringerung des Enthalpiegefälles berücksichtigt.

Analyse

Den Zustand des Dampfes am Eintritt der Turbine bezeichnen wir mit 1, jenen am Austritt mit 2. Aus dem h,s-Diagramm können die Enthalpie und Entropie des Dampfes abgelesen werden. Der Druck beträgt 160 bar, die Temperatur 540 °C.

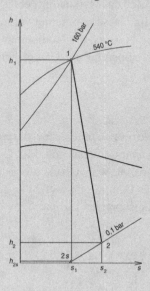

$$h_1(160 \text{ bar, } 540 °C) = 3410 \text{ kJ/kg}$$
$$s_1(160 \text{ bar, } 540 °C) = 6{,}45 \text{ kJ/(kg K)}$$

Bei der isentropen Expansion von 16 MPa auf 10 kPa lässt sich die Enthalpie h_{2s} aus dem h,s-Diagramm bei 0,1 bar Druck und bei der Entropie von 6,45 kJ/(kg K) ablesen.

$$h_{2s}(0{,}1 \text{ bar, } 6{,}45 \text{ J/(kg K)}) = 2042 \text{ kJ/kg}$$

Das isentrope Enthalpiegefälle beträgt $\Delta h_s = h_1 - h_{2s} = 1368$ kJ/kg. Das wirkliche Enthalpiegefälle ist 90 % des isentropen Enthalpiegefälles.

$$\Delta h = 0{,}9 \cdot \Delta h_s = 1231{,}2 \text{ kJ/kg}$$

Für die Enthalpie nach der Expansion erhält man: $h_2 = h_1 - \Delta h = 2178{,}8$ kJ/kg.

Der Zustandspunkt 2 kann im Diagramm als Schnittpunkt der Enthalpielinie bei 2179 kJ/kg und der Drucklinie 0,1 bar eingezeichnet werden.

Die technische Leistung der Turbine beträgt:

$$P_t = \dot{m} \cdot (h_2 - h_1) = 20 \cdot \frac{\text{kg}}{\text{s}} \cdot (-1231{,}2) \cdot \frac{\text{kJ}}{\text{kg}} = \mathbf{-24{,}624 \text{ MW}}$$

Diskussion

Das *Mollier-h,s*-Diagramm ist ein ausgezeichnetes Werkzeug, um Enthalpie- und Entropiewerte direkt abzulesen. Das isentrope Enthalpiegefälle ist einfach bestimmbar. Der Einfluss dissipativer Effekte (Strömungsverluste) wird unmittelbar durch Entropiezunahme sichtbar. Weitere Beispiele zur Benutzung des *h,s*-Diagramms findet man im Kap. 7.

4.9.3 *T, s*-Diagramm idealer Gase

Die Entropieänderungen idealer Gase sind durch die Gl. (4.33) oder (4.34) gegeben. Zur Konstruktion eines *T,s*-Diagramms benötigt man die Temperatur als eine Funktion der Entropie. Die in den Gln. (4.33) und (4.34) verwendeten Temperaturen T_1, Drücke p_1 und spezifischen Volumina v_1 werden durch Referenzwerte T_0, p_0 und v_0, bei denen die Entropie den Wert null hat, ersetzt. Bei dem Druck $p = p_0$ erhält man für die Isobare:

$$T = T_0 \cdot e^{\frac{s}{c_p}} \tag{4.49}$$

Bei dem spezifischen Volumen $v = v_0$ erhält man für die Isochore:

$$T = T_0 \cdot e^{\frac{s}{c_v}} \tag{4.50}$$

Die Isochoren und Isobaren sind jeweils kongruente Kurven.

Abbildung 4.16 zeigt im *T,s*-Diagramm die Isochoren und Isobaren für den Druck p_0 und das spezifische Volumen v_0. Isochoren und Isobaren für andere Drücke können mit den Gln. (4.33) und (4.34) berechnet werden und sind im Diagramm eingetragen. Die Isochoren verschieben sich im Diagramm um den Wert $R \cdot \ln(v/v_0)$ parallel, was für alle Temperaturen gilt. Die Isochore ist um diesen Betrag nach rechts oder links verschoben. Bei den Isobaren erfolgt die Verschiebung um den Betrag $-R \cdot \ln(p/p_0)$.

Das *T,s*-Diagramm erlaubt die Illustration der Prozesse mit idealen Gasen, weil dort die Änderung der Zustandsgrößen innere Energie und Enthalpie, die Volumen- und Druckänderungsarbeit, die Dissipationsarbeit und die zu- oder abgeführte Wärme dargestellt werden können.

Bei einer isochoren und reibungsfreien Zustandsänderung zwischen zwei Temperaturen verläuft die Zustandsänderung entlang der Isochoren. Die Fläche unterhalb der Prozesslinie stellt q_{12} dar. Die Energiebilanzgleichung für diesen Prozess ist:

$$q_{12} + w_{V12} = u_2 - u_1$$

Abb. 4.16 T,s-Diagramm für
Luft als ideales Gas

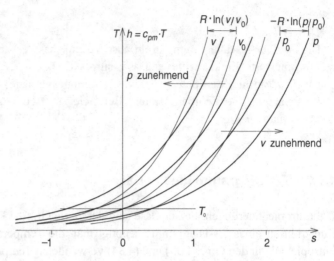

Da die Volumenänderungsarbeit bei der isochoren Zustandsänderung null ist, entspricht
die Fläche der Änderung der inneren Energie (s. Abb. 4.17).

> Wegen Kongruenz der Isochoren liefert die Fläche zwischen zwei Temperaturen
> unter jeder beliebigen Isochore die gleiche Änderung der inneren Energie.

Analog ist die Bilanzgleichung für die isobare Zustandsänderung.

$$q_{12} + w_{p12} = h_2 - h_1$$

Da die Druckänderungsarbeit null ist, entspricht bei einer isobaren und reibungsfreien
Zustandsänderung zwischen zwei Temperaturen die Fläche unterhalb der Isobaren der Änderung der Enthalpie (s. Abb. 4.17).

Abb. 4.17 Änderung der
Enthalpie und inneren Energie
im T,s-Diagramm

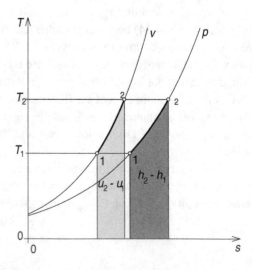

Wegen Kongruenz der Isobaren liefert die Fläche zwischen zwei Temperaturen unter jeder beliebigen Isobare die gleiche Änderung der Enthalpie.

Abbildung 4.17 zeigt die Änderung der Enthalpie und die der inneren Energie zwischen zwei Temperaturen.

4.10   Isentrope Zustandsänderungen

Isentrope Zustandsänderungen zeichnen sich dadurch aus, dass keine inneren Irreversibilitäten im Prozess auftreten und der Vorgang adiabat ist. Gemäß Definition der Entropie kann die Entropieänderung im Prozess auch dann null werden, wenn die abgeführte Wärme gleich der Dissipationsenergie ist. In diesem Fall treten im Prozess Irreversibilitäten auf.

Ein Prozess ist dann und nur dann reversibel, wenn er ohne Dissipation und ohne Wärmeaustausch bei einer Temperaturdifferenz abläuft.

Bei isentropen Prozessen gilt: $\delta q = 0$ und $\delta j = 0$. Damit liefert der erste Hauptsatz nach den Gln. (3.41) und (3.42):

$$
\begin{aligned}
du &= -p \cdot dv \\
dh &= v \cdot dp
\end{aligned}
\tag{4.51}
$$

Bei einer isentropen Zustandsänderung ist die Volumenänderungsarbeit gleich der Änderung der inneren Energie und die Druckänderungsarbeit gleich der Änderung der Enthalpie.

4.11   Isentrope Zustandsänderung idealer Gase

Wie im Kap. 2 gezeigt wurde, ist die Änderung der inneren Energie und Enthalpie idealer Gase nur von der Temperatur abhängig.

$$
\begin{aligned}
du &= c_v \cdot dT \\
dh &= c_p \cdot dT
\end{aligned}
\tag{4.52}
$$

Gleichung (4.51) in Gl. (4.52) eingesetzt, ergibt:

$$-p \cdot \mathrm{d}v = c_v \cdot \mathrm{d}T$$
$$v \cdot \mathrm{d}p = c_p \cdot \mathrm{d}T$$

(4.53)

Beide Gleichungen miteinander dividiert und nach den Variablen separiert, ergeben:

$$\frac{\mathrm{d}p}{p} = -\frac{c_p}{c_v} \cdot \frac{\mathrm{d}v}{v}$$

(4.54)

Unter der Voraussetzung, dass c_p/c_v konstant ist oder zumindest mit einem konstanten Mittelwert gerechnet werden kann, ist Gl. (4.54) integrierbar und ergibt:

$$\frac{p_2}{p_1} = \left(\frac{v_1}{v_2}\right)^{\frac{\overline{c_p}}{\overline{c_v}}}$$

(4.55)

Dem Verhältnis der spezifischen Wärmekapazitäten bei konstantem Druck und konstantem Volumen wird das Symbol κ zugewiesen.

$$\kappa = \frac{c_p}{c_v} \qquad \overline{\kappa} = \frac{\overline{c_p}}{\overline{c_v}}$$

(4.56)

Gleichung (4.55) gilt für jede beliebige Änderung von p und v. Damit erhält man für die isentrope Zustandsänderung idealer Gase:

$$p \cdot v^\kappa = \text{konstant}$$

(4.57)

Die Größe κ wird als *Isentropenexponent* bezeichnet.

Mit Gl. (4.57) kann die Änderung des Druckes als Funktion des spezifischen Volumens oder die Änderung des spezifischen Volumens als Funktion des Druckes bei einer isentropen Zustandsänderung angegeben werden. Mit der Idealgasgleichung ist, wenn Druck und spezifisches Volumen bekannt sind, die Änderung der Temperatur berechenbar. Vielfach ist es wünschenswert und sinnvoll, die Änderung der Temperatur nicht über den Umweg der idealen Gasgleichung zu bestimmen, sondern mit entsprechend umgeformten Gleichungen. In den nachstehenden Gleichungen sind die Zusammenhänge der thermischen Zustandsgrößen bei einer isentropen Zustandsänderung aufgelistet.

$$p_1 \cdot v_1^{\overline{\kappa}} = p_2 \cdot v_2^{\overline{\kappa}} = p \cdot v^{\overline{\kappa}} = \text{konst.} \quad \frac{p_2}{p_1} = \left(\frac{v_1}{v_2}\right)^{\overline{\kappa}}$$

(4.58)

$$T_1 \cdot v_1^{\overline{\kappa}-1} = T_2 \cdot v_2^{\overline{\kappa}-1} = T \cdot v^{\overline{\kappa}-1} = \text{konst.} \quad \frac{T_2}{T_1} = \left(\frac{v_1}{v_2}\right)^{\overline{\kappa}-1} \tag{4.59}$$

$$\frac{T_1^{\overline{\kappa}}}{p_1^{\overline{\kappa}-1}} = \frac{T_2^{\overline{\kappa}}}{p_2^{\overline{\kappa}-1}} = \frac{T^{\overline{\kappa}}}{p^{\overline{\kappa}-1}} = \text{konst.} \quad \frac{T_2}{T_1} = \left(\frac{p_2}{p_1}\right)^{\frac{\overline{\kappa}-1}{\overline{\kappa}}} \tag{4.60}$$

Bei der isentropen Zustandsänderung bestimmt man die spezifische Volumenänderungs- und Druckänderungsarbeit durch Integration der Gl. (4.51):

$$w_{V12} = u_2 - u_1 = \overline{c}_v \cdot (T_2 - T_1) \tag{4.61}$$

$$w_{p12} = h_2 - h_1 = \overline{c}_p \cdot (T_2 - T_1) \tag{4.62}$$

Je nach Problemstellung ist nicht die Änderung der Temperatur, sondern die des Druckes oder Volumens bekannt. Mit den Gln. (4.56) und (4.59) kann die Temperatur ersetzt werden. Daraus ergeben sich verschiedene Darstellungen für die Berechnung der spezifischen Volumenänderungsarbeit und spezifischen Druckänderungsarbeit.

$$w_{V12} = \overline{c}_v \cdot T_1 \cdot \left(\frac{T_2}{T_1} - 1\right) = \overline{c}_v \cdot T_1 \cdot \left[\left(\frac{v_1}{v_2}\right)^{\overline{\kappa}-1} - 1\right] = \overline{c}_v \cdot T_1 \cdot \left[\left(\frac{p_2}{p_1}\right)^{\frac{\overline{\kappa}-1}{\overline{\kappa}}} - 1\right] \tag{4.63}$$

$$w_{p12} = \overline{c}_p \cdot T_1 \cdot \left(\frac{T_2}{T_1} - 1\right) = \overline{c}_p \cdot T_1 \cdot \left[\left(\frac{v_1}{v_2}\right)^{\overline{\kappa}-1} - 1\right] = \overline{c}_p \cdot T_1 \cdot \left[\left(\frac{p_2}{p_1}\right)^{\frac{\overline{\kappa}-1}{\overline{\kappa}}} - 1\right] \tag{4.64}$$

Unter Benutzung der im Kap. 2 gegebenen Beziehungen zwischen den spezifischen Wärmekapazitäten, der Gaskonstante und dem Isentropenexponenten und unter Verwendung dimensionsloser Verhältnisse der thermischen Zustandsgrößen können die Gln. (4.63) und (4.64) umgeschrieben werden.

$$c_p = \frac{\kappa \cdot R}{\kappa - 1} \quad c_v = \frac{R}{\kappa - 1} \quad m = \frac{p \cdot V}{R \cdot T} \quad \pi = \frac{p_2}{p_1} \quad \varepsilon = \frac{V_2}{V_1} \quad \tau = \frac{T_2}{T_1}$$

$$W_{V12} = \frac{p_1 \cdot V_1}{\overline{\kappa} - 1} \cdot (\tau - 1) = \frac{p_1 \cdot V_1}{\overline{\kappa} - 1} \cdot (\varepsilon^{1-\overline{\kappa}} - 1) = \frac{p_1 \cdot V_1}{\overline{\kappa} - 1} \cdot \left(\pi^{\frac{\overline{\kappa}-1}{\overline{\kappa}}} - 1\right) \tag{4.65}$$

$$W_{p12} = \frac{\overline{\kappa} \cdot p_1 \cdot V_1}{\overline{\kappa} - 1} \cdot (\tau - 1) = \frac{\overline{\kappa} \cdot p_1 \cdot V_1}{\overline{\kappa} - 1} \cdot (\varepsilon^{1-\overline{\kappa}} - 1) = \frac{\overline{\kappa} \cdot p_1 \cdot V_1}{\overline{\kappa} - 1} \cdot \left(\pi^{\frac{\overline{\kappa}-1}{\overline{\kappa}}} - 1\right) \tag{4.66}$$

Die mittleren spezifischen Wärmekapazitäten und der Isentropenexponent sind temperaturabhängig und deshalb bei der isentropen Zustandsänderung nur dann bekannt, wenn die Temperaturänderung vorgegeben ist. Daher muss bei gegebenem Kompressionsverhältnis ε oder Druckverhältnis π die Temperaturänderung bestimmt werden, um die mittleren Stoffwerte berechnen zu können. Dies erfolgt mit entsprechenden Computerprogrammen iterativ oder mit Hilfe der Tab. A.7 und A.8. Das Verfahren ist bereits unter Abschn. 4.2.2 beschrieben. Hier wird nochmals auf die Berechnung hingewiesen.

Bei bekanntem Druckverhältnis $\pi = p_2/p_1$ gilt nach Tabellen in A.7.1:

$$s_0(\vartheta_2) = s_0(\vartheta_1) + R \cdot \ln(\pi) \tag{4.67}$$

Bei gegebener Temperatur T_1 kann aus Tab. A.7.1 $s_0(\vartheta_1)$ bestimmt und $s_0(\vartheta_2)$ mit Gl. (4.67) berechnet werden. Die Temperatur ϑ_2 wird aus der Tabelle invers interpoliert. Ist das Kompressionsverhältnis $\varepsilon = V_1/V_2$ gegeben, kann die Temperaturänderung aus Tab. A.7.1 iterativ berechnet werden. Hier gilt:

$$s_0(\vartheta_2) = s_0(\vartheta_2) + R \cdot \ln(\tau \cdot \varepsilon) \tag{4.68}$$

Mit einem angenommenen Temperaturverhältnis von $\tau = T_2/T_1$ können $s_0(\vartheta_2)$ und die Temperatur ϑ_2 bestimmt werden. Mit dieser Temperatur bildet man das Temperaturverhältnis neu (Vorsicht! Die absolute Temperatur verwenden!) und berechnet damit $s_0(\vartheta_2)$. Der Vorgang ist zu wiederholen, bis die erforderliche Genauigkeit erreicht ist.

Beispiel 4.8: Isentrope Verdichtung von Luft in einem Kolbenkompressor
Mit einem Kompressor wird 0,1 kg/s Luft von 0,98 bar Druck und 20 °C Temperatur isentrop auf 3 bar verdichtet. Die Änderung der kinetischen und potentiellen Energie ist vernachlässigbar. Berechnen Sie die Temperatur der Luft nach der Verdichtung, die an der Luft geleistete Druckänderungsarbeit und die Leistung.
Lösung

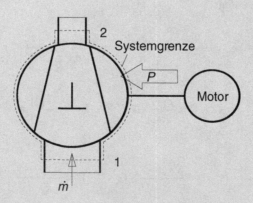

Schema Siehe Skizze

Annahmen

- Es handelt sich um ein offenes System.
- Die Zustandsänderung erfolgt isentrop.
- Der Vorgang ist stationär.
- Die Änderung der kinetischen und potentiellen Energie wird vernachlässigt.

Analyse

Das Druckverhältnis π und die Eintrittstemperatur T_1 sind gegeben. Aus Tab. A.7.1 entnimmt man:

$$s_0(20\,°C) = 0{,}2329 \text{ kJ/(kg K)}$$

Mit Gl. (4.67) kann $s_0(\vartheta_2)$ berechnet werden.

$$s_0(\vartheta_2) = s_0(\vartheta_1) + R \cdot \ln(\pi) = 0{,}5541 \text{ kJ/(kgK)}$$

Für die inverse Interpolation erhalten wir aus Tab. A.7.1 folgende Werte:

$$s_0(100\,°C) = 0{,}4759 \text{ kJ/(kg K)} \qquad s_0(150\,°C) = 0{,}6033 \text{ kJ/(kg K)}$$

Die Temperatur ϑ_2 berechnet sich damit als:

$$\vartheta_2 = 100\,°C + \frac{s_0(\vartheta_2) - s_0(100\,°C)}{s_0(150\,°C) - s_0(100\,°C)} \cdot 50 \text{ K} = \mathbf{130{,}7\,°C}$$

Aus Tab. A.7.1 erhält man für die Enthalpien:

$$h_2 = 13{,}985 \text{ kJ/kg und } h_1 = 20{,}084 \text{ kJ/kg}$$

Die Leistung ist mit der Energiebilanzgleichung zu berechnen:

$$P_t = \dot{m} \cdot (h_2 - h_1) = 0{,}1 \cdot \text{kg/s} \cdot (13{,}985 - 20{,}048) \cdot \text{kJ/kg} = \mathbf{11{,}16\,kW}$$

Diskussion

Das Beispiel zeigt sehr schön die Temperaturberechnung mit Hilfe der Tab. A.7.1. Das iterative Verfahren mit einem angenommenen c_p-Wert benötigt für das gleiche Ergebnis sechs bis sieben Iterationen.

Beispiel 4.9: Isentrope Ausströmung

In einem langen Rohr mit $A_1 = 10$ cm^2 Querschnitt, das mit Luft gefüllt ist, wird zur Zeit $t = 0$ ein reibungsfrei gleitender Kolben mit $c_1 = 20$ m/s Geschwindigkeit in Bewegung gesetzt. Am Ende des Rohres ist eine Düse mit einem Querschnitt von $A_2 = 2$ cm^2. Bevor der Kolben in Bewegung gesetzt wurde, waren der Druck und die Temperatur im Rohr gleich wie in der Umgebung. Der Umgebungsdruck ist 0,98 bar und die Umgebungstemperatur 20 °C. Die Strömung erfolgt reibungsfrei und adiabat, damit isentrop. Am Austritt der Düse ist der Druck gleich dem Umgebungsdruck. Das Beispiel kann mit konstanten Stoffwerten berechnet werden ($\kappa = 1{,}4$).

Bestimmen Sie den Druck und die Temperatur im Rohr.

Lösung

Schema Siehe Skizze

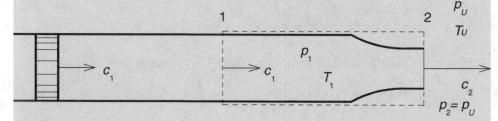

Annahmen

- Die Zustandsänderung kann mit konstanten Stoffwerten gerechnet werden.
- Die Systemgrenzen sind wie im Schema dargestellt.
- Die Zustandsänderung erfolgt stationär und isentrop.
- Die Zustandsänderung ist quasistatisch.

Analyse

Für die Zustandsänderung von 1 nach 2 gilt die Energiebilanzgleichung (3.38) für offene Systeme:

$$q_{12} + w_{N12} = h_2 - h_1 + \frac{1}{2} \cdot (c_2^2 - c_1^2) + g \cdot (z_2 - z_1)$$

Da das System adiabat ist und ihm über die Systemgrenze keine Arbeit zugeführt wird, ist die linke Seite der Gleichung wie auch die Änderung der potentiellen Energie gleich null.

$$0 = h_2 - h_1 + \frac{1}{2} \cdot (c_2^2 - c_1^2)$$

$$h_1 - h_2 = \overline{c}_p \cdot (T_1 - T_2) = \frac{1}{2} \cdot (c_2^2 - c_1^2)$$

Die Geschwindigkeit c_2 kann mit Hilfe der Kontinuitätsgleichung durch die Geschwindigkeit c_1 ersetzt werden.

$$c_2 = c_1 \cdot \frac{A_1}{A_2} \cdot \frac{\rho_1}{\rho_2} = c_1 \cdot \frac{A_1}{A_2} \cdot \frac{p_1}{p_2} \cdot \frac{T_2}{T_1}$$

In dieser Gleichung sind p_1, T_1 und T_2 unbekannt. Da die Zustandsänderung isentrop ist, kann die Beziehung zwischen p und T eingesetzt werden

$$\bar{c}_p \cdot (T_1 - T_2) = \frac{c_1^2}{2} \cdot \left[\left(\frac{A_1}{A_2} \cdot \frac{p_1}{p_2} \cdot \frac{T_2}{T_1} \right)^2 - 1 \right]$$

In dem Moment, in dem der Kolben in Bewegung gesetzt wird, erfolgt die Zustandsänderung adiabat und reibungsfrei, also isentrop. Damit besteht zwischen den Anfangszuständen und dem Zustand, bei dem sich der Kolben in Bewegung befindet, folgender Zusammenhang:

$$\frac{T_2}{T_1} = \left(\frac{p_2}{p_1} \right)^{\frac{\kappa-1}{\kappa}} \qquad \bar{c}_p \cdot T_1 \cdot \left[1 - \left(\frac{p_2}{p_1} \right)^{\frac{\kappa-1}{\kappa}} \right] = \frac{c_1^2}{2} \cdot \left[\left(\frac{A_1}{A_2} \right)^2 \cdot \left(\frac{p_1}{p_2} \right)^{\frac{2}{\kappa}} - 1 \right]$$

Da der Druck p_2 gleich dem Umgebungsdruck ist, erhält man folgenden Zusammenhang:

$$\left[\left(\frac{p_1}{p_U} \right)^{\frac{\kappa-1}{\kappa}} - 1 \right] = \frac{c_1^2}{2 \cdot \bar{c}_p \cdot T_U} \cdot \left[\left(\frac{A_1}{A_2} \right)^2 \cdot \left(\frac{p_1}{p_U} \right)^{\frac{2}{\kappa}} - 1 \right]$$

Die Gleichung kann nach dem Druckverhältnis p_1/p_U aufgelöst werden. Zur Vereinfachung ersetzt man p_1/p_U durch π. Mit den gegebenen Zahlenwerten für c_p und κ erhalten wir folgende Gleichung:

$$\pi^{\frac{0,4}{1,4}} - 1 = \frac{20^2}{2 \cdot 1005,5 \cdot 293,15} \cdot \left(5^2 \cdot \pi^{\frac{2}{1,4}} - 1 \right) \text{ mit der Lösung } p = p_1/p_U = 1,0639$$

$$p_1 = 1,043 \text{ bar} \qquad\qquad T_1 = 298,38 \text{ K}$$

Diskussion
Die hier besprochene Zustandsänderung entspricht der Ausströmung aus einer Düse. Die errechneten Werte geben Messergebnisse in Düsen mit strömungsgünstigen Formen, in denen die Strömung beinahe reibungsfrei verläuft, sehr gut wieder.

Beispiel 4.10: *Carnot*-Prozess

Der *Carnot*-Prozess wird hier für ein Gas, das sich mit der Temperatur T_1 und dem Druck p_1 in einem mit Kolben abgeschlossenen Zylinder befindet, untersucht. Zunächst wird das Gas isotherm auf den Druck p_2 komprimiert. Dabei gibt es bei unendlich kleiner Temperaturdifferenz an eine Senke Wärme ab. Das Gas wird weiter isentrop auf den Druck p_3 komprimiert. Danach erfolgt die isotherme Expansion auf den Druck p_4. Dabei nimmt das Gas bei unendlich kleiner Temperaturdifferenz von einer Quelle Wärme auf. Zuletzt wird das Gas isentrop auf den Anfangszustand expandiert.

a. Zeichnen Sie den Prozess schematisch in das T,s- und p,v-Diagramm ein.
b. Bestimmen Sie den Wirkungsgrad des Prozesses und die Entropieänderung des Gesamtprozesses.

Lösung
Schema Siehe Skizze

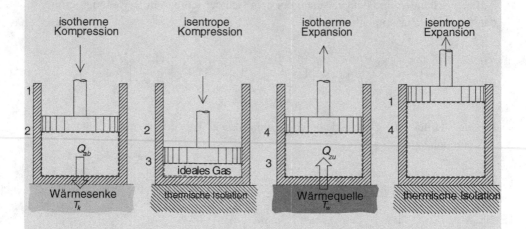

Annahmen
*   Alle Zustandsänderungen verlaufen reibungsfrei.
*   Die Wärmetransfers erfolgen bei unendlich kleinen Temperaturdifferenzen.
*   Das Gas im Zylinder ist ein ideales Gas mit konstanten Stoffwerten.
Analyse
Eine geschlossene Fläche im p,V-Diagramm ist die technische Arbeit W_{t12}. Sie wurde als schraffierte Fläche im linken Diagramm dargestellt. Definitionsgemäß ist sie die Volumenänderungsarbeit, die beim Kreisprozess auch der Druckänderungsarbeit entspricht. Im T,s-Diagramm kann man nur die spezifischen, auf die Masse bezogenen Größen eintragen.

Bei der isothermen Zustandsänderung von 1 nach 2 muss vom System bei Temperatur T_k die Wärme q_{ab} an das kalte Reservoir abgeführt werden, damit sich die Temperatur des Gases bei der Kompression nicht erhöht. Die Entropieänderung ist:

$$s_2 - s_1 = \frac{q_{ab}}{T_k}$$

Die Zustandsänderung von 2 nach 3 erfolgt adiabat und reibungsfrei, also isentrop. Die Entropie s_3 ist damit gleich der Entropie s_2. Die Zustandsänderung von 4 nach 1 erfolgt ebenfalls isentrop. Damit gilt: $s_4 = s_1$. Daher muss die isotherme Zustandsänderung von 3 nach 4 so erfolgen, dass die Entropie s_4 gleich groß wie die Entropie s_1 wird. Die isentrope Expansion des Gases bedingt, dass Wärme zugeführt wird. Die Entropieänderungen sind:

$$s_4 - s_3 = \frac{q_{zu}}{T_w} = s_1 - s_2$$

Unter diesen Bedingungen besteht zwischen der ab- und zugeführten Wärme folgender Zusammenhang:

$$\frac{q_{zu}}{T_w} = -\frac{q_{ab}}{T_k} \qquad q_{ab} = -q_{zu} \cdot \frac{T_k}{T_w}$$

Die spezifische effektive Arbeit ist:

$$w_{t12} = -q_{zu} - q_{ab} = -q_{zu} \cdot \left(1 - \frac{T_k}{T_w}\right)$$

Der Wirkungsgrad des Prozesses ist der Betrag der Arbeit, geteilt durch die zugeführte Wärme:

$$\eta = \frac{|w_{el2}|}{q_{zu}} = 1 - \frac{T_k}{T_w}$$

Die Entropieänderung des Gesamtprozesses ist die Summe der Entropieänderungen
der Einzelprozesse.

Diskussion

Der *Carnot*-Prozess ist ein Kreisprozess, bei dem die Wärmetransfers bei unendlich
kleiner Temperaturdifferenz und adiabate Zustandsänderungen isentrop erfolgen.
Die Entropieänderung ist während der Wärmezufuhr entgegengesetzt gleich groß
wie bei der Wärmeabfuhr vom warmen Reservoir. Da sie bei der gleichen Temperatur stattfinden, heben sich die Entropieänderungen auf. Das Gleiche gilt bei der
Wärmeabfuhr zum kalten Reservoir. Dadurch ist der Gesamtprozess isentrop bzw.
reversibel. Die Fläche, die von der Prozesslinie im *T,s*-Diagramm eingeschlossen
wird, ist die spezifische Arbeit des Kreisprozesses. Sie entspricht der spezifischen
Volumenänderungsarbeit des Prozesses.

4.12   Entropiebilanzgleichungen

Im ersten Hauptsatz der Thermodynamik werden in den Bilanzgleichungen die zu- und abgeführten Energien und die Änderung der Zustandsgrößen miteinander verglichen. Die Wärme
wird als eine der Arbeit gleichwertige Energie behandelt. Mit Hilfe der Aussagen des zweiten Hauptsatzes kann für jeden Prozess eine *Entropiebilanzgleichung* aufgestellt werden.
Dies geschieht nachfolgend getrennt für geschlossene und offene Systeme. In geschlossenen
Systemen findet im Gegensatz zu offenen kein Entropietransfer durch Massentransport statt.

4.12.1   Entropiebilanzgleichungen für geschlossene Systeme

Im Zeitraum d*t* ändert sich die Entropie eines geschlossenen Systems um d*S*. In dieser Zeit
wird dem System die Wärme δQ zu oder abgeführt und durch Irreversibilitäten entsteht
Dissipationsenergie δJ. Nach Gl. (4.23) ist die Entropieänderung:

$$\mathrm{d}S = \frac{\delta Q}{T} + \frac{\delta J}{T} \tag{4.69}$$

Diese Entropieänderung des Systems setzt sich aus dem durch Wärmeübertragung verursachten *Entropietransport* und aus der durch Dissipation verursachten *Entropieproduktion*
zusammen.

Die durch Wärme transportierte Entropie beträgt:

$$dS_Q = \dot{S}_Q(t) \cdot dt$$

Die durch Irreversibilitäten verursachte Entropieproduktion ist:

$$dS_{irr} = \dot{S}_{irr}(t) \cdot dt$$

Mit dieser Definition erhalten wir zwei zeitabhängige Prozessgrößen: den *Entropietransportstrom* und die *Entropieproduktionsrate*. Die Wärme δQ und die mit ihr über die Systemgrenze transportierte Entropie dS sind über die thermodynamische Temperatur T miteinander verknüpft.

$$\delta Q = T \cdot dS_Q$$

Der *Wärmestrom* ist die pro Zeiteinheit übertragene Wärme und wird definiert als:

$$\dot{Q}(t) = \frac{\delta Q}{dt}$$

Der mit allen über die Systemgrenze transferierten Wärmeströmen berechnete Entropiestrom ist:

$$\dot{S}_Q(t) = \sum \frac{\dot{Q}(t)_i}{T_i}$$

Dabei ist T die thermodynamische Temperatur, bei der an der Systemgrenze Wärme übertragen wird.

Entropie kann allenfalls durch Wärme oder einen Wärmestrom über eine Systemgrenze transportiert werden. Die über eine Systemgrenze transferierte mechanische Arbeit wird nie von einem Entropietransport begleitet.

> Der Energietransport in Form von Wärme bedeutet Transport der Entropie von einem zu einem anderen System. Der Energietransport über die Systemgrenze in Form von Arbeit erfolgt ohne Transport der Entropie.

> Systeminterne Irreversibilitäten wie Dissipation, Temperaturausgleichsvorgänge, Mischungseffekte usw. haben eine Entropiezunahme des Systems zur Folge, die durch den Term $\dot{S}_{irr}$ erfasst wird.

Die mit der Wärme transportierte Entropie kann, je nach Richtung des Wärmestroms, positiv oder negativ sein. Ihre Größe wird nur von der Größe des Wärmestroms und thermodynamischen Temperatu bestimmt, sie ist also keinerlei Beschränkungen unterworfen. Die von systeminternen Irreversibilitäten erzeugte Entropieproduktion kann jedoch nur positiv sein.

$$\mathrm{d}S_{irr} = 0 \text{ bei reversiblen Prozessen}$$

$$\mathrm{d}S_{irr} > 0 \text{ bei irreversiblen Prozessen}$$

Die Bilanzgleichungen für geschlossene Systeme lauten:

$$\frac{\mathrm{d}S}{\mathrm{d}t} = \sum \frac{\dot{Q}_i}{T_i} + \dot{S}_{irr}$$

$$S_2 - S_1 = \int_{t_1}^{t_2} \left(\sum \frac{\delta \dot{Q}_i}{T_i} + \dot{S}_{irr} \right) \cdot \mathrm{d}t \qquad (4.70)$$

$$\mathrm{d}S = \sum \frac{\delta Q_i}{T_i} + \mathrm{d}S_{irr}$$

Abbildung 4.18 veranschaulicht den Entropietransport über die Systemgrenzen eines geschlossenen Systems. Dem mit einem Fluid (Gas oder Flüssigkeit) gefüllten Behälter konstanten Volumens wird aus einem Reservoir die Wärme Q_{zu} zugeführt.

Die technische Arbeit W_t wird vom Rührwerk zum Fluid geliefert. Die Temperatur im System, bei der die Wärmezufuhr erfolgt, ist dabei gleich der des Reservoirs.

Die Energiebilanzgleichung des Systems „Behälter" ist:

$$U_2 - U_1 = Q_{zu} + W_{t12}$$

Abb. 4.18 Zur Erklärung des Entropietransports

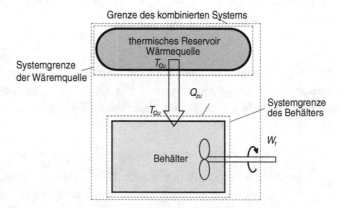

Vom Standpunkt eines „inneren Beobachters" lautet sie:

$$U_2 - U_1 = Q_{zu} + W_{V12} + J_{12}$$

Da die Volumenänderungsarbeit gleich null ist, wird die von außen zugeführte effektive Arbeit vollständig in Dissipationsenergie umgewandelt.

Die Entropieänderung des kombinierten Systems aus dem System „Behälter" und Reservoir kann mit der *Clausius*-Ungleichung erfasst werden:

$$dS_{irr} = \sum \frac{\delta Q_i}{T_i} + \sum \frac{\delta J_i}{T_i} \geq 0 \qquad (4.71)$$

Analog dazu gelten für die Entropietransportströme und Entropieproduktionsströme:

$$\dot{S}_{irr} = \sum \frac{\dot{Q}_i}{T_i} + \sum \frac{\dot{J}_i}{T_i} \geq 0 \qquad (4.72)$$

Bei dieser Formulierung sind alle an einem Prozess beteiligten Systeme berücksichtigt und damit auch die Entropieproduktion, die durch Irreversibilitäten des Wärmeübergangs verursacht wird.

Die Analyse des Systems in Abb. 4.17 ergibt hier:

$$\Delta S_{tot} = \Delta S_{Res} + \Delta S_{Sys} = -\frac{Q_{zu}}{T_{Qu}} + \frac{Q_{zu}}{T_{Qu}} + \int_1^2 \frac{\delta J}{T} = \int_1^2 \frac{\delta J}{T} = \frac{J_{12}}{T_{Qu}} \qquad (4.73)$$

Da in diesem speziellen Fall der Wärmeübergang reversibel erfolgte, wurde die gesamte Entropieproduktion durch die vollständige Dissipation der zugeführten Wellenarbeit verursacht.

4.12.2 Irreversibilität des Wärmeübergangs

Nach den Gesetzmäßigkeiten der Wärmeübertragung muss für den Wärmetransfer von einem auf einen anderen Körper eine Temperaturdifferenz bestehen. Der im Gedankenmodell angenommene isentrope Wärmetransfer ist bei unendlich kleiner Temperaturdifferenz unmöglich.

In Abb. 4.19 wird das System A als warmes Reservoir (Wärmequelle) mit der Temperatur T_{Qu} und System B als kaltes Reservoir (Wärmesenke) der Temperatur T_{Se} dargestellt. Aus dem warmen Reservoir strömt der konstante Wärmestrom zum kalten Reservoir. Die beiden Reservoire sind so groß, dass ihre Temperaturen durch den Wärmestrom unverändert bleiben.

Abb. 4.19 Darstellung des
Wärmeaustausches zwischen
zwei Reservoiren

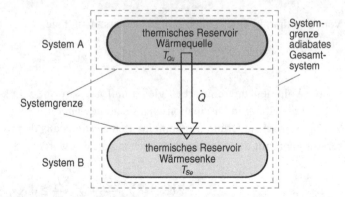

Beide Reservoire stellen zusammengenommen ein adiabates Gesamtsystem dar, aus dem oder zu dem kein Wärmetransfer stattfindet.

Der Wärmestrom verlässt System A und ist daher für System A negativ. Er führt System B Wärme zu und ist daher im System B positiv.

Die Entropiebilanzgleichung für System A ist:

$$\left(\frac{dS}{dt}\right)_A = \dot{S}_A = -\frac{|\dot{Q}|}{T_{Qu}}$$

Die Entropiebilanzgleichung für System B lautet:

$$\left(\frac{dS}{dt}\right)_B = \dot{S}_B = \frac{|\dot{Q}|}{T_{Se}}$$

Die Entropiebilanzgleichung für das Gesamtsystem ist:

$$\left(\frac{dS}{dt}\right)_{Gesamtsystem} = \dot{S}_{irr} = |\dot{Q}| \cdot \left(\frac{1}{T_{Se}} - \frac{1}{T_{Qu}}\right)$$

Da die Temperatur des kalten Reservoirs T_{Se} kleiner als die des warmen T_{Qu} ist, wird der Entropieproduktionsstrom des Gesamtsystems positiv. Die Temperaturdifferenz bewirkt, dass die Wärmeübertragung irreversibel ist. Durch die tiefere Temperatur des kalten Reservoirs wird dort der positive Entropietransportstrom größer als der negative des warmen Reservoirs (Abb. 4.20).

Der Entropietransportstrom ist im System B um $\dot{S}_{irr}$ erhöht.

$$\dot{S}_B = \left|\dot{S}_A\right| + \dot{S}_{irr} = \frac{\dot{Q}}{T_{Se}}$$

Abb. 4.20 Zur Erklärung der Irreversibilität der Wärmeübertragung

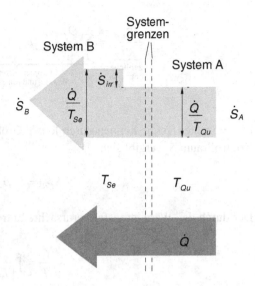

Setzt man die Temperaturdifferenz zwischen dem warmen und kalten Reservoir mit ΔT ein, erhält man für die Irreversibilität der Wärmeübertragung:

$$\dot{S}_{irr} = |\dot{Q}| \cdot \frac{T_{Qu} - T_{Se}}{T_{Qu} \cdot T_{Se}} = |\dot{Q}| \cdot \frac{\Delta T}{T_{Se}^2 + T_{Se} \cdot \Delta T}$$

Bei der Wärmeübertragung durch Konvektion verhält sich der Wärmestrom in etwa proportional zur Temperaturdifferenz.

$$\dot{Q} \sim \Delta T$$

Wenn die Temperaturdifferenz viel kleiner als die Temperatur des kalten Reservoirs ist, gilt für den Entropieproduktionsstrom:

$$\dot{S}_{irr} \sim \Delta T^2$$

Wärmeübertragung mit endlicher Temperaturdifferenz ist desto „schädlicher", je größer die Temperaturdifferenz und je tiefer das Temperaturniveau ist.

4.12.3 Entropiebilanz für offene Systeme

In einem offenen System (Kontrollraum) erfolgt mit dem Stofftransport auch ein Entropietransport über die Systemgrenzen. Analog wie bei der Aufstellung der Energiebilanzgleichung im Kap. 3 kann hier die Entropiebilanz angegeben werden. Index e bezeichnet die ein-, Index a die austretenden Massenströme.

$$\underbrace{\frac{dS_{KR}}{dt}}_{\substack{\text{zeitliche} \\ \text{Entropie-} \\ \text{änderung}}} = \underbrace{\sum_i \frac{\dot{Q}_j}{T_i} + \sum_e \dot{m}_e \cdot s_e - \sum_a \dot{m}_a \cdot s_a}_{\substack{\text{Entropietransfer durch} \\ \text{Warme- und Massentransfer}}} + \underbrace{\dot{S}_{irr}}_{\substack{\text{Entropie-} \\ \text{produktion}}} \quad (4.74)$$

Die einzelnen Terme können durch lokale Größen ausgedrückt werden. Die Entropie im Kontrollraum S_{KR} ergibt sich als:

$$S_{KR} = \int_V \rho \cdot s \cdot dV$$

Der durch den Wärmetransfer verursachte Entropietransfer ist:

$$\frac{\dot{Q}}{T} = \int_A \frac{\dot{q}}{T} \cdot dA$$

Dabei ist $\dot{q}$ die lokale Wärmestromdichte. Das Integral erstreckt sich über die Fläche des Kontrollraums, über die Wärme übertragen wird. T ist die lokale Temperatur an der Grenze des Kontrollraums.

Der Massenstrom (s. Abschn. 3.6.1.2) mit den lokalen Größen in Gl. (4.74) eingesetzt, ergibt:

$$\frac{d}{dt} \int_V \rho \cdot s \cdot dV =$$

$$= \int_A \frac{\dot{q}}{T} \cdot dA + \sum_e \left(\int_A s \cdot \rho \cdot c_n \cdot dA \right)_e - \sum_a \left(\int_A s \cdot \rho \cdot c_n \cdot dA \right)_a + \dot{S}_{irr} \quad (4.75)$$

4.12.4 Entropiebilanz für stationäre offene Systeme

In der Ingenieurpraxis sind viele Probleme stationär, wodurch die Zustandsgrößen zeitunabhängig sind. Die Summe der Massenströme, die in den Kontrollraum hineinströmen, ist gleich groß wie die Summe derer, die den Kontrollraum verlassen.

Die Entropiebilanz für stationäre Zustandsänderungen ist:

$$0 = \sum_i \frac{\dot{Q}_i}{T_i} + \sum_e \dot{m}_e \cdot s_e - \sum_a \dot{m}_a \cdot s_a + \dot{S}_{irr} \quad (4.76)$$

Bei vielen technischen Prozessen fließt ein Massenstrom im Zustand 1 in den Kontrollraum und verlässt ihn im Zustand 2. Damit vereinfacht sich Gl. (4.76) zu:

$$0 = \sum_i \frac{\dot{Q}_i}{T_i} + \dot{m} \cdot (s_1 - s_2) + \dot{S}_{irr} \quad (4.77)$$

Die Änderung der spezifischen Entropie ist:

$$s_2 - s_1 = \sum_j \frac{q_j}{T_j} + \frac{\dot{S}_{irr}}{\dot{m}} \qquad (4.78)$$

Im Gegensatz zur Energie, zur Masse und zum Impuls gibt es für die Entropie keinen Erhaltungssatz.

Beispiel 4.11: Kompression in einem Verdichter

In einem Verdichter wird Luft vom Umgebungsdruck 0,98 bar und der Temperatur von 20 °C auf 1,3 bar verdichtet. Die Austrittsgeschwindigkeit der Luft ist 50 m/s und die Temperatur 40 °C. Der Verdichter arbeitet stationär und nimmt an der Welle die spezifische effektive Arbeit von 40 kJ/kg auf. Dabei wird er gekühlt und gibt bei einer durchschnittlichen Oberflächentemperatur von 30 °C Wärme ab. Bestimmen Sie die Entropieproduktion des Verdichters.

Lösung

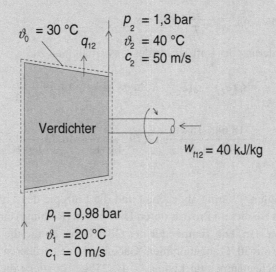

Schema Siehe Skizze

Annahmen

- Im Kontrollraum findet ein stationärer Prozess statt.
- Die Wärmeabgabe an die Umgebung erfolgt bei konstanter Temperatur.
- Die Änderung der potentiellen Energie kann vernachlässigt werden.
- Der Massenstrom ist am Ein- und Austritt gleich groß.
- Die Geschwindigkeit c_1 ist vernachlässigbar klein.

Analyse

Nach Gl. (4.70) beträgt die Entropieänderung bei stationärer Zustandsänderung mit konstantem Massenstrom:

$$s_2 - s_1 = \sum_j \frac{q_j}{T_j} + \frac{\dot{S}_{irr}}{\dot{m}} = \frac{q_{12}}{T_0} + s_{irr}$$

Dabei ist T_0 die Temperatur, bei der die Wärme abgegeben wird. Man bestimmt sie mit der Energiebilanzgleichung.

$$q_{12} = -w_{e12} + h_2 - h_1 + \frac{1}{2} \cdot (c_2^2 - c_1^2)$$

Die spezifische Enthalpie erhält man aus Tab. A.7.1 zu: $h_1 = 20083$ J/kg und $h_2 = 40185$ J/kg.

$$q_{12} = -40\,000 \cdot \frac{J}{kg} + (40185 - 20083) \cdot \frac{J}{K} + \frac{1}{2} \cdot (50^2 - 0^2) \cdot \frac{J}{kg} = -18648 \frac{J}{kg}$$

Entropieproduktion: $\quad s_{irr} = -\dfrac{q_{12}}{T_0} + s_2 - s_1$

Die Entropieänderung der Luft als ideales Gas erhält man zu:

$$s_2 - s_1 = s_0(\vartheta_2) - s_0(\vartheta_1) - R \cdot \ln(p_2/p_1) = -\mathbf{14{,}79} \frac{J}{kg \cdot K}$$

$$s_{irr} = -\frac{-18{,}648 \cdot kJ/kg}{303{,}15 \cdot K} - 14{,}79 \cdot \frac{J}{kg \cdot K} = \mathbf{46{,}73} \frac{J}{kg \cdot K}$$

Diskussion

Obwohl durch Kühlung Wärme abgegeben und die Entropie des Luftstromes verringert wird, findet bei diesem Prozess durch Dissipation (Reibung) eine irreversible Entropieproduktion statt. Die Temperatur der Oberfläche, an die die Wärme abgegeben wird, wurde mit 30 °C angenommen. Gäbe man einen größeren Kontrollraum an, dessen Oberflächentemperatur kleiner, z. B. 25 °C, ist, stiege die Entropieproduktion an. Wichtig ist, dass die Temperaturen bei der Berechnung der Entropie als Absoluttemperaturen angegeben werden.

Literatur

1. Baehr HD (2004) Thermodynamik, 11. Aufl. Springer-Verlag, Berlin
2. Baehr HD, Stephan K (2006) Wärme- und Stoffübertragung, 5. Aufl. Springer-Verlag, Berlin

3. Bohl W (1994) Strömungsmaschinen, Bd. 2, 6. Aufl. Vogel-Buchverlag, Würzburg
4. Langeheinecke K, Jany P, Thielecke G (Hrsg) (2006) Thermodynamik für Ingenieure, 6. Aufl. Vieweg, Braunschweig
5. Lucas K (2001) Thermodynamik, 3. Aufl. Springer-Verlag, Berlin
6. Traupel W (2001a) Thermische Turbomaschinen. 4. Aufl. Thermodynamischströmungstechnische Berechnung, Bd. I. Springer-Verlag, Berlin
7. Traupel W (2001b) Thermische Turbomaschinen. 4. Aufl. Geänderte Betriebsbedingungen, Regelung, mechanische Probleme, Temperaturprobleme, Bd. II. Springer-Verlag, Berlin
8. von Böckh P, Saumweber Ch (2013) Fluidmechnaik, 3. Aufl. Springer-Verlag, Berlin
9. von Böckh P, Wetzel T (2013) Wärmeübertragung, 5. Aufl. Springer-Verlag, Berlin

Energie, Exergie und Anergie 5

Angesichts der heutigen Umweltprobleme muss die Wichtigkeit optimaler Nutzung vorhandener, nicht erneuerbarer Energieträger (Öl, Erdgas, Kohle und Uran) nicht explizit betont werden. Die Exergieanalyse ist, wie die im Kap. 4 vorgestellte Entropiebilanzierung, ein ausgezeichnetes Werkzeug bei der Entwicklung von Systemen mit effizienterer Nutzung der Energieressourcen, da sie die Gründe und auch die wirkliche Größe thermodynamischer Verluste genau aufzeigen kann. Mit den Ergebnissen der Analyse werden thermodynamische Systeme mit besseren Wirkungsgraden verwirklicht und Möglichkeiten gezeigt, wie die Wirkungsgrade ineffizienter Systeme verbessert werden können. Die Exergieanalyse liefert thermodynamisch die gleichen Ergebnisse wie die Entropiebilanz, jedoch in einer anschaulicheren Darstellung.

5.1 Einleitung

Nach dem ersten Hauptsatz bleibt die Summe der Energie aller Systeme, die an einem Prozess teilnehmen, erhalten, d. h., Energie kann weder erzeugt noch vernichtet, sondern nur in andere Energieformen umgewandelt werden. Im Kap. 4 wurde gezeigt, dass in einem Kreisprozess die zugeführte Wärme nur unvollständig in mechanische Arbeit umgewandelt werden kann. Das Gleiche gilt für die innere Energie und Enthalpie eines Systems. Wie nachstehendes Beispiel (Abb. 5.1) demonstriert, sagt der Satz der Energieerhaltung nichts über den möglichen Nutzungsgrad vorhandener Primärenergieträger aus

Abbildung 5.1 zeigt ein abgeschlossenes System, bestehend aus einer sehr großen Masse Luft (Umgebung) und einer Kerze. Bevor die Kerze angezündet wird, besitzt das System die innere Energie der Luft und die der Kerze. Die innere Energie der Kerze beinhaltet auch die chemische Energie, die bei einer Verbrennung freigesetzt werden kann. Zündet man die Kerze an, verringert sich deren innere Energie mit abnehmender Masse der Ker-

P. von Böckh, M. Stripf, *Technische Thermodynamik*, DOI 10.1007/978-3-662-46890-6_5

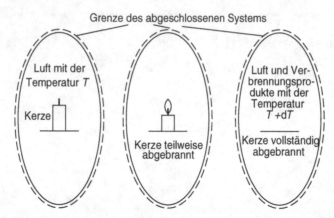

Abb. 5.1 Darstellung des Verbrauchs der Verfügbarkeit

ze. Die innere Energie der Luft (Umgebung) mit den Verbrennungsprodukten erhöht sich um den gleichen Betrag. Ist die Kerze vollständig abgebrannt, ging die gesamte innere Energie der Kerze in die innere Energie der Luft über. Die Energie des Systems blieb konstant. Die große Luftmasse wird um $\mathrm{d}T$ erwärmt. Bei genügend groß gewählter Masse ist die Erwärmung nicht messbar. Die innere Energie der Kerze hätte einem Kreisprozess, der die Kerze als Wärmequelle und die Luft als Wärmesenke nutzt, als Wärme zugeführt werden können, um so mechanische Arbeit zu gewinnen. Nach dem Abbrennen der Kerze kann die innere Energie des Gases im System nicht mehr für einen Kreisprozess genutzt werden, da keine Temperaturdifferenz für den Betrieb einer Wärmekraftmaschine zur Verfügung steht. Zu Beginn hatte das System die Fähigkeit, die innere Energie der Kerze zumindest zum Teil in mechanische Arbeit umzuwandeln. Nach dem Abbrennen der Kerze kann die erhöhte innere Energie des Systems (Umgebung) nicht mehr in mechanische Arbeit umgewandelt werden.

> Im Sinne der Arbeitsverfügbarkeit wurde die innere Energie der Kerze „nutzlos" verbrannt.

Dieses Beispiel zeigt, dass die Energie des Systems zwar erhalten bleibt, nicht aber die Fähigkeit, die innere Energie in mechanische Arbeit umzuwandeln.

Nach dem zweiten Hauptsatz gibt es bezüglich ihrer Umwandelbarkeit und Wertigkeit verschiedene Energieformen. Sie können je nach Umwandelbarkeit in drei Gruppen unterteilt werden:

*   Unbeschränkt umwandelbare „hochwertige" Energien, die vollständig in mechanische Arbeit umgewandelt werden können: kinetische, potentielle und elektrische Energie.

- Beschränkt umwandelbare „minderwertige" Energien, deren Umwandlung in mechanische Arbeit nach dem zweiten Hauptsatz wesentlich eingeschränkt wird: Wärme, Enthalpie und innere Energie.
- Nicht umwandelbare „nutzlose" Energien, deren Umwandlung in eine andere Energieform nach dem zweiten Hauptsatz unmöglich ist: innere Energie der Umgebung.

5.2   Arbeitsverfügbarkeit, Exergie und Anergie

Bei der Behandlung des zweiten Hauptsatzes im Kap. 4 haben wir Folgendes gesehen: Werden zwei Systeme unterschiedlichen Zustands miteinander in Verbindung gebracht, findet zwischen ihnen ein Ausgleich statt und dabei kann Arbeit „gewonnen" werden. Die theoretisch maximal erreichbare Arbeit eines Systems bei einer Zustandsänderung von einem Anfangszustand bis zu dem der Umgebung wird *Arbeitsfähigkeit* oder *Exergie Ex* genannt. Der nicht umwandelbare Teil der Energie des Systems ist *Anergie B*.

Somit setzt sich die totale Energie eines Systems aus Exergie („hochwertiger" Energie) und Anergie („nutzloser" Energie) zusammen.

Jede Energieform besteht aus Exergie und Anergie.

Die Energieerhaltung nach dem ersten Hauptsatz verlangt, dass in einem Prozess die Summe der Energien aller an einem Prozess beteiligten Systeme konstant bleibt. Damit gilt:

Bei allen Prozessen bleibt die Summe der Beträge von Exergie und Anergie aller an einem Prozess beteiligten Systeme konstant.

Der Betrag wurde hier verwendet, weil die Exergie der in mechanische Arbeit umwandelbare Teil der Energie ist. Diese Arbeit ist aber negativ. Die Anteile der Exergie und Anergie ändern sich durch Irreversibilitäten. Aus dem zweiten Hauptsatz kann man folgende Aussagen herleiten:

- Bei allen irreversiblen Prozessen verwandelt sich Exergie zumindest teilweise in Anergie.
- Exergie bleibt nur bei reversiblen Prozessen erhalten.
- Anergie kann nie in Exergie umgewandelt werden.

Die *Exergieanalyse* thermodynamischer Prozesse gibt an, welcher Anteil der Energie Exergie ist und welcher Anteil der Exergie durch Irreversibilitäten in Anergie umgewandelt wird. Ziel der Analyse ist, aufzuzeigen, wo und in welchem Umfang die *Exergiever-luste* auftreten und wie sie minimiert werden können.

Unsere Exergiequellen sind Primärenergieträger wie fossile, nukleare und biologische Brennstoffe, Hydroenergie, Solarenergie, Windenergie usw. Die Exergie dieser Energien ist „hochwertige" Energie, die theoretisch in einem vom zweiten Hauptsatz bestimmten Umfang in mechanische Arbeit umgewandelt werden könnte. Exergieverluste entstehen durch Irreversibilitäten. Ihre Summe ist der Anteil der Exergie eines Primärenergieträgers, der nicht in mechanische Arbeit umgewandelt wird. Die in der Energietechnik oft verwendeten Begriffe „Energieverbrauch" und „Energieverlust" gehen mit dem ersten Hauptsatz der Thermodynamik, der nur die Umwandlung von Energien erlaubt, nicht konform. Für die Exergie gibt es keinen Erhaltungssatz, sodass die Begriffe „Exergieverbrauch" und „Exergieverlust" die thermodynamisch richtigen Ausdrücke wären.

5.3 Umgebung und Umwelt

Bei der Analyse der Arbeitsfähigkeit eines Systems wird festgestellt, welcher Anteil der Energie bei einem Ausgleichsvorgang mit mindestens einem zweiten System, das man als *Umgebung* bezeichnet, in mechanische Arbeit oder in kinetische und potentielle Energie umgewandelt werden kann. Die Umgebung eines Systems bezieht sich auf alles, was nicht zum System gehört, aber mit dem System kommunizieren kann. Umgebungen, die zwar mit dem System kommunizieren, deren intensive Zustandsgrößen vom System aber nicht beeinflusst werden, nennen wir *Umwelt*. Sie hat demnach eine unendlich große Masse und ist ein thermisches Reservoir. Die Umwelt wird als ein einfaches kompressibles System mit einer sehr großen Masse, deren Temperatur T_U und Druck p_U für den gezeigten Prozess konstant bleiben, betrachtet. Dies gilt auch für die intensiven Zustandsgrößen der Umwelt. Die extensiven Zustandsgrößen der Umwelt werden durch Wechselwirkungen mit anderen Systemen verändert. Nach Gl. (4.25) ist die Änderung der inneren Energie der Umwelt ΔU_0:

$$\Delta U_0 = T_U \cdot \Delta S_0 - p_U \cdot \Delta V_0 \tag{5.1}$$

Die durch Dissipation oder Wärme transferierte Energie wird mit dem ersten Term, die durch die Volumenänderung ΔV_0 verrichtete Arbeit mit dem zweiten Term angegeben. An einem Dampfkraftwerk in Abb. 5.2 kann demonstriert werden, was Umgebung und was Umwelt ist.

Die Umgebung der Turbine besteht aus dem Kondensator, Maschinenhaus, Generator und Dampfkessel. Sie bezieht Dampf aus dem Dampfkessel und liefert mechanische Arbeit an den Generator, Abdampf an den Kondensator und transferiert etwas Wärme zum Maschinenhaus. Für die Auslegung und Untersuchung der Turbine genügt es, wenn wir den Zustand des Dampfes aus dem Dampfkessel, den Druck im Kondensator und den Wärmetransfer zum Maschinenhaus kennen. Das Kraftwerk erhält Brennstoff, Luft und

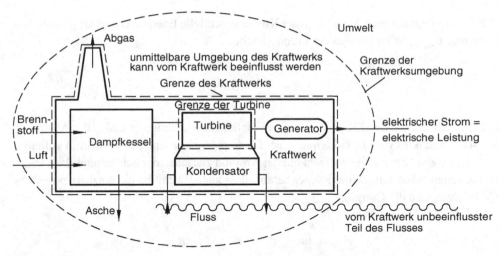

Abb. 5.2 Dampfkraftwerk

Kühlwasser und liefert Abgase, Asche, erwärmtes Kühlwasser und elektrische Leistung. Das Kühlwasser für den Kondensator wird einem Fluss entnommen und kehrt erwärmt in den Fluss zurück. Die Umwelt liefert das Kühlwasser, die Verbrennungsluft und den Brennstoff. Sie bestimmt die Temperatur und den Druck der Luft bzw. des Kühlwassers. Diese Werte müssen für die Auslegung des Kraftwerks verwendet werden. Die Kühlwassertemperatur bestimmt den Druck und die Temperatur im Kondensator, die nicht kleiner als die der Umwelt sein kann.

Die Temperatur und der Druck der Umwelt sind örtlich und zeitlich gesehen nicht konstant. Für unsere Betrachtungen werden konstante Umgebungsbedingungen verwendet und gegebenenfalls das System bei anderen, wiederum konstanten Umgebungsbedingungen untersucht.

Nach dem zweiten Hauptsatz der Thermodynamik ist die innere Energie der Umwelt nicht zur Umwandlung in mechanische Arbeit nutzbar. Ein Prozess, der nur die innere Energie der Umwelt nutzte, wäre ein Perpetuum mobile zweiter Art.

Die innere Energie der Umwelt ist Anergie.

5.4   Ermittlung der Exergie

Die mechanischen Energien, also die kinetische und potentielle Energie, wurden als vollständig in mechanische Arbeit umwandelbare Energien bezeichnet. Nach genauer Betrachtung ist jedoch nur die Änderung, d. h. die Differenz dieser Energien vollständig umwandelbar, wie hier am Beispiel der potentiellen Energie demonstriert wird.

In einem Gravitationsfeld besitzt jeder Körper potentielle Energie. Die totale potentielle Energie $E_{pot,\,tot}$ ist im Bereich der Erdoberfläche

$$E_{pot,\,tot} = \int_0^z m \cdot g \cdot \mathrm{d}z$$

wobei m die Masse des Körpers, g die Gravitationsbeschleunigung und z der Abstand des Schwerpunktes vom Erdmittelpunkt ist. Diese potentielle Energie ist nicht in vollem Umfang nutzbar. Zur Verfügung steht nur der Abstand zwischen der Schwerpunktlage und geodätischen Höhe, auf die der Körper herabsinken kann. Damit ist die nutzbare potentielle Energie, also die Exergie:

$$E_{pot} = \int_z^R m \cdot g \cdot \mathrm{d}z \approx -m \cdot g \cdot (z - R)$$

Dabei ist R der Erdradius, von oder zu dem die Änderung der geodätischen Höhe z durchgeführt werden kann. Bei nicht zu großen Abständen von der Erdoberfläche ist die gemachte Vereinfachung, dass die Erdbeschleunigung g konstant ist, erlaubt. Demnach ist auch die potentielle Energie, also eine mechanische Energie, nicht vollständig umwandelbar, weil die Zustandsänderung nicht bis zum Erdmittelpunkt erfolgen kann. Die Energie, die zum Beispiel zum Heben eines Körpers von der geodätischen Höhe z_1 auf z_2 benötigt wird, kann beim Herabsinken des Körpers auf die Höhe z_1 vollständig in jede beliebige andere Energieform umgewandelt werden. Die Änderung der potentiellen Energie beim Absinken des Körpers von der Höhe z_2 auf z_1 ist deshalb Exergie. Erdmittelpunkt und Erdradius spielen bei potentieller Energie die gleiche Rolle wie die Umgebungstemperatur und der *absolute Temperaturnullpunkt* bei den *thermischen Energieformen* innere Energie, Wärme und Enthalpie. Gäbe es eine Umgebung mit dem absoluten Nullpunkt $T = 0$ K als Wärmesenke (und natürlich auch Betriebsmittel), könnte der *Carnot*-Wirkungsgrad $\eta_C = 1$ theoretisch erreicht werden.

In den folgenden Betrachtungen wird die potentielle Energie immer auf die Umgebung bezogen, der man die geodätische Höhe $z_U = 0$ zuweist. Der Ausgangszustand des Systems erhält keinen Index.

$$E = \Delta E_{pot} = \left| \int_z^{z_U} m \cdot g \cdot \mathrm{d}z \right| = \left| m \cdot g \cdot (z_U - z_1) \right| = \left| -m \cdot g \cdot z \right|$$

Die in mechanische Arbeit umwandelbare potentielle Energie eines Systems ist negativ, die Exergie nach allgemein üblicher Vereinbarung aber positiv.

Die nutzbare kinetische Energie eines Körpers ist die Energie, die beim Abbremsen des Körpers von seiner Geschwindigkeit zu einer Referenzgeschwindigkeit in mechanische Arbeit umgewandelt werden kann. Hier ist die Wahl des Bezugspunktes wichtig. Wir bewegen uns mit der Erde mit hoher Geschwindigkeit im Weltall und zudem haben wir, außer an den Polen, eine Geschwindigkeit durch die Umdrehung der Erde. Bewegt sich ein Körper mit der Geschwindigkeit c_1 relativ zur Erdoberfläche oder zum betrachteten System, besitzt er eine kinetische Energie, die beim Herabbremsen auf die Geschwindigkeit c_2 verringert wird. Die Änderung der kinetischen Geschwindigkeit kann vollständig in eine andere Energieform umgewandelt werden und ist deshalb Exergie. Wie bei potentieller Energie wird die Geschwindigkeit c_2, auf die abgebremst werden kann, als Geschwindigkeit der Umgebung $c_U = 0$ gesetzt:

$$E = |\Delta E_{kin}| = \left| m \cdot \frac{c_U^2 - c^2}{2} \right| = \left| -m \cdot \frac{c^2}{2} \right|$$

Die Energie der Umwelt ist damit gleich der inneren Energie der Umgebung und besitzt weder kinetische noch potentielle Energie.

$$E_0 = U_0$$

Diese vereinfachte Betrachtung erlaubt auch eine einfache Behandlung von Systemen, ohne dabei die Allgemeingültigkeit zu verlieren, weil wir die Umwelt durch eine geeignete Wahl der Systemgrenzen stets so wählen können, dass ihre kinetische und potentielle Energie zu null werden.

5.4.1 Exergie eines geschlossenen Systems

Zur Bestimmung der Exergie wird das geschlossene System A in Abb. 5.3 verwendet. Es besteht aus einem Zylinder, in dem sich ein Gas mit der Temperatur T_1 und dem Druck

Abb. 5.3 Geschlossenes System mit Umgebung

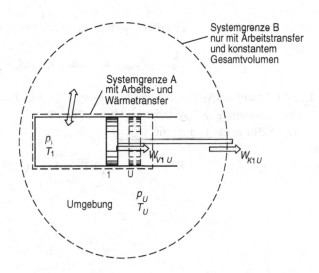

p_1 befindet und das durch einen Kolben eingeschlossen ist. Die Umgebung des Zylinders hat den Druck p_U und die Temperatur T_U. Das System kann mit der Umgebung Arbeit und Wärme austauschen und durch Bewegen des Kolbens das Volumen des Systems und das der Umgebung verändern. Das Gesamtvolumen des Systems B, bestehend aus System A und der Umgebung, ist konstant. System B ist auch ein geschlossenes System, über dessen Grenzen nur Arbeit, aber keine Wärme transferiert werden kann.

Hier stellt sich die Frage, welche maximale Kolbenarbeit vom System A effektiv geleistet werden kann, wenn durch den Prozess ein Endzustand erreicht wird, bei dem der Druck im Zylinder dem Umgebungsdruck, die Temperatur der Umgebungstemperatur entspricht und die kinetische und potentielle Energie zu null werden. Es wird angenommen, dass die Zustandsänderung quasistatisch verläuft. Die innere Energie des Gases verändert sich bei der Zustandsänderung von U_1 auf U_U. Dabei ist U_U die innere Energie des Gases im Zylinder bei der Temperatur T_U und dem Druck p_U. Die Energiebilanz des Gesamtsystems B in Abb. 5.3 kann man angeben als:

$$\Delta E_{tot} = \underbrace{Q_{tot}}_{=0} + W_{K1U} = W_{K1U} \tag{5.2}$$

Die effektive Arbeit, die über die Systemgrenze B abgegeben wird, ist gleich der Energieänderung des Systems A und der Umgebung. Die Änderung der inneren Energie des geschlossenen Systems A ist gleich $U_U - E_1$. In E_1 sind die innere, die kinetische und potentielle Energie des Systems enthalten, d. h., $E_1 = U_1 + E_{kin} + E_{pot}$. Nach der Zustandsänderung ist die Energie des Systems A nur noch die innere Energie $U_U = U_U(T_U, p_U)$. Damit kann die Energieänderung als Summe der Energieänderung des Systems und die der Umgebung bestimmt werden.

$$\Delta E_{tot} = U_U - E_1 + \Delta E_0$$

Aus Gl. (5.1) kann ΔE_0 eingesetzt werden und ergibt zusammen mit Gl. (5.2):

$$\Delta E_{tot} = W_{K1U} = U_U - E_1 + T_U \cdot \Delta S_0 - p_U \cdot \Delta V_0 \tag{5.3}$$

Die Änderung des Volumens der Umgebung ΔV_0 ist gleich groß, aber entgegengesetzt zur Volumenänderung des Systems A: $\Delta V_0 = -(V_U - V_1)$.

Die Kolbenarbeit ist damit:

$$W_{K1U} = U_U - E_1 + T_U \cdot \Delta S_0 + p_U \cdot (V_U - V_1) \tag{5.4}$$

Über die Systemgrenze B wird nur Arbeit transferiert, sodass die Zustandsänderung keine Entropieänderung außerhalb der Umgebung verursacht. Die Summe der Entropieänderungen im Gesamtsystem B entspricht der Irreversibilität des Prozesses.

$$\Delta S_{tot} = \Delta S_{sys} + \Delta S_0 = S_U - S_1 + \Delta S_0 = \Delta S_{irr}$$

Damit erhalten wir aus Gl. (5.4)

$$W_{K1U} = U_U - E_1 + p_U \cdot (V_U - V_1) - T_U \cdot (S_U - S_1) + T_U \cdot \Delta S_{irr} \qquad (5.5)$$

Die Kolbenarbeit W_{K1U} ist die Arbeit, die von einem Stoff in einem geschlossenen System geleistet werden kann. Dabei sind alle Irreversibilitäten, die bei diesem Prozess auftreten können, berücksichtigt. Die größte Arbeitsverfügbarkeit ist erreichbar, wenn keine Irreversibilitäten auftreten.

$$W_{K1U\,max} = U_U - E_1 + p_U \cdot (V_U - V_1) - T_U \cdot (S_U - S_1) \qquad (5.6)$$

Gleichung (5.5) gibt die Arbeit an, die von einem geschlossenen System mit dem Zustand p_1, T_1 und E_1 bei reversibler Zustandsänderung auf den Druck p_U und die Temperatur T_U der Umgebung maximal geleistet werden kann. Sie ist die maximale *Arbeitsfähigkeit* des Stoffes mit dem Zustand 1 in einer Umgebung des Druckes p_U und der Temperatur T_U. Anders betrachtet kann auch gesagt werden, dass der Betrag der Arbeit nach Gl. (5.5) die mindesterforderliche Arbeit ist, um einen Stoff vom Zustand U auf Zustand 1 zu bringen. Die maximale Arbeitsfähigkeit eines Systems ist die Exergie des Systems.

Befindet sich ein geschlossenes System mit dem Druck p, der Temperatur T und der inneren Energie U (die kinetische und potentielle Energie bleiben wie bei der Energiebilanz geschlossener Systeme unberücksichtigt) in einer Umgebung mit dem Druck p_U und der Temperatur T_U, ist die Exergie des Systems:

$$Ex = U - U_U + p_U \cdot (V - V_U) - T_U \cdot (S - S_U) \qquad (5.7)$$

Sie wird auch als *Exergie der inneren Energie* bezeichnet. Die intensive, auf die Masse des Stoffes bezogene *spezifische Exergie ex* ist:

$$ex = u - u_U + p_U \cdot (v - v_U) - T_U \cdot (s - s_U) \qquad (5.8)$$

Wenn ein geschlossenes System Arbeit an die Umgebung abgeben kann, müsste die Exergie nach der in diesem Buch getroffenen Vorzeichenvereinbarung negativ sein. Da es aber üblich ist, die Exergie als Betrag der negativen Nutzarbeit anzugeben, wurden in den Gln. (5.6) und (5.7) die Vorzeichen vertauscht.

Wie anfangs erwähnt, setzt sich die Energie aus Exergie und Anergie zusammen. Unter Berücksichtigung des Vorzeichens ist die *Anergie B:*

$$B = U - Ex = U_U - p_U \cdot (V - V_U) + T_U \cdot (S - S_U) \tag{5.9}$$

Die *spezifische Anergie b* ist:

$$b = u_U - p_U \cdot (v - v_U) + T_U \cdot (s - s_U) \tag{5.10}$$

Im Gegensatz zu den anderen Zustandsgrößen hängt die Zustandsgröße Exergie nicht nur vom Zustand des Systems, sondern auch vom Zustand der Umgebung ab. Dies kann man sehr schön zeigen, wenn die Änderung der Exergie bei einer Zustandsänderung vom Zustand 1 nach Zustand 2 berechnet wird. Nach den Gl. (5.6) und(5.7) erhalten wir:

$$Ex_2 - Ex_1 = U_2 - U_1 + p_u \cdot (V_2 - V_1) - T_U \cdot (S_2 - S_1)$$
$$ex_2 - ex_1 = u_2 - u_1 + p_u \cdot (v_2 - v_1) - T_U \cdot (s_2 - s_1) \tag{5.11}$$

Mit Gl. (5.11) bestimmt man die Änderung der Arbeitsverfügbarkeit durch eine Zustandsänderung.

Da in den Gln. (5.6) und (5.7) die Irreversibilitäten ausgeschlossen sind, kann nur ein reversibler Wärmetransfer erfolgen.

Dies wird am speziellen Fall der isothermen Zustandsänderung eines idealen Gases gezeigt. Das geschlossene System besteht aus einem Zylinder, der mit einem reibungsfrei gleitenden Kolben abgeschlossen ist. Im System befindet sich ein ideales Gas mit dem Druck p_1, der unterschiedlich zu dem der Umgebung ist. Die Temperatur des Gases ist mit T_U gleich wie die der Umgebung. Da per definitionem die Zustandsänderung isotherm ist, erfolgt der Druckausgleich bei der Umgebungstemperatur T_U. Wie die Erfahrung zeigt, wird die Kolbenarbeit W_{K1U} nach außen abgegeben, egal, ob der Druck im System größer oder kleiner als in der Umgebung ist. In beiden Fällen bleibt die innere Energie des Systems konstant, da sie bei idealen Gasen nur von der Temperatur abhängt. Ist der Druck p_1 größer als der der Umgebung, expandiert das Gas und leistet effektive Arbeit. Damit die Temperatur des Gases konstant bleibt, muss aus der Umgebung isotherm Wärme zugeführt werden. Ist der Druck kleiner als der der Umgebung, wird durch den Umgebungsdruck das Gas komprimiert und der Kolben leistet effektive Arbeit. Damit die Temperatur des Gases konstant bleibt, muss an die Umgebung isotherm Wärme abgeführt werden. Die Entropie verändert sich mit dem Druck. Der Term $-T_U \cdot (s_U - s)$ berücksichtigt den Wärmetransfer.

Abbildung 5.4 zeigt in einem p, V-Diagramm beide Zustandsänderungen. Im ersten Fall ist bei Zustand 1 der Druck größer als der der Umgebung. Durch Expansion leistet das Gas eine negative Volumenänderungsarbeit, die um die Verschiebearbeit an der Umgebung $p_U \cdot (V_U - V_1)$ zwar verringert wird, aber negativ bleibt. In diesem Fall ist die effektive Arbeit die linke schraffierte Fläche. Im zweiten Fall ist bei Zustand 1 der Druck kleiner als der der Umgebung. Am Gas wird eine positive Volumenänderungsarbeit geleistet. Zu ihr

Abb. 5.4 Effektive Arbeit bei
isothermer Volumenänderung
eines idealen Gases

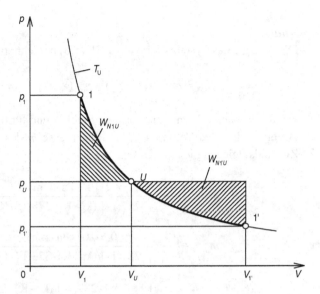

wird die negative Verschiebearbeit an der Umgebung $p_U \cdot (V_{1'} - V_U)$, deren Betrag größer
als die Volumenänderungsarbeit ist, addiert. Die rechte schraffierte Fläche ist effektive
Arbeit, die in beiden Fällen negativ ist.

Beispiel 5.1: Expansion und Kompression von Luft

In einem Zylinder mit 1 m³ Volumen ist Luft mit der Temperatur von 100 °C durch
einen reibungsfrei beweglichen Kolben eingeschlossen. Die Umgebung hat die
Temperatur von $\vartheta_U = 20$ °C und den Druck von $p_U = 0{,}98$ bar. Bestimmen Sie die
Exergie der Luft im Zylinder für die Drücke von $p_{A1} = 2$ bar und $p_{B1} = 0{,}5$ bar.

Lösung

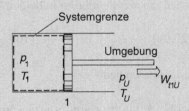

Schema Siehe Skizze

Annahmen

- Wie die Skizze zeigt, ist das System geschlossen.
- Die Luft im Zylinder wird als ideales Gas behandelt.
- Die Änderung der kinetischen und potentiellen Energie ist vernachlässigbar.

Analyse

Die Exergie des Systems wird nach Gl. (5.6) berechnet:

$$Ex = m \cdot \overline{c}_v \cdot (T - T_U) + p_u \cdot (V - V_U) - m \cdot T_U \cdot (s - s_U)$$

Für die Expansion von 2 bar wird der Index A und für die Kompression von 0,5 bar B verwendet. Das Volumen V_U und die Masse m des Gases erhalten wir aus der Zustandsgleichung idealer Gase:

$$m_A = \frac{p_1 \cdot V_1}{R \cdot T_1} = \frac{2 \cdot 10^5 \cdot \mathrm{Pa} \cdot 1 \cdot \mathrm{m}^3}{287,1 \cdot \mathrm{J/(kg \cdot K)} \cdot 373,15 \cdot \mathrm{K}} = 1,867 \ \mathbf{kg}$$

$$m_B = \frac{p_1 \cdot V_1}{R \cdot T_1} = \frac{0,5 \cdot 10^5 \cdot \mathrm{Pa} \cdot 1 \cdot \mathrm{m}^3}{287,1 \cdot \mathrm{J/(kg \cdot K)} \cdot 373,15 \cdot \mathrm{K}} = 0,467 \ \mathbf{kg}$$

$$V_{A,U} = \frac{m_B \cdot R \cdot T_U}{p_U} = \frac{1,867 \cdot \mathrm{kg} \cdot 287,1 \cdot \mathrm{J/(kg \cdot K)} \cdot 293,15 \cdot \mathrm{K}}{0,98 \cdot 10^5 \cdot \mathrm{Pa}} = 1,603 \ \mathbf{m^3}$$

$$V_{B,U} = \frac{m_B \cdot R \cdot T_U}{p_U} = \frac{1,867 \cdot \mathrm{kg} \cdot 287,1 \cdot \mathrm{J/(kg \cdot K)} \cdot 293,15 \cdot \mathrm{K}}{0,98 \cdot 10^5 \cdot \mathrm{Pa}} = 0,401 \ \mathbf{m^3}$$

Nach Tabelle A.7.1 sind die Enthalpien:

$$h(20\,^{\circ}\mathrm{C}) = 20,08 \ \mathrm{kJ/kg \ K}, \qquad h(100\,^{\circ}\mathrm{C}) = 100,65 \ \mathrm{kJ/kg \ K}$$

Die spezifischen innere Energie berechnet sich als:

$$u - u_U = h - h_U - R \cdot (T - T_U)$$

Die Änderung der spezifischen inneren Energie ist in beiden Fällen:

$$\Delta u = u - u_U = (100,65 - 20,08) \cdot \frac{\mathrm{J}}{\mathrm{kg}} - 287,10 \cdot \frac{\mathrm{J}}{\mathrm{kg \cdot K}} \cdot (100 - 20) \cdot \mathrm{K} = 57,60 \ \frac{\mathrm{kJ}}{\mathrm{kg}}$$

Die Änderungen der inneren Energien betragen:

$$\Delta U_A = m_A \cdot \Delta u = 107{,}54 \cdot \mathrm{kJ} \qquad\qquad \Delta U_B = m_B \cdot \Delta u = 26{,}88 \cdot \mathrm{kJ}$$

Die Änderungen der spezifischen Entropie sind nach Tabelle A.7.1:

$$s_A - s_U = s_0(\vartheta) - s_0(\vartheta_U) - R \cdot \ln(p/p_U) = 38,19 \ \mathrm{J/(kg \ K)}$$

$$s_B - s_U = s_0(\vartheta) - s_0(\vartheta_U) - R \cdot \ln(p/p_U) = 436,19 \ \mathrm{J/(kg \ K)}$$

Für die Änderungen der Entropien erhält man:

$$S_A - S_A = m_A \cdot (s_A - s_U) = 71{,}29 \text{ J/K}$$

$$S_B - S_U = m_B \cdot (s_B - s_U) = 203{,}58 \text{ J/K}$$

Die Verschiebearbeiten gegen die Atmosphäre betragen:

$$p_U \cdot (V - V_{A,U}) = 0{,}98 \cdot 10^5 \cdot \text{Pa} \cdot (1 - 1{,}603) \cdot \text{m}^3 = -59{,}12 \text{ kJ}$$

$$p_U \cdot (V - V_{B,U}) = 0{,}98 \cdot 10^5 \cdot \text{Pa} \cdot (1 - 0{,}401) \cdot \text{m}^3 = 58{,}72 \text{ kJ}.$$

Für beide Fälle sind die Exergien:

$$Ex_A = (107{,}55 - 59{,}12 - 0{,}071 \cdot 293{,}15) \cdot \text{kJ} = \mathbf{27{,}52 \ kJ}$$

$$Ex_B = (26{,}89 + 58{,}72 - 0{,}204 \cdot 293{,}15) \cdot \text{kJ} = \mathbf{25{,}92 \ kJ}$$

Diskussion

Sowohl beim Über- als auch Unterdruck hat Luft gegenüber der Umgebung Arbeitsfähigkeit. Bei der Kompression ($p_1 = 0{,}5$ bar) der Luft wird durch die Umgebung Arbeit geleistet. Der gedachte Fall isentroper Zustandsänderung bedeutet bei Kompression, dass die Luft zuerst expandiert werden muss, bis Umgebungstemperatur erreicht ist. Dazu müsste die Luft zunächst von 0,5 bar auf 0,215 bar expandiert und anschließend mit isothermer Kompression auf 0,98 bar verdichtet werden. Bei der Kompression würde Wärme an die Umgebung so abgeführt, dass die Temperatur konstant bliebe. Bei der Expansion ($p_1 = 2$ bar) müsste die Luft zunächst auch von 2 bar auf 0,859 bar expandiert werden, damit Umgebungstemperatur erreicht würde. In der anschließenden isothermen Verdichtung auf Umgebungsdruck muss Wärme an die Umgebung abgeführt werden.

Beispiel 5.2: Exergie des Gases in einem Verbrennungsmotor

In einem Verbrennungsmotor mit 100 cm³ Brennraum (Kompressionsvolumen) befindet sich nach der Verbrennung ein Verbrennungsgas mit dem Druck von 50 bar und der Temperatur von 2000 °C. Die Umgebung hat einen Druck von 0,98 bar und die Temperatur von 15 °C. Das Verbrennungsgas wird als Luft und trotz des hohen Druckes als ideales Gas angenommen.

a. Bestimmen Sie die Exergie des Gases.

b. Bestimmen Sie die Nutzarbeit, die vom Gas geleistet wird, wenn die Expansion des Gases vor dem Öffnen des Auslassventils auf 1000 cm³ isentrop erfolgt.

Lösung

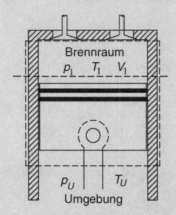

Schema Siehe Skizze

Annahmen

- Das System ist geschlossen.
- Das Brenngas wird als Luft (ideales Gas) betrachtet.
- Die Änderung der kinetischen und potentiellen Energie ist vernachlässigbar.
- Die Zustandsänderung ist als quasistatisch anzunehmen.

Analyse

a. Die Exergie des Systems berechnet man mit Gl. (5.11). Durch Vernachlässigung der kinetischen und potentiellen Energie gilt für das ideale Gas Luft:

$$Ex = m \cdot (u - u_U) + p_u \cdot (V - V_U) - m \cdot T_U \cdot (s - s_U)$$

Das Volumen V_U und die Masse m des Gases erhalten wir aus der Gleichung für ideale Gase:

$$m = \frac{p_1 \cdot V_1}{R \cdot T_1} = \frac{50 \cdot 10^5 \cdot \text{Pa} \cdot 10^{-4} \cdot \text{m}^3}{287,1 \cdot \text{J/(kg} \cdot \text{K)} \cdot 2273,15 \cdot \text{K}} = 0,766 \cdot 10^{-3} \text{kg}$$

$$V_U = \frac{m \cdot R \cdot T_U}{p_U} = \frac{0,766 \cdot 10^{-3} \cdot \text{kg} \cdot 287,1 \cdot \text{J/(kg} \cdot \text{K)} \cdot 288,15 \cdot \text{K}}{98000 \cdot \text{Pa}} = 0,647 \cdot 10^{-3} \text{m}^3$$

Mit Tabelle A.7.1 bestimmt man die Änderung der Enthalpie und inneren Energie:

$$\Delta u = u - u_U = h(\vartheta) - h(\vartheta_U) - R \cdot (\vartheta - \vartheta_U) = 1737,77 \text{ kJ/kg}$$

$$\Delta U = m \cdot \Delta U = 0,766 \cdot 10^{-3} \cdot \text{kg} \cdot 1737,77 \cdot \text{kJ/kg} = 1,331 \text{ kJ}$$

Die Entropieänderung ist:

$$s_1 - s_U = s_0(\vartheta_1) - s_0(\vartheta_U) - R \cdot \ln(p_1 / p_U) = 1170,4 \text{ J/(kg} \cdot \text{K)}$$

$$\Delta S = S_1 - S_U = m \cdot (s_1 - s_U) = 0,8967 \text{ J/K}$$

Damit erhält man für die Exergie des Systems:

$$Ex = U_U - U + P_U \cdot (V_U - V) - T_U \cdot (S_U - S) = \Delta U + p_U \cdot \Delta V - T_U \cdot \Delta S$$

$$= -1331 \cdot \text{J} + 98000 \cdot \text{Pa} \cdot (0,647 - 0,1) \cdot \text{dm}^3 - 288,15 \cdot \text{K} \cdot 0,8967 \cdot \text{J} = \mathbf{1,536 \ kJ}$$

b. Die reibungsfreie adiabate Expansion auf 1000 cm3 ist isentrop. Damit errechnet sich die Endtemperatur zu:

$$T_2 = T_1 \cdot \left(\frac{V_1}{V_2}\right)^{\kappa - 1}$$

Da der Isentropenexponent zunächst unbekannt ist, wird er mit den Stoffwerten aus vorgehender Berechnung bestimmt:

$$T_2 = 2273,15 \cdot \text{K} \cdot 0,1^{0,3279} = 1068,3 \text{ K} = 795,1\,°\text{C}$$

Aus Tabelle A.7.1 erhalten wir für die spezifische Wärmekapazität zwischen 795 und 2000 °C $\overline{c}_p - 1224,1 \text{J} / (\text{kg K})$. Der Isentropenexponent ist 1,3074 und die Temperatur 846,8 °C. Durch Iteration ergibt sich für den Isentropenexponenten ein Wert von 1,3064 und für die Temperatur $T_2 = 1122,7 \text{ K} = 849,5\,°\text{C}$.

Nach der Expansion beträgt der Druck:

$$p_2 = p_1 \cdot \left(\frac{V_1}{V_2}\right)^{\kappa} = 50 \cdot \text{bar} \cdot 0,1^{1,3064} = 2,469 \text{ bar}$$

Die Nutzarbeit, die vom Kolben an die Kolbenstange abgegeben wird, ist:

$$W_{N12} = W_{V12} + p_U \cdot (V_2 - V_1) = \frac{R}{\kappa - 1} \cdot m \cdot (T_2 - T_1) + p_U \cdot (V_2 - V_1) = \mathbf{-683,5 \ J}$$

Diskussion

Bei isentroper Expansion ist die Nutzarbeit kleiner als die Exergie. Weder die Temperatur noch der Druck des Gases erreichen nach der Expansion die Werte der Umgebung. Die Exergie wird nur unvollständig genutzt. In realen Motoren geht durch Wärmetransfer bei der Expansion und durch Reibung weitere Arbeitsfähigkeit verloren.

5.4.2   Exergie eines offenen Systems

Die Berechnung der spezifischen Exergie eines offenen Systems erfolgt wie die eines geschlossenen Systems mit Gl. (5.7), zusätzlich sind aber die Ein- und Ausschiebearbeit bzw. die kinetische und potentielle Energie zu berücksichtigen. Für die spezifische Exergie des offenen Systems, die auch die *Exergie der Enthalpie* genannt wird, bekommt man:

$$ex = u - u_U + p \cdot v - p_U \cdot v_U - T_U \cdot (s - s_U) + \frac{c^2}{2} + g \cdot z \qquad (5.12)$$

Unter Berücksichtigung der Definition der Totalenthalpie erhält man:

$$ex = h - h_U - T_U \cdot (s - s_U) + \frac{c^2}{2} + g \cdot z = h_{tot} - h_{U,tot} - T_U \cdot (s - s_U) \qquad (5.13)$$

5.5   Exergiebilanzen

5.5.1   Geschlossenes System

Bisher haben wir nur die Arbeitsfähigkeit und Exergie eines Systems, das mit der Umgebung kommuniziert, betrachtet. Ein geschlossenes System kann gleichzeitig mit mehreren Systemen Energie und Masse transferieren. Bei der Behandlung des zweiten Hauptsatzes haben wir Wärmekraftmaschinen betrachtet, die aus einem warmen Reservoir Wärme bezogen und einem kalten Reservoir Wärme zuführten. In der folgenden Herleitung wird die Umgebung als kaltes Reservoir eingesetzt. Die Exergieänderung oder der *Exergieverlust* eines geschlossenen Systems ist:

$$Ex_v = Ex_1 - Ex_2 = Ex_{U1} - Ex_{U2} + Ex_{Q2} - Ex_{Q1} + Ex_{W2} - Ex_{W1}$$

Dabei ist Ex_U die Exergie der inneren Energie, Ex_Q die *Exergie der Wärme* und Ex_W die der Arbeit. Nach Gl. (5.6) ist die Exergie der inneren Energie die maximal erreichbare Kolbenarbeit:

$$Ex_{U1} - Ex_{U2} = U_1 - U_2 - T_U \cdot (S_1 - S_2) + p_U \cdot (V_1 - V_2) \qquad (5.14)$$

Die Exergie der Wärme entspricht der maximalen Arbeit, die in einem Kreisprozess zwischen dem warmen und kalten Reservoir erzielt werden kann.

$$Ex_{Q1} - Ex_{Q2} = Q_{12} \cdot \left(1 - \frac{T_U}{T}\right) = Q_{12} - T_U \cdot \int_1^2 \frac{\delta Q}{T} = Q_{12} - T_U \cdot \Delta S_Q \qquad (5.15)$$

ΔS_Q ist die durch Temperaturdifferenzen verursachte irreversible Entropieänderung.

Die Exergie der Arbeit in einem geschlossenen System entspricht der Kolbenarbeit:

$$Ex_{W1} - Ex_{W2} = W_{K12} = -\int_1^2 (p - p_U) \cdot dV + J_{12} = W_{V12} + p_U \cdot (V_2 - V_1) + J_{12} \quad (5.16)$$

Damit erhält man für den Exergieverlust

$$Ex_v = \underbrace{U_1 - U_2 - T_U \cdot (S_1 - S_2) + p_U \cdot (V_1 - V_2)}_{\text{Exergietransfer durch innere Energie}} + \underbrace{Q_{12} - T_U \cdot \Delta S_Q}_{\text{Exergietransfer durch Wärme}} +$$

$$+ \underbrace{W_{V12} + p_U \cdot (V_2 - V_1) + J_{12}}_{\text{Exergietransfer durch Arbeit}} \quad (5.17)$$

Gleichung (5.16) gibt an, wie sich bei einer Zustandsänderung von 1 nach 2 die Exergie verändert. Diese Änderung kann als Exergietransfer bei der Zustandsänderung von 1 nach 2 betrachtet werden. Die Bestimmung der Terme auf der rechten Seite ist, auch wenn die zuvor erwähnten Größen bekannt sind, unmöglich. Zur Berechnung wird zusätzlich der Prozessverlauf benötigt.

Die noch störende transferierte Wärme Q_{12} kann mit Hilfe des ersten Hauptsatzes eliminiert werden.

$$Q_{12} + W_{V12} + J_{12} = U_2 - U_1$$

Damit erhält man für den *Exergieverlust Ex$_v$*:

$$Ex_v = T_U \cdot (S_2 - S_1 - T_U \cdot \Delta S_Q) = T_U \cdot \Delta S_{irr} \quad (5.18)$$

Den Exergieverlust nennt man auch *Irreversibilität* des Prozesses.

> Die Irreversibilität ist stets größer als null. Nur bei reversiblen Zustandsänderungen ist sie gleich null.

Die zeitliche Änderung der Exergie (*Exergiefluss*) eines geschlossenen Systems ist:

$$\frac{dE}{dt} = \sum_j \left(1 - \frac{T_U}{T_j} \right) \cdot \dot{Q}_j - \dot{W}_{V12} + p_U \cdot \frac{dV}{dt} - \dot{Ex}_v \quad (5.19)$$

In einem abgeschlossenen System werden mit der Umgebung weder Wärme noch Arbeit ausgetauscht. Die Terme, die den Wärme- und Arbeitstransfer berücksichtigen, sind also null. Daraus folgt:

$$\Delta E = T_U \cdot \Delta S_{irr} = E_v$$

Beispiel 5.3: Exergieverlust bei elektrischer Aufheizung von Wasser

In einem Topf befinden sich 10 kg Wasser mit der Temperatur von 80 °C in einer Umgebung mit 15 °C Temperatur und dem konstanten Druck von 0,98 bar. Wasser ist als inkompressible Flüssigkeit zu behandeln.

a) Bestimmen Sie die Exergie des Wassers.

b) Bestimmen Sie die Wärme und den Exergieverlust, wenn das Wasser mit einer elektrischen Heizung vom Umgebungszustand isobar auf 80 °C erwärmt wird.

Lösung

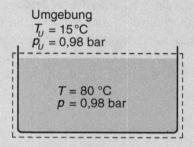

Umgebung
$T_U = 15\,°C$
$p_U = 0,98$ bar

$T = 80\,°C$
$p = 0,98$ bar

Schema Siehe Skizze

Annahmen

• Das Wasser ist ein geschlossenes System.
• Das Wasser ist eine inkompressible Flüssigkeit.
• Die spezifische Wärmekapazität und der Druck des Wassers ist konstant.
• Die Änderungen der kinetischen und potentiellen Energie sind vernachlässigbar.

Analyse

a) Die Exergie des Wassers kann mit Gl. (5.6) bestimmt werden.

$$Ex = m \cdot c_p \cdot (T - T_U) - T_U \cdot (S - S_U)$$

Die Entropieänderung des inkompressiblen Wassers aus A.2.4 ist:

$$S_U - S = m \cdot c_p \cdot \ln(T_U / T) = -8,523 \text{ kJ/K}$$

Die Exergie ist damit:

$$Ex = 10 \text{ kg} \cdot 4\,179{,}4 \cdot \text{J/(kg} \cdot \text{K)} \cdot (353{,}15 - 288{,}15) \cdot \text{K}$$
$$- 288{,}15 \cdot \text{K} \cdot 8510 \text{ J/K} = \mathbf{264{,}45\,kJ}$$

b) Da keine Arbeit geleistet wird, ist die zum Erwärmen des Wassers benötigte Wärme gleich der Änderung der inneren Energie.

$$Q_{12} = m \cdot c_p \cdot (T - T_U) = 10 \cdot \text{kg} \cdot 4179{,}4 \cdot \text{J/(kg} \cdot \text{K)} \cdot 65 \cdot \text{K} = \mathbf{2716{,}6\,kJ}$$

Die Änderung der Exergie kann mit Gl. (5.12) bestimmt werden. Da die Aufwärmung nicht isotherm erfolgen kann, ist sie irreversibel.

$$Ex_2 - Ex_1 = T_U \cdot \Delta S_{irr} = \mathbf{2\,452{,}2\,kJ}$$

Zieht man hiervon die Exergie des 80 °C warmen Wassers ab, erhält man die für die Aufheizung notwendigen 2716,6 kJ Wärme.

Diskussion

Theoretisch könnte man beim Abkühlen des Wassers von 80 °C auf Umgebungstemperatur von 15 °C in einer idealen thermischen Maschine −264,5 kJ Arbeit gewinnen. Ebenso müsste sich mit einer idealen Wärmepumpe das Wasser von 15 °C Temperatur mit einem Arbeitsaufwand von 264,5 kJ auf 80 °C erwärmen lassen. Durch Erwärmung mit der „hochwertigen" Energie Elektrizität erleidet die zugeführte elektrische Energie im Prozess einen Exergieverlust von 2452 kJ.

Die Umwandlung elektrischer Energie in „*Ohm*'sche Wärme" ist ein hoch dissipativer Prozess.

5.5.2 Offene Systeme

Bei der Bestimmung des Exergieflusses muss für das offene System der Exergietransfer mit den Stoffströmen berücksichtigt werden:

$$\underbrace{\frac{dEx_{KR}}{dt}}_{\substack{\text{zeitliche Änderung} \\ \text{der Exergie im} \\ \text{Kontrollraum}}} = \underbrace{\sum_j \left(1 - \frac{T_U}{T_j}\right) \cdot \dot{Q}_j}_{\substack{\text{Exergietransferrate, ver-} \\ \text{bunden mit Wärmetransfer}}} + \underbrace{P_t^{st} + \dot{W}_{diss}}_{\substack{\text{Exergietransferrate,} \\ \text{verbunden mit} \\ \text{Arbeitstransfer}}} - \underbrace{\sum_a \dot{m}_a \cdot ex_a + \sum_e \dot{m}_e \cdot ex_e}_{\substack{\text{Exergietransferrate,} \\ \text{verbunden mit Stoffstrom}}} \qquad (5.20)$$

In Gl. (5.20) ist die linke Seite die zeitliche Änderung der Exergie im Kontrollraum. Der erste Term auf der rechten Seite ist der Fluss des Exergietransfers, der mit dem Wärmetransfer verbunden ist. T_i ist dabei die Temperatur an der Systemgrenze, bei der der Wärmestrom zum Kontrollraum transferiert wird. Der zweite Term auf der rechten Seite ist der Exergietransferfluss, der mit der Arbeit verbunden ist. Dabei ist P die Leistung, die vom Kontrollraum abgegeben oder ihm zugeführt wird. Der dritte Term der rechten Seite ist der Exergietransfer mit den Stoffströmen, die in den Kontrollraum ein- und ausfließen.

Ein Vergleich der Entropiebilanz Gl. (4.75) und der Exergiebilanz Gl. (5.20) ergibt unter Berücksichtigung der Energiebilanz die allgemein gültige Beziehung für die Exergieverlustrate $\dot{Ex}_v$:

$$\dot{Ex}_v = T_U \cdot \dot{S}_{irr}$$

Technische Exergieanalysen behandeln vorwiegend stationäre Vorgänge. Bei der Gleichung für den Exergiefluss stationärer Vorgänge wird die linke Seite der Gl. (5.20) zu null, ebenfalls der Term $p_U \cdot dV/dt$. Damit erhalten wir aus Gl. (5.20):

$$0 = \sum_j \left(1 - \frac{T_U}{T_j}\right) \cdot \dot{Q}_j + P + \sum_e \dot{m}_e \cdot ex_e - \sum_a \dot{m}_a \cdot ex_a - \dot{Ex}_v \qquad (5.21)$$

In vielen Fällen strömt nur ein Massenstrom ins offene System ein und wieder aus ihm heraus. Für diesen Fall vereinfacht sich Gl. (5.21) zu:

$$\sum_j \left(1 - \frac{T_U}{T_j}\right) \cdot \dot{Q}_j + P - \dot{Ex}_v = \dot{m} \cdot (ex_2 - ex_1) \qquad (5.22)$$

Die Änderung der spezifischen Exergie zwischen Ein- (Index 1) und Austritt (Index 2) aus dem System $e_2 - e_1$ ist mit Gl. (5.12) berechenbar.

$$ex_2 - ex_1 = h_{tot2} - h_{tot1} - T_U \cdot (s_2 - s_1) \qquad (5.23)$$

Beispiel 5.4: Drosselung von Dampf
In einem Ventil wird Dampf von 100 bar Druck und 360 °C Temperatur auf 10 bar gedrosselt. Die Geschwindigkeit des Dampfes ist vor und nach dem Ventil gleich groß. Die Temperatur der Umgebung ϑ_U beträgt 20 °C und der Druck $p_U = 1$ bar.

Zu bestimmen sind die spezifische Exergie des Dampfes vor und nach dem Ventil und der spezifische Exergieverlust.

Lösung

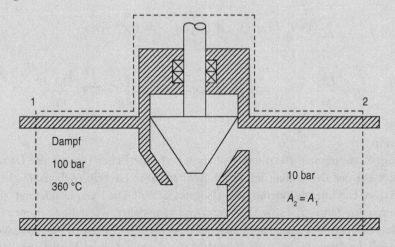

Schema Siehe Skizze

Annahmen

- Der Prozess des in der Skizze dargestellten offenen Systems ist stationär.
- Der Prozess verläuft adiabat und ohne den Transfer technischer Arbeit.
- Der Einfluss potentieller und kinetischer Energie ist vernachlässigbar.

Analyse

Daten des Dampfes vor der Drosselung (A.2.4):

$$v_1 = 0{,}02333 \text{ m}^3/\text{kg}, \ h_1 = 2962{,}6 \text{ kJ/kg}, \ s_1 = 6{,}0075 \text{ kJ/(kg K)}$$

Laut Energiebilanz nach Kap. 3 ist der Zustand nach der Drosselung:

$$0 = h_2 - h_1$$

Aus dem *h,s*-Diagramm kann man entnehmen, dass die Temperatur des Dampfes bei isenthalper Drosselung auf 258,9 °C sinkt. Die Entropie des Dampfes nach der Drosselung beträgt:

$$s_2 = 6{,}962 \text{ kJ/(kg K)}$$

Zur Berechnung der Exergie nach Gl. (5.18) werden noch die Enthalpie und Entropie des Dampfes bei 20 °C und 1 bar benötigt. Aus Tabelle A.2.4 erhält man:

$$h_U = 2538{,}1 \text{ kJ/kg und } s_U = 6{,}928 \text{ kJ/(kg K)}$$

$$ex_1 = h_1 - h_U - T_U \cdot (s_1 - s_U) = \mathbf{694{,}5 \ kJ / kg}$$

$$ex_2 = h_2 - h_U - T_U \cdot (s_2 - s_U) = \mathbf{414{,}8 \, kJ / kg}$$

Die Exergiebilanz des offenen Systems lautet:

$$\underbrace{\sum_j \left(1 - T_U / T_j\right) \cdot \dot{Q}_j + \dot{W}_{e12} - \dot{Ex}_v}_{=0} = \dot{m} \cdot (ex_2 - ex_1)$$

$$ex_v = \frac{\dot{Ex}_v}{\dot{m}} = -(ex_2 - ex_1) = (414,8 - 1694,5) \cdot \frac{\text{kJ}}{\text{kg}} = \mathbf{279,7}\,\frac{\text{kJ}}{\text{kg}}$$

Diskussion

Die Energie, zusammengesetzt aus Enthalpie und kinetischer Energie des Dampfes, bleibt bei der Drosselung im Ventil erhalten, aber Exergie (Arbeitsfähigkeit) wird zerstört. Die Energieänderung des Dampfes ist null. Die Exergieänderung wird allein durch den Term $-T_U\,(s_2 - s_1)$ bestimmt und kann daher, wenn die Entropien bei der Zustandsänderung bekannt sind, berechnet werden. Weiter ist zu beachten, dass der Zustand des Dampfes bei Umgebungsbedingungen im Gebiet des Wassers liegt. Sinnvoller wäre es, hier den Zustand zu definieren, der im Kondensator der Turbine bei Umgebungsbedingungen herrscht. Dieser Zustand läge bei 23 mbar mit einer Entropie von s_U=8,66 kJ/(kg K). Auf den Kondensatordruck bezogene Exergie wäre größer als die beim Umgebungsdruck, nicht aber die Änderung der Exergie.

Beispiel 5.5: Exergieverluste bei regenerativer Vorwärmung

In einem Speisewasservorwärmer wird das Wasser bei 200 bar Druck von 180 °C auf 220 °C erwärmt. Die Erwärmung erfolgt mit überhitztem Heizdampf, der mit 30 bar Druck und 400 °C Temperatur in den Vorwärmer eintritt und ihn als gesättigtes Kondensat verlässt. Bestimmen Sie die spezifische Irreversibilität, bezogen auf 1 kg Speisewasser bei einer Umgebungstemperatur von 300 K.

Lösung

Schema Siehe Skizze

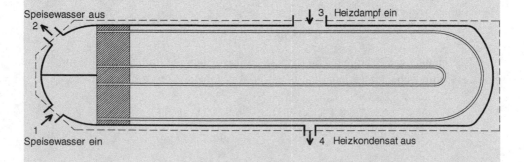

Annahmen

- Der Prozess im Speisewasser ist stationär.
- Mit der Umgebung findet kein Wärmeaustausch oder Arbeitstransfer statt.
- Der Einfluss potentieller und kinetischer Energie ist vernachlässigbar.

Analyse

Unter der Voraussetzung, dass der Vorwärmer nach außen adiabat ist, lautet die Exergiebilanz nach Gl. (5.21):

$$\sum_{aus} \dot{m}_{aus} \cdot ex_{aus} - \sum_{ein} \dot{m}_{ein} \cdot ex_{ein} = -\dot{Ex}_v$$

$$ex = h - h_U - T_U \cdot (s - s_U) + 0,5 \cdot c^2 + g \cdot z$$

Aus Tabelle A.2.4 erhalten wir folgende Stoffwerte:

$h_1 = 773,0$ kJ/kg, $s_1 = 2,1143$ kJ/(kg K), $h_2 = 949,2$ kJ/kg, $s_2 = 2,4867$ kJ/(kg K)

$h_3 = 3231,6$ kJ/kg, $s_3 = 6,9234$ kJ/kg K), $h_4 = 1008,3$ kJ/kg, $s_4 = 2,6455$ kJ/(kg K)

Um die Irreversibilität zu berechnen, sind zunächst die Massenströme zu ermitteln. Die Massenströme des Speisewassers und des Dampfes bzw. des Kondensats bleiben konstant. Nach der Energiebilanz des Vorwärmers erhält man folgende Beziehung zwischen den Massenströmen:

$$\dot{m}_1 \cdot (h_2 - h_1) = -\dot{m}_3 \cdot (h_4 - h_3)$$

$$\dot{m}_3 = \dot{m}_1 \cdot \frac{h_2 - h_1}{h_3 - h_4} = \dot{m}_1 \cdot \frac{949,2 - 773,0}{3231,7 - 1008,3} = 0,07923 \cdot \dot{m}_1$$

Zur Bestimmung der spezifischen Irreversibilität kann die Exergiebilanzgleichung in folgender Form geschrieben werden:

$$ex_v = \frac{\dot{Ex}_v}{\dot{m}_1} = -(ex_2 - ex_1) - \frac{\dot{m}_3}{\dot{m}_1} \cdot (ex_4 - ex_3)$$

Die Exergieänderungen sind:

$$ex_2 - ex_1 = h_2 - h_1 - T_U(s_2 - s_1) = 64,42 \text{ kJ/kg}$$

$$ex_4 - ex_3 = h_4 - h_3 - T_U(s_4 - s_3) = -939,98 \text{ kJ/kg}$$

$$ex_v = \frac{\dot{Ex}_v}{\dot{m}_1} = -64{,}42\ \frac{kJ}{kg} - 0{,}07923 \cdot (-939{,}98\ \frac{kJ}{kg}) = \mathbf{10{,}05\ \frac{kJ}{kg}}$$

Diskussion

Durch den Wärmeaustausch bei endlicher Temperaturdifferenz entsteht eine Irreversibilität, um welche die Exergie verringert wird. Der auf den Massenstrom bezogene Wärmestrom ist: $h_2 - h_1 = 176$ kJ/kg. Damit beträgt die Irreversibilität 5,3 % des Wärmetransfers.

5.6 Exergieanalysen

5.6.1 Exergieanalyse der Primärenergien

Unsere Energiequellen sind Primärenergieträger, die mit Ausnahme der Hydro- und Windenergie als Wärme genutzt werden. Hydro- und Windenergie stehen uns als potentielle und kinetische Energie zur Verfügung, es sind somit reine Exergien. Die thermischen Energieträger fossile und biologische Brennstoffe, nukleare und solare Energie liefern uns Wärmeströme, die je nach Energieträger bei verschiedenen Temperaturen, die wir hier mit Quellentemperatur T_Q bezeichnen, nutzen können. Die genaue Ermittlung der Quellentemperatur ist nicht immer einfach, weil die Wärmetransferprozesse in der Regel nicht isotherm verlaufen. Wie später noch gezeigt wird, kann aber eine mittlere Quellentemperatur bestimmt werden. In der Praxis erfolgt die Übertragung der Wärmeströme bei endlichen Temperaturdifferenzen. Verbunden damit tritt immer ein Exergieverlust auf. In Abschn. 5.3 haben wir gesehen, dass die Exergie der Wärme stark von der Temperatur T_Q, bei der sie zur Verfügung steht und von der Umgebungstemperatur T_U abhängig ist. Bei den meisten technischen Prozessen wird die Wärme nicht bei Umgebungstemperatur, sondern bei der Nutztemperatur T_N genutzt. Dies kann am Beispiel eines fossil befeuerten Dampfkessels eines Dampfkraftwerks in Abb. 5.5 vereinfacht demonstriert werden:

Zur Analyse des Energie- und Exergietransfers betrachten wir das durch die Systemgrenze eingeschlossene System, das im Wesentlichen aus der Kesselwand besteht. Das System transferiert keine Arbeit oder Massenströme, sondern nur Wärmeströme. Aus dem Brennraum strömt die durch Verbrennung freigesetzte Wärme Q_{zu} in das System. Das aus dem System strömende Rauchgas wird durch die Wärmeabgabe an die Umgebung Q_V ersetzt. Diese Wärme bleibt ungenutzt. Die nutzbare Wärme Q_N führt man dem Dampferzeuger zu. Beim stationären Prozess sind die Energie- und Exergiebilanzgleichungen für das System:

$$\dot{Q}_{zu} + \dot{Q}_V + \dot{Q}_N = 0 \tag{5.24}$$

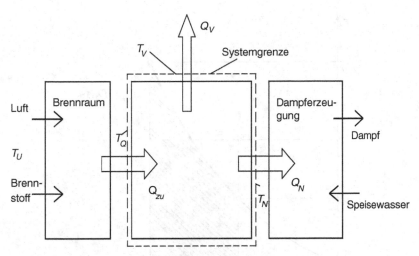

Abb. 5.5 Schematische Darstellung der Energieträgernutzung

$$\dot{E}x_v = \left(1 - \frac{T_U}{T_Q}\right) \cdot \dot{Q}_{zu} - \left(1 - \frac{T_U}{T_N}\right) \cdot \left|\dot{Q}_N\right| - \left(1 - \frac{T_U}{T_V}\right) \cdot \left|\dot{Q}_V\right| \qquad (5.25)$$

Aus der Energiebilanz kann ein Brennraumwirkungsgrad η_{Br} definiert werden, der angibt, welcher Anteil zugeführter Wärme als Nutzwärme weitergeleitet wird.

$$\eta_{Br} = \frac{\left|\dot{Q}_N\right|}{\dot{Q}_{zu}} = \frac{\left|\dot{Q}_N\right|}{\dot{Q}_N + \left|\dot{Q}_V\right|} \qquad (5.26)$$

Die Exergiebilanzgleichung gibt an, welcher Anteil der Exergie mit den Wärmeströmen transferiert wird. Durch den Wärmestrom wird dem System Exergie zugeführt. Der Anteil davon, der mit der Nutzwärme weitertransferiert wird, kann mit dem exergetischen Wirkungsgrad η_{Ex} angegeben werden:

$$\eta_{Ex} = \frac{(1 - T_U / T_N) \cdot \left|\dot{Q}_N\right|}{(1 - T_U / T_Q) \cdot \dot{Q}_{zu}} = \eta_{Br} \cdot \frac{(1 - T_U / T_N)}{(1 - T_U / T_Q)} \qquad (5.27)$$

Die Ermittlung der Temperaturen T_Q und T_N ist nicht ganz einfach, weil der Wärmetransfer im Allgemeinen nicht bei konstanten Temperaturen erfolgt. Es können mittlere Temperaturen bestimmt werden, die vom Prozess abhängen. Für das folgende Beispiel Dampfkessel wird gezeigt, wie man solche Temperaturen ermittelt.

Im Brennraum des Dampfkessels erfolgt die Wärmezufuhr durch isobare Verbrennung. Die Wärmeabgabe vom heißen Brenngas ist wiederum in guter Näherung isobar. Mit Hilfe des T,s-Diagramms kann eine mittlere Temperatur errechnet werden (Abb. 5.6).

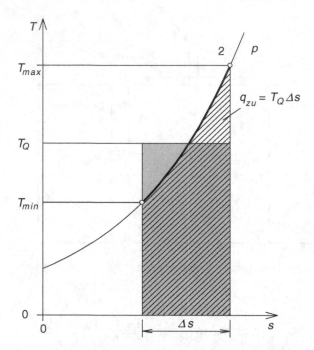

Abb. 5.6 Zur Bestimmung der mittleren Temperatur

Die mittlere Temperatur ist der Quotient aus abgeführter Wärme und Entropieänderung. Diese Temperatur ist die mittlere Quellentemperatur T_Q. Aus dem Brennraum wird die Wärme dem Speisewasser zugeführt, das zunächst erhitzt, dann verdampft und überhitzt wird. Hier kann im T,s-Diagramm des Wassers ebenfalls eine mittlere Temperatur bestimmt werden. Für diesen Prozess ist die Nutztemperatur die mittlere Temperatur des Dampfes. Mit ihr kann der Exergietransfer vom Brennraum zum Dampf untersucht werden.

Im Brennraum hängt die maximale Temperatur, die bei der Verbrennung entsteht, vom Brennstoff ab und liegt zwischen 2200 und 3000 K. Die mittlere Temperatur, also die Quellentemperatur T_Q, liegt zwischen 1200 und 1600 K. Auf der Dampfseite tritt das Speisewasser bei 500 bis 550 K in den Kessel ein und die Temperatur des überhitzten Dampfes liegt bei 810 bis 850 K. Die mittlere Temperatur, auch Nutztemperatur T_N genannt, liegt bei 700 K. Bei einer Umgebungstemperatur von 290 K beträgt der exergetische Wirkungsgrad des Dampfkesselprozesses 0,71 bis 0,72. Beim irreversiblen Wärmetransfer vom Brennraum gehen 23 bis 28 % der Exergie verloren. Der in Gl. (5.26) angegebene exergetische Wirkungsgrad bezieht sich nur auf die Wärmetransfers. Bei der Verbrennung selbst entstehen große Exergieverluste durch die Umwandlung chemischer Bindungsenergie in Wärme. Im Dampfturbinenprozess ergeben sich weitere Exergieverluste, die später noch diskutiert werden.

Der exergetische Wirkungsgrad eines Wärmetransferprozesses wird desto besser, je kleiner die Differenz zwischen Quellen- und Nutztemperatur ist. Entspricht die

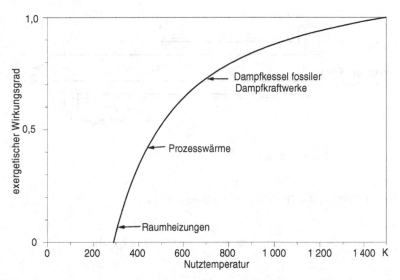

Abb. 5.7 Einfluss der Nutztemperatur auf den exergetischen Wirkungsgrad

Nutztemperatur der Quellentemperatur, wird der exergetische Wirkungsgrad 1. In Abb. 5.7 ist der exergetische Wirkungsgrad des Wärmetransfers für die Quellentemperatur von 1500 K und der Umgebungstemperatur von 290 K beim Brennraumwirkungsgrad von 1 über der Nutztemperatur aufgetragen. Aus dem Diagramm sieht man, dass bei Raumheizungen mit sehr tiefen Nutztemperaturen der exergetische Wirkungsgrad sehr gering ist und mit steigender Nutztemperatur zunimmt.

Die Produktion von Niedertemperaturwärme mit fossilen Brennstoffen führt zu starken Exergieverlusten und ist aus thermodynamischer Sicht deshalb unsinnig. Die Nutzung der Temperaturgefälle durch eine Wärmekraftmaschine und die Nutzung der Abwärme als Niedertemperaturwärme (z. B. Raumheizung) resultieren in wesentlich besseren exergetischen Wirkungsgraden. Dies wird bei der Wärme-Kraft-Koppelung (WKK), bei der ein Wärmekraftprozess Strom erzeugt und gleichzeitig Prozess- oder Heizwärme abgibt, erreicht. Vom Standpunkt des zweiten Hauptsatzes aus sollte man diese Anlagen zwingend realisieren.

5.6.2 Exergieanalyse adiabater Maschinen

In den thermischen Maschinen Turbinen, Verdichtern und Pumpen sind die Energieumwandlungsprozesse meistens adiabat, nur der Massenstrom tritt in den Kontrollraum ein und verlässt ihn auch wieder. Aus der Exergieflussbilanzgleichung (5.22) erhalten wir:

$$0 = P - \dot{m} \cdot (ex_2 - ex_1) - \dot{Ex}_v$$

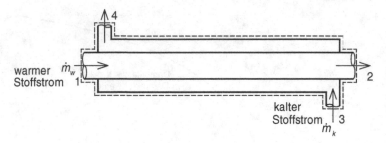

Abb. 5.8 Gegenstromwärmeübertrager

Die spezifische Exergie, die zur Maschine gelangt, ist

$$\frac{P}{\dot{m}} = w_{e12} = ex_2 - ex_1 + \frac{\dot{Ex}_v}{\dot{m}} = ex_2 - ex_1 + T_U \cdot \Delta s_{irr} \tag{5.28}$$

Irreversibilitäten sind die durch Reibung und dissipative Effekte verursachten Minderungen der Arbeitsfähigkeit der Maschine. Als Folge von Irreversibilitäten erleiden die Maschinen Exergieverluste.

5.6.3 Exergieanalyse von Wärmeübertragern

Die Stoffströme der Wärmeübertrager erfahren Exergieverluste primär durch Wärmetransfer bei endlichen Temperaturdifferenzen, sekundär durch Isolationsverluste und Reibung in der Strömung, die im Vergleich zum Energietransfer meist so gering sind, dass sie vernachlässigt werden dürfen.

In dem in Abb. 5.8 dargestellten Wärmeübertrager werden mit der Umgebung weder Wärme noch Arbeit ausgetauscht. Damit vereinfacht sich Gl. (5.21) zu:

$$0 = \sum_{aus} \dot{m}_a \cdot ex_a - \sum_{ein} \dot{m}_e \cdot ex_e + \dot{Ex}_v$$

Für den in Abb. 5.8 gezeigten Wärmeübertrager erhalten wir als Exergiebilanz:

$$\dot{m}_w \cdot (ex_2 - ex_1) + \dot{m}_k \cdot (ex_4 - ex_3) = -\dot{Ex}_v$$

Die linke Seite der Gleichung ist die Exergiestromänderung durch den Massentransport, die rechte Seite die durch Irreversibilitäten verursachte Exergieverlustrate. Der warme

Stoffstrom ist der Lieferant der Exergie für den kalten Stoffstrom. Die Gleichung, geteilt durch die Exergiestromänderung des warmen Mediums, liefert

$$\frac{\dot{m}_k \cdot (ex_3 - ex_4)}{\dot{m}_w \cdot (ex_2 - ex_1)} = 1 + \frac{\dot{E}x_v}{\dot{m}_w \cdot (ex_2 - ex_1)}$$

Die rechte Seite der Gleichung ist ein auf die Exergiestromänderung des warmen Mediums bezogener Wirkungsgrad. Unter Verwendung von Gl. (5.27) und unter Vernachlässigung der kinetischen und potentiellen Energie ist der exergetische Wirkungsgrad:

$$\eta_{Ex} = \frac{\dot{m}_k \cdot [h_4 - h_3 + T_U \cdot (s_4 - s_3)]}{\dot{m}_w \cdot [h_1 - h_2 + T_U \cdot (s_1 - s_2)]} \tag{5.29}$$

Die thermodynamischen Mitteltemperaturen auf der kalten und warmen Seite sind folgendermaßen definiert:

$$T_w = \frac{h_2 - h_1}{s_2 - s_1} \qquad\qquad T_k = \frac{h_4 - h_3}{s_4 - s_3}$$

In Gl. (5.28) eingesetzt, erhalten wir:

$$\eta_{Ex} = \frac{1 - T_U / T_k}{1 - T_U / T_w} \tag{5.30}$$

Das Ergebnis ist gleich wie bei der Analyse der Primärenergieträger nach Gl. (5.27). Dies ist trivial, weil auch der Dampfkessel ein Wärmeübertrager ist.

5.6.4 Exergetischer Wirkungsgrad von Anlagen

Der *exergetische Wirkungsgrad* von Anlagen kann im Allgemeinen als Verhältnis des genutzten Exergiestromes zum aufgewendeten Exergiestrom angegeben werden

$$\eta_{Ex} = \frac{\dot{E}x_N}{\dot{E}x_A} = \frac{\dot{E}x_A - \dot{E}x_V}{\dot{E}x_A}$$

Dabei ist $\dot{E}x_N$ der genutzte, $\dot{E}x_A$ der aufgewandte und $\dot{E}x_V$ der verlorene Exergiestrom der Anlage.

5.7   Exergie-Anergie-Flussbilder

Zur anschaulichen Darstellung der Energieflüsse einer aus mehreren Teilen bestehenden
Anlage, z. B. einem Dampfkraftwerk, nimmt man Energieflussbilder, die *Sankey-Dia-
gramme* heißen. In ihnen werden die Energieflüsse einzelner Komponenten der Anlage
durch „Ströme" dargestellt, deren Breite proportional zum Energiestrom ist. Diese Darstellung berücksichtigt aber nur den ersten Hauptsatz der Thermodynamik. Teilt man die
Energieflüsse in Exergie und Anergie auf, berücksichtigt man auch den zweiten Hauptsatz. Solche Diagramme nennt man *Exergie-Anergie-Flussbilder*.

In Abb. 5.9 ist das Exergie-Anergie-Flussbild einer Wärmekraftmaschine dargestellt,
die Wärme aus einem warmen thermischen Reservoir mit der Temperatur T_w bezieht und
Wärme an ein kaltes Reservoir mit der Temperatur T_k abgibt. Der zugeführte Wärmestrom
besteht aus dem Exergiestrom $\dot{Ex}_Q$ und dem Anergiestrom $\dot{B}_Q$.

$$\dot{Ex}_Q = \dot{Q}_{zu} \cdot \eta_C = \dot{Q}_{zu} \cdot \left(1 - T_k / T_w\right)$$

$$\dot{B}_Q = \dot{Q}_{zu} + \dot{Ex}_Q = \dot{Q}_{zu} \cdot T_k / T_w$$

Der Betrag des Exergieflusses verringert sich um den Exergieverlust der Maschine.

Der verbleibende Exergiefluss verlässt die Maschine als effektive Leistung P. Der An-
ergiefluss vergrößert sich entsprechend durch die Irreversibilität und verlässt als abgeführter Wärmestrom die Maschine.

Abb. 5.9 Exergie-An-
ergie-Flussbild einer
Wärmekraftmaschine

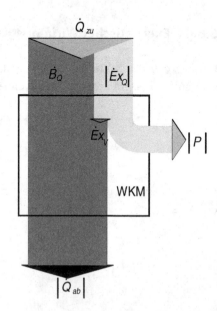

In vielen Fällen interessiert nur die Änderung der Exergie. Sie kann als *Exergie-Fluss-bild* dargestellt werden. In Abb. 5.9 ist der rechte Ast des Flussbildes das Exergie-Fluss-bild.

Beispiel 5.6: Exergie-Flussdiagramm eines Dampfturbinenprozesses
In eine Dampfturbinenanlage strömen aus dem Dampferzeuger 10 kg/s Frischdampf mit 40 bar Druck und 400 °C Temperatur. In der 1. Teilturbine wird der Dampf auf 10 bar expandiert und in einem Zwischenüberhitzer wieder auf 400 °C erhitzt. In der 2. Teilturbine wird der Dampf auf 50 mbar expandiert. Der isentrope Wirkungsgrad der Teilturbinen ist 0,85. Reibungsverluste der Strömung in den Rohrleitungen und in der Pumpe sowie die kinetische und potentielle Energie können vernachlässigt werden. Berechnen Sie die Exergieströme in der Turbine und zeichnen Sie ein Exergie-Flussdiagramm. Der Druck der Umgebung ist 1 bar und die Temperatur beträgt 20 °C.

Lösung
Schema Siehe Skizze

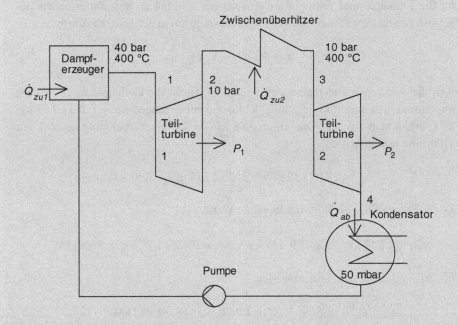

Annahmen
- Beide Teilturbinen fassen wir in einem Kontrollraum zusammen.
- Die potentielle und kinetische Energie sind vernachlässigbar.
- Strömungsverluste außerhalb der Turbinen werden vernachlässigt.
- Die Pumpe bleibt unberücksichtigt.

Analyse

Da wir beide Turbinen in einem Kontrollraum zusammengefasst haben, müssen nur die aus dem System ein- und austretenden Exergieflüsse und die Arbeit berechnet werden. Der Exergiefluss ist:

$$\dot{Ex} = \dot{m} \cdot ex = \dot{m} \cdot [(h - h_U) - T_U \cdot (s - s_U)]$$

Aus Tabelle A.2.4 entnimmt man die Dampfdaten bei Umgebungsbedingungen:

$$h_U = 84,0 \text{ kJ/kg}, \ s_U = 0,2965 \text{ kJ/(kg K)}, \ T_U = 293,15 \text{ K}$$

Zur Bestimmung der Exergieflüsse werden die Enthalpien und Entropien an den Ein- und Austritten der Turbine benötigt. Diese Werte können am einfachsten aus dem h, s-Diagramm B.2 oder aus den Tabellen A.2.4 ermittelt werden. Für die Eintritte der Teilturbine erhalten wir folgende Daten:

$$h_1 = 3214,5 \text{ kJ/kg } s_1 = 6,771 \text{ kJ/(kg K) } h_3 = 3264,5 \text{ kJ/kg } s_3 = 7,467 \text{ kJ/(kg K)}$$

Um die Enthalpie und Entropie am Austritt der Turbine zu bestimmen, muss der Turbinenprozess berechnet werden. Für die Expansion in der ersten Teilturbine gilt:

$$h_2 = h_1 - (h_1 - h_{2s}) \cdot \eta_i$$

Nach der isentropen Expansion von 40 auf 10 bar ist die Enthalpie h_{2s}. Aus dem Diagramm erhält man für $h_{2s} = 2864,7 \text{ kJ/kg}$ und entsprechend für $h_2 = 2917,2 \text{ kJ/kg}$. Für s_2 erhält man aus dem Diagramm 6,88 kJ/(kg K). Die Berechnung der zweiten Teilturbine erfolgt analog:

$$h_{4s} = 2277,1 \text{ kJ/kg}, \ h_4 = 2425,2 \text{ kJ/kg}, \ s_4 = 6,97 \text{ kJ/(kg K)}$$

Für die Exergieflüsse erhält man folgende Werte:

$$\dot{Ex}_1 = 12 \ 324 \text{ kW} \quad \dot{Ex}_2 = 9 \ 043 \text{ kW} \quad \dot{Ex}_3 = 10 \ 784 \text{ kW} \ \dot{Ex}_4 = 3 \ 850 \text{ kW}$$

Die Leistung der ersten Teilturbine ist

$$P_{T1} = \dot{m} \cdot [(ex_2 - ex_1) + T_U \cdot (s_2 - s_1)] = -2 \ 973 \text{ kW}$$

Für die zweite Teilturbine erhält man

$$P_{T2} = -8 \ 393 \text{ KW}$$

Mit diesen Daten kann ein Exergie-Flussdiagramm erstellt werden:

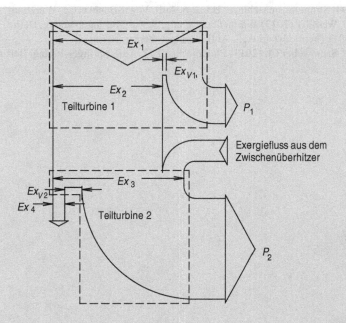

Das Diagramm zeigt die Exergieflüsse und Exergieverluste Ex_{v1} und Ex_{v2}, die durch Irreversibilitäten auftraten.

Diskussion

Im Exergie-Flussdiagramm symbolisieren Exergieflüsse die Abnahme der Exergie durch Irreversibilitäten und die Zunahme durch Wärmezufuhr. Zu beachten ist der geringe Exergiefluss Ex_4 am Kondensatoreintritt. Die spezifische Enthalpie des Dampfes ist zwar groß, hat aber wegen der tiefen Temperatur eine sehr kleine Exergie. Die Energie dieses Dampfes besteht zum größten Teil nur aus Anergie und ist daher thermodynamisch gesehen nutzlos.

Literatur

1. Baehr HD (2004) Thermodynamik, 11. Aufl. Springer-Verlag, Berlin
2. Langeheineoke K (Hrsg), Jany P, Thieleoke G (2006) Thermodynamik für Ingenieure, 6. Aufl. Vieweg, Braunschweig/Wiesbaden
3. Baehr HD, Stephan K (2006) Wärme- und Stoffübertragung, 5. Aufl. Springer-Verlag, Berlin
4. Traupel W (2001) Thermische Turbomaschinen, 4. Auflage, Thermody-namischströmungstechnische Berechnung, Bd I. Springer-Verlag, Berlin
5. Traupel W (2001) Thermische Turbomaschinen, 4. Auflage, Geänderte Betriebsbedingungen, Regelung, mechanische Probleme, Temperaturprobleme, Bd II. Springer-Verlag, Berlin

6. Bohl W (1994) Strömungsmaschinen, Bd. 2, 6. Aufl. Vogel-Buchverlag, Würzburg
7. von Böckh P, Wetzel T (2013) Wärmeübertragung, 5. Aufl. Springer-Verlag, Berlin
8. Lucas K (2001) Thermodynamik, 3. Aufl. Springer-Verlag, Berlin
9. von Böckh P, Saumweber Ch (2013) Fluidmechnaik, 3. Aufl. Springer-Verlag, Berlin

Anwendung bei technischen Prozessen 6

Bei technischen Problemen sind die wirklichen Zustandsänderungen meist so komplex, dass eine exakte thermodynamische Analyse nur mit aufwändigen Computerprogrammen möglich ist. Die Beschreibung solcher Programme würde den Rahmen dieses Lehrbuches sprengen. Um grundlegende Aussagen über Einflussgrößen machen zu können, sind oft vereinfachte Analysen ausreichend. Hier werden einige einfache, idealisierte Zustandsänderungen besprochen, die bei der Analyse technischer Prozesse anwendbar sind. In den Kap. 7 bis 10 folgt dann eine ausführlichere Behandlung der wichtigsten technischen Prozesse.

6.1 Analyse technischer Prozesse

Durch richtige Anwendung der Bilanz- und Transfergleichungen sind technische Prozesse analysierbar. Dadurch werden die Beurteilung der thermischen und isentropen Wirkungsgrade, die Bestimmung der Leistungen sowie jene der Verluste möglich. Oft müssen vereinfachende Annahmen getroffen werden, damit der Zeitaufwand für eine Analyse vertretbar ist. Natürlich ist die Auswirkung der Vereinfachungen auf das Ergebnis zu beurteilen und zu berücksichtigen.

Die Analyse der Prozesse kann durch folgende Maßnahmen vereinfacht und oft so erst einer Berechnung zugänglich gemacht werden:

- Die Systemgrenzen sind dem Problem angepasst zu wählen.
- Die Annahme idealisierter Prozessverläufe und Stoffwerte, die zwar nicht der Wirklichkeit entsprechen, sich dieser aber möglichst gut annähern.
- Das Aufteilen von Prozessen in idealisierte Teilprozesse.

6.1.1 Anwendungsgebiete

Thermodynamische Analysen befassen sich mit folgenden Prozessen:

- Thermischen Kreisprozessen der Kraftmaschinen
- Wärmepumpen- und Kälteanlagenprozessen
- Trocknungsprozessen
- Verbrennungsprozessen.

Nicht nur Kreisprozesse können analysiert werden, sondern auch die Teilprozesse und deren Apparate. Typische Apparate sind:

- Konfusoren und Diffusoren von Strömungsmaschinen
- Dampf-, Gas- und Wasserturbinen
- Kompressoren, Verdichter und Pumpen
- Verbrennungsmotoren, Gasmotoren
- Drosselelemente
- Heizkessel
- Wärmeübertrager.

6.1.2 Einteilung thermischer Maschinen

Thermische Maschinen werden, je nachdem ob sie Arbeit leisten oder abgeben und ob die Prozesse kontinuierlich oder intermittierend verlaufen, unterschieden. Tabelle 6.1 zeigt die Einteilung der Maschinen.

Je nach der Zu- oder Abfuhr mechanischer Nutzarbeit erfolgt die Aufteilung in *Arbeits-* und *Kraftmaschinen*.

Bei *Verdrängermaschinen* wird das Arbeitsfluid in einem Arbeitsraum eingeschlossen, erfährt dort eine oder mehrere Zustandsänderungen und wird anschließend ausgetauscht. Der Stoffaustausch erfolgt intermittierend.

Tab. 6.1 Einteilung der Maschinen

	Arbeitsmaschinen	Kraftmaschinen
	Zufuhr von Nutzarbeit oder Nutzleistung	Lieferung von Nutzarbeit und Nutzleistung
Verdrängermaschinen	Kompressoren	Kolbendampfmaschinen
	Kolbenpumpen	Verbrennungsmotoren
	Schraubenverdichter	
Strömungsmaschinen	Radial- und Axialpumpen Verdichter Ventilatoren	Dampf-, Gas- und Wasserturbinen

In *Strömungsmaschinen* strömt das Arbeitsfluid kontinuierlich und erfährt dabei eine oder mehrere Zustandsänderungen.

Eine strenge Abgrenzung ist nicht immer möglich, wie man am Beispiel eines Verbrennungsmotors, der eine Verdrängermaschine ist, zeigen kann. Setzt man am Ein- und Austritt einen Windkessel ein, kann er als Strömungsmaschine betrachtet werden, deren Arbeitsmedium kontinuierlich strömt.

Bei *thermischen Kreisprozessen* benötigt man jeweils mindestens eine Arbeits- und eine Kraftmaschine bzw. eine Verdichtung und eine Expansion. Die aufgezählten Maschinen können in der Technik auch für eine einzelne Zustandsänderung (z. B. Luftkompressor, Wasserturbine) zur Anwendung kommen. Auf die Prozesse und deren Komponenten wird in den Kap. 7 bis 10 detailliert eingegangen.

6.1.3 Thermische Kreisprozesse

Thermische Kreisprozesse zeichnen sich dadurch aus, dass ein Arbeitsfluid bei dem Prozess mehrere Zustandsänderungen erfährt und am Ende des Prozesses wieder den Anfangszustand erreicht.

Kreisprozesse der Kraftmaschinen werden rechtsläufige, die der Arbeitsmaschinen linksläufige Kreisprozesse genannt.

Da die Zustandsgrößen Enthalpie, Entropie, kinetische und potentielle Energie am Anfangs- und Endzustand den gleichen Wert haben, liefert der erste Hauptsatz:

$$P_{N,KP} = -\dot{Q}_{zu} - \dot{Q}_{ab} \qquad (6.1)$$

Dabei ist $P_{N,KP}$ die Summe aller am Kreisprozess beteiligten mechanischen und inneren dissipativen Leistungen, die Summe aller dem Prozess zu- und abgeführten Wärmeströme.

Bei rechtsläufigen Kreisprozessen ist der Betrag der zugeführten Wärme größer als der der abgeführten. Damit liefert Gl. (6.1) eine negative mechanische Leistung des Kreisprozesses. Beim linksläufigen Kreisprozess ist der Betrag der abgeführten Wärme jedoch größer als der der zugeführten, was zu einer positiven Kreisprozessarbeitsleistung führt. Abbildung 6.1 zeigt den Kreisprozesse in einem T,s-Diagramm.

6.1.4 Wirkungs- und Leistungsgrade thermischer Prozesse

6.1.4.1 Wirkungsgrade der Kraftmaschinen

Rechtsläufige thermische Kreisprozesse sind Kraftmaschinen. Sie erhalten thermische Energie und wandeln diese in mechanische Arbeit um. Der Nutzen ist mechanische Nutzarbeit, die zugeführte Wärme die kostenverursachende Prozessgröße. Der *thermische*

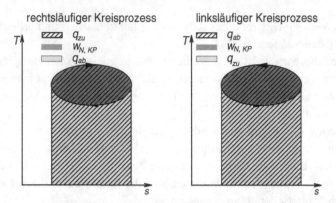

Abb. 6.1 Prozessverlauf des rechts- und linksläufigen Kreisprozesses im T,s-Diagramm

Wirkungsgrad der Kreisprozesse ist der Quotient aus dem Betrag der mechanischen Nutzleistung, geteilt durch den zugeführten Wärmestrom.

$$\eta_{th} = |P_N| / \dot{Q}_{zu} = 1 - |\dot{Q}_{ab}| / \dot{Q}_{zu} \tag{6.2}$$

Die an die Welle abgelieferte negative effektive Leistung P_{eff} ist um die positive äußere dissipative Leistung vermindert. Der *mechanische Wirkungsgrad* berücksichtigt diese Verluste.

$$\eta_m = P_{eff} / P_N \tag{6.3}$$

Verluste, die durch innere Dissipation entstehen, werden bei Strömungsmaschinen durch den *isentropen* oder *inneren* und bei Verdrängermaschinen durch den *indizierten Wirkungsgrad* angegeben:

$$\eta_i = P_N / P_s \tag{6.4}$$

Dabei ist P_s die Summe aller Leistungen, die bei einer isentropen Zustandsänderung aller am Prozess beteiligen Maschinen erreichbar sind.

Die hier angegebenen isentropen und mechanischen Wirkungsgrade gelten auch für die Komponenten von Kreisprozessen, die mechanische Leistung abgeben (Turbinen, Verbrennungsmotoren, Luftmotoren etc.), also Kraftmaschinen sind.

6.1.4.2 Wirkungsgrad der Arbeitsmaschinen

Arbeitsmaschinen wird mechanische Arbeit zugeführt und sie erhöhen damit das Energieniveau des Prozessfluids. Da bei diesem Prozess nicht unbedingt Wärme zu- oder abgeführt werden muss, ist die Definition eines thermischen Wirkungsgrades unmöglich. Der *isentrope Wirkungsgrad einer Arbeitsmaschine* ist definiert als der Quotient der isentropen Leistung oder Arbeit und der Nutzleistung oder Nutzarbeit.

$$\eta_s = P_s / P_N = w_{p12s} / (w_{p12} + j_{i12}) \tag{6.5}$$

Durch die positive Dissipation vergrößert sich die Druckänderungsarbeit um die innere Dissipation. Die notwendige effektive Arbeit wächst dadurch an.

$$\eta_m = P_N / P_{eff} = (w_{p12} + j_{i12}) / (w_{p12} + j_{i12} + j_{a12}) \tag{6.6}$$

Die reibungsbehaftete Druckänderungsarbeit w_{p12} wird größer als die isentrope Druckänderungsarbeit w_{p12s}, was im Kap. 6.2.1.6 besprochen wird.

Bei der Verdichtung von Gasen ist mit einer isothermen Kompression die Nutzarbeit am kleinsten. Bei Hubkolbenkompressoren, die in der Regel gekühlt sind, wird der innere Wirkungsgrad deshalb auf die isotherme Kompression idealer Gase bezogen.

$$\eta_{iT} = w_{p12T} / w_{N12} = R \cdot T_1 \cdot \ln(p_2 / p_1) / w_{N12} = \dot{m} \cdot R \cdot T_1 \cdot \ln(p_2 / p_1) / P_N \tag{6.7}$$

6.1.4.3 Leistungsgrad linksläufiger Prozesse

Linksläufige Kreisprozesse werden durch *Leistungsgrad* oder *Arbeitszahl* beurteilt. Die Prozesse Kältemaschinen und Wärmepumpen sind linksläufig. Bei der Kältemaschine ist der dem Prozess zugeführte, also der vom zu kühlenden Gut abgeführte Wärmestrom der erwünschte Nutzen. Der *Leistungsgrad der Kältemaschine* ε_{KM} ist der zugeführte Wärmestrom, geteilt durch die zugeführte mechanische Nutzleistung:

$$\varepsilon_{KM} = \frac{\dot{Q}_{zu}}{P_N} = \frac{\dot{Q}_{zu}}{|\dot{Q}_{ab}| - |\dot{Q}_{zu}|} = \frac{1}{|\dot{Q}_{ab} / \dot{Q}_{zu}| - 1} \tag{6.8}$$

Beim Wärmepumpenprozess besteht der Nutzen aus dem vom Prozess abgeführten Wärmestrom. Entsprechend ist der *Leistungsgrad des Wärmepumpenprozesses* ε_{WP} der Betrag des abgeführten Wärmestromes, geteilt durch die mechanische Nutzleistung:

$$\varepsilon_{WP} = \frac{|\dot{Q}_{ab}|}{P_N} = \frac{|\dot{Q}_{ab}|}{|\dot{Q}_{ab}| - |\dot{Q}_{zu}|} = \frac{1}{1 - |\dot{Q}_{zu} / \dot{Q}_{ab}|} \tag{6.9}$$

Der Betrag der abgeführten Wärme ist stets größer als der der zugeführten Wärme. Aus Gl. (6.9) sieht man, dass der Leistungsgrad der Kälteanlage zwischen 0 und unendlich liegen kann. Der Leistungsgrad der Wärmepumpe ist immer größer als 1.

6.2   Spezialfälle der Zustandsänderungen und Prozesse

Bei Zustandsänderungen kann eine der Zustandsgrößen konstant bleiben oder eine der
beiden Prozessgrößen null sein. Die Behandlung dieser Sonderfälle ist in der Regel einfacher und ermöglicht oft eine gute Annäherung an die Wirklichkeit. In Tab. 6.2 sind die
Spezialfälle aufgeführt.

6.2.1   Beispiele spezieller Zustandsänderungen

6.2.1.1   Isotherme Zustandsänderung

Bei einer *isothermen Zustandsänderung* ändert sich nicht die Temperatur des Systems. Bei
idealen Gasen ist die isotheme Zustandsänderung gleichzeitig auch isenthalp. Die Expansion eines idealen Gases in einem Drosselorgan ohne Änderung der Geschwindigkeit und
geodätischen Höhe ist deshalb isotherm. Bei kleinen Druckänderungen bei der Drosselung
verhalten sich Gase beinahe wie ideale Gase. Ausser bei der Drosselung kann die isotherme Zustandsänderung in technischen Prozessen nicht einmal annähernd erreicht werden.
Sie wird aber bei einigen Prozessen, wie z. B. beim *Carnot*-Prozess (Beispiel 4.10), als
die ideale Vergleichszustandsänderung verwendet. Abbildung 6.2 zeigt die isotherme Expansion eines idealen Gases im T,s- und p,V-Diagramm.

Bei isentroper Zustandsänderung würde bei der Expansion die Temperatur des Gases
sinken. Durch Wärmezufuhr oder Dissipation kann die Temperatur konstant bleiben. Dies
ist bei der Drosselung ohne Änderung der kinetischen und potentiellen Energie der Fall.
Bei technischen Prozessen, in denen das Gas bei der Expansion Arbeit liefert, könnte die
Temperatur theoretisch durch Wärmezufuhr konstant gehalten werden, was aber nicht verwirklicht werden kann. Die Energiebilanzgleichung lautet:

$$q_{12} + j_{12} + w_{p12} = h_2 - h_1 \tag{6.10}$$

Bei einem idealen Gas ist die Enthalpieänderung null; damit entspricht die Druckänderungsarbeit der transferierten Wärme plus Dissipation.

Tab. 6.2 Sonderfälle der Zustandsänderungen

isotherme Zustandsänderung	$T=$konstant, $dT=0$
isobare Zustandsänderung	$p=$konstant, $dp=0$, $\delta w_{p12}=0$
isochore Zustandsänderung	$v=$konstant, $dv=0$, $\delta w_{V12}=0$
isenthalpe Zustandsänderung	$h=$konstant, $dh=0$
isentrope Zustandsänderung	$s=$konstant, $ds=0$, $\delta q=\delta j=0$
adiabate Zustandsänderung	$q_{12}=0$
isolierte Zustandsänderung	$w_{12}=0$

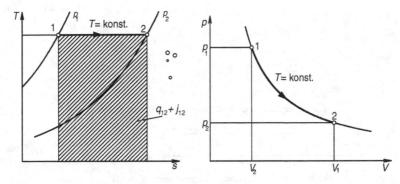

Abb. 6.2 Isotherme Expansion eines idealen Gases

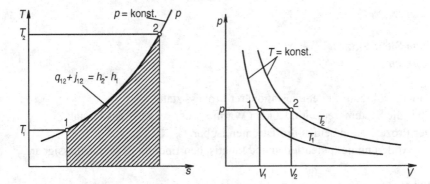

Abb. 6.3 Isobare Erwärmung eines idealen Gases

6.2.1.2 Isobare Zustandsänderung

Isobare Zustandsänderungen erfolgen bei realen Prozessen näherungsweise in Wärme-übertragern. Der Energietransfer durch Wärme ist in der Regel sehr viel größer als die Energie, die durch Reibungsverluste bei der Strömung in den Apparaten auftritt. In geschlossenen Systemen ist die isobare Zustandsänderung beim Wärmetransfer nur bei einer Volumenänderung möglich. Abbildung 6.3 zeigt die isobare Zustandsänderung eines idealen Gases im *T,s*- und *p,V*-Diagramm.

Bei der isobaren Zustandsänderung entspricht die Enthalpieänderung des Systems im Wesentlichen der transferierten Wärme.

Beispiel 6.1: Wärmeübertrager
Im Rohr eines Wärmeübertragers wird 0,01 kg/s Luft von 20 auf 60 °C erwärmt. Um das Rohr strömt Wasser, das von 80 auf 70 °C abgekühlt wird. Der Prozess verläuft stationär. Die Änderung der kinetischen und potentiellen Energien ist vernachlässigbar. Berechnen Sie den transferierten Wärmestrom und die Entropieproduktion im Wärmeübertrager.

Lösung

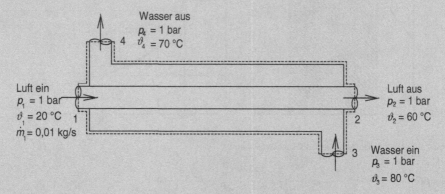

Schema Siehe Skizze

Annahmen

*   Im Kontrollraum findet ein stationärer Prozess statt.
*   Über die Systemgrenze findet kein Wärme- oder Arbeitstransfer statt.
*   Der Prozess ist in beiden Stoffströmen isobar.
*   Die Änderung der potentiellen und kinetischen Energie ist vernachlässigbar.

Analyse

Der Massenstrom der Luft und der des Wassers bleiben jeweils unverändert. Da keine Arbeit oder Wärme über die Systemgrenzen transferiert wird, lautet die Energiebilanz des Kontrollraums:

$$0 = \dot{m}_1 \cdot (h_2 - h_1) + \dot{m}_3 \cdot (h_4 - h_3)$$

Damit ist der Massenstrom des Wassers:

$$\dot{m}_3 = \frac{\dot{Q}_1}{h_3 - h_4} = \dot{m}_1 \cdot \frac{h_2 - h_1}{h_3 - h_4}$$

Enthalpien der Luft aus Tab. A.7.1: $h_1 = 20{,}084$ J/kg und $h_2 = 60{,}312$ kJ/kg.
Enthalpien des Wassers aus Tab. A.2.4:
$h_3 = 334{,}95$ kJ/kg und $h_4 = 293{,}02$ kJ/kg.

$$\dot{m}_3 = \frac{\dot{m}_1 \cdot (h_2 - h_1)}{h_3 - h_4} = \frac{402{,}27\ \text{W}}{(334{,}95 - 293{,}02) \cdot \text{kJ/kg}} = 0{,}009594\ \frac{\text{kg}}{\text{s}}$$

Da über die Systemgrenze keine Wärme transportiert wird, beträgt der transferierte Wärmestrom im Inneren des Systems 402,27 W.
Die Entropiebilanzgleichung lautet:

$$0 = \dot{m}_1 \cdot (s_1 - s_2) + \dot{m}_3 \cdot (s_3 - s_4) + \dot{S}_{irr}$$

Die Entropieänderung der Luft bestimmt man mit Tab. A.7.1.

$$s_2 - s_1 = s(\vartheta_2) - s(\vartheta_1) = (0,3615 - 0,2329) \cdot \frac{kJ}{kg \cdot K} = 128,6 \frac{J}{kg \cdot K}$$

Die spezifische Entropie des Wassers wird Tab. A.2.4 entnommen:
$s_3 = 1,0754$ kJ/(kg K) und $s_4 = 0,9550$ kJ/(kgK).
Damit ist die Entropieänderung des unterkühlten Wassers berechenbar.

$$s_4 - s_3 = -120,4 \frac{J}{kg \cdot K}$$

$$\dot{S}_{irr} = \dot{m}_1 \cdot (s_2 - s_1) + \dot{m}_3 \cdot (s_4 - s_3) = \mathbf{0,131} \frac{\mathbf{W}}{\mathbf{K}}$$

Diskussion
Da die Wärme des Wassers mit einer Temperaturdifferenz zur Luft transferiert wird, entsteht eine Irreversibilität, die sich in der Entropieproduktion bemerkbar macht. Das Beispiel zeigt, dass die beiden Hauptsätze die Analyse des Energietransfers und der Entropieproduktion ermöglichen.

6.2.1.3 Isochore Zustandsänderung

In der Praxis tritt eine *isochore Zustandsänderung* nur in geschlossenen Systemen mit konstantem Volumen auf, also zum Beispiel beim Wärmetransfer zu einem Gas in einem Behälter. Flüssigkeiten werden in der Regel oft als inkompressibel angenommen, sodass die Volumenänderung bei einer Druckänderung dort vernachlässigt wird und so die Zustandsänderung isochor ist. Abbildung 6.4 zeigt die isochore Zustandsänderung eines idealen Gases im *T,s*- und *p,V*-Diagramm.

Bei isochorer Zustandsänderung entspricht die Änderung der inneren Energie des Systems im Wesentlichen der transferierten Wärme.

6.2.1.4 Isenthalpe Zustandsänderung

Isenthalpe Zustandsänderungen kommen bei adiabaten Drosselungsprozessen vor, wenn die Änderungen der kinetischen und potentiellen Energie vernachlässigbar sind. Bei idea-

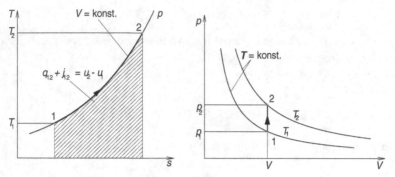

Abb. 6.4 Isochore Erwärmung eines idealen Gases

Abb. 6.5 Isenthalpe Drosselung eines realen Gases

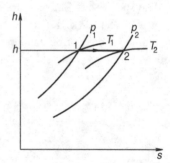

len Gasen ist die isenthalpe Zustandsänderung gleich der der isothermen. Bei realen Flui-
den wird die isenthalpe Druckänderung von einer Temperaturänderung begleitet. Dieses
Verhalten bezeichnet man als *Joule-Thompson-Effekt*. Der Prozessverlauf kann im *h,s*-
Diagramm eines realen Gases demonstriert werden (Abb. 6.5).

Beispiel 6.2: Drosselung des Dampfes, *Joule-Thomson*-Effekt

Die Leistung einer Dampfturbine wird durch Drosselung des Massenstroms mit
einem Ventil geregelt. Der Druck des Dampfes vor dem Ventil ist 100 bar, die Temperatur 360 °C. Nach dem Ventil beträgt der Druck 10 bar. Bei der Analyse werden
der Wärmetransfer an die Umgebung und die kinetische Energie vernachlässigt. Zu
berechnen sind:

a) die Temperatur, Enthalpie und das spezifische Volumen nach der Drosselung
b) das erforderliche Flächenverhältnis, wenn die Strömungsgeschwindigkeiten vor
und nach der Drosselung gleich sein sollen
c) die Temperatur nach der Drosselung, wenn der Dampf ein ideales Gas wäre.

Lösung

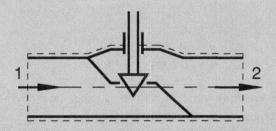

Schema Siehe Skizze
Annahmen

- Der Vorgang ist stationär.
- Der Vorgang ist adiabat.
- Die kinetische Energie wird vernachlässigt.
- Die Zustände 1 und 2 sind im Gleichgewicht.

Analyse

a) Da der Vorgang adiabat ist, über die Wände des Ventils kein Arbeitstransfer mit der Umgebung stattfinden kann und die kinetische Energie vernachlässigt wird, liefert die Energiebilanz:

$$0 = \dot{m} \cdot (h_1 - h_2)$$

Die Enthalpie bleibt beim Drosselvorgang konstant.

Für die Enthalpie des Dampfes liest man bei 10 bar Druck und 360 °C Temperatur im h,s-Diagramm den Wert von 2 963 kJ/kg ab. Mit dieser Enthalpic beträgt bei 10 bar Druck die Temperatur 258,9 °C.

Durch die Drosselung von 100 auf 10 bar nimmt die Temperatur von 360 °C auf ca. 259 °C um etwa 100 K ab.

b) Da sich das spezifische Volumen des Dampfes stark vergrößert, muss der Querschnitt des Austritts entsprechend erweitert werden, damit die Geschwindigkeit gleich bleibt. Für die spezifischen Volumina erhält man aus dem h,s-Diagramm: $v_1 = 0{,}02332$ m³/kg und $v_2 = 0{,}2373$ m³/kg. Nach Gl. (3.33) beträgt der Massenstrom:

$$\dot{m} = \rho \cdot \overline{c} \cdot A = \frac{1}{v} \cdot \overline{c} \cdot A$$

Weil der Massenstrom am Ein- und Austritt gleich groß ist, erhalten wir für das Flächenverhältnis:

$$\frac{A_2}{A_1} = \frac{v_2}{v_1} = \frac{0,2373 \quad \mathrm{m}^3/\mathrm{kg}}{0,02332 \quad \mathrm{m}^3/\mathrm{kg}} = 10,17$$

Bei einem Flächenverhältnis von $A_2/A_1 = 1$ nähme daher die mittlere Strömungsgeschwindigkeit näherungsweise um den Faktor 10 zu.

c) Allgemein gilt, dass die adiabate Drosselung ohne Änderung der kinetischen Energie isenthalp ist. Beim idealen Gas hängt die spezifische Enthalpie nur von der Temperatur, nicht aber vom Druck ab (Kap. 2). Aus diesem Grund ändert sich die Temperatur bei idealen Gasen nicht. Das für die Beibehaltung der Geschwindigkeit notwendige Flächenverhältnis ergibt sich nach der Zustandsgleichung idealer Gase.

$$\frac{A_2}{A_1} = \frac{p_1}{p_2} = \frac{100 \text{ bar}}{10 \text{ bar}} = 10$$

Dieser Wert ist überraschenderweise nahe beim Wert für den Dampf, d. h., die Dichteänderung beim Dampf entspricht etwa der eines idealen Gases. Die Enthalpie allerdings hängt stark vom Druck ab.

Diskussion

Die starke Abnahme der Temperatur bei der Drosselung ist, wie der Vergleich mit dem Verhalten des idealen Gases zeigt, auf Realgaseffekte zurückzuführen. Diese Erscheinung ist als *Joule-Thomson-Effekt* bekannt. Er findet in der Kältetechnik, z. B. bei der Luftverflüssigung nach dem Verfahren von *Linde* praktische Anwendung.

Bei höheren Strömungsgeschwindigkeiten ist der Einfluss der kinetischen Energie nicht vernachlässigbar.

6.2.1.5   Isentrope Zustandsänderung

Eine *isentrope Zustandsänderung* findet dann statt, wenn während des Prozesses weder ein Wärmetransfer mit endlicher Temperaturdifferenz noch Dissipation auftreten. Bei gewissen Prozessen oder zumindest Teilprozessen kann die Dissipation gleich groß wie die Wärmeabfuhr sein, sodass die Entropieänderung gleich null ist. Dieser Prozess kann mathematisch wie ein isentroper Prozess behandelt werden, wird aber thermodynamisch gesehen nicht als isentrop bezeichnet. In der Natur gibt es keine isentropen Zustandsänderungen, einige Prozesse aber verlaufen beinahe isentrop.

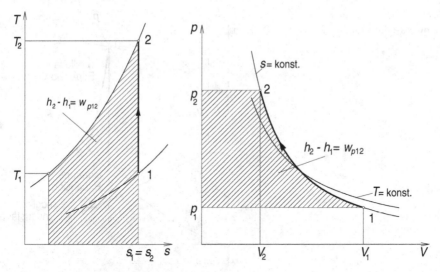

Abb. 6.6 Isentrope Zustandsänderung idealer Gase

Bei thermischen Maschinen wird die isentrope Zustandsänderung oft als idealer Vergleichsprozess verwendet. Die Berechnung der isentropen Zustandsänderungen und Arbeiten in idealen Gasen sowie die Verwendung der Entropiediagramme wurde im Kap. 4 ausführlich besprochen und mit Beispielen demonstriert.

Abbildung 6.6 zeigt die isentrope Zustandsänderung eines idealen Gases im T,s- und p,V-Diagramm. Die Energiebilanzgleichung der isentropen Zustandsänderung lautet:

$$w_{p12} = h_2 - h_1 \qquad (6.11)$$

Die Druckänderungsarbeit bei der isentropen Zustandsänderung ist gleich der Änderung der Enthalpie. Dies gilt uneingeschränkt für alle Fluide.

6.2.1.6 Adiabate Expansion

In Expansionsmaschinen, meist Turbinen, ist die *Expansion* oft *adiabat* bzw. die Wärmeverluste werden durch thermische Isolation oft so gering gehalten, dass sie vernachlässigbar sind. Die in der Strömung entstehende Dissipation bewirkt eine Abweichung von der isentropen Zustandsänderung. Abbildung 6.7 zeigt die Expansion in einer Dampfturbine im h,s-Diagramm.

Die Druckänderungsarbeit plus Dissipation entspricht der Enthalpieänderung. Mit dem isentropen Wirkungsgrad kann die innere Arbeit der Turbine bestimmt werden.

$$w_{t12} = w_{p12} + j_{12} = h_2 - h_1 = (h_{2s} - h_1) \cdot \eta_i \qquad (6.12)$$

Sind die Geschwindigkeits- und Höhenänderungen vernachlässigbar, entspricht die innere Arbeit der Nutzarbeit (Abb. 6.8).

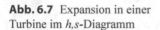 **Abb. 6.7** Expansion in einer
Turbine im h,s-Diagramm

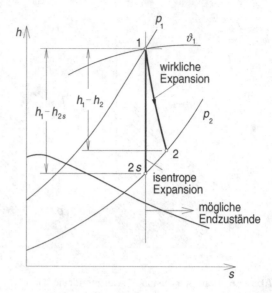

Moderne Dampfturbinen erreichen innere Wirkungsgrade von über 0,95. Die Irreversibilitäten entstehen wegen der Reibung an den Seitenwänden, Schaufelprofilen und in der Dampfströmung. Abbildung 6.8 zeigt die adiabate Expansion eines idealen Gases in einer Turbine im T,s-Diagramm.

Im T,s-Diagramm können die Enthalpieänderung, Irreversibilität und innere Arbeit verdeutlicht werden. Die hellgraue Fläche ist die isentrope Enthalpieänderung $h_{2s} - h_1$ und da-

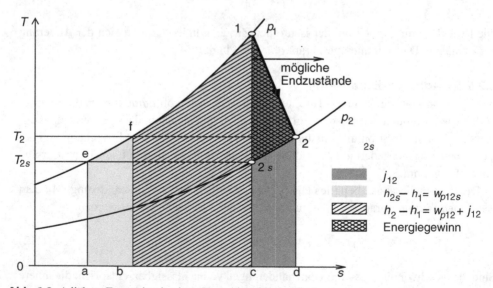

Abb. 6.8 Adiabate Expansion in einer Gasturbine (ideales Gas)

mit die isentrope Druckänderungsarbeit. Die Fläche unterhalb der Zustandsänderungslinie (Fläche c-d-2-1) stellt die Dissipationsarbeit dar (dunkelgrau). Die schraffierte Fläche b-f-1-c ist die Enthalpieänderung $h_2 - h_1$ und damit die Nutzarbeit der Turbine. Diese Fläche ist um die Fläche a-b-f-e kleiner als die isentrope innere Arbeit. Da die beiden Isobaren kongruente Linien sind, ist die Fläche c-d-2-2s gleich groß wie die Fläche a-b-f-e. Die reibungsbehaftete Nutzarbeit wird damit gegenüber der isentropen Druckänderungsarbeit um die Dissipationsarbeit nicht reduziert. Die Reduktion ist um die doppelt schraffierte Fläche 2s-2-1 kleiner, sie wird als *Energiegewinn* bezeichnet. Da durch Dissipation die Temperatur von T_{2s} auf T_2 erhöht wird, steigt die Arbeitsfähigkeit des Gases. Die Druckänderungsarbeit entspricht dem Betrag der Enthalpieänderung plus Dissipationsarbeit.

Die adiabate Expansion *inkompressibler Fluide* kann einfach berechnet werden. Die spezifische innere Arbeit ist:

$$w_{i12} = w_{p12} + j_{12} = h_2 - h_1 = u_2 - u_1 + v \cdot (p_2 - p_1) \tag{6.13}$$

Bei einem inkompressiblen Fluid (isochor) beträgt die Druckänderungsarbeit:

$$w_{p12} = v \cdot (p_2 - p_1) \tag{6.14}$$

Damit ist die Dissipationsarbeit:

$$j_{12} = u_2 - u_1 \tag{6.15}$$

Bei Turbinen wird in Düsen die Geschwindigkeit des Dampfes oder Gases erhöht und dabei der Druck und die Enthalpie gesenkt. Ähnlich wie bei Maschinen wird für Düsen ein Düsenwirkungsgrad definiert. Dabei gibt man wie bei Maschinen je nach Expansion oder Kompression einen unterschiedlichen Wirkungsgrad an. Bei der Expansion ist der Wirkungsgrad der Düse wie bei Kraftmaschinen definiert, bei der Kompression wie bei Arbeitsmaschinen.

6.2.1.7 Adiabate Verdichtung

Abbildung 6.9 zeigt die Verdichtung eines Gases im h,s-Diagramm. Bei der Verdichtung ist die Enthalpieänderung und damit die Druckänderungsarbeit mit Dissipation größer als bei isentroper Zustandsänderung.

Die Auswirkung der Dissipation auf die Arbeit bei einer adiabaten Verdichtung kann am Beispiel eines idealen Gases im T,s-Diagramm demonstriert werden (Abb. 6.10).

Die isentrope Enthalpieänderung ist gleich der isentropen Druckänderungsarbeit. Sie wird durch die hellgraue Fläche dargestellt. Die Fläche unter der Zustandsänderungslinie ist die Dissipationsarbeit (mittelgrau). Die schraffierte Fläche stellt die Enthalpieänderung dar und damit die Nutzarbeit der reibungsbehafteten Kompression. Die innere Arbeit bei der reibungsbehafteten Kompression ist größer als die Summe der isentropen inneren Arbeit und Dissipationsarbeit. Sie ist um den *Erhitzungsverlust* (dunkelgrau) vergrößert.

Abb. 6.9 Adiabate Verdichtung eines Gases

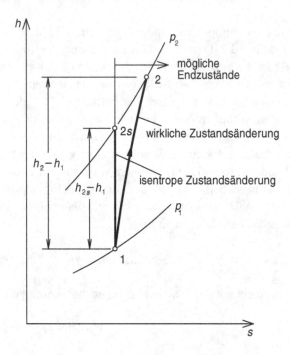

Abb. 6.10 Adiabate reibungsbehaftete Kompression eines
idealen Gases

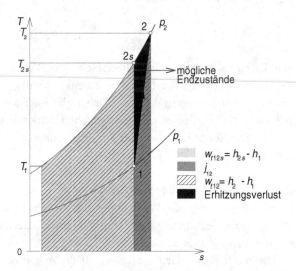

Durch innere Reibung erhöht sich die Temperatur stärker als bei reibungsfreier Kompression, daher muss zusätzlich Arbeit aufgewendet werden.

Die Differenz der Enthalpieänderung und Dissipationsarbeit ist die Druckänderungsarbeit des Gases. Sie entspricht der Druckänderungsarbeit bei der isentropen Zustandsänderung plus dem Erhitzungsverlust. Die innere Arbeit berechnet man folgendermaßen:

$$w_{t12} = w_{p12} + j_{12} = h_2 - h_1 = (h_{2s} - h_1) \cdot \frac{1}{\eta_i} \qquad (6.16)$$

Die adiabate Verdichtung inkompressibler Fluide kann wie bei der Expansion berechnet werden.

Durch die spezifische Dissipationsarbeit wird die innere Energie des Fluids erhöht. Bei der isentropen Zustandsänderung ist die Änderung der inneren Energie gleich null. Dies kann auch mit der Entropiebeziehung für inkompressible Fluide gezeigt werden. Die Entropieänderung nach Gl. (4.25) ist definiert als:

$$T \cdot \mathrm{d}s = \mathrm{d}u + p \cdot \mathrm{d}v \qquad (6.17)$$

Bei inkompressiblen Medien verschwindet der Term $p \cdot \mathrm{d}v$. Die Entropieänderung $\mathrm{d}s$ wird nur dann null, wenn $\mathrm{d}u$ und damit δj gleich null werden.

In Verdichtern und Pumpen senkt sich in den Düsen die Geschwindigkeit des Arbeitsmediums, Druck und Enthalpie erhöhen sich dadurch. Der isentrope Wirkungsgrad dieser Düsen wird wie bei den Arbeitsmaschinen bestimmt.

6.2.1.8 Polytrope Zustandsänderungen idealer Gase

Wie schon im Kap. 2 erwähnt, kann bei idealen Gasen die Zustandsänderung durch folgende Gleichung angegeben werden:

$$p \cdot v^n = \text{konst.} \qquad (6.18)$$

Für die so beschriebene Zustandsänderung wird der *Polytropenexponent n* als konstant vorausgesetzt. Bei der Zustandsänderung zwischen den Zuständen 1 und 2 gilt:

$$\frac{p_2}{p_1} = \left(\frac{v_1}{v_2}\right)^n \qquad (6.19)$$

Die in Gl. (2.41) gegebene Gesetzmäßigkeit für ideale Gase erlaubt die Berechnung der Temperaturänderung in Abhängigkeit vom Druck und spezifischen Volumen.

$$\frac{T_2}{T_1} = \left(\frac{v_1}{v_2}\right)^{n-1} = \left(\frac{p_2}{p_1}\right)^{\frac{n-1}{n}} \qquad (6.20)$$

Der Polytropenexponent kann je nach Art der Zustandsänderung im Bereich von $-\infty$ und $+\infty$ jeden beliebigen Wert annehmen. Für einige spezielle Zustandsänderungen idealer Gase gilt:

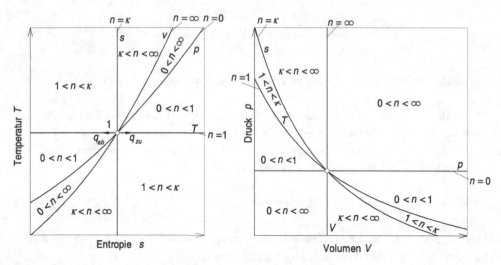

Abb. 6.11 Polytrope Zustandsänderungen im T,s- und p,V-Diagramm

$n=0$	$p \times v^0 = p = konst.$	isobare Zustandsänderung
$n=1$	$p \times v^1 = p \times v = konst.$	isotherme Zustandsänderung
$n=\kappa$	$p \times v^\kappa = konst.$	isentrope Zustandsänderung
$n=\infty$	$p \times v^\infty = v = konst.$	isochore Zustandsänderung

Der Polytropenexponent einer Zustandsänderung kann aus dem Anfangs- und Endzustand eines idealen Gases bestimmt werden, wenn dort jeweils ein Wertepaar der thermischen Zustandsgrößen bekannt ist. Der Polytropenexponent wird mit den Gl. (6.19) oder (6.20) berechnet. Die polytrope Zustandsänderung ist nur eine Näherung. Sie kann nur dann richtige Werte liefern, wenn n während der Zustandsänderung konstant ist.

Die Bedeutung des Polytropenexponenten kann im T,s- und p,V-Diagramm gezeigt werden. Abbildung 6.11 demonstriert die Bedeutung des Polytropenexponenten bei Zustandsänderungen, ausgehend vom Zustand 1 im T,s-Diagramm und p,V-Diagramm.

Mit Hilfe des Polytropenexponenten lässt sich beurteilen, ob bei dem Prozess die Summe der transferierten Wärme und der inneren Dissipation positiv oder negativ ist. Druckänderungsarbeit einer polytropen Zustandsänderung:

$$w_{p12} = \frac{n}{n-1} \cdot R \cdot (T_2 - T_1) \tag{6.21}$$

Die Bilanzgleichung liefert:

$$q_{12} + j_{i12} + w_{p12} = \overline{c}_p \cdot (T_2 - T_1) \tag{6.22}$$

Abb. 6.12 Dimensionslose
spezifische polytrope Wärmekapazität c_n/c_v

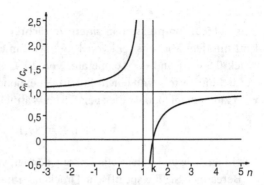

Glcichung (6.21) in Gl. (6.22) eingesetzt und umgeformt ergibt für die Summe der transferierten Wärme und inneren Dissipation:

$$q_{12} + j_{i12} + w_{p12} = \overline{c}_p \cdot (T_2 - T_1) \tag{6.23}$$

Der linke Term auf der rechten Gleichungsseite wird als spezifische *polytrope Wärmekapazität* c_n bezeichnet. Für die spezifische polytrope Wärmekapazität erhält man:

$$\overline{c}_n = \overline{c}_p - \frac{n}{n-1} \cdot R \tag{6.24}$$

Für die allgemein gültige grafische Darstellung ist es günstig, eine dimensionslose Darstellung zu wählen. Hier hat sich das Verhältnis der spezifischen polytropen Wärmekapazität zur spezifischen isochoren Wärmekapazität als günstig erwiesen.

$$\frac{\overline{c}_n}{\overline{c}_v} = \frac{\overline{c}_p}{\overline{c}_v} - \frac{n}{n-1} \cdot \frac{R}{\overline{c}_v} = \overline{\kappa} - \frac{n}{n-1} \cdot \frac{\overline{\kappa}-1}{\overline{\kappa}} \tag{6.25}$$

Abbildung 6.12 zeigt das Diagramm der dimensionslosen spezifischen polytropen Wärmekapazität als eine Funktion des Polytropenexponenten.

Man sieht, dass die polytrope Wärmekapazität beliebige Werte annehmen kann. Nach
dem zweiten Hauptsatz sind gewisse Zustandsänderungen nicht möglich. Bei einer adiabaten Verdichtung nimmt die Temperatur zu. Aus diesem Grund muss c_n positiv sein,
da sonst eine negative Dissipation vorkäme, was nicht erlaubt ist, d. h., der Polytropenexponent darf keine Werte haben, die zwischen 1 und κ liegen. Bei einer adiabaten Expansion muss c_n negativ sein. Deswegen ist es zwingend notwendig, dass der Polytropenexponent Werte zwischen 1 und κ hat.

Beispiel 6.3: Kompression in einem Verdichter

Luft mit dem Massenstrom von 1 kg/s wird in einem Verdichter vom Umgebungs-druck 0,98 bar und der Temperatur von 20 °C auf 2 bar adiabat komprimiert. Die Verdichtung erfolgt mit einem Polytropenexponenten von 1,45. Für die Berechnung wird angenommen, dass die spezifische Wärmekapazität konstant bleibt:

$$\kappa = 1{,}4, \ R = 287{,}10 \ \text{J/(kg K)}$$

Die kinetische und potentielle Energie können vernachlässigt werden.

Berechnen Sie die spezifische Druckänderungsarbeit, die spezifische Dissipation und die notwendige Leistung unter der Annahme, dass der mechanische Wirkungs-grad gleich 0,95 ist.

Lösung

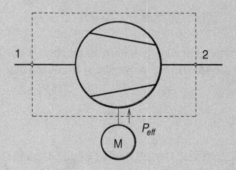

Schema Siehe Skizze

Annahmen

- Der Prozess ist adiabat und stationär.
- Die Luft ist ein ideales Gas mit konstanten Stoffwerten.
- Die Änderung der kinetischen und potentiellen Energie ist vernachlässigbar.
- Der Massenstrom ist am Ein- und Austritt gleich groß.
- Der Prozess verläuft mit einem konstanten Polytropenexponenten.

Analyse

Die Energiebilanzgleichung liefert:

$$j_{l12} + w_{p12} = \overline{c}_p \cdot (T_2 - T_1)$$

Die Temperatur T_2 bei der polytropen Zustandsänderung ist nach Gl. (6.20):

$$T_2 = T_1 \cdot \left(\frac{p_2}{p_1} \right)^{\frac{n-1}{n}} = 365{,}8 \ \text{K}$$

Bei der isentropen Verdichtung wäre die Temperatur 359,4 K, also 6,4 K tiefer. Die Druckänderungsarbeit ist nach Gl. (6.21):

$$w_{p12} = \frac{n}{n-1} \cdot R \cdot (T_2 - T_1) = \mathbf{67,20 \ kJ/kg}$$

Die Dissipation erhält man als die Differenz der Enthalpieänderung und Druckarbeit.

$$j_{i12} = h_2 - h_1 - w_{p12} = \left(\overline{c}_p - \frac{n}{n-1} \cdot R \right) \cdot (T_2 - T_1) = \mathbf{5,79 \ kJ/kg}$$

Die spezifische innere Arbeit, d. h., die Summe der Druckänderungsarbeit und Dissipation beträgt **73,00 kJ/kg**. Bei der isentropen Zustandsänderung wäre die spezifische Druckänderungsarbeit 66,57 kJ/kg. Addiert man die Dissipation dazu, erhält man 72,36 kJ/kg. Der spezifische Erhitzungsverlust beträgt 0,64 kJ/kg. Dies bedeutet, dass wegen der höheren Erwärmung zur spezifischen Dissipation zusätzlich noch 0,64 kJ/kg Arbeit geleistet werden muss. Die notwendige effektive Leistung beträgt:

$$P_{eff} = \dot{m} \cdot w_{i12} \cdot \eta_m^{-1} = \dot{m} \cdot (w_{p12} + j_{i12}) \cdot \eta_m^{-1} = \mathbf{76,84 \ kW}$$

Diskussion
Bei adiabaten, polytropen Zustandsänderungen idealer Gase kann der Anteil der Dissipation und des Erhitzungsverlustes einfach bestimmt werden. Diese Berechnung ist aber nur bei der Annahme eines konstanten Polytropenexponenten möglich. Bei der Analyse von Indikatordiagrammen werden die Verdichtungs- und Expansionslinie in kleine Teilstücke, in denen der Polytropenexponent als konstant angenommen wird, ähnlich analysiert.

Vorsicht! Die polytrope Zustandsänderung gilt nur für ideale Gase.

Beispiel 6.4: Analyse des Verdichtungsvorganges in einem Kompressor
In einem Kompressor mit 2 dm³ Arbeitsraum wird Luft von 1 bar auf 6 bar verdichtet. Zu Beginn der Verdichtung beträgt die Temperatur der Luft 300 K. Nachstehendes Bild zeigt das Indikatordiagramm.

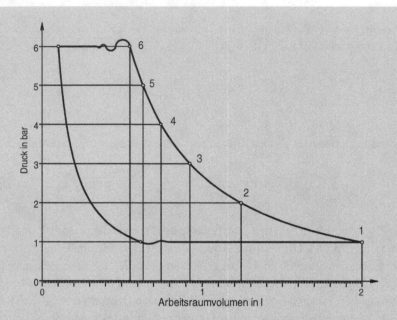

Aus dem Diagramm können für den Druck die entsprechenden Volumina abgelesen werden. Zur Vereinfachung der Berechnungen wird angenommen, dass die Luft ein perfektes Gas mit konstanten Stoffwerten ist.

$$\kappa = 1{,}4, \; R = 287{,}10 \; \text{J/(kg K)}$$

Berechnen Sie die Polytropenexponenten, Temperaturen, spezifischen Entropien, die transferierte Wärme und Druckänderungsarbeiten für jeweils 1 bar Druckänderung bei der Verdichtung. Vergleichen Sie die transferierte Wärme und Druckänderungsarbeit mit dem Wert aus der Berechnung einer polytropen Zustandsänderung von 1 auf 6 bar.

Lösung

Annahmen

- Die Luft ist ein ideales Gas mit konstanten Stoffwerten.
- Die kinetische und potentielle Energie können vernachlässigt werden.

Analyse

Zunächst gibt man die für die Berechnung notwendigen Formeln an. Die aus dem Indikatordiagramm abgelesenen und berechneten Werte werden tabellarisch angegeben.

Die Polytropenexponenten ermittelt man aus den Werten eines Druck- und Volumenpaares.

$$n = \frac{\ln(p_2 / p_1)}{\ln(V_1 / V_2)}$$

Die Endtemperatur der Zustandsänderung ist:

$$T_2 = T_1 \cdot (V_1 / V_2)^{n-1}$$

Zur Berechnung der transferierten Wärme wird die spezifische polytrope Wärmekapazität benötigt.

$$c_n = c_p - R \cdot n / (n-1)$$

$$Q_{12} = m \cdot c_n \cdot (T_2 - T_1)$$

Bei der polytropen Zustandsänderung ist die Druckänderungsarbeit:

$$W_{p12} = \frac{m \cdot n}{n-1} \cdot R \cdot (T_2 - T_1)$$

Da hier nur die Änderung der spezifischen Entropie interessiert, wird angenommen, dass beim Anfangszustand von $p_1 = 1$ bar und $T_1 = 300$ K der Nullpunkt liegt.

$$s = s_0(\vartheta) - R \cdot \ln(p / p_0)$$

Die für die Berechnungen notwendige Masse der Luft beträgt:

$$m = \frac{p_1 \cdot V_1}{R \cdot T_1} = 0{,}2322 \cdot 10^{-3} \text{ kg}$$

Druck	Volumen	n	Temperatur	$s_i - s_1$	c_n	$Q_{i, i+1}$	$W_{p i, i+1}$
bar	dm³	–	K	J/(kg K)	J/(kg K)	J	J
1	2,000		300,0	0			
		1,4500			79,7	13,33	154,7
2	1,240		372,0	17,66			
		1,3835			−30,89	−3,17	106,4
3	0,925		416,3	15,08			
		1,3345			−92,14	−6,96	82,9
4	0,748		448,8	9,12			
		1,3367			−134,87	−8,13	68,7

Druck	Volumen	n	Temperatur	$s_i - s_1$	c_n	$Q_{i,\,i+1}$	$W_{p\,i,\,i+1}$
bar	dm³	–	K	J/(kg K)	J/(kg K)	J	J
5	0,633		474,7	2,53			
		1,3316			−148,14	−7,58	59,0
6	0,552		496,8	−3,20			
					Summe	−12,52	471,7

Für die polytrope Zustandsänderung von 1 auf 6 bar erhält man:

$$T_6 = T_1 \cdot (V_1 / V_6)^{n-1} = 496{,}8 \text{ K}$$

$$c_n = c_p - R \cdot n / (n-1) = -14{,}997 \text{ J/(kg} \cdot \text{K)}$$

$$Q_{16} = m \cdot c_n \cdot (T_2 - T_1) = -\mathbf{6{,}85} \text{ J}$$

$$W_{p16} = \frac{m \cdot n}{n-1} \cdot R \cdot (T_2 - T_1) = \mathbf{466{,}1} \text{ J}$$

Die in einem $T{,}s$-Diagramm aufgetragene Entropieänderung zeigt, wann Wärme zu- oder abgeführt wird. Die zunächst kalte Luft wird zuerst von den warmen Zylinderwänden erwärmt. Bei der Verdichtung erhitzt sich die Luft und gibt, wenn ihre Temperatur größer als die der Zylinderwände ist, an diese Wärme ab.

> **Diskussion**
> Die Analyse des Prozesses mit Teilprozessen der polytropen Zustandsänderung liefert genauere Ergebnisse als die Berechnung der gesamten Zustandsänderung. Im behandelten Beispiel liefert die Berechnung der Teilprozesse eine wesentlich größere transferierte Wärme, die Druckänderungsarbeit erhält man jedoch recht genau. Das hier geschilderte Vorgehen wird auch bei der Analyse von Verbrennungsmotoren angewendet, um die Wärmetransfers aus den Indikatordiagrammen zu analysieren.

6.3 Kompressoren und Verdichter

In der Technik setzt man zur Komprimierung von Gasen Kompressoren und Verdichter ein. Die Verdichter werden gekühlt und bei mehrstufigen Verdichtern zwischengekühlt. Die Kühlung ist eine technische Notwendigkeit. Der dabei erzielbare thermodynamische Gewinn ist in der Regel unwirtschaftlich. Die inneren Wirkungsgrade der Verdichter, die nicht im Gasturbinenprozess eingesetzt sind, haben eine eigene Definition. Im Folgenden werden die Definitionen der Wirkungsgrade und die thermodynamischen Gewinne durch die Zwischenkühlung besprochen.

6.3.1 Innere Wirkungsgrade

Wie schon erwähnt, benötigt die isotherme Verdichtung weniger Arbeit als die isentrope oder gar die reibungsbehaftete. Zur Defintion des inneren Wirkungsgrades von Verdichtern und Kompressoren wird als Vergleichsgröße die ideale isotherme Druckänderungsarbeit verwendet. Man bildet sie mit dem Druckverhältnis, Hubraum und Eintrittsdruck bzw. der Eintrittstemperatur.

$$W_{i,ideal} = p_1 \cdot V_h \cdot \ln(p_2 / p_1) = m \cdot R \cdot T_1 \cdot \ln(p_2 / p_1) \tag{6.26}$$

Der *innere Wirkungsgrad* ist das Verhältnis der idealen isothermen Arbeit zur indizierten Arbeit W_{i12}, ermittelt aus einem Indikatordiagramm.

$$\eta_i = \frac{W_i}{W_{i,ideal}} - \frac{W_i}{p_1 \cdot V_h \cdot \ln(p_2 / p_1)} - \frac{W_i}{m \cdot R \cdot T_1 \cdot \ln(p_2 / p_1)} \tag{6.27}$$

Abbildung 6.13 zeigt das Indikatordiagramm und die mit dem Hubraum gebildete isotherme Druckänderungsarbeit. Das Indikatordiagramm berücksichtigt die Druckverluste beim Ansaugen und Ausstoßen des Gases und den sogenannten Schadraum des Verdichters, der verhindert, dass das gesamte verdichtete Gas hinausgeschoben wird und so rückexpandiert.

Abb. 6.13 Indikatordiagramm
und ideale isotherme Arbeit
des Verdichters

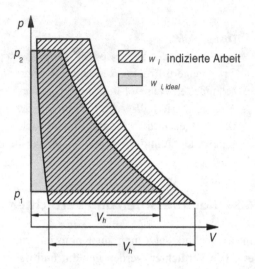

Die effektive Arbeit, die dem Verdichter zugeführt werden muss, kann mit dem mechanischen Wirkungsgrad η_m, der die äußere Dissipation berücksichtigt, berechnet werden.

$$W_{eff} = \eta_m \cdot \eta_i \cdot W_{i,\,ideal} = \eta_m \cdot \eta_i \cdot p_1 \cdot V_h \cdot \ln(p_2 / p_1) \tag{6.28}$$

6.3.2 Zwischenkühlung bei Kompressoren und Verdichtern

Damit die Temperaturen bei der Verdichtung mit großen Druckverhältnissen nicht zu stark ansteigen und dadurch Probleme mit Werkstoffen und Schmiermitteln verursachen, wird in mehreren Stufen mit *Zwischenkühlung* verdichtet. Diese Zwischenkühlung verringert die Verdichtungsarbeit. Am Beispiel eines idealen zweistufigen Kolbenkompressors (Abb. 6.14) wird gezeigt, wie viel Arbeit durch die Zwischenkühlung auf Eintrittstemperatur eingespart werden kann.

Es wird angenommen, dass die Verdichtungen isentrop erfolgen und dass das gesamte verdichtete perfekte Gas aus dem Kompressor befördert wird. Das p,v-Diagramm zeigt, dass die Volumenänderungsarbeit bei der isentropen Verdichtung ohne Zwischenkühlung zum Zustandspunkt 2′ größer als die bei der Verdichtung mit Zwischenkühlung zum Zustandspunkt 2 ist. Die Volumenänderungsarbeit des Kompressors, nach Gl. (3.11) bestimmt, beträgt:

$$w_{V12} = \overline{c}_v \cdot T_1 \cdot \left[\left(\frac{p_z}{p_1} \right)^{\frac{\kappa-1}{\kappa}} - 1 + \left(\frac{p_2}{p_z} \right)^{\frac{\kappa-1}{\kappa}} - 1 \right] \tag{6.29}$$

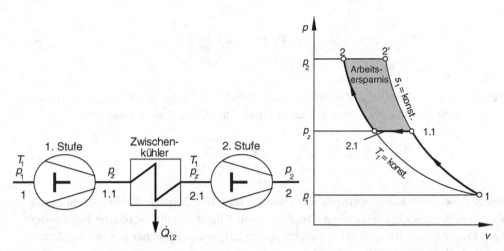

Abb. 6.14 Zweistufige Verdichtung mit Zwischenkühlung, Prozessschema und p,v-Diagramm

Die Größe der Arbeitsersparnis hängt vom Druck p_z ab. Sie ist am größten, wenn die Volumenänderungsarbeit am kleinsten ist. Den optimalen Druck p_z erhält man, wenn man Gl. (6.29) nach p_z ableitet und zu null setzt.

$$\frac{\mathrm{d}w_{V12}}{\mathrm{d}p_z} = \overline{c}_v \cdot T_1 \cdot \frac{\kappa-1}{\kappa} \cdot p_z \left\{ \left(\frac{p_z}{p_1}\right)^{\frac{\kappa-1}{\kappa}} - \left(\frac{p_2}{p_z}\right)^{\frac{\kappa-1}{\kappa}} \right\} = 0$$

Für den Druck p_z bzw. für die Druckverhältnisse der Verdichtungsstufen p_z/p_1 und p_2/p_z erhält man:

$$\frac{p_z}{p_1} = \frac{p_2}{p_z} \tag{6.30}$$

Bei isentroper Verdichtung ohne Zwischenkühlung ist die Druckänderungsarbeit:

$$w_{V12'} = \overline{c}_v \cdot T_1 \cdot \left[\left(\frac{p_2}{p_1}\right)^{\frac{\kappa-1}{\kappa}} - 1 \right] \tag{6.31}$$

Zieht man von der isentropen Verdichtungsarbeit jene mit der Zwischenkühlung bei idealem Druckverhältnis ab, erhält man die Arbeitsersparnis zu:

$$\Delta w_{V12} = \overline{c}_v \cdot T_1 \cdot \left\{ \left(\frac{p_2}{p_1} \right)^{\frac{\kappa-1}{\kappa}} - 2 \cdot \left(\frac{p_2}{p_1} \right)^{\frac{\kappa-1}{2 \cdot \kappa}} + 1 \right\} \tag{6.32}$$

Führt man eine *mehrstufige Verdichtung* mit Zwischenkühlung vom Druck p_1 auf Druck $p_k + 1$ in k-Stufen aus, erhält man für das optimale Druckverhältnis der Stufen:

$$\frac{p_2}{p_1} = \frac{p_3}{p_2} = \dots \frac{p_{k+1}}{p_k} = \sqrt[k]{\frac{p_{k+1}}{p_1}} \tag{6.33}$$

In der Praxis zeigt sich, dass die Arbeitsersparnis durch die Zwischenkühlung nicht die dafür entstehenden Kosten aufwiegt. Die Zwischenkühlung ist eine technische Notwendigkeit. Das folgende Beispiel zeigt, dass die Arbeitsersparnis gegenüber den Betriebskosten für die Kühlung nicht ökonomisch ist.

Beispiel 6.5: Zweistufiger Kompressor mit Zwischenkühlung

In einem zweistufigen Kompressor wird Luft von 1 bar Druck und 20 °C Temperatur auf 16 bar Druck isentrop komprimiert und nach der ersten Stufe wieder auf 20 °C zurückgekühlt. Der elektrisch angetriebene Kompressor fördert 0,15 kg/s Luft, der mechanische Wirkungsgrad beträgt 0,80. Das Kühlwasser wird um 20 K erwärmt. Der Strom kostet 0,08 € pro kWh, das Kühlwasser 2,20 € pro m³. Die Luft wird als perfektes Gas mit $\kappa = 1,4$ behandelt.

Zu bestimmen sind:

a) die Temperatur nach der Verdichtung
b) die erforderliche Leistung des Motors mit und ohne Zwischenkühlung
c) die Kostendifferenz für Strom und Kühlwasser mit und ohne Zwischenkühlung.

Lösung

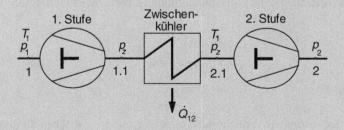

Schema Siehe Skizze
Annahmen

- Die Kompression erfolgt isentrop.
- Die Luft wird als perfektes Gas behandelt.
- Die kinetische und potentielle Energie werden vernachlässigt.
- Der Druckverlust im Zwischenkühler ist vernachlässigbar.

Analyse

a) Das Druckverhältnis beider Stufen wird nach Gl. (6.30) berechnet.

$$\frac{p_z}{p_1} = \frac{p_2}{p_z} = 4$$

Da die Temperatur vor der Verdichtung bei beiden Stufen gleich T_1 und das Druckverhältnis gleich groß ist, wird die mit Gl. (6.20) bestimmte Temperatur nach der Verdichtung auch gleich groß sein.

$$T_{1.1} = T_2 = T_1 \cdot (p_z / p_1)^{\frac{\kappa-1}{\kappa}} = \mathbf{435,6 \ K}$$

b) Die isentrope spezifische technische Arbeit unter Berücksichtigung der Ein- und Ausschiebearbeit der ersten und zweiten Stufe ist deren Druckänderungsarbeit.

$$w_{t12} = w_{p1.1.1} + w_{p2.1.2} = 2 \cdot \overline{c}_p \cdot (T_{1.1} - T_1) = 286,4 \ \text{kJ/kg}$$

Unter Berücksichtigung des mechanischen Wirkungsgrades berechnet sich die Leistung des Kompressors zu:

$$P_{eff} = \frac{\dot{m} \cdot w_{t12}}{\eta_m} = \mathbf{53,69 \ kW}$$

Ohne Zwischenkühlung wird die Temperatur nach der Kompression mit Gl. (6.20) berechnet.

$$T_2' = T_1' \cdot (p_2 / p_1)^{\frac{\kappa-1}{\kappa}} = 647,3 \ K$$

Die Leistung des Kompressors errechnet sich damit zu:

$$P_{eff,ohne} = \frac{\dot{m} \cdot \overline{c}_p \cdot (T_2 - T_1)}{\eta_m} = 66,74 \text{ kW}$$

c) Mit Zwischenkühlung beträgt die tägliche Stromkostenersparnis:

$$K_{Strom} = \left(P_{eff,ohne} - P_{eff} \right) \cdot 24 \cdot \text{h} \cdot 0,08 \cdot \text{€/kWh} = \mathbf{25,05 \text{ € / Tag}}$$

Zur Kühlung wird Kühlwasser benötigt. Nach einer Energiebilanz des Kühlers erhalten wir für den Massenstrom des Kühlwassers:

$$\dot{m}_{KW} = \dot{m}_L \cdot \frac{\overline{c}_p \cdot (T_{1.1} - T_1)}{c_{pKW} \cdot \Delta T_{KW}} = 0,2562 \ \frac{\text{kg}}{\text{s}} = 0,2562 \cdot 10^{-3} \ \frac{\text{m}^3}{\text{s}} = 22,13 \ \frac{\text{m}^3}{\text{Tag}}$$

Die täglichen Kosten des Kühlwassers betragen **48,69 €**.

Diskussion

Wie das Beispiel zeigt, kann die Kompressionsarbeit bei isentroper Kompression durch Zwischenkühlung um 20 % verringert werden. Bei realer Kompression ist der Kompressor gekühlt und die Dissipation vergrößert die Prozessarbeit, was die Energieersparnis verringert. Die Kühlung ist wegen der Schmierung und die für Prozesse erforderlichen Temperaturen der verdichteten Gase eine technische Notwendigkeit. Bleibt, wie das Beispiel zeigt, die Wärme ungenutzt, verursacht sie zusätzliche Kosten. Dabei wurden in diesem Beispiel die Kosten für Kühleinrichtungen (Kühlkanäle, Kühlrippen, Wärmeübertrager) nicht berücksichtigt.

Literatur

1. Baehr HD (2004) Thermodynamik, 11 Aufl. Springer, Berlin
2. Langeheinecke K (Hrsg), Jany P, Thielecke G (2006) Thermodynamik für Ingenieure, 6 Aufl. Vieweg, Braunschweig
3. Baehr HD, Stephan K (2006) Wärme- und Stoffübertragung, 5 Aufl. Springer, Berlin
4. Traupel W (2001) Thermische Turbomaschinen, 4 Aufl. (Thermody-namischströmungstechnische Berechnung, Bd I). Springer, Berlin
5. Traupel W (2001) Thermische Turbomaschinen, 4 Aufl. (Geänderte Betriebsbedingungen, Regelung, mechanische Probleme, Temperaturprobleme, Bd II). Springer, Berlin
6. Bohl W (1994) Strömungsmaschinen, Bd 2, 6 Aufl. Vogel-Buchverlag, Würzburg
7. von Böckh P, Wetzel T (2013) Wärmeübertragung, 5 Aufl. Springer, Berlin
8. Lucas K (2001) Thermodynamik, 3 Aufl. Springer, Berlin
9. von Böckh P, Saumweber C (2013) Fluidmechnaik, 3 Aufl. Springer, Berlin

Dampfturbinenprozesse

7

Eine *Dampfturbinenanlage* wandelt Primärenergie in nutzbare mechanische Arbeit bzw. elektrische Energie um. Weltweit werden über 80 % der elektrischen Energie mit Dampfturbinenanlagen erzeugt. Die dem Prozess zugeführte Wärme stammt aus verschiedenen Quellen: Aus der Energie der festen, flüssigen oder gasförmigen Brennstoffe, nuklearer Reaktorwärme, Müllverbrennung, Abwärme aus industriellen Prozessen oder Gasturbinen, geothermischer und solarer Wärme.

In diesem Kapitel werden nur die thermodynamischen Aspekte des Prozesses behandelt, d. h. die Wirkungsgrade der Energieumwandlung und Möglichkeiten zu deren Verbesserung.

7.1 Einleitung

Mit dem Begriff „Dampf" ist Wasserdampf gemeint. Die hergeleiteten Gesetzmäßigkeiten gelten auch für andere Dämpfe, die aber wegen ausgezeichneter Eignung des Wasserdampfes für den Dampfturbinenprozess kaum zur Anwendung kommen.

Abbildung 7.1 zeigt die Komponenten eines fossil befeuerten Dampfkraftwerks. Der zugeführte Brennstoff und die Luft werden im Kessel zunächst in innere Energie des Brenngases umgewandelt, welches dann im Dampferzeuger überhitzten Dampf generiert. Dieser wird dem Dampfkraftprozess zugeführt. Hier erfolgt eine weitere Umwandlung: zunächst in mechanische, dann in elektrische Energie.

© Springer-Verlag Berlin Heidelberg 2015
P. von Böckh, M. Stripf, *Technische Thermodynamik*, DOI 10.1007/978-3-662-46890-6_7

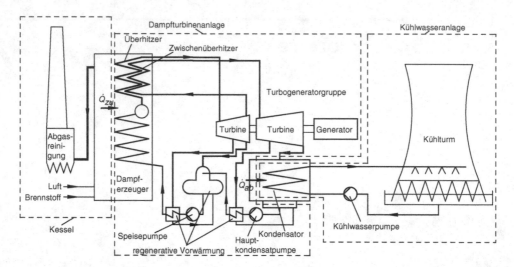

Abb. 7.1 Dampfkraftwerk

Die Komponenten des Kraftwerks können in folgende Hauptgruppen aufgeteilt werden:

• Kessel
• Dampfturbinenanlage
• Kühlwasseranlage.

Der Kessel eines fossil befeuerten Kraftwerks besteht aus Brennstoffaufbereitung, Brennstoff- und Luftzufuhranlagen, Feuerraum, Dampferzeuger, Abgasreinigungsanlage und Ascheentsorgung. In Nuklearanlagen beinhaltet der Kessel Reaktor und Dampferzeuger.

Die Dampfturbinenanlage ist der eigentliche Dampfkraftmaschinen-Kreisprozess. Das Speisewasser erwärmt, verdampft und überhitzt man im Dampferzeuger mit dem Wärmestrom aus dem Kessel. Der *Frischdampf* aus dem *Dampferzeuger* fließt zur *Dampfturbine*. Die thermische Energie des Dampfes wird in den Turbinen in mechanische, im Generator in elektrische Energie umgewandelt. Bei der Expansion in der Turbine erfährt der Dampf in den Leitschaufeln eine Beschleunigung, in den Laufschaufeln ändert sich die Richtung der Geschwindigkeit. Durch diese Impulsänderung wird Arbeit an den Rotor abgegeben (siehe Drallsatz der Fluidmechanik [5]). Die Turbine behandelt man hier wie eine „black box", also wie eine Maschine, in der die Enthalpie geändert wird und die Arbeit abgibt. Der expandierte Dampf kondensiert im *Kondensator*, indem er einen Wärmestrom an die *Kühlwasseranlage* abgibt. Über Pumpen und *regenerative Vorwärmung* gelangt das Kondensat zurück zum Dampferzeuger.

Die Kühlwasseranlage führt den im Kondensator abgegebenen Wärmestrom an die Umgebung ab.

In diesem Kapitel wird auf den Dampfkraftmaschinen-Kreisprozess eingegangen, ohne die Vorgänge im Kondensator und Dampferzeuger näher zu untersuchen, die als thermische Reservoire behandelt werden.

7.2 Clausius-Rankine-Prozess

Der Vergleichsprozess für den Dampfturbinenprozess ist der *Clausius-Rankine-Prozess*. Abbildung 7.2 zeigt die Schaltung dieses einfachen Dampfturbinenprozesses mit Sattdampf, der aus folgenden Komponenten besteht:

- Dampferzeuger
- Turbine
- Kondensator
- Speisewasserpumpe.

Im Dampferzeuger findet die Wärmezufuhr zum Arbeitsmedium statt. In der Turbine expandiert der produzierte Dampf und gibt Arbeit ab. Im Kondensator wird der entspannte Dampf unter Wärmeabfuhr verflüssigt. Die *Speisewasserpumpe* erhöht den Druck des Kondensats und pumpt es zum Dampferzeuger zurück.

Der *Clausius-Rankine*-Prozess ist ein Idealprozess mit folgenden vereinfachenden Annahmen:

- keine Wärmeverluste an die Umgebung, keine Dissipation
- Änderungen der kinetischen und potentiellen Energie sind vernachlässigbar
- die Expansion in der Turbine und die Verdichtung in der Pumpe verlaufen adiabat und reibungsfrei, also isentrop
- keine Reibungsverluste bei den Strömungen, d. h., die Wärmezu- und -abfuhr sind isobare Zustandsänderungen.

Zusammen mit den getroffenen Vereinfachungen liefert der erste Hauptsatz folgende Energiebilanz:

$$P_T + P_P = -\dot{Q}_{zu} - \dot{Q}_{ab} \tag{7.1}$$

Abb. 7.2 Schaltung eines einfachen *Clausius-Rankine*-Prozesses

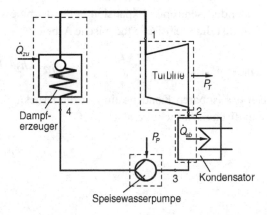

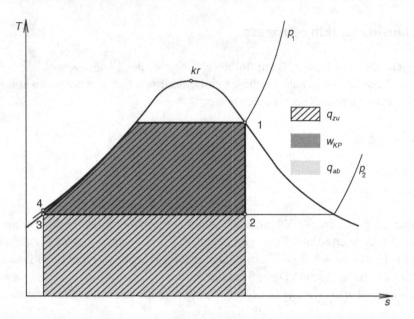

Abb. 7.3 *Clausius-Rankine*-Prozess im *T,s*-Diagramm

Der thermische Wirkungsgrad des Kreisprozesses ist damit:

$$\eta_{th} = 1 - \frac{\left|\dot{Q}_{ab}\right|}{\dot{Q}_{zu}} = 1 - \frac{\left|q_{ab}\right|}{q_{zu}} \tag{7.2}$$

Abbildung 7.3 zeigt den Prozess im *T,s*-Diagramm. Er setzt sich aus folgenden Teilprozessen zusammen

1→2 isentrope Expansion in der Turbine
2→3 isobare Wärmeabfuhr und Kondensation
3→4 isentrope Verdichtung in der Pumpe auf den Dampferzeugerdruck
4→1 isobare Wärmezufuhr.

Bei der isentropen Expansion in der Turbine sind Wärmezufuhr und Dissipation null. Damit ist die spezifische technische Arbeit:

$$w_{t12} = h_2 - h_1 \tag{7.3}$$

Bei der isobaren Kondensation ist die Druckänderungsarbeit gleich null, die abgeführte spezifische Wärme wird also:

$$q_{ab} = q_{23} = h_3 - h_2 \tag{7.4}$$

In der Pumpe beträgt die isentrope spezifische technische Arbeit:

$$w_{t34} = h_4 - h_3 \tag{7.5}$$

Die Wärmezufuhr erfolgt isobar.

$$q_{zu} = q_{41} = h_1 - h_4 \tag{7.6}$$

Die Gln. (7.4) und (7.6) in Gl. (7.2) eingesetzt, ergeben:

$$\eta_{th,rev} = 1 - \frac{h_2 - h_3}{h_1 - h_4} \tag{7.7}$$

Die Enthalpie h_2 ist sehr viel größer als h_3 und h_1 ist sehr viel größer als h_4. Daher gilt in guter Näherung:

$$\eta_{th} \approx 1 - \frac{h_2}{h_1} = \frac{h_1 - h_2}{h_1} \tag{7.8}$$

> Der thermische Wirkungsgrad des Idealprozesses wird desto größer, je kleiner die Enthalpie h_2 und je größer h_1 ist.

7.3 Maßnahmen zur Wirkungsgradverbesserung

7.3.1 Carnotisierung des Prozesses

Der ideale Kreisprozess ist der *Carnot*-Prozess. Also müsste man versuchen, den *Clausius-Rankine*-Prozess zu „*carnotisieren*". Der Wirkungsgrad des *Carnot*-Prozesses (s. Kap. 4) ist:

$$\eta_C = 1 - \frac{T_k}{T_w} \tag{7.9}$$

Die Temperatur der isothermen Wärmezufuhr ist T_w und T_k jene der isothermen Wärmeabfuhr.

Im Dampfkreisprozess erfolgt die isobare Wärmeabfuhr im Nassdampfgebiet von 2 nach 3 isotherm. Dagegen ist die Wärmezufuhr nicht isotherm. Die Erwärmung des Wassers auf Sättigungstemperatur ist isobar und mit einer Temperaturänderung verbunden. Aus Abb. 7.4 ist ersichtlich, dass die Wärmezufuhr zwischen den Zuständen 4 und 1 erfolgt.

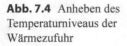

Abb. 7.4 Anheben des Temperaturniveaus der Wärmezufuhr

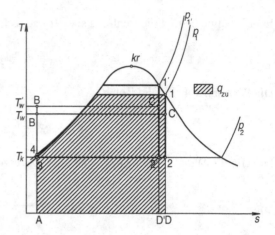

Man kann eine mittlere Temperatur der Wärmezufuhr bilden. Die spezifische Wärmezufuhr entspricht der Fläche A41D. Die gleich große Rechteckfläche ABCD kann mit der mittleren Temperatur T_w der Wärmezufuhr gebildet werden. Erhöht man den Druck p_1 auf p_1', wird die Fläche A41'D' der zugeführten Wärme größer und die mittlere Temperatur T_W' der Wärmezufuhr erhöht sich, die Temperatur der Wärmeabfuhr bleibt unverändert. Damit wird nach Gl. (7.9) der Wirkungsgrad durch Anheben des Verdampferdruckes erhöht. Adäquat dazu kann gezeigt werden, dass der Wirkungsgrad durch Senken des Kondensatordruckes ebenfalls erhöht werden kann.

Will man den Wirkungsgrad verbessern, muss die mittlere Wärmezufuhrtemperatur erhöht und die Kondensationstemperatur verringert werden. Das Anheben des Kesseldruckes auf den Druck p_1' bewirkt ein Ansteigen der mittleren Wärmezufuhrtemperatur. Das Absenken des Kondensatordruckes verringert die Sättigungstemperatur, welche die Wärmeabfuhrtemperatur T_k ist.

Die Erhöhung des Wirkungsgrades eines Dampfturbinenprozesses mit Sattdampf ist durch ein Anheben des Verdampferdruckes und Senken des Kondensatordruckes erreichbar. Die Druckerhöhung beim Sattdampfprozess ist höchstens bis zum kritischen Punkt möglich. Der Kondensatordruck kann theoretisch nur bis zum Sättigungsdruck bei Umgebungstemperatur erfolgen.

7.3.2 Überhitzung und Zwischenüberhitzung

Der Dampferzeuger des einfachen Dampfkraftprozesses in Abb. 7.2 produziert Sattdampf (Zustandspunkt 1). Wird dem Sattdampf in einem *Überhitzer* bei konstantem Druck noch weiter Wärme zugeführt, steigen Temperatur, spezifische Enthalpie und spezifische Entropie (Abb. 7.5a und 7.6a). Die mittlere Temperatur der Wärmezufuhr wird erhöht und damit auch der Wirkungsgrad des Prozesses.

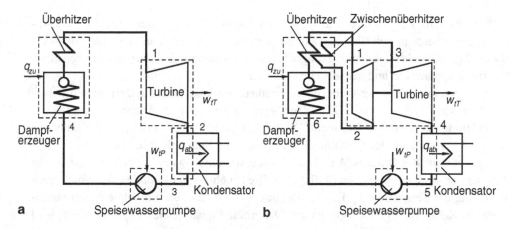

Abb. 7.5 Idealer Dampfturbinenprozess mit **a** Überhitzung und **b** Zwischenüberhitzung

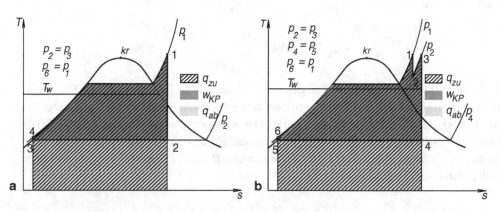

Abb. 7.6 T,s-Diagramm des idealen Dampfturbinenprozesses mit Überhitzung und Zwischenüberhitzung

Der thermische Prozesswirkungsgrad verbessert sich mit zunehmender Temperatur θ_1 der Überhitzung. Die hohen Drücke und Temperaturen im Dampferzeuger erfordern Bauteile, die diesen Bedingungen Rechnung tragen. Trotz aller Fortschritte auf dem Gebiet der Werkstofftechnologie sind der Steigerung der maximalen Überhitzungstemperatur Grenzen gesetzt. Moderne ferritische Stähle halten Spitzendrücke von 300 bar bei Temperaturen von 600 °C aus.

Eine weitere Möglichkeit der Prozessverbesserung ist durch *Zwischenüberhitzung* zu erreichen (Abb. 7.5b und 7.6b). Nach teilweiser Expansion ($1 \rightarrow 2$) wird der Dampf abermals überhitzt ($2 \rightarrow 3$), bevor er auf den Druck p_4 total entspannt wird.

Sowohl die höhere Endtemperatur der Überhitzung als auch die Zwischenüberhitzung helfen, die mittlere Temperatur der Wärmezufuhr anzuheben, was zur Verbesserung des Prozesswirkungsgrades beiträgt.

Eine weitere Steigerung des thermischen Prozesswirkungsgrades ist durch eine An-
hebung des Verdampfungsdruckes auf überkritische Werte mit nachfolgender zwei- bis
dreimaliger Zwischenüberhitzung möglich. Diese Maßnahme erfordert einen hohen kons-
truktiven, apparativen und betrieblichen Aufwand.

Eine andere Analyse der Verbesserungsmaßnahmen kann über die Definition des thermischen Wirkungsgrades nach Gl. (7.8) erfolgen. Er wird im Wesentlichen von der Enthalpieänderung in der Turbine bestimmt. Der Wirkungsgrad ist durch Erhöhen der Enthalpie
h_1 und das Verringern der Enthalpie h_2 erreichbar. Die Enthalpie h_1 ist eine Funktion der
Temperatur und des Druckes. Aus dem h,s-Diagramm in Anhang B.2 sieht man, dass die
Temperatur den dominierenden Einfluss hat. Die Erhöhung der Enthalpie h_1 erfolgt durch
Erhöhung der Temperatur T_1. Das h,s-Diagramm zeigt, dass die Enthalpie h_2 mit abnehmendem Kondensatordruck kleiner wird. Die größte Enthalpieänderung $\Delta h = h_1 - h_2$ wird
bei der Expansion in das Nassdampfgebiet erreicht. Optimale Wirkungsgrade erzielt man,
wenn die Temperatur und der Druck erhöht werden. Der thermische Wirkungsgrad ist
nach Gl. (7.8):

$$\eta_{th} \approx \frac{\Delta h}{h_1}$$

Eine Verbesserung des Wirkungsgrades kann primär durch die Erhöhung der Enthalpiedifferenz erreicht werden. Diese vergrößert sich mit Erhöhung der Enthalpie h_1, was der
Wirkungsgradverbesserung entgegenwirkt. Das Anheben der Temperatur θ_1 ohne Erhöhung des Druckes p_3 bewirkt, dass die Expansion auf den Kondensatordruck p_4 zu einer
zu hohen Enthalpie führt. Somit fällt die Enthalpiedifferenz kleiner als bei gleichzeitiger
Temperatur- und Druckerhöhung aus.

> Der thermische Wirkungsgrad eines einfachen Dampfkreisprozesses ist desto höher,
> je größer die Enthalpieänderung in der Turbine ist.

Die maximal erzielbare Enthalpiedifferenz und die möglichen mittleren Wärmezu- und
Wärmeabfuhrtemperaturen werden durch zwei Tatsachen limitiert:

- Die Enthalpie des Dampfes und die Wärmezufuhrtemperatur sind aus Gründen der verfügbaren warmfesten Materialien begrenzt. Die bis heute erreichbaren höchsten Drücke und Temperaturen des Frischdampfes liegen bei 300 bar und 600 °C.
- Die Umgebungstemperatur bestimmt den Kondensatordruck. Der tiefste erzielbare
  Kondensatordruck mit einem unendlich großen Kondensator wäre der der Umgebungstemperatur entsprechende Sättigungsdruck des Dampfes. Die Sättigungstemperaturen
  liegen je nach Art der Kühlung zwischen 10 und 40 K über der Umgebungstemperatur.

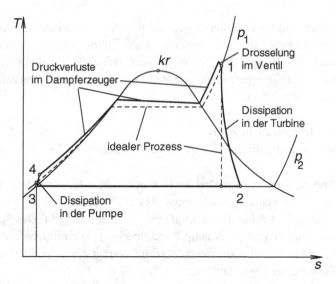

Abb. 7.7 Dampfkreisprozess mit Irreversibilitäten im T,s-Diagramm

7.3.3 Irreversibilitäten und Verluste

Jeder Prozess weist Irreversibilitäten auf. Ein realisierter Dampfkreisprozess ist grundsätzlich mit zwei Arten von Irreversibilitäten behaftet:

a) inneren Irreversibilitäten
b) äußeren Irreversibilitäten.

7.3.3.1 Innere Irreversibilitäten

Innere Irreversibilitäten sind Dissipationsprozesse während der Strömung des Dampfes und Wassers.

Abbildung 7.7 zeigt im T,s-Diagramm den realen Prozess im Vergleich zum idealen Prozess. Der Dampf wird im realen Prozess vom gleichen Zustand 1 (Druck p_1 und Temperatur T_1) wie der Idealprozess in der Turbine auf den Druck p_2 expandiert.

Die wirkliche reibungsbehaftete Expansion in der Turbine und die Verdichtung in der Pumpe unterscheiden sich vom idealen isentropen Prozess durch Entropiezunahme. Dadurch verringert sich die spezifische innere Turbinenarbeit und die notwendige innere Pumpenarbeit wird erhöht.

Druckverluste im Dampferzeuger und in den Rohrleitungen haben ebenfalls Entropiezunahmen zur Folge. Bedingt durch diese Druckverluste erhöht sich die notwendige Pumpenarbeit. Um den Druck p_1 vor der Turbine zu erreichen, muss die Pumpe das Speisewasser auf einen höheren Druck als beim Idealprozess bringen, damit die Druckverluste in den Rohrleitungen und im Dampferzeuger überwunden werden. Außerdem muss der Dampf den Dampferzeuger mit einem höheren Druck als beim Idealprozess verlassen, weil das Regelventil der Turbine den Dampf drosselt. Bei der Drosselung sinken Druck und Temperatur. Die Wärmeabgabe im Kondensator erfolgt bei nahezu konstantem Druck und ist somit ohne Druckverlust.

7.3.3.2   Äußere Irreversibilitäten

Irreversibilitäten, die außerhalb des Kreisprozesses entstehen, zählen zu den äußeren Irreversibilitäten.

Die größten Irreversibilitäten treten bei der Wärmezufuhr auf. Bei fossil befeuerten Anlagen entsteht bei der Verbrennung des Brennstoffes ein Rauchgas hoher Temperatur, das sich im Kessel abkühlt und dabei dem Dampferzeuger Wärme abgibt. Das Speisewasser im Dampferzeuger wird erwärmt, verdampft und überhitzt. Die mittlere Temperaturdifferenz zwischen Rauchgas und Speisewasser/Dampf beträgt einige hundert Grad; daher entsteht eine entsprechende Irreversibilität.

Bei der Wärmeabfuhr ist die Temperaturdifferenz deutlich kleiner. In mit Flusswasser gekühlten Kondensatoren ist die mittlere Temperaturdifferenz zur Umgebungstemperatur in der Regel kleiner als 10 K. Damit sind diese Irreversibilitäten wesentlich kleiner als auf der Wärmezufuhrseite.

Weitere Verluste, verursacht durch äußere Irreversibilitäten sind Wärmeverluste, Lagerreibung und Generatorwirkungsgrad. Diese Verluste sind marginal und werden hier vernachlässigt.

7.4   Dampfkreisprozess im Mollier-h,s-Diagramm

Zur Berechnung des realen Dampfkreisprozesses wird das *Mollier-h,s*-Diagramm verwendet. Abbildung 7.8 zeigt einen Dampfkreisprozess unter Berücksichtigung der Dissipation bei der Expansion und Verdichtung, aber unter Vernachlässigung der Druckverluste im Verdampfer, d. h., Verdampfungs- und Kondensationsdruck sind konstant. Aus dem Diagramm können die Enthalpien der einzelnen Zustände des Prozesses abgelesen werden.

Die Zustandsänderung von 1 nach 2 erfolgt adiabat. Nach der Energiebilanzgleichung ist die vom Dampf nach außen abgegebene spezifische innere Arbeit:

$$\underbrace{q_{12}}_{=0} + \underbrace{j_{12} + w_{p12}}_{=w_{t12}} = h_2 - h_1 = w_{t12} \tag{7.10}$$

Die Wärmeabfuhr im Kondensator erfolgt isobar und isotherm. Damit sind Dissipation und Druckänderungsarbeit gleich null. Für die spezifische abgeführte Wärme erhält man:

$$q_{ab} = q_{23} = h_3 - h_2 \tag{7.11}$$

Abb. 7.8 Dampfkreisprozess im h,s-Diagramm

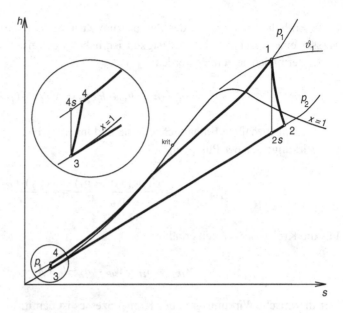

Die Druckerhöhung in der Speisewasserpumpe erfolgt adiabat. Die von außen zugeführte spezifische innere Arbeit ist:

$$w_{t34} = h_4 - h_3 \qquad (7.12)$$

Bei der Zustandsänderung erfolgt die Wärmezufuhr von 4 nach 1. Sie wurde als isobar angenommen. Daher ist die zugeführte Wärme:

$$q_{zu} = q_{41} = h_1 - h_4 \qquad (7.13)$$

Wie im Kap. 4 gezeigt wurde, beinhaltet das *Mollier-h,s*-Diagramm nicht das Gebiet der Flüssigkeit. Deshalb können dem Diagramm nur die Enthalpiewerte der Zustände 1 und 2 entnommen werden. Der Zustand 2 liegt im Nassdampfgebiet und ist experimentell nicht bestimmbar, weil neben Temperatur oder Druck der Dampfgehalt ermittelt werden müsste, der jedoch praktisch nicht messbar ist. Die Enthalpie der isentropen Zustandsänderung bei der Expansion vom Druck p_1 zum Druck p_2 ist Zustand 2s. Er kann aus dem Diagramm abgelesen und Zustand 2 mit dem inneren Wirkungsgrad der Turbine η_{iT} berechnet werden.

$$h_2 = h_1 - (h_1 - h_{2s}) \cdot \eta_{iT} \qquad (7.14)$$

Die Stoffwerte für die Flüssigkeit sind den Tabellen zu entnehmen. Die Druckerhöhung in der Pumpe beginnt beim Sättigungszustand des Kondensats im Kondensator. Die isentrope Enthalpieänderung in der Pumpe zum Zustand $4s$ kann unter der Annahme, dass Wasser eine inkompressible Flüssigkeit ist, näherungsweise mit recht guter Genauigkeit folgendermaßen berechnet werden:

$$w_{t34s} = h_{4s} - h_3 = h_{4s} - h'(p_3) = v'(p_3) \cdot (p_4 - p_3)$$

Die reibungsbehaftete Enthalpieänderung und innere Arbeit bestimmt man mit dem inneren Wirkungsgrad der Pumpe η_{iP}.

$$w_{t34} = w_{tP} = \frac{v'(p_3) \cdot (p_4 - p_3)}{\eta_{iP}} = \frac{v'(p_2) \cdot (p_1 - p_2)}{\eta_{iP}} \qquad (7.15)$$

Für die Kreisprozessarbeit erhält man:

$$w_{tKP} = w_{tT} + w_{tP} = h_2 - h_1 + h_4 - h_3 \qquad (7.16)$$

Der thermische Wirkungsgrad des Kreisprozesses ist damit:

$$\eta_{th} = \frac{-w_{tKP}}{q_{zu}} = \frac{(h_1 - h_2) - v'(p_2) \cdot (p_1 - p_2) / \eta_{iP}}{h_1 - h_4} \qquad (7.17)$$

Beispiel 7.1: Idealer Clausius-Rankine-Prozess mit Überhitzung

In einem idealen Dampfkreisprozess hat der überhitzte Frischdampf am Turbineneintritt den Druck von 80 bar und eine Temperatur von 500 °C. Am Turbinenaustritt herrscht der Druck von 0,05 bar. Die Kreisprozessleistung beträgt 120 MW.

Für den Kreisprozess sind zu ermitteln:

a) der thermische Wirkungsgrad η_{th}
b) der erforderliche Dampfmassenstrom
c) der zuzuführende Wärmestrom
d) der abzuführende Wärmestrom
e) der Kühlwassermassenstrom bei der Aufwärmung des Kühlwassers von 15 auf 25 °C.

Lösung
Schema Siehe Skizze

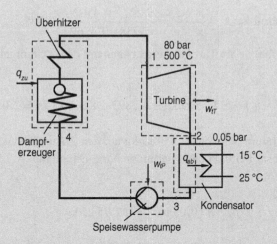

Annahmen

- Turbine und Pumpe arbeiten adiabat und reibungsfrei (isentrop).
- Die Änderung der kinetischen und potentiellen Energie ist vernachlässigbar.
- Alle Leitungen sind ideal isoliert, d. h. keine Wärmeabgabe an die Umgebung.
- Alle Strömungen sind reibungsfrei.
- Das Kondensat ist am Kondensatoraustritt gesättigt.

Analyse

Die Dampfdaten der Turbine können direkt aus dem h,s-Diagramm abgelesen oder Tab. A.2.3 entnommen werden:

Turbineneintritt	$p_1 = 80$ bar	$\vartheta_1 = 500\,°C$	$h_1 = 3\,399,5$ kJ/kg
Turbinenaustritt	$p_2 = 0,05$ bar		$h_2 = 2\,050,5$ kJ/kg

Am Turbinenaustritt ist der Druck bekannt. Da die Zustandsänderung als isentrop vorausgesetzt wurde, ist auch die Entropie bekannt. Deren Wert aus Tab. A.2.3 beträgt 6,727 kJ/(kg K). Die Expansion erfolgt ins Nassdampfgebiet. Aus der Entropie kann der Dampfgehalt bestimmt werden.

Die spezifischen Daten des gesättigten Kondensats s', h' und des Dampfes s'', h'' und Δh_v findet man in Tab. A.2.2:

$s'(0,05\text{ bar}) = 0,4762$ kJ/(kg K)	$h'(0,05\text{ bar}) = 137,75$ kJ/kg
$s''(0,05\text{ bar}) = 8,3938$ kJ/(kg K)	$h''(0,05\text{ bar}) = 2\,560,7$ kJ/kg
$h_v(0,05\text{ bar}) = 2\,423,0$ kJ/kg	

$$\text{Damit ist: } x_2 = \frac{s_1 - s'}{s'' - s'} = \frac{6,727 - 0,4762}{8,3938 - 0,4762} = 0,7892$$

Die spezifische Enthalpie am Turbinenaustritt kann mit dem Dampfgehalt berechnet werden:

$$h_2 = h' + x_2 \cdot (h'' - h') = 137,75 \text{ kJ/kg} + 0,7892 \cdot 2423,0 \text{ kJ/kg} = 2\ 050,5 \text{ kJ/kg}$$

Aus dem h,s-Diagramm liest man 2 050 kJ/kg ab. Am Zustandspunkt 3 haben wir gesättigtes Kondensat bei 0,05 bar. Hier müssen die Daten Tab. A.2.2 entnommen werden.

$$h_3 = h'(0,05 \text{ bar}) = 137,75 \text{ kJ/kg}$$

$$v_3 = v'(0,05 \text{ bar}) = 0,001053 \text{ m}^3/\text{kg}$$

Die Speisepumpe arbeitet reibungsfrei und adiabat, also isentrop. Daher beträgt ihr Wirkungsgrad $\eta_{iP} = 1$.
  Nach Gl. (7.15) ist die spezifische Pumpenarbeit mit guter Genauigkeit:

$$w_{tP} = \frac{v_3}{\eta_P} \cdot (p_1 - p_2) = \frac{0,0010053 \cdot \text{m}^3}{1,0 \cdot \text{kg}} \cdot (80 - 0,05) \cdot 10^5 \cdot \text{Pa} = 8,038 \text{ kJ/kg}$$

Mit dieser Näherung erhält man für die Enthalpie h_4:

$$h_4 = h_3 + w_{tP} = (137,75 + 8,038) \text{ kJ/kg} = 145,79 \text{ kJ/kg}$$

Alle verfügbaren Daten folgen tabellarisch:

Punkt	Ort	bekannt	aus Tabellen in A.2
1	Turbineneintritt	p_1=80 bar	h_1=3 399,4 kJ/kg
		ϑ_1=500 °C	s_1=6,727 kJ/(kg K)
2	Turbinenaustritt	p_2=0,05 bar	h_2=2 050,5 kJ/kg
			x_2=0,7892
			s_2=s_1=6,727 kJ/(kg K)
3	Pumpeneintritt	p_3=0,05 bar	h_3=137,75 kJ/kg
		gesättigt	v_3=0,0010053 m3/kg
4	Pumpenaustritt	p_4=p_1=80 bar	h_4=145,79 kJ/kg

a) Berechnung des thermischen Kreisprozesswirkungsgrades:

Nach Gl. (7.16) ist die spezifische Kreisprozessarbeit:

$$w_{tKP} = w_{t12} + w_{t34} = (h_2 - h_1) + (h_4 - h_3) =$$
$$(2050,5 - 3399,4) + (145,79 - 137,75) = -1\ 342\ \text{kJ/kg}$$

Die spezifische zugeführte Wärme erhält man mit Gl. (7.13).

$$q_{zu} = q_{41} = h_1 - h_4 = 3\ 400 - 145,79 = 3\ 254,2\ \text{kJ/kg}$$

Damit ist der thermische Wirkungsgrad:

$$\eta_{th} = \frac{-w_{tKP}}{q_{zu}} = \frac{1341,6\ \text{kJ/kg}}{3254,2\ \text{kJ/kg}} = 0,412$$

b) Der erforderliche Dampfmassenstrom beträgt:

$$\dot{m} = \frac{P_{KP}}{w_{KP}} = \frac{-120.000\ \text{kW}}{-1342\ \text{kJ/kg}} = 89,421\ \text{kg/s}$$

c) Zuzuführender Wärmestrom:

$$\dot{Q}_{zu} = \dot{m} \cdot q_{zu} = (89,494\text{kg/s}) \cdot (3254,2\ \text{kJ/kg}) = 290,996\ \text{MW}$$

d) Den abzuführenden Wärmestrom erhält man als:

$$\dot{Q}_{ab} = \dot{m} \cdot q_{ab} = \dot{m} \cdot (h_3 - h_2) = -171,178\ \text{MW}$$

e) Betrachtet man den Kondensator als System, wird ihm weder Arbeit noch Wärme zugeführt. Da die Zustandsänderung stationär ist und die kinetische und potentielle Energie vernachlässigt werden, erfolgt über die Systemgrenze nur ein Energietransfer in Form von Enthalpieströmen. Daraus folgt:

$$\dot{m}_{KW} \cdot h_{KWe} + \dot{m} \cdot h_2 = \dot{m}_{KW} \cdot h_{KWa} + \dot{m} \cdot h_3$$

und aufgelöst nach $\dot{m}_{KW}$: $\quad \dot{m}_{KW} = \dot{m} \cdot \dfrac{h_2 - h_3}{h_{KWa} - h_{KWe}}$

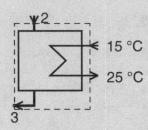

Da der Druck des Kühlwassers nicht gegeben ist, kann für die spezifische Enthalpie deren Sättigungswert genommen werden (Tab. A.2.1).

$$h_{KWa} - h_{KWe} \cong h'(25°C) - h'(15°C) = 104,92 - 63,08 = 41,86 \text{ kJ/kg}$$

Damit ist der erforderliche Kühlwasserstrom:

$$\dot{m}_{KW} = \frac{89,49 \cdot \text{kg/s} \cdot (2050,5 - 137,75) \cdot \text{kJ/kg}}{41,86 \cdot \text{kJ/kg}} = \mathbf{4084,9 \text{ kg/s}}$$

Diskussion
Auf der Turbinenseite lässt sich der einfache Dampfkreisprozess sehr genau sowohl mit dem h,s-Diagramm als auch mit den Tabellenwerten bestimmen. Für die Stoffwerte des Kondensats stehen nur die Tabellen zur Verfügung. Der Kühlwassermassenstrom ist 45 mal größer als der des Dampfes.

Beispiel 7.2: Idealer Dampfkreisprozess mit Zwischenüberhitzung
Dem Turbinenprozess aus Beispiel 7.1 wird ein Zwischenüberhitzer zugefügt. Der Dampf mit einem Druck von 80 bar und der Temperatur von 500°C tritt in den ersten Turbinenteil ein, in dem er auf 8 bar isentrop expandiert. Danach wird er im Zwischenüberhitzer auf 480°C erhitzt, bevor er im zweiten Turbinenteil auf den Kondensatordruck von 0,05 bar isentrop entspannt wird. Die innere Leistung des Prozesses beträgt −120 MW.
    Zu bestimmen sind der thermische Wirkungsgrad, der erforderliche Dampfmassenstrom und der zu- bzw. abgeführte Wärmestrom.
Lösung
Schema Siehe Skizze

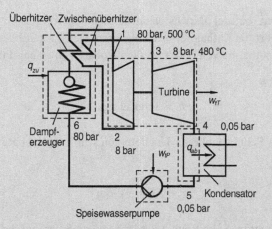

Annahmen

- Turbine und Pumpe arbeiten isentrop.
- Die Anlage ist ideal isoliert.
- Die Strömungen sind reibungsfrei.
- Die Änderung der kinetischen und potentiellen Energie ist vernachlässigbar.
- Das Kondensat verlässt den Kondensator gesättigt.

Analyse

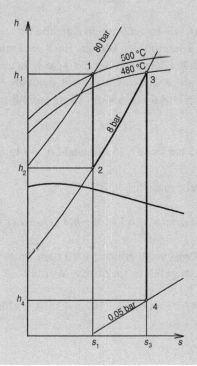

Die Zustandspunkte bei der Expansion in der Turbine werden im h,s-Diagramm eingetragen und dort die Enthalpiewerte abgelesen. Den Zustand 1 erhalten wir am Schnittpunkt der Isotherme von 500 °C mit der Isobare von 80 bar. Für die Enthalpie liest man ab:

$$h_1 = 3400 \text{ kJ/kg}$$

Zustand 2 liegt im Schnittpunkt der Isochore von s_1 mit der Isobare von 8 bar. Die Enthalpie h_2 ist:

$$h_2 = 2797,5 \text{ kJ/kg}$$

Zustandspunkt 3 liegt im Schnittpunkt der Isobare von 8 bar und der Isotherme von 480 °C. Für die Enthalpie h_3 liest man ab:

$$h_3 = 3438,2 \text{ kJ/kg}$$

Die Enthalpie h_4 erhält man ähnlich wie $h2$ am Schnittpunkt von s_3 und p_4.

$$h_4 = 2382,9 \text{ kJ/kg}$$

Die Enthalpie h_4 hätte man wie in der vorigen Aufgabe berechnen und die Bestimmung von h_2 mit Tab. A.2.3 durchführen können. Bei 8 bar Druck wäre die Enthalpie durch lineare Interpolation bei dem Wert der Entropie s_1 zu ermitteln. Aus dem h,s-Diagramm erhält man die Werte etwas weniger genau, dafür aber wesentlich schneller.

Für die Prozesspunkte 5 und 6 können die Werte aus Beispiel 7.1 übernommen und werden.

$$h_5 = h'(0,05 \text{ bar}) = 137,75 \text{ kJ/kg und } h_6 = 145,8 \text{ kJ/kg}$$

Die spezifische innere Kreisprozessarbeit ist:

$$w_{KP} = w_{t12} + w_{t34} + w_{t56} = (h_2 - h_1) + (h_4 - h_3) + (h_6 - h_5) = -1649,7 \text{ kJ/kg}$$

Im Dampferzeuger und Zwischenüberhitzer wird dem Prozess Wärme zugeführt. Damit erhalten wir für die zugeführte spezifische Wärme:

$$q_{zu} = 3400 - 147,8 + 3438,2 - 2797,5 = 3894,9 \text{ kJ/kg}$$

Jetzt kann der thermische Prozesswirkungsgrad bestimmt werden.

$$\eta_{th} = \frac{|w_{KP}|}{q_{zu}} = 0,424$$

Um die gegebene innere Prozessleistung von 120 MW zu erreichen, benötigt man folgenden Dampfmassenstrom:

$$\dot{m} = \frac{P_{KP}}{w_{KP}} = \frac{120\,000\ \text{kW}}{1\,649,7\ \text{kJ/kg}} = 72,741\ \text{kg/s}$$

Mit der spezifischen zugeführten Wärme erhält man den Wärmestrom:

$$\dot{Q}_{zu} = \dot{m} \cdot q_{zu} = 72,741 \cdot \text{kg/s} \cdot 3\,894,9 \cdot \text{kJ/kg} = \mathbf{283,314\ MW}$$

Der abgeführte Wärmestrom wird ähnlich bestimmt.

$$\dot{Q}_{ab} = \dot{m} \cdot q_{ab} = \dot{m} \cdot (h_5 - h_4) = 72,741 \cdot \text{kg/s} \cdot (137,75 - 2\,382,9)\ \text{kJ/kg}$$
$$= \mathbf{-163,314\ MW}$$

Diskussion
Durch Zuschaltung der Zwischenüberhitzung erhöht sich die mittlere Temperatur der Wärmezufuhr. Wie erwartet, wird damit der thermische Prozesswirkungsgrad angehoben, er steigt von 41,2 auf 42,3 %. Durch die größere Wärmezufuhr verringert sich der erforderliche Dampfmassenstrom von 89,5 kg/s auf 72,816 kg/s. Der abzuführende Wärmestrom wird ebenfalls kleiner.

Beispiel 7.3: Realer Dampfkreisprozess
Ausgehend vom Dampfkreisprozess in Beispiel 7.2 werden die Dissipationen in den Turbinen und in der Pumpe berücksichtigt. Die Turbinen haben den isentropen Wirkungsgrad von je 0,85, die Speisepumpe jenen von 0,87.
Zu bestimmen ist die Verringerung des Prozesswirkungsgrades.
Lösung
Schema s. Beispiel 7.2

Annahmen

- Sie sind aus Beispiel 7.2 zu übernehmen.

Analyse

Die Dampfzustände in den Punkten 2, 4 und 6 ändern sich wegen der Dissipation. Mit der Definition des isentropen Wirkungsgrades erhält man:

$$h_2 = h_1 - \eta_i \cdot (h_1 - h_{2s}) = 2887,9 \ \text{kJ/kg}$$

$$h_4 = h_3 - \eta_i \cdot (h_3 - h_{4s}) = 2541,2 \ \text{kJ/kg}$$

$$h_6 = h_5 + \frac{v_4}{\eta_{iP}} \cdot (p_6 - p_5) = 147,00 \ \text{kJ/kg}$$

Mit den Daten aus Beispiel 7.2 und den neu ermittelten Enthalpien der Zustandspunkte 2, 4 und 6 erhalten wir für die spezifische Kreisprozessarbeit:

$$w_{tKP} = w_{t12} + w_{t34} + w_{t56} = (h_2 - h_1) + (h_4 - h_3) + (h_6 - h_5) = -1399,8 \ \text{kJ/k}$$

Die spezifische zugeführte Wärme ist:

$$q_{zu} = h_1 - h_6 + h_3 - h_2 = 3803 \ \text{kJ/kg}$$

Damit ergibt sich für den thermischen Wirkungsgrad:

$$\eta_{th} = \frac{|w_{KP}|}{q_{zu}} = 0,368$$

Diskussion

Wie erwartet, bewirken die Irreversibilitäten in den Strömungsmaschinen eine Verminderung des inneren thermischen Kreisprozesswirkungsgrades. Er verringert sich von 0,42 auf 0,368.

7.5   Dampfkreisprozess mit regenerativer Vorwärmung

Um einen hohen thermischen Wirkungsgrad zu erreichen, sollte die gesamte Wärmezufuhr von außen bei möglichst hoher Temperatur erfolgen. Dies kann durch *regenerative Vorwärmung* des Speisewassers auf eine höhere Endtemperatur mit Wärmetransfer innerhalb des Kreisprozesses erreicht werden.

Abb. 7.9 Regenerative Vorwärmung im Dampfkreisprozess

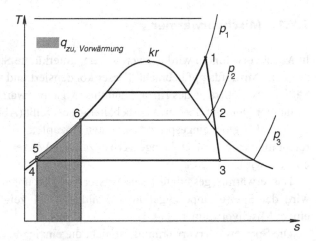

Abbildung 7.9 zeigt einen solchen Prozess im T,s-Diagramm. Die Wärme für die Vorwärmung entspricht der Fläche unterhalb der Prozesslinie zwischen den Punkten 5 und 6 (grau). Diese Wärme wird durch Dampf, der aus der Turbine am Zustandspunkt 2 entnommen und in einem Wärmeübertrager kondensiert wird, zur Verfügung gestellt. Die vom Dampf abgegebene Wärme kann im T,s-Diagramm nicht gezeigt werden, da die Fläche die Massenänderung nicht berücksichtigt ist. Am Punkt 2 hat der Dampf in der Turbine bereits Arbeit geleistet. Das Speisewasser wird auf die Sättigungstemperatur des beim Druck p_2 entnommenen Dampfes erwärmt. Im Dampferzeuger und Überhitzer erfolgt die Wärmezufuhr von außen erst ab Prozesspunkt 6. Damit wird die dem Prozess zugeführte Wärme reduziert. Da aus der Turbine Dampf entnommen wird, reduziert sich nach der Entnahme der Dampfmassenstrom und damit der Betrag der im Kondensator abzuführenden Wärme. Die Reduktion entspricht der Wärme, die dem Speisewasser zugeführt wird, d. h., die Wärmezufuhr verringert sich um den gleichen Betrag wie die Wärmeabfuhr. Nach Gl. (7.2) wird der thermische Wirkungsgrad damit erhöht.

$$\eta_{th} = 1 - \frac{|q_{ab}| - |\Delta q|}{q_{zu} - |\Delta q|} > 1 - \frac{|q_{ab}|}{q_{zu}}$$

Reduziert man den Zähler und Nenner eines Bruches um den gleichen Betrag, wird der Zahlenwert des Bruches kleiner. Der Bruch ist der rechte Term in obiger Gleichung. Da er kleiner wird, erhöht sich der thermische Wirkungsgrad.

Den der Turbine entnommen Dampf bezeichnet man als Anzapfdampf. Die Vorwärmung kann in mehreren Stufen erfolgen, wobei der Turbine für jede Vorwärmerstufe Dampf entnommen wird. In Speisewasservorwärmern wird dieser Dampf kondensiert und die Kondensationsenthalpie zur Aufwärmung des Speisewassers genutzt. Moderne Kraftwerke haben bis zu zehn Vorwärmerstufen. Wärmeübertrager für die regenerative Vorwärmung können *Mischvorwärmer* oder *Oberflächenvorwärmer* sein.

7.5.1 Mischvorwärmer

In Mischvorwärmern wird das verdichtete, unterkühlte Speisewasser in direkten Kontakt mit dem Anzapfdampf gebracht. Dieser kondensiert und wärmt das Speisewasser auf die Sättigungstemperatur des Anzapfdampfes. Mischvorwärmer werden in der Regel als sogenannter Dom auf Speisewasserbehälter geschweißt (Abb. 7.10). Das Speisewasser wird oben in den Dom eingespritzt, von unten Anzapfdampf zugeführt. Durch Schikanen erreicht man eine genügend lange Verweilzeit des Wassers, damit die Sättigungstemperatur erreicht wird.

Das erwärmte gesättigte Speisewasser verlässt unten den Speisewasserbehälter und wird der Speisepumpe zugeführt. Abbildung 7.11 zeigt einen möglichen Prozess mit einem Mischvorwärmer.

Die Speisewasservorwärmung ist nicht die einzige Funktion des Mischvorwärmers. In der Turbine herrscht nach Entspannung des Dampfes unterhalb des Umgebungsdruckes und im Kondensator ein Unterdruck. Es ist praktisch unmöglich, diesen Bereich voll-

Abb. 7.10 Mischvorwärmer mit Speisewasserbehälter

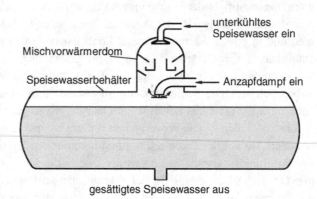

Abb. 7.11 Regenerative Vorwärmung mit einem Mischvorwärmer

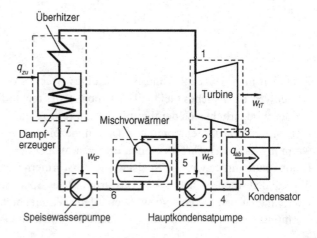

ständig abzudichten. Durch Undichtigkeiten gelangt Luft in das System und löst sich im Speisewasser. Während der Mischvorwärmung wird die Luft aus dem Wasser weitgehend herausgelöst und im oberen Teil des Apparates abgesaugt. Im Wasser-Dampf-Kreislauf minimiert die Entgasung die Korrosion der Stahlteile. Mischvorwärmer werden deshalb auch *Mischvorwärmer-Entgaser* genannt.

Anhand des Prozesses in Abb. 7.1 wird der Einfluss der Vorwärmung gezeigt.

Der Kontrollraum der Turbine liefert folgende Massenbilanz:

$$\dot{m}_1 = \dot{m}_2 + \dot{m}_3 \tag{7.18}$$

Von außen wird dem Mischvorwärmer weder Arbeit noch Wärme zugeführt. Daher lautet die Energiebilanz für den Kontrollraum des Mischvorwärmers:

$$\dot{m}_2 \cdot h_2 + \dot{m}_5 \cdot h_5 = \dot{m}_6 \cdot h_6 \tag{7.19}$$

Unter Berücksichtigung, dass $\dot{m}_3 = \dot{m}_4 = \dot{m}_5$ und $\dot{m}_6 = \dot{m}_7 = \dot{m}_1$ ist, kann mit den Gln. (7.18) und (7.19) der Massenstrom des Anzapfdampfes bestimmt werden.

$$\dot{m}_2 = \dot{m}_1 \cdot \frac{h_6 - h_5}{h_2 - h_5} \tag{7.20}$$

Die Energiebilanz der Turbine liefert für die innere Leistung der Turbine:

$$P_T = m_2 \cdot h_2 + \dot{m}_3 \cdot h_3 - \dot{m}_1 \cdot h_1 = \dot{m}_1 \cdot (h_2 - h_1) + (\dot{m}_1 - \dot{m}_2) \cdot (h_3 - h_2) \tag{7.21}$$

Die für beide Pumpen benötigte Leistung beträgt:

$$P_P = P_{P1} + P_{P2} = (\dot{m}_1 - \dot{m}_2) \cdot (h_5 - h_4) + \dot{m}_1 \cdot (h_7 - h_6) \tag{7.22}$$

Von außen erfolgt die Wärmezufuhr isobar zwischen den Zustandspunkten 7 und 1. Damit ist der zugeführte Wärmestrom:

$$\dot{Q}_{zu} = \dot{m}_1 \cdot q_{71} = \dot{m}_1 \cdot (h_1 - h_7) \tag{7.23}$$

Die Wärmeabfuhr erfolgt isobar zwischen den Zustandspunkten 3 und 4. Der abgeführte Wärmestrom wird also

$$\dot{Q}_{ab} = (\dot{m}_1 - m_2) \cdot q_{34} = (\dot{m}_1 - \dot{m}_2) \cdot (h_4 - h_3) \tag{7.24}$$

Beispiel 7.4 demonstriert die Analyse des regenerativen Kreisprozesses mit einem Mischvorwärmer.

Beispiel 7.4: Regenerative Vorwärmung mit einem Mischvorwärmer

In die Turbine treten 100 kg/s Frischdampf mit einem Druck von 80 bar und der Temperatur von 500 °C ein. Nach Expansion in der ersten Teilturbine auf 3 bar wird der Turbine Anzapfdampf entnommen und dem Mischvorwärmer zugeleitet. In der zweiten Teilturbine expandiert der übrige Dampf weiter auf den Kondensationsdruck von 0,05 bar. Das vorgewärmte Wasser verlässt den Mischvorwärmer im Siedezustand bei 3 bar. Die Turbinenexpansion erfolgt mit dem isentropen Wirkungsgrad von $h_{iT} = 0,87$. Im Kondensator wird der Dampf verflüssigt und verlässt den Apparat im Siedezustand bei 0,05 bar. Die Pumpen haben den isentropen Wirkungsgrad von 0,87.

Folgendes ist zu berechnen:

a) die thermische Leistung und der Kreisprozesswirkungsgrad

b) die thermische Leistung und der Kreisprozesswirkungsgrad ohne Vorwärmung.

Lösung

Schema Siehe Skizze

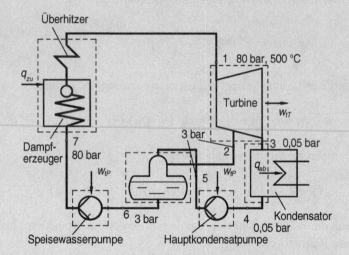

Annahmen

• Turbine und Pumpen arbeiten adiabat.

• Die Änderungen der kinetischen und potentiellen Energie sind vernachlässigbar.

• Dampferzeuger, Kondensator, Mischvorwärmer sowie alle Leitungen sind ideal isoliert und arbeiten dissipationsfrei.

Analyse

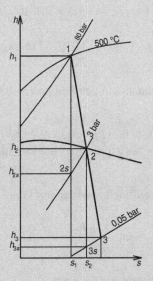

Die Daten für die Turbinenexpansion entnehmen wir dem *Mollier-h,s*-Diagramm:

$$h_1 = 3\,400 \text{ kJ/kg}$$

$$h_{2s} = 2\,617 \text{ kJ/kg}$$

Mit dem Wirkungsgrad der Turbine kann die Enthalpie h_2 berechnet werden.

$$h_2 = h_1 - \eta_{iT} \cdot (h_1 - h_{2s}) = 2\,718,8 \text{ kJ/kg}$$

Die Enthalpie h_{3s} ist bei 0,05 bar Druck:

$$h_{3s} = 2\,127 \text{ kJ/kg}$$

Damit kann auch die Enthalpie h_3 bestimmt werden.

$$h_3 = h_2 - (h_2 - h_{3s}) \cdot \eta_{iTU} = 2\,203,9 \text{ kJ/kg}$$

Enthalpie und spezifisches Volumen des gesättigten Wassers müssen aus Tab. A.2.2 ermittelt werden.

$$p_4 = 0,05 \text{ bar}: h_4 = h'(p_4) = 137,77 \text{ kJ/kg}$$

$$v_4 = v'(p_4) = 0,0010053 \text{ m}^3/\text{kg}$$

$$p_6 = 3 \text{ bar} : h_6 = h'(p_6) = 561,46 \text{ kJ/kg}$$

$$v_6 = v'(p_6) = 0,0010732 \text{ m}_3/\text{kg}$$

Jetzt ist noch die Enthalpiezunahme in den Pumpen zu berechnen.

$$h_5 - h_4 = v_4 \cdot (p_5 - p_4) = 0,34 \text{ kJ/kg}$$
$$h_7 - h_6 = v_6 \cdot (p_7 - p_6) = 9,86 \text{ kJ/kg}$$

a) Den Massenstrom der Anzapfung kann man mit Gl. (7.20) bestimmen.

$$\dot{m}_2 = \dot{m}_1 \cdot \frac{h_6 - h_5}{h_2 - h_5} = 16,40 \, \frac{\text{kg}}{\text{s}}$$

Nach Gl. (7.21) ist die Leistung der Turbine:

$$P_T = \dot{m}_1 \cdot [(h_2 - h_1) + (1 - \dot{m}_2 / \dot{m}_1) \cdot (h_3 - h_2)] = -111,161 \text{ MW}$$

Die von den Pumpen benötigte Leistung berechnet sich mit Gl (7.22).

$$P_P = P_{P1} + P_{P2} = (\dot{m}_1 - \dot{m}_2) \cdot (h_5 - h_4) + \dot{m}_1 \cdot (h_7 - h_6) = 1,015 \text{ MW}$$

Damit ergibt sich die Prozessleistung zu:

$$P_{KP} = P_T + P_P = \mathbf{-110,146 \text{ MW}}$$

Zur Berechnung des Prozesswirkungsgrades benötigt man noch den zugeführten Wärmestrom.

$$\dot{Q}_{zu} = \dot{m}_1 \cdot (h_1 - h_7) = 282,868 \text{ MW}$$

Der thermische Wirkungsgrad des Prozesses ist:

$$\eta_{th} = |P_{iKP}| / \dot{Q}_{zu} = \mathbf{0,389}$$

b) Beim Prozess ohne regenerative Vorwärmung ändert sich der Massenstrom des Dampfes in der Turbine nicht. Die Leistung der Turbine beträgt:

$$P_T = \dot{m}_1 \cdot (h_3 - h_1) = -119,607 \text{ MW}$$

Die Verdichtung des Wassers erfolgt jetzt mit nur einer Pumpe. Damit ist die Erhöhung der Enthalpie:

$$h_7 - h_4 = v_4 \cdot (p_7 - p_4) / \eta_{iPu} = 9,238 \text{ kJ/kg}$$

Die Pumpenleistung beträgt:

$$P_P = \dot{m}_1 \cdot (h_7 - h_4) = 0,924 \text{ MW}$$

Ohne regenerative Vorwärmung ist die Kreisprozessarbeit:

$$P_{KP} = P_T + P_P = \mathbf{-118,683 \text{ MW}}$$

Der zugeführte Wärmestrom vergrößert sich auf:

$$\dot{Q}_{zu} = \dot{m}_1 \cdot (h_1 - h_7) = 325,299 \text{ MW}$$

und der thermische Wirkungsgrad wird verringert

$$\eta_{th} = |P_{KP}| / \dot{Q}_{zu} = \mathbf{0,365}$$

Diskussion
Dieses Beispiel zeigt, dass der thermische Wirkungsgrad durch die regenerative Vorwärmung von 0,365 auf 0,389 verbessert wird. Mit der Dampfentnahme bei der Anzapfung vermindert sich der Massenstrom in der Turbine, wodurch die innere Leistung des Prozesses von 118,683 MW auf 110,146 MW absinkt. Für den Wärmestrom von 325 MW werden 11,5 kg/s Steinkohle benötigt (s. Kap. 11). Bei 8 000 Betriebsstunden pro Jahr sind das 331 200 t. Durch die regenerative Vorwärmung können bei gleicher Leistung 20 433 t Steinkohle pro Jahr eingespart werden, was auch 74 867 t weniger CO_2-Ausstoß bedeutet.

7.5.2   Oberflächenvorwärmer

Bei Oberflächenvorwärmern bleiben das Speisewasser und der Anzapfdampf getrennt. Oberflächenvorwärmer sind Rohrbündelwärmeübertrager. Das Speisewasser strömt in den Rohren des Bündels und der Anzapfdampf kondensiert auf den Oberflächen der Rohre. Da sich die beteiligten Fluide nicht vermischen, können sie unterschiedliche Drücke

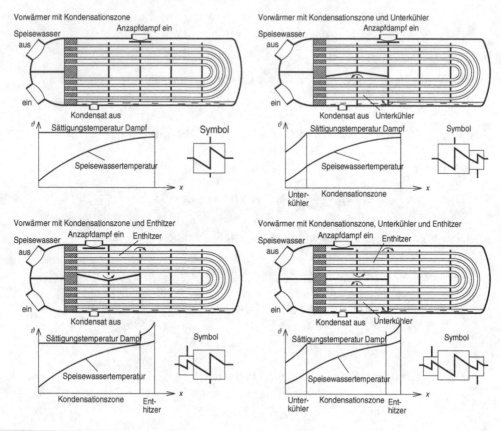

Abb. 7.12 Oberflächenvorwärmertypen

aufweisen. Je nach Eigenschaften des Anzapfdampfes kommen verschiedene Oberflächenvorwärmer zur Anwendung. Die Auswahl erfolgt nach den Kriterien des größten thermodynamischen Nutzens, d. h. der größten Wirkungsgradverbesserung. Abbildung 7.12 zeigt verschiedene Oberflächenvorwärmertypen mit den Temperaturverläufen und verwendeten Symbolen.

Der einfachste Oberflächenvorwärmer besitzt nur eine so genannte Kondensationszone. Der eintretende Anzapfdampf kondensiert an den Rohroberflächen. Das Kondensat verlässt den Vorwärmer in gesättigtem Zustand. Das Speisewasser erreicht Temperaturen, die 1,5 bis 2,5 K unterhalb der Sättigungstemperatur des Anzapfdampfes liegen. Um die Wärme des Anzapfdampfes besser zu nutzen, kann das Kondensat, das viel wärmer als das eintretende Speisewasser ist, in einem Unterkühler unterkühlt werden. Der Unterkühler besteht aus einem internen Gehäuse, in dem das Kondensat im Eintrittsbereich der Rohre umgelenkt und gekühlt wird. Die Kondensattemperatur nähert sich bis auf etwa 4 bis 8 K der Eintrittstemperatur des Speisewassers. Der Anzapfdampf kann sehr stark überhitzt

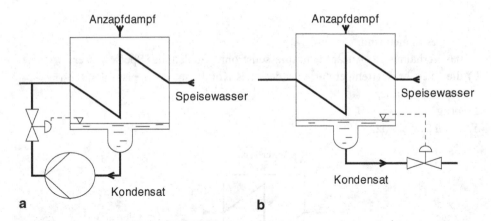

Abb. 7.13 Rückführung des Kondensats. **a** mit einer Pumpe zu einem Ort höheren Druckes. **b** über ein Regelventil zu einem Ort tieferen Druckes

sein (mehr als 200 K). Ist dies der Fall, kühlt man den Dampf in einem Enthitzer ab. In einem inneren Gehäuse wird der eintretende Dampf im Austrittsbereich des Speisewassers um die Rohre gelenkt und dabei abgekühlt. Um in diesem Bereich Kondensation zu vermeiden, erfolgt die Abkühlung auf etwa 80 K oberhalb der Sättigungstemperatur des Anzapfdampfes. Das Speisewasser erwärmt sich dabei auf bis zu 2 K über der Sättigungstemperatur des Anzapfdampfes. Ferner kann zum Enthitzer auch ein Unterkühler mit eingebaut werden. Die Auslegung der Vorwärmer erfolgt nach wirtschaftlichen Gesichtspunkten. Je höher die Austrittstemperatur des Speisewassers ist, desto größer werden die Wirkungsgradverbesserungen, leider damit auch die Kosten für den Vorwärmer. Es muss eine optimale Endtemperatur gefunden werden.

Das entstehende Kondensat kann entweder auf ein höheres Druckniveau gepumpt (Abb. 7.13a) oder via Regelventil entspannt einem Ort tieferen Druckes zugeführt werden (Abb. 7.13b). Im Vergleich zum Energiegewinn, der durch das wärmere Kondensat erzielt wird, ist die Pumpenarbeit gering, sie wird daher in den Beispielen dieses Buches vernachlässigt.

Beispiel 7.5: Oberflächenvorwärmer mit Kondensationszone
In einem Dampfkreisprozess mit regenerativer Vorwärmung wird einem Oberflächenvorwärmer Anzapfdampf mit 2,8 bar Druck und der Enthalpie von 2496 kJ/kg zugeführt. Die Speisewassertemperatur steigt von 33 auf 129 °C an. Der Druck des Speisewassers beträgt 5 bar. Der Dampf kondensiert vollständig und das Kondensat verlässt den Vorwärmer im Sättigungszustand.

Zu bestimmen sind:

a) das Verhältnis des Anzapfdampfmassenstromes zu dem des Speisewassers

b) die Speisewassertemperatur, nachdem das Kondensat ins Speisewasser zurückgepumpt wurde.

Lösung

Schema Siehe Skizze

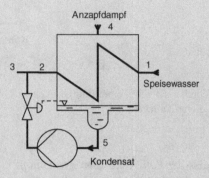

Annahmen

- Im betrachteten Apparat sind die Druckverluste vernachlässigbar klein.
- Die Wärmeverluste sind vernachlässigbar klein.
- Die Änderungen der kinetischen und potentiellen Energie sind vernachlässigbar.

Analyse

a) Der Anzapfdampf kondensiert im Vorwärmer, das Kondensat ist am Austritt gesättigt. Die Enthalpie h_4 des Kondensats kann Tab. A.2.2 entnommen werden.

$$h_5 = h'(2,8 \text{ bar}) = 551,46 \text{ kJ/kg}$$

Die Enthalpie des Speisewassers kann aus Tab. A.2.4 bestimmt werden.

$$h_1 = 138,29 \text{ kJ/kg}$$

$$h_2 = 542,11 \text{ kJ/kg}$$

Die Energiebilanz des Vorwärmers liefert:

$$\frac{\dot{m}_4}{\dot{m}_1} = \frac{h_2 - h_1}{h_4 - h_5} = 0,2075$$

b) Für die Mischung der Massenströme vom Kondensat und Speisewasser erhält man:

$$h_3 = \frac{\dot{m}_2 \cdot h_2 + \dot{m}_5 \cdot h_5}{\dot{m}_2 + \dot{m}_5}$$

Unter Berücksichtigung, dass der Massenstrom am Punkt 1 gleich dem am Punkt 3 und jener am Punkt 4 gleich dem am Punkt 5 ist, erhalten wir:

$$h_3 = \frac{h_2 + (\dot{m}_4/\dot{m}_1)}{1 + \dot{m}_4/\dot{m}_1} = 543{,}72 \, \frac{\mathrm{kJ}}{\mathrm{kg}}$$

Die Endtemperatur des Speisewassers kann man mittels linearer Interpolation aus Tab. A.2.4 bestimmen. Für die Enthalpie liest man bei 120 und 130 °C ab:

$$h(120\ ^\circ\mathrm{C}) = 504{,}0 \ \mathrm{kJ/kg}, \ h(130\ ^\circ\mathrm{C}) = 546{,}39 \ \mathrm{kJ/kg}$$

Die Temperatur ϑ_3 erhält man als:

$$\vartheta_3 = 120\ ^\circ\mathrm{C} + \frac{h_3 - h(120\ ^\circ\mathrm{C})}{h(130\ ^\circ\mathrm{C}) - h(120\ ^\circ\mathrm{C})} \cdot 10 \cdot \mathrm{K} = \mathbf{129{,}37}\ ^\circ\mathrm{C}$$

Diskussion

Durch regenerative Vorwärmung wird die Temperatur des Speisewassers von 33 auf 129 °C erhöht. Die Sättigungstemperatur des Dampfes beträgt bei dem Druck von 2,8 bar 131,19 °C. Die Speisewassertemperatur hat sich der Sättigungstemperatur bis auf 2,19 K genähert. Durch Vorwärtspumpen des Kondensats kann die Temperatur um weitere 0,35 K erhöht werden. Dass diese geringe zusätzliche Erwärmung bereits eine Wirkungsgradverbesserung bringt, zeigt das nächste Beispiel.

Beispiel 7.6: Regenerative Vorwärmung mit Oberflächenvorwärmer

Eine Dampfturbine wird mit 40 kg/s Frischdampf (80 bar, 380 °C) beaufschlagt. Bei 2,8 bar wird Anzapfdampf mit der Enthalpie von 2 496 kJ/kg entnommen. Die weitere Expansion in der Turbine erfolgt auf 0,05 bar und 2 050 kJ/kg. Das Kondensat aus dem Kondensator wird in der Hauptkondensatpumpe auf 5 bar verdichtet und dem Vorwärmer zugeführt. Jenes aus dem Vorwärmer wird vorwärts zum Speisewasser gepumpt, bevor es in der Speisepumpe auf 80 bar verdichtet wird. Die Enthalpieerhöhung in der Speisepumpe beträgt $\Delta h_{SP} = 8{,}1$ kJ/kg und in der Hauptkondensatpumpe $\Delta h_{HKP} = 0{,}96$ kJ/kg. Die Daten für den Vorwärmer können aus Beispiel 7.5 übernommen werden. Die Leistung der Kondensatpumpe ist vernachlässigbar.

Zu berechnen sind:

a) Leistung und Wirkungsgrad des Prozesses

b) Leistung und Wirkungsgrad des Prozesses, wenn das Kondensat aus dem Vorwärmer zum Kondensator geführt wird.

Lösung

Schema Siehe Skizze

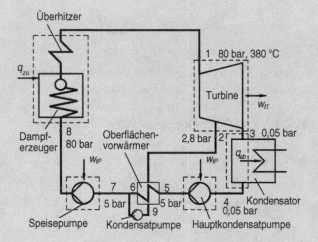

Annahmen

- Turbine und Pumpen arbeiten adiabat.
- Änderungen der kinetischen und potentiellen Energie sind vernachlässigbar.
- Dampferzeuger, Kondensator, Mischvorwärmer sowie alle Leitungen sind ideal isoliert und arbeiten dissipationsfrei.

Analyse

a) Zur Berechnung der Leistung und des Wirkungsgrades sind die nicht gegebenen Enthalpien zu bestimmen. Nachfolgend alle Enthalpien:

Frischdampf	$h_1 = 3\,082{,}1$ kJ/kg
Anzapfung, gegeben	$h_2 = 2\,496{,}0$ kJ/kg
Austritt Turbine, gegeben	$h_3 = 2\,380{,}0$ kJ/kg

Kondensatoraustritt	$h_4 = 137{,}75 \text{ kJ/kg}$
Austritt Hauptkondensatpumpe	$h_5 = h_4 + \Delta h_{HKP} = 138{,}71 \text{ kJ/kg}$
Austritt Vorwärmer	$h_6 = 542{,}28 \text{ kJ/kg}$
Mischung Speisewasser/Kondensat	$h_7 = 543{,}86 \text{ kJ/kg}$
Speisewasser nach der Speisepumpe	$h_8 = h_7 + \Delta h_{SP} = 551{,}96 \text{ kJ/kg}$
Konden sataustritt aus Vorwärmer	$h_9 = 551{,}46 \text{ kJ/kg}$

Für die weitere Berechnung müssen die Zusammenhänge der Massenströme beachtet werden:

$$\dot{m}_3 = \dot{m}_1 - \dot{m}_2 = \dot{m}_4 = \dot{m}_5 = \dot{m}_6, \ \dot{m}_7 = \dot{m}_8 = \dot{m}_1$$

Der Massenstrom des Anzapfdampfes zum Vorwärmer berechnet sich als:

$$\dot{m}_2 = \dot{m}_1 \cdot \frac{h_6 - h_5}{h_2 - h_9 + h_6 - h_5} = 6{,}875 \cdot \frac{\text{kg}}{\text{s}}$$

Das Verhältnis des Anzapfdampfes zum Frischdampf kann berechnet werden.

$$\frac{\dot{m}_2}{\dot{m}_1} = \frac{6{,}875}{40} = 0{,}1719$$

Die Leistung der Turbine ist:

$$P_T = \dot{m}_1 \cdot [(h_2 - h_1) + (1 - \dot{m}_2 / \dot{m}_1) \cdot (h_3 - h_2)] = -27{,}276 \text{ MW}$$

Für die Summe der Leistung der Hauptkondensat- und Speisepumpe erhält man:

$$P_P = \dot{m}_4 \cdot \Delta h_{HKP} + \dot{m}_6 \cdot \Delta h_{SP} = \dot{m}_1 \cdot [(1 - \dot{m}_2 / \dot{m}_1) \cdot \Delta h_{HKP} + \Delta h_{SP}] = 0{,}356 \text{ MW}$$

Damit wird die Kreisprozessleistung:

$$P_{KP} = P_T + P_P = \mathbf{-26{,}921 \ MW}$$

Dem Prozess zugeführten Wärmestrom erhält man als:

$$\dot{Q}_{zu} = \dot{m}_1 \cdot (h_1 - h_8) = 101{,}199 \text{ MW}$$

$$\eta_{th} = |P_{KP}| / \dot{Q}_{zu} = \mathbf{0{,}26602}$$

b) Führt man das Kondensat aus dem Vorwärmer zum Kondensator, verändern sich die Massenströme. Folgende Zusammenhänge gelten:

$$\dot{m}_3 = \dot{m}_1 - \dot{m}_2, \ \dot{m}_7 = \dot{m}_8 = \dot{m}_1 = \dot{m}_4 = \dot{m}_5 = \dot{m}_6$$

Für die Leistung der Turbine, Pumpen und des Kreisprozesses erhält man:

$$P_T = \dot{m}_1 \cdot [(h_2 - h_1) + (1 - \dot{m}_2 / \dot{m}_1) \cdot (h_3 - h_2)] = -27,276 \ \text{MW}$$

$$P_P = \dot{m}_4 \cdot \Delta h_{HKP} + \dot{m}_6 \cdot \Delta h_{SP} = \dot{m}_1 \cdot (\Delta h_{HKP} + \Delta h_{SP}) = 0,362 \ \text{MW}$$

$$P_{KP} = P_T + P_P = -\mathbf{26,914 \ MW}$$

Die Enthalpie nach der Speisepumpe verändert sich, weil durch die geänderte Stromführung $h6$ gleich $h7$ wird.

$$h_8 = h_7 + \Delta h_P = (543,86 + 8,1) \cdot \text{kJ/kg} = 550,38 \ \text{kJ/kg}$$

Der zugeführte Wärmestrom und Wirkungsgrad ergeben sich als:

$$\dot{Q}_{zu} = \dot{m}_1 \cdot (h_1 - h_8) = 101,259 \ \text{MW}$$

$$\eta_{th} = |P_{KP}| / \dot{Q}_{zu} = \mathbf{0,2658}$$

Diskussion

Durch die regenerative Vorwärmung mit Oberflächenvorwärmern lassen sich ähnliche Wirkungsgradverbesserungen wie mit dem Mischvorwärmer erzielen. Die Stromführung des Kondensats aus dem Vorwärmer hat großen Einfluss auf den Wirkungsgrad. Durch Vorwärtspumpen des Kondensats erhöht sich die Vorwärmtemperatur nur wenig, was sich ebenfalls in geringfügiger Minderung der zugeführten Wärme äußert. Durch die Einspeisung des Kondensats in den Kondensator muss dort mehr Wärme abgeführt werden. Im Vorwärmer erhöht sich der Hauptkondensatmassenstrom, was den Anzapfdampfmassenstrom vergrößert. Deshalb sinken die Leistung der Turbine um 0,025 % und der Wirkungsgrad um 0,084 %.

7.5.3 Mehrstufige regenerative Vorwärmung

Nach dem zweiten Hauptsatz ist jeder Wärmetransfer thermodynamisch gesehen desto günstiger, je kleiner die Temperaturdifferenz ist. Bei regenerativer Vorwärmung lieferten viele Vorwärmer mit kleinen Temperaturdifferenzen die kleinsten Irreversibilitäten und damit den besten Wirkungsgrad. Ideal wären unendlich viele Vorwärmerstufen.

Abb. 7.14 Verbesserung
des thermischen Wirkungs-
grades durch regenerative
Speisewasservorwär-
mung [6]

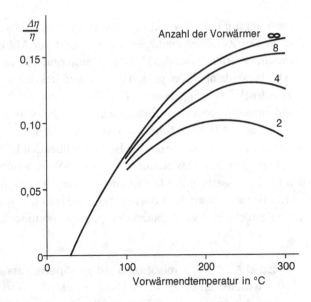

In modernen Anlagen werden mit bis zu zehn Vorwärmern Vorwärmendtemperaturen von über 300 °C erreicht. Durch Wirkungsgradverbesserung muss der höhere finanzielle Aufwand für die Apparate wettgemacht werden. Zur Optimierung verwendet man spezielle Rechenprogramme. Abbildung 7.14 zeigt den Einfluss der Vorwärmendtemperatur und den der Anzahl der Vorwärmer auf den Wirkungsgrad, der um bis zu 15 % verbessert werden kann. Die Vorwärmer sind so auszuwählen, dass der Temperaturanstieg in allen Apparaten etwa gleich groß ist.

Abbildung 7.15 demonstriert eine Dampfturbinenanlage mit vier Vorwärmerstufen. Der Frischdampf strömt in die Hochdruckturbine. Aus deren Austritt wird der Hochdruck-

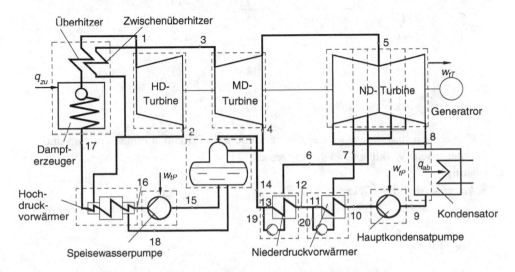

Abb. 7.15 Dampfturbinenanlage mit vierstufiger regenerativer Vorwärmung

vorwärmer mit Enthitzer und Unterkühler mit Anzapfdampf versorgt. Der restliche Dampf geht in den Zwischenüberhitzer und von dort zur Mitteldruckturbine. Vom Austritt der Mitteldruckturbine wird der Mischvorwärmer mit Anzapfdampf beliefert.

Der Hauptdampfstrom geht in die Niederdruckturbine, die zwei Anzapfungen für zwei Niederdruckvorwärmer besitzt. Der Dampf aus der Niederdruckturbine strömt in den Kondensator, in dem er verflüssigt wird. Die Hauptkondensatpumpe fördert das Kondensat über zwei ND-Vorwärmer zum Mischvorwärmer mit Speisewasserbehälter. Von hier wird mit der Speisepumpe das Speisewasser über den HD-Vorwärmer zurück zum Dampferzeuger gefördert. Das Kondensat des HD-Vorwärmers strömt über ein Regelventil in den Speisewasserbehälter. Die Kondensate der ND-Vorwärmer werden vorwärts gepumpt.

Die Berechnungen der Kraftwerkprozesse sind sehr rechenintensiv und werden deshalb mit entsprechenden verfügbaren Computerprogrammen durchgeführt.

Beispiel 7.7: Dampfkreisprozess mit vier Speisewasservorwärmern
Hier wird der in Abb. 7.15 dargestellte Dampfkreisprozess berechnet. Die Turbinen haben den isentropen Wirkungsgrad von 0,88, die Pumpen den von 0,87. Für die Kondensatpumpen der beiden Niederdruckvorwärmer wird angenommen, dass sie zwar eine Druck-, aber keine Enthalpieerhöhung verursachen. Die Druckverluste in den Leitungen sind in diesem Beispiel berücksichtigt.

Gegebene Zustände:

Punkt	Druck bar	Temperatur °C	Punkt	Druck bar	Temperatur °C
1	160	540	11	17	91
2	40		12	17	zu ber.
3	38	540	13	16	141
4	14		14	16	zu ber.
5	13	$h_4 = h_5$	15	13	θ_s
6	4,0		16	170	zu ber.
7	0,8		17	169	251
8	0,05		18	40	190
9	0,05	ϑ_s	19	4	ϑ_s
10	18	zu ber.	20	0,8	ϑ_s

Zu berechnen sind die innere Leistung bei 600 kg/s Frischdampfmassenstrom und der thermische Wirkungsgrad des Prozesses.
Lösung:
Schema s. Abbildung 7.15

Annahmen

- Turbinen und Pumpen arbeiten adiabat.
- Die Strömung erfolgt in den Wasser- und Dampfleitungen adiabat.
- Die Änderungen der kinetischen und potentiellen Energie des Dampfes und Wassers werden vernachlässigt.
- Die adiabate Drosselung des Kondensats vom HD-Vorwärmer erfolgt isenthalp.

Analyse

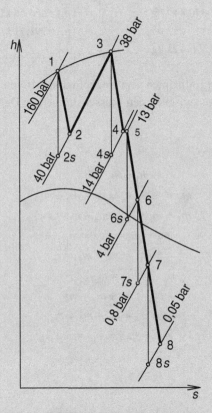

Die Dampfdaten der Turbinenexpansion (Punkt 1 bis 8) bestimmt man aus demm h,s-Diagramm. Mit Hilfe der Stoffwerte aus den Tab. A.2.2 und A.2.4 erhalten wir die Enthalpien des Speisewassers und die Enthalpieänderung in den Pumpen.

$h_1 = 3\,412{,}1$ kJ/kg	$h_9 = h'(p_9) = 137{,}7591\,°C$, kJ/kg
$h_{2s} = 3\,011{,}4$ kJ/kg	$v_9 = v'(p_9) = 0{,}00100532$ m3/kg
$h_2 = h_1 - (h_1 - h_{2s}) \cdot \eta_{iTu} = 3\,059{,}5$ kJ/kg	$h_{10} = h_9 + v_9 \cdot (p_{10} - {}_9)/\eta_{iP} = 139{,}89$ kJ/kg

$h_3 = 3\,539{,}5$ kJ/kg	$h_{11} = h(p_{11},\, \vartheta_{11}) = 382{,}50$ kJ/kg
$h_{4s} = 3\,210{,}7$ kJ/kg	$h_{13} = h(p_{13},\, \vartheta_{13}) = 594{,}25$ kJ/kg
$h_4 = h_3 - (h_3 - h_{4s}) \cdot \eta_{iTu} = 3\,250{,}1$ kJ/kg	$h_{15} = h'(p_{15}) = 814{,}60$ kJ/kg
$h_5 = h_4 = 3\,250{,}1$ kJ/kg	$v_{15} = v'(p_{15}) = 0{,}0013438$ kJ/kg
$h_{6s} = 2\,936{,}6$ kJ/kg	$h_{16} = h_{15} + v_{15} \cdot (p_{16} - p_{15})/\eta_{iP} = 835{,}89$ kJ/kg
$h_6 = h_5 - (h_5 - h_{6s}) \cdot \eta_{iTu} = 2\,974{,}2$ kJ/kg	$h_{17} = h(p_{17},\, \vartheta_{17}) = 1\,090{,}94$ kJ/kg
$h_{7s} = 2\,652{,}2$ kJ/kg	$h_{18} = h(p_{18},\, \vartheta_{18}) = 808{,}69$ kJ/kg
$h_7 = h_6 - (h_6 - h_{7s}) \cdot \eta_{iTu} = 2\,690{,}8$ kJ/kg	$h_{19} = h'(p_6) = 604{,}66$ kJ/kg
$h_{8s} = 2\,288{,}3$ kJ/kg	$h_{20} = h'(p_7) = 391{,}71$ kJ/kg
$h_8 = h_7 - (h_7 - h_{8s}) \cdot \eta_{iTu} = 2\,336{,}6$ kJ/kg	

Um die noch fehlenden Enthalpien und Anzapfmassenströme zu bestimmen, müssen die Zusammenhänge zwischen den Massenströmen an Dampfturbinen gegeben werden.

$$\dot{m}_3 = \dot{m}_1 - \dot{m}_2,$$
$$\dot{m}_5 = \dot{m}_3 - \dot{m}_4 = \dot{m}_1 - \dot{m}_2 - \dot{m}_4,$$
$$\dot{m}_8 = \dot{m}_1 - \dot{m}_2 - \dot{m}_4 - \dot{m}_6 - \dot{m}_7,$$
$$\dot{m}_8 = \dot{m}_9 = \dot{m}_{10} = \dot{m}_{11},$$
$$\dot{m}_{12} = \dot{m}_8 + \dot{m}_7,$$
$$\dot{m}_{13} = \dot{m}_{12},$$
$$\dot{m}_{14} = \dot{m}_8 + \dot{m}_7 + \dot{m}_6,$$
$$\dot{m}_{14} = \dot{m}_8 + \dot{m}_7 + \dot{m}_6 = \dot{m}_5,$$
$$\dot{m}_{15} = \dot{m}_{16} = \dot{m}_{17} = \dot{m}_1,$$
$$\dot{m}_{18} = \dot{m}_2.$$

Um die Massenströme durch die Vorwärmer berechnen zu können, erstellen wir die Bilanzen der Apparate.

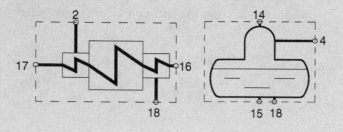

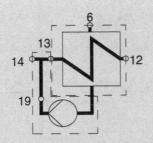

$$\dot{m}_2 = \frac{h_{17} - h_{16}}{h_2 - h_{18}} \cdot \dot{m}_1 = 68{,}057 \frac{\text{kg}}{\text{s}}$$

$$\dot{m}_4 \cdot h_4 + \dot{m}_{14} \cdot h_{14} + \dot{m}_{18} \cdot h_{18} = \dot{m}_{15} \cdot h_{15}$$

$$\dot{m}_4 \cdot h_4 + (\dot{m}_1 - \dot{m}_2 - \dot{m}_4) \cdot h_{14} + \dot{m}_2 \cdot h_{18} = \dot{m}_1 \cdot h_{15}$$

$$\dot{m}_4 = \frac{\dot{m}_1 \cdot (h_{15} - h_{14}) + \dot{m}_2 \cdot (h_{18} - h_{14})}{h_4 - h_{14}} \tag{7.25}$$

In dieser Gleichung ist die Enthalpie h_{14} noch unbekannt. Um sie zu berechnen, müssen die Bilanzen der beiden ND-Vorwärmer aufgestellt werden. Dazu teilt man den Vorwärmer in zwei Systeme auf. Das erste System ist der Vorwärmer selbst, das zweite die Mischung der Massenströme.

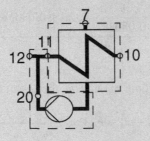

$$\dot{m}_6 = \dot{m}_{12} \cdot \frac{h_{13} - h_{12}}{h_6 - h_{19}} = (\dot{m}_1 - \dot{m}_2 - \dot{m}_4 - \dot{m}_6) \cdot \frac{h_{13} - h_{12}}{h_6 - h_{19}}$$

$$\dot{m}_6 = (\dot{m}_1 - \dot{m}_2 - \dot{m}_4) \cdot \frac{h_{13} - h_{12}}{h_6 - h_{19} + h_{13} - h_{12}} \tag{7.26}$$

$$\dot{m}_{19} \cdot h_{19} + m_{13} \cdot h_{13} = \dot{m}_{14} \cdot h_{14}$$

$$\dot{m}_6 \cdot h_{19} + (\dot{m}_1 - \dot{m}_2 - \dot{m}_4 - \dot{m}_6) \cdot h_{13} = (\dot{m}_1 - \dot{m}_2 - \dot{m}_4) \cdot h_{14}$$

$$h_{14} = \frac{\dot{m}_6 \cdot h_{19} + (\dot{m}_1 - \dot{m}_2 - \dot{m}_4 - \dot{m}_6) \cdot h_{13}}{(\dot{m}_1 - \dot{m}_2 - \dot{m}_4)} \tag{7.27}$$

Ähnlich verfahren wir mit den ersten Vorwärmern.

$$\dot{m}_7 = (\dot{m}_1 - \dot{m}_2 - \dot{m}_4 - \dot{m}_6) \cdot \frac{h_{11} - h_{10}}{h_7 - h_{20} + h_{11} - h_{10}} \tag{7.28}$$

$$h_{12} = \frac{\dot{m}_7 \cdot h_{20} + (\dot{m}_1 - \dot{m}_2 - \dot{m}_4 - \dot{m}_6 - \dot{m}_7) \cdot h_{11}}{(\dot{m}_1 - \dot{m}_2 - \dot{m}_4 - \dot{m}_6)} \tag{7.29}$$

Wir haben die fünf Gl. (7.25) bis (7.29) für die fünf Unbekannten $\dot{m}_4, \dot{m}_6, \dot{m}_7,\ h_{12}$ und h_{14}.

Der Term $(\dot{m}_1 - \dot{m}_2 - \dot{m}_4 - \dot{m}_6)$ kommt in den Gl. (7.26) bis (7.29) vor. Er kann mit Hilfe von Gl. (7.28) durch folgende Beziehung zu $\dot{m}_7$ ersetzt werden.

$$\dot{m}_7 = (\dot{m}_1 - \dot{m}_2 - \dot{m}_4 - \dot{m}_6) \cdot \frac{h_{11} - h_{10}}{h_7 - h_{20} + h_{11} - h_{10}} = (\dot{m}_1 - \dot{m}_2 - \dot{m}_4 - \dot{m}_6) \cdot 0,08038$$

Damit kann man die Enthalpie h_{12} aus Gl. (7.29) berechnen.

$$h_{12} = \frac{\dot{m}_7 \cdot \left[h_{20} + \left(\dfrac{1}{0,08038} - 1 \right) \cdot h_{11} \right] \cdot 0,08038}{\dot{m}_7} = 381,76 \cdot \frac{kJ}{kg}$$

Das Verhältnis der Massenströme $\dot{m}_6$ und $\dot{m}_7$ bestimmt man aus Gl. (7.26):

$$\dot{m}_6 = (\dot{m}_1 - \dot{m}_2 - \dot{m}_4 - \dot{m}_6 + \dot{m}_6) \cdot \frac{h_{13} - h_{12}}{h_6 - h_{19} + h_{13} - h_{12}} =$$

$$= \left(\frac{\dot{m}_7}{0,08967} + \dot{m}_6 \right) \cdot \frac{h_{13} - h_{12}}{h_6 - h_{19} + h_{13} - h_{12}} = \left(\frac{\dot{m}_7}{0,08967} + \dot{m}_6 \right) \cdot 0,08229$$

Daraus erhält man:

$$\dot{m}_6 = 0,9332 \cdot \dot{m}_7$$

Die Enthalpie h_{14} kann man mit Gl. (7.27) berechnen.

$$h_{14} = \frac{\dot{m}_6 \cdot h_{19} + (\dot{m}_1 - \dot{m}_2 - \dot{m}_4 - \dot{m}_6) \cdot h_{13}}{(\dot{m}_1 - \dot{m}_2 - \dot{m}_4)} = \frac{\dot{m}_6 \cdot 0,9332 \cdot h_{19} + \dot{m}_7 / 0,08967 \cdot h_{13}}{\dot{m}_7 / 0,08967 + \dot{m}_6} =$$

$$= \frac{0,9332 \cdot h_{19} + h_{13} / 0,08967}{1 / 0,08967 + 0,9332} = 595,10 \, \frac{kJ}{kg}$$

Der Massenstrom $\dot{m}_4$ ist jetzt mit Gl. (7.25) direkt bestimmbar.

$$\dot{m}_4 = \frac{\dot{m}_1 \cdot (h_{15} - h_{14}) + \dot{m}_2 \cdot (h_{18} - h_{14})}{h_4 - h_{14}} = 55,1 \, \frac{kg}{s}$$

Nun sind nur noch die beiden Massenströme $\dot{m}_6$ und $\dot{m}_7$ unbekannt, sie berechnen sich mit Gl. (7.26) und dem berechneten Verhältnis der beiden Massenströme.

$$\dot{m}_6 = (\dot{m}_1 - \dot{m}_2 - \dot{m}_4) \cdot \frac{h_{13} - h_{12}}{h_6 - h_{19} + h_{13} - h_{12}} = 39,234 \, \frac{kg}{s}$$

$$\dot{m}_7 = \dot{m}_6 / 0,9332 = 35,178 \, \frac{kJ}{kg} /$$

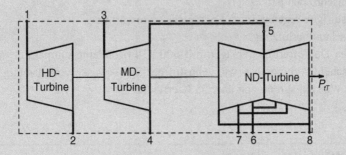

Die Leistung der einzelnen Turbinen kann mit deren Massenströmen und Enthalpiegefällen oder mit einer Bilanz über die ganze Turbinengruppe berechnet werden. Hier wird mit der Bilanz der Turbinengruppe gerechnet.

Die Energiebilanzgleichung der Turbine liefert:

$$-P_T = \dot{m}_1 \cdot h_1 + (\dot{m}_1 - \dot{m}_2) \cdot h_3 - \dot{m}_1 \cdot h_2 - \dot{m}_4 \cdot h_4 - \dot{m}_6 \cdot h_6 - \dot{m}_7 \cdot h_7 - \dot{m}_8 \cdot h_8$$

Es ist zu beachten, dass der gesamte Dampfmassenstrom am Punkt 2 die Turbine verlässt und zum Zwischenüberhitzer und Hochdruckvorwärmer strömt. Am Punkt 3 kommt der überhitzte Dampf zur Turbine zurück. Der Massenstrom ist aber um den Anzapfdampf zum Hochdruckvorwärmer verringert, den wir mit dem Index 2 markiert hatten. Die nummerische Berechnung liefert:

$$P_T = -788,505 \text{ MW}$$

$$P_P = \dot{m}_8 \cdot (h_{10} - h_9) + \dot{m}_1 \cdot (h_{16} - h_{15}) = 13,283 \text{ MW}$$

Die Leistung des Kreisprozesses ist:

$$P_{KP} = P_T + P_P = \mathbf{748,092 \text{ MW}}$$

Der zugeführte Wärmestrom und thermische Wirkungsgrad ergeben sich als:

$$\dot{Q}_{zu} = \dot{m}_1 \cdot (h_1 - h_{17}) + (\dot{m}_1 - \dot{m}_2) \cdot (h_3 - h_{12}) = 1\,647,907 \text{ MW}$$

$$\eta_{th} = |P_{KP}| / \dot{Q}_{zu} = \mathbf{0,454}$$

Diskussion
Der Vergleich mit den Beispielen 7.4 und 7.6 zeigt für den hier berechneten Prozess einen deutlich höheren thermischen Wirkungsgrad, was folgenden Prozessverbesserungen zuzuschreiben ist:
• der vierstufigen regenerativen Speisewasservorwärmung
• der Zwischenüberhitzung.
In modernen Dampfturbinenanlagen mit 600 °C Frischdampftemperatur und doppelter Zwischenüberhitzung sowie zehnstufiger Speisewasservorwärmung werden thermische Wirkungsgrade von über 55 % erreicht.

7.6   Kraft-Wärme-Kopplung

Bei Dampfturbinenprozessen wird ein großer Teil der zugeführten Wärme der Umgebung zurückgegeben. Die Temperaturen bei der Wärmeabgabe im Kondensator sind nur geringfügig höher als die der Umgebung. Deshalb bleibt die abgegebene Wärme ungenutzt. In sogenannten *Kraft-Wärme-Kopplungskraftwerken* wird der Turbine Dampf, der schon Arbeit geleistet hat, entnommen und damit eine Fernheizung mit Wärme beliefert.

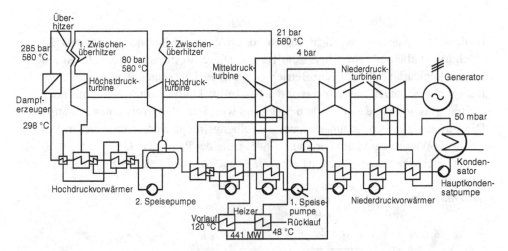

Abb. 7.16 Schaltbild eines Kraftwerks mit Kraft-Wärme-Kopplung (Skaerbaeck Vaerket, Dänemark)

Abbildung 7.16 zeigt die Schaltung eines modernen großen Kraftwerks mit Kraft-Wärme-Kopplung.

Im Winter, wenn viel Wärme für die Fernheizung benötigt wird, kann die Anlage 441 MW Heizleistung abgeben und 325 MW elektrische Leistung liefern. Der dem Verdampfer und Überhitzern zugeführte Wärmestrom beträgt 773 MW. Damit werden 99,1 % der Wärme genutzt. Bei voller *Fernwärmeauskopplung* (441 MW) ist der thermische Wirkungsgrad der Turbinenanlage 42 %. Im Sommer, wenn keine Fernwärme ausgekoppelt wird, steigen die elektrische Leistung auf 414 MW und der Wirkungsgrad der Turbine auf 53,5 % an. Diese Anlage hatte 1990 den höchsten thermischen Wirkungsgrad, der weltweit erzielt wurde.

Die Verringerung der elektrischen Leistung bei voller Fernwärmeauskopplung beträgt 89 MW. Dafür werden aber 441 MW Heizleistung geliefert und vom Kreisprozess fast keine Wärme an die Umwelt abgegeben.

Solche Anlagen sind thermodynamisch und damit auch ökologisch exzellent.

Beispiel 7.8: Kraft-Wärme-Kopplung

Der Kessel einer kleinen Müllverbrennungsanlage liefert 40 kg/s Frischdampf mit dem Druck von 40 bar und einer Temperatur von 440 °C. Der Druck im Kondensator beträgt 50 mbar. Die Anlage besitzt einen Mischvorwärmer, der bei 8 bar Druck Anzapfdampf erhält. Einem Heizer wird zwischen Hoch- und Niederdruckturbine zur Auskopplung von Fernwärme Dampf zugeführt. Am Austritt der Hochdruckturbine ist eine Drosselklappe so geregelt, dass der Druck dort unabhängig von der Dampfentnahme für den Heizer konstant auf 2 bar gehalten wird. Im Sommer ist die Wärmeauskopplung nicht in Betrieb, im Winter strömt der Dampf aus der Hochdruckturbine bis auf 1 kg/s zum Heizer. Dieser Restmassenstrom strömt zur Niederdruckturbine. Bei diesem Betrieb ist nach der Drosselung die Enthalpie des Dampfes unverändert, der Druck vor der Niederdruckturbine beträgt aber nur noch 0,1 bar. Das gesättigte Kondensat des Heizers wird zum Mischvorwärmer gepumpt. Die Strömung in den Leitungen kann als reibungsfrei angenommen werden. Der isentrope Wirkungsgrad der Turbine ist 0,85, jener der Pumpen 0,83.

Zu berechnen sind die Leistung der Anlage und die maximale Heizleistung.

Lösung

Schema Siehe Skizze

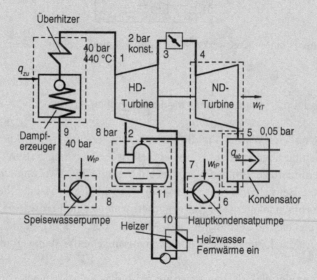

Annahmen

- Turbinen und Pumpen arbeiten adiabat.
- Die Strömungen sind reibungsfrei.
- Die Änderung der kinetischen und potentiellen Energie werden vernachlässigt.
- Die Kondensatpumpe bleibt unberücksichtigt.

Analyse

Mit den gegebenen Daten können aus dem h, s-Diagramm und den Dampftafeln folgende Werte bestimmt werden:

Punkt	Druck bar	Temperatur °C		Enthalpie kJ/kg
1	40	440	$h_1 = h(p_1, \vartheta_1)$	3 308,0
2	8		h_{2s}	2 883,0
	8		$h_2 = (h_1 - h_{2s}) \cdot \eta_{iT}$	2 946,4
3	2		h_{3s}	2 669,0
	2		$h_3 = (h_2 - h_{3s}) \cdot \eta_{iT}$	2 710,5
4	2		$h_4 = h_3$	2 710,6
5	0,05	ϑ_s	h_{5s}	2 176,4
	0,05		$h_5 = (h_3 - h_{5s}) \cdot \eta_{iT}$	2 256,2
6	0,05		$h_6 = h'(p_6)$	137,7
7	8		$h_7 = h_6 + (p_7 - p_6) \cdot v_6/\eta_{iP}$	138,7
8	8	ϑ_s	$h_8 = h'(p_8)$	720,4
9	40		$h_9 = h_8 + (p_9 - p_8) \cdot {}_8/\eta_{iP}$	7 252
10	2		$h_{10} = h_3$	2 710,5
11	2		$h_{11} = h'(p_{11})$	504,7

Zunächst wird der Sommerbetrieb ohne Wärmeauskopplung untersucht. Zwischen den Massenströmen besteht folgender Zusammenhang:

$$\dot{m}_3 = \dot{m}_1 - \dot{m}_2 = \dot{m}_4 = \dot{m}_5 = \dot{m}_6 = \dot{m}_7$$

$$\dot{m}_8 = \dot{m}_9 = \dot{m}_1$$

$$\dot{m}_{10} = \dot{m}_{11} = 0$$

Die Energiebilanz um den Mischvorwärmer liefert:

$$\dot{m}_7 \cdot h_7 + \dot{m}_2 \cdot h_2 = \dot{m}_8 \cdot h_8$$

Mit den Relationen zwischen den Massenströmen erhalten wir für den Anzapfdampf:

$$\dot{m}_2 = \dot{m}_1 \cdot \frac{h_8 - h_7}{h_7 - h_7} = 8,294 \, \frac{\text{kg}}{\text{s}}$$

Damit werden die Leistung des Kreisprozesses, der zugeführte Wärmestrom und Wirkungsgrad bestimmt.

$$P_{KP} = \dot{m}_1 \cdot (h_2 - h_1 + h_9 - h_8) + (\dot{m}_1 - \dot{m}_2) \cdot (h_5 - h_2 + h_7 - h_6) = \mathbf{-36{,}15 \, MW}$$

$$\dot{Q}_{zu} = \dot{m}_1 \cdot (h_1 - h_9) = 103{,}315 \text{ MW}$$

Der thermische Wirkungsgrad ist:

$$\eta_{th} = P_{KP} / \dot{Q}_{zu} = 0{,}35$$

Bei maximaler Wärmeauskopplung wird der Dampfmassenstrom aus der Hochdruckturbine bis 1 kg/s zum Heizer geführt. Zwischen den Dampfmassenströmen besteht jetzt folgender Zusammenhang:

$$\dot{m}_3 = \dot{m}_4 = \dot{m}_5 = \dot{m}_6 = \dot{m}_7 = 1 \text{ kg/s}$$

$$\dot{m}_8 = \dot{m}_9 = \dot{m}_1$$

$$\dot{m}_{10} = \dot{m}_{11} = \dot{m}_1 - \dot{m}_2 - \dot{m}_3$$

Die Energiebilanz um den Mischvorwärmer liefert:

$$\dot{m}_7 \cdot h_7 + \dot{m}_2 \cdot h_2 + \dot{m}_{11} \cdot h_{11} = \dot{m}_8 \cdot h_8$$

Mit den Relationen zwischen den Massenströmen erhalten wir für den Anzapfdampf:

$$\dot{m}_2 = \frac{\dot{m}_1 \cdot (h_8 - h_{11}) + \dot{m}_3 \cdot (h_{11} - h_7)}{h_2 - h_{11}} = 3{,}694 \frac{\text{kg}}{\text{s}}$$

Wie zuvor können die Leistung des Kreisprozesses, der zugeführte Wärmestrom und Wirkungsgrad bestimmt werden.

$$P_{KP} = \dot{m}_1 \cdot (h_2 - h_1 + h_9 - h_8) + (\dot{m}_1 - \dot{m}_2) \cdot (h_3 - h_2) +$$
$$+ \dot{m}_3 \cdot (h_5 - h_4 + h_7 - h_6) = \mathbf{-23{,}307\,MW}$$

$$\dot{Q}_{zu} = \dot{m}_1 \cdot (h_1 - h_9) = 103{,}315 \text{ MW}$$

$$\eta_{th} = |P_{KP}| / \dot{Q}_{zu} = 0{,}226$$

Die Heizleistung entspricht dem Wärmestrom, der vom Anzapfdampf abgegeben wird.

$$\dot{Q}_H = (\dot{m}_1 - \dot{m}_2 - \dot{m}_3) \cdot (h_3 - h_{11}) = \mathbf{77{,}879\ MW}$$

Diskussion

Durch die Fernheizung wird dem Prozess so viel Dampf entnommen, dass die Niederdruckturbine fast keine Leistung mehr abgibt. Dabei wird die Leistung des Prozesses um 13,82 MW verringert, aber 77,9 MW Heizleistung geliefert. Dies bedeutet, dass 98 % der Primärenergie genutzt werden.

Literatur

1. Traupel W (2001)Thermische Turbomaschinen. Thermody-namischströmungstechnische Berechnung, 4. Aufl, Bd I Springer, Berlin
2. Baehr HD (2004) Thermodynamik. 11. Aufl Springer, Berlin
3. Moran MJ, Shapiro HN (1993) Fundamentals of engineering thermo-dynamics. Wiley, New York
4. Cengel YA, Boles MA (1998) Thermodynamics. An Engineering Approach, Mc Graw Hill, New York
5. Traupel W (1971) Die Grundlagen der Thermodynamik. G. Braun, Karlsruhe
6. Strauss K (1992) Kraftwerkstechnik. Springer, Berlin
7. Kotas TJ (1995) The exergy method of thermal plant analysis. Krieger Publishing Company, Florida

Gasturbinen- und Gasmotorenprozesse

8

In Gasprozessen werden die Kraftmaschinen zusammengefasst, bei denen das Arbeitsmittel während des gesamten Prozesses gasförmig bleibt. Kältemaschinen- und Wärmepumpen-Gasprozesse werden im Kap. 9 besprochen. Die hier behandelten Maschinen sind:

- *Verbrennungsmotoren*
- *Kolbenkompressoren*
- *Stirlingmotoren*
- *Gasturbinen und Flugtriebwerke.*

Maschinen und Prozesse werden stark vereinfacht als Luftprozesse analysiert. Sehr vereinfacht wird in diesem Buch die chemische Energie der Verbrennung in den Verbrennungsmotoren als Wärmezufuhr deklariert, bei der das Arbeitsmittel eine chemische Veränderung erfährt.

8.1 Prozesse der Gasmotoren

Gasmotoren sind thermische Maschinen, bei denen das Arbeitsmittel ein Gas ist, das nicht wie im Dampfturbinprozess kondensiert, sondern im Kreisprozess stets gasförmig verbleibt.

8.1.1 Arbeitsverfahren der Verbrennungsmotoren

Bei Verbrennungsmotoren werden der *Otto-* und *Dieselprozess* behandelt, die in der Technik hauptsächlich zur Anwendung kommen. Beim *Otto*motor erfolgt die Zündung des

© Springer-Verlag Berlin Heidelberg 2015
P. von Böckh, M. Stripf, *Technische Thermodynamik*, DOI 10.1007/978-3-662-46890-6_8

brennfähigen Gemisches aus Luft und Kraftstoff durch einen Funken. Beim *Diesel*motor wird die Verbrennungsluft so stark komprimiert, dass die dabei entstehende Temperaturerhöhung für Selbstzündung ausreicht. Der Ablauf beider Prozesse wird am Beispiel des *Viertaktmotors* erläutert. Abbildung 8.1 zeigt den Aufbau des Schubkurbeltriebs mit den wesentlichsten Bezeichnungen, Abb. 8.2 die Darstellung des Prozesses im p,V-Diagramm.

Im Ansaugtakt $0 \rightarrow 1$ bewegt sich der Kolben nach unten. Das Einlassventil ist geöffnet und das brennbare Gemisch aus Luft und Kraftstoff bzw. nur Luft beim *Diesel*motor wird angesaugt. Das Einlassventil schließt. Beim zweiten Takt $1 \rightarrow 2$, Kolbenbewegung nach

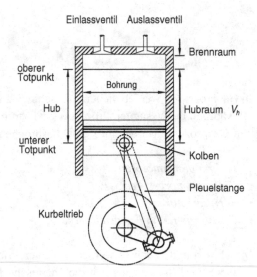

Abb. 8.1 Schubkurbeltrieb eines Verbrennungsmotors

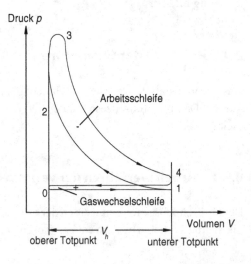

Abb. 8.2 Prozessdarstellung im p,V-Diagramm

oben, erfolgt die Verdichtung des Gemisches bzw. der Luft im *Diesel*motor. Kurz vor dem oberen Totpunkt wird gezündet oder *Diesel*kraftstoff eingespritzt. Durch die Verbrennung steigen die Temperatur und der Druck stark an. Das Verbrennungsgas expandiert im dritten Takt $3 \rightarrow 4$, dem Arbeitstakt. Kurz vor Erreichen des unteren Totpunktes öffnet sich das Auslassventil. Im vierten Takt $4 \rightarrow 0$, dem Ausschiebetakt, erfolgt das Ausschieben des Verbrennungsgases bei offenem Auslassventil.

Das Volumen, bestehend aus dem *Hubraum* V_h und dem *Brennraum* V_2, wird als *Arbeitsraum* V_1 bezeichnet.

Beim *Viertaktmotor* sind für ein vollständiges Arbeitsspiel zwei Kurbelumdrehungen erforderlich, beim *Zweitaktmotor* spielt sich das Ganze während einer Umdrehung ab. In beiden Fällen handelt es sich nur angenähert um einen thermodynamischen Kreisprozess, da im Arbeitsmittel chemische Veränderungen stattfinden. Das Abgas erfährt nach dem Ausstoßen allerdings eine Vermischung mit der Atmosphärenluft, die sich wegen ihrer Größe kaum verändert und so beim Ansaugen dem Prozess wieder zur Verfügung steht.

Die Darstellung des Druckverlaufs über dem Volumen in Abb. 8.2 heißt *Indikatordiagramm*. Es lässt sich experimentell durch schnelle Drucksensoren und Drehwinkelgeber zur Erfassung der Kurbelwinkelstellung aufnehmen oder durch Simulation der sich abspielenden Vorgänge rechnerisch ermitteln. Die im p,V-Diagramm rechtslaufende Arbeitsschleife bedeutet eine Arbeitsabgabe an den Kurbeltrieb, die linkslaufende Gaswechselschleife erfordert eine Arbeitszufuhr. Die Summe der Arbeit beider Schleifen entspricht der Volumenänderungsarbeit oder, da es sich um eine geschlossene Fläche handelt, der Druckänderungsarbeit. Die innere Arbeit eines Arbeitsspiels, die bei Hubkolbenmaschinen als *indizierte Arbeit* bezeichnet wird, ist:

$$W_i = -\oint p(V) \cdot dp = \oint V(p) \cdot dV$$

Die innere Motorleistung, die auch *indizierte Leistung* P_i genannt wird, ist bei der Arbeitsfrequenz n_a:

$$P_i = n_a \cdot W_i$$

Die Arbeitsfrequenz n_a ist
   bei Zweitaktmotoren gleich der Drehzahl $n_a = n_d$ und
   bei Viertaktmotoren die Hälfte der Drehzahl $n_a = n_d/2$.

Kenndaten der Verbrennungsmotoren werden häufig über den *indizierten Druck* p_i aufgetragen, der folgendermaßen definiert ist:

$$p_i = -\frac{W_i}{V_h} \tag{8.1}$$

Die an der Kurbelwelle abgreifbare effektive Leistung P_{eff} ist um die mechanische Verlustleistung P_v (Kolbenreibung, Reibung in den Lagern des Kurbeltriebs, Reibung des

Ventiltriebs, Nebenaggregate) geringer als die an den Kolben übertragene indizierte Leistung P_i:

$$|P_{eff}| = |P_i| - |P_v|$$

Die Verlustleistung wird durch den *mechanischen Wirkungsgrad* erfasst.

$$\eta_m = \frac{|P_{eff}|}{|P_i|} = 1 - \frac{|P_v|}{|P_i|} \tag{8.2}$$

Er liegt im Bereich von 0,7 bis 0,9. Analog zum indizierten Druck, der mit der indizierten Leistung P_i bestimmt wird, kann der mit der effektiven Leistung gebildete *effektive Druck* p_{eff} definiert werden.

Der thermische Wirkungsgrad des Prozesses ist:

$$\eta_{th} = \frac{|P_i|}{\dot{Q}_{zu}} \tag{8.3}$$

Daher gilt für den effektiven Wirkungsgrad:

$$\eta_{eff} = \frac{|P_{eff}|}{\dot{Q}_{zu}} = \frac{|P_i|}{\dot{Q}_{zu}} \cdot \frac{|P_{eff}|}{|P_i|} = \eta_{th} \cdot \eta_m \tag{8.4}$$

Die effektiven Wirkungsgrade der *Otto*motoren liegen bei 10 % bis 35 %, diejenigen der *Diesel*motoren bei 20 % bis 55 %. Der große Bereich der Wirkungsgrade hängt im Wesentlichen von der Größe der Motoren ab. Kleinstmotoren wie z. B. Mopedmotoren haben die schlechtesten, große, langsam laufende *Diesel*motoren (Schiffsmotoren) haben die besten Wirkungsgrade.

Beim inneren Verbrennungsprozess wird der zugeführte Wärmestrom durch eine äußere Wärmezufuhr simuliert. Nach den im Kap. 11 gegebenen Gesetzmäßigkeiten kann der bei Verbrennung entstehende und dem Brennraum zugeführte Wärmestrom berechnet werden. Wegen der bei Verbrennung entstehenden sehr hohen Temperaturen müssen die Motoren gekühlt werden, damit die Werkstoffe nicht schmelzen bzw. ihre Festigkeit verlieren. Durch Kühlung wird ein großer Teil der zugeführten Wärme wieder abgegeben. Die Wärmeverluste entstehen hauptsächlich bei der Verbrennung und der nachfolgenden Expansion. Die Verbrennung ist unvollständig, wodurch nicht die gesamte chemische Energie des Kraftstoffes genutzt wird. Die unvollständige Verbrennung kann durch den Verbrennungswirkungsgrad η_{Br} berücksichtigt werden. Bei vollständiger stöchiometrischer Verbrennung ist $\eta_{Br} = 1$.

Zur Analyse des *Otto*- und *Diesel*prozesses werden ideale Vergleichsprozesse (Standard-Luftprozesse) verwendet. Diese Idealprozesse sind zwar technisch nicht zu verwirklichen, zeigen aber in Abhängigkeit der äußeren Einflussgrößen die theoretisch erreichbaren Wirkungsgrade. Dabei werden folgende vereinfachende Annahmen gemacht:

1. Als Arbeitsmedium wird Luft als perfektes ideales Gas angenommen.
2. Beim idealen Kreisprozess wird die Verbrennung durch äußere Wärmezufuhr und der Gaswechsel durch Wärmeabfuhr simuliert.
3. Alle Teilprozesse sind intern reversibel.

8.1.2 Idealer *Otto*prozess

Abbildung 8.3 zeigt den Idealprozess im p,V- und T,s-Diagramm. Die schnelle Verbrennung des Brennstoff-Luft-Gemisches erfolgt praktisch im oberen Totpunkt. Da sich das Volumen bei diesem Vorgang nicht ändert, spricht man von einer *Gleichraumverbrennung*.

Die in Abb. 8.3 dargestellten Zustandsänderungen lassen sich folgendermaßen beschreiben:

$1 \rightarrow 2$ isentrope Kompression
$2 \rightarrow 3$ isochorer Druckanstieg durch Wärmezufuhr bei der nach der
       Zündung sehr schnell ablaufenden Verbrennung
$3 \rightarrow 4$ isentrope Expansion
$4 \rightarrow 1$ isochore Druckabnahme durch Wärmeabfuhr.

Die innere Kreisprozessarbeit lässt sich nach dem ersten Hauptsatz auf zwei Arten ausdrücken: als die Summe der Arbeitstransfers oder als die der Wärmetransfers. Da es sich um intern reversible Teilvorgänge handelt, haben die Flächen in Abb. 8.3 eine physikalische Bedeutung:

Im p,V-Diagramm entspricht die Fläche unterhalb der Prozesslinie zwischen den Punkten 1 und 2 der Volumenänderungsarbeit bei der Kompression, jene unterhalb der Prozesslinie zwischen den Punkten 3 und 4 der Volumenänderungsarbeit bei der Expansion.

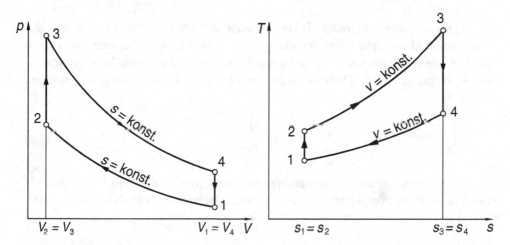

Abb. 8.3 Standard-*Otto*prozess im p,V- und T,s-Diagramm

Die von den Prozesslinien eingeschlossene Fläche 1-2-3-4-1 entspricht der indizierten Prozessarbeit W_i, die die Summe der beiden Volumenänderungsarbeiten ist.

Im T,s-Diagramm entspricht die Fläche unterhalb der Prozesslinie zwischen den Punkten 2 und 3 der spezifischen Wärmezufuhr, jene unterhalb der Prozesslinie zwischen den Punkten 4 und 1 der spezifischen Wärmeabfuhr. Die eingeschlossene Fläche ist wie im p,V-Diagramm die Kreisprozessarbeit. Mit dem ersten Hauptsatz können die Arbeiten und Wärmetransfers bestimmt werden.

$$\frac{W_{V12}}{m} = w_{V12} = u_2 - u_1 \qquad \frac{W_{V34}}{m} = w_{V34} = u_4 - u_3$$

$$\frac{Q_{23}}{m} = q_{23} = q_{zu} = u_3 - u_2 \qquad \frac{Q_{41}}{m} = q_{41} = q_{ab} = u_1 - u_4$$

Die spezifische Kreisprozessarbeit ergibt sich als:

$$w_{KP} = w_{V12} + w_{V34} = -q_{23} - q_{41} = (u_2 - u_1) + (u_4 - u_3)$$

Nach Gl. (8.3) wird der thermische Wirkungsgrad:

$$\eta_{th} = \frac{|w_{KP}|}{q_{23}} = \frac{(u_3 - u_4) - (u_2 - u_1)}{u_3 - u_2} = 1 - \frac{u_4 - u_1}{u_3 - u_2}$$

Für die Analyse wurde ein perfektes Gas vorausgesetzt. Daher kann innere Energie mit einer konstanten spezifischen Wärmekapazität c_v bestimmt und der thermische Wirkungsgrad durch die Temperaturen angegeben werden.

$$\eta_{th} = 1 - \frac{T_4 - T_1}{T_3 - T_2} \tag{8.5}$$

Die Angabe des Wirkungsgrades als eine Funktion der Temperaturen ist nicht aussagekräftig. Seine Abhängigkeit von motortechnischen Daten lässt Verbesserungspotenziale erkennen. Das wichtigste konstruktive Merkmal des Motors ist das Verhältnis von Arbeitsraum V_1 zu Brennraum V_2. Dieses wird als *Verdichtungs-* oder *Kompressionsverhältnis* ε bezeichnet.

$$\varepsilon = \frac{V_1}{V_2} \tag{8.6}$$

Vom verwendeten Brennstoff hängt ab, welcher Druck p_3 nach der Verbrennung erreicht wird. Das Verhältnis des Druckes p_3 zum Druck p_2 bezeichnen wir als Druckverhältnis $\Psi = p_3/p_2$

$$\Psi = \frac{p_3}{p_2} \tag{8.7}$$

Jetzt können die Temperaturen berechnet werden. Die Verdichtung von 1 nach 2 erfolgt isentrop. Nach Gl. (4.59) ist die Temperatur:

$$T_2 = T_1 \cdot \varepsilon^{\kappa-1} \tag{8.8}$$

Die Verbrennung von 2 nach 3 erfolgt isochor. Die Temperaturänderung ist nach der Zustandsgleichung der idealen Gase proportional zur Druckänderung:

$$T_3 = T_2 \cdot \frac{p_3}{p_2} = T_1 \cdot \varepsilon^{\kappa-1} \cdot \Psi \tag{8.9}$$

Die Expansion von 3 nach 4 ist isentrop. Die Temperatur T_4 berechnet sich ähnlich wie T_2.

$$T_4 = T_3 \cdot \varepsilon^{1-\kappa} = T_1 \cdot \Psi \tag{8.10}$$

Die Temperaturen in Gl. (8.5) eingesetzt, ergeben:

$$\eta_{th} = 1 - \frac{\Psi - 1}{\varepsilon^{\kappa-1} \cdot \Psi - \varepsilon^{\kappa-1}} = 1 - \frac{1}{\varepsilon^{\kappa-1}} \tag{8.11}$$

Der thermische Wirkungsgrad hängt bei diesem Idealprozess nur vom *Verdichtungsverhältnis* ε ab. Aus Wirkungsgradgründen wählt man das Kompressionsverhältnis deshalb so hoch wie möglich. Beim Verdichten des brennfähigen Luft-Kraftstoffgemisches steigt dessen Temperatur an. Erreicht sie Zündtemperatur, kommt es zur Selbstzündung (Klopfen). Die Verdichtung wird durch die Selbstzündung und die damit verbundene Klopfgefahr begrenzt. Mit Benzin betriebene moderne *Ottomotoren* können mit einem Kompressionsverhältnis von höchstens 10,5 arbeiten. Dabei erreicht man im Vergleichsprozess einen theoretischen Wirkungsgrad von 61 %, der sehr viel größer als der realer *Ottomotoren* ist.

Wie bereits erwähnt, müssen die Motoren gekühlt werden. Dadurch wird beim wirklichen Prozess ein Teil der zugeführten Wärme, ohne eine Arbeit zu leisten, wieder abgeführt. Die größten Wärmeverluste entstehen bei der Verbrennung und Expansion. Beim Standard-Luftprozess wird das Arbeitsmittel Luft als perfektes Gas angenommen. Im wirklichen Prozess hat man zunächst ein Gemisch aus Luft und Kraftstoff und nach der Verbrennung ein Verbrennungsgas, bestehend aus Stickstoff, Kohlendioxid, Wasserdampf und noch weiteren unerwünschten Verbrennungsprodukten wie Kohlenmonoxid, unverbrannte Kohlenwasserstoffe und Stickoxide. Die genaue Berechnung des Prozesses ist heute mit 3D-Computerprogrammen möglich, die aber nur auf leistungsfähigen Rechnern laufen.

Beispiel 8.1: Idealer *Otto*prozess

Ein 4-Zylinder-*Otto*motor mit dem Kompressionsverhältnis $\varepsilon = 10$ und einem Hubraum von 2,3 l wird mit dem Standard-Luftprozess analysiert. Der Motor saugt die Luft mit dem Druck von 1 bar und der Temperatur von 15 °C an. Nach der Verdichtung folgt die isochore Erwärmung auf 2300 °C. Zuerst **a)** rechnet man mit Luft als perfektem Gas ($\kappa = 1,4$), anschließend **b)** mit Luft als idealem Gas nach Tabelle A.7.1.

Zu berechnen sind die Drücke und Temperaturen am Ende jeder Teilprozesse, der thermische Wirkungsgrad η_{th}, der indizierte Druck p_i und die innere Leistung des Motors bei einer Drehzahl von 6000 min^{-1}.

Lösung

Schema Siehe Skizze

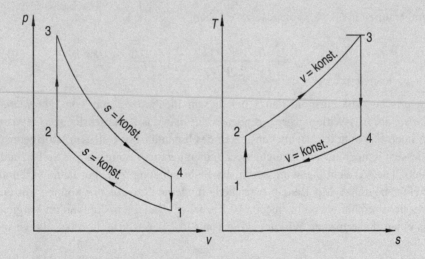

Annahmen

• Der Verdichtungs- und Expansionsvorgang sind reversibel adiabat.
• Die Luft wird als vollkommenes bzw. ideales Gas betrachtet.
• Die Änderung der kinetischen und potentiellen Energie ist vernachlässigbar.

Analyse

a) Luft ist ein perfektes Gas mit konstanter spezifischer Wärmekapazität c_v.

$$c_v = \frac{R}{\kappa - 1} = \frac{287,1 \cdot \mathrm{J/(kg \cdot K)}}{0,4} = 717,75 \ \mathrm{J/(kg \cdot K)}$$

Für die einzelnen Zustandsänderungen werden die Prozessgrößen berechnet.

Isentrope Verdichtung $1 \rightarrow 2$

$$T_2 = T_1 \cdot \varepsilon^{\kappa-1} = 288,15 \cdot \mathrm{K} \cdot 10^{0,4} = \mathbf{723,8\,K}$$

$$p_2 = p_1 \cdot \varepsilon^{\kappa} = 1 \cdot \mathrm{bar} \cdot 10^{1,4} = \mathbf{25,12 \ bar}$$

$$w_{V12} = c_v \cdot (T_2 - T_1) = 312,7 \mathrm{kJ/kg}$$

Isochore Wärmezufuhr $2 \rightarrow 3$

$$q_{zu} = q_{23} = c_v \cdot (T_3 - T_2) = u_3 - u_2 = 1327,4 \ \mathrm{kJ/kg}$$

$$p_3 = p_2 \cdot T_3 / T_2 = \mathbf{89,30 \ bar}$$

Isentrope Expansion $3 \rightarrow 4$

$$T_4 = T_3 / \varepsilon^{\kappa-1} = \mathbf{1024,4 \ K}$$

$$p_4 = p_3 / \varepsilon^{\kappa} = \mathbf{3,555 \ bar}$$

$$w_{V34} = u_4 - u_3 = c_v \cdot (T_4 - T_3) = -1111,6 \ \mathrm{kJ/kg}$$

Isochore Wärmeabfuhr $4 \rightarrow 1$

$$q_{ab} = q_{41} = c_v \cdot (T_1 - T_4) = u_1 - u_4 = -528,43 \ \mathrm{kJ/kg}$$

Damit ist die spezifische indizierte Prozessarbeit:

$$w_{iKP} = w_{V12} + w_{V34} = -798,9 \ \mathrm{kJ/kg}$$

Nach Gl. (8.5) erhält man den thermischen Wirkungsgrad als:

$$\eta_{th} = \frac{-w_{iKP}}{q_{23}} = \mathbf{0,602}$$

Der thermische Wirkungsgrad des idealen Prozesses ist nach Gl. (8.11):

$$\eta_{th} = 1 - \frac{1}{\varepsilon^{\kappa-1}} = 0,602$$

Arbeitsraum V_1 des Motors:

$$V_1 = \frac{\varepsilon}{\varepsilon - 1} \cdot V_h = \frac{10}{9} \cdot 2,3 \cdot 10^{-3} \ \mathrm{m^3} = 2,5561 \cdot 10^{-3} \ \mathrm{m^3}$$

Die Luftmasse im Arbeitsraum V_1 kann mit der Zustandsgleichung idealer Gase bestimmt werden.

$$V_1 = \frac{\varepsilon}{\varepsilon - 1} \cdot V_h = \frac{10}{9} \cdot 2,3 \cdot 10^{-3} \ \mathrm{m^3} = 2,5561 \cdot 10^{-3} \ \mathrm{m^3}$$

Damit ist die Kreisprozessarbeit:

$$W_{iKP} = m \cdot w_{iKP} = 2468 \ \mathrm{J}$$

Nach Gl. (8.1) erhält man den indizierten Druck als:

$$p_i = W_{iKP} / V_h = \mathbf{10,73 \ bar}$$

Die indizierte Leistung des Motors ist:

$$P_i = W_{iKP} \cdot n / 2 = \mathbf{123,4 \ kW}$$

b) Luft als ideales Gas mit $h(\vartheta)$ aus Tabelle A.7.1:

$$\Delta u = h(\vartheta_2) - h(\vartheta_1) - R \cdot (\vartheta_2 - \vartheta_1)$$

Isentrope Verdichtung $1 \rightarrow 2$:
    Temperatur, nach Gl. (4.35) iterativ bestimmt:
    $\vartheta_2 = 430,63 \ \mathrm{°C}$, $T_2 = \mathbf{703,78 \ K}$ Den Druck erhält man aus der Zustandsgleichung idealer Gase.

$$p_2 = p_1 \cdot \varepsilon \cdot \frac{T_2}{T_1} = \mathbf{24,42 \ bar}$$

Die Bestimmung der Änderung der inneren Energie $u_2 - u_1$ wird bei der Zustandsänderung $1 \rightarrow 2$ dargestellt. Die Berechnung sämtlicher Differenzen der inneren Energie erfolgt in gleicher Form.

$$u_2 - u_1 = h_2 - h_1 - R \cdot (\vartheta_2 - \vartheta_1)$$

Tabelle A.7.1 liefert: $h(\vartheta_1) = 15{,}06 \text{ kJ/kg}, \quad h(\vartheta_2) = 444{,}26 \text{ kJ/kg}$

$$w_{V12} = u_2 - u_1 = 309{,}9 \text{ kJ/kg}$$

Isochore Wärmezufuhr $2 \rightarrow 3$:

$$q_{23} = u_3 - u_2 = 1723{,}5 \text{ kJ/kg}$$

$$p_3 = p_2 \cdot T_3 / T_2 = \mathbf{89{,}30 \ bar}$$

Isentrope Expansion $3 \rightarrow 4$:
Temperatur ϑ_4, nach Gl. (4.35) iterativ bestimmt: $\vartheta_2 = 1009{,}1 \ °C, \quad T_4 = \mathbf{1282{,}3 \ K}$

$$p_4 = p_3 \cdot \frac{1}{\varepsilon} \cdot \frac{T_4}{T_3} = \mathbf{4{,}450 \ bar}$$

$$w_{V34} = u_4 - u_3 = -1232{,}05 \text{ kJ/kg}$$

Isochore Wärmeabfuhr $4 \rightarrow 1$:

$$q_{41} = u_1 - u_4 = -801{,}34 \text{ kJ/kg}$$

$$w_{iKP} = w_{V12} + w_{V34} = -922{,}18 \text{ kJ/kg}$$

Thermischer Wirkungsgrad:

$$\eta_{th} = \frac{-w_{iKP}}{q_{23}} = \mathbf{0{,}535}$$

Ähnlich wie bei perfektem Gas erhält man:

$$W_{iKP} = m \cdot w_{iKP} = 2 \ 849 \text{ J}$$

$$p_i = W_{iKP} / V_h = \mathbf{12{,}39 \ bar}$$

$$P_i = W_{iKP} \cdot n / 2 = \mathbf{142{,}4 \ kW}$$

Diskussion

Das Ergebnis aus der Berechnung mit Luft als idealem Gas unterscheidet sich wesentlich von den unter der Annahme perfekten Gases erhaltenen Resultaten. Bei Temperaturänderungen von mehr als 100 K muss die Temperaturabhängigkeit der spezifischen Wärmekapazität berücksichtigt werden. Wirkungsgrade realer Motoren liegen wesentlich tiefer als der des hier behandelten idealen Prozesses. Der Grund dafür ist primär in der Wärmeabfuhr durch Kühlung und in den mechanischen Verlusten zu suchen.

Bei der Berechnung mit Stoffwerten der Luft als ideales Gas erhält man zwar eine größere Leistung, aber die zuzuführende Wärme ist wesentlich höher, wodurch sich der Wirkungsgrad verringert.

8.1.3 Idealer *Diesel*prozess

Das folgende Bild zeigt den idealisierten *Diesel*prozess im p, V- und T, s-Diagramm. (Abb. 8.4)

Im Unterschied zum *Otto*prozess erfolgt die Wärmezufuhr hier bei konstantem Druck $p_2 = p_3$. Deshalb spricht man von einer *Gleichdruckverbrennung*. Nach der Modellvorstellung setzt die Verbrennung ein, wenn sich der Kolben im oberen Totpunkt befindet und endet beim Zylindervolumen V_3. Damit werden der Einspritzvorgang, die Verdunstung der Brennstofftropfen und die anschließende Verbrennung vereinfachend simuliert. Da die genannten Vorgänge Zeit benötigen, bewegt sich der Kolben während der Wärmefreisetzung in Richtung unterer Totpunkt. Die Annahme konstanten Druckes geht von der idealisierten Vorstellung aus, dass sich die Druckabnahme durch Expansion und die Druckzunahme in-

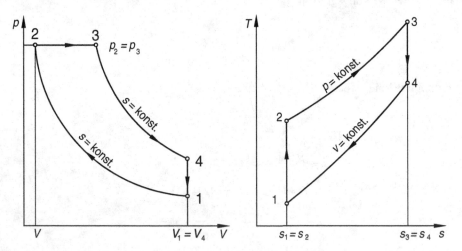

Abb. 8.4 Idealer *Diesel*prozess im p, V- und T, s-Diagramm

folge langsamer Wärmezufuhr insgesamt ausgleichen. Mit dem Volumenverhältnis V_3/V_4 wird die Größe φ eingeführt.

$$\varphi = \frac{V_3}{V_2} = \frac{v_3}{v_2} \qquad (8.12)$$

Diese Größe charakterisiert den Einspritz- und Wärmefreisetzungsprozess und wird deshalb *Einspritzverhältnis* genannt. Typische Werte liegen bei etwa $\varphi = 2$. Beim *Otto*prozess ist wegen der Annahme schlagartiger Verbrennung, d. h. plötzlicher Wärmefreisetzung, $\varphi = 1$. Bei früheren *Diesel*motoren mit mechanischen Einspritzpumpen und relativ großen Tröpfchen konnte der Prozess unter Annahme der isobaren Verbrennung angenähert werden. Der Prozessverlauf in modernen *Diesel*motoren mit elektronischer Einspritzung und sehr kleinen Tröpfchen nähert sich immer mehr dem des *Otto*prozesses.

Die idealisierten Teilprozesse sind:

$1 \rightarrow 2$ isentrope Kompression
$2 \rightarrow 3$ isobare Expansion und Wärmezufuhr
$3 \rightarrow 4$ isentrope Expansion
$4 \rightarrow 1$ isochore Wärmeabfuhr.

Ein Unterschied zum *Otto*prozess zeigt sich lediglich im Teilprozess $2 \rightarrow 3$.

Die Flächen unter den Zustandskurven lassen sich analog zum *Otto*prozess interpretieren. Nach dem ersten Hauptsatz gilt für den Teilprozess $2 \rightarrow 3$:

$$(u_3 - u_2) = q_{23} + w_{V23} \qquad (8.13)$$

Die Arbeit w_{V23} ist die Volumenänderungsarbeit. Da der Druck konstant ist, erhält man:

$$w_{V23} = -\int_{v_2}^{v_3} p \cdot dv = -p_2 \cdot (v_3 - v_2) = -R \cdot (T_3 - T_2) \qquad (8.14)$$

Die spezifische Wärmezufuhr ist:

$$q_{23} = (u_3 - u_2) + R \cdot (T_3 - T_2) = (c_v + R) \cdot (T_3 - T_2) = h_3 - h_2 \qquad (8.15)$$

Die spezifische Arbeit des Kreisprozesses ergibt sich zu:

$$w_{iKP} = -q_{23} - q_{41} = -(h_3 - h_2) - (u_1 - u_4) \qquad (8.16)$$

Der thermische Wirkungsgrad ist:

$$\eta_{th} = 1 - \frac{|q_{41}|}{q_{23}} = 1 - \frac{u_4 - u_1}{h_3 - h_2} = 1 - \frac{T_4 - T_1}{\kappa \cdot (T_3 - T_2)} \qquad (8.17)$$

Jetzt werden die Temperaturen für die einzelnen Zustandsänderungen bestimmt. Bei der isentropen Zustandsänderung $1 \rightarrow 2$ gilt analog zum *Otto*prozess:

$$T_2 = T_1 \cdot \varepsilon^{\kappa-1} \tag{8.18}$$

Bei der isobaren Zustandsänderung $2 \rightarrow 3$ liefert die Zustandsgleichung idealer Gase:

$$T_3 = T_2 \cdot \varphi = T_1 \cdot \varepsilon^{\kappa-1} \cdot \varphi \tag{8.19}$$

Für die isentrope Zustandsänderung $3 \rightarrow 4$ gilt:

$$T_4 = T_3 \cdot \left(\frac{V_3}{V_4}\right)^{\kappa-1} = T_1 \cdot \varepsilon^{\kappa-1} \cdot \varphi \cdot \left(\frac{V_3}{V_4}\right)^{\kappa-1}$$

Wegen $V_4 = V_1$ lässt sich das Volumenverhältnis V_3/V_4 wie folgt angeben:

$$\frac{V_3}{V_4} = \frac{V_3}{V_2} \cdot \frac{V_2}{V_4} = \frac{V_3}{V_2} \cdot \frac{V_2}{V_1} = \frac{\varphi}{\varepsilon}$$

Damit erhält man für die Temperatur T_4:

$$T_4 = T_1 \cdot \varphi^{\kappa} \tag{8.20}$$

Die Temperaturen in Gl. (8.17) eingesetzt, ergibt:

$$\eta_{th} = 1 - \frac{1}{\varepsilon^{\kappa-1}} \cdot \left[\frac{\varphi^{\kappa} - 1}{\kappa \cdot (\varphi - 1)} \right] \tag{8.21}$$

Der Vergleich mit Gl. (8.11) für den *Otto*prozess zeigt, dass sich die Wirkungsgrade beider Prozesse nur durch den Term in den eckigen Klammern, der von φ und κ abhängt, unterscheiden. Für $\varphi = 1$ ist in der eckigen Klammer sowohl der Wert des Zählers als auch der des Nenners gleich null. Der Grenzwert von Gl. (8.21) für $\varphi \rightarrow 1$ liefert das gleiche Ergebnis wie Gl. (8.11) für den *Otto*prozess.

Abbildung 8.5 zeigt den thermischen Wirkungsgrad für $\kappa = 1,4$ bei verschiedenen Einspritzverhältnissen.

Das Kompressionsverhältnis hat den größten Einfluss auf den Wirkungsgrad. Deshalb versucht man, möglichst hohe Werte zu erreichen. Wegen der bereits erwähnten Klopfgefahr liegt die Grenze beim *Otto*motor je nach Kraftstoff zwischen 8 und 12. Beim *Diesel*motor könnte man, da nur Luft komprimiert wird, sehr hohe Verdichtungsverhältnisse verwenden. Die Spitzendrücke bei Kompressionsverhältnissen über 25 erreichen aber zu

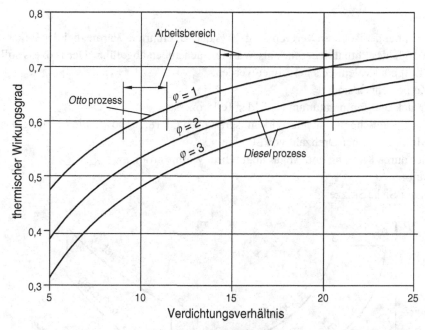

Abb. 8.5 Innerer Wirkungsgrad des Standard-*Otto*- und *Diesel*prozesses mit $\kappa = 1{,}4$

hohe Werte mit über 150 bar. Die durch ansteigende Kräfte verursachte Reibung an der Zylinderwand verringert den Wirkungsgrad. Die optimalen Werte liegen zwischen 15 und 21. Der höheren Kompressionsverhältnisse wegen liegen die Wirkungsgrade der *Diesel*-motoren über den Werten des *Otto*prozesses, obwohl die Kurven für den *Diesel*prozess ($\varphi > 1$) in Abb. 8.5 unterhalb der Kurve $\varphi = 1$ für den *Otto*prozess liegen.

Die nach den Gln. (8.11) und (8.21) berechneten Wirkungsgrade sind idealisierte Wer-te, die wohl die mit dem Abgas abgeführte Wärme, nicht jedoch die aus Materialgründen erforderliche Motorkühlung (Luft- oder Wasserkühlung) berücksichtigen. Die praktisch erreichbaren inneren Wirkungsgrade sind deshalb beträchtlich tiefer als die in Abb. 8.5 dargestellten Werte (Beispiel 8.2).

Die realen p,V-Diagramme der modernen *Otto*- und *Diesel*motoren sind sehr ähnlich. Mit dem Idealprozess kann nur festgestellt werden, welche Wirkungsgrade ohne Kühlung theoretisch erreichbar sind. Genaue Berechnungen der Prozesse inklusive die der dynami-schen Verbrennungsvorgänge sind heute mit Computer-Programmen möglich.

Beispiel 8.2: *Diesel*prozess unter Berücksichtigung der Wärmeverluste
Ein Viertakt-*Diesel*motor mit dem Kompressionsverhältnis von $\varepsilon = 20$ saugt Luft mit 1 bar Druck und 20 °C Temperatur an. Das Hubvolumen ist $V_h = 10$ l. Die durch Verbrennung pro Arbeitsspiel zugeführte Wärme beträgt 28 kJ. Durch die Kühlung

werden bei der isobaren Verbrennung 20% der zugeführten Wärme, bei der Expansion 15% des Enthalpiegefälles als Wärme, nach außen abgeführt. Der Prozess soll mit Luft als idealem Gas gerechnet werden.

Zu berechnen sind:

a) Druck und Temperatur am Ende der Teilprozesse

b) der thermische und ideale Wirkungsgrad nach Gl. (8.10) sowie die Leistung des Motors bei einer Drehzahl von 3000 min[-1]

c) der durch Kühlung und Abgas abgeführte Wärmestrom.

Lösung

Schema Siehe Skizze

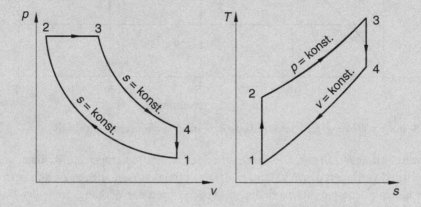

Annahmen

- Die Kompression ist isentrop, die Expansion mit Wärmeabfuhr reversibel polytrop.
- Die Änderung der Masse durch die Einspritzung wird vernachlässigt.
- Die Luft wird als ideales Gas behandelt.
- Die kinetischen und potentiellen Energien werden vernachlässigt.

Analyse

a) Isentrope Kompression $1 \rightarrow 2$

Die Temperatur ϑ_2 wird iterativ nach Gl. (4.35) aus Tabelle A.7.1 ermittelt.

$$\vartheta_2 = 639,8 \; T_2 = 913,0 \, \text{K}$$

$$p_2 = p_1 \cdot \varepsilon \cdot \frac{T_2}{T_1} = 62,29 \, \text{bar}$$

Für die Enthalpie erhält man aus Tabelle A.7.1:

$$h_1 = h(20°C) = 20,08 \text{ kJ/kg}$$

$$h_1 = h(639,8°C) = 674,42 \text{ kJ/kg}$$

$$w_{V12} = u_2 - u_1 = h_2 - h_1 - R \cdot (\vartheta_2 - \vartheta_1) = 476,4 \text{ kJ/kg}$$

Isobare Wärmezufuhr 2 → 3

$$Q_{23} = 0,8 \cdot 28 \text{ kJ} = 22,4 \text{ kJ}$$

Die auf die Masse bezogene Energiebilanzgleichung lautet:

$$q_{23} = h_3 - h_2$$

Das Ansaugvolumen beträgt:

$$V_1 = V_h \cdot \frac{\varepsilon}{\varepsilon - 1} = 10,526 \cdot 10^{-3} \text{ m}^3$$

Die angesaugte Masse erhält man als:

$$m = \frac{p_1 \cdot V_1}{R \cdot T_1} = 0,0125 \text{ kg}$$

Damit wird die spezifische Wärme q_{23}: $q_{23} = Q_{23}/m = 1\,791 \text{ kJ/kg}$

Die Temperatur ϑ_3 wird mit Tabelle A.7.1 iterativ ermittelt.

$$\vartheta_3 = \frac{q_{23} + h_2}{\overline{c}_p(\vartheta_3)}$$

$$\vartheta_3 = \mathbf{2112,5\,°C}, \quad T_3 = \mathbf{2385,7\,K}$$

$$p_3 = p_2 = \mathbf{62,29} \text{ bar}$$

$$V_3 = V_2 \cdot T_3 / T_2 = (V_1 / \varepsilon) \cdot T_3 / T_2 = 1,375 \text{ l}$$

$$\varphi = V_3 / V_2 = 2,613$$

$$w_{V23} = -p_2 \cdot (V_3 - V_2) / m = -422,8 \text{ kJ/kg}$$

Polytrope Expansion $3 \rightarrow 4$

Die Energiebilanzgleichung lautet:

$$q_{34} + w_{p34} = u_4 - u_3 = c_{pm}(\vartheta_4) \cdot \vartheta_4 - c_{pm}(\vartheta_3) \cdot \vartheta_3$$

Die polytrope Druckänderungsarbeit ist: $w_{p34} = \dfrac{n}{n-1} \cdot R \cdot (\vartheta_4 - \vartheta_3)$

Unter Berücksichtigung, dass $q_{34} = 0{,}15 \cdot (h_4 - h_3)$ ist, gilt:

$$\frac{n}{n-1} \cdot R \cdot (\vartheta_4 - \vartheta_3) = 0{,}85 \cdot c_p \Big|_{\vartheta_3}^{\vartheta_4} \cdot (\vartheta_4 - \vartheta_3)$$

Daraus erhält man für n: $n = \dfrac{0{,}85 \cdot c_p \Big|_{\vartheta_3}^{\vartheta_4}}{0{,}85 \cdot c_p \Big|_{\vartheta_3}^{\vartheta_4} - R}$

Zur Berechnung von n muss ein Wert für ϑ_4 angenommen und mit der Beziehung $T_4 = T_3 \cdot (V_3 / V_4)^{n-1} \vartheta_4$ und n iterativ bestimmt werden.

$$n = 1{,}37984$$

$$\vartheta_4 = \mathbf{828{,}1\,°C} \quad T_4 = \mathbf{1101{,}2\,K}$$

$$p_4 = p_3 \cdot (V_3 / V_1)^n = 3{,}757 \text{ bar}$$

b) $$w_{KP} = w_{12} + w_{23} + w_{34} = -917{,}3 \text{ kJ/kg}$$

$$W_{kp} = w_{kp} \cdot m = -11{,}472 \text{ kJ}$$

$$P = w_{KP} \cdot n_A = \mathbf{-286{,}8\ kW}$$

Thermischer Wirkungsgrad:

$$\eta_{th} = -W_{iKP} / Q_{ZU} = 0{,}41$$

Nach Gl. (8.21) ist der ideale thermische Wirkungsgrad:

$$\eta_{th,id} = 1 - \frac{1}{\varepsilon^{\kappa-1}} \cdot \left[\frac{\varphi^\kappa - 1}{\kappa \cdot (\varphi - 1)} \right] = \mathbf{0{,}621}$$

c) Die Wärmeverluste bei der Verbrennung und Expansion entstehen durch die notwendige Kühlung. Gemäß Aufgabenstellung ist die Wärmeabfuhr durch Küh-

lung bei der Verbrennung 20 % der zugeführten Wärme, bei der Expansion 15 %
des Enthalpiegefälles.

Der Massenstrom des Gases berechnet sich als:

$$\dot{m} = m \cdot n_a = 0{,}0125 \cdot \mathrm{kg} \cdot 25 \cdot \mathrm{s}^{-1} = 0{,}3127 \; \mathrm{kg/s}$$

Damit erhält man für den abgeführten Wärmestrom:

$$\dot{Q}_{Kühlung} = \underbrace{-0{,}2 \cdot \dot{Q}_{zu}}_{20 \,\%\,\mathrm{von}\, \dot{Q}_{zu}} + \dot{m} \cdot \underbrace{0{,}15 \cdot (h_4 - h_3)}_{15 \,\%\,\mathrm{von}\, \Delta h} = \mathbf{-213{,}9 \, kW}$$

Die Wärmeabfuhr durch das Abgas erfolgt bei der isochoren Expansion $2 \rightarrow 3$:

$$\dot{Q}_{ab} = n_a \cdot m \cdot [(h_1 - h_4) - R \cdot (\vartheta_1 - \vartheta_4)] = \mathbf{-199{,}3 \; kW}$$

Diskussion
Die Berücksichtigung der Wärmeabfuhr durch Motorkühlung liefert Daten, die
näher bei der Wirklichkeit liegen, d. h., die größte Abweichung vom Idealprozess
verursacht die Wärmeabfuhr. Der durch Kühlung abgeführte Wärmestrom ist fast
so groß wie die Leistung des Motors. Die Berechnung mit realen Stoffwerten ist
wegen der Iteration recht aufwändig und sollte zweckmäßiger mit Rechenprogram-
men durchgeführt werden.

8.2 *Stirling*prozess

Der *Stirling*motor wurde Anfang des 19. Jh. vom britischen Pfarrer *Robert Stirling* erfun-
den und zum Patent angemeldet. Der mit einem Gas (ursprünglich Luft) als Arbeitsmedium laufende Motor hatte gegenüber den damals gebräuchlichen und häufig explodieren-
den Dampfmaschinen einen entscheidenden Sicherheitsvorteil. Außerdem erreichten die
*Stirling*motoren höhere Wirkungsgrade als die im 19. Jh. eingesetzten Dampfmaschinen.
Die ersten *Stirling*motoren wurden als Antriebe für Wasserpumpen und Gebläse im Berg-
bau sowie in Metallhütten und Gießereien eingesetzt.

Anders als die in Kap. 8.1 beschriebenen Motoren mit innermotorischer Verbrennung
findet die Wärmezufuhr beim *Stirling*motor von außen statt. Der Motor selbst ist hermetisch verschlossen, sodass das enthaltene Arbeitsgas nicht ausgetauscht wird. Durch die
äußere Wärmezufuhr können beliebige Wärmequellen und Brennstoffe verwendet werden. Die Wärmequellen reichen dabei von Gas- und Holzpelletbrennern über gebündelte
Solarstrahlung und Erdwärme bis hin zu Nuklearbatterien in der Raumfahrttechnik. Die

verwendeten Brenner sind aufgrund der kontinuierlichen Verbrennung sehr gut zu optimieren und haben im Vergleich zu *Otto-* und *Diesel*motoren geringere Schadstoff- und
Geräuschemissionen.

Heute werden *Stirling*motoren vor allem in sog. „stromerzeugenden Heizungen" eingesetzt, bei denen die Wärmeerzeugung im Vordergrund steht. Der im Vergleich zu den
Verbrennungsmotoren geringere Wirkungsgrad wird durch die leise Betriebsweise und die
schadstoffarme kontinuierliche Verbrennung kompensiert.

8.2.1   Idealer *Stirling*prozess

Es existieren unterschiedliche technische Realisierungen des *Stirlingprozesses*. Abb. 8.6
zeigt eine einfache Anordnung. Verwendet werden dort zwei Kolben, die in einem gemeinsamen Zylinder laufen und durch einen *Regenerator* miteinander verbunden sind.
Der Regenerator besteht aus einem gasdurchlässigen Material mit hoher spezifischer Wärmekapazität und großer Oberfläche für die Wärmeübertragung. Zum Einsatz kommen beispielsweise Metallröhrchen, die zu einem Bündel verlötet sind, Metalldrahtgeflechte oder
offenporige Metall- und Keramikschäume.

Der ideale *Stirling*kreisprozess lässt sich durch vier Zustandsänderungen beschreiben
(s. Abb. 8.6):

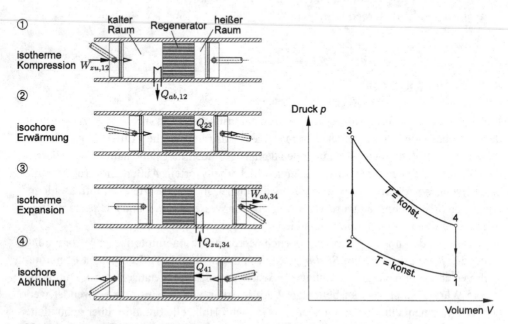

Abb. 8.6   Schema des idealen *Stirling*prozesses und zugehöriges p, V-Diagramm

1 → 2   Isotherme Kompression bei gleichzeitiger Wärmeabfuhr nach außen. Der rechte Kolben (heiße Seite) steht still, der linke Kolben (kalte Seite) bewegt sich unter Zufuhr von Arbeit nach rechts und verdichtet das Arbeitsgas.

2 → 3   Isochorer Druckanstieg durch innere Wärmeübertragung vom Regenerator an das Arbeitsgas. Beide Kolben bewegen sich gleichzeitig nach rechts und verschieben das kalte Arbeitsgas durch den heißen Regenerator. Das Gas erwärmt sich dabei und der Regenerator kühlt ab.

3 → 4   Isotherme Expansion bei gleichzeitiger Wärmezufuhr von außen. Der linke Kolben steht still, der rechte Kolben wird durch die Expansion des Arbeitsgases nach rechts bewegt und gibt Arbeit ab.

4 → 1   Isochore Druckabnahme durch innere Wärmeübertragung vom Arbeitsgas an den Regenerator. Beide Kolben bewegen sich gleichzeitig nach links und verschieben das heiße Arbeitsgas durch den kalten Regenerator. Das Gas kühlt dabei ab und der Regenerator wird erhitzt.

Die nutzbare Kreisprozessarbeit W_{KP} ergibt sich als Summe aller an den beiden Kolben angreifenden Arbeiten und lässt sich als schraffierte Fläche im p,V-Diagramm in Abb. 8.7 darstellen. Unter Anwendung des ersten Hauptsatzes für Kreisprozesse erhält man

$$W_{KP} = W_{zu,12} + W_{ab,34} = Q_{ab,12} + Q_{zu,34} \qquad (8.22)$$

Die zu- und abgeführten Arbeiten treten als Volumenänderungsarbeiten nur bei der isothermen Kompression und isothermen Expansion auf. Beim idealen *Stirling*prozess wird für die reibungsfreie Verschiebung des Arbeitsgases durch den Regenerator keine Arbeit benötigt. Nach außen treten nur die Wärmen $Q_{ab,12}$ und $Q_{zu,34}$ in Erscheinung. Die zwischen Arbeitsgas und Regenerator übertragenen Wärmen Q_{23} und Q_{41} sind betragsmäßig identisch, was in Abb. 8.7 im T,s-Diagramm durch die gleich großen Flächen nochmals

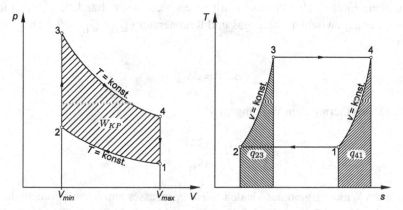

Abb. 8.7 p,V- und T,s-Diagramm des idealen *Stirling*prozesses

deutlich wird. Sie treten nach außen hin nicht auf und sind im ersten Hauptsatz für den Kreisprozess also nicht zu berücksichtigen.

Unter der Annahme, dass sich das Arbeitsgas wie ein ideales Gas verhält, können die Volumenänderungsarbeiten berechnet werden:

$$W_{zu,12} = -\int_{V_{max}}^{V_{min}} p \cdot dV = -m \cdot R \cdot T_1 \cdot \int_{V_{max}}^{V_{min}} \frac{1}{V} \cdot dV = -m \cdot R \cdot T_1 \cdot \ln \frac{V_{min}}{V_{max}} \tag{8.23}$$

bzw.

$$W_{ab,34} = -\int_{V_{min}}^{V_{max}} p \cdot dV = -m \cdot R \cdot T_3 \cdot \int_{V_{min}}^{V_{max}} \frac{1}{V} \cdot dV = +m \cdot R \cdot T_3 \cdot \ln \frac{V_{min}}{V_{max}} \tag{8.24}$$

Für die Kreisprozessarbeit folgt dann:

$$W_{KP} = m \cdot R \cdot (T_3 - T_1) \cdot \ln \frac{V_{min}}{V_{max}} \tag{8.25}$$

Da das Argument des Logarithmus kleiner als eins ist, wird der Logarithmus negativ und damit der gesamte Ausdruck. Die Kreisprozessarbeit wird also abgegeben. Um bei gegebenen Volumina eine große Kreisprozessarbeit zu erhalten, muss die Differenz zwischen oberem und unterem Temperaturniveau hoch sein. Außerdem muss die Masse bzw. die Dichte des Arbeitsgases im Zylinder möglichst groß sein, was in den *Stirling*motoren durch hohe Arbeitsdrücke von bis zu 200 bar erreicht wird.

Aus dem ersten Hauptsatz folgt für den thermischen Wirkungsgrad des *Stirling*motors:

$$\eta_{th} = \frac{|W_{KP}|}{Q_{zu,34}} = \frac{Q_{zu,34} - |Q_{ab,12}|}{Q_{zu,34}} = 1 - \frac{|Q_{ab,12}|}{Q_{zu,34}} \tag{8.26}$$

Unter Annahme eines idealen Prozesses mit reversiblen Zustandsänderungen und idealer Wärmeübertragung zwischen Arbeitsgas und Regenerator ($Q_{23} = Q_{41}$, s. *T,s*-Diagramm in Abb. 8.7) folgt:

$$|\Delta S_{12}| = \Delta S_{34} \tag{8.27}$$

und damit für den thermischen Wirkungsgrad:

$$\eta_{th} = 1 - \frac{T_1 \cdot |\Delta S_{12}|}{T_3 \cdot \Delta S_{34}} = 1 - \frac{T_1}{T_2} \tag{8.28}$$

Der thermische Wirkungsgrad des idealen *Stirling*prozesses entspricht also dem des *Carnot*prozesses (s. Kap. 4.7.1). Er ist damit nur vom oberen und unteren Temperaturniveau abhängig.

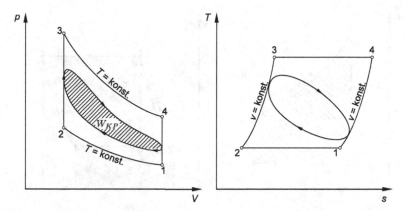

Abb. 8.8 p,V- und T,s-Diagramm eines realen *Stirling*prozesses im Vergleich zum idealen

8.2.2   Realer *Stirling*prozess

Der ideale *Stirling*prozess ist in der Realität unerreichbar. Für eine Wärmezu- und -abfuhr bei konstanter Temperatur müsste der Prozess unendlich langsam ablaufen, damit genug Zeit für den Wärmetransport und den Temperaturausgleich zur Verfügung steht. Zwischen Wärmequelle bzw. -senke und Arbeitsgas dürfte keine Temperaturdifferenz auftreten. Ebenso müsste der Wärmeübergang zwischen Arbeitsgas und Regenerator ohne Temperaturdifferenz ablaufen und es dürften bei der Durchströmung des Regenerators keine Druckverluste auftreten. Die Wärmezu- und -abfuhr müssten diskontinuierlich erfolgen. Der Kurbeltrieb sollte so gestaltet sein, dass damit ein über längere Zeit stillstehender Kolben realisiert werden kann.

Da in den realen Maschinen jedoch immer Temperaturgefälle für den Wärmetransport notwendig sind, werden die verfügbaren Temperaturniveaus nicht vollständig ausgenutzt. Die Kolbenbewegungen sind durch Einsatz eines Kurbeltriebs meist sinusförmig, sodass die Kolben nur in den Totpunkten die Geschwindigkeit null aufweisen und ansonsten immer in Bewegung sind. Die isochoren und isothermen Zustandsänderungen überlagern sich deshalb. In Abb. 8.8 ist das p,V- und T,s-Diagramm eines realen *Stirling*prozesses mit sinusförmiger Kolbenbewegung, realer Wärmeübertragung und Druckverlusten gezeigt. Der reale *Stirling*prozess läuft immer innerhalb des vom Idealprozess vorgegebenen Rahmens ab. Kreisprozessarbeit und thermischer Wirkungsgrad erlangen nur einen Bruchteil der Werte des idealen Prozesses.

Eine Möglichkeit, den Wirkungsgrad des realen Prozesses zu steigern, ist die Wahl eines Arbeitsgases, mit dem ein schneller Wärmetransport ins Arbeitsgas und geringe Druckverluste im Regenerator möglich sind. Aus thermodynamischer Sicht ist hierzu insbesondere Wasserstoff geeignet, dessen Viskosität weniger als halb so groß und dessen Wärmeleitfähigkeit um den Faktor sieben größer ist als die entsprechenden Werte der Luft. Allerdings ist die Wahl der Werkstoffe aufgrund der Wasserstoffversprödung und der großen Diffusion von Wasserstoff durch Gehäusewände und Dichtungen schwierig. Aus diesem Grund wird häufig auf Helium als Arbeitsgas zurückgegriffen.

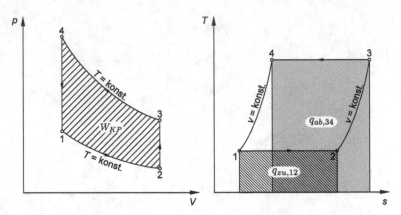

Abb. 8.9 p,V- und T,s-Diagramm eines idealen *Stirling*-Kühlers

8.2.3   *Stirling*prozess als Kältemaschinenprozess

Der *Stirling*prozess kann auch als Wärmepumpen- und Kältemaschinenprozess eingesetzt werden, wenn er links herum durchlaufen wird. Tatsächlich kommen *Stirling*kühler häufig zum Einsatz, wenn z. B. empfindliche Sensoren auf tiefe Temperaturen bis zu $-200\,°C$ zu kühlen sind. Es existieren auch Luftverflüssigungsanlagen, die auf dem *Stirling*prozess beruhen.

Abbildung 8.9 zeigt den idealen *Stirling*kälteprozess im p,V- und T,s-Diagramm. Die vier Zustandsänderungen werden nun wie folgt nacheinander durchlaufen:

$1 \rightarrow 2$ Isotherme Expansion auf unterem Temperaturniveau bei gleichzeitiger Wärmeaufnahme vom zu kühlenden Objekt.

$2 \rightarrow 3$ Isochorer Druckanstieg durch innere Wärmeübertragung vom Regenerator an das Arbeitsgas. Dieses Gas erwärmt sich dabei und der Regenerator kühlt ab.

$3 \rightarrow 4$ Isotherme Kompression auf oberem Temperaturniveau bei gleichzeitiger Wärmeabgabe an die Umgebung.

$4 \rightarrow 1$ Isochore Druckabnahme durch innere Wärmeübertragung vom Arbeitsgas an den Regenerator. Das Gas kühlt dabei ab und der Regenerator wird erhitzt.

Die Nutzkälte $Q_{zu,12}$ entspricht der Fläche unter der Zustandsänderung von 1 nach 2. Die Kreisprozessarbeit W_{KP} ist als Antriebsenergie zuzuführen und entspricht der von den Zustandsänderungen umschlossenen Fläche 1-2-3-4 im p,V- und T,s-Diagramm. Sie kann mithilfe von Gl. (8.25) berechnet werden.

Die Leistungszahl der idealen *Stirling*kältemaschine ergibt sich analog der Vorgehensweise im Kapitel **8.2.1** zu:

$$\varepsilon_K = \frac{Q_{zu,12}}{W_{KP}} = \frac{Q_{zu,12}}{|Q_{ab,34}| - Q_{zu,12}} = \frac{T_1}{T_3 - T_1} \qquad (8.29)$$

8.3   Gasturbinen- und Triebwerkprozesse

8.3.1   Anwendungen

Die ersten Gasturbinen hatten sehr schlechte Wirkungsgrade, produzierten viel Lärm und wurden als „heulende Öfen" verspottet. Die ersten stationären Gasturbinen der Fa. BBC (Schweiz) hatten 14 MW Leistung, aber die Wirkungsgrade lagen unter 20 %. Traurig, aber wahr: Erst die Entwicklung der Strahltriebwerke im 2. Weltkrieg brachte wesentliche Verbesserungen.

Heute kommen Gasturbinen in stationären Anlagen oder instationär als Antrieb von Fahrzeugen zur Anwendung. In stationären Anlagen dienen sie der Stromerzeugung und als mechanischer Antrieb z. B. von Pipeline-Kompressoren. Wegen ihrer kompakten Bauweise und ihres günstigen Leistung-Gewicht-Verhältnisses werden mobile Gasturbinen als Triebwerke für Flugzeuge eingesetzt. Die Gasturbine konnte sich bei Personen- und Lastwagen nicht gegen Verbrennungsmotoren durchsetzen, da sie sich im praktischen Fahrbetrieb nicht bewährten. Dieses gilt auch für den Schiffsantrieb, bei dem der *Diesel*motor nach wie vor dominiert (Ausnahme Marineschiffe).

Gasturbinen können mit offenem oder geschlossenem Kreislauf ausgeführt bzw. betrieben werden. Die in Abb. 8.10a dargestellte *offene Gasturbine* besteht aus den Hauptelementen Verdichter, Brennkammer und Turbine. Der Verdichter saugt Luft bei Umgebungsbedingungen an und verdichtet sie auf einen höheren Druck. Moderne, ortsfeste offene Gasturbinenanlagen werden für 20- bis 30fache Druckerhöhung in den Verdichtern ausgelegt, Flugtriebwerke bis zur 50fachen. In der Brennkammer erfolgen die Vermischung mit dem Brennstoff, der meist Erdgas oder Kerosin ist und die Verbrennung bei praktisch konstantem Druck. Die Temperatur steigt stark an. Die Warmfestigkeit der Materialien und die verwendete Kühltechnologie bestimmen die maximale Temperatur am Brennkammeraustritt bzw. am Turbineneintritt. Es können Temperaturen von 1500 °C erreicht werden. Das verdichtete Heißgas expandiert in der Turbine und gelangt in die Umgebung. Ein großer Teil der Turbinenleistung wird zum Antrieb des Verdichters benötigt, der Rest steht als Nutzleistung zur Verfügung.

Bei der geschlossenen Gasturbine (*Ackeret-Keller-Prozess*) in Abb. 8.10b erfolgt die Wärmezufuhr aus einer externen Wärmequelle über einen Wärmeübertrager. Das Arbeitsmittel kühlt man in einem weiteren Wärmeübertrager auf die Ausgangstemperatur ab, bevor es dem Verdichter wieder zugeleitet wird.

Bei der geschlossenen Gasturbine durchläuft das Arbeitsmittel, das im Allgemeinen keine chemische Veränderung erfährt, einen reinen Kreisprozess. Wegen der Verbrennung ist dies bei der offenen Gasturbine nicht der Fall. Da jedoch die Atmosphäre ein großes Reservoir ist und sich ihre Zusammensetzung trotz Belastung durch Abgase nicht ändert, steht dem Verdichter stets Frischluft zur Verfügung.

Verdichter, Brennkammer und Turbine sind Elemente mit stationärer Strömung. Man nennt sie im Gegensatz zu intermittierend arbeitenden Kolbenmaschinen Strömungsmaschinen.

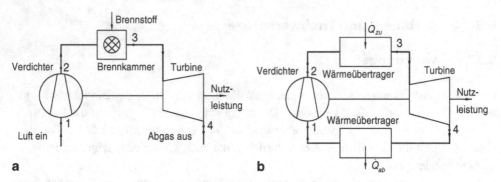

a   **b**

Abb. 8.10 Prozessschemata (**a**), offener und (**b**), geschlossener Gasturbinenanlagen

Die idealisierte Prozessanalyse erfolgt mit denselben Vereinfachungen wie bei Verbrennungsmotoren. Der ideale Vergleichsprozess ist der *Jouleprozess*.

8.3.2   *Jouleprozess*

Abbildung 8.11 zeigt den Prozessverlauf im *T,s*-Diagramm. Die Teilprozesse sind:

$1 \rightarrow 2$ isentrope Verdichtung im Verdichter
$2 \rightarrow 3$ isobare Wärmezufuhr
$3 \rightarrow 4$ isentrope Expansion in der Turbine
$4 \rightarrow 1$ isobare Wärmeabfuhr.

Abb. 8.11 *Joule*prozess im
T,s-Diagramm

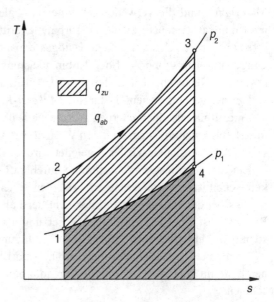

Die Druckänderungsarbeiten und transferierten Wärmen können unter Vernachlässigung der kinetischen Energien mit dem ersten Hauptsatz für das offene System im stationären Betrieb bestimmt werden.

Die bei der isentropen Verdichtung und Expansion geleisteten Druckänderungsarbeiten sind:

$$w_{p12} = h_2 - h_1 = \bar{c}_p \Big|_{\vartheta_1}^{\vartheta_2} \cdot (T_2 - T_1) \tag{8.30}$$

$$w_{p34} = h_4 - h_3 = \bar{c}_p \Big|_{\vartheta_4}^{\vartheta_3} \cdot (T_4 - T_3) \tag{8.31}$$

Für die isobare zu- bzw. abgeführte spezifische Wärme erhält man:

$$q_{zu} = q_{23} = h_3 - h_2 = \bar{c}_p \Big|_{\vartheta_2}^{\vartheta_3} \cdot (T_3 - T_2) \tag{8.32}$$

$$q_{ab} = q_{41} = h_1 - h_4 = c_p \Big|_{\vartheta_1}^{\vartheta_4} \cdot (T_1 - T_4) \tag{8.33}$$

Im T,s-Diagramm in Abb. 8.11 ist die schraffierte Fläche die spezifische zugeführte Wärme, die graue die spezifische abgeführte Wärme. Die von den Prozesslinien eingeschlossene Fläche entspricht der spezifischen Kreisprozessarbeit.

Der thermische Wirkungsgrad ist:

$$\eta_{th} = 1 - \frac{|q_{ab}|}{q_{zu}} = 1 - \frac{h_4 - h_1}{h_3 - h_2}$$

Mit der Annahme des perfekten Gases (c_p = konst.) ergibt sich:

$$\eta_{th} = 1 - \frac{T_4 - T_1}{T_3 - T_2} \tag{8.34}$$

Nun wird das Druckverhältnis π als charakteristische Größe des Gasturbinenprozesses eingeführt.

$$\pi = p_2 / p_1 = p_3 / p_4 \tag{8.35}$$

Die Temperaturänderungen bei isentropen Zustandsänderungen lassen sich mit Gl. (4.60) bestimmen.

$$T_2 = T_1 \cdot \left(\frac{p_2}{p_1} \right)^{\frac{\kappa - 1}{\kappa}} = T_1 \cdot \pi^{\frac{\kappa - 1}{\kappa}} \tag{8.36}$$

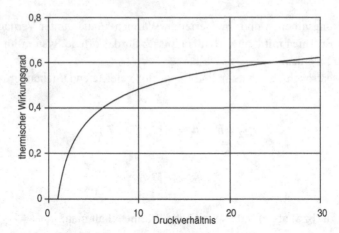

Abb. 8.12 Thermischer Wirkungsgrad des *Joule*prozesses bei $\kappa = 1{,}4$

$$T_4 = T_3 \cdot \left(\frac{p_3}{p_4}\right)^{\frac{\kappa-1}{\kappa}} = T_3 \cdot \pi^{\frac{1-\kappa}{\kappa}} \tag{8.37}$$

Mit diesen Beziehungen erhalten wir aus Gl. (8.26) (vgl. Abb. 8.12):

$$\eta_{th} = 1 - \frac{T_3 \cdot \pi^{\frac{1-\kappa}{\kappa}} - T_1}{T_3 - T_1 \cdot \pi^{\frac{\kappa-1}{\kappa}}} = 1 - \frac{T_3 - T_1 \cdot \pi^{\frac{\kappa-1}{\kappa}}}{T_3 - T_1 \cdot \pi^{\frac{\kappa-1}{\kappa}}} \cdot \pi^{\frac{1-\kappa}{\kappa}} = 1 - \left(\frac{p_1}{p_2}\right)^{\frac{\kappa-1}{\kappa}} \tag{8.38}$$

> Beim idealen *Joule*prozess hängt der thermische Wirkungsgrad nur vom Druckverhältnis ab.

Um hohe Wirkungsgrade zu erreichen, müsste das Druckverhältnis möglichst hoch gewählt werden. Wie man leicht zeigen kann, geht die Erhöhung des Druckverhältnisses ab einem bestimmten Wert auf Kosten der spezifischen Prozessarbeit. Die Temperatur T_3 ist durch die Werkstoffe begrenzt. Verdichtete man so, dass die maximale Temperatur erreicht würde, könnte man keine Wärme mehr zuführen, die Prozessarbeit wäre null. Abbildung 8.13 zeigt die Abhängigkeit der spezifischen Arbeit vom Verdichtungsverhältnis bei einer gegebenen maximalen Temperatur T_3.

Zwischen den Prozessen A und C liegt Prozess B, der mit den gegebenen Temperaturen T_1 und T_3 gegenüber den Prozessen A und C eine größere spezifische Prozessarbeit aufweist. Von den drei dargestellten Prozessen hat A den höchsten thermischen Wirkungsgrad, weil das Verdichtungsverhältnis am größten ist. Prozess C weist den geringsten thermischen Wirkungsgrad auf. Es gilt nun zu ermitteln, bei welchem Druckverhältnis die größte

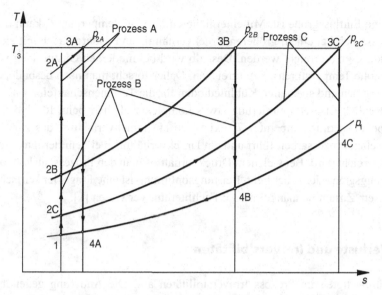

Abb. 8.13 *Joule*prozesse mit verschiedenen Enddrücken bei Maximaltemperatur

spezifische Prozessarbeit verrichtet werden kann. Mit den Gln. (8.30), (8.31), (8.36) und (8.37) erhalten wir für die spezifische Druckänderungsarbeit des Kreisprozesses:

$$w_{pKP} = w_{p12} + w_{p34} = c_p \cdot \left[T_1 \cdot \left(\pi^{\frac{\kappa-1}{\kappa}} - 1 \right) + T_3 \cdot \left(\pi^{\frac{1-\kappa}{\kappa}} - 1 \right) \right] \qquad (8.39)$$

Um zu ermitteln, bei welchem Druckverhältnis maximale Arbeit erzielt wird, leiten wir die spezifische Arbeit nach dem Druckverhältnis ab und setzen das Ergebnis gleich null.

$$\frac{dw_{pKP}}{d\pi} = c_p \cdot \left[T_1 \cdot \frac{\kappa-1}{\kappa} \cdot \pi^{\frac{-1}{\kappa}} - T_3 \cdot \frac{\kappa-1}{\kappa} \cdot \pi^{\frac{1-2\cdot\kappa}{\kappa}} \right] = 0$$

Nach π aufgelöst, erhält man:

$$\pi = \left(\frac{T_3}{T_1} \right)^{\frac{\kappa}{2\cdot(\kappa-1)}} \qquad (8.40)$$

Das Ergebnis zeigt, dass beim Gasturbinenprozess neben dem Druckverhältnis das *Temperaturverhältnis*

$$\tau = T_3 / T_1 \qquad (8.41)$$

eine wichtige Einflussgröße ist. Mit einer höheren Maximaltemperatur T_3 kann die maximale Prozessarbeit bei einem größeren Druckverhältnis und dadurch auch mit einem höheren Wirkungsgrad erreicht werden. Deshalb wird bei modernen Gasturbinen versucht, möglichst hohe Temperaturen T_3 zu erreichen. Daher forscht man nach besonders warmfesten Materialien und speziellen Kühlmethoden für die Turbinenschaufeln.

In der Realität ist die Optimierung etwas komplexer als hier beim Idealprozess. Für eine gegebene Maximaltemperatur T_3 existieren ein Druckverhältnis, das zur maximalen spezifischen Prozessarbeit führt und ein Druckverhältnis, bei dem der maximale Wirkungsgrad erreicht wird. Bei welchem Druckverhältnis man den Prozess auslegt, ob näher beim Wirkungsgrad oder näher beim Leistungsoptimum, ist eine Frage der Wirtschaftlichkeit. In diesem Zusammenhang wird auf Fachliteratur verwiesen [1].

8.3.3   Verluste und Irreversibilitäten

In der Realität treten im Prozess Irreversibilitäten auf. Die Änderung gegenüber dem Idealprozess hat zwei Ursachen:

- Die Reibungsverluste bei der Strömung im Verdichter und in der Turbine verursachen bei der jeweiligen Zustandsänderung eine Entropieproduktion.
- Bei der Zuströmung zum Verdichter, in der Brennkammer und im Abgaskamin der Turbine treten Druckverluste auf. Dadurch wird die notwendige Verdichtung erhöht und das nutzbare Druckverhältnis der Turbine verringert.

Gegenüber dem Idealfall führen beide o. a. Ursachen zu einer Verminderung der spezifischen Prozessarbeit und des inneren Wirkungsgrades.

Abbildung 8.14 zeigt einen realen Gasturbinenprozess. Bei der Zuströmung wird der Druck vom Prozesspunkt 0 zu 1 gesenkt. Die anschließende adiabate Verdichtung erfolgt mit Dissipation, was aus der Entropiezunahme ersichtlich ist. In der Brennkammer wird der Druck durch Dissipation gesenkt. Die adiabate Expansion erfolgt wieder mit Entropiezunahme. Am Austritt der Turbine ist der Druck höher als im Abgaskamin.

Bei genauer Berechnung der Gasturbine müssen alle diese Effekte berücksichtigt werden. Die dissipativen Vorgänge in der Turbine und im Verdichter sind im Vergleich zu den Reibungsverlusten in der Brennkammer und in der Zu- bzw. Abströmung dominant. In den folgenden Berechnungen werden deshalb nur diese berücksichtigt. Sie sind durch den isentropen Wirkungsgrad charakterisiert. Für den Verdichter gilt:

$$\eta_{iV} = \frac{h_{2s} - h_1}{h_2 - h_1} = \frac{T_{2s} - T_1}{T_2 - T_1} \tag{8.42}$$

Abb. 8.14 Realer Gasturbinenprozess

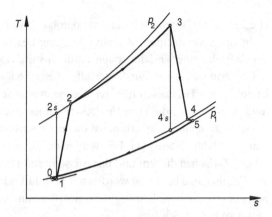

Für die Turbine erhält man:

$$\eta_{iT} = \frac{h_4 - h_3}{h_{4s} - h_3} = \frac{T_4 - T_3}{T_{4s} - T_3} \qquad (8.43)$$

Für die Kreisprozessarbeit ergibt sich damit:

$$w_{pKP} = \left[c_p \cdot T_1 \cdot \left(\pi^{\frac{\kappa-1}{\kappa}} - 1 \right) \cdot \frac{1}{\eta_{iV}} + c_p \cdot T_3 \cdot \left(\pi^{\frac{1-\kappa}{\kappa}} - 1 \right) \cdot \eta_{iT} \right] \qquad (8.44)$$

Der thermische Wirkungsgrad berechnet sich zu:

$$\eta_{th} = \frac{|w_{pKP}|}{q_{23}} = \frac{-\left[T_1 \cdot \left(\pi^{\frac{\kappa-1}{\kappa}} - 1 \right) \cdot \frac{1}{\eta_{iV}} + T_3 \cdot \left(\pi^{\frac{1-\kappa}{\kappa}} - 1 \right) \cdot \eta_{iT} \right]}{T_3 - T_1 \cdot \left(\pi^{\frac{\kappa-1}{\kappa}} - 1 \right) \cdot \frac{1}{\eta_{iV}} - T_1} \qquad (8.45)$$

Bei der Prozessberechnung muss im offenen Kreislauf die Änderung des Massenstromes durch den zugeführten Brennstoff und die Änderung der Zusammensetzung des Brenngases berücksichtigt werden. Dazu sind Kenntnisse der Verbrennung, die im Kap. 11 behandelt wird, notwendig.

Nach der Brennkammer erhöht sich der Massenstrom durch die Brennstoffzufuhr folgendermaßen:

$$\dot{m}_3 = \dot{m}_1 + \dot{m}_{Br} = \dot{m}_1 \cdot \left(1 + \frac{\dot{m}_{Br}}{\dot{m}_1} \right) \qquad (8.46)$$

Die Erhöhung ist relativ gering, sie beträgt 2 bis 4 % des angesaugten Luftmassenstromes.

In der vereinfachten Modellvorstellung des Gasturbinenprozesses blieb die Kühlung der Brennkammer und der ersten Turbinenstufen unberücksichtigt. Heutige hochwarmfeste Legierungen lassen nur Materialtemperaturen von 900 bis 950 °C zu. Deshalb müssen Bauteile, die Heißgasen höherer Temperatur ausgesetzt sind, gekühlt werden. Zur Kühlung werden Luft, die dem Verdichter entnommen wird, oder Dampf verwendet. Bei der Konstruktion einer Gasturbine ist die anspruchsvollste Aufgabe des Ingenieurs die Auslegung des Kühlsystems [1]. Die Wände der Brennkammer sind mit einem Hitzeschild versehen. Zwischen diesem und der Aussenwand strömt Kühlluft. Die ersten Schaufelreihen der Turbine sind hohl und werden mit Kühlluft oder Dampf durchströmt. Bei der Prozessberechnung sind die Kühlluftmassenströme und deren Mischung mit den Verbrennungsgasen zu berücksichtigen.

Beispiel 8.3: Einfluss des Druckverhältnisses beim *Joule*prozess
Der *Joule*prozess ist als offener Prozess mit Luft konstanter Stoffwerte auf den Einfluss des Druckverhältnisses zu untersuchen. Der Verdichter hat einen inneren Wirkungsgrad von 0,88, die Turbine den von 0,90. Druckverluste in den Strömungskanälen und der Brennkammer können vernachlässigt werden. Die Eintrittstemperatur der Luft beträgt 15 °C, die Temperatur nach der Brennkammer 1300 °C.
Die Luft wird mit konstanten Stoffwerten ($\kappa = 1,3761$) gerechnet.
Zu bestimmen sind:

a) das Druckverhältnis für eine maximale spezifische Prozessarbeit
b) der Wirkungsgrad und die spezifische Prozessarbeit in Abhängigkeit des Druckverhältnisses.

Lösung
Schema Siehe Skizze

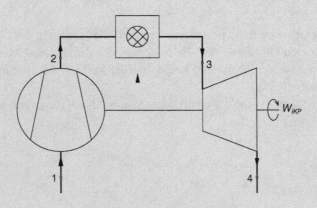

Annahmen
- Mit Ausnahme der Turbine und des Verdichters ist der Prozess reibungsfrei.
- Im Verdichter und in der Turbine ist der Prozess adiabat.
- Die Temperaturabhängigkeit der Stoffwerte der Luft wird vernachlässigt.
- Die Änderung des Massenstromes in der Brennkammer wird vernachlässigt.

Analyse

a) Die höchste Leistung wird bei maximaler spezifischer Arbeit erreicht. Sie kann mit Gl. (8.44) bestimmt werden.

$$w_{pKP} = \left[c_p \cdot T_1 \cdot \left(\pi^{\frac{\kappa-1}{\kappa}} - 1 \right) \cdot \frac{1}{\eta_{iV}} + c_p \cdot T_3 \cdot \left(\pi^{\frac{1-\kappa}{\kappa}} - 1 \right) \cdot \eta_{iT} \right]$$

Man erhält die maximale spezifische Arbeit, wenn die Gleichung nach π abgeleitet und gleich null gesetzt wird. Einfacher ist es, den Ausdruck $\pi^{(\kappa-1)/\kappa}$ als Größe x zu verwenden, die Gleichung nach x abzuleiten und gleich null zu setzen.

$$\frac{dw_{iKP}}{dx} = \frac{d}{dx}\left(T_1 \cdot (x-1)/\eta_{iV} + T_3 \cdot \left(\frac{1}{x}-1\right) \cdot \eta_{iT} \right) = \frac{T_1}{\eta_{iV}} - \frac{T_3 \cdot \eta_{iT}}{x^2} = 0$$

Für x bzw. das Druckverhältnis erhält man:

$$x - \pi^{\frac{\kappa_m-1}{\kappa_m}} = \sqrt{\frac{T_3}{T_1} \cdot \eta_{iV} \cdot \eta_{iT}} \quad \pi = \left(\frac{T_3}{T_1} \cdot \eta_{iV} \cdot \eta_{iT} \right)^{\frac{\kappa_m}{2 \cdot (\kappa_m - 1)}}$$

Die Zahlenwerte eingesetzt, ergeben das Druckverhältnis für die maximale Leistung:

$$\pi = \left(\frac{1573,15}{288,15} \cdot 0,88 \cdot 0,90 \right)^{\frac{1,3761}{2 \cdot (1,3761 - 1)}} = \mathbf{14,56}$$

b) Nach Gl. (8.45) ist der Wirkungsgrad des Prozesses:

$$\eta_{th} = \frac{|w_{pKP}|}{q_{23}} = \frac{-\left[T_1 \cdot \left(\pi^{\frac{\kappa-1}{\kappa}} - 1 \right) \cdot \frac{1}{\eta_{iV}} + T_3 \cdot \left(\pi^{\frac{1-\kappa}{\kappa}} - 1 \right) \cdot \eta_{iT} \right]}{T_3 - T_1 \cdot \left(\pi^{\frac{\kappa-1}{\kappa}} - 1 \right) \cdot \frac{1}{\eta_{iV}} - T_1}$$

Es ist sinnvoll, eine Darstellung zu wählen, die die spezifische Arbeit des Prozesses mit der maximal möglichen Arbeit vergleicht. Im nachstehenden Diagramm ist der thermische Wirkungsgrad η_{th}, der ideale Wirkungsgrad $\eta_{th,id}$ und das Verhältnis der spezifischen inneren Arbeit zur maximalen inneren Arbeit $\varphi = w_{iKP}/w_{iKPmax}$ über dem Druckverhältnis π aufgetragen.

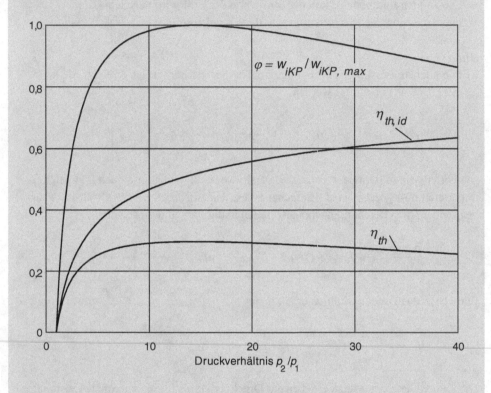

Diskussion

Aus dem Diagramm ist ersichtlich, dass im Gegensatz zum isentropen Wirkungsgrad $\eta_{th,\,id}$ der reale Wirkungsgrad η_{th} einen maximalen Wert hat, der in diesem Beispiel bei einem Druckverhältnis von ca. 15 liegt. Berücksichtigte man die Änderung der Stoffdaten und des Massenstromes, läge das Maximum des Wirkungsgrades bei einem kleineren Druckverhältnis. Die Kurve des Verhältnisses der inneren Arbeit zur maximalen inneren Arbeit ist wie die des realen thermischen Wirkungsgrades im Bereich des Druckverhältnisses von 10 bis 25 relativ flach. Damit kann eine Gasturbine mit möglichst hoher spezifischer Leistung nahe des maximalen Wirkungsgrades ausgelegt werden.

8.3.4   Verbesserung des Wirkungsgrades

8.3.4.1   Regenerativer Wärmeaustausch
Bei Gasturbinenprozessen sind die Abgastemperaturen T_4 (Abb. 8.14) wesentlich höher als die der Umgebung. In modernen Anlagen liegen die Werte im Bereich von 500 bis 600 °C. Das Abgas hat somit noch eine hohe Arbeitsfähigkeit. Diese geht verloren, wenn man sie ungenutzt an die Atmosphäre abgibt. Für die Abwärmenutzung in einem Wärmekraftprozess bietet sich der *regenerative Wärmeaustausch* im gleichen Prozess an.

Abbildung 8.15 zeigt das Schema des Gasturbinenprozesses mit regenerativem Wärmetransfer, Abb. 8.16 den zugehörigen Prozess im T,s-Diagramm.

Das Abgas mit Zustand 4 wird in den *Rekuperator* (auch *Regenerator* genannt) geleitet und erwärmt im Gegenstrom den eintretenden Luftstrom aus dem Verdichter. Das Abgas kühlt sich dabei auf die Temperatur $T_{4'}$ ab, während der Luftstrom auf die Temperatur $T_{2'}$ erwärmt wird. Im dargestellten idealen Fall erfolgt die Abkühlung auf die gleiche Temperatur wie die der Luft nach der Verdichtung. Ebenso erreicht die erwärmte Luft die gleiche

Abb. 8.15 Schaltschema des Gasturbinenprozesses mit regenerativem Wärmetransfer

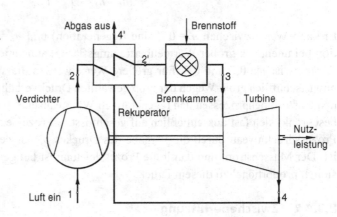

Abb. 8.16 Idealer regenerativer Gasturbinenprozess im T,s-Diagramm

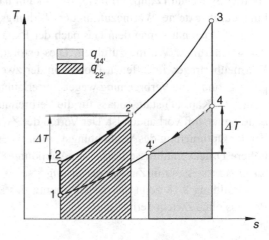

Temperatur wie das Gas am Turbinenaustritt. Geht man vom Idealfall des reinen Luftprozesses mit vollkommenem Gas (c_p=konst.) aus, ist die Temperaturänderung ΔT beider Massenströme identisch. Da die Isobaren kongruent sind, ist der Betrag der abgegebenen spezifischen Wärme $q_{44'}$ gleich groß wie die durch den Luftstrom aufgenommene spezifische Wärme $q_{22'}$.

Durch Regeneration bleibt beim Idealprozess die spezifische Prozessarbeit unverändert. Im Vergleich zum Prozess ohne regenerativen Wärmetransfer ist die spezifische zugeführte Wärme $q_{2'3}$ durch die Regeneration verringert. Daraus ergibt sich eine wesentliche Erhöhung des thermischen Wirkungsgrades. Der regenerative innere Wärmetransfer ist aber nur dann möglich, wenn die Temperatur T_4 größer als T_2 ist. Dies ist bei gegebenem Temperaturverhältnis nur bei kleinen Druckverhältnissen $\pi = p_2/p_1$ der Fall.

Zur Charakterisierung der Wirksamkeit des Rekuperators dient der *Regenerationsgrad* (regenerator effectiveness).

$$\eta_R = \frac{h_{2'} - h_2}{h_4 - h_2} \approx \frac{T_{2'} - T_2}{T_4 - T_2} \tag{8.47}$$

Er kann Werte zwischen $\eta_R = 0$ (keine Regeneration) und $\eta_R = 1$ (vollständige Regeneration bei unendlich großer Wärmeübertragungsfläche) annehmen. In der Praxis liegen die Werte zwischen 0,7 und 0,8. Für größere Werte werden die Wärmeübertragungsflächen unwirtschaftlich groß. Wegen der groß gewählten Druckverhältnisse wendet man bei offenen Gasturbinenprozessen den regenerativen Wärmeaustausch nicht mehr an. Der Einsatz beschränkt sich fast ausschließlich auf geschlossene Prozesse. Deren Vorteil ist, dass das Prozessdruckniveau durch die Vorgabe des Druckes p_1 vor dem Verdichter frei wählbar ist. Der Massenstrom und damit die Prozessleistung ist bei gegebenen Maschinendimensionen proportional zu diesem Druck.

8.3.4.2   Zwischenerhitzung

Ähnlich wie beim Dampfturbinenprozess kann nach Teilexpansion des Gases in der Turbine durch externe Wärmezufuhr der Wirkungsgrad des Gasturbinenprozesses erhöht werden. Dazu muss man dem Gas nach der Expansion in der ersten Teilturbine in einem Zwischenerhitzer Wärme zuführen. Dies erfolgt beim geschlossenen Prozess in einem Wärmeübertrager, im offenen Prozess in der zweiten Brennkammer. Beim Gasturbinenprozess findet die Verbrennung wegen der erlaubten Maximaltemperaturen mit Luftüberschuss (s. Kap. 11) statt, sodass für die Verbrennung in der zweiten Brennkammer genügend Sauerstoff vorhanden ist. Der Vorteil der Zwischenerhitzung besteht darin, dass man bei der Optimierung des Verdichtungsverhältnisses bezüglich Wirkungsgrad und Leistung höhere Druckverhältnisse bekommt. Abbildung 8.17 zeigt das Schema des offenen Gasturbinenprozesses mit *Zwischenerhitzung*.

Abbildung 8.18 zeigt das T,s-Diagramm des Prozesses und vergleicht ihn mit einem Prozess ohne Zwischenerhitzung.

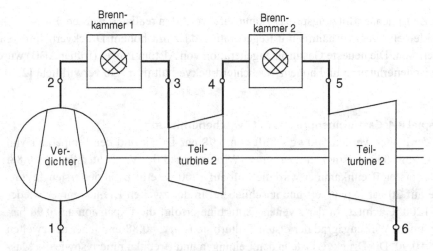

Abb. 8.17 Schema des Gasturbinenprozesses mit Zwischenerhitzung

Abb. 8.18 T,s-Diagramm
des Prozesses mit und ohne
Zwischenerhitzung

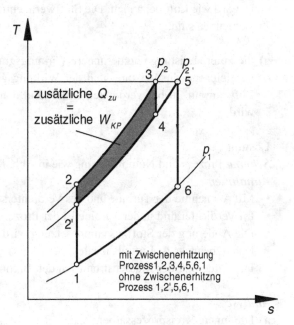

Beim Prozess ohne Zwischenerhitzung wird auf den Druck $p_{2'}$ verdichtet und zum
Punkt 5 auf die gleiche Temperatur wie beim Prozess mit Zwischenerhitzer erwärmt. Ab
Punkt 5 verlaufen beide Prozesse identisch. Durch die Zwischenerhitzung wird dem Prozess mehr Wärme, die im Bild durch die graue Fläche dargestellt ist, zugeführt. Diese
zusätzlich zugeführte Wärme ist genau so groß wie die zusätzlich gewonnene Arbeit. So
verbessert sich der Wirkungsgrad.

Der Zwischenüberhitzungsprozess kann auf zwei Arten realisiert werden: Entweder bei einem kleinen Druckverhältnis mit Regeneration oder mit hohem Druckverhältnis ohne Regeneration. Die neueste Gasturbinengeneration von Alstom Power (früher ABB) wurde mit Zwischenerhitzung und hohem Verdichterdruckverhältnis $\pi = 30$ verwirklicht [2, 3].

Beispiel 8.4: Gasturbinenprozess mit Zwischenerhitzung

Im Verdichter werden 500 kg/s Luft von 0,98 bar Druck und der Temperatur von 15 °C auf 30 bar verdichtet. Der innere Wirkungsgrad des Verdichters ist $\eta_{iV} = 0{,}88$. In der ersten Brennkammer wird die Luft auf 1200 °C erhitzt, in der ersten Teilturbine auf 20 bar expandiert und anschließend in der zweiten Brennkammer wieder auf 1200 °C erhitzt. In der zweiten Teilturbine erfolgt die Expansion auf 0,98 bar. Der innere Wirkungsgrad der ersten Teilturbine ist $\eta_{iT1} = 0{,}88$ und jener der zweiten $\eta_{iT2} = 0{,}90$. Die Druckverluste in den Leitungen und Brennkammern sowie die Massenstromänderungen kann man vernachlässigen. Das Brenngas aus den Brennkammern wird wie Luft behandelt. Die Stoffwerte entnimmt man Tabelle A.7.1.

Zu berechnen sind:

a) die innere Leistung und der innere Wirkungsgrad des Prozesses

b) vergleichend die Leistung und der Wirkungsgrad eines Prozesses, in dem die Luft nur auf 20 bar verdichtet, erhitzt und dann direkt auf 0,98 bar expandiert wird.

Lösung

Schema Prozess und Nummerierung wie in Abb. 8.17

Annahmen

• Mit Ausnahme der Turbine und des Verdichters ist der Prozess reibungsfrei.
• Im Verdichter und in der Turbine ist der Prozess adiabat.
• Die Änderung der Stoffzusammensetzung wird vernachlässigt.
• Das Arbeitsgas ist Luft als ideales Gas.
• Die Änderung des Massenstromes in den Brennkammern wird vernachlässigt.

Analyse

a) Die innere Kreisprozessarbeit ist:

$$w_{iKP} = w_{i12} + w_{i34} + w_{i56} = h(\vartheta_2) - h(\vartheta_1) + h(\vartheta_4) - h(\vartheta_3) + h(\vartheta_6) - h(\vartheta_5)$$

Die Temperaturen ϑ_1, ϑ_3 und ϑ_5 sind gegeben, ϑ_2, ϑ_4 und ϑ_6 müssen berechnet werden. Zu ihrer Bestimmung ermittelt man zunächst die isentrope Temperaturänderung und dann mit dem inneren Wirkungsgrad die Temperatur. Die Entropie für die Temperaturen ϑ_1, ϑ_3 und ϑ_5 berechnet sich als:

$$s(\vartheta, p) = s_0(\vartheta) - R \cdot \ln(p / p_0)$$

Bei der isentropen Zustandsänderung gilt für die Entropie:

$$s_0(\vartheta_{2s}) = s_0(\vartheta_1) + R \cdot \ln(p_2 / p_1)$$

Die Temperaturen der isentropen Zustandsänderung werden durch inverse Interpolation aus Tabelle A.7.1 ermittelt. Die Temperaturen der reibungsbehafteten Zustandsänderungen sind:

$$\vartheta_2 = \vartheta_1 + (\vartheta_{2s} - \vartheta_1) / \eta_{iV}$$

$$\vartheta_6 = \vartheta_5 + (\vartheta_{6s} - \vartheta_5) \cdot \eta_{iT2}$$

$$\vartheta_6 = \vartheta_5 + (\vartheta_{6s} - \vartheta_5) \cdot \eta_{iT2}$$

Die ermittelten Werte tabellarisch:

	ϑ_s	ϑ	P	$s_0(\vartheta)$	$c_{pm}(\vartheta)$	$h(\vartheta)$
	°C	°C	bar	kJ/(kg K)	kJ/(kg K)	kJ/kg
1		15,0	0,98	0,2156	1,0041	15,06
2	473,9	536,5	30,00	1,2859	1,0429	559,76
3		1200,0	30,00	1,9978	1,1087	1330,43
4	1 063,9	1080,2	20,00	1,8759	1,0984	1186,48
5		1200,0	20,00	1,9998	1,0087	1330,43
6	417,1	495,4	0,98	1,2282	1,0384	514,45
2'	397,4	449,5	20,00	1,1620	1,0336	464,86

Damit erhält man für die innere Kreisprozessarbeit:

$$w_{tKP} = -415,43 \text{ kJ/kg}$$

Die Leistung des Prozesses ist:

$$P_{GT} = \dot{m} \cdot w_{tKP} = -207,7 \text{ MW}$$

Bei den Zustandsänderungen von 2 nach 3 und von 4 nach 5 wird folgender zusammengefasster Wärmestrom zugeführt:

$$\dot{Q}_{zu} = \dot{m} \cdot (h_3 - h_2 + h_5 - h_4) = 457,3 \text{ MW}$$

Für den Wirkungsgrad des Prozesses erhält man: $\eta_{th} = |P_t| / \dot{Q}_{zu} = 0,454$

b) Erfolgt die Verdichtung auf 20 bar und die Expansion direkt auf 0,98 bar, entsprechen die Prozesspunkte im Diagramm den Punkten 2′, 5 und 8. Die errechneten Werte für Punkt 2′ sind in der Tabelle bereits eingetragen. Mit den tabellierten Werten erhalten wir für die innere Kreisprozessarbeit:

$$P_{GT} = \dot{m} \cdot (w_{i12'} + w_{i56}) = \dot{m} \cdot (h_{2'} - h_1 + h_6 - h_5) = 183,2 \text{ MW}$$

Der zugeführte Wärmestrom beträgt:

$$\dot{Q}_{zu} = \dot{m} \cdot (h_3 - h_{2'}) = 432,8 \text{ MW}$$

Damit ist der Wirkungsgrad des Prozesses: $\eta_{th} = |P_i| / \dot{Q}_{zu} = 0,423$

Diskussion

Der Vergleich zeigt, dass durch Zwischenüberhitzung die Leistung des Prozesses um 24,6 MW vergrößert wird. Der für die Zwischenüberhitzung notwendige Wärmestrom beträgt ebenfalls 24,6 MW. Dies bedeutet, dass der gesamte zusätzliche Wärmestrom in mechanische Leistung umgewandelt wird.

8.3.4.3 Zwischenkühlung bei der Verdichtung

Zur Erhöhung der spezifischen Prozessarbeit, nicht aber zur Erhöhung des inneren Wirkungsgrades, bietet sich die Zwischenkühlung bei der Verdichtung an. Aus wirtschaftlichen und betrieblichen Gründen wird sie bei Gasturbinen selten angewendet. Bei Kompressoren nutzt man die Zwischenkühlung häufig zur Verringerung der spezifischen Druckänderungsarbeit. Abbildung 8.19 zeigt den Zwischenkühlungsprozess.

Abbildung 8.20 zeigt einen Prozess mit zweistufiger Verdichtung und einmaliger *Zwischenkühlung* im *p,v*- und *T,s*-Diagramm. Wegen der einfacheren rechnerischen Behand-

Abb. 8.19 Schaltschema der zweistufigen Verdichtung mit einmaliger Zwischenkühlung

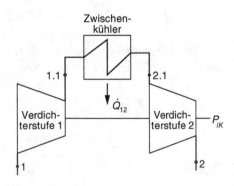

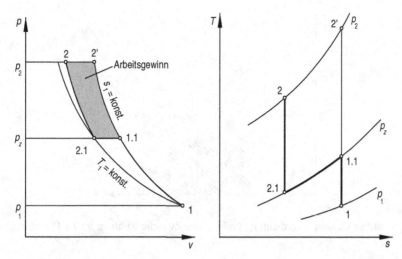

Abb. 8.20 Zweistufige Verdichtung mit Zwischenkühlung im p,v- und T,s-Diagramm

lung werden intern reversible Teilprozesse vorausgesetzt, d. h. isentrope Verdichtung in den Teilverdichtern und keine Druckabfälle in den Kühlern. Folgende Zustandsänderungen finden statt:

$1 \rightarrow 1.1$ isentrope Verdichtung, erste Stufe von p_1 nach p_z
$1.1 \rightarrow 2.1$ isobare Wärmeabfuhr beim Zwischendruck p_z
$2.1 \rightarrow 2$ isentrope Verdichtung, zweite Stufe von p_z nach p_2
$1 \rightarrow 2'$ isentrope Verdichtung ohne Zwischenkühlung

Die isentrope Verdichtungsarbeit ist die Druckänderungsarbeit, sie wird im p,v-Diagramm durch eine Fläche dargestellt. In Abb. 8.15 entspricht

- die Fläche p_1-1-1.1-2.1-2-p_2-p_1 der Verdichtungsarbeit mit Zwischenkühlung
- die Fläche p_1-1-2'-p_2-p_1 der Verdichtungsarbeit ohne Zwischenkühlung
- die Differenzfläche 1.1-2.1-2-2'-1.1 dem Arbeitsgewinn infolge Zwischenkühlung.

Die Größe dieser Differenzfläche hängt von der Wahl der Rückkühltemperatur $T_{2.1}$ und vom Zwischendruck p_z ab. Bei der zweistufigen Verdichtung mit Zwischenkühlung auf die Ausgangstemperatur T_1 wird untersucht, wann die Verdichtungsarbeit minimal ist.

Nach dem ersten Hauptsatz und unter Berücksichtigung der isentropen Verdichtung ist die spezifische Druckänderungsarbeit:

$$w_{p12} = c_{pm} \cdot \left\{ T_1 \cdot \left[\left(\frac{p_z}{p_1} \right)^{\frac{\kappa-1}{\kappa}} - 1 \right] + T_1 \cdot \left[\left(\frac{p_2}{p_z} \right)^{\frac{\kappa-1}{\kappa}} - 1 \right] \right\} \qquad (8.48)$$

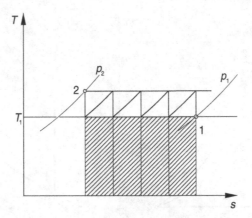

Abb. 8.21 n-stufige isentrope Verdichtung und isobare Zwischenkühlung im T,s-Diagramm

Um das Minimum zu ermitteln, leiten wir die spezifische Druckänderungsarbeit nach dem Druck p_z ab und setzen das Ergebnis gleich null. Für die Druckverhältnisse erhält man:

$$\frac{p_z}{p_1} = \frac{p_2}{p_z} \tag{8.49}$$

Bei zweistufiger Verdichtung mit Rückkühlung auf Anfangstemperatur muss die geringste Arbeit dann aufgewendet werden, wenn das Druckverhältnis in beiden Stufen gleich groß gewählt wird. Man könnte die Verdichtung in k-Stufen durchführen und nach jeder Stufe auf Anfangstemperatur zurückkühlen. Hier wäre die minimale Druckänderungsarbeit dann erreicht, wenn das Druckverhältnis in allen Stufen gleich groß ist:

$$\frac{p_2}{p_1} = \frac{p_3}{p_2} = \ldots \frac{p_k}{p_{k-1}} = k\sqrt{\frac{p_{k+1}}{p_1}} \tag{8.50}$$

Die geringste Kompressionsarbeit erhielte man bei isothermer Verdichtung. Diese entspricht im T,s-Diagramm in Abb. 8.21 der schraffierten Fläche, die durch die Isotherme $T_1 =$ konst. begrenzt wird. Die reversible isotherme Verdichtung erhält man als Grenzfall einer großen Zahl hintereinander geschalteter isentroper Verdichtungsschritte und isobarer Zwischenkühlungen auf Anfangstemperatur (Abb. 8.20).

Bei k-stufiger isentroper Verdichtung mit isobarer Rückkühlung auf Anfangstemperatur T_1 ist die zu leistende Druckänderungsarbeit:

$$w_{p12} = k \cdot c_{pm} \cdot T_1 \cdot \left[(p_2 / p_1)^{\frac{\kappa-1}{k \cdot \kappa}} - 1 \right]$$

Die bei der Zwischenkühlung abzuführende Wärme erhält man aus der Energiebilanzgleichung des Systems.

$$q_{12} + w_{p12} = h_2 - h_1 = c_{pm} \cdot (T_2 - T_1) = 0$$

Die spezifische abzuführende Wärme hat den gleichen Betrag wie die Druckänderungs-arbeit. Bei unendlich vielen Stufen geht die Temperaturerhöhung bei Verdichtung gegen null, d. h., die Verdichtung erfolgt isotherm. Die spezifische isotherme Druckänderungs-arbeit idealer Gases bei Verdichtung ist nach Gl. (3.15):

$$w_{p12} = \lim_{k \to \infty} k \cdot c_{pm} \cdot (p_2 / p_1)^{\frac{\kappa-1}{k \cdot \kappa}} = R \cdot T_1 \cdot \ln(p_2 / p_1)$$

Sie ist kleiner als die isentrope Verdichtungsarbeit. Bezogen auf den Gasturbinenprozess könnte die Arbeit des Verdichters durch isotherme Verdichtung verringert und so die Leis-tung des Prozesses vergrößert werden. Da die Temperatur nach der Verdichtung aber klei-ner wird, müsste entsprechend mehr Wärme zugeführt werden, der Wirkungsgrad wäre nicht verbessert.

Durch mehrstufige Zwischenerhitzung könnte man die Arbeit der Turbine vergrößern. Mit unendlich vielen Stufen wäre die isotherme Expansion erreicht. Die Arbeit der isother-men Expansion ist größer als jene bei der isentropen. Dabei wird die Temperatur des Ab-gases sehr hoch. Die spezifische Arbeit der isothermen Expansion erhält man analog als:

8.3.4.4   Ericssonprozess
Bei mehrstufiger Verdichtung mit Zwischenkühlung benötigt man weniger Arbeit und die Endtemperatur ist tiefer als beim isentropen Prozess. Bei mehrstufiger Expansion sind die geleistete Arbeit und Austrittstemperatur höher als beim isentropen Prozess. Die Wärme des Abgases kann intern an das verdichtete Gas transferiert werden. Abbildung 8.22 zeigt das Schaltbild des *Ericssonprozesses* mit k-stufiger Verdichtung und Expansion.

Der ideale *Ericsson*prozess besteht aus folgenden Zustandsänderungen:

* isentrope Verdichtung mit Zwischenkühlung
* vollständige Regeneration
* isentrope Expansion mit Zwischenerhitzung.

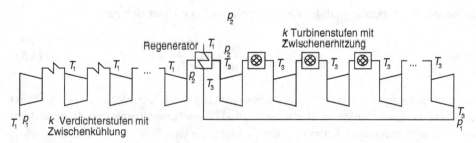

Abb. 8.22 k-stufiger *Ericsson*prozess

Abb. 8.23 *Ericsson*-Luftprozess im *T,s*-Diagramm

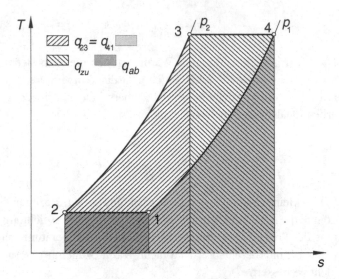

Bei unendlich vielen Stufen erfolgen die Verdichtung und Expansion jeweils isotherm. Diesen Idealprozess zeigt das *T,s*-Diagramm in Abb. 8.23.

Die einzelnen Teilprozesse sind:

$1 \rightarrow 2$ isotherme Verdichtung mit Wärmeabfuhr bei $T_1 = T_2$
$2 \rightarrow 3$ interne isobare Wärmezufuhr durch Regeneration vom Prozess $\dot{Q}_{41}$
$3 \rightarrow 4$ isotherme Expansion mit Wärmezufuhr bei $T_3 = T_4$
$4 \rightarrow 1$ isobare Wärmeabfuhr der Regeneration zum Prozess $\dot{Q}_{23}$

Die für den Wärmekraftprozess maßgebenden Wärmetransfers (Wärmezu- und Wärmeabfuhr) finden bei jeweils konstanter Temperatur statt. Die Regeneration ist ein reversibler interner Wärmetransfer, der in der Bilanz des Gesamtsystems nicht erscheint. Weil die Isobaren kongruent sind, hat die Entropieänderung bei der Wärmezufuhr von 2 nach 3 den gleichen Betrag wie jene bei der Wärmeabfuhr von 4 nach 1 und berechnet sich damit zu:

$$q_{zu} = T_3 \cdot (s_4 - s_3) = T_3 \cdot (s_1 - s_2) \, |q_{ab}| = T_1 \cdot (s_1 - s_2)$$

Der thermische Wirkungsgrad des *Ericsson*prozesses berechnet sich zu:

$$\eta_{th,Ericsson} = 1 - \frac{|q_{ab}|}{q_{zu}} = 1 - \frac{T_1}{T_3} \tag{8.51}$$

Dieser Wirkungsgrad entspricht dem *Carnot*-Wirkungsgrad. Der ideale *Ericsson*prozess zeigt, dass die Kombination idealer Regeneration, Zwischenerhitzung und Zwischenkühlung, zu thermodynamisch optimalen Wärmekraftprozessen führt. In der Praxis scheitert jedoch auch die nur näherungsweise Realisierung dieses Prozesses an den Irreversibilitäten, hervorgerufen durch Reibung und benötigte Temperaturdifferenzen beim Wärmetransfer.

8.4 Triebwerkprozess

Gasturbinen sind wegen ihres hohen Leistung-Gewicht-Verhältnisses besonders gut für den Flugzeugantrieb geeignet. Abbildung 8.24 zeigt die Hauptkomponenten eines *Turbostrahltriebwerks* und Abb. 8.25 den Idealprozess im T,s-Diagramm.

Während des Fluges tritt Luft mit der Fluggeschwindigkeit c_F im Zustand 1 (Atmosphäre) in das Triebwerk ein und wird im Diffusor verzögert. Verbunden damit ist eine Druckerhöhung $(1 \rightarrow 2)$.

Das Triebwerk besteht aus Verdichter, Brennkammer und Turbine und ist wie eine stationäre Gasturbine aufgebaut. Es produziert den austretenden Gasstrahl für den Antrieb. An der Welle des Triebwerks wird keine Arbeit nach außen abgegeben. Die von der Turbine geleistete Arbeit treibt den Verdichter an und erhöht die kinetische Energie des Gasstrahls.

Der statische Druck p_5 nach der Turbine liegt über dem Atmosphärendruck. Die Gase entspannen sich in der *Schubdüse* auf hohe Geschwindigkeit.

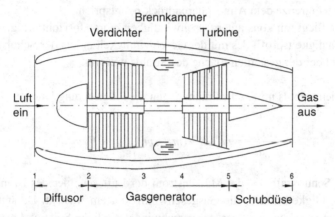

Abb. 8.24 Schematischer Aufbau eines Turbostrahltriebwerks

Abb. 8.25 Idealer Triebwerk-Luftprozess im T,s-Diagramm

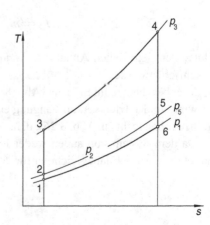

Abb. 8.26 Schema zur Analyse des Flugtriebwerks

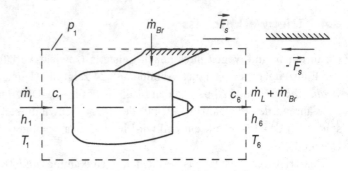

Der *Schub* des Triebwerks ergibt sich nach dem Impulssatz aus der Impulsdifferenz der mit hoher Geschwindigkeit austretenden Gase und des eintretenden Luftstromes. Die folgende Analyse gilt unter nachstehenden Annahmen:

- Das betrachtete System ist das in Abb. 8.26 dargestellte freigemachte Triebwerk. Die mit dem Triebwerk mitbewegte Systemgrenze ist so gelegt, dass der statische Druck längs der Systemgrenze dem Atmosphärendruck p_1 entspricht.
- Das Flugzeug fliegt mit konstanter Geschwindigkeit c_1 im Horizontalflug.
- Das Geschwindigkeitsprofil des mit der Geschwindigkeit c_6 aus der Schubdüse tretenden Gases ist über der gesamten Fläche des Strahls uniform.

Die Bilanz für den Impuls im Kontrollraum gegen die Flugrichtung lautet:

$$\frac{d\vec{I}_{KR}}{dt} = \dot{m}_L \cdot \vec{c}_1 - (\dot{m}_L + \dot{m}_{Br}) \cdot \vec{c}_6 + \vec{F}_s$$

Dabei ist $\vec{F}_s$ die Schubkraft, $\dot{m}_L$ der Massenstrom der Luft, $\dot{m}_{Br}$ der des Brennstoffes, c_1 die Fluggeschwindigkeit und c_6 die Gasgeschwindigkeit am Austritt. Da stationäre Zustandsänderungen vorausgesetzt werden, verschwindet die linke Seite und man erhält für die Schubkraft:

$$\vec{F}_s = (\dot{m}_L + \dot{m}_{Br}) \cdot \vec{c}_a - \dot{m}_L \cdot \vec{c}_F \tag{8.52}$$

Unter den getroffenen Annahmen kann die Impulsgleichung auch mit skalaren Größen geschrieben werden.

Man beachte die im Schema (Abb. 8.26) eingetragene Richtung des Schubkraftvektors. Er wirkt an der Triebwerkaufhängung entgegen der Flugrichtung. An der anderen Schnittgrenze (oben rechts in Abb. 8.26), d. h. am Flugzeug, wirkt die Schubkraft in Flugrichtung.

Da dem System von außen weder Leistung noch ein Wärmestrom zugeführt werden, lautet die Energiebilanzgleichung für den stationären Betrieb:

$$\dot{m}_L \cdot \left(h_1 + \frac{c_1^2}{2} \right) - (\dot{m}_L + \dot{m}_{Br}) \cdot \left(h_6 + \frac{c_6^2}{2} \right) + \dot{m}_{Br} \cdot \Delta h_u = 0 \qquad (8.53)$$

Die Wärmezufuhr in der Brennkammer erfolgt durch die Verbrennung und wird durch den Heizwert Δh_u (s. Kap. 11) des Brennstoffes berücksichtigt.

Es folgen einige Definitionen, die in der Triebwerkterminologie üblich sind. Die *kinetische Leistung* P_{kin} entspricht der Änderung der kinetischen Energieströme:

$$P_{kin} = (\dot{m}_L + \dot{m}_{Br}) \cdot \frac{c_6^2}{2} - \dot{m}_L \cdot \frac{c_1^2}{2} \qquad (8.54)$$

Physikalisch bedeutet sie die Zunahme der kinetischen Energie des Arbeitsmittelstromes im Triebwerk. Damit ergibt sich aus der Energiestrombilanz:

$$0 = -P_{kin} + \dot{m}_L \cdot h_1 - (\dot{m}_L + \dot{m}_{Br}) \cdot h_6 + \dot{m}_{Br} \cdot \Delta h_u$$

Die Summe der Enthalpieströme des Arbeitsmittels bezeichnet man als *Abgasverluststrom*, weil er nicht zum Antrieb beiträgt.

$$\dot{Q}_V = (\dot{m}_L + \dot{m}_{Br}) \cdot h_6 - \dot{m}_L \cdot h_1$$

Der in der Brennkammer zugeführte Wärmestrom stammt aus dem Brennstoff und kann durch die Heizenthalpie Δh_u des Brennstoffes oder Enthalpieänderung angegeben werden:

$$\dot{Q}_{zu} = \dot{m}_{Br} \cdot \Delta h_u = P_i + \dot{Q}_V \qquad (8.55)$$

Der thermische Wirkungsgrad des Triebwerks ist definiert als:

$$\eta_{th} = \frac{P_{kin}}{\dot{m}_{Br} \cdot \Delta h_u} = 1 - \frac{\dot{Q}_V}{\dot{m}_{Br} \cdot \Delta h_u} \qquad (8.56)$$

Die Schubleistung P_s erhält man aus der Schubkraft.

$$P_s = F_s \cdot c_1 \qquad (8.57)$$

Der *Vortriebswirkungsgrad* wird als das Verhältnis der Schubleistung zur inneren kinetischen Leistung definiert:

$$\eta_v = \frac{P_s}{P_{kin}} = \frac{(\dot{m}_L + \dot{m}_{Br}) \cdot c_6 \cdot c_1 - \dot{m}_L \cdot c_1^2}{(\dot{m}_L + \dot{m}_{Br}) \cdot \frac{c_6^2}{2} - \dot{m}_L \cdot \frac{c_1^2}{2}} \qquad (8.58)$$

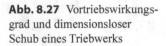

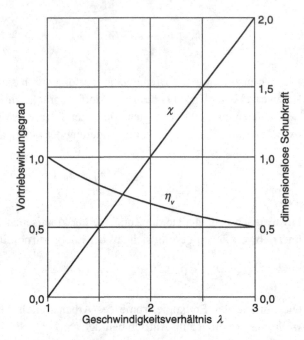

Wie bei den Gasturbinenprozessen gezeigt wurde, ist der Brennstoffmassenstrom sehr viel kleiner als der Luftmassenstrom. Mit der Annahme, dass $\dot{m}_{Br} \ll \dot{m}_L$ ist, vereinfacht sich die Gleichung für η_v zu:

$$\eta_v \approx 2 \cdot \frac{c_1 \cdot (c_6 - c_1)}{c_6^2 - c_1^2} = \frac{2 \cdot c_1}{c_6 + c_1} = \frac{2}{1 + c_6 / c_1} \tag{8.59}$$

Das gleiche Ergebnis erhält man mit der vereinfachten Propellertheorie für Propellertriebwerke [6]. Da in der Berechnung nur die Geschwindigkeit am Ein- und Austritt des Triebwerks eine Rolle spielt, ist das Ergebnis nicht überraschend.

Der Vortriebswirkungsgrad gibt an, welcher Anteil der Änderung des kinetischen Energiestromes in Schubleistung umgesetzt wird. Mit dimensionslosen Größen ist der Zusammenhang zwischen der Geschwindigkeit und Schubkraft demonstrierbar. Die dimensionslosen Parameter sind:

Geschwindigkeitsverhältnis $\lambda = c_6/c_1$
dimensionslose Schubkraft $\chi = F_s / (\dot{m}_L \cdot c_1)$

Abbildung 8.27 zeigt die Abhängigkeit der Schubkraft und des Vortriebswirkungsgrades vom Geschwindigkeitsverhältnis.

Die Schubkraft und der Vortriebwirkungsgrad sind gegenläufig. Bei $\lambda = 1$, d. h., Ein- und Austrittsgeschwindigkeit sind gleich groß, hat das Triebwerk zwar einen optimalen Vortriebswirkungsgrad, jedoch keinen Schub. Hohe Schubleistung bedeutet hohes Geschwindigkeitsverhältnis λ und damit geringen Vortriebswirkungsgrad. Der erforderliche Schub kann mit erhöhtem Massenstrom und verringerter Austrittsgeschwindigkeit c_6 bei besserem Vortriebswirkungsgrad erreicht werden. Dies wird bei modernen Mantelstromtriebwerken, die bei Verkehrsflugzeugen üblich sind, auch verwirklicht.

Die hier beschriebenen Vorgänge beziehen sich auf das konventionelle, einfache Triebwerk, wie es heute nur bei Kampfflugzeugen Anwendung findet. Im zivilen Luftverkehr ist aus Wirkungsgrad- und Lärmemissionsgründen das *Mantelstromtriebwerk* üblich. Ein Mehrfaches des Gasgenerator-Luftmassenstromes wird durch den Fan, einen von der Turbine angetriebenen eingehüllten „Propeller" als Mantelstrom am Gasgenerator vorbeibefördert. Der Mantelstrom hüllt am Austritt den heißen Gasstrahl aus dem Gasgenerator ein und trägt damit stark zur Lärmminderung bei.

Das Turbo-Prop-Triebwerk arbeitet ähnlich. Der offene Propeller wird von einer Gasturbine angetrieben. Der Vortrieb erfolgt hauptsächlich durch den Propeller. Da der Schub durch den Gasstrahl gering ist, bezeichnet man ihn als „Restschub". Eine ausführlichere Beschreibung des Triebwerkprozesses ist in der Fachliteratur, z. B. [4], zu finden.

Der Gesamtwirkungsgrad η_{ges} des Triebwerks wird als Verhältnis der Schubleistung zum zugeführten Wärmestrom durch den Brennstoff angegeben.

$$\eta_{ges} = \frac{\text{Schubleistung}}{\text{Brennstoffleistung}} = \frac{P_s}{\dot{m}_{Br} \cdot \Delta h_u} = \frac{P_s}{P_{kin}} \cdot \frac{P_{kin}}{\dot{m}_{Br} \cdot \Delta h_u} = \eta_v \cdot \eta_{th} \qquad (8.60)$$

8.4.1 Kombinierte Gas- und Dampfturbinenprozesse

Für Stromerzeugungsanlagen kommen heute vermehrt *Kombikraftwerke*, die in Deutschland *GuD-Kraftwerk* genannt werden (Abkürzung für Gas- und Dampfturbinen-Kraftwerk), zum Einsatz. Dabei wird mit dem Abgas des Gasturbinenprozesses in einem Abhitzekessel Dampf erzeugt, mit dem ein Dampfturbinenprozess betrieben wird. Diese Kombination hat große betriebliche, ökonomische und ökologische Vorteile.

Der Vorteil liegt im hohen thermischen Anlagenwirkungsgrad. Bei modernen Gasturbinenprozessen ist das Temperaturniveau der Wärmeabfuhr sehr hoch und jenes der Wärmeabfuhr beim Dampfturbinenprozess nur wenig über der Umgebungstemperatur. Nach dem *Carnot*-Prinzip ergeben sich daraus gute Wirkungsgrade. Kombianlagen weisen heute die besten thermischen Wirkungsgrade aller Wärmekraftanlagen auf. Wirkungsgrade von 58 % sind Stand der Technik. Für die Zukunft prognostiziert man Werte von über 60 %.

Das Anlagenschema des Prozesses zeigt Abb. 8.28, das T,s-Diagramm Abb. 8.29. Die heißen Abgase aus der Gasturbine werden im Abhitzekessel auf die Temperatur T_5 abgekühlt. Die Abwärme (grau) kann vom Dampfkreislauf teilweise genutzt werden (schraffierte Fläche). Das in den Abhitzekessel eintretende Speisewasser wird im Abhitzekessel erwärmt, anschließend verdampft und überhitzt.

Auf die Wiedergabe der gesamten Prozessanalyse wird hier verzichtet, es folgt lediglich eine idealisierte Analyse mit den wichtigsten Prozessgrößen.

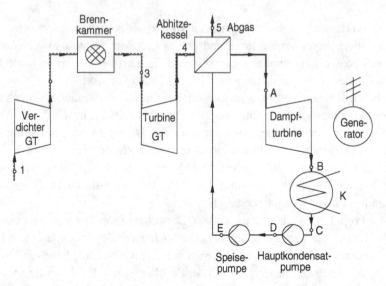

Abb. 8.28 Anlagenschema des GuD-Kraftwerkes

Abb. 8.29 T,s-Diagramm des GuD-Prozesses

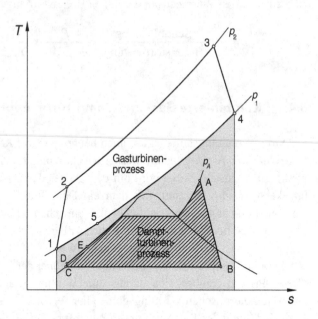

Die Massenströme des Gas- und Dampfprozesses sind über die Energiebilanz für den adiabaten Abhitzekessel gekoppelt.

$$\dot{m}_G \cdot (h_4 - h_5) = \dot{m}_D \cdot (h_A - h_E) \qquad (8.61)$$

Der Index G verweist auf den Gasprozess, der Index D auf den Dampfprozess.

Im Folgenden wird der thermische Wirkungsgrad des Gesamtprozesses bestimmt. Vereinfachend bleiben die Pumpen des Dampfprozesses, die Druckverluste bei den Wärmetransfers und die Änderung des Massenstromes im Gasturbinenprozess unberücksichtigt. Die Wärmezufuhr zum Gesamtprozess erfolgt in der Brennkammer der Gasturbine. Der zugeführte Wärmestrom beträgt:

$$\dot{m}_G \cdot (h_4 - h_5) = \dot{m}_D \cdot (h_A - h_E) \tag{8.62}$$

Die von der Gasturbine abgegebene technische Leistung ist:

$$P_{tG} = \dot{m}_L \cdot [h(\vartheta_2) - h(\vartheta_1) + h(\vartheta_4) - h(\vartheta_3)] \tag{8.63}$$

Da im Abhitzekessel für die Wärmeübertragung endliche Temperaturdifferenzen zur Verfügung stehen müssen ($T_5 > T_E$ und $T_A < T_4$), kann der Abhitzekessel den Abwärmestrom des Gasprozesses nur unvollständig nutzen. Den Wirkungsgrad des Abhitzekessels nennt man *Abwärmenutzungsgrad* η_{AK}. Er ist definiert als die im Abhitzekessel transferierte Wärme, geteilt durch die Abwärme des Gasturbinenprozesses.

$$\eta_{AK} = \frac{|\dot{Q}_{AK}|}{|\dot{Q}_{41}|} = \frac{h_4 - h_5}{h_4 - h_1} \tag{8.64}$$

Die technische Leistung des Dampfturbinenprozesses ist die technische Leistung der Turbine, abzüglich die der Pumpen.

$$P_{tD} = \dot{m}_A \cdot (\underbrace{h_B - h_A}_{\text{Turbine}} + \underbrace{h_E - h_C}_{\text{Pumpen}}) \tag{8.65}$$

Sie könnte aber auch als Funktion des thermischen Wirkungsgrades der Dampfturbine und des ihr zugeführten Wärmestromes angegeben werden.

$$P_{tD} = -\eta_{thD} \cdot \dot{Q}_{AK} = \eta_{thD} \cdot \eta_{AK} \cdot [h(\vartheta_4) - h(\vartheta_1)] \tag{8.66}$$

Definitionsgemäß gilt für den thermischen Wirkungsgrad:

$$\eta_{th,Kombi} = \frac{|P_{tG}| + |P_{tD}|}{\dot{Q}_{zu}} \tag{8.67}$$

Damit ergibt sich der thermische Wirkungsgrad des Kombiprozesses zu:

$$\eta_{th,Kombi} = \eta_{thG} + \frac{|P_{tD}|}{\dot{Q}_{zu}} = \eta_{thG} + \eta_{thD} \cdot \frac{\dot{Q}_{AK}}{\dot{Q}_{zu}} = \eta_{thG} + \eta_{thD} \cdot \eta_{AK} \cdot (1 - \eta_{thG}) \tag{8.68}$$

Der thermische Wirkungsgrad des Gasturbinenprozesses erhöht sich um den additiven Term, verursacht durch den nachgeschalteten Dampfprozess.

Ein nummerisches Beispiel mit heute erreichten Daten fortschrittlicher Gas- und Dampfturbinenprozesse ergibt:

$$\eta_{thG}=0{,}39,\ h_{thD}=0{,}385,\ \eta_{AK}=0{,}872,\ \eta_{th,\,Kombi}=0{,}595$$

Für das Leistungsverhältnis beider Teilprozesse erhält man den Ausdruck:

$$\frac{|P_{tG}|}{|P_{tD}|}=\frac{1}{\eta_{thD}\cdot\eta_{AK}}\cdot\frac{\eta_{thG}}{(1-\eta_{thG})} \tag{8.69}$$

Mit den Daten des obigen Beispiels berechnet man: $P_{tG}/P_{tD}=1{,}9$, d. h., die innere Leistung des Gasturbinenprozesses ist ungefähr doppelt so groß wie die des Dampfturbinenprozesses.

Erdgasbefeuerte Kombianlagen weisen neben den hohen Wirkungsgraden auch bezüglich der Abgasemissionen Vorteile auf. Die Verbrennung von Erdgas, im Wesentlichen CH_4 (Methan), produziert pro Leistungseinheit weniger CO_2 als bei reinen kohle- oder ölbefeuerten Dampfanlagen. Außerdem haben Low-NO_x-Brennkammern moderner Gasturbinen geringe Stickoxidemissionen.

Wegen der Wärmeübertragung treten im Abhitzekessel bei endlichen Temperaturdifferenzen Irreversibilitäten auf. Um diese zu verringern, wird die Verdampfung nicht bei einem Druckniveau, sondern bei zwei oder drei verschiedenen Drücken vorgenommen, man spricht von Zwei- oder Dreidruckprozessen [5].

Beispiel 8.5: GuD-Kraftwerk

Das Abgas der Gasturbine aus Beispiel 8.4 beheizt einen Dampferzeuger, in dem der Dampf mit einem Druck von 80 bar und einer Temperatur von 465 °C erzeugt wird. Das Abgas kühlt sich im Dampferzeuger von 495 °C auf 120 °C ab. In der Dampfturbine (die Schaltung entspricht der Turbine im Beispiel 7.4) entspannt sich der Dampf auf 0,05 bar. Bei 3 bar Druck wird der Turbine Dampf entnommen und dem Mischvorwärmer zugeführt.

Zu bestimmen sind die Leistung und der Wirkungsgrad des Prozesses.

Lösung
Annahme
• Wie in den Beispielen 7.4 und 8.4

Schema Siehe Skizze

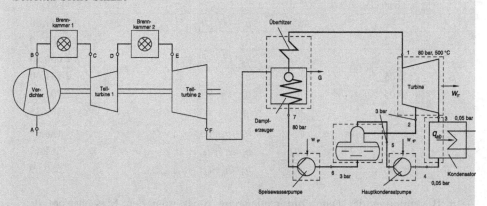

Analyse

Die Enthalpien der Dampfturbine werden aus dem *Mollier-h,s*-Diagramm bestimmt.

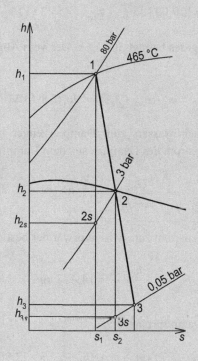

Mit den gegebenen Daten können aus dem *h,s*-Diagramm, den Dampftafeln und den Stoffwertprogrammen folgende Werte bestimmt werden:

Punkt	Druck bar	Temperatur °C		Enthalpie kJ/kg
1	80	465	$h_1 = h(p_1, \vartheta_1)$	3 311,80
2_{is}	2		h_{2s}	2 883,00
2	2		$h_2 = (h_1 - h_{2s}) \cdot \eta_{iT}$	2 666,30
3_{is}	0,05		h_{3s}	2 131,60
3	0,05		$h_3 = (h_2 - h_{3s}) \cdot \eta_{iT}$	2 201,10
4	0,05	ϑ_s	h_4'	137,75
5	3		$h_5 = h_4 + (p_5 - p_4)\, v_3/\eta_{iP}$	138,05
6	3	ϑ_s	$h_6 = h'(p_6)$	561,43
7	80		$h_7 = h_6 + (p_7 - p_6)\, v_8/\eta_{iP}$	569,69

Zur Bestimmung der Dampfturbinenleistung muss man den Massenstrom des Dampfes berechnen.

Für die Enthalpien des Abgases erhält man:

$$h_{LG} = 120,02 \text{ kJ/kg} \qquad h_{LF} = 454,35 \text{ kJ/kg}$$

Der Massenstrom des Abgases beträgt 500 kg/s. Der vom Abgas abgegebene Wärmestrom ist:

$$\dot{Q}_{FG} = m_L \cdot (h_{LG} - h_{LF}) = 196{,}668 \text{ MW}$$

Die Enthalpie h_7 des Speisewassers zum Dampferzeuger ist nach Beispiel 7.4 571,32 kJ/kg. Der Massenstrom des Dampfes aus dem Dampferzeuger beträgt:

$$m_1 = \frac{\dot{Q}_{FG}}{h_1 - h_7} = 71{,}730 \text{ kg/s}$$

Jetzt muss noch der Massenstrom zum Mischvorwärmer bestimmt werden.

$$\dot{m}_2 = \dot{m}_1 \cdot \frac{h_6 - h_5}{h_2 - h_6} = 14{,}428 \text{ kg/s}$$

Die innere Leistung der Dampfturbine ist:

$$P_{iDT} = \dot{m}_1 \cdot (h_2 - h_1) + (\dot{m}_1 - \dot{m}_2) \cdot (h_3 - h_2) = -72{,}953 \text{ MW}$$

Die für die Speise- und Hauptkondensatpumpe benötigte Leistung beträgt:

$$P_{iPu} = (\dot{m}_1 - \dot{m}_2) \cdot (h_5 - h_4) + \dot{m}_1 \cdot (h_7 - h_6) = 610 \text{ kW}$$

Zusammen mit der Leistung der Gasturbine aus Beispiel 7.4 ist die gesamte Leistung des GuD-Prozesses:

$$P_{iGuD} = P_{iGT} + P_{Ti} + P_{Pi} = -231,285 \ \textbf{MW}$$

Der zur Gasturbine aus Beispiel 8.4 zugeführte Wärmestrom ist 457,313 MW. Für den thermischen Wirkungsgrad des Prozesses erhält man:

$$\eta_{th} = \frac{|P_{GuD}|}{Q_{zu}} = \frac{280,057 \text{MW}}{457,313 \text{MW}} = \textbf{0,612}$$

Diskussion
Durch die nachgeschaltete Dampfturbine erhöht sich die Leistung der Anlage um 51,2 MW und der thermische Wirkungsgrad steigt von 0,454 auf 0,506.

8.5 Kraft-Wärme-Kopplung

Die Produktion von Elektrizität und Wärme erfolgt heute zum größten Teil getrennt. Thermische Kraftwerke liefern Elektrizität. Heizwärme wird in zentralen und dezentralen Heizkesseln zur Verfügung gestellt. Vom thermodynamischen Standpunkt aus ist dieses Vorgehen sehr ineffizient. Das stromerzeugende Kraftwerk gibt seine Abwärme ungenutzt an die Umgebung ab. Dies bedeutet eine schlechte energetische Nutzung der Primärenergie. Heizkessel nutzen zwar die zugeführte Brennstoffenergie sehr gut aus, stellen jedoch Niedertemperaturwärme zur Verfügung und degradieren damit die thermodynamisch hochwertige Heizwärme des Brennstoffes. Deshalb sollte das Temperaturgefälle zwischen Verbrennung und Temperaturniveau für die Heizung mit einer hochwertigen Wärmekraftmaschine möglichst gut ausgenutzt werden. Die Abwärme der Wärmekraftmaschine muss auf dem Temperaturniveau zur Verfügung stehen, bei dem man sie braucht. Beim Dampfturbinenprozess haben wir gesehen, dass dort durch Wärmeabgabe die Primärenergie fast vollständig genutzt werden kann.

Anlagen, die gleichzeitig Wärme und Elektrizität abgeben, nennt man Kraft-Wärme-Kopplungsanlagen oder auch Heizkraftwerke. Die zur elektrischen Energieproduktion benötigte Wärmekraftmaschine kann ein Verbrennungsmotor, eine Brennstoffzelle, Dampf- oder Gasturbine sein. Ihre Abwärme wird für Heizzwecke genutzt. Verbrennungsmotoren und Brennstoffzellen im Verbund mit Wärmeabgabe werden auch als *Blockheizkraftwerke* (BHKW) bezeichnet (s. Abbildung 8.30).

Die Effizienz der Kraft-Wärme-Kopplung wird durch den *Energienutzungsgrad* oder *Brennstoffnutzungsgrad* ε angegeben:

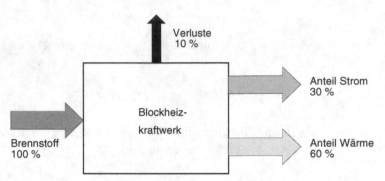

Verluste
10 %

Anteil Strom
30 %

Blockheiz-
kraftwerk

Brennstoff
100 %

Anteil Wärme
60 %

Abb. 8.30 Kraft-Wärme-Kopplung eines Blockheizkraftwerks

$$\varepsilon = \frac{\text{elektrische Energie} + \text{abgegebene Wärme}}{\text{zugeführte Wärme oder Energie des Brennstoffes}} \tag{8.70}$$

Statt des Wirkungsgrades spricht man hier von einem Nutzungsgrad, weil im Zähler Energieformen verschiedener Wertigkeit stehen: Elektrizität, die thermodynamisch zu den hochwertigen und Wärme, die zu den minderwertigen Energieformen gehört. Mit den oben erwähnten Systemen sind Energienutzungsgrade von über 95 % möglich.

Zur Veranschaulichung werden zwei Systeme energetisch verglichen:

System I: Getrennte Produktion von Elektrizität und Wärme in einem Dampfkraftwerk mit dem thermischen Wirkungsgrad $\eta_{th}=0{,}40$; Heizkessel mit dem Wirkungsgrad $\eta_H=0{,}90$

System II: Blockheizkraftwerk mit dem thermischen Wirkungsgrad $\eta_{th}=0{,}30$ und dem Energienutzungsgrad $\varepsilon=0{,}90$

Bei System I wird angenommen, dass die Verteilung der Wärme- und Stromproduktion gleich wie beim Blockheizkraftwerk ist, d. h. 60 % zu 30 %. Beim Vergleich werden die Übertragungsverluste für Elektrizität und Wärme vernachlässigt.

Zur Veranschaulichung werden zwei Systeme untersucht.

- *Energienutzungsgrad* für die getrennte Produktion:
  Die für die Stromproduktion von 30 % benötigte Energie ist $30\%/\eta_{th}=75\%$. Für die Wärmeproduktion von 60 % erhält man $60\%/\eta_{th}=66{,}7\%$. Die Produktion der elektrischen Energie und der Wärme benötigt 141,7 % Primärenergie. Nach Gl. (8.62) beträgt der Energienutzungsgrad:

$$\varepsilon_I = \frac{0{,}60+0{,}30}{0{,}30/\varepsilon_{th}+0{,}60\cdot\eta_H} = \frac{1}{0{,}30/0{,}40+0{,}60/0{,}9} = 0{,}635$$

- *Energienutzungsgrad* für das Blockheizkraftwerk: $\varepsilon_{II} = 0,90$
  Unter den getroffenen Annahmen ist bei Anwendung der Kraft-Wärme-Kopplung der energetische Nutzungsgrad um den Faktor 1,417 höher. Der Einsatz an Primärenergie und der CO_2-Ausstoß verringern sich um 41,7 %. Noch wesentlich bessere Ergebnisse werden erreicht, wenn man den im Blockheizkraftwerk produzierten Strom zum Antrieb von Wärmepumpen einsetzt.

Literatur

1. Traupel W (2001) Thermische Turbomaschinen, 4. Aufl. (Thermody-namischströmungstechnische Berechnung, Bd 1), Springer-Verlag, Berlin
2. Frutschi H U (1994) Die neuen Gasturbinen GT 24 und GT 26 – Historischer Hintergrund des „Advanced Cycle System", ABB-Technik 1/94, pp 20–25
3. Neuhoff H, Thoren K (1994) Die neuen Gasturbinen GT 24 und GT 26 – Hohe Wirkungsgrade dank sequentieller Verbrennung, ABB-Technik 2/94, pp 4–7
4. Wilson D G (1984) Design of high-efficiency turbomachinery and gas turbines. MIT Press, Cambridge
5. Kehlhofer R et al (1984) Gasturbinenkraftwerke, Kombikraftwerke, Heizkraftwerke und Industriekraftwerke, Handbuchreihe Energie, Bd. 7, Technischer Verlag Resch, München, (Verlag TÜV Rheinland, Köln)
6. von Böckh P, Saumweber C (2013) Fluidmechanik, Springer Verlag, Berlin

Kältemaschinen- und Wärmepumpenprozesse

9

Kältemaschinen werden im Haushalt, in Brauereien, in der Lebensmittelindustrie, bei Kühltransporten und in Klimaanlagen eingesetzt. Eine weitere Anwendung ist die Tieftemperaturtechnik zur Luftzerlegung und Gewinnung von Flüssiggasen.

Als umweltfreundliche Heizungsalternative erfreuen sich Wärmepumpen zunehmender Beliebtheit. Besonders dort, wo der Kälte- und Heizbedarf bei niedrigen Temperaturen gleichzeitig vorhanden ist, bietet sich der Einsatz einer kombinierten Kälteanlage/Wärmepumpe als energetisch sinnvolle Lösung an.

Sowohl bei Kälteanlagen als auch bei Wärmepumpen bezeichnet man das Arbeitsfluid als Kältemittel.

Im Folgenden werden der Kaltdampf- und Kaltgasprozess behandelt. In Kaltdampfprozessen verdampft und kondensiert das Kältemittel abwechslungsweise, während es beim Kaltgasprozess gasförmig bleibt. Ad- und Absorptionskälteprozesse werden zum Schluss dieses Kapitels kurz behandelt.

9.1 Einführung

Die Kältemaschinen- und Wärmepumpenprozesse sind linksläufig. Ihre Aufgabe besteht im Entzug der Wärme aus einem kalten Reservoir, die einem warmen Reservoir zugeführt wird. Dieser Wärmetransport erfolgt mit Hilfe eines Fluids, das Kältemittel genannt wird. Während des Prozesses muss die entzogene Wärme auf ein höheres Temperaturniveau angehoben werden, damit der Wärmetransfer möglich ist.

Abbildung 9.1 zeigt schematisch das Prinzip der idealen Maschine. Das System ist die Kältemaschine bzw. Wärmepumpe. Das Kältemittel im System nimmt aus dem kalten Reservoir Wärme auf. Im nachfolgenden Verdichter wird es auf ein höheres Druck- und Temperaturniveau gebracht, wodurch die Wärmeabgabe ans warme Reservoir möglich

© Springer-Verlag Berlin Heidelberg 2015
P. von Böckh, M. Stripf, *Technische Thermodynamik*, DOI 10.1007/978-3-662-46890-6_9

Abb. 9.1 Prinzipschaltung des idealen linksläufigen Kreisprozesses

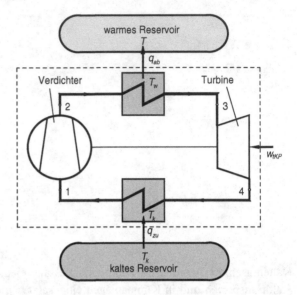

ist. Danach erfolgt die Entspannung in einer Expansionsmaschine unter gleichzeitiger Arbeitsabgabe. Dabei kühlt sich das Arbeitsmittel ab und kann wieder Wärme aus dem kalten Reservoir aufnehmen. Dem System wird Arbeit zugeführt.

Diese Kreisprozesse nennt man linksläufige Kreisprozesse, weil sie im Gegensatz zu Wärmekraftprozessen in p,v- und T,s-Diagrammen gegen den Uhrzeigersinn ablaufen.

Wie schon im Kap. 3 und 4 erwähnt, werden bei Kältemaschinen und Wärmepumpen keine Wirkungsgrade, sondern Arbeitszahlen angegeben, die das Verhältnis von Nutzwärme zur Prozessarbeit sind. Bei der Kältemaschine ist die Nutzwärme jene Wärme, die dem System vom zu kühlenden Gut zugeführt wird. Die Arbeitszahl ist damit:

$$\varepsilon_{KM} = q_{zu} / w_{tKP} \tag{9.1}$$

Bei der Wärmepumpe ist die Nutzwärme die vom Prozess an das zu heizende Objekt abgegebene Wärme. Die Arbeitszahl erhält man entsprechend als:

$$\varepsilon_{WP} = |q_{ab}| / w_{tKP} \tag{9.2}$$

9.1.1 Linksläufiger Carnotprozess

Wie bei rechtsläufigen Kreisprozessen ist auch bei linksläufigen der *Carnot*prozess derjenige, mit dem die thermodynamisch günstigsten Prozesse demonstriert werden können. Abbildung 9.2 zeigt das p,V- und T,s-Diagramm des in Abb. 9.1 dargestellten Prozesses. Alle Teilprozesse verlaufen ohne Irreversibilitäten. Verdichtung und Expansion erfolgen isentrop, die Wärmetransfers laufen isotherm und ohne Temperaturdifferenz ab.

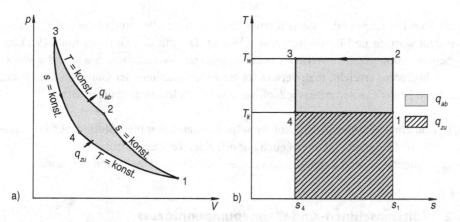

Abb. 9.2 Linksläufiger *Carnot*prozess im p,V-Diagramm (**a**) und T,s-Diagramm (**b**)

Das Kältemittel gibt bei isothermer Verdichtung von 2 nach 3 Wärme an das warme Reservoir ab, bei der isothermen Verdichtung von 4 nach 1 nimmt er vom kalten Reservoir Wärme auf.

Im T,s-Diagramm ist die Fläche unterhalb der Prozesslinie von 4 nach 1 die zugeführte spezifische Wärme (Abb. 9.2).

$$q_{zu} = q_{41} = T_k \cdot (s_1 - s_4) \tag{9.3}$$

Analog dazu ist die Fläche unterhalb der Prozesslinie von 2 nach 3 die abgegebene spezifische Wärme.

$$q_{ab} = q_{23} = T_w \cdot (s_3 - s_2) = T_w \cdot (s_4 - s_1) \tag{9.4}$$

Die zugeführte spezifische Kreisprozessarbeit ist die Summe der ab- und zugeführten spezifischen Wärme.

$$w_{tKP} = -q_{zu} - q_{ab} = (T_w - T_k) \cdot (s_1 - s_4) \tag{9.5}$$

Nach Gl. (9.1) ist die Arbeitszahl der *Carnot-Kältemaschine:*

$$\varepsilon_{KMC} = \frac{q_{zu}}{w_{KP}} = \frac{T_k \cdot (s_1 - s_4)}{(T_w - T_k) \cdot (s_1 - s_4)} = \frac{T_k}{T_w - T_k} \tag{9.6}$$

Die Arbeitszahl der *Carnot-Wärmepumpe* nach Gl. (9.2) erhält man analog.

$$\varepsilon_{WPC} = \frac{|q_{ab}|}{w_{KP}} = \frac{|T_w \cdot (s_4 - s_1)|}{(T_w - T_k) \cdot (s_1 - s_4)} = \frac{T_w}{T_w - T_k} \tag{9.7}$$

Die größten Leistungszahlen werden dann erreicht, wenn die Temperaturdifferenz zwischen dem warmen und kalten Reservoir klein ist. Die mit den Gln. (9.6) und (9.7) angegebenen Leistungszahlen werden *Carnot-Leistungszahlen* genannt. Sie sind die Werte, die man höchstens erreicht; man verwendet sie zur Beurteilung der Güte von Prozessen. Tatsächlich ist der *Carnot*prozess jedoch aus zwei Gründen nicht realisierbar:

a) Die isotherme Wärmezu- und -abfuhr wäre bei den bekannten Stoffen nur im Nassdampfgebiet möglich und dieses auch nur mit einer Temperaturdifferenz.

b) Die Verdichtungs- und Expansionsprozesse sind stets mit Dissipation verbunden.

9.1.2 Kältemaschinen- und Wärmepumpenprozess

Einem linksläufigen Kreisprozess wird Arbeit und außerdem aus einem kalten Reservoir Wärme zugeführt und diese zu einem warmen Reservoir abgeführt.

Der Unterschied zwischen Kältemaschine und Wärmepumpe liegt nur in der Verwendung der Wärmeströme. Abbildung 9.3 zeigt die Wärmeströme und Temperaturniveaus beider Anwendungen.

Abbildung 9.3 zeigt, dass für den Wärmetransfer Temperaturunterschiede notwendig sind. Damit werden die möglichen Leistungszahlen kleiner als im *Carnot*prozess. Abbildung 9.4 demonstriert den Einfluss der Temperaturunterschiede.

Damit vom Prozess Wärme an das warme Reservoir abgegeben werden kann, muss die Wärmeabgabetemperatur T_{ab} größer als die des Reservoirs T_w sein. Beim kalten Reservoir muss die Wärmezufuhrtemperatur T_{zu} kleiner als die Temperatur des kalten Reservoirs T_k sein, damit Wärme aufgenommen werden kann. Somit erhält man für die zu- und abgeführte Wärme:

Abb. 9.3 Vergleich des Einsatzes einer Kältemaschine und einer Wärmepumpe [3]

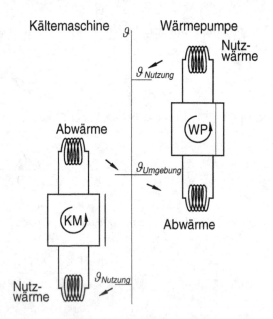

Abb. 9.4 Einfluss der
Temperaturdifferenzen

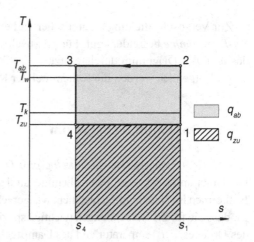

$$q_{zu} = q_{41} = T_{zu} \cdot (s_1 - s_4) \tag{9.8}$$

$$q_{ab} = q_{23} = T_{ab} \cdot (s_3 - s_2) = T_{ab} \cdot (s_4 - s_1) \tag{9.9}$$

Die Arbeitszahl für die Kältemaschine:

$$\varepsilon_{KM} = \frac{q_{zu}}{w_{KP}} = \frac{T_{zu}}{T_{ab} - T_{zu}} \tag{9.10}$$

Nach Gl. (9.2) ist die Arbeitszahl der Wärmepumpe:

$$\varepsilon_{WP} = \frac{|q_{ab}|}{w_{KP}} = \frac{T_{ab}}{T_{ab} - T_{zu}} \tag{9.11}$$

9.2 Eigenschaften der Kältemittel

Beim Kaltgasprozess können ideale und reale Gase, die in dem vorgesehenen Temperaturbereich nicht kondensieren, als Kältemittel verwendet werden. Beim Kaltdampfprozess kommen Fluide, die im Einsatzbereich bei technisch realisierbaren Drücken kondensierbar sind, zur Anwendung.

Kältemittel aus reinen Stoffen, deren Verdampfungsdruck nur von der Verdampfungstemperatur abhängt und unabhängig vom Dampfgehalt x ist, werden *azeotrope Kältemittel* genannt.

Kältemittel aus der Mischung zweier oder mehrerer Stoffe, deren Phasenumwandlungstemperatur bei konstantem Druck vom Dampfgehalt abhängt, sind *zeotrope Kältemittel*.

Alle Kältemittel werden nach *ISO-Standard R 817–1974 Refrigerants-Number Designation* mit dem Buchstaben „R" (für Refrigerant) bezeichnet.

Zur Veranschaulichung theoretischer und grundsätzlicher Zusammenhänge eignen sich *T,s-Diagramme* besonders gut. Für praktische Anwendungen und Berechnungen hat sich das $\log(p),h$-Diagramm durchgesetzt.

Im Folgenden werden die Kältemittel der Kaltdampfprozesse besprochen.

9.2.1 Das log(*p*),*h*-Diagramm

Abbildung 9.5 zeigt als Beispiel das *log(p),h-Diagramm* des azeotropen Kältemittels Propan. Die Diagramme der zeotropen Kältemittel sind gleich aufgebaut, außer der Tatsache, dass die Isothermen im Nassdampfgebiet nicht waagerecht verlaufen. Vorteil des $\log(p),h$-Diagramms ist, dass die für die Berechnungen wichtige spezifische Zustandsgröße Enthalpie als Funktion des Druckes, der Temperatur und des Dampfgehalts direkt abgelesen werden kann.

Im Diagramm sind rechts der Kondensationslinie (dew point line) im Gebiet des überhitzten Dampfes die Isothermen und Isentropen aufgetragen. Links der Siedelinie ist das Gebiet des unterkühlten Kondensats. Die Isothermen verlaufen hier fast exakt senkrecht nach oben, sind aber bei den Kaltdampfprozessen nur in der Nähe der Sättigungslinie von Bedeutung. Größere $\log(p),h$-Diagramme des Ammoniaks, Isobutans, Propans und R134a sind im Anhang B des Buches zu finden.

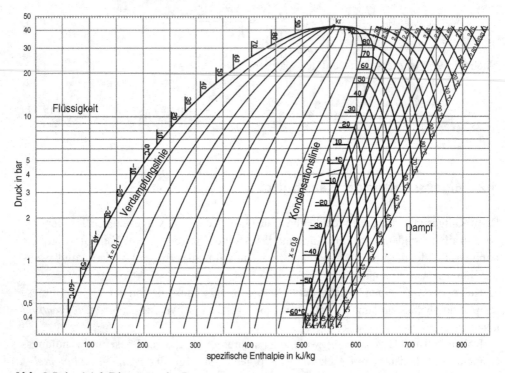

Abb. 9.5 $\log(p),h$-Diagramm des Propans

9.2.2 Azeotrope Kältemittel

Azeotrope Kältemittel sind reine Stoffe, deren Temperatur im Nassdampfgebiet nur vom Druck abhängt. Die Isothermen verlaufen im Nassdampfgebiet parallel zu den Drucklinien und sind deshalb dort nicht explizit eingezeichnet. Die Stoffeigenschaften der Kältemittel Ammoniak, Isobutan, Propan und R134a im Sättigungszustand sind in den Tab. A.3 bis A.6 angegeben. Die Stoffwerte des unterkühlten Kondensats und des überhitzten Dampfes können mit Stoffwertprogrammen, die im Internet abrufbar sind, berechnet werden. Der Aufbau der T,s-Diagramme wurde im Kap. 4 besprochen.

9.2.3 Zeotrope Kältemittel

Abbildung 9.6 zeigt die Eigenschaften eines zeotropen Kältemittels qualitativ im T,s- und $\log(p),h$-Diagramm.

Der wesentliche Unterschied von zeotropen zu azeotropen Kältemitteln besteht darin, dass die Isothermen im Nassdampfgebiet nicht parallel zu den Isobaren verlaufen. Die Wärmetransferprozesse laufen nahezu isobar ab. Bei isobarer Verdampfung verdampfen zuerst die niedrig siedenden Anteile. Dadurch verändert sich die Zusammensetzung des Kältemittels, die Verdampfungstemperatur steigt an. Im Gegensatz dazu sinkt bei isobarer Kondensation die Kondensationstemperatur mit der Anreicherung der niedrig siedenden Komponenten.

Normalerweise wird der Wärmestrom für die Verdampfung und Kondensation von einem einphasigen äußeren Stoffstrom aufgenommen, dessen Temperatur sich durch den Wärmestrom verändert. Während der ganzen Wärmeübertragung sollte die Temperaturdifferenz zwischen dem äußeren Stoffstrom und Kältemittel möglichst klein gehalten werden. Dieser Forderung kommen zeotrope Kältemittel besser als azeotrope nach (Abb. 9.7), die korrekte Auslegung der Wärmeübertrager vorausgesetzt [7].

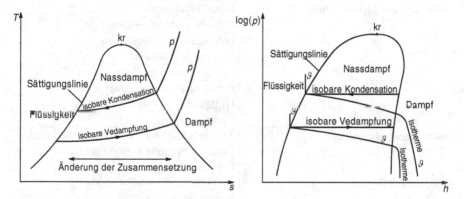

Abb. 9.6 Zeotrope Kältemittel im T,s- und $\log(p),h$-Diagramm

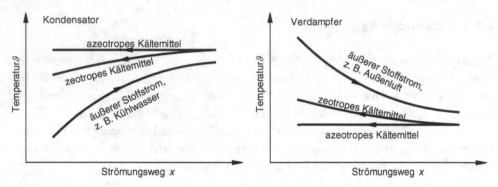

Abb. 9.7 Temperaturverlauf eines azeotropen und zeotropen Kältemittels im Kondensator und Verdampfer

9.2.4 Kriterien zur Kältemittelwahl

FCKW-Kältemittel (Fluorchlorkohlenwasserstoff-Kältemittel) wie R11 und R12 dürfen aufgrund ihres hohen *Ozonabbaupotentials* ODP-Werte (ODP=Ozon Deplation Potential) nicht mehr verwendet werden. Aus der Klasse chlorfreier Kältemittel können z. B. R134a und das zeotrope R407C zur Anwendung kommen. Zum Einsatz kommen auch natürliche Kältemittel wie Kohlendioxid, Propan, Butan und Isobutan, die wegen ihrer Brennbarkeit besondere Vorsichtsmassnahmen verlangen. Ammoniak wäre thermodynamisch gesehen günstiger, ist jedoch toxisch.

Die Wahl eines Kältemittels erfolgt grundsätzlich nach den physikalischen Eigenschaften und ökologischen Aspekten.

Zur Orientierung enthält folgende Tabelle eine generelle Übersicht der Auswahlkriterien [6]:

globale Umweltaspekte:	Ozonabbaupotential
	Treibhauspotential
thermodynamische Eigenschaften:	Dampfdruckkurve
	kritische und Gefriertemperatur
	volumetrische Kälteleistung
	Kompressionsarbeit
	Endtemperatur der Kompression
Sicherheit:	Entzündbarkeit des Dampfes in der Luft
	Giftigkeit
	Leckagesicherheit
technische Randbedingungen:	Verträglichkeit mit verwendeten Werkstoffen
	chemische Stabilität, Einfluss von Wasser- und Ölbeimischungen
ökonomische Aspekte:	Verfügbarkeit des Kältemittels
	Kosten des Kältemittels
	Endkosten der Kälteanlage
	Energieverbrauch

9.3 Kaltdampfprozess

Heute arbeiten Kältemaschinen und Wärmepumpen meist nach dem *Kaltdampfprozess*. Er zeichnet sich dadurch aus, dass der verdichtete Dampf bei konstantem Druck verflüssigt wird, dass die Expansion nicht in einer Maschine, sondern in einem Drosselventil stattfindet und dass die nachfolgende Verdampfung wieder bei fast konstantem Druck erfolgt. Der Kaltdampfprozess ist die *Umkehrung des Clausius-Rankine-Prozesses*, wobei wegen des geringen Beitrags und großen technischen Aufwands auf die Arbeit bei der Expansion verzichtet wird.

9.3.1 Idealer Kaltdampfprozess

Abbildung 9.8 zeigt die Schaltung des idealen *Kaltdampfprozesses*, bei dem folgende Annahmen gemacht werden:

- die Verdichtung im Kompressor erfolgt von 1 nach 2 isentrop
- die Abkühlung des Dampfes und dessen Kondensation verlaufen isobar
- die Expansion im Ventil ist durch Vernachlässigung der kinetischen und potentiellen Energie isenthalp
- die Verdampfung verläuft bei konstantem Druck.

Der Kompressor verdichtet isentrop den Kältemitteldampf vom Verdampferdruck p_1 auf den Kondensationsdruck p_2. Im Kondensator erfolgt zunächst isobar eine Abkühlung mit anschließender vollständiger Kondensation des Dampfes. Im Ventil entspannt sich das gesättigte Kondensat isenthalp vom Druck p_3 auf p_4 in das Nassdampfgebiet. Im Verdampfer wird das Kondensat vollständig isobar verdampft und der gesättigte Dampf wird dem Kompressor wieder zugeführt.

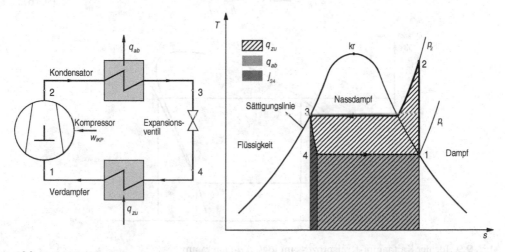

Abb. 9.8 Schaltung einer Anlage mit dem Kaltdampfprozess und Prozessverlauf im T,s-Diagramm

Im T,s-Diagramm entspricht die hellgraue Fläche unterhalb der Prozesslinie von 4 nach 1 der zugeführten spezifischen Wärme q_{zu}. Die nach außen abgeführte spezifische Wärme q_{ab} präsentiert sich als schraffierte Fläche unterhalb der Prozesslinie von 2 nach 3. Im T,s-Diagramm entspricht die dunkelgraue Fläche unterhalb der Zustandsänderungslinie von 3 nach 4 der Dissipation bei der Expansion im Ventil. Die Reibung bewirkt eine Zunahme der Entropie, der Anfangspunkt der Verdampfung (Punkt 4) kommt im T,s-Diagramm rechts der Linie der isentropen Expansion zu liegen. Im Vergleich zu dem Prozess mit isentroper Expansion wird die zugeführte Wärme, also die Kälteleistung, vermindert.

Die spezifische technische Kreisprozessarbeit wird durch die zu- und abgeführte Wärme bestimmt, die als Enthalpiedifferenzen angegeben und aus dem $\log(p),h$-Diagramm (Abb. 9.9) direkt abgelesen werden können.

Da bei isobarer Wärmeabfuhr die Druckänderungsarbeit null ist, erhält man die spezifische abgeführte Wärme als:

$$q_{ab} = q_{23} = h_3 - h_2 \tag{9.12}$$

Analog gilt für die isobar zugeführte spezifische Wärme:

$$q_{zu} = q_{41} = h_1 - h_4 = h_1 - h_3 \tag{9.13}$$

Die spezifische technische Arbeit des Kreisprozesses ist:

$$w_{tKP} = h_2 - h_1 \tag{9.14}$$

Nach den Gln. (9.1) und (9.2) ergeben sich damit die *Leistungszahlen der Kältemaschine* bzw. der Wärmepumpe:

$$\varepsilon_{KM} = \frac{h_1 - h_4}{h_2 - h_1} \tag{9.15}$$

$$\varepsilon_{WP} = \frac{h_2 - h_3}{h_2 - h_1} = \frac{h_2 - h_4}{h_2 - h_1} \tag{9.16}$$

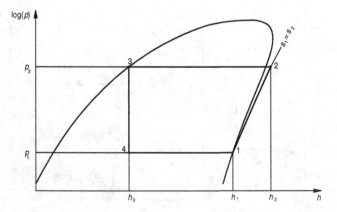

Abb. 9.9 Idealer Kaltdampf-Kreisprozess im $\log(p),h$-Diagramm

Beispiel 9.1: Idealer Kaltdampfprozess einer Kältemaschine

In einer idealen Kaltdampf-Kältemaschine verdampft das Kältemittel R134a isobar bei einer Temperatur von +10 °C. Der Kompressor verdichtet das gesättigte Kältemittel isentrop auf einen Druck, dessen Kondensationstemperatur +50 °C ist. Der nun überhitzte Dampf wird isobar gekühlt, kondensiert und verlässt den Kondensator als gesättigte Flüssigkeit, die im Ventil isenthalp gedrosselt wird.

Zu berechnen sind:

a) der erforderliche Kältemittel-Massenstrom für eine Kälteleistung von 5 kW

b) die zuzuführende technische Kompressorleistung

c) die Leistungszahl der Kälteanlage ε_K

d) zum Vergleich die Leistungszahl des *Carnot*-Kälteprozesses, der zwischen den Temperaturen von +10 und +50 °C arbeitet.

Lösung

Schema Siehe Abb. 9.8

Annahmen

- Alle Geschwindigkeiten werden als vernachlässigbar klein betrachtet.
- Bei den Strömungen treten keine Druckverluste auf.

Analyse

Zunächst wird der Prozess in das $\log(p),h$-Diagramm (Anhang B.9) eingezeichnet.

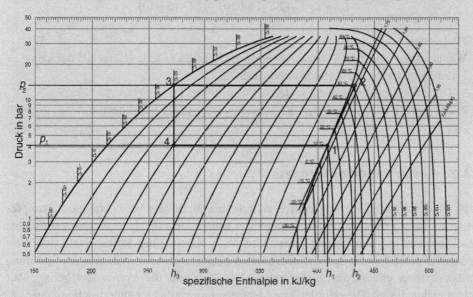

Aus dem eingezeichneten Kreisprozess im $\log(p),h$-Diagramm liest man für die Enthalpien folgende Werte ab:

$$h_1 = 404\,\text{kJ/kg},\ h_2 = 439,2\,\text{kJ/kg},\ h_3 = h_4 = 271,3\,\text{kJ/kg}$$

a) Der erforderliche Kältemittelmassenstrom ist:

$$\dot{m} = \frac{\dot{Q}_{41}}{h_1 - h_4} = \frac{5\text{kW}}{(404 - 271{,}3) \cdot \text{kJ/kg}} = 0{,}0377 \text{ kg/s}$$

b) Für die zuzuführende technische Kompressorleistung erhält man:

$$P_t = \dot{m} \cdot w_{tKP} = \dot{m} \cdot (h_2 - h_1) = 1{,}326 \text{ kW}$$

c) Die Leistungszahl der Kältemaschine nach Gl. (9.1):

$$\varepsilon_{KM} = \frac{\dot{Q}_{41}}{P_t} = \frac{5 \text{ kW}}{1{,}326 \text{ kW}} = 3{,}77$$

d) Die Leistungszahl des entsprechenden *Carnot*-Kälteprozesses beträgt:

$$\varepsilon_{KMC} = \frac{T_K}{T_W - T_K} = \frac{273{,}15 + 10}{(273{,}15 + 50) - (273{,}15 + 10)} = 7{,}08$$

Diskussion
Wie erwartet, liefert der *Carnot*-Kälteprozess höhere Leistungszahlen als der ideale Kaltdampfprozess. Die Gründe dafür sind:
1. Die Überhitzung des verdichteten Kältemittels und
2. die inneren Irreversibilitäten der adiabaten Drosselung von 3 nach 4.

9.3.2 Realer Kaltdampfprozess

Reale Prozesse laufen mit inneren Irreversibilitäten ab. Bei der Verdichtung des Dampfes entstehen beim Ansaugen und Ausstoßen des Kältemittels durch Strömung verursachte Druckverluste. Die Verdichtung selbst wird durch Reibung des Kolbens und den Wärmetransfer des Gases zu den Zylinderwänden beeinflusst. Auch während der Strömung im Kondensator und Verdampfer entstehen Druckverluste, die zwar relativ gering, aber nicht gleich null sind. Die erforderliche Mehrarbeit im Verdichter äußert sich im $\log(p), h$-Diagramm durch die Zunahme der Entropie. Im Verdichter muss eine größere spezifische technische Arbeit ergebracht werden.

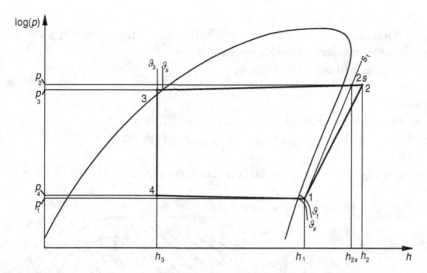

Abb. 9.10 Realer Kaltdampfprozess mit übertrieben gezeichneten Druckverlusten

Rechnerisch wird der zusätzliche Arbeitsaufwand durch den isentropen Wirkungsgrad des Kompressors berücksichtigt

$$w_{t12} = h_2 - h_1 = \frac{w_{i12s}}{\eta_i} = \frac{h_{2s} - h_1}{\eta_i} \tag{9.17}$$

Aus technischen Gründen müssen beim realen Prozess der Dampf vor dem Kompressor etwas überhitzt und das Kondensat vor dem Expansionsventil unterkühlt werden.

Die Überhitzung des Dampfes erfolgt im Verdampfer. Dadurch wird sichergestellt, dass keine Flüssigkeit in den Kompressor gelangt.

Das Kondensat wird im Kondensator unterkühlt. Zur Vermeidung von Verdampfung als Folge von Druckverlusten ist die Unterkühlung vor dem Expansionsventil notwendig. Bei einer Ausdampfung des gesättigten Kondensats käme es zu einer starken Erhöhung des spezifischen Volumens und das Ventil könnte den erforderlichen Kondensatmassenstrom nicht passieren lassen.

Abbildung 9.10 zeigt einen realen Kaltdampfprozess.

Beispiel 9.2: Realer Kaltdampfprozess einer Kältemaschine
Im Kältekreislauf des Beispiels 9.1 erfolgt die Verdichtung mit einem isentropen Wirkungsgrad von 78 %. Der Dampf wird um 10 K überhitzt und das Kondensat um 10 K unterkühlt. Die Druckverluste im Kondensator und Verdampfer werden weiterhin vernachlässigt. Die übrigen Daten sind wie im Beispiel 9.1 gegeben.

Für diesen modifizierten Kältekreislauf sind zu ermitteln:

a) der erforderliche Kältemittel-Massenstrom für eine Kälteleistung von 5 kW

b) die zuzuführende technische Kompressorleistung

c) die Leistungszahl der Kälteanlage ε_{KM}

Lösung

Annahmen

- Die Änderung der kinetischen Energie ist vernachlässigbar.
- Strömungsdruckverluste werden ebenfalls vernachlässigt.

Analyse

Zunächst wird der Prozess in das $\log(p),h$-Diagramm (Anhang B.9) eingezeichnet.

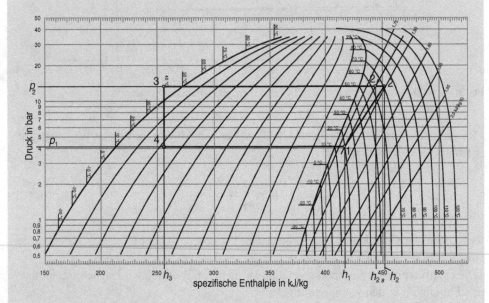

Im Gegensatz zur isentropen Verdichtung in Beispiel 9.1 erfolgt sie hier mit einer Zunahme der spezifischen Entropie, was auch mit einer Zunahme der Enthalpie verbunden ist. Durch die Angabe des isentropen Wirkungsgrades kann die Enthalpiezunahme mit Gl. (9.17) berechnet werden.

Im Kondensator wird das Kondensat um 10 K unterkühlt und der Dampf im Verdampfer um 10 K überhitzt.

Aus dem eingezeichneten Kreisprozess im $\log(p),h$-Diagramm liest man folgende Werte für die Enthalpien ab:

$$h_1 = 404\,\text{kJ/kg}, \quad h_{2s} = 439,2\,\text{kJ/kg}, \quad h_3 = h_4\,271,3\,\text{kJ/kg}$$

Für die Enthalpie h_2 erhalten wir mit Gl. (9.17):

$$h_2 = h_1 + (h_{2s} - h_1)/\eta_i = 449{,}13\,\text{kJ/kg}$$

a) Der erforderliche Kältemittelmassenstrom ist:

$$\dot{m} = \frac{\dot{Q}_{41}}{h_1 - h_4} = \frac{-5\,\text{kW}}{(404 - 271{,}3)\cdot\text{kJ/kg}} = \mathbf{0{,}0377\ kg/s}$$

b) Für die zuzuführende technische Kompressorleistung erhält man:

$$P_t = \dot{m}\cdot w_{tKP} = \dot{m}\cdot(h_2 - h_1) = \mathbf{1{,}70\ kW}$$

c) Die Leistungszahl der Kältemaschine beträgt:

$$\varepsilon_{KM} = \frac{\dot{Q}_{41}}{P_t} = \frac{5\,\text{kW}}{1{,}70\,\text{kW}} = \mathbf{2{,}94}$$

Diskussion
Die inneren Irreversibilitäten der Verdichtung erhöhen den erforderlichen Arbeitsaufwand für die Kompression. Die Senkung der Kondensattemperatur durch die Unterkühlung und die Erhöhung der Dampftemperatur durch die Überhitzung vergrößert zwar die nutzbringende Enthalpiedifferenz für die Verdampfung $h_1 - h_4$, kann aber den erhöhten Arbeitsaufwand bei der Verdichtung nicht kompensieren. Die Leistungszahl ε_{KM} ist deshalb wesentlich tiefer als im Idealfall in Beispiel 9.1.

9.3.3 Kaltdampfprozess mit Rekuperation

Die technisch notwendige Überhitzung des Dampfes und die Unterkühlung des Kondensats lässt sich durch eine so genannte *Rekuperation* verwirklichen. In einem internen Wärmeübertrager wird der kalte Dampf aus dem Verdampfer mit dem warmen Kondensat aus dem Kondensator überhitzt. Neben Sicherstellung der technisch notwendigen Überhitzung und Unterkühlung erhöht sich der nutzbare Wärmetransfer. Abbildung 9.11 zeigt das Schema und den Prozessverlauf im $\log(p),h$-Diagramm.

Vollständige Wärmeisolation des Rekuperators nach außen vorausgesetzt, wird vom Kondensat gleich viel Wärme abgegeben wie vom Dampf aufgenommen. Da der Massen-

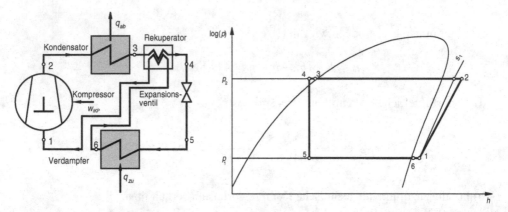

Abb. 9.11 Kaltdampfprozess mit Rekuperation

strom des Dampfes gleich groß wie der des Kondensats ist, ändert sich die Enthalpie beider Stoffströme um den gleichen Betrag, d. h., $h_3-h_4=h_1-h_6$. Durch Rekuperation wird der Prozesspunkt 5 nach rechts verschoben. Die spezifische Nutzwärme $q_{zu}=h_6-h_5$ der Kälteanlage wird um h_3-h_4 im Vergleich zum Prozess ohne Rekuperator vergrößert. Da auch die Enthalpie des Punktes 1 nach rechts verschoben wird, nimmt die Nutzwärme $q_{ab}=h_3-h_2$ der Wärmepumpe gleichermaßen zu. Durch die Erhöhung der Dampftemperatur vergrößert sich auch etwas die spezifische Arbeit des Kompressors. Diese Zunahme ist aber wesentlich geringer als die der Nutzwärme. Die gleiche Erhöhung der Nutzwärme kann aber auch durch die entsprechende Überhitzung im Verdampfer bzw. durch Unterkühlung im Kondensator erreicht werden. Damit hebt man das Temperaturniveau der Wärmeabgabe an, das der Wärmezufuhr wird gesenkt, was zur Verringerung der Arbeitszahl führt. In Abb. 9.12 sind die Temperaturverläufe des Prozesses mit und ohne Rekuperation dargestellt.

Durch die Verlagerung der notwendigen Überhitzung und Unterkühlung im Rekuperator hebt sich der Verdampferdruck an und der Kondensatordruck sinkt. Dadurch wird

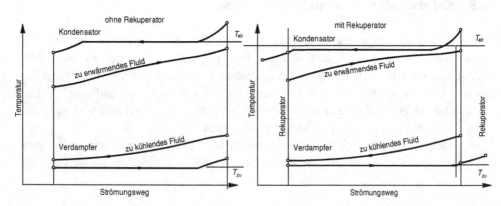

Abb. 9.12 Temperaturverläufe im Kaltdampfprozess mit und ohne Rekuperator Kältemaschinnene

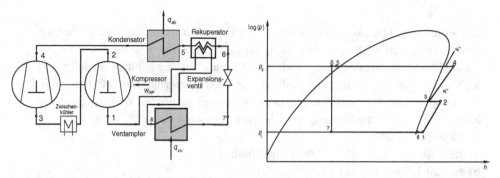

Abb. 9.13 Kaltdampfprozess mit zweistufiger Verdichtung, Zwischenkühlung und Rekuperation

die mittlere warme Temperatur tiefer und die mittlere kalte Temperatur höher, was eine Zunahme der Leistungszahl bedingt.

> Durch Rekuperation wird die Leistungszahl vergrößert und die technische Sicherheit der Anlage verbessert.

9.3.4   Zweistufige Kompression mit Zwischenkühlung

Mit zunehmenden Druckverhältnissen sinkt der Liefergrad des Kompressors. Dadurch verringert sich der Volumenstrom des Kältemittels und die Temperaturen steigen. Deshalb ist die Verdichtung bei größeren Druckverhältnissen in zwei oder mehreren Stufen durchzuführen. Diese mehrstufige Verdichtung erfolgt mit Zwischenkühlung. Dadurch verringert sich die Verdichtungsarbeit und die Endtemperatur der Verdichtung fällt tiefer aus. Bei hohen Temperaturen zersetzen sich Öl und Kältemittel unter der Bildung von Ölkohle. Die mit der Zwischenkühlung erreichte tiefere Temperatur verhindert die Zersetzung. Im Zwischenkühler wird das Kältemittel bis nahe an den gesättigten Dampfzustand gekühlt. Dabei ist unbedingt zu vermeiden, dass ein Teil des Dampfes kondensiert. Die Zwischenkühlung kann mit externer Wärmeabfuhr (Abb. 9.13) oder interner Kondensateinspritzung in einem Mischkühler (Beispiel 9.3) erfolgen.

> **Beispiel 9.3: Zweistufiger Kaltdampfprozess**
> In einem zweistufigen Kaltdampfprozess soll eine Kälteleistung von 20 kW erreicht werden. In der ersten Stufe wird das Kältemittel Propan von 2 bar Druck und $-20\,°C$ Temperatur auf 5 bar verdichtet. In einem Mischkühler wird dem Dampf so viel Kondensat aus dem Kondensator zugespritzt, dass er bis auf 1 K zur Sättigungs-

temperatur abgekühlt wird. Die anschließende Verdichtung erfolgt auf 20 bar. Im Kondensator wird das Propan vollständig kondensiert und im Rekuperator auf 50 °C abgekühlt. Nach Entnahme des Kondensats für die Zwischenkühlung wird der Rest im Verdampfer vollständig verdampft und im Rekuperator überhitzt. In den Kompressoren verläuft die Verdichtung adiabat mit einem isentropen Wirkungsgrad von 0,79. Der mechanische Wirkungsgrad der Kompressoren beträgt 0,9.

Zu ermitteln sind:

a) die erforderlichen Kältemittelmassenströme

b) die Antriebsleistung der Kompressoren

c) die Leistungszahl der Kältemaschine ε_{KM}

Lösung

Schema Siehe Skizze

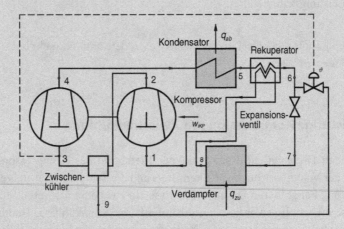

Annahmen

- Die Druckverluste in den Wärmeübertragern sind vernachlässigbar.
- Die Drosselungen erfolgen adiabat.
- Die kinetische und potentielle Energie sind vernachlässigbar.

Analyse

Zur Bestimmung der Stoffwerte wird der Prozess ins $\log(p),h$-Diagramm (B.8) eingetragen.

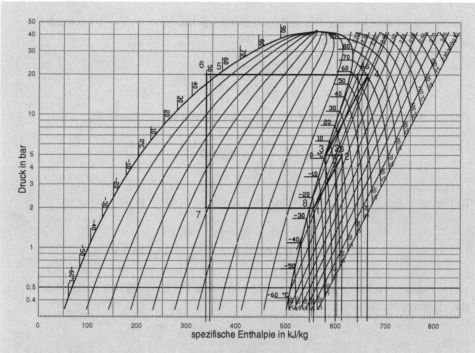

Folgende Enthalpien können abgelesen werden:

$$h_1 = 554\,\text{kJ/kg},\ h_{2s} = 599\,\text{kJ/kg},\ h_3 = 576\,\text{kJ/kg},$$
$$h_{4s} = 642\,\text{kJ/kg},\ h_6 = 337\,\text{kJ/kg},\ h_8 = 545\,\text{kJ/kg}.$$

Da im Rekuperator gleich viel Wärme an den Dampf abgegeben wie vom Kondensat aufgenommen wird und die Massenströme ähnlich groß sind, kann die Enthalpieänderung in beiden Stoffströmen gleich groß angenommen werden (Fehler kleiner als die Ablesegenauigkeit). Die Enthalpie h_5 hat den Wert von $346\,\text{kJ/kg}$.

Nach der Kompression errechnet man folgende Enthalpien:

$$h_2 = h_1 + (h_{2s} - h_1)/\eta_1 = 612{,}4\ \text{kJ/kg}$$

$$h_4 = h_3 + (h_{4s} - h_3)/\eta_i = 661{,}7\ \text{kJ/kg}$$

Damit sind alle Zustandspunkte bekannt.

a) Die Energiebilanz des Mischkühlers lautet:

$$\dot{m}_2 \cdot h_2 + \dot{m}_9 \cdot h_9 = \dot{m}_3 \cdot h_3$$

Zwischen den Massenströmen besteht folgender Zusammenhang:

$$\dot{m}_3 = \dot{m}_2 + \dot{m}_9 = \dot{m}_1 + \dot{m}_9$$

Da die Expansion bei der Einspritzung isenthalp ist, gilt $h_9 = h_6$. Somit kann der Massenstrom für die Kühlung bestimmt werden.

$$\dot{m}_9 = \dot{m}_2 \cdot \frac{h_3 - h_2}{h_6 - h_3} = 0,137 \cdot \dot{m}_2$$

Für die erwünschte Kälteleistung ist folgender Massenstrom notwendig:

$$\dot{m}_1 = \frac{\dot{Q}_k}{h_8 - h_6} = 0,0962 \frac{\text{kg}}{\text{s}}$$

b) Die technische Leistung der Kompressoren ist:

$$P_t = P_{t12} + P_{t56} = \dot{m}_2 \cdot (h_2 - h_1) + (\dot{m}_2 + \dot{m}_9) \cdot (h_4 - h_3) =$$
$$= \dot{m}_2 \cdot [h_2 - h_1 + (1 + 0,137) \cdot (h_4 - h_3)] = \mathbf{15{,}188\ kW}$$

Unter Berücksichtigung der mechanischen Verluste des Kurbeltriebs erhält man für die effektive Antriebsleistung:

$$P_{eff} = P_t / \eta_m = \mathbf{16{,}798\ kW}$$

c) Die Leistungszahl der Kältemaschine ist:

$$\varepsilon_{KM} = \frac{\dot{Q}_K}{P_{eff}} = \mathbf{1{,}19}$$

Diskussion

Im Vergleich mit Stoffdaten aus Tabellen oder Computerprogrammen ist die Daten-ermittlung aus dem $\log(p),h$-Diagramm ungenauer. Die Bestimmung der Enthalpie ist höchstens mit einer Genauigkeit von ± 1 kJ/kg möglich. Da die anderen Anlagen-kenngrößen (z. B. Kompressorwirkungsgrad, Kraftübertragung, Wärmeverluste) in der Regel noch größere Ungenauigkeiten aufweisen, sind die Fehler aus dem $\log(p),h$-Diagramm vertretbar.

Beispiel 9.4: Kältemaschine mit Rekuperator

Für einen Kühlraum soll eine Kälteanlage mit R134a als Kältemittel und 4 kW Kälteleistung mit folgenden Kreisprozessdaten berechnet werden.

Verdampfungstemperatur:	−18 °C
Kondensationstemperatur:	+40 °C
Kondensatunterkühlung im Kondensator:	5,0 K
Überhitzung im Verdampfer:	10,0 K
Überhitzung durch Rekuperation:	5,0 K
isentroper Kompressionswirkungsgrad:	0,80

Die technische Kompressorleistung und Leistungszahl der Kältemaschine sind zu bestimmen.

Lösung

Schema Siehe Skizze

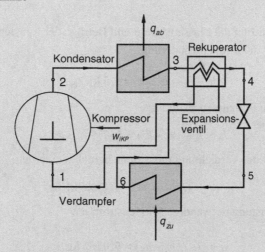

Annahmen

- Die Druckverluste in den Wärmeübertragern sind vernachlässigbar.
- Die Drosselungen erfolgen adiabat.
- Die kinetische und potentielle Energie sind vernachlässigbar.

Analyse

Den Prozess trägt man in das $\log(p),h$-Diagramm (B.9) ein und bestimmt die Enthalpien.

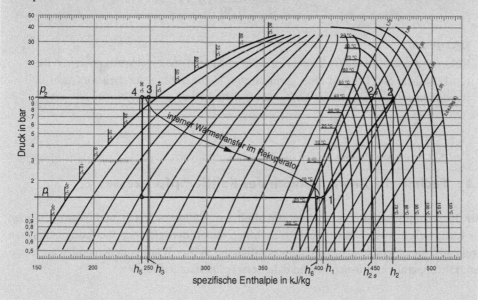

Sie sind:

$$h_1 = 401\,\text{kJ/kg}, h_{2_s} = 445,7\,\text{kJ/kg}, h_4 = 243\,\text{kJ/kg},$$

$$h_6 = 395,5\,\text{kJ} / \text{kg}.$$

Da bei der Rekuperation die Massenströme und Beträge der transferierten Wärmen gleich sind, gilt für die Enthalpieänderung:

$$h_3 - h_4 = h_1 - h_6 = 5,5 \text{ kJ/kg}$$

Daraus folgt für die Enthalpien h_4 und h_5:

$$h_3 = h_4 - (h_1 - h_6) = 237,5 \text{ kJ/kg}$$

Die Enthalpie nach der Verdichtung muss noch berechnet werden.

$$h_2 = h_1 + (h_{2_s} - h_1) / \eta_i = 456,6 \text{ kJ/kg}$$

Der für die Kälteleistung notwendige Massenstrom ist:

$$\dot{m} = \dot{Q}_K / (h_6 - h_5) = \mathbf{0{,}0262 \text{ kg/s}}$$

Die technische Kompressionsleistung beträgt:

$$P_t = \dot{m} \cdot (h_2 - h_1) = \mathbf{1{,}675 \text{ kW}}$$

Damit ist die gesuchte Leistungszahl der Kältemaschine:

$$\varepsilon_{KM} = \frac{\dot{Q}_K}{P_t} = \frac{4}{1,59} = \mathbf{2{,}34}$$

Diskussion
Rekuperatoren sind relativ kleine Apparate, die meist aus zwei konzentrischen Rohren bestehen. Sie bringen eine geringfügige Verbesserung der Leistungszahl und werden hauptsächlich wegen der Apparatesicherheit eingebaut.

9.4   Technische Anwendungen des Kaltdampfprozesses

Der Kaltdampfprozess kommt hauptsächlich bei Kältemaschinen und Wärmepumpen zur technischen Anwendung. Beide Maschinen haben den gleichen thermodynamischen Kreislauf. Sie unterscheiden sich hauptsächlich durch ihre Wärmequellen und Wärmesenken. Die apparativen Lösungen sind daher etwas unterschiedlich.

9.4.1 Kältemaschinen

Die häufigst verwendeten Kältemaschinen sind Kühlschränke, Klimaanlagen, Gefrierschränke und Aggregate für Kühlräume bzw. Transportfahrzeuge. Die Wärmequelle ist das zu kühlende Gut oder der Raum. Der Wärmetransfer erfolgt meist über Luft, die im Verdampfer gekühlt und zum zu kühlenden Raum gelangt. Die Wärmesenke ist die Umgebung, hier wird die Wärme in der Regel vom Kondensator an die Luft abgegeben. Bei einigen Anwendungen, die aber eher Ausnahmefälle sind, nutzt man die Abwärme des Kondensators (z. B. Heizwärme).

Bei Kältemaschinen ist die Temperaturdifferenz zwischen Quelle und Senke durch die Temperatur des zu kühlenden Mediums gegeben. In einem Tiefkühlhaus müssen z. B. aus lebensmittelchemischen Gründen mindestens $-20\,°C$ Temperatur erreicht werden. Durch Optimieren des Verdampfers kann die Verdampfungstemperatur auf möglichst hohe Werte gebracht werden, um die Leistungszahl zu verbessern. Da man Luft als Arbeitsmedium hat, muss bei einer wirtschaftlichen Lösung in der Regel mit Verdampfungstemperaturen von ca. $-30\,°C$ gearbeitet werden. Damit sind für die Verbesserung der Leistungszahlen Grenzen gesetzt.

Auf den Oberflächen des Verdampfers scheidet sich aus der Luft Wasserdampf aus und gefriert, es bildet sich eine Eisschicht. Diese beeinflusst die Leistung der Anlage und muss ab einer gewissen Eisschichtdicke entfernt werden. Es gibt verschiedene Methoden für die Abtauung, auf die bei Wärmepumpen, bei denen sich mehr Eis bildet und die häufiger abgetaut werden müssen, näher eingegangen wird.

Die speziellen Maschinen für Tiefsttemperaturtechnik werden hier nicht besprochen.

9.4.2 Wärmepumpen

Wärmepumpen setzt man hauptsächlich zur Gebäudeheizung ein. Die vom Kondensator abgegebene Wärme wird meist vom Heizwasser einer Zentralheizung aufgenommen. Als Wärmequelle können Umgebungsluft, Erdwärme oder Wärme aus Gewässern fungieren. Die besten Leistungszahlen erreicht man bei den kleinsten Temperaturdifferenzen zwischen Quelle und Senke. Die optimale Lösung für Wärmepumpen ist eine Niedertemperaturheizung. In modernen, gut isolierten Häusern kann man bei tiefsten Außentemperaturen schon mit $27\,°C$ warmem Heizwasser heizen. Bei Wärmepumpen ist die *Jahresarbeitszahl* interessant, die der Quotient aus der in einer Heizperiode gelieferten Wärme und aus dem elektrischen Stromverbrauch ist. Moderne Wärmepumpen können in gut isolierten Häusern Jahresarbeitszahlen von über 4 erreichen, d. h., 1 kWh Strom liefert mehr als 4 kWh Wärme.

Mit Umgebungsluft als Wärmequelle wird im Verdampfer die die Wärme liefernde Luft gekühlt. Bei Außentemperaturen unter $+10\,°C$ kann der Verdampfer luftseitig vereisen. Im Gegensatz zu Kälteanlagen wird dem Verdampfer stets neue feuchte Luft aus der Umgebung zugeführt, die recht viel Wasserdampf (Luftfeuchte) enthalten kann. Der Grad

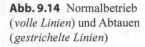

Abb. 9.14 Normalbetrieb
(*volle Linien*) und Abtauen
(*gestrichelte Linien*)

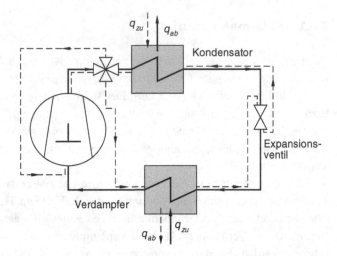

der Vereisung hängt stark von der relativen Feuchtigkeit der Umgebungsluft ab. Durch die zunehmenden Eisschichtdicken wird der Luftweg versperrt, die Leistung der Anlage nimmt ab und der Verdampfer muss abgetaut werden. Bei ungünstigen Bedingungen kann die Vereisung schon nach einer Stunde so groß sein, dass ein erneutes *Abtauen* notwendig wird. Ist die Lufttemperatur einige Grade über 0 °C, kann der Verdampfer abgestellt und mit der Umgebungsluft abgetaut werden. Andernfalls muss das Abtauen mit einer elektrischen Heizung oder durch das heiße Abgas des Kompressors erfolgen. Letzteres nennt man Heißgasabtauung (Abb. 9.14). Der Kreislauf wird mit einem Vierwegeventil so umgeschaltet, dass der *Verdampfer im Reversierbetrieb* als Kondensator arbeitet und Wärme nach außen abgibt. Damit wird das Eis geschmolzen und zum Schluss der Verdampfer getrocknet. Als Reversierverdampfer kann der Kondensator, welcher Wärme aus dem Heizwasser entnimmt, dienen. Es ist möglich, statt des Kondensators einen Wärmespeicher, z. B. einen Flüssigkeitssammler, einzusetzen.

In Neubauten sind Wärmepumpen mit Fußbodenheizungen ökonomische und ökologische Wärmelieferanten. Neuerdings werden Wärmepumpen als Ersatz für Elektro- und Ölheizungen angeboten. Diese Anlagen arbeiten mit Vorlauftemperaturen von bis zu 70 °C und liefern das Heizwasser für Hochtemperaturheizkörper. Das Druckverhältnis dieser Anlagen ist groß. Im Vergleich zu Niedertemperaturheizungen sind die Leistungszahlen kleiner. Bei hohen Verdichtungsverhältnissen sinkt der Liefergrad des Kompressors, sodass zur Sicherung der Heizleistung bei tiefen Außentemperaturen recht große Verdichter benötigt werden. Abhilfe bieten zweistufige Kompressoren mit Zwischeneinspritzung, die bessere Liefergrade und tiefere Endtemperaturen haben.

Beispiel 9.5: Auslegung und Betrieb einer Wärmepumpe

Eine Wärmepumpe mit R134a als Kältemittel ist so auszulegen, dass sie bei $-15\,°C$ Außentemperatur eine Heizleistung von 10 kW liefert. Die Verdampfungstemperatur beträgt bei diesem Betrieb $-25\,°C$. Am Austritt des Verdampfers hat der Dampf eine Temperatur von $-20\,°C$. Am Austritt des Kondensators beträgt die Kältemitteltemperatur $40\,°C$.

Bei einer Außentemperatur von $10\,°C$ verändern sich die Betriebstemperaturen der Anlage folgendermaßen:

Verdampfungstemperatur:	$0\,°C$
Dampftemperatur am Eintitt des Verdichters:	$5\,°C$
Kondensationstemperatur:	$30\,°C$
Kondensattemperatur am Austritt des Kondensators:	$25\,°C$

Der Kompressor hat einen isentropen Wirkungsgrad von 0,8 und den mechanischen Wirkungsgrad von 0,9. Er liefert einen konstanten Volumenstrom. Dadurch ist der Massenstrom proportional zum Verdampferdruck.

Zu berechnen sind:

a) der notwendige Kältemittelmassenstrom, die effektive Kompressorleistung und die Arbeitszahl der Wärmepumpe

b) die Heizleistung und Arbeitszahl bei $+10\,°C$ Außentemperatur.

Lösung

Schema Siehe Skizze

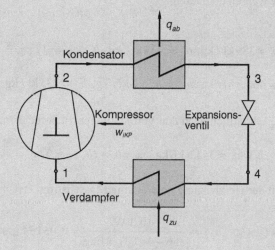

Annahmen

- Die Wärmetransfers erfolgen isobar.
- Die Verdichtung ist adiabat.
- Die Expansion ist adiabat.

Analyse

Für die Analyse tragen wir den Prozess bei beiden Außentemperaturen in das log(p),h-Diagramm (B.9) ein, die Enthalpien werden abgelesen. Die Zustandspunkte bei 10 °C Außentemperatur sind mit ' versehen.

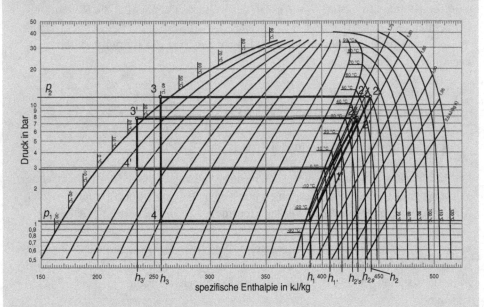

spezifische Enthalpie in kJ/kg

a) Folgende Werte werden abgelesen:

$$h_1 = 389 \,\text{kJ/kg}, \ h_{2_s} = 438 \,\text{kJ/kg}, \ h_3 = 256 \,\text{kJ/kg},$$

$$h_{1'} = 406{,}3 \,\text{kJ/kg}, \ h_{2'_s} = 426{,}3 \,\text{kJ/kg}, \ h_{3'} = 235 \,\text{kJ/kg}.$$

Jetzt sind noch die Enthalpien nach den Verdichtungen zu berechnen.

$$h_2 = h_1 + (h_{2_s} - h_1)/\eta_i = 343{,}3 \ \text{kJ/kg}, \ h_{2'} = h_{1'} + (h_{2'_s} - h_{1'})/\eta_i = 331{,}3 \ \text{kJ/kg}$$

Der zum Erreichen der Heizleistung notwendige Massenstrom errechnet sich zu:

$$\dot m = \dot Q /(h_3 - h_2) = \frac{-10 \cdot \text{kW}}{(256 - 443{,}3) \cdot \text{kJ/kg}} = 0{,}0515 \ \text{kg/s}$$

Die effektive Kompressorleistung ist:

$$P_{eff} = P_t / \eta_m = \dot m \cdot (h_2 - h_1)/\eta_m = 3{,}50 \ \text{kW}$$

Damit ergibt sich für die Leistungszahl:

$$\varepsilon_{WP} = |Q_{ab}| / P_{\text{eff}} = \mathbf{2,85}$$

b) Die Werte der Verdampferdrücke können in Tab. A.6 genauer als im Diagramm abgelesen werden.

$$p_1 = 1,0648\,\text{bar},\ p_{2'} = 2,9277\,\text{bar}$$

Damit erhöht sich der Massenstrom des Kompressors zu:

$$\dot{m}_{2,93\,\text{bar}} = \dot{m}_{1,06\,\text{bar}} \cdot p_{1'} / p_1 = \mathbf{0,1415\,kg/s}$$

Die Heizleistung wird durch die Änderung des Massenstromes vergrößert.

$$\dot{Q}_{ab} = \dot{m}_{2,93\,\text{bar}} \cdot (h_{3'} - h_{2'}) = \mathbf{-27,785\,kW}$$

Die effektive Kompressorleistung ist:

$$P_{\text{eff}} = P_t / \eta_m = \dot{m} \cdot (h_2 - h_1) / \eta_m = \mathbf{3,932\,kW}$$

Damit ergibt sich für die Leistungszahl:

$$\varepsilon_{WP} = |Q_{ab}| / P_{\text{eff}} = \mathbf{7,07}$$

Diskussion

Dieses Beispiel demonstriert eindrücklich die Tatsache, dass eine Wärmepumpe mit abnehmender Temperaturdifferenz mehr Heizleistung bringt und eine bessere Leistungszahl hat. Die zur Heizung eines Hauses benötigte Heizleistung ist in sehr guter Näherung proportional zur Temperaturdifferenz zwischen Raum- und Außentemperatur. Geht man von einer Raumtemperatur von 20 °C aus, benötigt das hier berechnete Haus bei −15 °C eine Heizleistung von 10 kW und bei +10 °C nur 2,86 kW. Die Wärmepumpe liefert einen zehnmal zu großen Wärmestrom, d. h., sie muss intermittierend ein- und ausgeschaltet werden. Ein solcher Betrieb verursacht schlechtere Arbeitszahlen. Für den Betrieb bei hohen Außentemperaturen muss der Elektromotor mit relativ großer Leistung ausgelegt werden. Aus diesem Grund werden Wärmepumpen oft mit zwei Kompressoren unterschiedlicher Leistung oder mit einem Kompressor, der drehzahlgeregelt ist, ausgestattet.

9.5 Kaltgasprozess

Beim *Kaltgasprozess* bleibt das Kältemittel während des gesamten Prozesses in gasförmigem Zustand. Zu den wichtigsten Anwendungen gehören die Gasverflüssigung und Luftkonditionierung in Verkehrsflugzeugen. In letzter Zeit kommen auch Anwendungen im Zusammenhang mit Hochtemperatur-Supraleitern in Frage.

Die technisch verwendeten Kaltgasprozesse haben einen internen regenerativen Wärmetransfer. Dabei wird das komprimierte Hochdruckgas in einem Wärmeübertrager durch das kalte Niederdruckgas abgekühlt.

9.5.1 Ideale Kaltluftmaschine

Abbildung 9.15 zeigt den idealen Kaltluftprozess schematisch, der die Umkehrung des *Joule*prozesses ist. Der Kompressor saugt die kalte Luft im Zustand 1 an und komprimiert sie isentrop auf den Druck p_2.

Dabei steigt die Temperatur auf T_2 an. Im nachfolgenden Kühler führt man die Wärme isobar ab. In der Expansionsmaschine wird die abgekühlte Luft isentrop auf p_1 entspannt. Dabei sinkt die Temperatur auf T_{4S} ab. Durch Wärmezufuhr erhöht sich die Lufttemperatur in einem Wärmeübertrager isobar auf T_1. Der Prozess ist in Abb. 9.16 im $T{,}s$-Diagramm dargestellt.

Der Prozess wird mit Luft als perfektem Gas, also mit konstanten Stoffwerten, behandelt. Die bei der Verdichtung geleistete spezifische isentrope Arbeit ist:

$$w_{t12} = h_2 - h_1 = \overline{c}_p \cdot (T_2 - T_1)$$

Für die spezifische isentrope Expansionsarbeit erhalten wir analog:

$$w_{t34} = h_4 - h_3 = \overline{c}_p \cdot (T_4 - T_3)$$

Abb. 9.15 Idealer
Kaltluftprozess

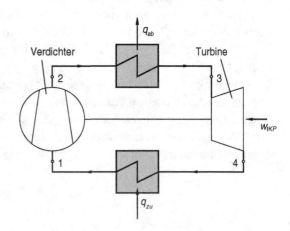

Abb. 9.16 Idealer Kaltluft-
Kreisprozess im T,s-Diagramm

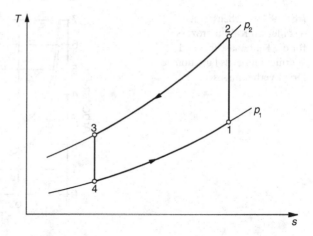

Die spezifische technische Kreisprozessarbeit ist die Summe beider Arbeiten.

$$w_{tKP} = \overline{c}_p \cdot (T_2 - T_1 + T_4 - T_3)$$

Die spezifische ab- und zugeführte Wärme erhält man als:

$$q_{ab} = q_{23} = h_3 - h_2 = \overline{c}_p \cdot (T_3 - T_2)$$

$$q_{zu} = q_{41} = h_1 - h_4 = \overline{c}_p \cdot (T_1 - T_4)$$

Die Leistungszahl der idealen Kältemaschine ist damit:

$$\varepsilon_{KW,id} = \frac{q_{41}}{w_{tKP}} = \frac{T_1 - T_4}{T_2 - T_1 + T_4 - T_3} = \frac{1}{\dfrac{T_2 - T_3}{T_1 - T_4} - 1} \tag{9.18}$$

Für die isentropen Zustandsänderungen können die Temperaturen T_2 und T_4 bestimmt werden.

$$T_2 = T_1 \cdot (p_2 / p_1)^{(\kappa - 1)/\kappa}$$
$$T_4 = T_3 \cdot (p_4 / p_3)^{(\kappa - 1)/\kappa} = T_3 \cdot (p_1 / p_2)^{(\kappa - 1)/\kappa} \tag{9.19}$$

Gleichung (9.19) in Gl. (9.18) eingesetzt, ergibt für die Arbeitszahl:

$$\varepsilon_{KM,id} = \frac{1}{(p_2 / p_1)^{(\kappa - 1)/\kappa} - 1} \tag{9.20}$$

Abb. 9.17 Arbeitszahlen
des idealen Kaltluftprozesses
für die Kältemaschine und
Wärmepumpe als Funktion des
Druckverhältnisses

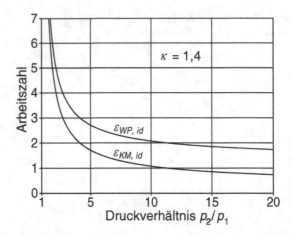

Für die Wärmepumpe, die eher selten Anwendung findet, erhält man für die Arbeitszahl:

$$\varepsilon_{WP,id} = \frac{|q_{23}|}{w_{iKP}} = \frac{T_2 - T_3}{T_2 - T_1 + T_4 - T_3} = \frac{1}{1 - \dfrac{T_4 - T_1}{T_3 - T_2}} \tag{9.21}$$

Die mit Gl. (9.19) berechneten Temperaturen eingesetzt, ergeben:

$$\varepsilon_{WP,id} = \frac{1}{1 - (p_1 / p_2)^{(\kappa - 1)/\kappa}} \tag{9.22}$$

Abbildung 9.17 zeigt die Arbeitszahlen des idealen Kaltgasprozesses für die Kältemaschine und Wärmepumpe.

Vergleicht man den Prozessverlauf mit dem der *Carnot*-Kältemaschine, fällt sofort auf, dass der Kaltluftprozess ähnlich wie der *Joule*prozess bei den Wärmetransfers starke Temperaturänderungen aufweist.

9.5.2 Realer Kaltgasprozess

Beim realen Prozess erfolgen die Verdichtung und Expansion nicht isentrop. Daher wird die Verdichtungsarbeit im Vergleich zum Idealprozess größer und die Expansionsarbeit kleiner. Aus diesem Grund erhöht sich die Kreisprozessarbeit. Bei Prozessen mit kleinen Druckverhältnissen, die höhere Arbeitszahlen liefern sollten, verursachen die Reibungsdruckverluste unverhältnismäßig großen, zusätzlichen Arbeitsaufwand. Abbildung 9.18 zeigt den Verlauf des Realprozesses.

Abb. 9.18 Realer
Kaltgasprozess

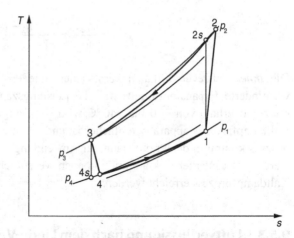

Die genaue Berechnung des Prozesses muss mit den isentropen Wirkungsgraden des Verdichters und der Turbine und mit realen Stoffwerten durchgeführt werden.

Für die spezifische Verdichtungsarbeit erhält man:

$$w_{t12} = w_{p12s} / \eta_{iV} = h_2 - h_1 = (h_{2s} - h_1) / \eta_{iV}$$

Für die Expansionsarbeit gilt:

$$w_{t34} = w_{p34s} \cdot \eta_{iT} = h_4 - h_3 = (h_{4s} - h_3) \cdot \eta_{iT}$$

Die Kreisprozessarbeit ist damit:

$$w_{tKP} = h_2 - h_1 + h_4 - h_3$$

Bei den Wärmetransfers wird von außen keine Arbeit übertragen. Unter der Voraussetzung, dass die Änderungen der kinetischen und potentiellen Energie vernachlässigbar sind, gilt für die transferierten Wärmen:

$$q_{ab} = q_{23} = h_3 - h_2$$

$$q_{zu} = q_{41} = h_1 - h_4$$

Die Arbeitszahlen des realen Prozesses sind

$$\varepsilon_{KM} = \frac{q_{zu}}{w_{tKP}} = \frac{h_1 - h_4}{h_2 - h_1 + h_4 - h_3} \tag{9.23}$$

$$\varepsilon_{WP} = \frac{|q_{ab}|}{w_{tKP}} = \frac{h_2 - h_3}{h_2 - h_1 + h_4 - h_3} \tag{9.24}$$

Die *inneren* Irreversibilitäten verursachen eine erhöhte Kompressionsarbeit und eine verminderte Expansionsarbeit, was die Leistungszahl erheblich reduziert. Bei Temperaturen oberhalb von −30 bis −40 °C wird der Kaltgasprozess kaum verwendet, da der Kaltdampfprozess apparativ einfacher ist und bessere Arbeitszahlen liefert. Der Kaltgasprozess kommt in der Praxis dann zur Anwendung, wenn tiefere Temperaturen benötigt werden. Mit interner Rekuperation können wesentlich tiefere Temperaturen als mit dem Kaltdampfprozess erreicht werden.

9.5.3 Luftverflüssigung nach dem Linde-Verfahren

Reale Gase kühlen sich bei einer Drosselung ab. Je tiefer die Temperatur bei der Drosselung ist, desto stärker ist auch die Abkühlung (*Joule-Thomson*-Effekt). *Carl von Linde* nutzte diese Eigenschaft der realen Gase zur Luftverflüssigung. Abbildung 9.19 zeigt das Schaltbild der Anlage, Abb. 9.20 das T,h-Diagramm des Prozesses.

Die Luft wird von 20 auf 200 bar verdichtet. In einem Kühler wird die durch Verdichtung erhitzte Luft auf die Eintrittstemperatur zurückgekühlt. Anschließend wird die hoch verdichtete Luft in einem Gegenstromwärmeübertrager mit dem nicht kondensierten Anteil der expandierten Luft auf die Temperatur T_3 gekühlt. Die isenthalpe Expansion im Drosselventil auf 20 bar erfolgt in das Zweiphasengebiet. Die kondensierte Luft hat eine Temperatur von −153 °C. Die flüssige Luft wird abgeschieden und für die Lagerung weiter auf 1 bar expandiert.

Abb. 9.19 Schaltbild der Luftverflüssigungsanlage nach *Linde*

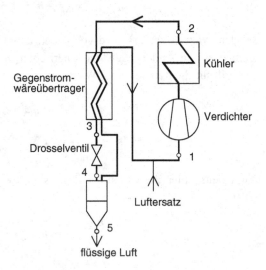

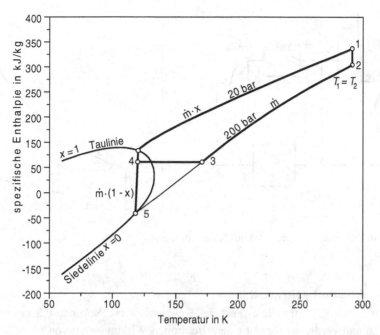

Abb. 9.20 *Linde*-Prozess im *T,h*-Diagramm

Zum Starten des Prozesses wird der Druck der Anlage auf 20 bar gebracht. Anschließend erfolgt die Verdichtung auf 200 bar. Es dauert eine gewisse Zeit, bis die Expansion in das Zweiphasengebiet erfolgt, weil zunächst die für die Abkühlung notwendige kalte Luft fehlt.

Die entnommene verflüssigte Luft wird durch die Zuführung von gasförmiger, vorher von Wasserdampf, Kohlendioxid und Staub gesäuberter Luft mit einem Druck von 20 bar ersetzt.

9.5.4 Kaltgasprozess mit Rekuperation

Wird das Arbeitsmittel Gas hoch verdichtet, auf Umgebungstemperatur gekühlt und dann expandiert, werden Temperaturen von −150 °C erreicht. Da die Nutzung des kalten Gases von einer Wärmequelle tiefer Temperatur in einem nur sehr geringen Temperaturbereich möglich ist, kann das etwas erwärmte kalte Gas genutzt werden, um das verdichtete Gas von der Umgebungstemperatur noch weiter zu kühlen. Damit erreicht man eine verbesserte Arbeitszahl bei tieferer Temperatur. Mit einem solchen Prozess kann sogar wie beim Luftverflüssigungsverfahren nach *Linde* das Gas verflüssigt werden. Dann ist der Prozess allerdings nicht mehr ein reiner Gasprozess. Abbildung 9.21 zeigt das Schema und *T,s*-Diagramm eines Kaltgasprozesses mit Rekuperation.

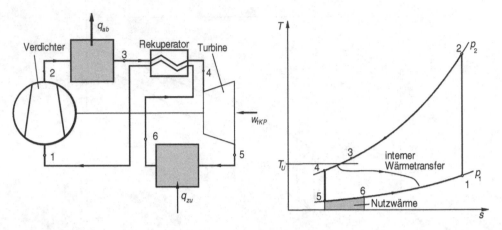

Abb. 9.21 Schema und T,s-Diagramm des Kaltgasprozesses

Beispiel 9.6: Kaltluft-Kältemaschine

In einer Kaltluft-Kältemaschine saugt der Kompressor pro Sekunde 0,2 kg trockene Luft an und verdichtet sie mit einem isentropen Wirkungsgrad von $h_{iV}=0,80$ auf 10 bar. Die verdichtete Luft wird zunächst in einem Wärmeübertrager mit Kühlwasser auf 20 °C isobar gekühlt. Eine weitere Abkühlung auf −40 °C erfolgt in einem Rekuperator, bevor sie in der Turbine mit einem isentropen Wirkungsgrad von $h_{iT}=0,82$ auf 1 bar expandiert. Anschließend erfolgt die isobare Wärmeaufnahme, bei der die Luft um 60 K erwärmt wird. Die Turbinenwelle ist direkt an die Kompressorwelle gekoppelt, die durch einen Elektromotor angetrieben wird. Die Luft wird als perfektes Gas angenommen.

Zu berechnen sind:

a) die Endtemperatur der Expansion

b) die erforderliche Antriebsleistung

c) die Leistungszahl der Kältemaschine.

Lösung

Schema Siehe Abb. 9.19

Annahmen

- Druckverluste in den Wärmeübertragern werden vernachlässigt.
- Kompression und Expansion erfolgen adiabat.
- Kinetische und potentielle Energie werden vernachlässigt.
- Luft wird als perfektes Gas mit $\kappa = 1,4$ angenommen.
- Mechanische Verluste werden vernachlässigt.

Analyse

a) Zur Bestimmung der Temperaturänderung in der Turbine wird zunächst die isentrope Zustandsänderung berechnet.

$$T_{5s} = T_4 \cdot \left(\frac{p_1}{p_2}\right)^{\frac{\kappa-1}{\kappa}} = 233{,}15 \cdot \text{K} \cdot 0{,}01^{1,4}^{0,4} = 120{,}76 \text{ K}$$

Mit dem isentropen Wirkungsgrad der Turbine kann die Endtemperatur der Expansion ermittelt werden.

$$T_5 = T_4 - (T_4 - T_{5s}) \cdot \eta_{iT} = \mathbf{140{,}99K}$$

b) Nach den Vorgaben ist die Temperatur am Austritt des Wärmeübertragers 60 K höher als am Turbinenaustritt, also 180,96 K. Die Temperatur T_6 am Austritt des Rekuperators muss noch berechnet werden. Da die Massenströme und spezifischen Wärmekapazitäten beider Stoffströme gleich groß sind, ist ihre Temperaturänderung auch gleich groß, also 60 K. Die Temperatur T_1 beträgt somit 260,98 K. Die spezifische Wärmekapazität des perfekten Gasses berechnet sich zu:

$$c_p = R \cdot \kappa / (\kappa - 1) = 1004 \cdot \frac{\text{J}}{\text{kg} \cdot \text{K}}$$

Die Enthalpieänderung der isentropen Kompression beträgt:

$$h_{2s} - h_1 = c_p \cdot T_1 \cdot \left[\left(\frac{p_2}{p_1}\right)^{\frac{\kappa-1}{\kappa}} - 1\right] = 244{,}01 \text{ kJ/kg}$$

Mit dem isentropen Wirkungsgrad wird die Enthalpieänderung bestimmt.

$$h_2 - h_1 = (h_{2s} - h_1) / \eta_{iV} = 305{,}10 \text{ kJ/kg}$$

Ähnlich erhält man für die Expansion:

$$h_4 - h_3 = c_p \cdot T_3 \cdot \left[\left(\frac{p_1}{p_2}\right)^{\frac{\kappa-1}{\kappa}} - 1\right] \cdot \eta_{iT} = -92{,}61 \text{ kJ/kg}$$

Die Antriebsleistung ist:

$$P = \dot{m} \cdot (h_2 - h_1 + h_4 - h_3) = \mathbf{42{,}50 \text{ kW}}$$

c) Die Kälteleistung berechnet sich zu:

$$\dot{Q}_K = \dot{m} \cdot c_{pm}(T_6 - T_5) = 12,05\ \text{kW}$$

Die Leistungszahl der Kältemaschine ist:

$$\varepsilon_{KM} = \frac{\dot{Q}_K}{P} = 0,284$$

Diskussion
Dieses Beispiel demonstriert, dass mit dem Kaltgasprozess sehr tiefe Temperaturen erreicht werden können. Allerdings darf die Luft bei diesen Temperaturen und Drücken nicht mehr als ideales Gas behandelt werden. Die Leistungszahl wird durch Dissipation bei der Verdichtung und Expansion wesentlich kleiner als die eines idealen Kaltdampfprozesses. Der Rekuperator verringert das notwendige Verdichtungsverhältnis, was so die Antriebsleistung mindert.

9.6 Wärmetransformationsprozesse

Wärmetransformationsprozesse nutzen einen Antriebswärmestrom, der auf einem bestimmten Temperaturniveau zur Verfügung steht und erzeugen einen oder mehrere Nutzwärmeströme auf anderen Temperaturniveaus. Dabei wird – außer für Hilfsaggregate – keine von außen zugeführte mechanische oder elektrische Energie benötigt. Die Wärmeströme liegen bei mindestens drei verschiedenen Temperaturniveaus vor. Man unterscheidet je nach Temperaturniveau des Antriebwärmestroms verschiedene Prozesse. Liegt der Antriebswärmestrom auf dem höchsten Temperaturniveau vor, spricht man von *thermisch angetriebenen Wärmepumpen* und *Kältemaschinen* oder *Typ 1 Wärmepumpen*. *Wärmetransformatoren* oder *Typ 2 Wärmepumpen* nennt man dagegen Anlagen, bei denen die Antriebswärme beim mittleren Temperaturniveau zugeführt wird und die Nutzwärme beim höchsten Temperaturniveau anfällt.

9.6.1 Thermisch angetriebene Wärmepumpen und Kältemaschinen

Thermisch angetriebene Wärmepumpen werden als Nachfolgetechnologie für herkömmliche Gasheizungen diskutiert. Die vom Gasbrenner bei hoher Temperatur anfallende Wärme wird dabei zunächst zum Pumpen zusätzlicher Wärme aus der Umgebung genutzt. Die für Heizzwecke zur Verfügung stehende Wärme ist somit deutlich größer als die im Brenner erzeugte, was zu einer Energieeinsparung führt.

Bei thermisch angetriebenen Kältemaschinen wird die von Solarkollektoren bereitgestellte Wärme, die Abwärme aus industriellen Prozessen oder die Abwärme von Blockheizkraftwerken bzw. LKW-Motoren zur Kälteerzeugung genutzt.

Zum besseren Verständnis ist es sinnvoll, sich den Wärmetransformationsprozess, zusammengesetzt aus einem Arbeit erzeugenden Prozess (AEP) und einem Arbeit verbrauchenden Prozess (AVP) vorzustellen. Abbildung 9.22 zeigt dies für eine reversible Typ 1 Wärmepumpe. Der Arbeit erzeugende Prozess läuft zwischen den beiden höheren Temperaturniveaus ab und gibt die erzeugte Arbeit an den Arbeit verbrauchenden Prozess ab, welcher Wärme vom tiefsten Temperaturniveau auf das mittlere pumpt. Die Arbeit tritt dabei nach außen nicht in Erscheinung. Bei thermisch angetriebenen Wärmepumpen setzt sich die Nutzwärme dann aus den Abwärmen des Arbeit erzeugenden und des Arbeit verbrauchenden Prozesses zusammen, die beide auf dem mittleren Temperaturniveau anfallen:

$$Q_{Nutz} = Q_{ab,AEP} + Q_{ab,AVP}$$

Die Leistungszahl der thermisch angetriebenen Wärmepumpe ergibt sich dann aus dem Verhältnis der Nutzwärme und der zugeführten Antriebswärme:

$$\varepsilon_{WP} = \frac{\left| Q_{ab,AEP} + Q_{ab,AVP} \right|}{Q_{Antrieb}}$$

Im idealen Fall treten bei der Übergabe vom arbeiterzeugenden zum arbeitverbrauchenden Prozess keine Verluste auf. Mit dem 2. Hauptsatz folgt (vgl. Flächen im T,S-Diagramm, Abb. 9.22):

$$\left| W_{ab,AEP} \right| = |W| = \Delta S_{AEP} \cdot (T_O - T_M) =$$

$$= \frac{Q_{zu,Antrieb}}{T_{Antrieb}} \cdot (T_O - T_M) = \frac{\left| Q_{ab,AEP} \right|}{T_M} \cdot (T_O - T_M)$$

$$W_{zu,AVP} = |W| = \Delta S_{AVP} \cdot (T_M - T_U) =$$

$$= \frac{Q_{zu,AVP}}{T_U} \cdot (T_M - T_U) = \frac{\left| Q_{ab,AVP} \right|}{T_M} \cdot (T_M - T_U)$$

Damit ist eine Beziehung zwischen den Wärmeströmen hergestellt und für die Leistungszahl der reversiblen thermisch angetriebenen Wärmepumpe folgt:

$$\varepsilon_{WP,Carnot} = \frac{\left| Q_{ab,AEP} + Q_{ab,AVP} \right|}{Q_{Antrieb}} = \frac{T_M}{T_O} \cdot \left(1 + \frac{T_O - T_M}{T_M - T_U} \right) = \frac{1 - \dfrac{T_U}{T_O}}{1 - \dfrac{T_U}{T_M}} \tag{9.25}$$

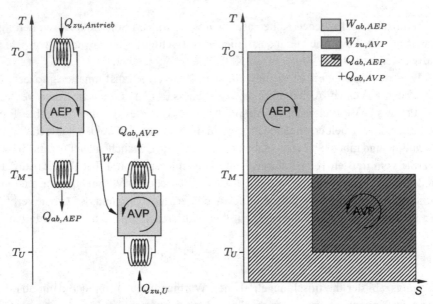

Abb. 9.22 Funktionsprinzip und T,S-Diagramm einer idealen, thermisch angetriebenen Wärmepumpe (Typ 1 Wärmepumpe)

Bei einer bestimmten Umgebungstemperatur T_U steigt der Wirkungsgrad je höher das Temperaturniveau der Antriebswärmequelle und je kleiner die Temperatur der Nutzwärme ist.

Analog zur Herleitung der Leistungszahl der Wärmepumpe lässt sich eine Kälteleistungszahl für die ideale thermisch angetriebene Kältemaschine berechnen. Der Prozess ist identisch mit dem der Wärmepumpe, die Nutzwärme ist nun die auf dem niedrigsten Temperaturniveau T_U von der Kältemaschine aufgenommene Wärme $Q_{zu,AVP}$ und es folgt:

$$\varepsilon_{K,Carnot} = \frac{Q_{zu,AVP}}{Q_{Antrieb}} = \frac{1 - \dfrac{T_M}{T_O}}{\dfrac{T_M}{T_U} - 1} = \varepsilon_{WP,Carnot} - 1 \tag{9.26}$$

Bei gegebener Umgebungstemperatur T_M steigt die Leistungszahl mit steigender Temperatur der Antriebswärmequelle und mit steigender Temperatur auf der Kaltseite.

Es gibt eine Vielzahl von technischen Realisierungen thermisch angetriebener Wärmepumpen. Im einfachsten Fall wird der Kompressor einer Kompressionswärmepumpe (vgl. Kap. 9.3) direkt von der Welle eines mit Erdgas betriebenen *Otto*motors angetrieben. Maschinen dieser Art werden z. B. in Japan als Gebäudeheizung eingesetzt. Eine andere Möglichkeit sind Ab- und Adsorptionsprozesse, die vor allem zur industriellen Kälteerzeugung oder Klimatisierung von Bürogebäuden verwendet werden. Auf diese Prozesse wird in den Kapiteln 9.7 und 9.8 detailliert eingegangen.

9.6.2 Wärmetransformatoren (Typ 2 Wärmepumpen)

Mit Hilfe von *Wärmetransformatoren* ist es möglich, einen bei relativ geringer Temperatur vorliegenden Wärmestrom in einen kleineren Wärmestrom mit höherer Temperatur zu transformieren. So kann beispielsweise mit Abwärme, die in einem industriellen Prozess bei einer Temperatur von 90 °C anfällt, Dampf mit einer Temperatur von 140 °C produziert werden. Ein anderes Beispiel ist die Beheizung einer Polarstation. Hier wird die Wärme des 4 °C kalten Meerwassers genutzt, um Heizwärme bei 30 °C zur Verfügung zu stellen. Als treibendes Gefälle dient der Temperaturunterschied zwischen Meerwasser und −40 °C kaltem Polarwind.

Abbildung 9.23 zeigt das Funktionsprinzip einer idealen Typ 2 Wärmepumpe und das zugehörige *T,S*-Diagramm. Der Arbeit erzeugende Prozess (AEP) läuft zwischen dem mittleren und unteren Temperaturniveau. Die Antriebswärme wird beim mittleren Temperaturniveau zugeführt. Der Arbeit verbrauchende Prozess (AVP) nimmt Wärme beim mittleren Temperaturniveau auf und gibt den Nutzwärmestrom beim höchsten Temperaturniveau ab.

Die Leistungszahl des Wärmetransformators ergibt sich aus dem Verhältnis der Nutzwärme und der Summe der auf mittlerem Temperaturniveau zugeführten Wärme:

$$\varepsilon_{WP2} = \frac{|Q_{ab,Nutz}|}{Q_{zu,AEP} + Q_{zu,AVP}}$$

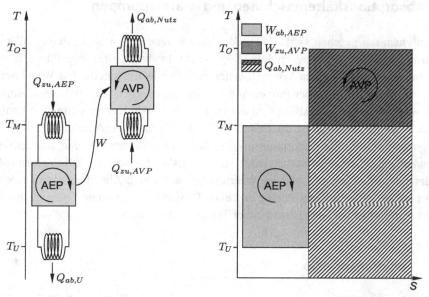

Abb. 9.23 Funktionsprinzip und *T,S*-Diagramm eines idealen Wärmetransformators (Typ 2 Wärmepumpe)

Da die vom Arbeit erzeugenden Prozess abgegebene Arbeit beim idealen Prozess genau wieder vom Arbeit verbrauchenden Prozess aufgenommen wird, ergibt sich mit dem 2. Hauptsatz folgender Zusammenhang (s. Abbildung 9.23, T,S-Diagramm):

$$|W| = |W_{ab,\,AEP}| = W_{zu,\,AVP} =$$

$$= \frac{Q_{zu,\,AEP}}{T_M} \cdot (T_M - T_U) = \frac{Q_{zu,\,AVP}}{T_M} \cdot (T_O - T_M) = \frac{|Q_{ab,\,Nutz}|}{T_O} \cdot (T_O - T_M)$$

Die Leistungszahl des idealen Wärmetransformators kann damit allein durch die Temperaturniveaus ausgedrückt werden:

$$\varepsilon_{WP2} = \frac{|Q_{ab,\,Nutz}|}{Q_{zu,\,AEP} + Q_{zu,\,AVP}} = \frac{1 - \dfrac{T_U}{T_M}}{1 - \dfrac{T_U}{T_O}} \tag{9.27}$$

Aus der Gleichung ist ersichtlich, dass die Leistungszahl des idealen Wärmetransformators niemals Werte größer als Eins erreichen kann. Es wird also immer eine größere Menge an Antriebswärme bei mittlerem Temperaturniveau benötigt, als Nutzwärme beim höchsten Temperaturniveau anfällt.

9.7 Absorptionskältemaschinen und -wärmepumpen

Thermodynamisch gesehen sind *Absorptionskälteanlagen* und *-wärmepumpen* Wärmetransformationsprozesse vom Typ 1 (s. Kap. 9.6.1). In ihnen wirkt zugeführte Wärme als Antriebsmaschine, die den Wärmetransfer zwischen Wärmequelle und Wärmesenke ermöglicht. Technisch wird der Prozess mit Zweistoffgemischen (beispielsweise Ammoniak-Wasser) realisiert. Die Absorption der leichter siedenden Komponente (Ammoniak) durch das flüssige Gemisch ist die treibende Kraft des Prozesses. Ähnlich wie der Kaltdampfprozess verfügt der Absorptionsprozess über einen Verdampfer und Kondensator. Der prinzipielle Unterschied besteht jedoch darin, dass der Kompressor durch einen Hilfskreis ersetzt wird. Dieser besteht im Wesentlichen aus einem Absorber, einem Kocher, auch Austreiber genannt, einer Pumpe und einer Drossel. Die benötigte Energie wird hier in Form von Wärme bei ausreichend hoher Temperatur zugeführt.

9.7.1 Funktionsprinzip

Am Beispiel des Arbeitsstoffpaares Ammoniak-Wasser (NH_3-H_2O) wird das Funktionsprinzip als diskontinuierlicher Prozess in zwei Schritten (Abb. 9.24) erklärt.

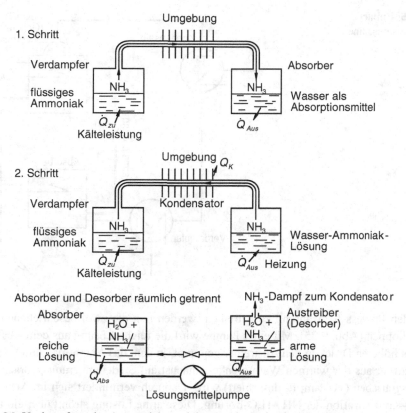

Abb. 9.24 Verdampfung des Ammoniaks und dessen Absorption im Absorber

Das Kältemittel ist Ammoniak (NH_3), Wasser die Absorberflüssigkeit.

Im ersten Schritt wird durch Wärmezufuhr im Verdampfer das Ammoniak verdampft und strömt zum *Absorber*, wo es im Wasser gelöst wird. Die bei der Lösung frei werdende Wärme wird abgeführt. Die Ammoniakkonzentration steigt, die Lösung wird „angereichert". Dieser Vorgang kann fortgesetzt werden, bis entweder das flüssige Ammoniak verdampft oder die Wasser-Ammoniak-Lösung gesättigt ist.

Im zweiten Schritt wird die Kühlung im Absorber unterbrochen und die Wasser-Ammoniak-Lösung beheizt. Durch Wärmezufuhr wird das Ammoniak aus dem Wasser ausgetrieben und anschließend in Dampfform in das linke Gefäß geführt, wo es bei Wärmeabfuhr an die Umgebung kondensiert. Der Absorber wird hier zum *Austreiber*, auch *Desorber* genannt, umfunktioniert. Dieser Vorgang kann so lange fortgeführt werden, bis das gesamte Ammoniak aus der Lösung ausgetrieben ist. Jetzt kann wieder mit dem 1. Schritt begonnen werden.

Die so beschriebenen zwei Prozessschritte können nicht kontinuierlich erfolgen. Das Gefäß auf der rechten Seite arbeitet im 1. Schritt als Absorber und im zweiten Schritt als Austreiber (Desorber). Ersetzt man es durch zwei Gefäße, die mit einer Pumpe verbunden sind, kann die im Absorber angereicherte *reiche Lösung* mit einer Pumpe zum Austreiber gepumpt werden. Die Lösung mit nur geringer Konzentration (*arme Lösung*) kann über ein Ventil zum Absorber zurückgeführt werden.

Abb. 9.25 Einfache
Absorptionsmaschine

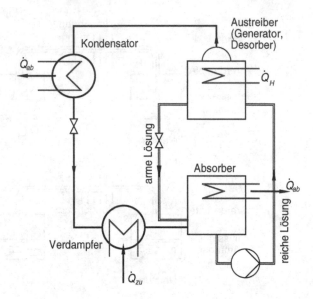

Um den Prozess fortwährend zu betreiben, werden nun die zwei beschriebenen Prozesse gekoppelt (Abb. 9.25). Mit einer Pumpe wird die reiche Lösung aus dem Absorber auf einen höheren Druck in den Austreiber gepumpt, in dem das Ammoniak durch äußere Wärmezufuhr aus der warmen Wärmesenke zunächst auf Siedetemperatur gebracht und dann ausgetrieben (verdampft, desorbiert) wird. Dadurch vermindert sich im Austreiber die NH_3-Konzentration der NH_3–H_2O-Lösung. Diese arme Lösung strömt über ein Drosselventil in den Absorber zurück, wo sie erneut NH_3 aufnehmen kann.

Das im Generator ausgetriebene Ammoniak wird im Kondensator verflüssigt, bevor es durch ein Drosselventil in den Verdampfer gelangt, in dem wieder eine Wärmezufuhr aus der kalten Wärmequelle stattfindet.

In dem Prozess wird an vier Stellen Wärme transferiert. Die abgeführten Wärmeströme vom Kondensator und Absorber können zur selben warmen Wärmequelle transferiert werden. Der Wärmestrom zum Verdampfer kommt von der kalten Wärmequelle. Der Wärmestrom zum Generator muss aus einer warmen Wärmequelle erfolgen. Er ist die treibende Kraft des Prozesses. Der Index H veranschaulicht seine Funktion als Heizung. Zum Austreiben des Ammoniaks werden im Generator Temperaturen von über 100 °C benötigt. Der Wärmestrom kann aus der Abwärme eines Prozesses, aus direkter Verbrennung oder elektrischer Heizung stammen.

9.8   Adsorptionskältemaschinen und -wärmepumpen

Adsorptionskältemaschinen und –wärmepumpen sind eine technische Realisierung der in Kap. 9.6 angesprochenen Wärmetransformationsprozesse. Wie die Kompressionskälteanlagen (s. Kap. 9.3) arbeiten auch diese Maschinen zwischen zwei Druckniveaus, um Wärme bei niedriger Temperatur durch Verdampfung aufnehmen und bei höherer Temperatur durch Kondensation abgeben zu können. Der Unterschied ist jedoch, dass kein mechanischer Kompressor zur Erzeugung der Druckdifferenz verwendet wird, sondern ein hochporöses Adsorptionsmittel, welches das Kältemittel je nach Temperatur unterschiedlich stark ansaugt. Im Gegensatz zu den Absorptionswärmepumpen, ist das Adsorptionsmittel ein Feststoff und kann nicht in einen Kreislauf gepumpt werden. In Abhängigkeit der zur Verfügung stehenden Temperaturniveaus kommen unterschiedliche Adsorbtions- und Kältemittel zum Einsatz wie z. B. Silikagel/Wasser, Zeolith/Wasser oder auch Aktivkohle/Methanol.

9.8.1   Funktionsprinzip

Am Stoffpaar Aktivkohle/Methanol soll die Funktion einer idealisierten, diskontinuierlich in zwei Schritten arbeitenden Adsorptionswärmepumpe erklärt werden. Abbildung 9.26 zeigt die zwei nacheinander ablaufenden Prozessschritte.

Zu Beginn befindet sich das flüssige Kältemittel (Methanol) auf der Phasenwechselseite eines hermetisch abgeschlossenen Behälters, der außer Methanoldampf keine Gase enthält. Der Druck im Behälter entspricht dem Sättigungsdruck bei der Temperatur der Phasenwechselseite (unterstes Temperaturniveau). Das Adsorptionsmittel Aktivkohle ist gering beladen (fast trocken) und auf einem mittleren Temperaturniveau.

1. **Schritt** (① →②): In den leeren Poren der Aktivkohle, deren Volumen nur wenig größer ist als ein Methanolmolekül, herrscht ein starkes Kraftfeld. Die Methanolmoleküle werden dadurch angezogen und *adsorbiert*, obwohl die Temperatur der Aktivkohle

Abb. 9.26 Prinzip einer diskontinuierlich arbeitenden Adsorptionswärmepumpe

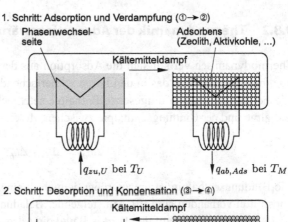

1. Schritt: Adsorption und Verdampfung (①→ ②)

Phasenwechsel-seite

Adsorbens (Zeolith, Aktivkohle, ...)

Kältemitteldampf

$q_{zu,U}$ bei T_U $q_{ab,Ads}$ bei T_M

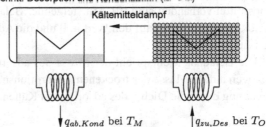

2. Schritt: Desorption und Kondensation (③→④)

Kältemitteldampf

$q_{ab,Kond}$ bei T_M $q_{zu,Des}$ bei T_O

deutlich oberhalb der Sättingstemperatur liegt. Aus der Dampfatmosphäre des Behälters wandern nun immer mehr Moleküle in die Aktivkohle und werden dort gebunden. Dabei wird, ähnlich wie bei der Kondensation, Wärme auf mittlerem Temperaturniveau T_M frei ($q_{ab,Ads}$), die abgeführt werden muss und die man z. B. zu Heizzwecken verwenden kann.

Da immer mehr Moleküle aus der Dampfphase in das Adsorptionsmittel wandern, kann auf der Phasenwechselseite immer mehr Methanol verdampfen. Die Phasenwechselseite arbeitet in diesem Schritt also als Verdampfer. Der Druck im Modul bleibt dabei konstant niedrig und entspricht dem Sättigungsdampfdruck bei der Verdampfertemperatur T_U. Die zur Verdampfung benötigte Wärme $q_{zu,U}$ wird der Umgebung auf niedrigem Temperaturniveau entzogen.

Der Vorgang kommt zum Erliegen, wenn die Aktivkohle kein weiteres Methanol mehr adsorbieren kann. Nun muss in einem zweiten Schritt der Prozess umgekehrt werden.

2. **Schritt** (③ →④): Um das Methanol aus der Aktivkohle auszutreiben, wird dieser Wärme auf hohem Temperaturniveau T_O zugeführt ($q_{zu,Des}$). Die Aktivkohle wird *desorbiert*. Gleichzeitig wird die Temperatur auf der Phasenwechselseite auf dem mittleren Temperaturniveau T_M gehalten. Der Druck im Modul steigt dadurch auf den Sättigungsdruck bei mittlerem Temperaturniveau. Auf der Phasenwechselseite kondensiert der aus der Aktivkohle ausgetriebene Methanoldampf. Die dabei frei werdende Kondensationswärme $q_{ab,Kond}$ wird abgeführt und kann ebenfalls als Heizwärme genutzt werden.

Wenn die Aktivkohle entladen ist und kein weiteres Methanol mehr desorbiert werden kann, kommt der Vorgang zum Erliegen. Der Prozess beginnt nun von neuem mit Schritt 1.

9.8.2 Thermodynamik der Adsorptionswärmepumpe

Thermodynamisch verhält sich die Adsorption aus der Dampfphase wie eine Kondensation, bei der zusätzlich das in den Poren vorherrschende Kraftfeld zu berücksichtigen ist. Die bei der Adsorption umgesetzte Enthalpie setzt sich deshalb aus der Kondensationsenthalpie und der Bindungsenthalpie zwischen Molekül und Porenoberfläche zusammen:

$$\Delta h_{ad} = \Delta h_v + \Delta h_b \tag{9.28}$$

Die Bindungsenthalpie ist umso größer, je mehr kleine, ungefüllte Poren in dem Adsorptionsmittel vorhanden sind [9]. Mit steigender Beladung des Adsorptionsmittels sinkt die Bindungsenthalpie bis auf den Wert null und die Adsorptionsenthalpie ist gleich der Kondensationsenthalpie.

Die Beladung x entspricht der Masse des adsorbierten Kältemittels (z. B. Methanol), bezogen auf die Masse des trockenen Adsorptionsmittels (z. B. Aktivkohle). Teilt man die Beladung durch die Dichte des adsorbierten Kältemittels und trägt sie über der Bindungs-

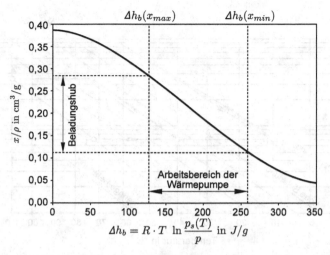

$$\Delta h_b = R \cdot T \ln \frac{p_s(T)}{p} \text{ in } J/g$$

Abb. 9.27 Bindungsenthalpie als Funktion der Beladung

enthalpie auf, so ergibt sich für viele Stoffpaare eine einzige charakteristische Kurve, wie Abb. 9.27 beispielhaft zeigt. Je kleiner die Beladung ist, desto größer sind die Bindungskräfte zwischen Kältemittel und Adsorptionsmittel. Bei höchster Beladung verschwinden die Bindungskräfte und das Adsorptionsmittel verhält sich wie eine normale Kondensationsoberfläche.

Das Phasengleichgewicht zwischen adsorbiertem und dampfförmigem Kältemittel kann mit Hilfe einer *Clausius-Clapeyron-Gleichung* beschrieben werden (s. Kap. 4.8.3.1). Für eine bestimmte konstante Beladung x ergibt sich damit folgender Zusammenhang zwischen Gleichgewichtsdampfdruck und Temperatur des Adsorptionsmittels:

$$\left. \frac{\partial \ln p}{\partial \left(-\frac{1}{T}\right)} \right|_{x=konst} = \frac{\Delta h_{ad}}{R} \tag{9.29}$$

bzw.

$$\ln p = -\frac{\Delta h_{ad}(x)}{R \cdot T} = -\frac{\Delta h_v + \Delta h_b(x)}{R \cdot T} \tag{9.30}$$

Mit der bekannten Beziehung für den Sättigungsdampfdruck aus Kap. 4.8.3.1:

$$\ln p_s(T) = -\frac{\Delta h_v}{R \cdot T} \tag{9.31}$$

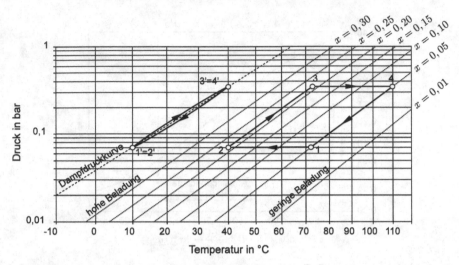

Abb. 9.28 $\ln(p), -1/T$-Diagramm einer idealen Adsorptionswärmepumpe mit dem Stoffpaar Aktivkohle/Methanol

Und mit Gl. (9.30) erhält man für die Bindungsenthalpie bei konstanter Beladung:

$$\Delta h_b(x) = R \cdot T \cdot \ln p - R \cdot T \cdot \ln p_s(T) = R \cdot T \cdot \ln \frac{p_s(T)}{p} \qquad (9.32)$$

Je größer die Bindungsenthalpie ist, desto größer wird der Unterschied zwischen dem Gleichgewichtsdruck p und dem Sättigungsdampfdruck $p_s(T)$. Bei einer gegebenen Temperatur wird der Dampf im Adsorptionsmittel also bereits bei Drücken adsorbiert, die deutlich kleiner sind als der Sättigungsdampfdruck. Das Adsorptionsmittel bewirkt eine Dampfdruckabsenkung, es saugt das Kältemittel an.

In Abb. 9.28 ist der Druck logarithmisch über $-1/T$ aufgetragen, sodass sich eine verzerrte Temperaturskala ergibt. In dieser Darstellung wird die *Dampfdruckkurve* (Gl. 9.31) zu einer Geraden mit der Steigung $\Delta h_v/R$. Auch die Kurven konstanter Beladung (Gl. 9.30), die sog. *Isosteren*, lassen sich in dem Diagramm als Geraden mit der Steigung $\Delta h_{ad}/R$ darstellen. Da die Adsorptionsenthalpie um die Bindungsenthalpie größer ist als die Kondensationsenthalpie, sind die Isosteren steiler als die Dampfdruckkurve. Je kleiner die Beladung ist, desto größer ist nach Abb. 9.27 die Bindungsenthalpie und desto steiler verlaufen die Isosteren.

Der Prozess der zuvor beschriebenen idealen Aktivkohle/Methanol Adsorptionswärmepumpe lässt sich gut in Abb. 9.28 darstellen:

① →②: Schritt 1, *Adsorption/Verdampfung*: Die Aktivkohle wird auf das mittlere Temperaturniveau T_M abgekühlt und adsorbiert dabei Methanoldampf. Die frei werdende spezifische Adsorptionswärme $q_{ab,Ads}$ wird abgeführt. Das Druckniveau entspricht dem Sättigungsdampfdruck bei der unteren Temperatur $p_{Verd} = p_s(T_U)$.

Im gezeigten Beispiel bewirkt die Aktivkohle bei 40 °C und einer Beladung von $x = 0,22$ also eine Dampfdruckabsenkung um etwa 270 mbar. Auf der Phasenwechselseite verdampft Methanol und nimmt dabei die spezifische Wärme $q_{zu,U}$ auf dem untersten Temperaturniveau auf.

② →③: Temperaturwechsel: Sowohl die Phasenwechsel als auch die Adsorberseite werden erwärmt. Der Druck steigt dabei auf den Sättigungsdampfdruck bei mittlerer Temperatur $p_{Kond} = p_s(T_M)$. Die Beladung der Aktivkohle bleibt konstant.

③ →④: Schritt 2, *Desorption/Kondensation*: Durch Zufuhr der spezifischen Desorptionswärme $q_{zu,Des}$ wird die Aktivkohle auf das oberste Temperaturniveau T_O erwärmt. Dabei wird Methanol desorbiert und die Beladung der Aktivkohle sinkt. Auf der Phasenwechselseite kondensiert Methanol und gibt die spezifische Wärme $q_{ab,Kond}$ auf dem mittleren Temperaturniveau T_m ab.

④ →①: Temperaturwechsel: Sowohl die Phasenwechsel als auch die Adsorberseite werden abgekühlt. Der Druck sinkt dabei auf den Sättigungsdampfdruck bei unterster Temperatur $p_{Verd} = p_s(T_U)$. Die Beladung der Aktivkohle bleibt konstant.

Die in jedem Zyklus pro Adsorptionsmittelmasse übertragene Kältemittelmenge hängt von der sog. Beladungsbreite, also der Differenz zwischen Maximal- und Minimalbeladung ab. Je größer die Beladungsbreite ist, desto höher ist die Leistungsdichte der Adsorptionswärmepumpe. Auch der Wirkungsgrad der Maschine steigt mit der Beladungsbreite, da pro Zyklus weniger passive Massen, wie z. B. Wärmeübertragerstrukturen, erwärmt und wieder abgekühlt werden müssen, um eine bestimmte Leistung zu erreichen.

Die mit einem Stoffpaar erreichbare Beladungsbreite lässt sich aus der in Abb. 9.27 gezeigten charakteristischen Kurve ablesen. Die Minimalbeladung ergibt sich aus der maximalen Bindungsenthalpie, die dann auftritt, wenn das Adsorptionsmittel das obere Temperaturniveau erreicht hat und das obere Druckniveau $p_{Kond} = p_s(T_M)$ anliegt (Punkt ④ in Abb. 9.28):

$$\Delta h_b(x_{min}) = R \cdot T_O \cdot \ln \frac{p_s(T_O)}{p_s(T_M)}$$

Die Maximalbeladung erhält man über die minimale Bindungsenthalpie, die auftritt, wenn das Adsorptionsmittel die mittlere Temperatur angenommen hat und das untere Druckniveau anliegt (Punkt ② in Abb. 9.28):

$$\Delta h_b(x_{max}) = R \cdot T_M \cdot \ln \frac{p_s(T_M)}{p_s(T_U)}$$

In Abb. 9.27 ist beispielhaft der Arbeitsbereich für eine Adsorptionswärmepumpe eingezeichnet. Die Antriebswärme liegt bei einer Temperatur von $T_O = 393$ K vor und es wird Wärme von $T_U = 283$ K auf $T_M = 313$ K gepumpt. Ziel bei der Wahl des Stoffpaares ist also ein steiler Verlauf der charakteristische Kurve innerhalb des Arbeitsbereichs und damit eine große Beladungsbreite.

Je nach Anwendung kommen deshalb unterschiedliche Stoffpaare zum Einsatz. Für solarbetriebene Adsorptionskältemaschinen hat sich beispielsweise Silikagel/Wasser bewährt. Die relativ großen Poren des Silikagels führen zu kleineren Kraftfeldern in den Poren bzw. zu kleineren Bindungsenthalpien. Zur Desorption genügt bereits Antriebswärme, die von Solar-Flachkollektoren bereitgestellt wird und die auf einem Temperaturniveau von etwa 80 °C vorliegt. Bei gasbefeuerten Adsorptionswärmepumpen hingegen können hohe Desorptionstemperaturen erreicht werden, sodass feinporige Adsorptionsmittel einzusetzen sind.

Literatur

1. von Cube HL, Steimle K, Lotz H, Kunis J (Hrsg) (1977) Lehrbuch der Kältetechnik, 4. Aufl, Bd. 1, Bd. 2, C. F. Müller, Karlsruhe
2. Moran MJ, Shapiro HN (1993) Fundamentals of engineering thermo-dynamics. Wiley, New York
3. Meyer G, Schiffner E (1989) Technische Thermodynamik. VCH Verlagsgesellschaft, Weinheim
4. Breidenbach K (1990) Der Kälteanlagenbauer, 3. Aufl, Bd. 1, Bd. 2, C. F. Müller, Karlsruhe
5. Kalide W (1976) Thermodynamik der Kühl- und Kälteanlagen. C. Hanser, München
6. IEA/OECD, Heat Pump Centre, Newsletter, vol 16, No. 3/1998: Alternative Working Fluids, http://www.heatpumpcentre.org
7. Reiner G (1996) Umweltverträgliche und wirtschaftliche Kälteanlagen. BUWAL, EDMZ Best,Bern. Nr. 319.772d
8. Hell F (1985) Thermische Energietechnik. VDI, Düsseldorf
9. Kast W (1988) Grundlagen und technische Verfahren. VCH Verlagsgesellschaft, Weinheim

Feuchte Luft

10

Die Luft enthält praktisch immer einen gewissen Anteil an Wasser, entweder als Gas (Wasserdampf) oder in Form von Nebeltröpfchen oder Eiskristallen. Wegen möglicher Phasenänderungen ist feuchte Luft mit oder ohne Nebeltropfen oder Eiskristallen ein Gemisch besonderer Eigenschaften. Sind alle Komponenten gasförmig, wird die Mischung als ideales Gas behandelt.

Die Theorie feuchter Luft benötigt man zur Auslegung von Lüftungs- und Klimaanlagen, Kühltürmen und Trocknungsprozessen. Die hier besprochenen theoretischen Gesetzmäßigkeiten gelten für andere Gas-Dampf-Gemische, die Stoffwerte sind entsprechend einzusetzen.

10.1 Zustandsgrößen feuchter Luft

Unter dem Begriff „feuchte Luft" versteht man ein Gemisch aus trockener Luft und Wasser. Kommt in der Luft Wasser nur in Form von Gas (Wasserdampf) vor, spricht man von *ungesättigter feuchter Luft*. Sind zusätzlich Wassertröpfchen (Nebel) oder Eiskristalle (Eisnebel) vorhanden, ist die Luft mit Wasserdampf gesättigt und hat eine Wasserbeladung in Form von Wassertröpfchen oder Eiskristallen. Bei einem bestimmten Gesamtdruck wird feuchte Luft durch folgende Parameter charakterisiert: Temperatur, absolute Feuchte, relative Feuchte, Partialdruck des Dampfes und Enthalpie (Abb. 10.1).

Sind zwei dieser Parameter bekannt, können die restlichen über Zustandsgleichungen bestimmt werden.

P. von Böckh, M. Stripf, *Technische Thermodynamik*, DOI 10.1007/978-3-662-46890-6_10

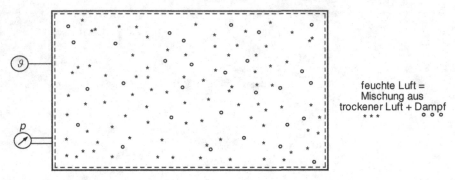

feuchte Luft =
Mischung aus
trockener Luft + Dampf
* * *   o o o

Abb. 10.1 Zur Erklärung der feuchten Luft

10.1.1 Relative Feuchte

Die trockene Luft als eine Komponente ungesättigter feuchter Luft und Wasserdampf als die andere Komponente können bei nicht zu hohen Drücken in guter Näherung als ideale Gase behandelt werden.

Nach dem Gesetz *Daltons* (Kap. 2) verhalten sich die Einzelkomponenten einer Gasmischung in einem Raum so, als ob sie allein in diesem Raum wären. Die Summe der Partialdrücke aller Einzelgase ergeben den Gesamtdruck.

$$p = p_L + p_D \tag{10.1}$$

Hier ist p_L der Partialdruck trockener Luft und p_D der Partialdruck des Dampfes.

In trockener Luft befindet sich kein Dampf. Bringt man sie mit Wasser in Kontakt, was in der Natur praktisch immer der Fall ist, „sieht" das Wasser eine Umgebung mit Dampfpartialdruck von null und beginnt sofort zu verdunsten. Diese Verdunstung kann so lange fortgesetzt werden, bis der Partialdruck des Dampfes den von der Temperatur der Luft bestimmten Sättigungsdruck erreicht. Hier ist der Dampf in der Luft im thermodynamischen Gleichgewicht mit dem Wasser. Dies bedeutet, dass in einem Gas nur so lange Dampf aufgenommen werden kann, bis der Partialdruck des Dampfes dem Sättigungsdruck bei der Temperatur der Mischung entspricht. Abbildung 10.2 zeigt die Dampfdruckkurve des Wasserdampfes.

Aus der Dampfdruckkurve ist ersichtlich, dass der Partialdruck des Wasserdampfes p_D höchstens den Sättigungsdruck p_{Ds} bei der Temperatur der feuchten Luft erreichen kann. Ist dies der Fall, kann die Luft kein Wasser mehr in Form von Dampf aufnehmen, man spricht von *gesättigter feuchter Luft*.

Die *relative Feuchte* φ feuchter Luft ist das Verhältnis des Dampfpartialdruckes zu seinem Sättigungsdruck, der durch die Temperatur der feuchten Luft bestimmt wird.

$$\varphi = \frac{p_D}{p_{Ds}(\vartheta)} \tag{10.2}$$

Abb. 10.2 Dampfdruckkurve
des Wassers

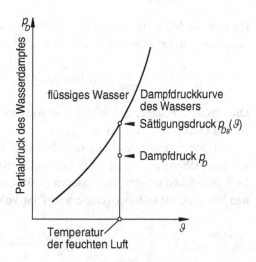

Da der Partialdruck des Dampfes bei gegebener Temperatur höchstens Sättigungsdruck erreichen kann, bleibt φ stets ≤ 1. Wenn $\varphi = 1$ ist, spricht man von *gesättigter feuchter Luft*.

Die relative Feuchte ist eine sehr wichtige Größe, sie ist das Maß für unser Wohlbefinden und für die Aufnahmefähigkeit von Feuchte bei Trocknungsprozessen.

10.1.2   Absolute Feuchte

Für technische Berechnungen benötigt man eine auf die Masse bezogene Definition der Feuchte. Die *absolute Feuchte x* feuchter Luft, die auch als *Wassergehalt* bezeichnet wird, ist die Wassermasse, geteilt durch die Masse der trockenen Luft. Das Wasser kann in Form von Dampf, Wasser oder Eis in der Luft vorhanden sein. Diese Definition hat sich in der Praxis als zweckmässig erwiesen, da bei den meisten Prozessen die Masse der trockenen Luft m_L konstant bleibt, die Masse des Dampfes m_D sich aber durch Verdunstung oder Taubildung verändert.

Damit ist die absolute Feuchte:

$$x = \frac{m_D}{m_L} \tag{10.3}$$

Bei der Definition der absoluten Feuchte ist zu beachten, dass sie nicht wie der Dampfgehalt auf die Gesamtmasse, sondern auf die Masse der trockenen Luft bezogen ist. Damit kann sie Werte zwischen null (trockene Luft) und unendlich (reiner Dampf) annehmen.

Da sich die Masse feuchter Luft aus der Masse trockener Luft und der des Dampfes zusammensetzt, kann sie folgendermaßen angegeben werden:

$$m = m_L + m_D = (1+x) \cdot m_L \tag{10.4}$$

Die absolute Feuchte gibt also die Wassermasse pro kg trockener Luft an. Das Gemisch hat dabei die Masse $(1+x) \cdot m_L$.

Mit der Zustandsgleichung der idealen Gase und den Gln. (10.2) und (10.3) kann der Zusammenhang zwischen absoluter und relativer Feuchte in der ungesättigten feuchten Luft angegeben werden. Die Massen der trockenen Luft und die des als Dampf vorhandenen Wassers, die sich bei Temperatur T im Volumen V befinden, sind:

$$m_L = \frac{p_L \cdot V}{R_L \cdot T} = \frac{(p - p_D) \cdot V}{R_L \cdot T} \tag{10.5}$$

$$m_D = \frac{p_D \cdot V}{R_D \cdot T} \tag{10.6}$$

In Gl. (10.4) eingesetzt, erhalten wir:

$$x = \frac{m_D}{m_L} = \frac{R_L}{R_D} \cdot \frac{p_D}{p - p_D} = 0{,}622 \cdot \frac{p_D}{p - p_D} \tag{10.7}$$

Mit der Definition der relativen Feuchte in Gl. (10.2) kann die absolute Feuchte als Funktion der relativen Feuchte angegeben werden:

$$x = \frac{R_L}{R_D} \cdot \frac{\varphi \cdot p_{Ds}}{p - \varphi \cdot p_{Ds}} = 0{,}622 \cdot \frac{\varphi \cdot p_{Ds}}{p - \varphi \cdot p_{Ds}} \tag{10.8}$$

Gleichung (10.7) nach φ aufgelöst, ergibt:

$$\varphi = \frac{x}{R_L/R_D + x} \cdot \frac{p}{p_{Ds}} = \frac{x}{0{,}622 + x} \cdot \frac{p}{p_{Ds}} \tag{10.9}$$

Beispiel 10.1: Partialdrücke der feuchten Luft
In einem Badezimmer herrscht die Temperatur von 24 °C bei einer relativen Feuchte von 60 % und dem atmosphärischen Druck von 960 mbar.

Mit Hilfe der Tab. A.2.1 sind folgende Größen zu bestimmen:
a) die Partialdrücke p_D und p_L in der Luft des Badezimmers
b) die absolute Feuchte x.

Analyse

a) In der Dampfdrucktabelle (A.2.1) findet man für $\vartheta = 24\,°C$ den Dampfdruck p_{Ds} von 29,86 mbar.

Mit Gl. (10.2) erhält man für den Partialdruck des Dampfes:

$$p_D = \varphi \cdot p_{Ds} = 17,91\,\text{mbar}$$

Der Partialdruck der Luft kann mit Gl. (10.1) bestimmt werden.

$$p_L = p - p_D = 942,1\,\text{mbar}$$

b) Die absolute Feuchte wird mit Gl. (10.7) berechnet.

$$x = \frac{m_D}{m_L} = \frac{R_L \cdot p_D}{R_D \cdot (p - p_D)} = 11,8 \cdot 10^{-3} = 11,8\,\frac{\text{g}}{\text{kg}}$$

10.1.3 Spezifisches Volumen ungesättigter feuchter Luft

Wie die absolute Feuchte wird auch das spezifische Volumen der Luft auf die Masse der trockenen Luft bezogen. Das spezifische Volumen ist dann:

$$v_{1+x} = \frac{V}{m_L} = v_L + x \cdot v_D$$

Der Index $1+x$ verdeutlicht, dass es sich um das spezifische Volumen der feuchten Luft handelt. Mit der idealen Gasgleichung erhält man:

$$v_{1+x} = \frac{T}{p} \cdot (R_L + x \cdot R_D) \tag{10.10}$$

Die Dichte der feuchten Luft wird üblicherweies nicht auf die Masse der trockenen Luft bezogen. Sie ist der Quotient aus der Masse der feuchten Luft, geteilt durch das Volumen.

$$\rho = \frac{m_L \cdot (1+x)}{V} = \frac{1+x}{v_{1+x}} = \frac{(1+x) \cdot p}{(R_L + x \cdot R_D) \cdot T} \tag{10.11}$$

Beispiel 10.2: Das spezifische Volumen der feuchten Luft
Ein Behälter von 30 m³ enthält feuchte Luft mit der Temperatur von 30 °C und dem Druck von 98 kPa mit einer relativen Feuchte von 0,5.

Zu berechnen sind die Masse der trockenen Luft, die der Feuchte (Dampfmasse), das spezifische Volumen der feuchten und trockenen Luft.

Analyse

Aus Tab. A.2.1 erhält man $p_{Ds}(30\,°C) = 42,47$ mbar. Jetzt kann mit den Gln. (10.2) und (10.5) die Masse der trockenen Luft berechnet werden.

$$m_L = \frac{(p - \varphi \cdot p_{Ds}) \cdot V}{R_L \cdot T} = \frac{(98\,000 - 0,5 \cdot 4247) \cdot Pa \cdot 30 \cdot m^3}{287,10 \cdot J/(kg \cdot K) \cdot 303,15 \cdot K} = \mathbf{33,05\ kg}$$

Die Dampfmasse ist analog zu ermitteln.

$$m_D = \frac{\varphi \cdot p_{Ds} \cdot V}{R_D \cdot T} = \mathbf{0,455\ kg}$$

Zur Bestimmung des spezifischen Volumens der ungesättigten feuchten Luft mit Gl. (10.10) benötigt man die absolute Feuchte. Sie ist der Quotient, gebildet aus der Dampf- und Luftmasse.

$$x = \frac{m_D}{m_L} = \frac{0,455}{33,05} = 0,01378$$

Das spezifische Volumen ist damit:

$$v_{1+x} = \frac{303,15 \cdot K}{98\,000 \cdot Pa} \cdot (287,1 + 0,01378 \cdot 461,53) \cdot \frac{kJ}{kg \cdot K} = \mathbf{0,9078\ \frac{m^3}{kg}}$$

Das gleiche Ergebnis erhält man, wenn man das Volumen durch die Masse der trockenen Luft teilt.

$$v_{1+x} = V/m_D = \mathbf{0,9078\ m^3/kg}$$

Das spezifische Volumen der trockenen Luft aus der idealen Gasgleichung ist:

$$v_L = \frac{R_L \cdot T}{p} = \frac{287,1 \cdot J/(kg\ K) \cdot 303,15 \cdot K}{98\,000 \cdot Pa} = \mathbf{0,8881\ \frac{kg}{m^3}}$$

Diskussion

Das spezifische Volumen der feuchten Luft ist wegen der Nichtberücksichtigung des darin enthaltenen Wasserdampfes kleiner als das der trockenen Luft.

10.1.4 Spezifische Enthalpie feuchter Luft

10.1.4.1 Ungesättigte feuchte Luft

Ungesättigte feuchte Luft ist eine Gasmischung. Ihre Enthalpie wird wie im Kap. 2 beschrieben bestimmt. Die spezifische Enthalpie wiederum wird auf die Masse trockener Luft bezogen. Die *Enthalpie feuchter Luft* ist:

$$H_{L,feucht} = H_L + H_D = m_L \cdot h_L + m_D \cdot h_D$$

Die auf die Masse m_L der trockenen Luft bezogene spezifische Enthalpie mit der Bezugstemperatur ist:

$$h_{1+x} = \frac{H_{L,feucht}}{m_L} = h_L + \frac{m_D}{m_L} \cdot h_D = c_{pL} \cdot \vartheta + x \cdot h_D$$

Die spezifische Enthalpie des Dampfes h_D enthält neben der Sattdampfenthalpie Überhitzungsenthalpie.

$$h_D = \Delta h_v + c_{pD} \cdot \vartheta$$

Dabei ist Δh_v die Verdampfungsenthalpie des Dampfes bei 0 °C.

Somit gilt für die spezifische Enthalpie der ungesättigten feuchten Luft:

$$h_{1+x} = c_{pL} \cdot \vartheta + x \cdot (\Delta h_v + c_{pD} \cdot \vartheta) \qquad (10.12)$$

Gültigkeitsbereich: $x \leq x_s$.

Für Temperaturen unter 100 °C können in guter Näherung folgende Stoffwerte eingesetzt werden:

$$c_{pL} = 1{,}004 \text{ kJ/(kg K)} \qquad \Delta h_v = 2501 \text{ kJ/kg} \qquad c_{pD} = 1{,}860 \text{ kJ/(kg K)}$$

Für Temperaturen über 100 °C sind die Mittelwerte der spezifischen Wärmekapazitäten und die Dampfenthalpie zu verwenden.

Die spezifische Enthalpie feuchter Luft wird auf die *Masse der darin enthaltenen trockenen Luft* bezogen.

Steigt die Masse des Dampfes in feuchter Luft so weit an, dass die absolute Feuchte größer wird als ein nach Gl. (10.7) mit $\varphi = 1$ gerechneter Wert x_s, ist die feuchte Luft *übersättigt* und die überschüssige Feuchte kondensiert aus. Oberhalb der Temperatur von 0,01 °C enthält dann die feuchte Luft Wasser in Form von feinsten Tröpfchen. Ein solches Gemisch wird *Wassernebel* genannt. Bei Temperaturen unter 0,01 °C scheidet das Wasser als Eis, Schnee oder Reif in fester Form aus *(Eisnebel)*.

Bei diesen Zuständen spricht man von *übersättigter feuchter Luft*; die absolute Feuchte x ist dann größer als x_s im gesättigten Zustand.

10.1.4.2   Flüssigkeitsnebel

Die Masse übersättigter feuchter Luft besteht aus der der trockenen Luft m_L, dem gesättigten Dampf $m_D = x_s \cdot m_L$ und den Wassertröpfchen $m_W = (x - x_s) \cdot m_L$. Die spezifische Enthalpie eines solchen Gemisches entspricht jener im gesättigten Zustand, vergrößert um die auf die Luftmasse bezogene Enthalpie der Wassertröpfchen.

$$h_{1+x} = c_{pL} \cdot \vartheta + x_s \cdot (\Delta h_v + c_{pD} \cdot \vartheta) + (x - x_s) \cdot c_p \cdot \vartheta \qquad (10.13)$$

Dabei ist $c_{pF} = 4{,}19$ kJ/(kg K) die spezifische Wärmekapazität des flüssigen Wassers.

10.1.4.3   Eisnebel

Bei Temperaturen unterhalb von $0\,°C$ besteht die überschüssige Feuchte aus Eis oder Schnee. Ähnlich wie im Fall des Wassernebels trägt das Eis zur Veränderung der Sättigungsenthalpie des Gemisches bei. Im Unterschied zum Wassernebel ist beim Eis neben der *spezifischen Enthalpie* $c_{pE} \cdot \vartheta$ zusätzlich noch die *Schmelzenthalpie* Δh_s zu berücksichtigen.

In Gl. (10.13) wird der Enthalpiebeitrag des Wassers durch den des Eises einschließlich dessen Schmelzenthalpie ersetzt.

$$\underbrace{(x - x_s) \cdot c_{pE} \cdot \vartheta}_{\substack{\text{Beitrag der} \\ \text{Enthalpie des Eises}}} - \underbrace{(x - x_s) \cdot \Delta h_s}_{\substack{\text{Beitrag der} \\ \text{Schmelzenthalpie}}}$$

Die Schmelzenthalpie hat ein negatives Vorzeichen, da sie bei der Eisbildung frei wird. Für die spezifische Enthalpie des Gemisches gilt:

$$h_{1+x} = c_{pL} \cdot \vartheta + x_s \cdot (\Delta h_v + c_{pD} \cdot \vartheta) + (x - x_s) \cdot (c_{pE} \cdot \vartheta - \Delta h_s) \qquad (10.14)$$

Dabei sind $c_{pE} = 2{,}04$ kJ/(kg K) die spezifische isobare Wärmekapazität und $\Delta h_s = 333{,}5$ kJ/kg die Schmelzenthalpie bei $0\,°C$.

Beispiel 10.3: Spezifische Enthalpie feuchter Luft
Feuchte Luft hat die Temperatur von $15\,°C$, den Druck von 1 bar und die relative Feuchte von 0,45.

   Zu berechnen sind:
a) die spezifische Enthalpie feuchter Luft
b) die spezifische Enthalpie trockener Luft bei gleicher Temperatur.

Analyse

a) Damit man die spezifische Enthalpie feuchter Luft berechnen kann, muss zuerst die absolute Feuchte bestimmt werden. Aus Tab. A.2.1 erhält man den Sättigungsdruck des Dampfes: $p_{Ds}(15\,°C) = 17,09$ mbar.

Nach Gl. (10.7) ist die absolute Feuchte:

$$x = \frac{R_L}{R_D} \cdot \frac{\varphi \cdot p_{Ds}}{p - \varphi \cdot p_{Ds}} = 0,622 \cdot \frac{0,45 \cdot 17,09}{1000 - 0,45 \cdot 17,09} = 4,81 \cdot 10^{-3} = 4,81\frac{g}{kg}$$

Die spezifische Enthalpie feuchter Luft wird mit Gl. (10.12) berechnet.

$$h_{1+x} = [1,004 \cdot 15 + 4,81 \cdot 10^{-3} \cdot (2501 + 1,86 \cdot 15)] \cdot kJ/kg = \mathbf{27,23\ kJ/kg}$$

b) Die spezifische Enthalpie trockener Luft ist:

$$h_{1+x}(x = 0) = (1,004 \cdot \vartheta) \cdot kJ/kg = \mathbf{15,06\ kJ/kg}$$

Diskussion

Die spezifische Enthalpie feuchter Luft weicht bei gleicher Temperatur *wesentlich* von der trockener Luft ab. Verantwortlich dafür ist hauptsächlich die Verdampfungsenthalpie des Wassers. Bei thermischen Analysen sind nur Enthalpieänderungen relevant. Bei einer Zustandsänderung mit konstanter absoluter Feuchte ist die Enthalpieänderung der feuchten Luft fast identisch mit der der trockenen Luft. Die Änderung der absoluten Feuchte bewirkt eine starke zusätzliche Enthalpieänderung, weil bei diesem Vorgang Wasser verdampft oder kondensiert.

10.2 *Mollier-h, x-Diagramm feuchter Luft*

Das h, x-Diagramm ist ein praktisches Hilfsmittel zur grafischen Darstellung isobarer Prozesse feuchter Luft und zur raschen Bestimmung der Zustandsgrößen. Dieses Diagramm wurde 1923 vom deutschen Maschinenbauingenieur *Richard Mollier* vorgestellt.

Hier wird der konstruktive Aufbau des Diagramms besprochen. In einem schiefwinkligen Koordinatensystem ist x die Abszisse und h die Ordinate.

Zunächst behandeln wir das Gebiet ungesättigter feuchter Luft. In diesem Bereich ist die spezifische Enthalpie als Funktion von x und ϑ durch Gl. (10.12) gegeben. Von *Mollier* wurde festgelegt, dass bei $\vartheta = 0\,°C$ die Isotherme eine horizontale Gerade ist. Für die Steigung der Isenthalpen gilt nach den Gln. (10.11) und (10.12):

$$\frac{dh_{1+x}}{dx} = \Delta h_v + c_{pD} \cdot \vartheta$$

Da die $0\,°C$-Isotherme eine waagerechte Gerade ist, muss die 0-Isenthalpe schräg nach unten verlaufen. Wir erhalten damit ein schiefwinkliges Koordinatensystem. Die x_W-Achse verläuft parallel zu den Isenthalpen. Wegen der besseren Darstellung wird sie in den h,x-Diagrammen als horizontale Hilfsachse dargestellt. Die Isothermen haben im Gebiet der ungesättigten Luft die Steigung $c_{pD} \cdot \vartheta$ und bei $x = 0$ den Abstand von $c_{pL} \cdot \vartheta$. Die Isenthalpen sind äquidistante Linien (Abb. 10.3).

Die Linie, bei der die relative Feuchte den Wert $\varphi = 1$ hat, ist die *Sättigungslinie*. Mit der Dampftafel in Tab. A.2.1 kann zu jeder Temperatur der Sättigungsdruck bestimmt, mit Gl. (10.7) der Sättigungswert der absoluten Feuchte x_s berechnet werden. Damit ist jedem Wert von x zu jeder Temperatur der Ort der Sättigungslinie zugeordnet, ebenso ein Dampfdruck zu jedem Wert von x. Abbildung 10.4 zeigt die Konstruktion der Sättigungslinie und die der Linien konstanter relativer Feuchte.

Die Linien konstanter relativer Feuchte konstruiert man, indem für eine Temperatur der Sättigungsdruck bestimmt und mit entsprechender relativer Feuchte nach Gl. (10.7)

Abb. 10.3 h, x-Diagramm feuchter Luft. Verlauf der Isothermen und Isenthalpen

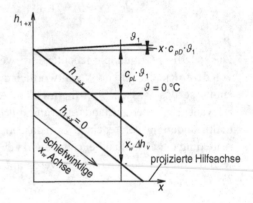

Abb. 10.4 Konstruktion der Sättigungslinie und die der Linie konstanter relativer Feuchte

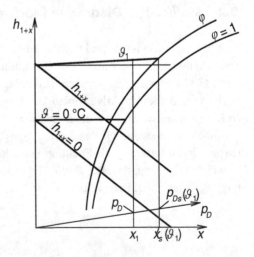

Abb. 10.5 Konstruktion der
Isothermen im Wasser- und
Eisnebelgebiet

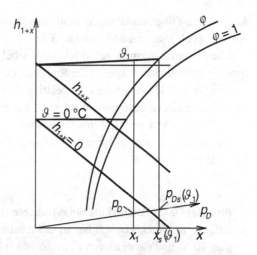

der Wert der absoluten Feuchte berechnet wird. Der Schnittpunkt der Linien der Temperatur und absoluten Feuchte ist der Ort der relativen Feuchte. Bei anderen Temperaturen verfährt man entsprechend und zeichnet die Linie der relativen Feuchte ein.

Das Vorgehen für die Isothermen des Wassernebel- und Eisnebelgebiets ist analog zu dem im ungesättigten Gebiet. Abbildung 10.5 zeigt die Konstruktion der Kurven.

Im Anhang B.4 und B.5 sind detaillierte *h, x*-Diagramme zu finden, in denen auf der Ordinate anstelle der Enthalpie h_{1+x} die Temperatur aufgetragen ist.

10.2.1   Druckabhängigkeit relativer Feuchte

Die Linien konstanter relativer Feuchte und die Nebelgebiet-Isothermen in dem für einen bestimmten Druck konstruierten *Mollier-h,x*-Diagramm gelten nur für diese Drücke. Bei der Benutzung dieses Diagramms für einen anderen Druck muss man Umrechnungen durchführen.

Die Gln. (10.2) und (10.7) liefern:

$$\frac{\varphi \cdot p_{Ds}(\vartheta)}{p} = \frac{x}{0,622 - x}$$

Für feuchte Luft mit gegebenen Werten der absoluten Feuchte φ, Temperatur ϑ und Druck p gilt:

$$\varphi = \varphi_0(x, \vartheta) \cdot \frac{p}{p_0} \tag{10.15}$$

Dabei ist φ_0 die relative Feuchte im *h,x*-Diagramm und p_0 der Druck, der für das Diagramm gilt. Dieser Zusammenhang ermöglicht die Konstruktion eines vom Druck unabhängigen

Mollier-h,x-Diagramms, indem man anstelle der relativen Feuchte φ neu φ/p als Parameter einsetzt (vgl. Diagramme B.4 bzw. B.5).

Die Nebelisothermen verschieben sich bei Änderung des Gesamtdruckes *parallel* zu ihrer ursprünglichen Lage, da die Steigung der Isothermen vom Druck unabhängig ist.

Die Gl. (10.15) zeigt, dass die relative Feuchte bei gegebenen Werten für x und ϑ mit dem Gesamtdruck zunimmt. Wird z. B. bei einer Temperatur von 30 °C und einer absoluten Feuchte von $x=0{,}018$ im Diagramm der Wert $\varphi/p=0{,}7$ Pa^{-1} abgelesen, entspricht dies beim Druck von $p=1$ bar der relativen Feuchte von 0,7 und bei 1,4 bar der relativen Feuchte von 0,910.

Beispiel 10.4: Feuchte Luft bei erhöhtem Druck

Bei einem Druck von 1,8 bar ist der Zustand der feuchten Luft mit der Temperatur von 40 °C und der relativen Feuchte von 0,8 angegeben.

   Zu bestimmen sind:

a) die absolute Feuchte x_1 und die spezifische Enthalpie h_{1+x}

b) der maximale Druck, bei dem die Feuchte noch im Dampfzustand ist.

Analyse

a) Zur Bestimmung der absoluen Feuchte kann Diagramm B.5 benutzt werden. Für die Größe φ/p erhält man 0,44. Aus dem Diagramm B.5 im Anhang liest man folgende Werte ab:

$$x=0{,}022 \qquad h_{1+x}=94 \text{ kJ/kg}$$

Die berechneten genaueren Werte sind: $x=0{,}021$ und $h_{1+x}=94{,}5$ **kJ/kg**

b) Nach Gl. (10.15) gilt für die relative Feuchte:

$$\varphi = \varphi_0(x,\vartheta) \cdot \frac{p}{p_0}$$

Die maximale relative Feuchte hat den Wert von 1, der bei folgendem Druck erreicht wird:

$$p_{max} = \frac{\varphi_{max}}{\varphi/p} = \frac{1}{0{,}8/1{,}8} = 2{,}25 \text{ bar}$$

Diskussion

Eine Druckerhöhung hebt den Partialdruck des Dampfes proportional zum Gesamtdruck an. Kühlt man die verdichtete Luft, scheidet sich Kondensat aus. Dies ist bei mehrstufiger Verdichtung in Kompressoren zu beachten, d. h., wegen der Rückkühlung des Gases ist die anfallende Feuchte abzuführen.

10.3 Isobare Zustandsänderungen feuchter Luft

10.3.1 Wärmetransfer

Führt man feuchter Luft Wärme zu oder ab, bleibt die absolute Feuchte konstant. Die Temperatur, Enthalpie und die relative Feuchte ändern sich. Eine Wärmezufuhr verringert die relative Feuchte, die Luft wird also „trockener", was man im h,x-Diagramm auch sieht. Wärmeabfuhr erhöht die relative Feuchte und kann zur Nebelbildung führen.

Bei stationärem Wärmetransfer wird die zu- oder abgeführte Wärme mit dem ersten Hauptsatz berechnet:

$$Q_{12} = m_L \cdot [(h_{1+x})_2 - (h_{1+x})_1] \tag{10.16}$$

Abbildung 10.6 zeigt die Erwärmung der feuchten Luft durch Wärmezufuhr.

Beispiel 10.5: Erwärmung feuchter Luft
Feuchte Luft mit 5 °C Temperatur und einer relativen Feuchte von 0,6 wird isobar bei einem Druck von 1 bar auf 25 °C erwärmt.

Mit Hilfe des *Mollier-h,x*-Diagramms im Anhang B.5 sind die spezifische zuzuführende Wärme und die relative Feuchte nach der Erwärmung zu bestimmen.
Lösung
Analyse
Aus dem *Mollier-h,x*-Diagramm im Anhang B.5 liest man ab

bei $\vartheta_1 = +5\,°C$ und $\varphi_1 = 0{,}6$: $(h_{1+x})_1 = 3$ kJ/kg, $x_{W1} = 3{,}3 \cdot 10^{-3}$
bei $\vartheta_2 = +25\,°C$ und $x_{W2} = x_{W1}$: $(h_{1+x})_2 = 33$ kJ/kg, $\boldsymbol{\varphi_2 = 0{,}17}$

Damit ist die zuzuführende spezifische Wärme:

$$q_{12} = (h_{1+x})_2 - (h_{1+x})_1 = \mathbf{20{,}0\ kJ/kg}$$

Diskussion
Durch Zufuhr der spezifischen Wärme $q_{12} = 20{,}0$ kJ/kg sinkt die relative Feuchte φ von 0,6 auf 0,17. Beispiel 10.3 zeigte, dass sich die Enthalpie mit Zunahme der absoluten Feuchte gegenüber der trockenen Luft stark verändert. Bei der Zustandsänderung mit konstanter absoluter Feuchte ist die Änderung der Enthalpie praktisch gleich der der trockenen Luft. Mit $c_p = 1{,}004$ kJ/(kg K) beträgt die errechnete Enthalpieänderung 20,1 kJ/kg.

Abb. 10.6 Erwärmung feuchter Luft im h,x-Diagramm

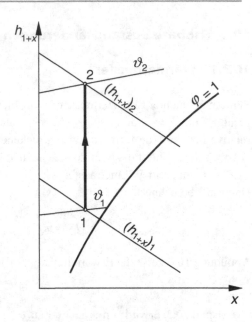

10.3.2   Kühlung mit Taubildung

Wird feuchte Luft gekühlt, erhöht sich die relative Feuchte. Bei der Zustandsänderung
von 1 nach 2 erreicht die relative Feuchte im Grenzfall den Wert von 1 und die Luft ist
gesättigt. In Abb. 10.7 ist es der Zustandspunkt S, der *Taupunkt* heißt. Kühlt man die Luft
weiter ab, schlägt sich je nach Kühlung entweder Feuchte an einer kälteren Wand nieder
oder es bildet sich Nebel. Die Ausscheidung des Wassers erfolgt bei der Zustandsänderung
vom Punkt S zum Punkt 2.

> Den Vorgang der Ausscheidung von Feuchte aus der Luft nennt man Taubildung
> bzw. bei Temperaturen unterhalb von $0\,°C$ Reifbildung.

In der Technik ist der in Abb. 10.7 beschriebene Vorgang bei der Kühlung feuchter Luft
oft anzutreffen (z. B. Kondensattrockner, Kühlturm), Zustand 2 wird in der Praxis jedoch
nicht erreicht. Strömt die Luft an einer kalten Wand entlang, bildet sich in der Luft ein
Temperaturprofil. In Wandnähe kühlt sich die Luft auf den Sättigungszustand ab, an der
Wand schlägt sich Wasser nieder. In den von der Wand entfernteren Regionen bleibt die
Luft ungesättigt. Bildet man für die Temperatur und relative Feuchte des Luftstroms einen
Mittelwert, ist die Luft am Zustandspunkt 2 immer noch ungesättigt, die absolute Feuchte
nimmt jedoch ab. Abbildung 10.8 zeigt den realen Kühlvorgang, gebildet mit den mittle-
ren Zustandswerten der feuchten Luft.

Abb. 10.7 Taupunkt und
Taubildung

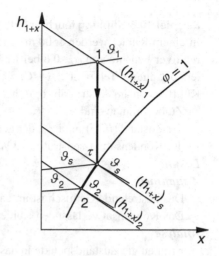

Abb. 10.8 Reale Zustandsänderung bei der Kühlung mit
Taubildung

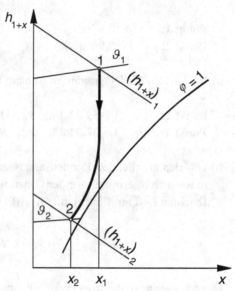

Da bei dem Prozess ein Teil des Wasserdampfes als Wasser entfernt wird, muss dies bei der Bestimmung des abzuführenden Wärmestromes berücksichtigt werden. Die Energie-bilanzgleichung liefert:

$$\dot{Q}_{12} = \dot{m}_L \cdot [(h_{1+x})_2 - (h_{1+x})_1 + (x_2 - x_1) \cdot h_W] \tag{10.17}$$

Der Massenstrom der Luft, multipliziert mit der Änderung der absoluten Feuchte, ist der Massenstrom des ausgeschiedenen Wassers.

$$\dot{m}_W = \dot{m}_L \cdot (x_2 - x_1) \tag{10.18}$$

Beispiel 10.6: Kühlung feuchter Luft

In einem Kühler werden 1500 m³/h feuchte Luft mit der Temperatur von 26 °C und relativer Feuchte von $\varphi_1 = 0,6$ bei 1 bar Gesamtdruck gekühlt. Am Austritt des Kühlers beträgt die Temperatur 14 °C, die relative Feuchte 0,9. Das Wasser, das von den Kühlflächen am Austritt abtropft, hat die Temperatur von 10 °C.

Zu bestimmen sind:

a) der Zustand $(h_{1+x})_2$ und x_{W2} der gekühlten Luft am Kühleraustritt

b) der Kondensatmassenstrom und Wärmestrom.

Lösung

Annahmen

• Das austretende Gemisch ist im ganzen Austrittsquerschnitt homogen.

• Das Kondensat verlässt den Kühler mit 10 °C.

Analyse

Wir tragen die Zustandspunkte in das h,x-Diagramm ein:

Punkt 1: $\varphi_1/p = 0,6/\text{bar}, \vartheta_1 = 26\,°C$
Punkt 2: $\varphi_2/p = 0,9/\text{bar}, \vartheta_2 = 14\,°C$

a) Im *Mollier-h,x*-Diagramm im Anhang B.4 lesen wir ab:

Punkt 1: $(h_{1+x})_1 = 59{,}0 \text{ kJ/kg}, x_{W1} = 11{,}8 \cdot 10^{-3}$
Punkt 2: $(h_{1+x})_2 = 37{,}0 \text{ kJ/kg}, x_{W2} = 9{,}2 \cdot 10^{-3}$

b) Um den anfallenden Kondensatmassenstrom zu berechnen, muss erst der Luftmassenstrom ermittelt werden. Dazu wird zunächst das spezifische Volumen der feuchten Luft am Eintritt mit Gl. (10.10) berechnet.

$$v_{1+x} = \frac{T_1}{p} \cdot (R_L + x \cdot R_D) = 0{,}8765 \text{ m}^3/\text{kg}$$

Der Massenstrom der trockenen Luft ist:

$$\dot{m}_L = \frac{\dot{V}_1}{v_{1+x}} = \frac{1500}{3600} \cdot \frac{\text{m}^3}{\text{s}} \cdot \frac{1}{0{,}8765} \cdot \frac{\text{kg}}{\text{m}^3} = 0{,}475 \text{ kg/s}$$

Den gesuchten Wassermassenstrom erhält man als:

$$\dot{m}_W = \dot{m}_L \cdot (x_1 - x_2) = 1{,}688 \cdot 10^{-3} \text{ kg/s} = 6{,}076 \text{ kg/h}$$

Der Wärmestrom wird mit Gl. (10.17) bestimmt.

$$\dot{Q}_{12} = \dot{m}_L \cdot [(h_{1+x})_2 - (h_{1+x})_1 + (x_2 - x_1) \cdot c_{pW} \cdot \vartheta] =$$
$$= 0{,}495 \text{ kg/s} \cdot (37 - 58{,}5 - 0{,}00355 \cdot 4{,}19 \cdot 10) \text{ kJ/kg} = \mathbf{-10{,}29 \text{ kW}}$$

Diskussion

Analysiert man die Beiträge der Komponenten zum Wärmestrom, ist ersichtlich, dass die Abkühlung der Luft und die Kondensation des Dampfes etwa gleich viel zum Wärmetransfer beitragen. Der durch das Wasser abgeführte Wärmestrom beträgt nur 0,7 %.

10.4   Mischung zweier feuchter Luftmassen

Zwei Massenströme feuchter Luft werden miteinander vermischt. Beide Massenströme und ihre Zustandsgrößen haben den Index 1 und 2, die Mischung den Index M. Folgende Bilanzen können aufgestellt werden:

$$\text{Massenbilanz trockener Luft:} \quad \dot{m}_{L1} + \dot{m}_{L2} = \dot{m}_{LM} \tag{10.19}$$

$$\text{Massenbilanz Wasserdampf:} \quad \dot{m}_{L1} \cdot x_1 + \dot{m}_{L2} \cdot x_2 = \dot{m}_{LM} \cdot x_M \tag{10.20}$$

$$\text{Enthalpiebilanz:} \quad \dot{m}_{L1} \cdot (h_{1+x})_1 + \dot{m}_{L2} \cdot (h_{1+x})_2 = \dot{m}_{LM} \cdot (h_{1+x})_M \tag{10.21}$$

Gleichung (10.19) in (10.20) bzw. (10.21) eingesetzt, ergibt

$$\dot{m}_{L1} \cdot (x_1 - x_M) = \dot{m}_{L2} \cdot (x_M - x_2) \tag{10.22}$$

$$\dot{m}_{L1} \cdot [(h_{1+x})_1 - (h_{1+x})_M] = \dot{m}_{L2} \cdot [(h_{1+x})_M - (h_{1+x})_2] \tag{10.23}$$

Daraus erhält man folgende Proportionalitätsbeziehung:

$$\frac{\dot{m}_{L1}}{\dot{m}_{L2}} = \frac{x_M - x_2}{x_1 - x_M} = \frac{(h_{1+x})_M - (h_{1+x})_2}{(h_{1+x})_1 - (h_{1+x})_M} \tag{10.24}$$

Die Änderungen der absoluten Feuchte und die der spezifischen Enthalpie sind umgekehrt proportional zur Masse bzw. zum Massenstrom. Das bedeutet, dass der Mischpunkt M auf der Verbindungsgeraden der Zustandspunkte 1 und 2 liegt. Diese sogenannte *Mischgerade* wird im Verhältnis der Luftmassenströme geteilt (Abb. 10.9).

Zur Konstruktion des Mischpunktes werden die beiden Zustandspunkte mit der Mischgeraden verbunden. Vom Zustandspunkt 1 zeichnet man eine Linie der Länge l_2, die pro-

Abb. 10.9 Mischen zweier
feuchter Luftmassen

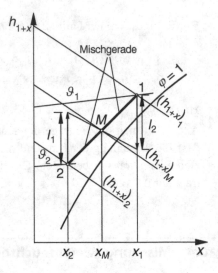

Abb. 10.10 Mischpunkt im
Nebelgebiet

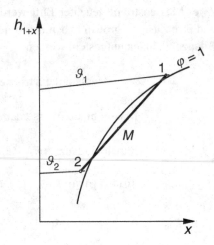

portional zur Masse m_2 ist (z. B. bei 1 kg Masse 1 cm), senkrecht nach unten ein. Vom Zustandspunkt 2 wird eine Linie der Länge l_1, die proportional zur Masse m_1 (z. B. bei 2 kg Masse 2 cm) ist, senkrecht nach oben eingezeichnet. Die Endpunkte der beiden eingezeichneten Linien werden miteinander durch eine Gerade verbunden, deren Schnittpunkt mit der Mischgeraden der Mischpunkt M ist.

Mischt man kalte Luft hoher relativer Feuchte mit warmer Luft hoher relativer Feuchte, kann der Mischpunkt im Nebel- oder Eisnebelgebiet liegen. Aus Abb. 10.10 ist ersichtlich, dass bei der Vermischung zweier gesättigter Luftmassen verschiedener Temperaturen *immer* Nebel- oder Eisnebel entsteht.

Damit ist die Nebelbildung in Kühltürmen zu erklären. Die eintretende Luft wird vom wärmeren Wasser erwärmt und dabei bis oder beinahe bis zur Sättigung mit Wasserdampf beladen. Über der Kühlturmfläche ist die Temperatur der Luft nicht homogen. Das Vermischen dieser feuchten Luftmassen hoher relativer Feuchte führt zur Nebelbildung.

Beispiel 10.7: Vermischung zweier feuchter Luftmassen

Die folgenden zwei feuchten Luftmassen sollen gemischt werden:

Masse 1	$m_{L1} = 1000$ kg	$\vartheta_1 = 20\,°C$	$\varphi_1 = 0,7$
Masse 2	$m_{L2} = 3000$ kg	$\vartheta_2 = 40\,°C$	$\varphi_2 = 0,4$

Die Zustandsgrößen x_M, h_M und ϑ_M der Mischluft sind zu bestimmen.

Lösung

Annahmen

- Die Mischung erfolgt bei 1 bar Druck.
- Die zu vermischenden Massen und die Mischung selbst sind homogen.

Analyse

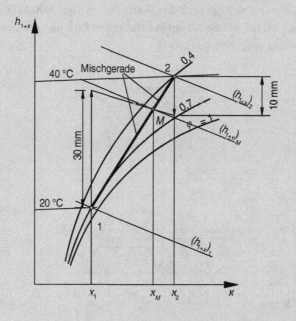

Die Zustandspunkte der Luftmassen werden in das h,x-Diagramm eingetragen und die Mischgerade wird eingezeichnet. Von Punkt 1 wird eine Linie, die proportional zur Luftmasse 2 ist (z. B. 30 mm), senkrecht nach oben eingezeichnet. Vom Punkt 2 zeichnet man eine Linie, die proportional zur Luftmasse 1 ist (z. B. 10 mm), senk-

recht nach unten ein. Die Endpunkte beider Linien werden verbunden, der Schnittpunkt ist der Zustandspunkt der Mischung. Aus dem Diagramm B.4 lesen wir ab:

Punkt 1: $x_1 = 10{,}3$ g/kg, $(h_{1+x})_1 = 47$ kJ/kg,
Punkt 2: $x_2 = 19{,}0$ g/kg, $(h_{1+x})_2 = 89$ kJ/kg.

Punkt M: $x_M = 17$ g/kg, $(h_{1+x})_M = 78$ kJ/kg, $\vartheta_M = 35\ °C$.

Diskussion
Die Bestimmung des Mischpunktes könnte rechnerisch sehr einfach durchgeführt
werden, mit der Konstruktion im h,x-Diagramm wird der Prozess veranschaulicht.

Beispiel 10.8: Berechnung der Massenströme eines Kühlturms
In einen Kühlturm strömt Umgebungsluft bei 1 bar Druck mit der Temperatur von
$10\ °C$ und der relativen Feuchte von 0,4 ein. Am Austritt des Kühlturms hat die Luft
eine Temperatur von $20\ °C$, die absolute Feuchte ist um 0,002 größer als der Wert bei
Sättigung. Im Kühlturm soll die Luft den Wärmestrom von 2000 MW aufnehmen.

Zu berechnen sind der Massenstrom der trockenen Luft und der des Wassers, der
aus dem Kühlwasser aufgenommen wird.
Lösung

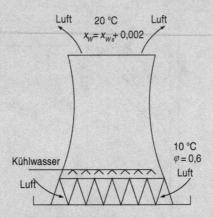

Schema Siehe Skizze
Annahmen
- Der Prozess ist isobar und reibungsfrei.
- Die Änderung der kinetischen Energie der Luft bleibt unberücksichtigt.
- Die Temperatur der Luft ist am Ein- und Austritt des Kühlturms jeweils uniform.

Analyse

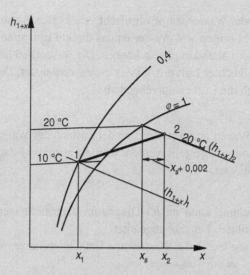

Der Prozess wird in das h,x-Diagramm eingetragen. Zustandspunkt 2 liegt im Schnittpunkt der Nebelgebiet-Isotherme von 20 °C und der Linie der absoluten Feuchte von $x_s(20\,°C)+0{,}002$. Aus dem Diagramm B.4 liest man folgende Werte ab:

$x_1=0{,}0046$, $(h_{1+x})_1=18$ kJ/kg,
$x_s=(20\,°C)=0{,}0148$, $x_2=0{,}0168$,
$(h_{1+x})_2=h_{1+x}(20\,°C, x_2)=58$ kJ/kg.

Die Zustandsänderung erfolgt isobar und reibungsfrei. Der Wärmestrom ist damit das Produkt der Enthalpieänderung und das der trockenen Luft. Für den notwendigen Luftmassenstrom erhalten wir:

$$\dot m = \frac{\dot Q}{(h_{1+x})_2-(h_{1+x})_1} = 50{,}000 \text{ kg/s}$$

Pro kg Luft ist die aufgenommene Wassermasse durch die Änderung der relativen Feuchte von x_{W1} nach x_{W2} gegeben. Damit beträgt der Wassermassenstrom:

$$\dot m_W = \dot m \cdot (x_2-x_1) = 685 \text{ kg/s}$$

Diskussion
Die Berechnung des Massenstromes bedarf der Annahme, dass die Temperaturen am Ein- und Austritt des Kühlturms uniform sind. Dies trifft für den Eintritt zu. Am Austritt ist die Temperatur am Rand etwas tiefer als in der Mitte, da hier die Luft länger im Kontakt mit dem warmen Kühlwasser ist, was zur Nebelbildung führt.

10.5   Befeuchten mit Wasser oder Wasserdampf

Wird Luft mit Wasser oder Wasserdampf vermischt, erhöht sich die absolute Feuchte. Eine Möglichkeit für das Einbringen von Wasser ist das direkte Einspritzen feiner Tröpfchen, die aber auch Anteile vom Nassdampf sein können. Die wesentlich häufigere Möglichkeit ist, dass beim Kontakt feuchter Luft mit Wasser dieses verdunstet. Damit das Wasser verdunsten kann, kühlt sich die Luft entsprechend ab.

> Beim Mischen von Wasser oder Dampf kann der Zustand des Wassers oder Dampfes nicht im h,x-Diagramm dargestellt werden, weil die absolute Feuchte des Dampfes und Wassers unendlich ist.

Die Richtung der Mischung kann im h,x-Diagramm dargestellt werden. Dazu wird die Enthalpie nach der absoluten Feuchte abgeleitet.

Für den Mischvorgang lauten die Wasser- und Enthalpiebilanzen wie folgt:

Wasserbilanz: $m_L \cdot x + m_W = m_L \cdot x_M$

Enthalpiebilanz: $m_L \cdot (h_{1+x})_1 + m_W \cdot h_W = m_L \cdot (h_{1+x})_M$

Die Änderung der absoluten Feuchte Δx_W ist die zugeführte Wassermasse, geteilt durch die Masse der trockenen Luft. Man erhält somit für die absolute Feuchte der Mischung

$$m_L \cdot (h_{1+x})_1 + m_W \cdot h_W = m_L \cdot (h_{1+x})_M$$

Der Term m_W/m_L entspricht die auf die trockene Luftmasse bezogenen Änderung der absoluten Feuchte. Aus der Enthalpiebilanz erhält man:

$$h_W = \frac{m_L \cdot (h_{1+x})_M - m_L \cdot h_{1+x}}{m_W} = \frac{\Delta h_{1+x}}{\Delta x} \qquad (10.25)$$

Gleichung (10.25) zeigt, dass die Steigung der Mischgeraden die Enthalpie des Wassers h_W ist. Im h,x-Diagramm verläuft der *Randmaßstab* um die Achsen. Ausgehend vom Pol 0, der in den Diagrammen B.4 und B.5 der Schnittpunkt der Nullenthalpielinie mit der 0 °C-Isotherme ist, entspricht die spezifische Enthalpie des zugeführten Wassers oder des Wasserdampfes im Randmaßstab der Richtung der Mischgeraden (Abb. 10.11).

Die Enthalpie des zugemischten flüssigen Wassers der Temperatur ϑ_W ist $c_{pW} \cdot \vartheta_W$. Wie bei der Konstruktion der Nebelgebiet-Isotherme in Abb. 10.5 gezeigt wurde, entspricht die Enthalpie des Wassers der Steigung der Isotherme.

> Bei einer Mischung von Wasser der Temperatur ϑ_W mit feuchter Luft ist die Richtung der Mischgeraden gleich der Nebelgebiet-Isotherme ϑ_W.

Abb. 10.11 Mischgerade der
Befeuchtung

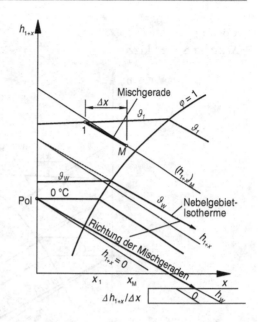

Wird feuchter Luft Wasser beigemischt, kann die *Richtung der Mischgeraden* mit der
Nebelgebiet-Isotherme bestimmt werden.

Im Randmaßstab entspricht $\Delta h_{1+x}/dx$ der Enthalpie des zugefügten Wassers bzw.
Dampfes. Bei 1 bar Druck kann man der Luft Wasser höchstens mit einer Temperatur von
99,6 °C zumischen. Die Enthalpie des Wassers beträgt bei dieser Temperatur 417,4 kJ/kg.
Im h,x-Diagramm verläuft die Richtung der Mischgeraden nach unten. Wenn man also
feuchter Luft mit einer Temperatur von 20 °C heißes Wasser mit der Temperatur von
99,6 °C zumischt, kühlt sich die Luft trotzdem ab. Dieser zunächst paradox erscheinende
Vorgang verursacht die hohe Verdampfungsenthalpie des Wassers. Eine Abkühlung kann
nur durch Zumischung von Dampf vermieden werden. Im h,x-Diagramm im Anhang B.5
sieht man, dass bei einer Dampfenthalpie von ca. 2600 kJ/kg die Mischgerade parallel
zur 20 °C-Isotherme verläuft und die Temperatur beim Zumischen von Dampf gleich
bleibt.

Beispiel 10.9: Luftbefeuchtung
10 kg feuchte Luft mit der Temperatur von 30 °C und 0,20 relativer Feuchte werden
bei 1 bar Gesamtdruck durch Zerstäuben von Wasser mit $\vartheta_W = 10$ °C so befeuchtet,
dass die Mischtemperatur von $\vartheta_M = 20$ °C entsteht.

Mit Hilfe des *Mollier-h,x*-Diagramms im Anhang B.4 sind die erforderliche Wassermasse m_W und die relative Feuchte nach der Mischung zu bestimmen.

Lösung
Schema Siehe Skizze

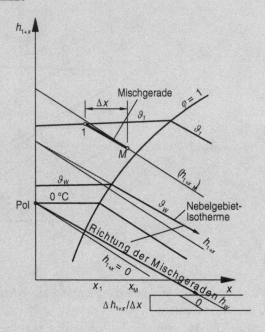

Analyse
Die Mischgerade hat die Richtung

$$\frac{\Delta h_{1+x}}{\Delta x_W} = h_W (10\,^\circ\text{C}) = c_{pW} \cdot \vartheta = 41{,}9 \text{ kJ/kg}$$

Die Richtung der Mischgeraden wird entweder durch eine Linie vom Pol 0 zur 41,9 kJ/kg-Linie im Randmaßstab oder durch die Nebelgebiet-Isotherme von 10 °C gegeben. Verschiebt man eine der beiden Linien parallel zum Zustandspunkt 1, erhält man die Mischgerade. Ihr Schnittpunkt mit der Isotherme von 20 °C ist der Endpunkt der Befeuchtung.

Man liest ab: $x_1 = 5{,}3 \cdot 10^{-3}$, $x_2 = 9{,}3 \cdot 10^{-3}$

Die Masse von 10 kg feuchter Luft enthält eine Masse trockener Luft von:

$$m_L = \frac{m}{1 + x_1} = \frac{10}{1 + 5{,}6 \cdot 10^{-3}} = 9{,}947 \text{ kg}$$

Damit ist die erforderliche eingespritzte Wassermasse:

$$m_W = \Delta x_W \cdot m_L = 4{,}0 \cdot 10^{-3} \cdot 9{,}94 \cdot \text{kg} = \mathbf{0{,}04 \text{ kg}}$$

> Aus dem h,x-Diagramm B.4 liest man anschließend die relative Feuchte der be-
> feuchteten Luft ab: $\varphi_M = 0,62$
>
> **_Diskussion_**
>
> Bei der Bestimmung der Richtung der Zustandsänderung (Mischprozess) ist darauf
> zu achten, dass die Richtung entweder vom Pol 0, ausgehend mit dem Randmaßstab
> oder mit der Nebelgebiet-Isotherme festgelegt wird. Die Richtung kann dann durch
> Parallelverschiebung zum Zustandspunkt transferiert werden.

10.5.1 Verdunstung

Befindet sich Luft über einer freien Wasseroberfläche, wird vom Wasser aus nur der
Dampf in der Luft „gesehen". Dies bedeutet: Ist der Partialdruck des Dampfes kleiner als
der der Lufttemperatur entsprechende Sättigungsdruck, erfolgt von der Wasseroberfläche
aus Dampfbildung. Diese setzt sich so lange fort, bis der Partialdruck des Dampfes den
Sättigungsdruck erreicht. Diesen Vorgang nennt man *Verdunstung* und nicht Verdampfung. Bei der Verdunstung herrscht ein thermodynamisches Ungleichgewicht.

Bei Verdunstung kühlen sich sowohl Wasser als auch feuchte Luft ab. Das Maß der
Abkühlung ist von der Masse der Luft und der des Wassers abhängig.

Abbildung 10.12 zeigt ein Modell adiabater Wasserverdunstung bei konstantem Druck.

Wasser und Luft haben zunächst die unterschiedlichen Temperaturen ϑ_W und ϑ_A. Das
System wird sich selbst überlassen. Durch Verdunstung gelangen Dampfmoleküle in die
Luft. Der Gleichgewichtszustand wird erreicht, wenn die Luft gesättigt ist und die gleiche
Temperatur wie das restliche Wasser hat. Im h,x-Diagramm ist ein möglicher Gleichge-
wichtszustand durch Punkt KG dargestellt. Die Lage des Punktes hängt vom Massenver-
hältnis Luft/Wasser ab:

a) Ist die Wassermasse im Vergleich zur Luftmasse sehr groß, wird die Endtemperatur des
Systems gleich der der ursprünglichen Wassertemperatur ϑ_W (Punkt W) sein.

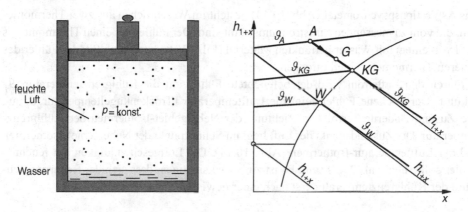

Abb. 10.12 Adiabate Wasserverdunstung bei konstantem Druck

b) Ist die Wassermasse im Vergleich zur Luftmasse sehr klein, wird die Endtemperatur des Systems gleich der der Lufttemperatur sein.

c) Beeinflussen sich Luft- und Wassermassen gegenseitig, ergibt sich aus der Mischungsregel Punkt G. Reicht die Wassermasse gerade aus, um die Luft zu sättigen, ergibt sich Punkt KG. Die zugehörige Temperatur ϑ_{KG} wird *Kühlgrenztemperatur* oder auch *Feuchtkugeltemperatur* genannt. Die Mischgerade verläuft parallel zur Nebelgebiet-Isotherme ϑ_{KG}.

Bringt man eine kleine Masse Wasser mit einer größeren Masse Luft in Kontakt, kann ein stabiles thermodynamisches Ungleichgewicht entstehen. Das Wasser wird auf Kühlgrenztemperatur abgekühlt und an seiner Oberfläche ist die feuchte Luft gesättigt. Die Temperatur des Wassers hat den Wert der Kühlgrenztemperatur. In der Mikroumgebung der Wasseroberfläche ändert sich die relative Feuchte von gesättigt ($\varphi = 1$) zur relativen Feuchte der ungesättigten Luft, die von der Dampfzumischung noch nicht erfasst ist. Somit liegen alle Zustände der feuchten Luft auf der in das ungesättigte Gebiet verlängerten Nebelisotherme ϑ_{KG}. Dieser Zustand bleibt stabil, bis das Wasser verdunstet ist.

Mit dem Abkühlen einer feuchten Oberfläche auf Kühlgrenztemperatur können verschiedene Phänomene physikalisch erklärt werden. Steigt man bei sehr angenehmer Wasser- und Lufttemperatur aus einem See, fröstelt man, weil das Wasser auf der Haut auf Kühlgrenztemperatur abkühlt. Damit ist auch zu erklären, wieso der Mensch bei Temperaturen von über 42 °C, bei denen das Eiweiß gerinnt, überleben kann. Man fängt an zu schwitzen und die feuchte Körperoberfläche kühlt auf Kühlgrenztemperatur ab. Die früheren, mit Filz bezogenen Feldflaschen hielten im Winter die Getränke warm und im Sommer konnte durch Befeuchten des Filzes gekühlt werden.

Dieses Verhalten feuchter Luft nutzt man zur Messung der Luftfeuchte mit dem *Aspirationspsychrometer*.

10.5.2 Feuchtemessung mit dem Aspirationspsychrometer

Das Aspirationspsychrometer (Abb. 10.13) besteht im Wesentlichen aus zwei Thermometern, die vom zu messenden Luftstrom umströmt sind. Der Fühler des einen Thermometers wird von einem mit Wasser getränkten Material (Filz, Watte, etc.) umhüllt, der Fühler des anderen Thermometers bleibt trocken.

Durch den Luftstrom wird der befeuchtete Fühler auf die Kühlgrenztemperatur ϑ_f gekühlt. Der trockene Fühler zeigt die Lufttemperatur (Trockenkugeltemperatur) ϑ_t an. Die Zustandsänderung erfolgt in Richtung der Nebelgebiet-Isothermen der Kühlgrenztemperatur. Der Zustandspunkt der Luft liegt im Schnittpunkt der Nebelgebiet-Isothermen und der Lufttemperatur-Isothermen (Abb. 10.14). Die Luftgeschwindigkeit am feuchten Fühler sollte höher als 2 m/s sein. Es ist zu berücksichtigen, dass sich der Beharrungszustand der Kühlgrenztemperatur erst nach einer gewissen Zeit einstellt.

Abb. 10.13 Aspirationspsychrometer

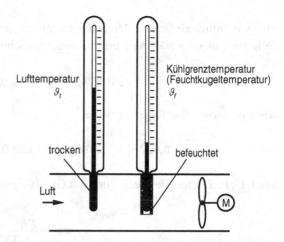

Abb. 10.14 Bestimmung der Feuchte aus der Messung mit dem Aspirationspsychrometer

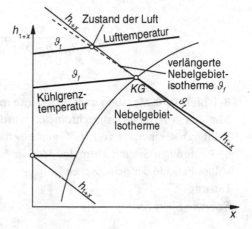

Die Bestimmung kann rechnerisch oder mit dem h,x-Diagramm, wie es in Abb. 10.14 dargestellt ist, erfolgen.

Die Nebelgebiet-Isothermen sind im Gebiet der ungesättigten feuchten Luft ungültig. Sie sind dort im h,x-Diagramm gestrichelt eingetragen, damit aus der Messung mit dem Aspirationspsychrometer der Zustand feuchter Luft einfach bestimmt werden kann.

Die absolute Feuchte x berechnet man mit den Gln. (10.12) und (10.13) der Enthalpie für das Gebiet der ungesättigten Luft und für das Nebelgebiet. Beide Gleichungen werden gleichgesetzt und nach x aufgelöst:

$$x = \frac{c_{pL} \cdot (\vartheta_f - \vartheta_t) + x_s(\vartheta_f) \cdot [\Delta h_v + (c_{pD} - c_{pW}) \cdot \vartheta_f]}{\Delta h_v + c_{pD} \cdot (\vartheta_f - \vartheta_t) - c_{pW} \cdot \vartheta_f} \qquad (10.26)$$

Eine wesentlich einfachere Berechnung kann bei Temperaturunterschieden, die kleiner als 25 K sind, in guter Näherung mit folgender Gleichung erfolgen:

$$p_D = p_{Ds}(\vartheta_f) - C \cdot p \cdot (\vartheta_t - \vartheta_f) \tag{10.27}$$

Die Konstante C hat folgende Werte:

$0{,}627 \cdot 10^{-3}$/K für Wasser und $0{,}566 \cdot 10^{-3}$/K für Eis.

Mit Gl. (10.2) kann die relative und mit Gl. (10.7) die absolute Feuchte berechnet werden.

$$\varphi = \frac{p_D}{p_{Ds}(\vartheta_t)} \tag{10.28}$$

$$x = \frac{R_L}{R_D} \cdot \frac{\varphi \cdot p_{Ds}}{p - \varphi \cdot p_{Ds}} = \frac{R_L}{R_D} \cdot \frac{p_D}{p - p_D} \tag{10.29}$$

Beispiel 10.10: Messung der Luftfeuchte mit dem Aspirationspsychrometer
Mit einem Aspirationspsychrometer wurden eine Lufttemperatur von 28 °C und Kühlgrenztemperatur von 16 °C gemessen. Der Gesamtdruck beträgt 1 bar.
   Bestimmen Sie mit Hilfe des *Mollier-h,x*-Diagramms (B.5) die relative und absolute Feuchte der gemessenen Luft.
Lösung
Schema Siehe Skizze

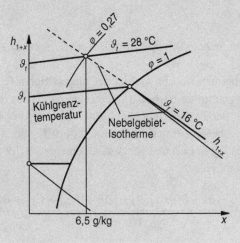

Analyse

Im *h,x*-Diagramm wird der Schnittpunkt der 16 °C-Nebelgebiet-Isotherme und der 28 °C-Isotherme gesucht. Er ist der Zustandspunkt der feuchten Luft. Man liest ab:

$$\varphi = 0{,}27/\text{bar} \cdot 1\ \text{bar} = \mathbf{0{,}27} \text{ und } x = \mathbf{6{,}5\ g/kg}$$

Zur Kontrolle kann der Wert der relativen absoluten Feuchte mit den Gln. (10.26) und (10.29) berechnet werden. Für die Sättigungsdampfdrücke erhält man aus Tab. A.2.1:

$$p_{Ds}(16\,°C) = 0{,}01819 \text{ bar und } p_{Ds}(28\,°C) = 0{,}03783 \text{ bar}$$

Die relative und absolute Feuchte errechnen sich als:

$$\varphi = \frac{p_D}{p_{Ds}(\vartheta_t)} = \frac{p_{Ds}(\vartheta_f) - C \cdot p \cdot (\vartheta_t - \vartheta_f)}{p_{Ds}(\vartheta_t)} = 0{,}282$$

$$x = \frac{R_L}{R_D} \cdot \frac{\varphi \cdot p_{Ds}(\vartheta_t)}{p - \varphi \cdot p_{Ds}(\vartheta_t)} = \mathbf{6{,}70\ g/kg}$$

Die Berechnung mit den Gln. (10.8) und (10.26) liefern für x den Wert von 6,57 g/kg und für φ 0,276.

Diskussion

Die relative und absolute Feuchte aus der Messung der Luft- und Kühlgrenztemperatur ist mit dem *h,x*-Diagramm einfach zu bestimmen. Für die nummerische Berechnung mit den Gl. (10.26) bis (10.29) benötigt man die Dampftafeln. Die mit den Gln. (10.8) und (10.26) bestimmten Werte stimmen mit jenen aus dem Diagramm ermittelten Werten innerhalb der Ablesegenauigkeit überein. Die Zahlen mit Gl. (10.27) berechnet, weisen etwa die gleichen Abweichungen auf.

10.6 Trocknung

10.6.1 Natürliche Trocknung

Natürliche Trocknung erfolgt mit Umgebungsluft. Das einfachste Beispiel dafür ist das Aufhängen feuchter Wäsche, die durch die Luft getrocknet wird. Bei industriellen Prozessen wird dem Trocknungsgut Luft zugeführt, die einen Teil der Feuchte aufnimmt. Die Druckänderung ist in der Regel vernachlässigbar klein, ebenso die Geschwindigkeitsänderungen. Daher wird angenommen, dass der Prozess isobar verläuft.

Abb. 10.15 Natürliche
Trocknung

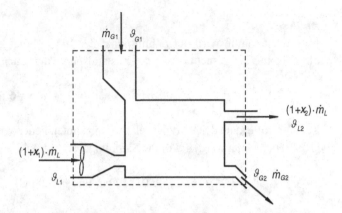

Abbildung 10.15 zeigt einen natürlichen Trocknungsprozess. Der Massenstrom des zu trocknenden Gutes ist mit dem Index G bezeichnet und auf dessen trockene Masse bezogen. Bei der Luft ist der Massenstrom mit dem Index L auf trockene Luft bezogen. Diese beiden Massenströme verändern sich während des Prozesses nicht.

Da bei dem Prozess keine Druckänderungsarbeit und Dissipation stattfinden, ist er isenthalp. Unter der Annahme, dass die Anlage keine Leckagen aufweist und von außen kein Wärmetransfer erfolgt, lautet die Energiebilanz:

$$0 = \dot{m}_{D2} \cdot h_G + (1+x_2) \cdot \dot{m}_L \cdot (h_{1+x})_2 - \dot{m}_{G1} \cdot h_{G1} - (1+x_1) \cdot \dot{m}_L \cdot (h_{1+x})_1$$

Wie man später sieht, ist der Massenstrom der Luft im Vergleich zu dem des zu trocknenden Gutes sehr viel größer. Damit erhält man in guter Näherung

$$(h_{1+x})_1 \approx (h_{1+x})_2 \tag{10.30}$$

Der isenthalpe Prozessverlauf ist aus Abb. 10.16 ersichtlich.

Die vom Trocknungsgut abgegebene Feuchte ist gleich der von der Luft aufgenommenen Feuchte, deren Massenstrom aus der Änderung der absoluten Luftfeuchte bestimmt wird.

$$\dot{m}_W = \dot{m}_L \cdot (x_2 - x_1)$$

Mit dem gegebenen Massenstrom des Wassers, der aus dem zu trocknenden Gut zu entfernen ist, benötigt man den folgenden Massenstrom trockener Luft:

$$\dot{m}_L = \frac{\dot{m}_W}{x_2 - x_1} \tag{10.31}$$

Da die Diffusionsrate der Feuchte vom Gut an die Luft mit wachsender relativer Feuchte φ rapide abnimmt, sind dem maximal erreichbaren Wert der relativen Feuchte der Trock-

Abb. 10.16 Prozessverlauf
bei der Trocknung

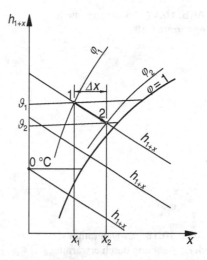

nungsluft Grenzen gesetzt. Die theoretisch mögliche Grenze liegt bei $\varphi = 1$, die praktische bei 0,8 bis 0,9. Die erreichbare Vergrößerung der absoluten Feuchte $x_{W2} - x_{W1}$ wird durch die Änderung der relativen Feuchte bestimmt und damit auch nach Gl. (10.31) der Luftbedarf. Je größer die relative Feuchte der Umgebungsluft ist, desto mehr Luft wird zum Entziehen des Wassers benötigt. Bei konstantem Luftmassenstrom verlängert sich die Trocknungszeit.

Beispielsweise hat die absolute Feuchte der relativ warmen Umgebungsluft von 40 °C Temperatur und relativer Feuchte von 0,4 den Wert von 0,093 (s. Anhang B.5). Bei isenthalper Trocknung steigt die relative Feuchte auf 0,9 und die absolute Feuchte auf 0,0173 an. Die Änderung der absoluten Feuchte entspricht dabei 0,08, d. h., der Luftmassenstrom muss das 12,5fache des Wassers sein. Da bei Trocknungsprozessen der Massenstrom der zu entfernenden Feuchte geringer als der des Gutes ist, war die Annahme der Vernachlässigung des Gutmassenstromes erlaubt. Weiterhin ist ersichtlich, dass der Trocknungsprozess mit einer Abnahme der Luft- und Guttemperatur verbunden ist. Die Wärme, die der Luft und dem Gut entnommen wird, bewirkt die Verdunstung des Wassers aus dem Gut.

10.6.2 Trocknung durch erwärmte Luft

Bei Erwärmung der Trocknungsluft verändert sich nicht deren absolute Feuchte, die relative Feuchte wird jedoch verringert. Dadurch ist bei anschließender isenthalper Feuchteaufnahme eine höhere absolute Feuchte erreichbar (Abb. 10.18). Zur Erwärmung der Luft muss von außen Wärme zugeführt werden.

Bei der Trocknungsanlage in Abb. 10.17 gilt für die Erwärmung folgende Energiebilanz:

$$\dot{Q}_{zu} = \dot{m}_L \cdot [(h_{1+x})_2 - (h_{1+x})_1] \tag{10.32}$$

Abb. 10.17 Trocknung durch
erwärmte Luft

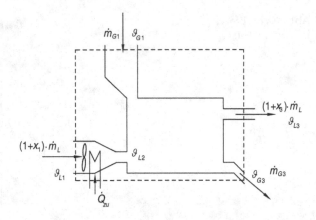

Abb. 10.18 h,x-Diagramm
der Trocknung durch erwärmte
Luft

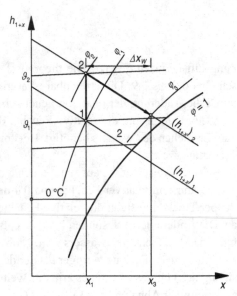

Wie bei natürlicher Trocknung bleibt die Enthalpie bei diesem Trocknungsprozess ebenfalls konstant. Die Berechnung der erforderlichen Luftmasse erfolgt mit Gl. (10.31). Da
die Differenz der absoluten Feuchte erhöht wird, benötigt man pro kg verdunstetes Wasser weniger Luft. Bei gleich bleibender Trocknungszeit kann man gegenüber natürlicher
Trocknung den Luftmassenstrom verringern. Bei gleichem Luftmassenstrom verkürzt sich
die Trocknungszeit.

Durch Erwärmung der Luft wird das Trocknungspotential vergrößert.

Die sehr große Verdampfungsenthalpie des Wassers benötigt entsprechend viel Wärme. Will man 1 kg Wasser aus dem zu trocknenden Gut in einer Stunde verdunsten, ist die Zufuhr von 0,7 kWh Wärme notwendig. Das Dazwischenschalten einer Wärmepumpe kann sehr viel Energie einsparen. Die Trocknungsluft erwärmt sich im Kondensator der Wärmepumpe. Die feuchte Luft kühlt sich nach dem Trocknungsvorgang im Verdampfer der Wärmepumpe ab, wobei der Wasserdampf teilweise auskondensiert.

Für eine schnelle bzw. mit wenig Luftmasse durchgeführte Erwärmung wird die Aufwärmtemperatur ϑ_2 möglichst hoch gewählt. Durch verfahrenstechnische Anforderungen, durch Qualitätseinhaltung des zu trocknenden Gutes oder durch Feuergefahr sind der Aufwärmtemperatur Grenzen gesetzt. Das mehrstufige Trocknungsverfahren erhöht das Trocknungspotential des Prozesses und senkt die notwendigen Aufwärmtemperaturen.

Beispiel 10.11: Wäschetrockner

In einem Wäschetrockner sollen in einer Stunde 2 kg Wasser aus der Wäsche entfernt werden. Die Umgebungsluft mit 20 °C Temperatur, 1 bar Druck und 0,5 relativer Feuchte wird mit einer elektrischen Heizung auf 80 °C erwärmt und der Wäsche zugeführt. Während des Trocknungsprozesses erhöht sich die relative Feuchte auf 0,90.

Zu berechnen sind:

a) der notwendige Luftmassenstrom und die elektrische Heizleistung

b) der Luftmassenstrom und die elektrische Leistung des Kompressors, wenn eine Wärmepumpe in den Trockner eingebaut wird. Bevor man der Wäsche die Umgebungsluft zuführt, erwärmt sie sich im Kondensator der Wärmepumpe auf 55 °C. Die Luft aus dem Trockner mit der relativen Feuchte von 0,8 kühlt sich im Verdampfer auf 18 °C ab, wobei sich die relative Feuchte auf 0,9 erhöht.

Lösung

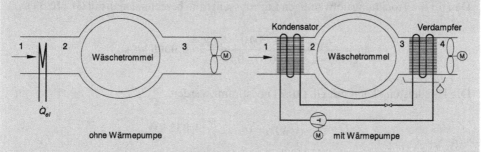

ohne Wärmepumpe   mit Wärmepumpe

Schema Siehe Skizze

Annahmen

- Die Zustandswerte am Ein- und Austritt sind jeweils uniform.
- Der Prozess ist isobar und reibungsfrei.
- Die Änderung der kinetischen Energie ist vernachlässigbar.

Analyse

a) Der Prozess wird in das h,x-Diagramm eingetragen. Man liest folgende Werte ab:

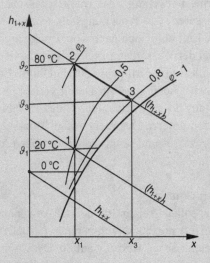

$(h_{1+x})_1 = 39$ kJ/kg, $x_1 = 0{,}0075$
$(h_{1+x})_2 = 100$ kJ/kg, $x_3 = 0{,}0260$

Der Massenstrom des Wassers ist in der Aufgabenstellung gegeben als:

$$\dot{m} = \frac{2\ \text{kg}}{1\ \text{h}} = 0{,}555 \cdot 10^{-3}\ \text{kg/s}$$

Den für die Trocknung notwendigen Luftmassenstrom berechnet man mit Gl. (10.31).

$$\dot{m}_L = \frac{\dot{m}_W}{x_3 - x_2} = \frac{0{,}555 \cdot 10^{-3}\ \text{kg/s}}{0{,}026 - 0{,}0075} = \mathbf{0{,}0300\ kg/s}$$

Die Heizleistung kann mit Gl. (10.31) bestimmt werden.

$$\dot{Q} = \dot{m}_L \cdot \left[(h_{1+x})_2 - (h_{1+x})_1 \right] = \mathbf{1{,}832\ kW}$$

b) Der Prozess des Trockners mit eingebauter Wärmepumpe wird in das h,x-Diagramm eingetragen. Für die Zustandspunkte 2, 3 und 4 liest man folgende Werte ab:

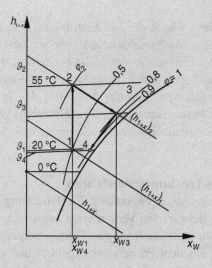

$$(h_{1+x})_2 = 75 \text{ kJ/kg}, \; x_{W3} = 0,0190$$
$$(h_{1+x})_4 = 50 \text{ kJ/kg}, \; x_{W4} = 0,0120$$

Da die absolute Feuchte x_{W3} gegenüber der Trocknung mit elektrischer Heizung kleiner wurde, benötigt man einen größeren Luftmassenstrom.

$$\dot{m}_L = \frac{\dot{m}_W}{x_3 - x_2} = \frac{0,5\overline{5} \cdot 10^{-3} \text{kg/s}}{0,019 - 0,0075} = \mathbf{0,0483 \; kg/s}$$

Die von der Wärmepumpe abgegebenen und aufgenommenen Wärmeströme sind:

$$\dot{Q}_{ab} = -\dot{m}_L \cdot [(h_{1+x})_2 - (h_{1+x})_1] = -1,739 \text{ kW}$$

$$\dot{Q}_{zu} = -\dot{m}_L \cdot \left[(h_{1+x})_4 - (h_{1+x})_3 + (x_{W4} - x_{W3}) \cdot c_{pW} \cdot \vartheta_4 \right] = 1,233 \text{ kW}$$

Die Motorleistung des Kompressors beträgt:

$$P = -\dot{Q}_{zu} - \dot{Q}_{ab} = \mathbf{506 \; W}$$

Da der Prozess mit elektrischer Heizung und Wärmepumpe jeweils eine Stunde dauert, ist bei einer Leistung von 1,739 kW der Stromverbrauch 1,739 kWh. Damit spart man durch die Wärmepumpe 1,233 kWh oder 71 %. Dabei ist allerdings der Leistungsgrad der Wärmepumpe nicht berücksichtigt.

Diskussion

Dieses Beispiel zeigt, dass wegen der auf die trockene Luft bezogenen Enthalpie und absoluten Feuchte die Änderung der Massenströme durch die Aufnahme von Feuchte unberücksichtigt bleiben. Weiterhin ist ersichtlich, dass die Trocknungsvorgänge „Energiefresser" sind. Durch den Einsatz einer Wärmepumpe erzielt man große Energieeinsparungen. Mit optimaler Auslegung des Systems kann man mit der Wärmepumpe über 70 % elektrische Energie einsparen. Versuche in einer Diplomarbeit an der Fachhochschule beider Basel konnten diese Werte bestätigen.

10.6.2.1   Mehrstufiges Trocknungsverfahren

Bei *mehrstufigen Trocknungsverfahren* verläuft die Trocknung in mehreren Schritten. Abbildung 10.19 zeigt als Beispiel den Verlauf einer zweistufigen Trocknung. Wenn die Trocknungsluft in der ersten Stufe die für diesen Prozess vorgesehene maximale relative Feuchte erreicht, wird sie aus dem Prozess herausgeführt und erwärmt. In der zweiten Stufe führt man die wieder erwärmte Luft dem zu trocknenden Gut zu. Bei Bedarf kann die Anzahl der Stufen erhöht werden.

Durch mehrstufige Erwärmung wird die maximale Temperatur ϑ_2, die zum Erreichen der gewünschten Differenz der absoluten Feuchte notwendig ist, kleiner gehalten. Mit dieser Verfahrensweise vermeidet man bei effektiver und schneller Trocknung unerlaubt hohe Temperaturen.

Abb. 10.19 Zweistufige
Trocknung

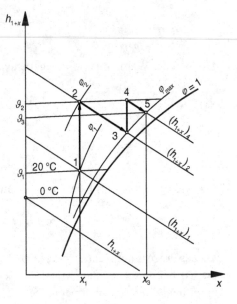

Literatur

1. Stephan K, Mayinger F (19981) Thermodynamik, 15. Aufl. Springer-Verlag, Berlin
2. Moran MJ, Shapiro HN (1993) Fundamentals of engineering thermo-dynamics. Wiley, New York
3. Baehr HD, Stephan K (1998) Wärme- und Stoffübertragung, 3. Aufl. Springer-Verlag, Berlin
4. Baehr HD (2004) Thermodynamik, 11. Aufl. Springer-Verlag, Berlin
5. Elsner N (1993) Grundlagen der Technischen Thermodynamik: Energielehre und Stoffverhalten, Bd. 1, 8. Aufl. Akademie Verlag, Berlin
6. Kirschner O, Kast W (1978) Die wissenschaftlichen Grundlagen der Trocknungstechnik, Bd. 1, 3. Aufl. Springer-Verlag, Berlin

Verbrennungsprozesse 11

Den größten Teil der heute genutzten Primärenergien erhalten wir in Form von Brennstoffen, von denen fossile den größten Anteil haben. Die bei der Verbrennung entstehende Wärme wurde bisher als zugeführte Wärme behandelt. Dieses Kapitel behandelt die chemischen Bilanzgleichungen der Verbrennung, die Berechnung der Zusammensetzung der Verbrennungsprodukte und deren thermodynamische Eigenschaften.

Basierend auf diesen Kenntnissen werden die Methoden zur Kontrolle sauberer Verbrennung und die Bestimmung der Kesselwirkungsgrade aufgezeigt.

11.1 Einführung

Bei den bisher behandelten Systemen wurden immer Systeme aus reinen Stoffen oder Gemische verwendet, die chemisch nicht miteinander reagieren. Bei der Verbrennung dagegen reagieren die Stoffe chemisch miteinander. Der Verbrennungsprozess ist die Grundlage heutiger Energieversorgung. Der Brennstoff, eine brennbare Substanz, wird mit Sauerstoff verbrannt. Dabei wird die im Brennstoff gebundene chemische Energie in innere thermische Energie der Reaktionsprodukte umgewandelt und durch Abkühlung als Wärme freigesetzt. Außer in einigen Ausnahmen, wie z. B. beim Raketenantrieb und Autogenschweißen, wird der Sauerstoff der Luft zur Verbrennung genutzt. Brennstoffe können fest, flüssig oder gasförmig sein und brennbare und nicht brennbare Anteile enthalten. Brennbare Anteile gebräuchlicher Brennstoffe sind Kohlenstoff, Wasserstoff und Schwefel. Nicht brennbare Anteile sind Sauerstoff, Stickstoff, Wasser, Edelgase und Asche.

Die Verbrennung ist *vollständig*, wenn alle brennbaren Bestandteile des Brennstoffes vollständig oxidiert sind. Die Verbrennung ist *unvollständig*, wenn die *Verbrennungsprodukte* noch brennbare Bestandteile enthalten. Dies können ursprüngliche Bestandteile des Brennstoffes oder aber auch brennbare Stoffe, die aus dem Brennstoff entstanden sind

© Springer-Verlag Berlin Heidelberg 2015
P. von Böckh, M. Stripf, *Technische Thermodynamik*, DOI 10.1007/978-3-662-46890-6_11

(z. B. Kohlenmonoxid, das zu Kohlendioxid verbrannt werden kann oder Kohlenwasser-stoffverbindungen), sein.

Das Verbrennungsprodukt besteht aus dem *Verbrennungsgas*, das auch *Rauchgas* oder *Abgas* genannt wird und aus festen Bestandteilen, die als Partikel im Verbrennungsgas mitströmen oder als *Asche* im Brennraum zurückbleiben.

Die Beschreibung der Verbrennungskinetik und des zeitlichen Ablaufs einzelner Verbrennungsprozesse ist nicht Aufgabe der technischen Thermodynamik und wird deshalb hier auch nicht behandelt. Für thermodynamische Prozesse, bei denen Brennstoffe die zugeführte Wärme liefern, ist lediglich von Bedeutung, wie viel Wärme bei einem Verbrennungsprozess abgegeben wird. Bei der Verbrennung verändert sich die Zusammenset-zung des Arbeitsmittels. Aus dem Brennstoff und der Luft entsteht das Verbrennungsgas. Bei thermodynamischen Prozessen mit Verbrennung müssen die veränderten Stoffeigen-schaften berücksichtigt werden, die aus der Zusammensetzung der Verbrennungsgase be-rechenbar sind.

Der zweite Hauptsatz der Thermodynamik liefert Werkzeuge [1], um die bei der Ver-brennung vorkommenden chemischen Reaktionen zu analysieren.

11.2   Umwandlung der Brennstoffenergie

11.2.1   Verbrennungsvorgang

Damit eine Verbrennung stattfinden kann, müssen folgende Bedingungen erfüllt sein:

- Der erforderliche Sauerstoff muss verfügbar sein.
- Die *Zündtemperatur* muss erreicht sein. Bei dieser Temperatur läuft die Verbrennung unter starker Wärmeabgabe ununterbrochen weiter. Prinzipiell können nur Gase mitei-nander verbrennen. Flüssige und feste Brennstoffe können erst dann verbrennen, wenn sie vergast sind. Unterhalb der Zündtemperatur kann auch eine der Verbrennung ent-sprechende Oxidation stattfinden, wobei aber die frei werdende Wärme an die Umge-bung abgeführt wird und nicht ausreicht, die Zündtemperatur zu erreichen. Wird diese Wärmeabfuhr behindert, kommt es zur Erwärmung und bei Erreichen der Zündtempe-ratur zur Selbstzündung.
- Die Mischung aus Brennstoff und Sauerstoff muss innerhalb der *Zündgrenze* liegen. Dies ist darin begründet, dass die Temperatur bei der Verbrennung durch frei werdende Wärme oberhalb der Zündtemperatur gehalten werden muss. Bei zu viel überschüssiger Luft kann die frei werdende Wärme das Gemisch nicht auf Zündtemperatur halten. Das Gleiche gilt, wenn zu viel überschüssiger Brennstoff vorhanden ist.

11.2.2 Eigenschaften der Brennstoffe

11.2.2.1 Zusammensetzung der Brennstoffe

Brennstoffe können fest, flüssig oder gasförmig sein. Die brennbaren Bestandteile und die vorhandene Sauerstoffmasse bestimmen die Wärme, welche vom Brennstoff freigesetzt werden kann. Die brennbaren Bestandteile können als reine Elemente oder in Form chemischer Verbindungen vorhanden sein. Der Anteil der vorhandenen brennbaren Elemente Kohlenstoff, Wasserstoff und Schwefel bestimmt die freisetzbare Wärme.

> Bei flüssigen und festen Brennstoffen werden die Bestandteile durch eine Elementaranalyse als Massenanteile angegeben.

Die Bezeichnung der Massenanteile einzelner Komponenten symbolisieren kleine Buchstaben: c für Kohlenstoff, h für Wasserstoff, s für Schwefel, o für Sauerstoff, n für Stickstoff, a für Asche und w für Wasser.

Die Summe der Massenanteile ist.

$$c + h + s + o + n + a + w = 1 \tag{11.1}$$

Die Massenanteile werden aus der Masse der Komponente, geteilt durch die Masse des Brennstoffes gebildet.

> Bei gasförmigen Brennstoffen wie Erdgas, Stadtgas u. a. wird der Raumanteil der Komponenten, der bei idealen Gasen dem Molanteil entspricht, angegeben.

Der Anteil der Komponenten ist als Raumanteil des trockenen Gases gegeben. Für den Raumanteil wird der Buchstabe r mit der chemischen Formel der Komponente als Index angegeben. Brennbare Gase sind: Kohlenmonoxid CO, Wasserstoff H_2, Methan CH_4, Ethan C_2H_6, Ethylen C_2H_4 und andere Kohlenwasserstoffe C_kH_m. Nicht brennbare Gase sind: Kohlendioxid CO_2, Stickstoff N_2, Sauerstoff O_2 und Wasserdampf H_2O.

Die Summe der Raumanteile ist

$$r_{CO} + r_{H_2} + r_{CH_4} + r_{C_2H_6} + r_{C_2H_4} + \sum r_{C_kH_m} + r_{CO_2} + r_{N_2} + r_{O_2} = 1 \tag{11.2}$$

Kann das Brenngas als ein ideales Gas angesehen werden, sind die Raumanteile gleichzeitig die Molanteile. Im Brenngas vorhandener Wasserdampf wird nicht als Raumanteil, sondern als relative Gasfeuchte φ_g angegeben.

Die Zusammensetzung einiger gebräuchlicher Brennstoffe ist in Tab. A.9 im Anhang aufgelistet.

11.2.2.2 Heizwert und Brennwert

Die im Brennstoff gebundene chemische Energie wird als Heizwert oder Brennwert des Brennstoffes angegeben. Der *Heizwert* gibt an, welche Energie bei vollständiger Verbrennung des Brennstoffes bei konstantem Druck pro Masseneinheit oder pro Kilomol des Brennstoffes freigesetzt wird, wenn die Brennprodukte auf Ausgangstemperatur zurückgekühlt werden und der im Brennprodukt enthaltene Wasserdampf nicht kondensiert wird [1]. Der früher gebräuchliche Begriff *unterer Heizwert* sollte nicht mehr verwendet werden. Als Bezugstemperatur wird international die Temperatur von 25 °C empfohlen. Den auf die Masseneinheit bezogenen Heizwert nennt man (*spezifischen*) *Heizwert* h_u [3]. Ist er auf die Molmasse bezogen, wird er *molarer Heizwert* h_{um} genannt. Bei Gasen wird der Heizwert h_{un} auch auf das Normvolumen des trockenen Gases bezogen.

Kondensiert bei einem Verbrennungsprozess das Verbrennungsprodukt Wasserdampf, erhöht sich die Nutzung der Wärme. Die so bestimmte spezifische Wärmeabgabe nennt man (*spezifischen*) *Brennwert* h_o. Der früher übliche Begriff *oberer Heizwert* sollte ebenfalls nicht mehr benutzt werden. Bei vielen technischen Anwendungen ist das Auskondensieren des Wasserdampfes unmöglich oder aus Gründen der Korrosion unerwünscht. Dies bedeutet, dass weniger Energie genutzt wird.

Zwischen den auf die Masse m, auf die Molmasse M und das Normvolumen V_n bezogenen Heiz- und Brennwerten gilt folgender Zusammenhang:

$$h_o = h_{om} / M = h_{on} / V_n \tag{11.3}$$

$$h_u = h_{um} / M = h_{un} / V_n \tag{11.4}$$

Die genaue Bestimmung des Heizwertes erfolgt in einem Kalorimeter [4]. Angenähert können die spezifischen Heizwerte flüssiger und fester Brennstoffe durch empirische Gleichungen aus der Elementaranalyse bestimmt werden. In den Gln. (11.5) und (11.6) sind empirische Gleichungen angegeben.

$$h_u = (34{,}0 \cdot c + 101{,}6 \cdot h + 19{,}1 \cdot s + 6{,}3 \cdot n - 9{,}8 \cdot o - 2{,}5 \cdot w) \frac{\text{MJ}}{\text{kg}} \tag{11.5}$$

$$h_o = (34{,}0 \cdot c + 124{,}3 \cdot h + 19{,}1 \cdot s + 6{,}3 \cdot n - 9{,}8 \cdot o) \frac{\text{MJ}}{\text{kg}} \tag{11.6}$$

Für gasförmige Brennstoffe können zur näherungsweisen Bestimmung des molaren Heizwertes folgende empirische Gleichungen verwendet werden:

$$h_{um} = (283{,}1 r_{CO} + 242 \cdot r_{H_2} + 802 \cdot r_{CH_4} + 1313 \cdot r_{C_2H_4}$$
$$+ 1426{,}5 \cdot r_{C_2H_6} + 1927{,}1 \cdot r_{C_3H_8}) \frac{\text{MJ}}{\text{kmol}} \tag{11.7}$$

$$h_{om} = (283{,}1 {\cdot} r_{CO} + 286 {\cdot} r_{H_2} + 890 {\cdot} r_{CH_4} + 1401 {\cdot} r_{C_2H_4} \tag{11.8}$$

$$+ 1558{,}5 {\cdot} r_{C_2H_6} + 2059{,}1 {\cdot} r_{C_3H_8}) \frac{\text{MJ}}{\text{kmol}}$$

Beispiel 11.1: Bestimmung des Heiz- und Brennwertes

Berechnen Sie den Heiz- und Brennwert aus Tab. A.9 für Heizöl und Erdgas L mit den Gl. (11.5) bis (11.8) und vergleichen Sie sie mit den tabellierten Werten.

Lösung

Bei diesem Beispiel kann man auf das Schema und die Annahmen verzichten.

Analyse

Aus Tab. A.9 erhalten wir folgende Werte:

Gasöl: $c = 0{,}859$, $h = 0{,}135$, $s = 0{,}004$, $o = 0{,}002$, $h_u = 42{,}9$ MJ/kg, $h_o = 45{,}8$ MJ/kg.

Erdgas: $r_{CH4} = 0{,}82$, $r_{C2H6} = 0{,}02$, $r_{C3H8} = 0{,}01$, $r_{N2} = 0{,}14$, $r_{CO2} = 0{,}01$, $h_{um} = 705{,}4$ MJ/kmol, $h_{om} = 802{,}0$ MJ/kmol.

Für Heizöl erhält man aus den Gln. (11.5) und (11.6):

$$h_u = 43{,}0 \text{ MJ/kg}, \quad h_o = 46{,}0 \text{ MJ/kg}$$

Für Erdgas liefern die Gln. (11.7) und (11.8)

$$h_{um} = 705 \text{ MJ/kmol}, \quad h_{om} = 782 \text{ MJ/kmol}$$

Diskussion

Ein Vergleich der gerechneten Werte mit jenen aus Tab. A.9 zeigt für Heizöl recht genaue Übereinstimmung. Beim Erdgas sind die Werte jedoch stark abweichend. Die Berechnungen sollte man immer nur als Abschätzung verwenden. Die Zusammensetzungen der Brennstoffe können sich ändern. Sie müssen nicht genau mit den in Tab. A.9 angegebenen Werten übereinstimmen. Deshalb sollten bei exakten Berechnungen kalorimetrisch bestimmte Werte verwendet werden.

11.3   Mengenberechnung bei der Verbrennung

Mengenberechnungen werden durchgeführt, um die für eine vollständige Verbrennung notwendigen Sauerstoff- und Luftmassen zu bestimmen. Masse und Zusammensetzung des Brenngases werden ermittelt, um daraus die Enthalpie und Entropie des Verbrennungsgases zu berechnen. Die Zusammensetzung des Verbrennungsgases gibt außerdem Auskunft über die Verbrennung. Mit einer Verbrennungsgasanalyse können die relativ schwer messbare Luftmenge und die Vollständigkeit der Verbrennung überprüft werden.

11.3.1 Verbrennungsgleichungen für vollständige Verbrennung

Die Mengen des Sauerstoffes, der Luft und des Brenngases ergeben sich nach stöchiometrischen Verhältnissen. Bei festen und flüssigen Brennstoffen werden die Bestandteile als Massenanteile x_i angegeben. Bei gasförmigen Brennstoffen verwendet man Raumanteile r_i oder Molanteile y_i.

Bei vollständiger Verbrennung oxidieren die brennbaren Bestandteile C, H, S und CO komplett. *Chemische Reaktionsgleichungen* der Verbrennung:

$$1C + 1O_2 \rightarrow 1CO_2 \tag{11.9}$$

$$1H_2 + \frac{1}{2}O_2 \rightarrow 1H_2O \tag{11.10}$$

$$1S + 1O_2 \rightarrow 1SO_2 \tag{11.11}$$

$$1CO + \frac{1}{2}O_2 \rightarrow 1CO_2 \tag{11.12}$$

Diese Gleichungen bezeichnet man als *Verbrennungsgleichungen*. Die chemischen Formeln symbolisieren jeweils 1 Molekül oder 1 mol des reagierenden Stoffes. Sie gelten auch für 1 kmol oder bei idealen Gasen für 1 Normkubikmeter des Stoffes. Die Zahlen geben die Anzahl der Moleküle bzw. die Anzahl der Mole an. Zur vollständigen Verbrennung eines Kohlenstoffatoms wird also ein Sauerstoffmolekül oder für 1 kmol Kohlenstoff (12,0112 kg) 1 kmol Sauerstoff (31,9988 kg) benötigt. Das Verbrennungsgas besteht in diesem Fall aus 1 kmol oder 44,0100 kg Kohlendioxid. Sind die Molanteile der brennbaren Bestandteile gegeben, können die notwendige Anzahl der Mole an Sauerstoff und auch die Anzahl der Mole der Brenngaskomponenten direkt bestimmt werden. Zur Berechnung des Sauerstoffbedarfs wird das Mol- oder Volumenverhältnis v des Sauerstoffes zum Brennstoff ermittelt. Der obere Index gibt den Brennstoffbestandteil, der untere den Sauerstoff an. Ist n die Anzahl der Mole, d. h. die Stoffmenge des verwendeten Brennstoffbestandteils, erhalten wir folgende Gleichungen:

$$v_{O_2}^{C} = \frac{n_{O_2}}{n_C} = 1 \quad v_{O_2}^{CO} = \frac{n_{O_2}}{n_{CO}} = 0,5 \quad v_{O_2}^{H_2} = \frac{n_{O_2}}{n_{H_2}} = 0,5 \tag{11.13}$$

$$v_{O_2}^{C_k H_m} = \frac{n_{O_2}}{n_{C_k H_m}} = k + 0,25 \cdot m$$

Zur Berechnung des Brenngases wird das Verhältnis des Brenngases zum Brennstoffbestandteil gebildet. Hier gibt der obere Index den Brennstoffbestandteil, der untere den Verbrennungsgasbestandteil an:

$$v_{CO_2}^{C} = \frac{n_{CO_2}}{n_C} = 1 \quad v_{CO_2}^{CO} = \frac{n_{CO_2}}{n_{CO}} = 1 \quad v_{CO_2}^{C_kH_m} = \frac{n_{CO_2}}{n_{C_kH_m}} = k \tag{11.14}$$

$$v_{H_2O}^{H_2} = \frac{n_{H_2O}}{n_{H_2}} = 1 \quad v_{H_2O}^{C_kH_m} = \frac{n_{CO_2}}{n_{C_kH_m}} = 0,5 \cdot m$$

Ist der Molanteil der einzelnen Brennstoffkomponente gegeben, kann der Sauerstoffbedarf folgendermaßen berechnet werden:

$$O_{min} = y_C \cdot v_{O_2}^{C} + y_{CO} \cdot v_{O_2}^{CO} + y_{H_2} \cdot v_{O_2}^{H_2} + y_S \cdot v_{O_2}^{S} + \sum y_{C_kH_m} \cdot v_{O_2}^{C_kH_m} - y_{O_2} \tag{11.15}$$

Dabei gibt O_{min} an, wie viel kmol Sauerstoff pro kmol Brennstoff benötigt wird. Gleichung (11.15) gilt allgemein, wobei das Summenzeichen für alle vorkommenden Kohlenwasserstoffverbindungen gilt. Die Bestimmung des molaren spezifischen Mindestsauerstoffbedarfs ist nur bei gasförmigen Brennstoffen üblich. In diesen ist normalerweise weder atomarer Kohlenstoff noch Schwefel enthalten. Bei gasförmigen Brennstoffen ist es gebräuchlich, die Zusammensetzung wie in Gl. (11.2) in Raumanteilen anzugeben. Damit erhält man für den Mindestsauerstoffbedarf gasförmiger Brennstoffe:

$$O_{min} = r_{CO} \cdot v_{O_2}^{CO} + r_{H_2} \cdot v_{O_2}^{H_2} + \sum r_{C_kH_m} \cdot v_{O_2}^{C_kH_m} - r_{O_2} \tag{11.16}$$

Die Menge und Zusammensetzung des Verbrennungsgases kann *bei vollständiger Verbrennung mit reinem Sauerstoff* folgendermaßen berechnet werden:

$$n_R = r_{CO} \cdot v_{CO_2}^{CO} + r_{H_2} \cdot v_{H_2O}^{H_2} + \sum r_{C_kH_m} \cdot (v_{CO_2}^{C_kH_m} + v_{H_2O}^{C_kH_m}) + r_{CO_2} + r_{N_2} \tag{11.17}$$

Dabei ist n_R die Menge des Verbrennungsgases, die pro kmol Brennstoff entsteht. Bei vollständiger Verbrennung mit Sauerstoff werden die Mol- und Volumenanteile der einzelnen Komponenten im Verbrennungsgas folgendermaßen berechnet:

$$y_{H_2O} = r_{H_2O} = \frac{r_{H_2} \cdot v_{H_2O}^{H_2} + \sum r_{C_kH_m} \cdot v_{H_2O}^{C_kH_m}}{n_R} \tag{11.18}$$

$$y_{CO_2} = r_{CO_2} = \frac{r_{CO} \cdot v_{CO_2}^{CO} + \sum r_{C_kH_m} \cdot v_{CO_2}^{C_kH_m} + r_{CO_2}}{n_R} \tag{11.19}$$

Sind die brennbaren Bestandteile als Gewichtsanteile gegeben, was bei festen und flüssigen Brennstoffen üblich ist, muss zunächst das Gewichtsverhältnis σ des benötigten Sauerstoffes zum Brennstoffanteil berechnet werden. Der obere Index gibt den Brennstoffbestandteil, der untere den Sauerstoff an:

$$\sigma_{O_2}^C = \frac{m_{O_2}}{m_C} = \frac{n_{O_2} \cdot M_{O_2}}{n_C \cdot M_C} = \frac{1 \cdot 31,998}{1 \cdot 12,011} = 2,664 \tag{11.20}$$

$$\sigma_{O_2}^S = \frac{m_{O_2}}{m_S} = \frac{n_{O_2} \cdot M_{O_2}}{n_S \cdot M_S} = \frac{1 \cdot 31,998}{1 \cdot 32,066} = 0,998 \tag{11.21}$$

$$\sigma_{O_2}^{H_2} = \frac{m_{O_2}}{m_{H_2}} = \frac{n_{O_2} \cdot M_{O_2}}{n_{H_2} \cdot M_{H_2}} = \frac{0,5 \cdot 31,998}{1 \cdot 2,0159} = 7,937 \tag{11.22}$$

Bei den Komponenten des Brenngases wird ähnlich verfahren:

$$\sigma_{CO_2}^C = \frac{m_{CO_2}}{m_C} = \frac{n_{CO_2} \cdot M_{CO_2}}{n_C \cdot M_C} = \frac{1 \cdot 44,010}{1 \cdot 12,011} = 3,664 \tag{11.23}$$

$$\sigma_{SO_2}^S = \frac{m_{CO_2}}{m_S} = \frac{n_{CO_2} \cdot M_{CO_2}}{n_S \cdot M_S} = \frac{1 \cdot 64,064}{1 \cdot 32,066} = 1,998 \tag{11.24}$$

$$\sigma_{H_2O}^{H_2} = \frac{m_{H_2O}}{m_{H_2}} = \frac{n_{H_2O} \cdot M_{H_2O}}{n_{H2} \cdot M_{H_2}} = \frac{1 \cdot 18,0149}{1 \cdot 2,0159} = 8,937 \tag{11.25}$$

Diese Gleichungen geben an, wie viel kg Sauerstoff pro kg Brennstoffbestandteil benötigt wird bzw. wie viel kg Verbrennungsgas pro kg Brennstoffbestandteil entsteht. Sind die Massenanteile des Brennstoffes bekannt, berechnet sich die erforderliche Mindestsauerstoffmasse zu:

$$o_{min} = c \cdot \sigma_{O_2}^C + h \cdot \sigma_{O_2}^{H_2} + s \cdot \sigma_{O_2}^S - o \tag{11.26}$$

Dabei gib o_{min} an, wie viele kg Sauerstoff pro kg Brennstoff zur vollständigen Verbrennung benötigt werden. *Bei vollständiger Verbrennung mit reinem Sauerstoff* werden die pro kg entsehende Masse des Verbrennungsgases und die Massenanteile der Komponenten folgendermaßen berechnet:

$$m_R^* = o_{min} + 1 - a \tag{11.27}$$

$$x_{CO_2} = \frac{c \cdot \sigma_{CO_2}^C}{m_R^*} \quad x_{SO_2} = \frac{s \cdot \sigma_{SO_2}^S}{m_R^*} \quad x_{H_2O} = \frac{c \cdot \sigma_{H_2O}^H + w}{m_R^*} \tag{11.28}$$

11.3.2 Luftbedarf

Der für die vollständige Verbrennung benötigte Sauerstoff wird in der Regel als Verbrennungsluft zugeführt. Die genaue Zusammensetzung der Luft ist in Tab. 11.1 gegeben.

Die beiden Hauptbestandteile der Luft sind Stickstoff und Sauerstoff. Die Luft enthält ungefähr 0,21 Mol- oder Volumenanteil Sauerstoff. Der Massenanteil des Sauerstoffes beträgt ca. 0,23. Da die Spurengase nur einen vernachlässigbaren Einfluss auf die Stoffeigenschaften haben, legte man fest, bei der Verbrennung nur die Komponenten N_2, O_2 und Ar zu berücksichtigen. Die Standardluft nach VDI-Richtlinie VDI 4670 von 2003 hat die in Tab. 11.2 beschriebene Zusammensetzung.

Der Stickstoff und die übrigen Gase nehmen nicht an der Verbrennung teil, sondern sie verlassen sie unverändert. Dabei bleiben die geringen Mengen entstehender Stickoxide unberücksichtigt. Sie haben auf die Verbrennung einen vernachlässigbaren kleinen Einfluss, spielen aber neben dem Schwefeldioxid als umweltbelastende Stoffe eine wichtige Rolle. Der Stickstoff und die anderen Gase werden zusammengefasst und *Luftstickstoff* genannt. Er hat das chemische Symbol N_2^*. Die Eigenschaften des Luftstickstoffes sind in Tab. 11.3 zusammengestellt.

Die Mindestluftmenge lässt sich leicht aus der *Mindestsauerstoffmenge* mit den Werten aus Tab. 11.2 bestimmen. Je nach Vorgabe kann die *Mindestluftmenge* L_{min} in kmol pro kmol Brennstoff oder die *Mindestluftmasse* l_{min} in kg pro kg Brennstoff bestimmt werden.

$$L_{min} = O_{min} / y_{O_2,Luft} = O_{min} / 0,209548 \approx O_{min} / 0,21 \quad [\text{kmol/kmol}] \quad (11.29)$$

$$l_{min} = o_{min} / x_{O_2,Luft} = o_{min} / 0,231535 \approx o_{min} / 0,23 [\text{kg/kg}] \quad (11.30)$$

Die Verbrennungsluft enthält Feuchtigkeit. Um den richtigen Luftbedarf zu ermitteln, muss l_{min} nur durch $(1+x) \cdot l_{min}$ ersetzt werden, wobei nach Abschn. 10.2 x die absolute Luftfeuchte ist. Da x selten größer als 0,01 ist, wird die Mindestluftmasse durch Feuchte nur unwesentlich vergrößert.

Wegen einer ungleichmäßigen Vermischung des Brennstoffes mit der Verbrennungsluft kann die erforderliche Mindestluftmenge örtlich nicht vorhanden sein. Deshalb wird bei vielen Verbrennungsprozessen für eine möglichst vollständige Verbrennung überschüssige Luft benötigt. Es kann aber auch vorkommen, dass der Verbrennung absichtlich weniger Luft als die Mindestluftmenge zugeführt wird (Koksherstellung). Das Verhältnis der tatsächlichen Luftmenge zur Mindestluftmenge wird als *Luftverhältnis* λ bezeichnet. Bei $\lambda = 1$ führt man die stöchiometrische Luftmenge der Verbrennung zu. Dies bedeutet aber nicht, dass die Verbrennung tatsächlich vollständig ist. Bei $\lambda < 1$ wird der Verbrennung weniger Luft, als stöchiometrisch erforderlich ist, zugeführt, die Verbrennung ist unvollständig. Bei $\lambda > 1$ arbeitet man mit Luftüberschuss: Das Luftverhältnis ist möglichst klein, aber doch so zu wählen, dass eine vollständige Verbrennung stattfindet (s. Abschn. 11.4).

Tab. 11.1 Bestandteile trockener Luft bei Normalnull [9,9]

Komponente	Chemische Formel	Volumenanteil (%)	Massenanteil
Stickstoff	N_2	78,084	75,510%
Sauerstoff	O_2	20,946	23,010%
Argon	Ar	0,930	1,286%
Konzentration der Spurengase			
Kohlenstoffdioxid	CO_2	0,034	0,040%
Neon	Ne		18,180 ppm
Helium	He		5,240 ppm
Methan	CH_4		1,760 ppm
Krypton	Kr		1,140 ppm
Dichlordifluormethan (CFC-12)	CCl_2F_2		535 ppb
Wasserstoff	H_2		~500 ppb
Distickstoffoxid	N_2O		317 ppb
Trichlorfluormethan (CFC-11)	CCl_3F		226 ppb
Chlordifluormethan (HCFC-22)	$CHClF_2$		160 ppb
Tetrachlorkohlenstoff	CCl_4		96 ppb
Xenon	Xe		87 ppb
Chlortrifluormethan (CFC-113)	$CClF_3$		80 ppb
Methylchloroform	$CH_3\text{-}CCl_3$		25 ppb
1,1-Dichlor-1-Fluor-ethan	$CCl_2F\text{-}CH_3$		17 ppb
1-Chlor-1,1-Difluor-ethan	$CClF_2\text{-}CH_3$		14 ppb
Schwefelhexafluorid	SF_6		5 ppb
Halon 1211	$CBrClF_2$		4 ppb
Halon 1301	$CBrF_3$		2,5 ppb

Tab. 11.2 Zusammensetzung trockener Standard-Luft nach VDI 4670 (2003)

Komponente	Mol(Volumen)anteil y	Massenanteil x
Stickstoff	0,781109	0,755577
Sauerstoff	0,209548	0,231535
Argon	0,009343	0,012888
$M = 28,9601$ kg/kmol, $R = 287,10$ J/(kg K)		

Tab. 11.3 Zusammensetzung des Luftstickstoffes

Komponente	Mol(Volumen)anteil y	Massenanteil x
Stickstoff	0,988180	0,983229
Argon	0,011820	0,011771

$M_{N_2^*} = 28,1545$ kg/kmol, $R_{N_2^*} = 295,32$ J/(kg K)

11.3.2.1 Zusammensetzung des Verbrennungsgases

Bei vollständiger Verbrennung besteht das Verbrennungsgas aus den Reaktionsprodukten Kohlendioxid, Wasserdampf, Schwefeldioxid sowie aus dem Luftstickstoff und überschüssigem Sauerstoff. Bei unvollständiger Verbrennung können noch neben den zuvor beschriebenen Komponenten brennbare Gase im Verbrennungsgas enthalten sein. Bis auf den Ascheanteil kann auch der Brennstoff in das Verbrennungsgas übergehen. Ein Verbrennungsgas, das keinen Sauerstoff und keine brennbaren Stoffe enthält, wird als *stöchiometrisches Verbrennungsgas* bezeichnet.

Bei gasförmigen Brennstoffen gibt man den Molanteil der brennbaren Komponenten an. Sie enthalten keine Ascheanteile. Die spezifische Menge des Verbrennungsgases wird hier in kmol pro kmol Brennstoff angegeben

$$n_R = r_{CO} \cdot v_{CO_2}^{CO} + r_{H_2} \cdot v_{H_2O}^{H_2} + \sum r_{C_kH_m} \cdot (v_{CO_2}^{C_kH_m} + v_{H_2O}^{C_kH_m}) + r_{CO_2} +$$
$$+ r_{N_2} + \lambda \cdot L_{min} \cdot y_{N_2^*,Luft} + (\lambda - 1) \cdot L_{min} \cdot y_{O_2,Luft} \tag{11.31}$$

Die Molanteile der Verbrennungsprodukte sind mit den Gln. (11.18) und (11.19) zu berechnen, nur dass dort die Anzahl der Mole des Verbrennungsgases n_R aus Gl. (11.31) eingesetzt werden. Zur Bestimmung der Molteile des Luftstickstoffes und überschüssigen Sauerstoffes verwendet man folgende Gleichungen:

$$y_{N_2} = \frac{r_{N_2} + \lambda \cdot L_{min} \cdot y_{N_2^*,Luft}}{n_R} = \frac{r_{N_2} + \lambda \cdot L_{min} \cdot 0,790452}{n_R} \tag{11.32}$$

$$y_{O_2} = \frac{(\lambda - 1) \cdot L_{min} \cdot y_{O_2,Luft}}{n_R} = \frac{(\lambda - 1) \cdot L_{min} \cdot 0,209548}{n_R} \tag{11.33}$$

Die Zahlenwerte 0,79052 bzw. 0,20948 sind die Molanteile von Luftstickstoff und Sauerstoff in der Verbrennungsluft (s. Tab. 11.2).

Bei festen und flüssigen Brennstoffen berechnet sich die spezifische auf 1 kg brennstoffbezogene Masse des Verbrennungsgases als Summe der Verbrennungsluft und des Brennstoffes abzüglich des Ascheanteils.

$$m_R = \lambda \cdot l_{min} + 1 - a \tag{11.34}$$

Die Massenanteile der Verbrennungsprodukte werden nach Gl. (11.28) berechnet, wobei für die Masse des Verbrennungsgases m_R aus Gl. (11.34) einzusetzen ist. Den Massenanteil des Stickstoffes und Sauerstoffes bestimmt man folgendermaßen:

$$x_{N_2} = \frac{n + \lambda \cdot l_{min} \cdot x_{N_2^*, Luft}}{m_R} = \frac{n + \lambda \cdot l_{min} \cdot 0,768465}{m_R} \tag{11.35}$$

$$x_{O_2} = \frac{(\lambda - 1) \cdot l_{min} \cdot x_{O_2, Luft}}{m_R} = \frac{(\lambda - 1) \cdot l_{min} \cdot 0,231535}{m_R} \tag{11.36}$$

Die Zahlenwerte 0,768465 bzw. 0,231535 sind die Massenanteile von Luftstickstoff und Sauerstoff in der Verbrennungsluft (s. Tab. 11.2). Vor der Analyse trocknen Analysegeräte das Verbrennungsgas. Das Ergebnis der Analyse liefert die Volumenanteile der Verbrennungsgaskomponenten, bezogen auf das trockene Verbrennungsgas. Die Masse des trockenen Verbrennungsgases ist:

$$m_{Rt} = m_R - m_{H_2O} = m_R \cdot (1 - x_{H_2O}) \tag{11.37}$$

Mit dieser Gasmasse ist der auf die trockene Gasmasse bezogene Massenanteil ermittelbar. Die Umrechnung auf den Volumenanteil erfolgt über die Gasgleichungen. In vielen Fällen ist es notwendig, die Konzentration der Verbrennungsprodukte pro Normkubikmeter anzugeben. In diesem Fall müssen zunächst die Gaskonstante des Verbrennungsgases und dann das spezifische Volumen bestimmt werden. Die Konzentration c_i der Komponente i ist:

$$c_i = \frac{x_i}{v_n} = \frac{x_i \cdot p_n}{T_N \cdot R_{Rt}} \tag{11.38}$$

11.3.3   Unvollständige Verbrennung

Bei unvollständiger Verbrennung bleiben brennbare Bestandteile des Brennstoffes übrig. Dabei können die brennbaren Anteile den Verbrennungsprozess unverändert als Ruß, Wasserstoff oder nicht verbrannte Kohlenwasserstoffe verlassen oder aber der Kohlenstoffanteil wird an Stelle von Kohlendioxid teilweise zu Kohlenmonoxid verbrannt. Unvollständige Verbrennung entsteht im Allgemeinen durch Luftmangel oder durch örtlich ungleichmäßige Verteilung der Verbrennungsluft mit lokalem Sauerstoffmangel. Unvollständige Verbrennung ist äußerst unerwünscht, weil bedingt dadurch die Energie des Brennstoffes ungenutzt bleibt. Bei 1 % CO im Verbrennungsgas werden 4 bis 6 % des Brennstoffheizwertes nicht umgewandelt. Dazu kommt, dass Kohlenmonoxid giftig ist.

Beispiel 11.2: Verbrennung von Heizöl
In einem Ölkessel wird Heizöl mit einem Luftverhältnis von $\lambda = 1,2$ verbrannt. Die Zusammensetzung des Heizöls gibt der Lieferant mit $c = 0,850$, $h = 0,146$ und $s = 0,004$ an.

Bestimmen Sie die erforderliche Luftmasse und Zusammensetzung des Verbrennungsgases bei vollständiger Verbrennung.

Lösung

Annahmen

1. Die Verbrennung ist vollständig.
2. Das Verbrennungsgas besteht nur aus CO_2, SO_2, H_2O, O_2 und Luftstickstoff.

Analyse

Zunächst wird die Mindestsauerstoffmasse o_{min} ermittelt. Nach Gl. (11.26) gilt:

$$o_{min} = c \cdot \sigma_{O_2}^{C} + h \cdot \sigma_{O_2}^{H_2} + s \cdot \sigma_{O_2}^{S} - o$$
$$= 0,85 \cdot 2,664 + 0,146 \cdot 7,937 + 0,004 \cdot 0,998 = 3,427$$

Die Mindestluftmasse, die zur stöchiometrischen Verbrennung von 1 kg Brennstoff erforderlich ist, beträgt nach Gl. (11.30) $l_{min} = o_{min}/0,231535 = 14,80941$.

Die pro kg Brennstoff erforderliche Luftmasse ist $l = \lambda \cdot l_{min} = \mathbf{17,763}$.

Die spezifischen Massen der Verbrennungsgaskomponenten pro kg Brennstoff sind (angegeben in kg/kg)

$$m_{CO_2} = c \cdot \sigma_{CO_2}^{C} = 0,85 \cdot \sigma_{CO_2}^{C} = 3,11456 \quad m_{SO_2} = s \cdot \sigma_{SO_2}^{S} = 0,00799$$
$$m_{H_2O} = s \cdot \sigma_{H_2O}^{H} = 1,30476, \quad m_{N_2^*} = \lambda \cdot l_{min} \cdot 0,76846 = 13,65027$$
$$m_{O_2} = (\lambda - 1) \cdot l_{min} \cdot 0,23154 = 0,68546 \quad m_R = \sum m_i = 18,76305$$

Die Summierung zeigt, dass die Berechnung richtig ist, weil die Verbrennungsgasmasse aus der Luftmasse l plus 1 kg Brennstoff besteht. Die Zusammensetzung ergibt sich aus der Masse der Komponenten, geteilt durch die Verbrennungsgasmasse.

$$x_{CO_2} = m_{CO_2}/m_R = 0,16599, \quad x_{SO_2} = 0,00043, \quad x_{H_2O} = 0,06954,$$
$$x_{N_2^*} = 0,72751, \quad \sum x_i = 1$$

Hier zeigt die Kontrolle, dass die Summe der Gewichtsanteile 1 ergibt.

Diskussion

Die Ermittlung der Mindestluftmasse, Luftmasse, Verbrennungsgasmasse und Zusammensetzung des Verbrennungsgases ist mit den gegebenen Formeln leicht durchzuführen. Bei diesen Berechnungen wird empfohlen, mit mindestens sechs signifikanten Ziffern zu rechnen. Durch Summierung der spezifischen, auf den Brennstoff bezogenen Komponentenmassen und der Massenanteile des Verbrennungsgases kann die Berechnung kontrolliert werden.

Beispiel 11.3: Verbrennung von Erdgas

Erdgas wird mit $\lambda = 1$ vollständig verbrannt und hat folgende Zusammensetzung:

$$r_{CH4} = 0,93 \quad r_{C2H6} = 0,04 \quad r_{CO2} = 0,03.$$

Bestimmen Sie die notwendige Luftmenge in kmol pro kmol Brennstoff und die Zusammensetzung des Verbrennungsgases in Raum- und Gewichtsanteilen.

Lösung

Annahmen

- Die Verbrennung ist vollständig.
- Das Verbrennungsgas besteht nur aus CO_2, H_2O und Luftstickstoff.

Analyse

Die Mindestsauerstoffmenge na ch Gl. (11.16):

$$O_{min} = \sum r_{C_kH_m} \cdot v_{O_2}^{C_kH_m} = r_{CH_4} \cdot (1+1) + r_{C_2H_6} \cdot (2+1,5) = 2,00$$

Pro kmol Brennstoff werden 2 kmol Sauerstoff O_2 benötigt. Die Mindestluftmenge ist nach Gl. (11.29) $L_{min} = O_{min}/0,209548 = \mathbf{9,54435}$.

Die pro kmol Brennstoff entstehenden Verbrennungsgaskomponenten, angegeben in kmol/kmol, sind:

$$n_{C0_2} = r_{CH_4} \cdot 1 + r_{C_2H_6} \cdot 2 + r_{CO_2} = 1,04 \quad n_{H_2O} = r_{CH_4} \cdot 2 + r_{C_2H_6} \cdot 3 = 1,98$$

$$n_{N_2^*} = \lambda \cdot L_{min} \cdot 0,79052 = 7,54435 \quad n_R = \sum n_i = 10,56435$$

Hier ist die Summe der Stoffmengen der Verbrennungsgaskomponenten ungleich der Summe der Stoffmengen der Luft und des Brennstoffes. Dies ist leicht einzusehen: 1 kmol H_2 und 0,5 kmol O_2 liefern 1 kmol H_2O. Wenn bei der Verbrennung aus Wasserstoff und Sauerstoff Wasserdampf entsteht, wird die Stoffmenge des Verbrennungsgases gegenüber den Ausgangsprodukten verringert.

Die Raumanteile der Komponenten sind

$$y_{CO_2} = n_{CO_2} / n_R = \mathbf{0,098444} \quad y_{H_2O} = \mathbf{0,187423} \quad y_{N_2^*} = \mathbf{0,714133}$$

Es ist hier trivial, dass die Summe der Mol- bzw. der Raumanteile 1 ergibt.

Um die Massenanteile der Komponenten zu ermitteln, müssen die Massen, die pro kmol Brennstoff entstehen, bestimmt werden. Multipliziert man die Stoffmengen (Molzahlen) mit den Molmassen der Komponenten, erhält man die spezifische Masse der Verbrennungsgaskomponenten, die bei der Verbrennung von 1 kmol Brennstoff entsteht.

$$m_{CO_2} = n_{CO_2} \cdot M_{CO_2} = 1,04 \cdot 44,01 = 45,76988 \quad \text{kg/kmol}$$

$$m_{H_2O} = n_{H_2O} \cdot M_{H_2O} = 1,98 \cdot 18,0153 = 35,67025 \quad \text{kg/kmol}$$

$$m_{N_2^*} = n_{N_2^*} \cdot M_{N_2^*} = 7,5475 \cdot 28,1606 = 212,40781 \quad \text{kg/kmol}$$

$$m_R = \sum m_i = 293,84794 \quad \text{kg/kmol}$$

Die Massenanteile der Verbrennungsgaskomponenten sind:

$$x_{CO_2} = 0,15576 \quad x_{H_2O} = 0,12139 \quad x_{N_2^*} = 0,72285$$

Diskussion

Bei der Berechnung der Molanteile kann an Stelle der Molzahl der Molanteil (Raumanteil) verwendet werden. Die Massen der Verbrennungsgaskomponenten sind hier nicht pro kg, sondern pro kmol Brennstoff angegeben. Die Massenanteile sind davon nicht betroffen.

Zur Bestimmung der Stoffwerte des Verbrennungsgases benötigt man die Massenanteile der Komponenten. Man könnte durch folgendes Vorgehen auf die molaren Berechnungen verzichten: Die brennbaren Komponenten des Brennstoffes sind Kohlen- und Wasserstoff. Deren Massenanteile im Brennstoff können aus der chemischen Zusammensetzung mit den Molmassen der Komponenten berechnet werden. Die Analyse erfolgt dann wie für feste und flüssige Brennstoffe.

Beispiel 11.4: Unvollständige Verbrennung von Stadtgas

Stadtgas wird mit 2 % Luftmangel verbrannt. Im Verbrennungsgas befindet sich nur CO als brennbare Komponente, aber kein Sauerstoff. Die Zusammensetzung des Stadtgases ist: $r_{CO} = 0,215$, $r_{H2} = 0,515$, $r_{CH4} = 0,170$, $r_{C2H4} = 0,100$.

Bestimmen Sie die Mindestluftmenge der Verbrennungsluft in kmol/kmol und die Zusammensetzung des Verbrennungsgases in Molanteilen.

Lösung

Annahmen

- Die Verbrennung ist unvollständig $\lambda = 0,98$.
- Das Verbrennungsgas besteht nur aus CO, CO_2, H_2O und Luftstickstoff.
- In der ersten rechnerischen Teilverbrennung werden alle Wasserstoffanteile zu Wasserdampf und alle Kohlenstoffanteile zu CO verbrannt. Mit dem Restsauerstoff wird ein Teil des CO zu CO_2 verbrannt.

Analyse

Die Mindestsauerstoffmenge und Mindestluftmenge sind nach den Gln. (11.16) und (11.29)

$$O_{min} = 0,5 \cdot r_{CO} + 0,5 \cdot r_{H_2} + 2 \cdot r_{CH_4} + 3 \cdot r_{C_2H_4} = 1,005$$

$$L_{min} = L_{min} / 0,209548 = \mathbf{4,79604}$$

Für die Verbrennung 1 kmol Brenngases steht damit $0,98 \cdot O_{min} = 0,9849$ kmol Sauerstoff zur Verfügung. Es wird angenommen, dass zunächst die vollständige Verbrennung aller Wasserstoffanteile zu Wasserdampf und aller Kohlenstoffanteile zu Kohlenmonoxid CO erfolgt. Die für diesen Prozess erforderliche Sauerstoffmenge kann mit Gl. (11.13) bestimmt werden.

$$O = 0,5 \cdot r_{H_2} + 1,5 \cdot r_{CH_4} + 2 \cdot r_{C_2H_4} = 0,7125$$

Für die Verbrennung des CO zu CO_2 bleibt 0,2724 kmol Sauerstoff übrig. Damit wird ein Teil des Kohlenmonoxids zu CO_2 verbrannt. Vor der ersten Verbrennung war pro kmol Brennstoff im Verbrennungsgas 0,215 kmol CO enthalten. Nach der ersten Verbrennung beträgt die Stoffmenge an CO pro kmol Brennstoff im Verbrennungsgas nach Gl. (11.14):

$$n_{CO} = r_{CO} + 1 \cdot r_{CH_4} + 2 \cdot r_{C_2H_4} = 0,5848$$

Mit 0,2724 kmol O_2 kann 0,5448 kmol CO verbrannt werden. Pro kmol Brenngas bleibt nach der Verbrennung $n_{CO} = 0,0402$ kmol CO unverbrannt im Verbrennungsgas. Bei der Verbrennung entsteht 0,5448 kmol CO_2.

Die Wasserdampfstoffmenge pro kmol Brennstoff ist nach Gl. (11.14):

$$n_{CO}^* = r_{CO} + 1 \cdot r_{CH_4} + 2 \cdot r_{C_2H_4} = 0,5848$$

Nach Gl. (11.33) beträgt der Anteil des Luftstickstoffes:

$$n_{N_{2^*}}^* = \lambda \cdot L_{min} \cdot 0,79025 = 0,98 \cdot 4,79759 \cdot 0,790452 = 3,71522$$

Stoffmenge des Verbrennungsgases: 5,35522 kmol/kmol.

Damit sind die Raumanteile der Komponenten:

$$r_{CO} = \mathbf{0,00751} \quad r_{CO_2} = \mathbf{0,10173} \quad r_{H_2O} = \mathbf{0,19700} \quad r_{N_{2^*}} = \mathbf{0,69376}$$

Diskussion

Die Berechnung der unvollständigen Verbrennung verlangt das Aufstellen sinnvoller Verbrennungsmodelle, die nicht mit dem Ablauf des realen Verbrennungsvorgangs übereinzustimmen haben. Die chemischen Reaktionsgleichungen müssen jedoch richtig aufgestellt werden. Für solche Berechnungen gibt es keine „fertigen Rezepte", der Ingenieur hat sich den Rechenweg selbst zu erarbeiten.

11.4 Kontrolle der Verbrennung

Die Verbrennung muss aus folgenden Gründen kontrolliert werden:

- Der Luftüberschuss soll so gering wie möglich sein. Mit steigendem Luftüberschuss vergrößert sich die Verbrennungsgasmasse und damit die mit dem Rauchgas abgeführte Energie (*Schornsteinverluste*). Andererseits muss der Luftüberschuss so groß sein, dass eine vollkommene Verbrennung stattfindet, d. h., im Verbrennungsgas sollten keine brennbaren Stoffe mehr enthalten sein.
- Bei der Verbrennung entstehen umweltbelastende Gase wie Schwefeldioxid, Stickoxide (NO_x) und Kohlenmonoxid. Diese Gasmengen müssen so gering wie möglich gehalten werden.

Eine Feuerung muss also so eingestellt werden, dass im Verbrennungsgas möglichst kein Ruß, kein Kohlenmonoxid und keine Kohlenwasserstoffe mehr enthalten sind. Dies bedeutet, die Feuerung mit einer überschüssigen Luftmenge zu fahren, bei der keine unverbrannten Bestandteile mehr vorhanden sind. Mit steigendem Luftüberschuss entstehen aber zunächst zunehmend Stickoxide. Deren Reduktion ist durch die Gestaltung des Brenners und durch die teilweise Rückführung kälterer Verbrennungsgase möglich. Der Schwefeldioxidanteil ist durch die Zusammensetzung des Brennstoffes gegeben und kann durch Eingriffe in die Feuerung nicht verringert werden. Eine Minderung des Schwefeldioxids ist nur durch Verwendung anderer schwefelarmer Brennstoffe oder durch Behandlung des Verbrennungsgases (Rauchgaswäscher) möglich.

11.4.1 Messmethoden

Den Verbrennungsluftmassenstrom direkt zu messen, ist meist äußerst schwierig. Das Gleiche gilt für den Verbrennungsgasmassenstrom. Aus der Analyse des Verbrennungsgases kann die Luftmasse bestimmt werden. Bei der Verbrennungsgasanalyse wendet man chemische oder physikalische Messmethoden an. Früher überwogen chemische Methoden, bei denen nacheinander die Gase Kohlendioxid, Kohlenmonoxid und Sauerstoff in einem Absorptionsgerät absorbiert wurden. Heute verwendet man zunehmend physikalische Messmethoden. Mit der Messung der Komponenten O_2, CO_2, und CO können die Luft- und Verbrennungsgasmassen sehr genau bestimmt werden. Außerdem kann man die Anteile von Stickoxiden und Kohlenwasserstoffen erfassen. Da sie sehr gering sind, genügt für die Berechnung der Luft- und Verbrennungsgasmasse die Bestimmung der Anteile von CO_2, CO, SO_2 und O_2. Zur Überwachung der Umweltverträglichkeit ist jedoch die Messung der übrigen Komponenten äußerst wichtig. Die Bestimmung der Rußpartikel kann mit Filtern oder mit optischen Methoden erfolgen.

Die Analyse der Verbrennungsgase erfolgt bei Umgebungstemperatur. Deshalb wird der im Verbrennungsgas enthaltene Wasserdampf vorher durch Abkühlen auf tiefere Temperaturen auskondensiert. Das Gas enthält dann immer noch vernachlässigbare Spuren von Wasserdampf. Die Analyse gibt die Gasanteile in Volumenprozent, bezogen auf das trockene Verbrennungsgas, an.

11.4.2 Auswertung der Analyse

Zur Auswertung der Verbrennungsgasanalyse muss die Zusammensetzung des Brennstoffes bekannt sein. Daraus kann die Mindestluftmenge berechnet werden. Zur Bestimmung der Luft- und Verbrennungsgasmenge stellt man Stoffbilanzen auf, in der die Mengen als die Anzahl Mole pro kg Brennstoff angegeben sind. Die pro Kilogramm Brennstoff der Verbrennung zugeführte Masse an Kohlenstoff ist c. Der Anteil des Kohlenstoffes, der unverbrannt die Verbrennung als Ruß verlässt oder in die Asche gelangt, ist c'. Damit ist die Masse des Kohlenstoffes, die an der Verbrennung teilnimmt, gleich $c - c' = \alpha \cdot c$. Die Kohlenstoffmenge, die die Verbrennung als Gas verlässt, ist

$$\alpha \cdot \frac{c}{M_C} = n_{Rt} \cdot (r_{CO_2} + r_{CO} + k \cdot r_{C_k H_m}) \tag{11.39}$$

Die Raumanteile der Komponenten der Verbrennungsgase stammen aus der Verbrennungsgasanalyse, der Massenanteil des festen Kohlenstoffes aus der Elementaranalyse. Die Verbrennungsgasmenge in kmol pro kg Brennstoff beträgt:

$$n_{Rt} = \frac{\alpha \cdot \dfrac{c}{M_C}}{r_{CO_2} + r_{CO} + k \cdot r_{C_k H_m}} \tag{11.40}$$

Eine ähnliche Bilanz kann für den Luftstickstoff aufgestellt werden.

$$\frac{n + \lambda \cdot l_{min} \cdot \xi_{N_2^*, Luft}}{M_{N_2^*}} = n_{Rt} \cdot r_{N_2} \tag{11.41}$$

Andererseits ist der Raumanteil an Luftstickstoff in den Verbrennungsgasen direkt aus der Analyse bestimmbar. Da das trockene Verbrennungsgas aus Stickstoff und den anderen gemessenen Komponenten besteht, gilt:

$$r_{N_2^*} = 1 - r_{CO_2} - r_{SO_2} - r_{CO} - r_{O_2} - r_{C_k H_m} \tag{11.42}$$

Gleichung (11.42) in Gl. (11.41) eingesetzt, ergibt:

$$n_{Rt} = \frac{n + x_{N_2, Luft}^* \cdot \lambda \cdot l_{min}}{M_{N_2^*} \cdot (1 - r_{CO_2} - r_{SO_2} - r_{CO} - r_{O_2} - k \cdot r_{C_k H_m})} \tag{11.43}$$

Die Gln. (11.42) und (11.45) können nun gleichgesetzt und nach λ aufgelöst werden.

$$\lambda = \frac{\alpha \cdot (1 - r_{CO_2} - r_{SO_2} - r_{CO} - r_{O_2} - k \cdot r_{C_k H_m})}{r_{CO_2} + r_{CO} + k \cdot r_{C_k H_m}} - \frac{n \cdot M_C}{c \cdot M_{N_2^*}}$$

Durch Einsetzen der Zahlenwerte der Molmassen des Kohlen- und Stickstoffes sowie des Massenanteils von Luftstickstoff in der Luft ergibt:

$$\lambda = \frac{3,05031 \cdot c}{l_{min}} \cdot \left(\frac{\alpha \cdot (1 - r_{CO_2} - r_{SO_2} - r_{CO} - r_{O_2} - r_{C_k H_m})}{r_{CO_2} + r_{CO} + k \cdot r_{C_k H_m}} - \frac{n \cdot 0,4266}{c} \right) \quad (11.44)$$

So bestimmt man aus der Zusammensetzung des Brennstoffes und Verbrennungsgasanalyse die Luftmasse. Flüssige und gasförmige Brennstoffe enthalten in der Regel keinen Stickstoff, das Verbrennungsgas enthält keine oder nur vernachlässigbar kleine Mengen von unverbranntem Kohlenstoff und Kohlenwasserstoffen. Für diese Brennstoffe vereinfacht sich Gl. (11.44) zu:

$$\lambda = \frac{3,05031 \cdot c}{l_{min}} \cdot \left(\frac{1 - r_{CO_2} - r_{SO_2} - r_{CO} - r_{O_2}}{r_{CO_2} + r_{CO}} \right) \quad (11.45)$$

Beispiel 11.5: Bestimmung des Luftverhältnisses aus der Verbrennungsgasanalyse
In einem Ölbrenner, in dem Heizöl mit den Daten des Gasöls aus Tab. A.9 verbrannt wird, liefert die Verbrennungsgasanalyse folgende Werte:

$r_{CO2} = 0,126, r_{O2} = 0,037, r_{CO} = 0,00, r_{SO2} = 0,0002$

Bestimmen Sie das Luftverhältnis.
Lösung
Annahmen

• Die Verbrennung ist vollständig.
• Im trockenen Verbrennungsgas befinden sich nur CO_2, H_2O, SO_2 und Luftstickstoff.
• Die Rußbildung wird vernachlässigt.
Analyse
Aus Tab. A.9 können folgende Daten abgelesen werden:

$c = 0,859$ $h = 0,135$ $s = 0,004$ $o = 0,002$ $l_{min} = 14,5204$

Mit Gl. (11.45) erhält man:

$$\lambda = \frac{3,05098 \cdot c}{l_{min}} \cdot \left(\frac{1 - r_{CO_2} - r_{SO_2} - r_{CO} - r_{O_2}}{r_{CO_2} + r_{CO}} \right) = 1,198$$

Diskussion

Gleichung (11.47) liefert eine einfache Möglichkeit zur Berechnung des Luftverhältnisses. Mit der Messung des Brennstoffmassenstroms, die mit Hilfe einer Waage und Stoppuhr einfach möglich ist, kann der Massenstrom der Verbrennungsluft leicht bestimmt werden. Bei der Zusammensetzung des Heizöls ist der Einfluss des SO2 vernachlässigbar, weil er im Vergleich zur Messgenauigkeit der Geräte für die Messung der Raumanteile von O2 und CO2 sehr klein ist.

Beispiel 11.6: Leckageluft bei der Verbrennung

Es wird angenommen, dass im Beispiel 11.5 der Massenstrom des Heizöls 3 kg/h beträgt. Die Kontrollmessung direkt nach dem Brenner zeigt folgende Verbrennungsgaszusammensetzung: $r_{CO2} = 0{,}130$ und $r_{O2} = 0{,}02$. Dies weist auf eine Luftleckage zwischen Brennraum und Kamin hin. Bestimmen Sie den Massenstrom der Luft mit und ohne Leckage.

Lösung

Annahmen wie in Beispiel 11.5

Analyse

Die Messung im Kamin ergibt ein Luftverhältnis aus Beispiel 11.5 von $\lambda = 1{,}198$. Der Luftmassenstrom mit Leckage beträgt:

$$\dot{m}_{l,\,mit\,Leck} = \lambda \cdot l_{min} \cdot \dot{m}_{Br} = 52{,}20\ \text{kg/h}$$

Das Luftverhältnis nach Gl. (11.45) liefert den Wert von $\lambda = 1{,}100$. Der Massenstrom ohne Leckage ist damit:

$$\dot{m}_{l,\,ohne\,Leck} = \lambda \cdot l_{min} \cdot \dot{m}_{Br} = 47{,}38\ \text{kg/h}$$

Diskussion

Die Analyse des Verbrennungsgases ist eine sehr effektive Methode, um die Verbrennung zu kontrollieren und das Luftverhältnis zu bestimmen.

11.5 Energiebilanz der Verbrennung

11.5.1 Anwendung des ersten Hauptsatzes

Bei einer Verbrennung wird Brennstoff mit der Enthalpie $h_{Br}(T_{Br})$ und Verbrennungsluft mit der Enthalpie $h_L(T_L)$ in den Verbrennungsprozess gebracht (Abb. 11.1). Verbrennungs-

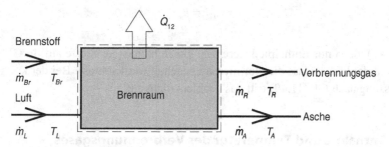

Abb. 11.1 Verbrennungsprozess

gas mit der Enthalpie $h_R(T_R)$ und Asche mit der Enthalpie $h_A(T_A)$ verlässt den Verbrennungsprozess. Die durch die Asche abgeführte Wärme wird hier vernachlässigt.

Bei isobarer Verbrennung und unter Vernachlässigung der Änderung der kinetischen und potentiellen Energie gilt nach dem ersten Hauptsatz:

$$\dot{Q}_{12} = \dot{m}_R \cdot h_R - \dot{m}_B \cdot h_B - \dot{m}_L \cdot h_L \tag{11.46}$$

Die Temperatur der Luft ist T_L, die des Verbrennungsgases T_R und jene des Brennstoffes T_{Br}. Bezieht man den Wärmestrom auf die Masse des Brennstoffes und wählt eine beliebige Temperatur T_0 als Bezugstemperatur, ergibt sich für die spezifische Wärme bei der Verbrennung:

$$q_{12} = (\lambda \cdot l_{min} + 1) \cdot \left[h_R(T_R) - h_R(T_0)\right] - h_{Br}(T_{Br}) + h_{Br}(T_0) -$$
$$-\lambda \cdot l_{min} \cdot \left[h_L(T_L) - h_L(T_0)\right] + (\lambda \cdot l_{min} + 1) \cdot h_R(T_0) - h_{Br}(T_0) - \lambda \cdot l_{min} \cdot h_L(T_0) \tag{11.47}$$

Gemäß Definition des spezifischen Heizwertes Δh_u ist dieser die auf die Brennstoffmasse bezogene Wärme, welche bei der Verbrennung abgegeben wird, wenn man das Verbrennungsgas auf Anfangstemperatur T_0 zurückkühlt. Findet keine Kondensation des Wasserdampfanteils statt, entspricht die abgeführte Wärme dem Heizwert.

$$h_u(T_0) = h_{Br}(T_0) + \lambda \cdot l_{min} \cdot h_L(T_0) - (\lambda \cdot l_{min} + 1) \cdot h_R(T_0) \tag{11.48}$$

In der spezifischen Enthalpie des Brennstoffes h_{Br} ist also auch die gebundene chemische Energie enthalten. Der spezifische Heizwert ist gemäß Gl. (11.50) temperaturabhängig und wird üblicherweise auf die Temperatur von 25 °C bezogen. Bei Temperaturen zwischen 0 und 100 °C ist die temperaturbedingte Änderung sehr gering, sodass die beiden letzten Terme der Gleichung vernachlässigt werden können. Arbeitet man mit stark vorgewärmter Luft oder stark vorgewärmtem Brennstoff, ist die Temperaturabhängigkeit zu berücksichtigen.

Die bei der Verbrennung abgeführte spezifische Wärme pro kg Brennstoff beträgt damit:

$$-q_{12} = h_u \qquad (11.49)$$

In Gl. (11.47) treten nur Enthalpiedifferenzen gleich bleibender Stoffe auf. In Gl. (11.48) ist dies nicht der Fall, sodass die Normierung beachtet werden muss. Bei der kalorimetrischen Messung nach Gl. (11.49) tritt das Problem nicht auf.

11.5.2 Enthalpie und Temperatur des Verbrennungsgases

Die Enthalpie der der Verbrennung zugeführten Luft und des Brennstoffes, bezogen auf die Masse des Brennstoffes, ist:

$$h_1 = h_u + \overline{c}_{pB} \cdot (\vartheta_{Br} - \vartheta_0) + \lambda \cdot l_{min} \cdot \overline{c}_{pL} \cdot (\vartheta_L - \vartheta_0) \qquad (11.50)$$

Bei Lufttemperaturen, die nur wenig von der Bezugstemperatur abweichen, genügt es, lediglich den spezifischen Heizwert des Brennstoffes zu berücksichtigen, d. h., der zweite Term in Gl. (11.50) ist vernachlässigbar. Für die weiteren Betrachtungen wird angenommen, dass die Verbrennung vollständig ist und dass das Verbrennungsgas aus dem stöchiometrischen Verbrennungsgas und der überschüssigen Luft besteht. Die auf die Brennstoffmasse bezogene *Enthalpie des Verbrennungsgases* ist:

$$h_R = (l_{min} + 1) \cdot \overline{c}_{pR} \cdot (\vartheta_R - \vartheta_0) + (\lambda - 1) \cdot l_{min} \cdot \overline{c}_{pL} \cdot (\vartheta_R - \vartheta_0) \qquad (11.51)$$

Der erste Term auf der rechten Seite ist die spezifische Enthalpie des stöchiometrischen Verbrennungsgases und der zweite Term die Enthalpie der Luft, die nicht an der Verbrennung teilnimmt, jeweils bezogen auf die Brennstoffmasse. Die mittlere spezifische Wärmekapazität des Verbrennungsgases wird, wie im Kap. 2 beschrieben, bestimmt. Bei der Berechnung ist der linke Term die Enthalpie des Verbrennungsgases, die bei einem Luftverhältnis von 1 entsteht, der rechte Term die der überschüssigen Luft. Die lokalen und mittleren spezifischen Wärmekapazitäten stöchiometrischer Verbrennungsgase einiger häufig verwendeter Brennstoffe findet man in Tab. A.10 In Tab. A.10.1 sind die absoluten Entropien der Verbrennungsgase, die man bei der Berechnung von Gasturbinen benötigt, aufgeführt. Sie sind, wie im Abschn. 11.6.2 gezeigt wird, nach dem dritten Hauptsatz normiert.

Teilt man Gl. (11.51) durch $(\lambda \cdot l_{min} + 1)$, erhält man die spezifische Enthalpie des Verbrennungsgases. Sie kann in einem h,ϑ-Diagramm dargestellt werden (Abb. 11.2).

Bevor das Verbrennungsgas seine Wärme abgibt, stecken der gesamte Heizwert und die Eintrittsenthalpie der Luft und des Brennstoffes in der Enthalpie des Verbrennungsgases. Die abgeführte spezifische Wärme q_{12} in Gl. (11.47) ist null. Damit kann die Verbrennungstemperatur ϑ_R, die der Temperatur des Verbrennungsgases in Gl. (11.47) entspricht, bestimmt werden. Da das Verbrennungsgas keine Wärme abgegeben hat, ist dieser Vor-

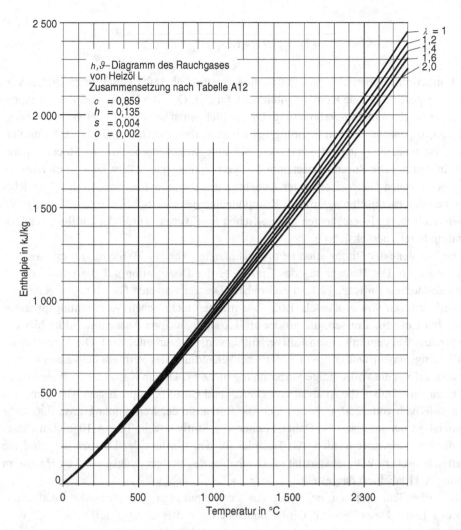

Abb. 11.2 h, ϑ-Diagramm von Heizöl L

gang adiabat. Die Temperatur ϑ_R wird als *adiabate Verbrennungstemperatur* oder *adiabate Flammentemperatur* bezeichnet.

$$\vartheta_R = \frac{h_u + \overline{c}_{pBr} \cdot (\vartheta_{Br} - \vartheta_0) + \lambda \cdot l_{min} \cdot \overline{c}_{pL} \cdot (\vartheta_L - \vartheta_0)}{(l_{min} + 1) \cdot \overline{c}_{pR}(\vartheta_R) + (\lambda - 1) \cdot l_{min} \cdot \overline{c}_{pL}(\vartheta_R)} + \vartheta_0 \qquad (11.52)$$

Wählt man die Bezugstemperatur ϑ_0 gleich der Temperatur des Brennstoffes ϑ_{Br} und der Luft ϑ_L, erhält man eine vereinfachte Gleichung:

$$\vartheta_R = \frac{h_u}{(l_{min}+1)\cdot \overline{c}_{pR}(\vartheta_R)+(\lambda-1)\cdot l_{min}\cdot \overline{c}_{pL}(\vartheta_R)}+\vartheta_0 \tag{11.53}$$

Bei Temperaturen oberhalb von 1000 °C und verstärkt ab 1800 °C existieren in den Verbrennungsgasen folgende Komponenten: CO, OH, H, O und NO. Sie sind Zwischenprodukte der Hochtemperaturverbrennung. Dieses Phänomen wird *Dissoziation des Verbrennungsgases* genannt, da man ursprünglich annahm, dass die Gase CO_2, H_2O, N_2 und O_2 in ihre Bestandteile (Elemente) zerfallen. Sie sind Zwischenprodukte der Hochtemperaturverbrennung. Die Zusammensetzung des Verbrennungsgases lässt sich durch Anwendung des zweiten Hauptsatzes unter Annahme des thermodynamischen Gleichgewichts zwischen den chemisch reagierbaren Komponenten des Gemisches berechnen [6, 7]. Bei den in der Tab. A.11 berechneten energetischen Stoffwerten wurde der Einfluss der Dissoziation bereits berücksichtigt.

Die Zunahme der Dissoziation ist druckabhängig (Abb. 11.3). Sie nimmt mit steigendem Druck ab. Die Berechnung des Einflusses der Dissoziation auf die energetischen Zustandsdaten ist im Kap. 12.1.3 beschrieben. Die verwendeten Gleichungen gelten bei Luftverhältnissen von größer als 1,05. Die meisten technischen Verbrennungsprozesse laufen bei Luftverhältnissen, die größer als 1,2 sind, ab. Eine Ausnahme bildet hier der *Otto*prozess, bei dem mit einem Luftverhältnis von 1,0 gearbeitet wird. Die Verbrennung ist allerdings unvollständig. Erst bei der Nachbehandlung des Verbrennungsgases im Katalysator erfolgt die vollständige Verbrennung mit $\lambda=1$. Die im Kap. 12.1.3 angegebenen Gleichungen erlauben die Analyse von *Diesel*- und Gasturbinenprozessen. Bei Temperaturen unterhalb von 1250 °C ändert sich die Enthalpie der Verbrennungsgase durch die Dissoziation nur um ca. 1 %. Daher können die Stoffwerte in Tab. A.10 bis zu dieser Temperatur verwendet werden. Als Beispiel für den Einfluss der Dissoziation sind die spezifische isobare Wärmekapazität und Enthalpie des Verbrennungsgases von Heizöl im Anhang A.11 tabelliert dargestellt.

Bei tiefen Temperaturen, bei denen das Verbrennungsgas komplett oder lokal unterhalb des Taupunktes abgekühlt wird, kondensiert der Wasserdampf teilweise oder vollständig aus. Die Taupunkttemperaturen atmosphärischer Verbrennungsgase liegen bei 50 bis 70 °C. Die Ermittlung der auskondensierten Wasserdampfmasse ist aus der Temperatur allein meist nicht möglich. Kommt das Verbrennungsgas mit einer kalten Wand in Berührung, kondensiert dort Wasser, ohne dass das gesamte Verbrennungsgas auf die Sättigungstemperatur abkühlt. Kondensiert der insgesamt bei der Verbrennung entstandene Wasserdampfanteil, ist die Änderung der Enthalpie:

$$\Delta h_R = x_{H_2O}\cdot \Delta h_v = h_o - h_u$$

Diese Änderung ist die Differenz zwischen dem Brenn- und Heizwert.

Eine andere Art der Darstellung wäre, die spezifische Enthalpie des Verbrennungsgases und Luft-Brennstoff-Gemisches, bezogen auf die Masse des Brennstoffes in einem h, ϑ-*Diagramm* aufzutragen (Abb. 11.4). Die Gln. (11.50) und (11.51) liefern die

Abb. 11.3 h, ϑ-Diagramm
des Verbrennungsgases
unter Berücksichtigung der
Dissoziation

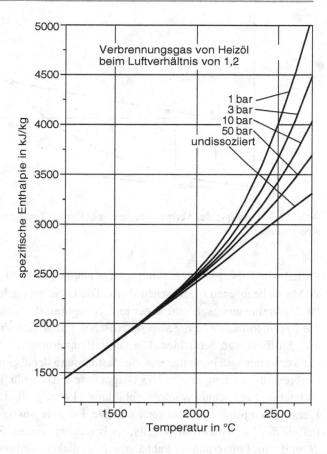

Abb. 11.4 Auf die Masse des Brennstoffes bezogenes h,ϑ-Diagramm des Luft-Brennstoff-Gemisches und Verbrennungsgases

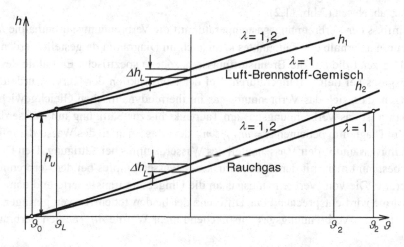

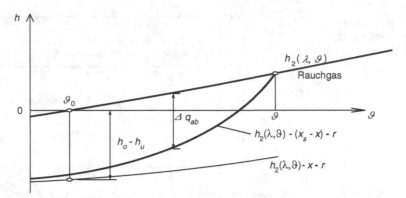

Abb. 11.5 Enthalpie des Verbrennungsgases bei tiefen Temperaturen unter Berücksichtigung der Kondensation

Enthalpien. Diese Enthalpien sind um den Faktor $(\lambda \cdot l_{min} + 1)$ größer als die auf die effektive Masse bezogenen spezifischen Werte. Die Berechnung der spezifischen Wärmekapazität des Verbrennungsgases und der Luft erfolgt mit den Daten aus der Tab. A.10. Die auf die Brennstoffmasse bezogenen spezifischen Enthalpien sind nicht als spezifische intensive Stoffwerte zu betrachten. Die Darstellung ermöglicht aber das Ablesen der adiabaten Verbrennungstemperatur und die Bestimmung der abgegebenen Wärme bei bekannter Verbrennungsgastemperatur. Die Diagramme müssen für jeden Brennstoff getrennt berechnet und gezeichnet werden. Abbildung 11.4 zeigt die Bestimmung der zur adiabaten Flammentemperatur gehörenden Enthalpie. Für eine gewisse Lufttemperatur kann die Enthalpie des Luft-Brennstoff-Gemisches berechnet werden. Sie ist von der Lufttemperatur ϑ_L und vom Luftverhältnis λ abhängig. Die adiabate Verbrennungstemperatur ϑ_2 wird bei gleicher Enthalpie und gleichem Luftverhältnis λ an den Enthalpiekurven des Verbrennungsgases abgelesen (Abb. 11.2).

Der Einfluss der Verbrennungsgastemperatur auf die Verbrennungsgasenthalpie h_2 bei Temperaturen unterhalb des Taupunktes kann auch im Diagramm dargestellt werden. Abbildung 11.5 zeigt die auf die Brennstoffmasse bezogene spezifische Enthalpie des Verbrennungsgases bei tiefen Temperaturen. Bei der Konstruktion der Kurve wurde davon ausgegangen, dass sich das Verbrennungsgas im thermodynamischen Gleichgewicht befindet. Damit ist das Verbrennungsgas am Taupunkt bis zur Sättigung mit Wasserdampf beladen. Im Diagramm bedeuten $x = m_{H_2O} / m_R$ den Massenanteil des Wasserdampfes im Verbrennungsgas und x_s den Massenanteil des Wasserdampfes bei Sättigung. Den Dampfgehalt x_s bestimmt man mit dem Partialdruck des Wasserdampfes bei der Verbrennungsgastemperatur. Die vom Verbrennungsgas an die Umgebung transferierte und damit verlorene Wärme wird entsprechend der Differenz der beiden fetten Kurven geringer. Dies bedeutet, dass das Verbrennungsgas entsprechend mehr Wärme Δq_{ab} an den Verbraucher abgibt.

Beispiel 11.7: Verbrennung in der Brennkammer einer Gasturbine
In einer Gasturbine wird Luft auf 20 bar verdichtet und mit Brenngas in der Brenn-
kammer verbrannt. Die Luft hat eine Temperatur von 440 °C. Der Brennstoff ist
Erdgas L mit der Zusammensetzung aus Tab. A.9. Die Temperatur des zugeführ-
ten Brenngases beträgt 25 °C. Nach der Brennkammer soll die Temperatur 1100 °C
nicht überschreiten. Die Bezugstemperatur für den Heizwert ist 25 °C.
    Bestimmen Sie das Luftverhältnis der Verbrennung.
Lösung
Schema Siehe Skizze

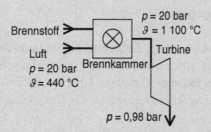

Annahmen
* Die Verbrennungsgastemperatur ist die adiabate Verbrennungstemperatur.
* Die durch Dissoziation auftretenden Effekte sind vernachlässigbar.
* Die Expansion ist adiabat, die kinetische Energie kann vernachlässigt werden.
Analyse
Da der Heizwert des Verbrennungsgases bei 25 °C angegeben ist, kann Gl. (11.52)
wie folgt vereinfacht angewendet werden:

$$(\vartheta_2 - \vartheta_0) \cdot [(l_{min} + 1) \cdot \overline{c}_{pR} + (\lambda - 1) \cdot l_{min} \cdot \overline{c}_{pL2}] = h_u + \lambda \cdot l_{min} \cdot \overline{c}_{pL1} \cdot (\vartheta_{L1} - \vartheta_0)$$

Umgeformt und nach λ aufgelöst, erhält man:

$$\lambda = \frac{\dfrac{h_u}{\vartheta_2 - \vartheta_0} - (l_{min} + 1) \cdot \overline{c}_{pR} + l_{min} \cdot \overline{c}_{pL2}}{l_{min} \cdot [\overline{c}_{pL2} - c_{pL1} \cdot (\dfrac{\vartheta_{L1} - \vartheta_0}{\vartheta_2 - \vartheta_0})]}$$

Da die Temperaturen alle bekannt sind, können die mittleren c_p- Werte zwischen
0 °C und der entsprechenden Temperatur ϑ aus den Tabellen unter A.7.1 abgelesen
werden.

$$\overline{c}_{pL1} = 1\ 032,6 \ \text{J/(kg K)} \quad \overline{c}_{pL2} = 1\ 100,1 \ \text{J/(kg K)} \quad \overline{c}_{pR} = 1\ 168,3 \ \text{J/(kg K)}$$

Mit der Mindestluftmasse aus Tab. A.9 l_{min} = 13,106 kg/kg und für den Heizwert h_u = 38,1 MJ/kg erhält man für das Luftverhältnis **3,63**.

Diskussion

Die Verbrennungstemperatur bestimmt man mit Gl. (11.54). Dabei ist immer zu beachten, dass bei Temperaturen über 1100 °C Dissoziation eintritt und somit die in diesem Buch für die Berechnung gegebenen Tabellen nicht mehr genau genug sind.

11.5.3 Kesselwirkungsgrad

Verbrennung erfolgt in einer Feuerung, die hier als Kessel bezeichnet wird. Von der maximal zuführbaren Wärme, die dem unteren Heizwert entspricht, geht ein Teil verloren. Diese Verluste entstehen durch folgende Ursachen: Unvollständige Verbrennung des Brennstoffes, Strahlungs- und Konvektionsverluste an die Umgebung und Verluste durch das warme Verbrennungsgas.

Die Verluste durch Strahlung und Konvektion an die Umgebung betragen bei modernen Kesseln weniger als 1 %. Diese Verluste werden als *Isolationsverluste* bezeichnet und durch den *Wirkungsgrad* η_V berücksichtigt.

Die durch unverbrannte Brennstoffe verursachten Verluste sind bei gut eingestellten Feuerungen ebenfalls sehr gering. Sie können aus der Verbrennungsgasanalyse, sofern das Kohlenmonoxid, die Kohlenwasserstoffe und der Ruß bestimmt wurden, rechnerisch berücksichtigt werden. Bei einer modernen Feuerung betragen diese Verluste etwa 1 %. Der *Brennstoffwirkungsgrad* η_B erfasst die Verluste, die durch die unverbrannten Brennstoffe entstehen.

Die größten Verluste resultieren aus den an die Umgebung abgeführten warmen Verbrennungsgasen. Die Verbrennungsgastemperaturen liegen bei 80 bis 250 °C. Diese Temperaturen sind durchaus gewollt. Kühlt man das Verbrennungsgas auf tiefere Werte, kann der Wasserdampf aus dem Verbrennungsgas kondensieren und zusammen mit dem im Verbrennungsgas vorhandenen Schwefeldioxid und den Stickoxiden Säuren bilden, die die Schornsteinmaterialien angreifen. Die *Verbrennungsgasverluste* (*Schornsteinverluste*) können bis zu 15 % betragen. Sie werden mit dem *Verbrennungsgaswirkungsgrad* η_A erfasst. Bei Verwendung entsprechender korrosionsfester Materialien kann das Verbrennungsgas bis auf tiefere Temperatur (unter 40 °C) abgekühlt werden. In diesem Fall wird ein großer Teil der im Wasserdampf enthaltenen Kondensationsenthalpie genutzt.

Die maximal zuführbare Wärme ist durch den Heizwert Δh_u definiert. Ist der im Kessel an den Verbraucher abgegebene Wärmestrom $\dot{Q}_N$, erhält man für den Kesselwirkungsgrad η_K:

$$\eta_K = \frac{\dot{Q}_N}{\dot{m}_B \cdot h_u} = \eta_V \cdot \eta_B \cdot \eta_A \tag{11.54}$$

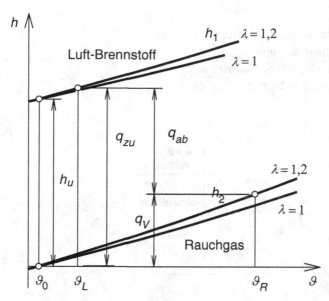

Abb. 11.6 Veranschaulichung der Verbrennungsgasverluste

Brennwert- oder Kondensationskessel, in denen Verbrennungsgas unter den Taupunkt abgekühlt und ein Teil des Wasserdampfes kondensiert wird, können nach Gl. (11.54) Kesselwirkungsgrade haben, die größer als 1 sind. Richtiger sollte bei solchen Kesseln der Brennwert als Bezugsgröße eingesetzt werden, der immer kleinere Wirkungsgrade als 1 liefert.

Ist der Brennstoff oder die Verbrennungsluft vorgeheizt, setzt man den Heizwert entsprechend Gl. (11.48) ein. Die Energieanteile, die durch Brennstoff und Luft dem Kessel zugeführt werden und durch den Kamin verloren gehen, sind in dem auf die Brennstoffmasse bezogenen h, ϑ-Diagramm in Abb. 11.6 dargestellt. Dabei ist q_{zu} die durch Brennstoff und Luft zugeführte Wärme, q_{ab} die an den Kessel abgeführte Wärme und q_V die durch das Verbrennungsgas an die Umgebung abgegebene Wärme.

Beispiel 11.8: Heizkessel für Warmwasseraufbereitung

In einem Heizkessel wird Heizöl L entsprechend der Zusammensetzung in Tab. A.9 mit einem Luftverhältnis von 1,2 verbrannt. Die Verbrennung ist vollständig. Das Verbrennungsgas im Kamin hat eine Temperatur von 150 °C. Die Isolationsverluste und der Verlust durch unvollständige Verbrennung sind mit 1 % der zugeführten Brennstoffenergie zu berücksichtigen. Die Bezugstemperatur ist 25 °C. Die Enthalpie des Brennstoffes und der Luft können vernachlässigt werden. Der Heizkessel hat eine Heizleistung von 30 kW.

Bestimmen Sie folgende Größen:
1. den Kesselwirkungsgrad
2. den notwendigen Heizölmassenstrom
3. den notwendigen Luftmassenstrom.

Lösung

Schema Siehe Skizze

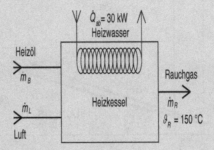

Annahmen

- Die Enthalpie des Brennstoffes und der Luft können vernachlässigt werden.
- Die Bezugstemperatur des Verbrennungsgases beträgt 25 °C.
- Der Prozess ist isobar, die Änderung der kinetischen und potentiellen Energie wird vernachlässigt.

Analyse

Aus der Tab. A.9 erhält man für den Brennstoff und das Verbrennungsgas:

$$h_u = 42,9 \text{ MJ/kg}, \quad l_{min} = 14,52, \quad = 1073,1 \text{ J/(kg K)}$$

Da die Enthalpie des zugeführten Brennstoffes vernachlässigt werden kann, entspricht die spezifische pro kg Brennstoff zugeführte Wärme dem Heizwert. Die an das Heizwasser abgegebene Wärme pro kg Brennstoff kann man mit den Gln. (11.52) und (11.53) bestimmen werden.

$$-q_{ab} = 0,99 \cdot h_u - [(l_{min} + 1) \cdot \overline{c}_{pR} - (\lambda - 1) \cdot l_{min} \cdot \overline{c}_{pL}] \cdot (\vartheta_R - \vartheta_0)$$

Die mittlere spezifische Wärmekapazität der Luft kann aus Tab. A.7.1 ermittelt werden $\overline{c}_{pL} = 1009,7$ J/(kg K). Damit erhält man:

$$q_{ab} = \mathbf{40,895 \text{ MJ/kg}}$$

Der Kesselwirkungsgrad ist:

$$\eta_K = \frac{|q_{ab}|}{h_u} = \frac{41,041}{42,90} = 0,953$$

Der für die geforderte 30 kW Heizleistung notwendige Brennstoffmassenstrom beträgt:

$$\dot{m}_{Br} = \frac{\dot{Q}_{ab}}{q_{ab}} = \frac{-30 \cdot kW}{-40895 \cdot kJ/kg} = 0,731 \cdot 10^{-3} \, \frac{kg}{s} = 2,641 \, \frac{kg}{h}$$

Den Luftmassenstrom bestimmt man mit Gl. (11.30).

$$\dot{m}_L = \dot{m}_{Br} \cdot \lambda \cdot l_{min} = 0,0128 \; kg \, / \, s$$

Diskussion
Der Kesselwirkungsgrad ist trotz der hohen Verbrennungsgastemperatur mit 0,933 relativ hoch. Die zugeführte Primärenergie wird in diesem Prozess zu 95,3 % in Nutzwärme umgesetzt. Wesentlich ungünstiger sieht eine exergetische Betrachtung aus. Die zugeführte Wärme wird zum großen Teil zu Heizzwecken in innere Energie der Umgebung, also in thermodynamisch „nutzlose" Energie, umgewandelt.

Beispiel 11.9: Nachgeschalteter Verbrennungsgaskühler für Heizkessel aus Beispiel 11.8
Dem Heizkessel aus Beispiel 11.8 schaltet man einen Wärmeübertrager nach, in dem das Verbrennungsgas auf 30 °C abgekühlt wird. Die Verbrennungsluft nimmt man vereinfachend als trocken an. Bestimmen Sie die auf den Heiz- und Brennwert bezogenen Kesselwirkungsgrade.
Lösung

Schema Siehe Skizze

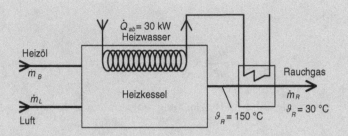

Annahmen

- Die Enthalpie des Brennstoffes und der Luft können vernachlässigt werden.
- Die Bezugstemperatur des Verbrennungsgases beträgt 25 °C.
- Der Prozess ist isobar.
- Die Änderung der kinetischen und potentiellen Energien wird vernachlässigt.
- Die Verbrennungsluft wird als trocken angenommen.
- Das Verbrennungsgas ist nach dem Wärmeübertrager mit Wasserdampf gesättigt, d. h., ein Teil des Wasserdampfes kondensiert aus.

Analyse

In Tab. A.10 sind die Massenanteile der Komponenten im stöchiometrischen Verbrennungsgas angegeben. Durch die Verbrennung mit einem Luftverhältnis von $\lambda = 1{,}2$ kommt noch der Anteil der nicht für die Verbrennung verwendeten Luft $m_L = (\lambda - 1) \cdot l_{min}$ dazu. Für die Bestimmung der Sättigungstemperatur des Wasserdampfes muss der Partialdruck des Dampfes ermittelt werden. Dazu ist die molare Zusammensetzung des Verbrennungsgases zu berechnen.

	$x_{stöch.}$	$m_i = x_i \cdot l_{min} + 1)$ kg/kg	M kg/kmol	$n_i = m_i / M$ kmol/kg	$y_i = n_i / n_R$ kmol/kmol
CO_2	0,20280	3,14754	44,0100	0,07152	0,09358
SO_2	0,00051	0,00799	64,0650	0,00012	0,00016
H_2O	0,07773	1,20654	18,0153	0,06697	0,08763
N_2*	0,71895	11,15481	28,1606	0,55295	0,72351
Luft		2,90408	28,9647	0,07270	0,09512

$$m_R = 18{,}42448 \qquad n_R = 0{,}76426$$

Partialdruck des Dampfes: $p_{H_2O} = p \cdot y_{H_2O} = 0{,}08763$ bar

Nach Tab. A.2.2 ist die Sättigungstemperatur 42,2 °C. Der Sättigungsdruck beträgt bei 30 °C 0,04247 bar und entspricht dem Molanteil des Wasserdampfes im Verbrennungsgas. Die Molzahl der anderen Komponenten verändert sich nicht. Die Molzahl des trockenen Verbrennungsgases $n_R - n_{H2O} = 0{,}69729$ bleibt unverändert. Für das Verbrennungsgas mit dem veränderten Dampfanteil beträgt der Molanteil des Dampfes:

$$p_{H_2O} = p \cdot y_{H_2O} = 0,08763 \text{ bar}$$

Nach der Molzahl aufgelöst, erhält man 0,03093. Damit ist der pro kg Brennstoff enthaltene Dampf 0,55717. Die Massen der übrigen Komponenten verändern sich nicht. Die Massenanteile und die Enthalpie des stöchiometrischen Verbrennungsgases können bestimmt werden.

	m_i	$x_{i, \text{stöch}}$ kg/kg	$\overline{c}_{pi}$	$x_i \cdot \overline{c}_{pi}$
		J/(kg K)	–	J/(kg K)
CO2	3,14754	0,21165	846,5	179,2
SO2	0,00799	0,00054	623,3	0,3
H2O	0,55717	0,03747	1864,7	69,9
N2*	11,15481	0,75034	1031,0	773,6

$$m_R = 14,87111 \qquad c_{pm} = 1023,0 \text{ J/(kg K)}$$

Bei der Bestimmung der Enthalpie des Verbrennungsgases ist noch der kondensierte Anteil des Dampfes zu berücksichtigen.

$$h_{R2} = \left[(l_{min} + 1) \cdot \overline{c}_{pR} + (\lambda - 1) \cdot l_{min} \cdot \overline{c}_{pL2} \right] \cdot (\vartheta_2 - \vartheta_0) - (l_{min} + 1) \cdot \Delta x_{H_2O} \cdot \Delta h_v$$

Pro kg Brennstoff wird 0,390 kg Dampf kondensiert. Die Verdampfungsenthalpie aus Tab. A.2.2 ist $\Delta h_v = 2430$ kJ/kg. Die mittlere spezifische Wärmekapazität der Luft erhält man aus Tab. A.7.1 mit $c_p = 1005,4$. Die Enthalpie des Verbrennungsgases nach dem Wärmeübertrager ist:

$$h_{R2} = -1366,3 \text{ kJ/kg}$$

Durch die Kondensation verkleinert sie sich und vergrößert den Betrag abgeführter Wärme auf:

$$q_{ab} = h_{R2} - 0,99 \cdot h_u = (-1,3663 - 0,99 \cdot 42,9) \cdot \text{MJ/kg} = -43,837 \text{ MJ/kg}$$

Der Kesselwirkungsgrad ist:

$$\eta_{K1} = \frac{|q_{ab}|}{h_u} = 1,023, \quad \eta_{K2} = \frac{|q_{ab}|}{h_o} = 0,958$$

Dabei ist η_{K1} der auf den Heizwert und η_{K2} der auf den Brennwert bezogene Wirkungsgrad. Der Brennwert von 54,8 MJ/kg stammt aus Tab. A.9.

Diskussion
Der Kesselwirkungsgrad lässt sich mit dem Wärmeübertrager, in dem das Verbrennungsgas besser abgekühlt und ein Teil des Wasserdampfes kondensiert wird, erhöhen. Berücksichtigt man zusätzlich den in der Brennerluft enthaltenen Dampf, kommt man zu einem noch besseren Ergebnis. Dieses resultiert daraus, dass bereits bei einer relativen Feuchte von 0,5 in einem Kilogramm Luft bei 25 °C 0,006 kg Dampf enthalten ist. Bezogen auf die Brennstoffmasse ist das 0,105 kg Dampf. Der Molanteil des Dampfes im Verbrennungsgas ist bei 30 °C im Sättigungszustand und verändert sich dadurch nicht.

11.6   Anwendung des 2. Hauptsatzes auf die Verbrennung

Bei jeder Feuerung wird die bei chemischer Reaktion „freigesetzte Wärme" oder Enthalpie der heißen Verbrennungsgase genutzt. Die Möglichkeiten zur Gewinnung von technischer Arbeit wurden nicht untersucht. Durch Anwendung des zweiten Hauptsatzes analysiert man, welche Irreversibilitäten bei der Verbrennung auftreten und wie viel technische Arbeit aus der chemischen Bindungsenergie maximal gewonnen werden kann. Die Analyse wird anhand des Modells der reversiblen chemischen Reaktion durchgeführt.

Abb. 11.7 Veranschaulichung reversibler chemischer Oxidation

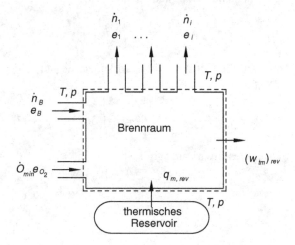

11.6.1 Reversible chemische Reaktion

Die *reversible chemische Reaktion* nimmt man als Idealfall der reversiblen Oxidation des Brennstoffes an. Bei diesem Prozess wird nicht nur Energie als Wärme, sondern auch die nach dem zweiten Hauptsatz mögliche maximale technische und spezifische, auf 1 kmol bezogene Arbeit $(w_{tm})_{rev}$ gewonnen (Abb. 11.7). Den Prozess führt man folgendermaßen durch: Brennstoff und Sauerstoff werden dem Brennraum getrennt zugeführt. Die Verbrennungsprodukte verlassen den Brennraum ebenfalls getrennt. Die zu- und abgeführten Stoffströme haben die gleiche Temperatur T und den gleichen Druck p. Die Reaktion verläuft reversibel. Der Brennraum kann mit einem Reservoir die Wärme $(q_m)_{rev}$ mit der Temperatur T reversibel austauschen.

Dabei ist $(w_{tm})_{rev}$ die reversible spezifische, auf 1 kmol Brennstoff bezogene Reaktionsarbeit, $(q_m)_{rev}$ die spezifische mit dem Reservoir transferierte Wärme. Die gesamte Enthalpieänderung $h_{m,ges}$ ist, wenn das Verbrennungsprodukt Wasserdampf in flüssiger Form abgeführt wird, der molare Brennwert h_o und, falls die Abfuhr als Dampf erfolgt, der molare Heizwert h_u.

Nach dem ersten Hauptsatz der Thermodynamik gilt:

$$(q_m)_{rev} + (w_{mt})_{rev} = \sum_i y_i \cdot h_{mi}(T,p) - h_{mB}(p,T) - O_{min} \cdot h_{mO_2} = \Delta h_{mV}(p,T) \quad (11.55)$$

Da der Idealprozess reversibel verläuft, muss die Entropieänderung gleich null sein. Damit gilt:

$$\sum_i y_i \cdot s_{mi}(T,p) - s_{mB}(p_i,T) - O_{min} \cdot s_{O_2} - (q_m)_{rev} / T = 0$$

Die ersten drei Terme sind die Entropieänderungen, die mit dem Stofftransfer verbunden sind. Der letzte Term ist die spezifische, auf 1 kmol Brennstoff bezogene *Reaktionsentropie* Δs_{mR}

$$\Delta s_{mR} = \sum_i y_i \cdot s_{mi}(T,p_i) - s_{mB}(p,T) - O_{min} \cdot s_{O_2} \quad (11.56)$$

Aus den Gln. (11.55) und (11.56) erhalten wir für die spezifische reversible technische Arbeit

$$(w_{tm})_{rev} = \Delta h_{Vm} - T \cdot \Delta s_{Rm} \quad (11.57)$$

Auf die Berechnung dieser Größe wird hier verzichtet. Berechnungsbeispiele sind in der Literatur [1, 5, 8] zu finden.

11.6.2 Dritter Hauptsatz der Thermodynamik

Im Gegensatz zur Verbrennung war in den zuvor behandelten Systemen oder Stoffen die chemische Reaktion ausgeschlossen. Bei der Anwendung des ersten Hauptsatzes benötigt man die Enthalpie bzw. deren Änderung. Für die Bestimmung des Heiz- und Brennwertes wurden die Enthalpien in Gl. (11.48) auf eine willkürlich gewählte Temperatur T_0 normiert. Um den zweiten Hauptsatz nach Gl. (11.56) bei der Verbrennung anzuwenden, muss jeder Komponente des Verbrennungsprozesses eine *absolute Entropie* zugeordnet werden, da willkürlich gewählte Nullpunkte zu unterschiedlichen Ergebnissen führen.

Die Festlegung eines gemeinsamen Nullpunktes für Entropien wird durch den *dritten Hauptsatz der Thermodynamik*, der von *Nernst* aufgestellt und von *Planck* erweitert wurde, formuliert:

> Die Entropie jedes reinen kondensierenden Stoffes, der sich im inneren Gleichgewicht befindet, nimmt bei $T = 0$ K ihren kleinsten Wert an, der zu null normiert werden kann.

Die Bestimmung der Entropie für jeden beliebigen Zustand p und T erfolgt mit der Integration des Entropiedifferentials.

$$\mathrm{d}s = \frac{\mathrm{d}h}{T} + \frac{v}{T} \cdot \mathrm{d}p$$

Die Integration beginnt bei $T = 0$ K beim festen Körper und ist recht aufwändig. In der Literatur werden die absoluten Entropien bei 25 °C und 1 bar Druck angegeben [1]. Diese Werte und die Berechnung der absoluten Entropie sind in Tab. A.7.2 aufgelistet.

11.6.3 Exergie der Brennstoffe und Verluste bei der Verbrennung

Die technische Arbeit nach Gl. (11.57) entspricht der Exergie des Brennstoffes. Bei *Baehr* [1] wird die Exergie von Kohlenstoff und Kohlenwasserstoffen näherungsweise als Brennwert angegeben. Nach der Vorstellung der reversiblen chemischen Reaktion wäre also der Brennwert die vollständig umwandelbare Energie eines Brennstoffes. Die Realität sieht allerdings wesentlich ungünstiger aus.

In technischen Prozessen liefert Verbrennung entweder Wärme, heißes Verbrennungsgas oder beides. Bei Gasturbinenprozessen und Verbrennungsmotoren steht die bei der Verbrennung entstehende Enthalpiezunahme als zugeführte Wärme zur Verfügung. Durch Kühlung führen Verbrennungsmotoren bis zu 30 % der zugeführten Energie ab. In Feuerungskesseln liefert das heiße Brenngas, das sich in dem Kessel abkühlt, Wärme.

Im adiabaten Fall steht eine Wärmequelle bei adiabater Verbrennungstemperatur zur Verfügung. Diese Temperatur ist für die Bestimmung der Exergie der Wärme maßgebend. Bei der Verbrennung mit Luft kann die adiabate Verbrennungstemperatur aus dem h, ϑ -Diagramm in Abb. 11.2 bestimmt werden. Für Heizöl erhält man ohne Berücksichtigung der Dissoziation bei einem Luftverhältnis von 1 Temperaturen, die bei 2200 °C liegen. Für eine Umgebungstemperatur von 25 °C ist nach Gl. (11.13) die spezifische Exergie der Wärme $q_{zu}(1 - T / T_U)$. Dabei ist q_{zu} die zugeführte Wärme, die in diesem Fall dem Brennwert entspricht, T die Temperatur bei der Wärmeabgabe und T_U die Umgebungstemperatur. Damit werden nur 88 % der zugeführten Exergie bei der Verbrennung weitergegeben. Bei der in Beispiel 11.7 behandelten Brennkammer ist die adiabate Verbrennungstemperatur erheblich kleiner; nur noch 78 % der Exergie werden mit der Wärme weitergegeben. Bei anderen Prozessen, in denen das heiße Verbrennungsgas zur Verfügung steht, wird Wärme durch Abkühlung bei endlichen Temperaturdifferenzen an ein Fluid tieferer Temperatur transferiert. Wie im Kap. 6 gezeigt wurde, ist die Nutzung der Exergie noch geringer.

> Bei der Verbrennung entstehen immer große Exergieverluste, d. h., die Verbrennungsvorgänge sind stark irreversibel.

11.7 Brennstoffzellen

Brennstoffzellen sind Einrichtungen, in denen zumindest theoretisch die reversible chemische Oxidation verwirklicht werden könnte. In der Brennstoffzelle erfolgt diese Reaktion nicht durch Verbrennung, sondern durch einen elektrochemischen Prozess. Im Gegensatz zur Verbrennung, die prinzipiell irreversibel ist, kann die Oxidation eines Brennstoffes in einer Brennstoffzelle theoretisch reversibel durchgeführt werden. In der Praxis arbeiten Brennstoffzellen aber auch irreversibel. Das Produkt der Oxidationsreaktion ist in diesem Fall nicht Wärme, sondern elektrischer Strom.

Eine Brennstoffzelle besitzt zwei Elektroden: die Brennstoffelektrode (Anode), der der Brennstoff zugeführt wird und die Sauerstoffelektrode (Kathode). Zwischen beiden Elektroden befindet sich ein Elektrolyt. Abbildung 11.8 zeigt die Wasserstoff-Sauerstoff-Brennstoffzelle schematisch.

Der Elektrolyt zwischen den Elektroden kann z. B. eine KOH-Lösung sein. Bei Umgebungsbedingungen wird der Zelle stetig Wasserstoff und Sauerstoff zugeführt. Das Ergebnis der Reaktionsarbeit ist elektrischer Strom, der an beiden Elektroden abgenommen wird. Die bei der chemischen Reaktion entstehenden Elektronen wandern im äußeren Stromkreis von der Anode zur Kathode. Entsprechend wandern die OH-Ionen von der Kathode zur Anode. Zwischen beiden Elektroden besteht eine Spannungsdifferenz ΔU_{el}, die wir im Grenzfall des reversiblen Prozesses als reversible Klemmenspannung U_{rev} bezeichnen.

Abb. 11.8 Schema der Wasserstoff-Sauerstoff-Brennstoffzelle

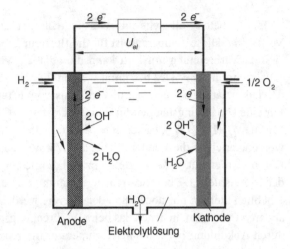

An der Anode ist die chemische Reaktion:

$$H_2 + 2OH^- \rightarrow 2H_2O + 2e^-$$

An der Kathode erfolgt die Reaktion:

$$\frac{1}{2}O_2 + H_2O + 2e^- \rightarrow 2OH^-$$

Als Summe beider Reaktionen erhalten wir:

$$\frac{1}{2}O_2 + H_2 \rightarrow H_2O$$

Dies ist die normale Oxidation des Wasserstoffes zu Wasser. Die reversible Arbeit dieser Reaktion entspricht der elektrischen Leistung $P_{rev} = U_{rev} \cdot I_{el}$. Hier sieht man leicht ein, dass dieser Prozess umgekehrt werden kann. Fließt in einer Elektrolytlösung Strom, entstehen dort Sauer- und Wasserstoff. Unter idealen Bedingungen, die sich technisch nicht verwirklichen lassen, könnte der verlustfreie Prozess umgekehrt werden. Gleichung (11.59) gibt die reversible Arbeit bei reversibler chemischer Reaktion an. Nach Berechnungen von *Baehr* [1] ist die spezifische reversible technische Arbeit $(w_{tm})_{rev}$ des Oxidationsprozesses bei 1 bar Druck und 25 °C Temperatur −237,13 kJ/kmol.

Die elektrische Leistung ermittelt man aus dem Stoffmengenstrom und der spezifischen reversiblen technischen Arbeit.

$$P_{rev} = \dot{n}_{H_2} \cdot (\bar{w}_t)_{rev} = I_{el} \cdot U_{rev} \tag{11.58}$$

Die elektrische Stromstärke I_{el} kann mit dem Stoffmengenstrom des Wasserstoffes, mit der *Avogadro*-Konstante $N_A = 6,02214 \cdot 10^{23}$ mol^{-1} (Anzahl Moleküle pro mol) und mit der Elementarladung $e = 1,60218 \cdot 10^{-19}$ C berechnet werden.

$$I_{el} = 2 \cdot \dot{n}_{H_2} \cdot N_A \cdot (-e) = \dot{n}_{H_2} \cdot 192971 \text{ A} \cdot \text{s/mol} \qquad (11.59)$$

Die Zahl 2 zeigt, dass pro Wasserstoffmolekül zwei Elektronen strömen. Aus den Gln. (11.58) und (11.59) erhält man für die reversible elektrische Klemmenspannung:

$$U_{rev} = \frac{\dot{n}_{H_2} \cdot (\overline{w}_t)_{rev}}{2 \cdot \dot{n}_{H_2} \cdot N_A \cdot (-e)} = \frac{237\,130 \text{ J/mol}}{192\,971 \text{ A} \cdot \text{s/mol}} = 1,229 \text{ V}$$

Diese tiefe Klemmenspannung ist ein erheblicher Nachteil der Brennstoffzelle, da die in der Praxis erforderlichen Leistungen große Ströme benötigen. Brennstoffzellen, die mit anderen Stoffpaarungen arbeiten, haben ebenfalls Klemmenspannungen, die bei etwa 1 V liegen.

In realen Brennstoffzellen entsteht durch Irreversibilitäten eine kleinere Spannung, die unter 1 V liegt. Sie ist von der Stromdichte (pro Flächeneinheit abgegebener Strom) abhängig. Die momentan besten Zellen erreichen Stromdichten von maximal 1 A/cm2. Die von der Brennstoffzelle wirklich abgegebene Leistung ist kleiner als die des reversiblen Prozesses. Außerdem kann die zugeführte Brennstoffmenge nur unvollständig genutzt werden. Durch Diffusion gelangt ein Teil des Brennstoffes durch die Anode zum Elektrolyt und geht der Nutzung verloren.

Heute werden mit Brennstoffzellen größere Wirkungsgrade erreicht als mit Wärmekraftprozessen. Die Schadstoffemission bei der „Verbrennung" in der Brennstoffzelle ist im Vergleich zur konventionellen Verbrennung beinahe vernachlässigbar. Die ersten Wasserstoff-Sauerstoff-Brennstoffzellen wurden in der Raumfahrt eingesetzt. Da in der Natur Wasserstoff als Brennstoff nicht vorhanden ist, wird die Entwicklung von Brennstoffzellen, die mit Kohlenwasserstoffen und Luft arbeiten, stark vorangetrieben. Versuchsfahrzeuge mit Brennstoffzellen und Elektroantrieb sind schon in der Erprobung. Pilotanlagen als Blockheizkraftwerke (BHKW), bei denen mit der Brennstoffzelle Strom und mit der durch Irreversibilitäten anfallenden Wärme Heizwasser erzeugt wird, befinden sich in der Testphase. Um Brennstoffzellen für allgemeine Nutzung wirtschaftlich attraktiv zu gestalten, sind noch viele technische Probleme zu lösen.

Literatur

1. Baehr HD (2004) Thermodynamik, 11. Aufl. Springer-Verlag, Berlin
2. Cerbe G (1992) Grundlagen der Gastechnik, 4. Aufl. Carl Hanser Verlag, München
3. DIN 5499 (1972) Brennwert und Heizwert. Begriffe
4. DIN 51900-3 (2005) Bestimmung des Brennwertes mit dem Bombenkalorimeter und Berechnung des Heizwertes
5. Lucas K (2001) Thermodynamik, 3. Aufl. Springer, Berlin
6. Moran MJ, Shapiro HN (1993) Fundamentals of engineering thermo-dynamics. Wiley, New York
7. Smith WR, Missen RW (1982) Chemical reaction equilibrium analysis. Wiley, New York
8. Stephan K, Mayinger F (1990) Thermodynamik, 13. Aufl. Springer, Berlin

Berechnung von Stoffeigenschaften 12

Für die Berechnung von Beispielen oder Prozessen benötigt man die Stoffwerte, die sich während eines Prozesses verändern können. Viele Stoffwerte sind im Buch angegeben. Im Kap. 2.6.2 sind Literaturhinweise zu Stoffwertprogrammen und Tabellen aufgelistet.

Das Finden und die Interpolation der Werte ist sehr zeitaufwändig, deshalb benötigt man Programme zur Bestimmung der Stoffwerte.

Hier werden Berechnungsverfahren zur Bestimmung thermodynamischer Stoffeigenschaften angegeben. Die Formeln können in Excel, Mathcad oder anderen Porgrammen verwendet werden. Außerdem wird die Benutzung des Stoffwertprogrammes „Coolprop" besprochen. Das Programm „Kapitel 12.xmcd" für Mathcad 15 und „Kapitel l2.mcdx" für Prime 3.0 können im Internet unter www.thermodynamik-online.de abgerufen werden.

> Die Stoffwerttabellen im Anhang wurden mit den VDI-Wasserdampftafeln IAPWS-IF97 [1] und den Programmen der Hochschule Zittau/Görlitz [2] berechnet. In den Beispielen und Diagrammen kann es zu Unterschieden zu den Stoffwerten, die mit CoolProp berechnet sind, kommen. Diese Abweichungen sind aber vernachlässigbar klein.

12.1 Zustandsgrößen idealer Gase

Die Berechnung der Zustandsgrößen idealer Gase, die in der Luft enthalten sind oder bei einer Verbrennung entstehen, inklusive der dissoziierten Rauchgase wird im VDI 4670 2003 beschrieben. Diese Gase sind dabei als ideale Gase angenommen, deren spezifische Wärmekapazitäten und Enthalpien vom Druck unabhängig sind. Die hier behandelten

© Springer-Verlag Berlin Heidelberg 2015
P. von Böckh, M. Stripf, *Technische Thermodynamik*, DOI 10.1007/978-3-662-46890-6_12

Gase sind: Stickstoff, Sauerstoff, Kohlenmonoxid, Kohlendioxid, Wasserdampf, Schwefeldioxid, Argon, Neon und Luft.

Die Indizes zeigen die Zuordnung der Gase an:

1. Stickstoff
2. Sauerstoff
3. Kohlenmonoxid
4. Kohlendioxid
5. Wasserdampf
6. Schwefeldioxid
7. Argon
8. Neon

12.1.1   Spezifisches Volumen

Zur Bestimmung des spezifischen Volumens benötigt man die Gaskonstanten der Gase. Sie sind in der Tabelle in 12.1.2 angegeben:

$$v_i(T, p, i) = \frac{R_i \cdot T}{p} \tag{12.1}$$

12.1.2   Kalorische Zustandsgrößen

Kalorische Zustandsgrößen werden aus den isobaren spezifischen Wärmekapazitäten bestimmt. Diese sind als ein Polynom angegeben. Die Koeffizienten und Exponenten der Polynome nach VDI 4670 2003 folgen in nachstehender Tabelle:

Gültigkeitsbereich: 200 K < T < 3 300 K

	Argon $i=1$	Neon $i=2$	N_2 $i=3$	O_2 $i=4$	Exponent b_k
a_1	2,5	2,5	297 773,6104000	77 073,3555300	b_1 0,00
a_2	0	0	−3 385,9514960	−192,4279790	b_2 −1,50
a_3	0	0	13 427,2044700	1 200,8942070	b_3 −1,25
a_4	0	0	−97 993,5248700	−15 405,3491800	b_4 −0,75
a_5	0	0	262 809,2806000	50 353,1571900	b_5 −0,50
a_6	0	0	−358 174,4343000	−80 824,6489300	b_6 −0,25
a_7	0	0	−157 317,0252000	−45 703,1691500	b_7 0,25
a_8	0	0	51 788,5983600	16 581,8322700	b_8 0,5
a_9	0	0	−9 720,7646330	−3 375,9860940	b_9 0,75
a_{10}	0	0	796,5082105	295,8628157	b_{10} 1,00

	Argon $i=1$	Neon $i=2$	N_2 $i=3$	O_2 $i=4$	Exponent b_k
R (kJ/(kg K))	0,20813	0,41202	0,2968	0,25984	
M (kg/kmol)	39,948	20,1797	28,0134	31,9988	
s^0 (kJ/(kg K))	6,8643	6,8091	6,8399	6,4108	

	CO $i=5$	CO_2 $i=6$	H_2O $i=7$	SO_2 $i=8$
a_1	321 217,7186960	132 743,8651550	−571 026,2820100	−249 763,7461500
a_2	−3 266,1483900	−1641,8323497	5 772,9694550	3 114,5348170
a_3	13 187,9572400	6443,8306413	−23 231,6490330	−12 177,8441000
a_4	−99 868,3484000	−45896,6470030	175 685,0392900	86 137,3272100
a_5	272 923,3550800	121348,6947818	−481 097,9893850	−227 285,0013800
a_6	−379 081,8835000	−162 720,9445170	670 663,1350700	304 892,5242640
a_7	−172 966,6255000	−68576,9297918	309 158,3322400	130 235,8283240
a_8	58 029,3424770	21991,9332580	−104 282,2806000	−42 388,6918020
a_9	−11 098,1485150	−4004,6057330	20 042,5161100	7 880,2788307
a_{10}	926,2825320	316,9614050	−1 679,7634530	−640,5259163
R (kJ/(kg K))	0,29684	0,18892	0,46152	0,12978
M (kg/kmol)	28,01	44,01	18,0153	64,065
s^0 (J/(kg K))	7,0573	4,8566	10,4814	3,8745

Referenz-Nullpunkt	$T_0 = 273{,}15$ K
	$\vartheta_0 = 0\,°C$
	$p_0 = 101.325$ Pa $= 1{,}01325$ bar
reduzierte Temperatur	$T_R(\vartheta) = (\vartheta + 273{,}15\ \text{K})/273{,}15\ \text{K}$

Die Stoffwerte bei der Berechnung sind mit dem Index „x" versehen, um Konflikte bei der Berechnung mit dem Programm CoolProp zu vermeiden.

Die spezifische isobare Wärmekapazität berechnet sich als:

$$c_{px}(\vartheta, i) = \frac{1}{M_i \cdot \text{Mol}} \sum_{k=1}^{10} a_{k,i} \cdot T_R(\vartheta)^{b_k} \cdot \frac{\text{kJ}}{\text{kg} \cdot \text{K}} \tag{12.2}$$

Bei der Berechnung der Enthalpie und Entropie sollten nicht die im VDI 4670 2003 vorgeschlagenen Polynome verwendet werden, weil diese von den mit den spezifischen

Wärmekapazitäten berechneten Werten abweichen (die Koeffizienten der Polynome wurden zu früh gerundet). Die Enthalpie der Gase erhält man als:

$$h_x(\vartheta,i) = h_0(i) + \int_{0\,°C}^{\vartheta} c_p(\vartheta)\cdot d\vartheta = h_0(i) + T_0\cdot R_i \cdot \sum_{k=1}^{1} \frac{a_{i,k}}{b_k+1}\cdot(T_R^{b_k+1}-1)$$

$$h_0(i) = \begin{vmatrix} 0\,\text{kJ/kg} & \text{wenn } i\neq 5 \\ 2500{,}91\,\text{kJ/kg} & \text{wenn } i=5(H_2O) \end{vmatrix}$$

(12.3)

Beim Wasserdampf ist dessen Enthalpie bei $0\,°C$ nicht gleich null, sondern $2\,500{,}91$ kJ/kg.

Die mittlere isobare Wärmekapazität kann bezogen auf $0\,°C$ oder in einem Temperaturbereich zwischen den Temperaturen ϑ_1 und ϑ_2 bestimmt werden.

$$c_{pmx}(\vartheta,i) = \begin{vmatrix} \dfrac{h(\vartheta)-h(0\,°C)}{\vartheta-0\,°C} & \text{wenn } \vartheta \neq 0\,°C \\ c_p(0\,°C) & \text{wenn } \vartheta = 0\,°C \end{vmatrix}$$

(12.4)

$$c_{pmx}\Big|_{\vartheta_1}^{\vartheta_2} = \frac{c_{pm}(\vartheta_2)\cdot(\vartheta_2-\vartheta_0)-c_{pm}(\vartheta_1-\vartheta_0)\cdot\vartheta_1}{\vartheta_2-\vartheta_1} = \frac{h(\vartheta_2)-h(\vartheta_1)}{\vartheta_2-\vartheta_1}$$

(12.5)

Die Entropie idealer Gase ist im Gegensatz zur Wärmekapazität und Enthalpie auch noch vom Druck abhängig.

$$ss(\vartheta,p,i) = s_{00} + \int_{0\,°C}^{\vartheta} \frac{c_p(\vartheta,i)}{T}\cdot d\vartheta - R_i\cdot\ln\left(\frac{p}{p_0}\right) =$$

$$= s_{00} + R_i\cdot\left(a_{1,i}\cdot\ln(T_R)+\sum_{k=2}^{10}\frac{a_{k,i}}{b_k}\cdot(T_R^{b_k}-1)\right)-R_i\cdot\ln\left(\frac{p}{p_0}\right)$$

(12.6)

$$s_{00}(i) = \begin{vmatrix} 0\,\text{kJ/kg} & \text{wenn } i\neq 5 \\ 6{,}79691\,\text{kJ/kg} & \text{wenn } i=5(H_2O) \end{vmatrix}$$

Die für Brenngase auf $25\,°C$ und 1 bar bezogene absolute Entropie ist gegeben als:

$$s_{abs}(\vartheta,p,i) = s(\vartheta,p,i) + s^0(i) - s(25\,°C,\,1\,\text{bar},i)$$

(12.7)

Ein weiteres wichtiges ideales Gas ist die Luft. Für die meisten thermodynamischen Prozesse genügt es, wenn die nach ISO 2533 gegebene sehr vereinfachte Zusammensetzung der Luft verwendet wird. Die Luft wird bei ISO 2533 als ein Gas, bestehend aus Stickstoff, Sauerstoff und Argon definiert. Die Gewichtsanteile der Komponenten sind:

$$\xi_{N_2} = 0{,}755577 \quad \xi_{O_2} = 0{,}231535 \quad \xi_{Ar} = 0{,}012888$$

Das spezifische Volumen, die Wärmekapazität, Enthalpie und Entropie berechnen sich als:

$$v_L(T,p) = \xi_{N_2} \cdot v(T,p,1) + \xi_{O_2} \cdot v(T,p,2) + \xi_{Ar} \cdot v(T,p,7) \tag{12.8}$$

$$c_{pL}(\vartheta) = \xi_{N_2} \cdot c_p(\vartheta,1) + \xi_{O_2} \cdot c_p(\vartheta,2) + \xi_{Ar} \cdot c_p(\vartheta,7) \tag{12.9}$$

$$h_L(\vartheta) = \xi_{N_2} \cdot h(\vartheta,1) + \xi_{O_2} \cdot h(\vartheta,2) + \xi_{Ar} \cdot h(\vartheta,7) \tag{12.10}$$

$$s_L(\vartheta,p) = \xi_{N_2} \cdot ss(\vartheta,p,1) + \xi_{O_2} \cdot ss(\vartheta,p,2) + \xi_{Ar} \cdot ss(\vartheta,p,7) \tag{12.11}$$

Das Gemisch aus Stickstoff und Argon wird als Luftstickstoff N_{2*} bezeichnet und hat folgende Zusammensetzung:

$$\xi_{N_{2*}} = 0,9832290605 \qquad \xi_{Ar} = 0,0167709395$$

Die Berechnung der Zustandsgrößen erfolgt wie bei der Luft.

12.1.3 Dissoziation der Verbrennungsgase

Bei höheren Temperaturen entstehen während der Verbrennung (Kap. 11) nicht nur Wasserdampf, Kohlen- und Schwefeldioxid, sondern auch folgende Gase: CO, OH, H, O und NO.

Die Berechnung des Einflusses der Dissoziation auf die energetischen Zustandsgrößen erfolgt mit den Molanteilen der Abgaskomponenten N_2, O_2, H_2O, CO_2 und Argon, die sich bei vollständiger Verbrennung ergeben. Sie müssen deshalb aus der Zusammensetzung des Brennstoffes und dem Luftverhältnis bestimmt werden.

Das hier angegebene Berechnungsverfahren gilt nur für Luftverhältnisse, die größer als 1,05 sind. Für die Berechnung benötigt man folgende Koeffizienten:

j	Bildung von	A_j	B_j	C_j	D_j	E_j
1	CO	20 413,2000	$-121,12942$	$-2,3453083$	$-50,636299$	15 286,520900
2	H_2	1 075,5000	$-110,86692$	$-7,8417487$	133,415642	11 730,467100
3	OH	165,9500	$-71,48746$	$-2,2490905$	25,186055	5 055,207350
4	H	1 491,7500	$-100,63335$	$-0,4329800$	173,044050	9 391,465870
5	O	3 235,3400	$-112,78711$	$-2,6219344$	66,047347	12 346,247600
6	NO	4,5542	$-40,17426$	$-0,6735244$	7,133113	1 602,320628

Gültigkeitsbereich: $y_{O_2} > 0,01$ (ca. $\lambda > 1,05$) und $\vartheta > 700\,°C$

$$T_R(\vartheta) = \frac{(\vartheta + 273,15\ \mathrm{K})}{273,15\ \mathrm{K}}$$

$$U_1 = A_1 \cdot \frac{y_{CO_2}}{\sqrt{y_{O_2}}} \cdot \sqrt{\frac{p_0}{p}} \cdot \exp\left(\frac{B_1}{T_R(\vartheta)}\right)$$

$$U_2 = A_2 \cdot \frac{y_{H_2O}}{\sqrt{y_{O_2}}} \cdot \sqrt{\frac{p_0}{p}} \cdot \exp\left(\frac{B_2}{T_R(\vartheta)}\right)$$

$$U_3 = A_3 \cdot \sqrt{y_{H_2O}} \cdot \sqrt[4]{y_{O_2} \cdot \frac{p_0}{p}} \cdot \exp\left(\frac{B_3}{T_R(\vartheta)}\right)$$

$$U_4 = A_4 \cdot \sqrt{U_2} \cdot \sqrt{\frac{p_0}{p}} \cdot \exp\left(\frac{B_4}{T_R(\vartheta)}\right)$$

$$U_5 = A_5 \cdot \sqrt{y_{O_2}} \cdot \sqrt{\frac{p_0}{p}} \cdot \exp\left(\frac{B_5}{T_R(\vartheta)}\right)$$

$$U_6 = A_6 \cdot \sqrt{y_{O_2} \cdot y_{N_2}} \cdot \exp\left(\frac{B_6}{T_R(\vartheta)}\right)$$

$$U_{ges}(\vartheta, p) = 1 + \sum_{j=1}^{6} U_j(\vartheta, p)$$

$$V_j(\vartheta) = C_j + D_j / T_R(\vartheta) + E_j / T_R(\vartheta)^2$$

$$c_p(\vartheta, p) = c_{p,mix}(\vartheta) + \frac{R_{mix}}{U_{ges}(\vartheta, p)} \cdot \sum_{j=1}^{6} U_j(\vartheta, p) \cdot V_j(\vartheta)$$

$$h(\vartheta, p) = h_{mix}^{id}(\vartheta) - \frac{T_R(\vartheta)^2 \cdot T_0 \cdot R_{mix}}{U_{ges}(\vartheta, p)} \cdot \sum_{j=1}^{6} \frac{U_j(\vartheta, p) \cdot V_j(\vartheta)}{B_j}$$

$$s(\vartheta, p) = s_{mix}(\vartheta, p) - \frac{T_R(\vartheta) \cdot R_{mix}}{U_{ges}(\vartheta, p)} \cdot \sum_{j=1}^{6} \frac{U_j(\vartheta, p) \cdot V_j(\vartheta)}{B_j}$$

12.2   Stoffwertprogramm CoolProp

Das Programm CoolProp ist im Internet unter www.coolprop.com kostenlos downloadbar, es kann in Mathcad 15, Prime 3.0, Microsoft Excel, Maple und in viele andere mathematische Programme eingebunden werden. Die Einbindung in mathematische Programme sowie die Berechnungsmöglichkeiten sind gut beschrieben.

Hier wird nur die Anwendung von CoolProp mit Mathcad 15 und Prime 3.0 besprochen.

Für Mathcad ist „CoolPropMathcadWrapper.dll" und „CoolPropFluidProperties.xmcd" herunterzuladen. Ersteres ist für Mathcad 15 in den Ordner „Mathcad 15\userefi" zu installieren. Nach dem Öffnen des Programmes mit Mathcad 15 kann „CoolPropFluidProperties. xmcd" abgerufen werden. Dort findet man die Anweisungen zur Benutzung des Programms. Bei Prime 3.0 wird „CoolPropMathcadWrapper.dll" in „Mathcad Prime 3.0\Custom Functions" gespeichert. Nach dem Öffnen von Prime 3.0 muss man zunächst „CoolPropFluidProperties.xmcd" in „CoolPropFluidProperties.mcdx" konvertieren und dann öffnen.

In den von uns im Internet gespeicherten und herunterladbaren Programmen „Kap. 12.mcdx" und „Kap. 12.mcdx" sind vereinfachte Abruffunktionen der Stoffwerte mit Hilfe von CoolProp programmiert. Beim Öffnen dieser Programme erscheint auf dem Bildschirm:

Programm zur Zuweisung eines der 114 Fluide--

$$\text{strSplit (FluidPropsParams ("FluidsList"),",") =}$$

	0
0	"Water"
1	"R134a"
2	"Helium"
3	...

$$A := \text{"Water"}$$

Programm zur Erstellung der vereinfachten Aufrufe der Fluide--

Der obere versteckte Bereich ist für die Liste der Fluide und die CoolProp Stoffwertabrufe, der untere für die Berechnung der von uns programmierten vereinfachten Abruffunktionen. Für diese erfolgt die Auswahl des Fluids durch Zuweisung des Fluidnamens zu A, z. B. A:=„Water" zwischen den beiden versteckten Bereichen. Der Abruf eines Stoffwertes kann unterhalb des unteren versteckten Bereichs erfolgen. Will man ein anderes Fluid berechnen, kann man zunächst den Namen z. B. mit A:=„R134a" eingeben und darunter den unteren versteckten Bereich kopieren.

Der Abruf der Dichte des Wassers ist im CoolProp folgendermaßen gegeben:

$$\text{FluidProp}\left(\text{"D", "T"}, \frac{\vartheta + 273,15 \cdot K}{K}, \text{"P"}, \frac{p}{kPa}, \text{"Water"} \right)$$

Mit unseren Mathcad-Programmen verwendet man für die Dichte den vereinfachten Abruf:

$$\rho(\vartheta, p)$$

Die Temperatur muss in °C und der Druck in bar eingegeben werden. In der CoolProp-Version der Abrufe kann man auch direkt die Zahlenwerte ohne Einheit eingeben, dann muss jedoch die Temperatur in K und der Druck als Absolutdruck in kPa eingegeben werden. In unserer vereinfachten Version werden die Parameter mit den Einheiten eingegeben und die gesuchte Größe erscheint mit der entsprechenden Einheit. Hier einige Beispiele für Wasser:

$$\rho(20 \cdot °C, 1 \cdot bar) = 998.21 \frac{kg}{m^3}$$

Wird die Temperatur auf 200 °C erhöht, existiert das Wasser als Wasserdampf und man erhält:

$$\rho(200 \cdot {}^\circ C, 1 \cdot \text{bar}) = 0.4603 \cdot \frac{\text{kg}}{\text{m}^3}$$

Bei den Stoffeigenschaften auf der Sättigungslinie haben die Symbole den Index s. Beim Abruf müssen die Temperatur und der Dampfgehalt eingegeben werden. Für eine gesättigte Flüssigkeit ist der Dampfgehalt 0 und für den gesättigten Dampf 1. Wählt man Werte zwischen 0 und 1, ergeben sich die Stoffwerte des Zweiphasengemisches, was aber nicht bei allen Stoffwerten anwendbar ist und auch nicht berechnet wird. Für die Sättigungstemperatur, den Sättigungsdruck und die Verdampfungsenthalpie benötigt man nur die Eingabe der Temperatur.

$$\vartheta_s(2 \cdot \text{bar}) = 120.21{}^\circ C \qquad p_s(100 \cdot {}^\circ C) = 1.0142 \text{ bar}$$

Für die Dichte des Kondensats und Sattdampfes auf der Sättigungslinie erhält man:

$$\rho_s(100 \cdot {}^\circ C, 1) = 958.349 \cdot \frac{\text{kg}}{\text{m}^3}$$

$$\rho_s(100 \cdot {}^\circ C, 0) = 0.5982 \cdot \frac{\text{kg}}{\text{m}^3}$$

Das Programm CoolProp verwendet für Dezimalzahlen einen Punkt und kein Komma. Dies ist bei der Eingabe und beim Resultat zu beachten.

Die vereinfachten Abrufe wurden allerdings nicht für alle möglichen Stoffgrößen programmiert, für die Stoffeigenschaften, die bei der Wärmeübertragung und Thermodynamik wichtig sind, sind folgende Abrufe vorhanden:

	ungesättigte Fluide	gesättigtes Kondensat	gesättigter Dampf
Dichte	$\rho(\vartheta,p)$	$\rho_s(\vartheta,0)$	$\rho_s(\vartheta,1)$
Wärmeleitfähigkeit	$\lambda(\vartheta,p)$	$\lambda_s(\vartheta,0)$	$\lambda_s(\vartheta,1)$
dynamische Viskosität	$\eta(\vartheta,p)$	$\eta_s(\vartheta,0)$	$\eta_s(\vartheta,1)$
dynamische Viskosität	$\eta(\vartheta,p)$	$\eta_s(\vartheta,0)$	$\eta_s(\vartheta,1)$
kinematische Viskosität	$v(\vartheta,p)$	$v_s(\vartheta,0)$	$v_s(\vartheta,1)$
Spezifische Wärmekapazität	$c_p(\vartheta,p)$	$c_{ps}(\vartheta,0)$	$c_{ps}(\vartheta,1)$
Prandtlzahl	$Pr(\vartheta,p)$	$Pr_s(\vartheta,0)$	$Pr_s(\vartheta,1)$
Spezifische Enthalpie	$h(\vartheta,p)$	$h_s(\vartheta,0)$	$h_s(\vartheta,1)$
Enthalpie nach isentroper Expansion	$h_{is}(s,p)$	$h_{is}(s,p)$	
Temperatur nach einer Expansion	$\vartheta(h, p)$	$\vartheta(h, p)$	
Spezifische Entropie	$ss(\vartheta,p)$	$s_s(\vartheta,0)$	$s_s(\vartheta,1)$
Schallgeschwindigkeit	$a(\vartheta,p)$		
Sättigungstemperatur			$\vartheta_s(p)$
Sättigungsdruck			$p_s(\vartheta)$
Verdampfungsenthalpie			$r_s(\vartheta)$

Wird eine andere Abrufart oder Stoffwertgröße benötigt, kann man den ausgeblendeten Bereich öffnen und eine entsprechende Programmierung vornehmen. Dazu muss zuvor das Programm „CoolPropFluidProp.xmcd" aufgerufen werden. Dort sind alle Möglichkeiten zur Stoffwertbestimmung beschrieben.

Nachstehend die Liste der verfügbaren Fluide:

Water	R123	Carbonylsulfide	MD3M
R134a	R11	n-Decane	D6
Helium	R236EA	Hydrogensulfide	MM
Oxygen	R227EA	Isopentane	MD4M
Hydrogen	R365MFC	Neopentane	D4
ParaHydrogen	R161	Isohexane	D5
OrthoHydrogen	HFE143m	Krypton	1-Butene
Argon	Benzene	n-Nonane	IsoButene
Carbondioxide	n-Undecane	n-Nonane	cis-2-Butene
Nitrogen	R125	Toluene	trans-2-Butene
n-Propane	Cyclopropane	Xenon	Methylpalmitate
Ammonia	Neon	R116	Methylstearate
R1234yf	R124	Acetone	Methyloleate
R1234ze(E)	Propyne	Nitrousoxide	Methyllinoleate
R32	Fluorine	Sulfurdioxide	Methyllinolenate
R22	Methanol	R141b	o-Xylene
SES 36	RC318	R142b	m-Xylene
Ethylene	R21	R218	p-Xylene
Sulfurhexafluoride	R114	Methane	Ethylbenzene
Ethanol	R13	Ethane	Deuterium
Dimethylether	R14	n-Butane	Paradeuterium
Dimethylcarbonate	R12	Isobutane	Orthodeuterium
R143a	R113	n-Pentane	Air
R23	R1234ze(Z)	n-Hexane	R404A
n-Dodecane	R1233zd(E)	n-Heptane	R410A
Propylene	Aceticacid	n-Octane	R407C
Cyclopentane	R245fa	Cyclohexane	R507A
R236FA	R41	MDM	R407F
R152A	Carbonmonoxide	MD2M	

12.3   Verfügbare Programme in Mathcad

Wie schon erwähnt, können unter www.thermodynamik-online.de Mathcadprogramme heruntergeladen werden. Die Programme der im Buch behandelten Beispiele haben den Namen „Kapitel 2" bis „Kapitel 11". Mit Mathcad 15 können die Programme mit der Endung.xmcd und mit Prime 3.0 die mit der Endung.mcdx aufgerufen werden.

Die Programme „Kapitel 12.xmcd" und „Kapitel 12.xmcd" können zum Abrufen von Stoffwerten benutzt werden.

Folgende weitere Programme stehen zur Verfügung:

Rauchgas fester und flüssiger Brennstoffe mit und ohne Dissoziation.xmcd

Rauchgas von Benzin.xmcd

Rauchgas von Braunkohle.xmcd

Rauchgas von Diesel.xmcd

Rauchgas von Erdgas L.xmcd

Rauchgas von Fettkohle.xmcd

Rauchgas von Flammkohle.xmcd

CoolPropFluidProperties.xmcd

Alle diese Programme sind auch für Prime 3.0 mit der Endung.mcdx verfügbar.

Ferner können auch auch das *Mollier-h,s*-Diagramm, log *p,h*-Diagramme und *h,x*-Diagramme als pdf heruntergeladen werden.

Literatur

1. Wagner W, Kruse A (1998) Properties of water and steam – Zustandseigenschaften von Wasser und Wasserdampf. Springer, Berlin
2. Kretzschmar H-J, Stöcker I (2006) Software Bibliotheken für Arbeitsfluide der Energietechnik: FluidEXL, Hochschule Zittau/Görlitz /FH), Fachgebiet Thermodynamik. http://thermodyamik. hs-zigr.de

Anhang

A Tabellen

A.1 Naturkonstanten, Umrechnungen, kritische Größen

A.1.1 Naturkonstanten

Avogadro-Konstante	$N_A = 6{,}022\,141\,29 \cdot 10^{23}\ \mathrm{mol}^{-1}$
Universelle Gaskonstante	$R_m = 8{,}314\,462\,1\ \mathrm{kJ/(kmol\ K)}$
Molvolumen eines idealen Gases	$22{,}413\,968\ \mathrm{m}^3/\mathrm{kmol}$
Boltzmann-Konstante R_m/N_A	$k = 1{,}3806488 \cdot 10^{-26}\ \mathrm{kJ/K}$
Elektrische Elementarladung	$e = 1{,}602\,176\,565 \cdot 10^{-19}\ \mathrm{C}$
Planck'sches-Wirkungsquantum	$h = 6{,}626\,069\,557 \cdot 10^{-26}\ \mathrm{kJ\ s}$
Lichtgeschwindigkeit im Vakuum	$c = 299\,792\,458\ \mathrm{m/s}$
Stefan-Boltzmann-Konstante	$\sigma_s = 5{,}670\,373 \cdot 10^{-8}\ \mathrm{W/(m^2\ K^4)}$
Erdfallbeschleunigung	$g = 9{,}806\,65\ \mathrm{m/s}^2$

Quelle: [2, 6] und [7].

© Springer-Verlag Berlin Heidelberg 2015
P. von Böckh, M. Stripf, *Technische Thermodynamik*, DOI 10.1007/978-3-662-46890-6

A.1.2 Umrechnung U.S. und britischer Einheiten in SI-Einheiten

Maßeinheit	Umrechnung in SI			Umrechnung von SI		
Inch	1 in (")	= 0,0254	m	1 m	= 39,3701	in
Foot (12 in)	1 ft (')	= 0,3048	m	1 m	= 3,2808	ft
Yard (3 ft)	1 yd	= 0,9144	m	1 m	= 1,0936	yd
Mile	1 mile	= 1609,3	m	1 km	= 0,6214	mile
Nautical mile	1 nmile	= 1852	m	1 km	= 0,5400	nmile
Square inch	1 sq in	= $6,4516 \cdot 10^{-4}$	m^2	1 m^2	= 1 550,0	sq in
Square foot (144 sq in)	1 sq ft	= 0,09290 m^2		1 m^2	= 10,764	sq ft
Gallon (US)	1 gal	= $3,7854 \cdot 10^{-3}$	m^3	1 m^3	= 264,17	gal
Barrel (US)	1 barrel	= 0,1156	m^3	1 m^3	= 8,6505	barrel (US)
Barrel (GB)	1 barrel	= 0,1637	m^3	1 m^3	= 6,1087	barrel (GB)
Foot per second	1 ft/s	= 0,3048	m/s	1 m/s	= 3,2808	ft/s
Yard per second	1 yd/s	= 0,9144	m/s	1 m/s	= 1,0936	yd/s
Pound	1 lb	= 0,45359	kg	1 kg	= 2,2046	lb
Pounds per square inch	1 psi	= 6,89476	kPa	1 kPa	= 0,1450	psi
Inch mercury	1 in Hg	= 3,3864	kPa	1 kPa	= 0,2953	in Hg
Pounds per cubic foot	1 lb/ft3	= 16,01846	kg/m^3	1 kg/m^3	= 0,0624	lb/ft^3
Horsepower-hour	1 hp h	= 2647,796	kJ	1 MJ	= 0,3776726	hp h
Horsepower 1	hp	= 0,746	kW	1 kW	= 1,3405	hp
British thermal unit	1 Btu	= 1,055056	kJ	1 kJ	= 0,9478	Btu
Btu per pound	1 Btu/lb	= 2,326	kJ/kg	1 kJ/kg	= 0,4299	Btu/lb
Btu per cubic foot	1 Btu/ft3	= 37,25895	kJ/m^3	1 kJ/m3	= 0,0268	Btu/ft^3
Btu per hour	1 Btu/h	= 293,0711	kW	1 KW	= $3,4121 \cdot 10^{-3}$	Btu/h

A.1.3 Stoffspezifische kritische Größen

Fluid	Chemische Formel	Molmasse M	Gaskonstante R	Gaskonstante T_{kr}	Kritische Größen p_{kr}	Kritische Größen ρ_{kr}
		kg/kmol	kJ/(kg K)	K	MPa	kg/m³
Rauchgaskomponenten						
Argon	Ar	39,948	0,20813	150,8	4,8979	535,7
Kohlenmonoxid	CO	28,010	0,29684	132,91	3,499	301
Kohlendioxid	CO_2	44,010	0,18892	304,21	7,3825	466,1
Luft (trocken)		28,9601	0,28710	132,507	3,766	313
Sauerstoff	O_2	31,999	0,25984	154,576	5,043	436,1
Schwefeldioxid	SO_2	64,065	0,12978	430,7	7,88	525
Schwefeltrioxid	SO_3	80,06	0,103385	491,45	8,44	633
Stickstoff	N_2	28,013	0,29681	126,20	3,400	314
Stickstoffmonoxid	NO	30,006	0,27709	180,2	6,485	520
Stickstoffdioxid	NO_2	46,01	0,18071	431,35	10,13	550
Wasserdampf	H_2O	18,015	0,46153	647,096	22,064	322,0
Kältemittel						
Ammoniak	NH_3	17,0305	0,488211	405,40	11,339	225
Iso-Butan	C_4H_{10}	58,12222	0,143052	407,81	3,629	225,5
Propan	C_3H_8	44,09562	0,188555	369,825	4,24766	220,48
R12	CCl_2F_2	120,92	0,687600	385,16	4,16	558
R22	CHF_2Cl	86,469	0,096156	369,28	4,989	520
R23	CHF_3	70,01	0,118760	298,75	4,75	500
R123	$CHCl_2{-}CF_3$	152,931	0,054367	456,83	3,662	550
R1234fy	$C_3H_2F_4$	114,0	0,072933	367,85	3,3822	475,6
R134a	$C_2H_2F_4$	102,032	0,081489	374,18	4,056	520
R142b	$C_2H_3F_2Cl$	100,496	0,082735	410,3	4,123	435
R152a	$C_2H_4F_2$	66,051	0,125880	386,41	4,517	368
R227	$CF_3{-}CHF{-}CF_3$	170,03	0,048900	375,05	2,952	592
R502		111,6	0,074503	355,36	4,08	561
Gase						
Chlor	Cl_2	70,906	0,11726	417,0	7,70	573
Fluor	F_2	37,997	0,21882	144,30	5,215	574
Helium	He	4,003	2,0771	5,201	0,2275	69,64
Neon	Ne	20,179	0,41204	44,40	2,654	483,5
Ozon	O_3	47,998	0,17323	261,1	5,53	537
Wasserstoff	H_2	2,016	4,1243	33,24	1,296	30,1

Fluid	Chemische Formel	Molmasse	Gaskonstante		Kritische Größen		
		M	R	T_{kr}	p_{kr}	ρ_{kr}	
		kg/kmol	kJ/(kg K)	K	MPa	kg/m³	
Kohlenwasserstoffe							
Aceton	C_3H_6O	58,08	0,14316	509,45	4,78	278	
Benzol	C_6H_6	78,11	0,10645	562,09	4,898	309	
Butan-n	C_4H_{10}	58,12222	0,143052	425,125	3,796	228	
Butanol	C_4H_9OH	74,12	0,11218	562,98	4,413	269,9	
Diphenyl	$C_{12}H_{10}$	154,20	0,053920	788,65	3,8	343	
Ethylen (Ethen)	C_2H_4	28,054	0,29638	282,37	5,02	218	
Ethan	C_2H_6	30,069	0,27651	305,42	4,884	205,6	
Ethanol	C_2H_5OH	46,07	0,18048	516,25	6,379	275,5	
Formaldehyd	CH_2O	30,03	0,27687				
Glyzerin	$C_2H_8O_3$	92,09	0,090287				
Methan	CH_4	16,043	0,51826	190,555	4,595	162,2	
Methanol	CH_3OH	32,04	0,25950	512,58	8,092	272	
Phenol	C_6H_6O	94,11	0,088349	694,25	6,13	401	
Propylen	$C3H_6$	42,08	0,19759	365,57	4,6646	223,4	
Propanol	C_3H_7OH	60,09	0,13837	508,40	4,764	272,7	
Schwefelhexafluorid	SF_6	146,05	0,056929	318,729	3,7545	742	

A.2 Eigenschaften des Wassers (H$_2$O)

A.2.1 Temperaturtabelle des gesättigten Wassers

Temp.	Druck	spez. Volumen		spez. Enthalpie		spez. Verd.-Enth.	spez. Entropie	
°C	bar	10^{-3} m³/kg	m³/kg	kJ/kg		kJ/kg	kJ/(kg K)	
ϑ	p_s	v'	v''	h'	h''	Δh_V	s'	s''
0	0,006112	1,00021	206,13972	−0,04	2500,9	2500,9	−0,0002	9,1558
0,01	0,006117	1,00021	205,99746	0,00	2500,9	2500,9	0,0000	9,1555
2	0,00706	1,00011	179,76359	8,39	2504,6	2496,2	0,0306	9,1027
4	0,00814	1,00007	157,12133	16,81	2508,2	2491,4	0,0611	9,0506
6	0,00935	1,00011	137,63818	25,22	2511,9	2486,7	0,0913	8,9994
8	0,01073	1,00020	120,83443	33,63	2515,6	2481,9	0,1213	8,9492
10	0,01228	1,00035	106,30870	42,02	2519,2	2477,2	0,1511	8,8998
12	0,01403	1,00055	93,72429	50,41	2522,9	2472,5	0,1806	8,8514
14	0,01599	1,00080	82,79810	58,79	2526,5	2467,7	0,2099	8,8038
16	0,01819	1,00110	73,29149	67,17	2530,2	2463,0	0,2390	8,7571
18	0,02065	1,00145	65,00286	75,55	2533,8	2458,3	0,2678	8,7112
20	0,02339	1,00184	57,76148	83,92	2537,5	2453,5	0,2965	8,6661
22	0,02645	1,00228	51,42248	92,29	2541,1	2448,8	0,3250	8,6218
24	0,02986	1,00275	45,86261	100,66	2544,7	2444,1	0,3532	8,5783
26	0,03364	1,00327	40,97683	109,02	2548,4	2439,3	0,3813	8,5355
28	0,03783	1,00382	36,67542	117,38	2552,0	2434,6	0,4091	8,4934
30	0,04247	1,00441	32,88159	125,75	2555,6	2429,8	0,4368	8,4521
32	0,04759	1,00504	29,52946	134,11	2559,2	2425,1	0,4643	8,4115
34	0,05325	1,00570	26,56243	142,47	2562,8	2420,3	0,4916	8,3715
36	0,05947	1,00639	23,93176	150,82	2566,4	2415,6	0,5187	8,3323
38	0,06632	1,00712	21,59541	159,18	2570,0	2 410,8	0,5457	8,2936
40	0,07384	1,00788	19,51704	167,54	2573,5	2406,0	0,5724	8,2557
42	0,08209	1,00867	17,66519	175,90	2577,1	2401,2	0,5990	8,2183
44	0,09112	1,00949	16,01257	184,26	2580,7	2396,4	0,6255	8,1816
46	0,10099	1,01034	14,53546	192,62	2584,2	2391,6	0,6517	8,1454
48	0,11176	1,01123	13,21323	200,98	2587,8	2386,8	0,6778	8,1099
50	0,12351	1,01214	12,02786	209,34	2591,3	2382,0	0,7038	8,0749
52	0,13631	1,01308	10,96366	217,70	2594,8	2377,1	0,7296	8,0405
54	0,15022	1,01404	10,00686	226,06	2598,4	2372,3	0,7552	8,0066
56	0,16532	1,01504	9,14543	234,42	2601,9	2 367,4	0,7807	7,9733
58	0,18171	1,01606	8,36879	242,79	2605,4	2362,6	0,8060	7,9405
60	0,19946	1,01711	7,66766	251,15	2608,8	2357,7	0,8312	7,9082

A.2.1 Temperaturtabelle des gesättigten Wassers

Temp.	Druck	spez. Volumen		spez. Enthalpie		spez. Verd.-Enth.	spez. Entropie	
°C	bar	10^{-3} m³/kg	m³/kg	kJ/kg		kJ/kg	kJ/(kg K)	
ϑ	p_s	v'	v''	h'	h''	Δh_V	s'	s''
62	0,21866	1,01819	7,03384	259,52	2612,3	2352,8	0,8563	7,8764
64	0,23942	1,01929	6,46015	267,89	2615,8	2347,9	0,8811	7,8451
66	0,26183	1,02042	5,94021	276,27	2619,2	2343,0	0,9059	7,8142
68	0,28599	1,02158	5,46840	284,64	2622,7	2338,0	0,9305	7,7839
70	0,31201	1,02276	5,03973	293,02	2626,1	2333,1	0,9550	7,7540
72	0,34000	1,02396	4,64980	301,40	2629,5	2328,1	0,9793	7,7245
74	0,37009	1,02520	4,29469	309,78	2632,9	2323,1	1,0035	7,6955
76	0,40239	1,02645	3,97090	318,17	2636,3	2318,1	1,0276	7,6669
78	0,43703	1,02773	3,67535	326,56	2639,7	2313,1	1,0516	7,6388
80	0,47415	1,02904	3,40527	334,95	2643,0	2308,1	1,0754	7,6110
82	0,51387	1,03037	3,15818	343,34	2646,4	2303,0	1,0991	7,5837
84	0,55636	1,03173	2,93190	351,74	2649,7	2297,9	1,1227	7,5567
86	0,60174	1,03311	2,72445	360,15	2653,0	2292,8	1,1461	7,5301
88	0,65017	1,03451	2,53406	368,56	2656,3	2287,7	1,1694	7,5039
90	0,70182	1,03594	2,35915	376,97	2659,5	2282,6	1,1927	7,4781
92	0,75685	1,03740	2,19830	385,38	2662,8	2277,4	1,2158	7,4526
94	0,81542	1,03887	2,05025	393,81	2666,0	2272,2	1,2387	7,4275
96	0,87771	1,04038	1,91383	402,23	2669,2	2267,0	1,2616	7,4027
98	0,94390	1,04190	1,78801	410,66	2672,4	2261,7	1,2844	7,3782
100	1,01418	1,04346	1,67186	419,10	2675,6	2256,5	1,3070	7,3541
102	1,0887	1,04503	1,5645	427,54	2678,7	2251,2	1,3296	7,3303
104	1,1678	1,04663	1,4653	435,99	2681,8	2245,9	1,3520	7,3068
106	1,2515	1,04826	1,3734	444,44	2684,9	2240,5	1,3743	7,2836
108	1,3401	1,04991	1,2883	452,90	2688,0	2235,1	1,3965	7,2607
110	1,4338	1,05158	1,2094	461,36	2691,1	2229,7	1,4187	7,2380
112	1,5328	1,05328	1,1362	469,83	2694,1	2224,3	1,4407	7,2157
114	1,6373	1,05500	1,0681	478,31	2697,1	2218,8	1,4626	7,1937
116	1,7477	1,05675	1,0049	486,80	2700,1	2213,3	1,4844	7,1719
118	1,8640	1,05853	0,9461	495,29	2703,0	2207,7	1,5062	7,1504
120	1,9867	1,06033	0,8913	503,78	2705,9	2202,1	1,5278	7,1291
122	2,1158	1,06215	0,8403	512,29	2708,8	2196,5	1,5494	7,1081
124	2,2517	1,06400	0,7927	520,80	2711,7	2190,9	1,5708	7,0873
126	2,3946	1,06588	0,7483	529,32	2714,5	2185,2	1,5922	7,0668
128	2,5448	1,06778	0,7068	537,85	2717,3	2179,5	1,6134	7,0465

A.2.1 Temperaturtabelle des gesättigten Wassers

Temp.	Druck	spez. Volumen		spez. Enthalpie		spez. Verd.-Enth.	spez. Entropie	
°C	bar	10^{-3} m³/kg	m³/kg	kJ/kg		kJ/kg	kJ/(kg K)	
ϑ	p_s	v'	v''	h'	h''	Δh_V	s'	s''
130	2,7026	1,06971	0,6681	546,39	2720,1	2173,7	1,6346	7,0264
132	2,8682	1,07167	0,6318	554,93	2722,8	2167,9	1,6557	7,0066
134	3,0420	1,07365	0,5979	563,49	2725,5	2162,0	1,6767	6,9869
136	3,2242	1,07566	0,5662	572,05	2728,2	2156,2	1,6977	6,9675
138	3,4151	1,07770	0,5364	580,62	2730,8	2150,2	1,7185	6,9483
140	3,6150	1,07976	0,5085	589,20	2733,4	2144,2	1,7393	6,9293
142	3,8243	1,08185	0,4823	597,79	2736,0	2138,2	1,7600	6,9105
144	4,0432	1,08397	0,4577	606,39	2738,5	2132,2	1,7806	6,8918
146	4,2721	1,08612	0,4346	615,00	2741,0	2126,0	1,8011	6,8734
148	4,5112	1,08830	0,4129	623,62	2743,5	2119,9	1,8216	6,8551
150	4,7610	1,09050	0,3925	632,25	2745,9	2113,7	1,8420	6,8370
152	5,0218	1,09274	0,3733	640,89	2748,3	2107,4	1,8623	6,8191
154	5,2938	1,09501	0,3552	649,55	2750,6	2101,1	1,8825	6,8014
156	5,5776	1,09730	0,3381	658,21	2752,9	2094,7	1,9027	6,7838
158	5,8733	1,09963	0,3220	666,89	2755,2	2088,3	1,9228	6,7664
160	6,1814	1,10199	0,3068	675,57	2757,4	2081,9	1,9428	6,7491
162	6,5022	1,10438	0,2925	684,28	2759,6	2075,3	1,9627	6,7320
164	6,8362	1,10680	0,2789	692,99	2761,7	2068,8	1,9826	6,7150
166	7,1836	1,10925	0,2662	701,71	2763,8	2062,1	2,0025	6,6982
168	7,5450	1,11174	0,2541	710,45	2765,9	2055,4	2,0222	6,6815
170	7,9205	1,11426	0,2426	719,21	2767,9	2048,7	2,0419	6,6649
172	8,3108	1,11682	0,2318	727,97	2769,9	2041,9	2,0616	6,6485
174	8,7161	1,11941	0,2215	736,75	2771,8	2035,0	2,0811	6,6322
176	9,1368	1,12203	0,2118	745,55	2773,6	2028,1	2,1007	6,6161
178	9,5734	1,12469	0,2026	754,36	2775,4	2021,1	2,1201	6,6000
180	10,0263	1,12739	0,1939	763,19	2777,2	2014,0	2,1395	6,5841
182	10,4960	1,13012	0,1856	772,03	2778,9	2006,9	2,1589	6,5682
184	10,9827	1,13289	0,1777	780,89	2780,6	1999,7	2,1782	6,5525
186	11,4871	1,13570	0,1702	789,76	2782,2	1992,5	2,1974	6,5369
188	12,0094	1,13855	0,1631	798,66	2783,8	1985,1	2,2166	6,5214
190	12,5502	1,14144	0,1564	807,57	2785,3	1977,7	2,2358	6,5060
192	13,1099	1,14437	0,1500	816,49	2786,8	1970,3	2,2549	6,4907
194	13,6889	1,14734	0,1438	825,44	2788,2	1962,7	2,2739	6,4755
196	14,2877	1,15036	0,1380	834,40	2789,5	1955,1	2,2929	6,4603

A.2.1 Temperaturtabelle des gesättigten Wassers

Temp.	Druck	spez. Volumen		spez. Enthalpie		spez. Verd.-Enth.	spez. Entropie	
°C	bar	10^{-3} m³/kg	m³/kg	kJ/kg		kJ/kg	kJ/(kg K)	
ϑ	p_s	v'	v''	h'	h''	Δh_V	s'	s''
198	14,9069	1,15341	0,1325	843,39	2790,8	1947,4	2,3119	6,4453
200	15,5467	1,15651	0,1272	852,39	2792,1	1939,7	2,3308	6,4303
202	16,2078	1,15966	0,1222	861,42	2793,2	1931,8	2,3497	6,4154
204	16,8906	1,16285	0,1174	870,46	2794,4	1923,9	2,3685	6,4006
206	17,5955	1,16609	0,1128	879,53	2795,4	1915,9	2,3873	6,3858
208	18,3231	1,16937	0,1085	888,62	2796,4	1907,8	2,4060	6,3711
210	19,0739	1,17271	0,1043	897,73	2797,4	1899,6	2,4248	6,3565
212	19,8483	1,17609	0,1003	906,86	2798,2	1891,4	2,4434	6,3420
214	20,6470	1,17953	0,0965	916,02	2799,0	1883,0	2,4621	6,3275
216	21,4702	1,18302	0,0929	925,20	2799,8	1874,6	2,4807	6,3130
218	22,3187	1,18656	0,0894	934,41	2800,4	1866,0	2,4993	6,2986
220	23,1929	1,19016	0,0861	943,64	2801,1	1857,4	2,5178	6,2842
222	24,0933	1,19381	0,0829	952,90	2801,6	1848,7	2,5363	6,2699
224	25,0205	1,19752	0,0799	962,19	2802,1	1839,9	2,5548	6,2557
226	25,9749	1,20129	0,0770	971,50	2802,4	1830,9	2,5733	6,2414
228	26,9572	1,20512	0,0742	980,84	2802,8	1821,9	2,5917	6,2272
230	27,9679	1,20901	0,0715	990,21	2803,0	1812,8	2,6102	6,2131
232	29,0075	1,21297	0,0689	999,61	2803,2	1803,6	2,6285	6,1989
234	30,0767	1,21699	0,0665	1009,04	2803,3	1794,2	2,6469	6,1848
236	31,1758	1,22108	0,0641	1018,50	2803,3	1784,8	2,6653	6,1707
238	32,3056	1,22523	0,0619	1028,00	2803,2	1775,2	2,6836	6,1566
240	33,4665	1,22946	0,0597	1037,52	2803,1	1765,5	2,7019	6,1425
242	34,6592	1,23376	0,0576	1047,08	2802,8	1755,7	2,7203	6,1285
244	35,8843	1,23814	0,0556	1056,68	2802,5	1745,8	2,7385	6,1144
246	37,1423	1,24259	0,0537	1066,31	2802,1	1735,8	2,7568	6,1003
248	38,4338	1,24712	0,0519	1075,98	2801,6	1725,6	2,7751	6,0863
250	39,7594	1,25174	0,0501	1085,69	2801,0	1715,3	2,7934	6,0722
252	41,1197	1,25644	0,0484	1095,43	2800,3	1704,9	2,8117	6,0582
254	42,5154	1,26122	0,0467	1105,22	2799,6	1694,3	2,8299	6,0441
256	43,9471	1,26610	0,0452	1115,04	2798,7	1683,6	2,8482	6,0300
258	45,4153	1,27107	0,0436	1124,91	2797,7	1672,8	2,8664	6,0158
260	46,9207	1,27613	0,0422	1134,83	2796,6	1661,8	2,8847	6,0017
262	48,4640	1,28129	0,0408	1144,78	2795,5	1650,7	2,9030	5,9875
264	50,0457	1,28656	0,0394	1154,79	2794,2	1639,4	2,9213	5,9733

A.2.1 Temperaturtabelle des gesättigten Wassers

Temp.	Druck	spez. Volumen		spez. Enthalpie		spez. Verd.-Enth.	spez. Entropie	
°C	bar	10^{-3} m³/kg	m³/kg	kJ/kg		kJ/kg	kJ/(kg K)	
ϑ	p_s	v'	v''	h'	h''	Δh_V	s'	s''
266	51,6666	1,29193	0,0381	1164,84	2792,8	1628,0	2,9396	5,9590
268	53,3273	1,29741	0,0368	1174,94	2791,3	1616,4	2,9579	5,9448
270	55,0284	1,30301	0,0356	1185,09	2789,7	1604,6	2,9762	5,9304
272	56,7706	1,30872	0,0344	1195,30	2788,0	1592,7	2,9945	5,9160
274	58,5547	1,31455	0,0333	1205,55	2786,1	1580,6	3,0129	5,9016
276	60,3812	1,32052	0,0322	1215,87	2784,1	1568,3	3,0312	5,8871
278	62,2510	1,32661	0,0312	1226,24	2782,0	1555,8	3,0496	5,8725
280	64,1646	1,33285	0,0302	1236,67	2779,8	1543,2	3,0681	5,8578
282	66,1228	1,33922	0,0292	1247,16	2777,5	1530,3	3,0865	5,8431
284	68,1264	1,34575	0,0282	1257,72	2775,0	1517,3	3,1050	5,8283
286	70,1760	1,35243	0,0273	1268,34	2772,3	1504,0	3,1236	5,8134
288	72,2724	1,35928	0,0264	1279,03	2769,6	1490,5	3,1421	5,7984
290	74,4164	1,36629	0,0256	1289,80	2766,6	1476,8	3,1608	5,7832
292	76,6087	1,37349	0,0247	1300,63	2763,6	1462,9	3,1794	5,7680
294	78,8502	1,38087	0,0239	1311,54	2760,3	1448,8	3,1982	5,7526
296	81,1415	1,38844	0,0231	1322,54	2756,9	1434,4	3,2170	5,7372
298	83,4835	1,39622	0,0224	1333,61	2753,3	1419,7	3,2358	5,7215
300	85,8771	1,40422	0,0217	1344,77	2749,6	1404,8	3,2547	5,7058
302	88,3230	1,41245	0,0210	1356,02	2745,6	1389,6	3,2737	5,6898
304	90,8221	1,42091	0,0203	1367,37	2741,5	1374,1	3,2928	5,6737
306	93,3753	1,42963	0,0196	1378,81	2737,2	1358,4	3,3120	5,6575
308	95,9834	1,43861	0,0190	1390,35	2732,7	1342,3	3,3312	5,6410
310	98,6475	1,44788	0,0183	1402,00	2727,9	1325,9	3,3506	5,6243
312	101,368	1,45744	0,0177	1413,77	2723,0	1309,2	3,3700	5,6074
314	104,147	1,46732	0,0171	1425,65	2717,8	1292,1	3,3896	5,5903
316	106,984	1,47754	0,0166	1437,65	2712,3	1274,7	3,4093	5,5729
318	109,881	1,48811	0,0160	1449,78	2706,6	1256,8	3,4291	5,5553
320	112,839	1,49906	0,0155	1462,05	2700,7	1238,6	3,4491	5,5373
322	115,858	1,51042	0,0150	1474,46	2694,4	1220,0	3,4692	5,5191
324	118,940	1,52222	0,0144	1487,03	2687,9	1200,8	3,4895	5,5005
326	122,086	1,53449	0,0139	1499,76	2681,0	1181,3	3,5100	5,4816
328	125,298	1,54727	0,0135	1512,66	2673,8	1161,2	3,5307	5,4622
330	128,575	1,56060	0,0130	1525,74	2666,2	1140,5	3,5516	5,4425
332	131,920	1,57452	0,0125	1539,02	2658,3	1119,3	3,5727	5,4223

A.2.1 Temperaturtabelle des gesättigten Wassers

Temp.	Druck	spez. Volumen		spez. Enthalpie		spez. Verd.-Enth.	spez. Entropie	
°C	bar	10^{-3} m³/kg	m³/kg	kJ/kg		kJ/kg	kJ/(kg K)	
ϑ	p_s	v'	v''	h'	h''	Δh_V	s'	s''
334	135,334	1,58911	0,0121	1552,51	2649,9	1097,4	3,5940	5,4016
336	138,818	1,60442	0,0116	1566,23	2641,1	1074,9	3,6157	5,3803
338	142,373	1,62052	0,0112	1580,20	2631,9	1051,7	3,6376	5,3584
340	146,002	1,63751	0,0108	1594,45	2622,1	1027,6	3,6599	5,3359
342	149,705	1,65550	0,0104	1608,99	2611,7	1002,7	3,6826	5,3127
344	153,483	1,67459	0,0100	1623,86	2600,7	976,9	3,7058	5,2886
346	157,339	1,69494	0,0096	1639,11	2589,1	950,0	3,7294	5,2637
348	161,275	1,71670	0,0092	1654,75	2576,7	922,0	3,7535	5,2378
350	165,292	1,74007	0,0088	1670,86	2563,6	892,7	3,7783	5,2109
352	169,391	1,76544	0,0084	1687,54	2549,6	862,0	3,8038	5,1828
354	173,576	1,79302	0,0081	1704,81	2534,4	829,6	3,8302	5,1531
356	177,848	1,82330	0,0077	1722,80	2518,1	795,3	3,8576	5,1218
358	182,210	1,85687	0,0073	1741,63	2500,4	758,8	3,8863	5,0885
360	186,664	1,89451	0,0069	1761,49	2481,0	719,5	3,9164	5,0527
362	191,213	1,93738	0,0066	1782,62	2459,5	676,9	3,9483	5,0140
364	195,860	1,98724	0,0062	1805,40	2435,3	629,9	3,9827	4,9714
366	200,609	2,04691	0,0058	1830,43	2407,6	577,2	4,0204	4,9235
368	205,465	2,12151	0,0054	1858,77	2374,8	516,0	4,0631	4,8679
370	210,434	2,22207	0,0049	1892,64	2333,5	440,9	4,1141	4,7996
372	215,528	2,38170	0,0044	1938,54	2274,7	336,2	4,1836	4,7046
373, 946	220,640	3,10559	0,0031	2087,55	2087,55	0,0	4,4120	4,4120

Quelle: Berechnet nach IAPWS-IF97 [10].

A.2.2 Drucktabelle des gesättigten Wassers

Druck	Temp.	spez. Volumen		Enthalpie		Verd.-Enth.	Entropie	
bar	°C	10^{-3} m³/kg	m³/kg	kJ/kg		kJ/kg	kJ/(kg K)	
p	ϑ_s	v'	v''	h'	h''	Δh_v	s'	s''
0,00611	0,00	1,00021	206,1406	−0,04	2500,9	2500,9	−0,0002	9,1558
0,00612	0,01	1,00021	205,9965	0,00	2500,9	2500,9	0,0000	9,1555
0,007	1,88	1,00011	181,2234	7,89	2504,3	2496,5	0,0288	9,1058
0,008	3,76	1,00007	159,6461	15,81	2507,8	2492,0	0,0575	9,0567
0,009	5,44	1,00009	142,7626	22,89	2510,9	2488,0	0,0830	9,0135
0,010	6,97	1,00014	129,1833	29,30	2513,7	2484,4	0,1059	8,9749
0,011	8,37	1,00022	118,0189	35,16	2516,2	2481,1	0,1268	8,9401
0,012	9,65	1,00032	108,6740	40,57	2518,6	2478,0	0,1460	8,9083
0,013	10,85	1,00043	100,7344	45,59	2520,8	2475,2	0,1637	8,8791
0,014	11,97	1,00055	93,9033	50,28	2522,8	2472,5	0,1802	8,8521
0,015	13,02	1,00067	87,9621	54,69	2524,7	2470,1	0,1956	8,8270
0,016	14,01	1,00080	82,7463	58,84	2526,6	2467,7	0,2101	8,8036
0,017	14,95	1,00094	78,1299	62,76	2528,3	2465,5	0,2237	8,7816
0,018	15,84	1,00108	74,0143	66,49	2529,9	2463,4	0,2366	8,7609
0,019	16,69	1,00122	70,3218	70,04	2531,4	2461,4	0,2489	8,7413
0,020	17,50	1,00136	66,9896	73,43	2532,9	2459,5	0,2606	8,7227
0,022	19,01	1,00164	61,2130	79,79	2535,7	2455,9	0,2824	8,6883
0,024	20,41	1,00193	56,3770	85,66	2538,2	2452,6	0,3024	8,6569
0,026	21,72	1,00221	52,2675	91,11	2540,6	2449,5	0,3210	8,6280
0,028	22,94	1,00249	48,7311	96,20	2542,8	2446,6	0,3382	8,6014
0,030	24,08	1,00277	45,6550	100,99	2544,9	2443,9	0,3543	8,5766
0,032	25,16	1,00305	42,9542	105,51	2546,8	2441,3	0,3695	8,5534
0,034	26,18	1,00332	40,5633	109,78	2548,7	2438,9	0,3838	8,5316
0,036	27,15	1,00358	38,4316	113,84	2550,4	2436,6	0,3973	8,5112
0,038	28,08	1,00384	36,5188	117,71	2552,1	2434,4	0,4102	8,4918
0,040	28,96	1,00410	34,7925	121,40	2553,7	2432,3	0,4224	8,4735
0,042	29,81	1,00435	33,2265	124,94	2555,2	2430,3	0,4341	8,4561
0,044	30,62	1,00460	31,7993	128,33	2556,7	2428,4	0,4453	8,4395
0,046	31,40	1,00484	30,4930	131,60	2558,1	2426,5	0,4560	8,4236
0,048	32,15	1,00508	29,2929	134,74	2559,5	2424,7	0,4663	8,4084
0,050	32,88	1,00532	28,1863	137,77	2560,8	2423,0	0,4763	8,3939
0,055	34,58	1,00590	25,7633	144,90	2563,8	2418,9	0,4995	8,3600
0,060	36,16	1,00645	23,7342	151,49	2566,7	2415,2	0,5209	8,3291
0,065	37,63	1,00698	22,0096	157,63	2569,3	2411,7	0,5407	8,3008
0,070	39,00	1,00749	20,5252	163,37	2571,8	2408,4	0,5591	8,2746

A.2.2 Drucktabelle des gesättigten Wassers

Druck	Temp.	spez. Volumen		Enthalpie		Verd.-Enth.	Entropie	
bar	°C	10^{-3} m³/kg	m³/kg	kJ/kg		kJ/kg	kJ/(kg K)	
p	ϑ_s	v'	v''	h'	h''	Δh_v	s'	s''
0,075	40,29	1,00799	19,2336	168,76	2574,1	2405,3	0,5763	8,2502
0,080	41,51	1,00847	18,0994	173,85	2576,2	2402,4	0,5925	8,2274
0,085	42,66	1,00894	17,0952	178,68	2578,3	2399,6	0,6078	8,2060
0,090	43,76	1,00939	16,1997	183,26	2580,3	2397,0	0,6223	8,1859
0,095	44,81	1,00983	15,3960	187,63	2582,1	2394,5	0,6361	8,1669
0,100	45,81	1,01026	14,6706	191,81	2583,9	2392,1	0,6492	8,1489
0,110	47,68	1,01108	13,4124	199,66	2587,2	2387,6	0,6737	8,1155
0,120	49,42	1,01187	12,3586	206,91	2590,3	2383,4	0,6963	8,0850
0,130	51,04	1,01262	11,4627	213,66	2593,1	2379,5	0,7172	8,0570
0,140	52,55	1,01334	10,6915	219,99	2595,8	2375,8	0,7366	8,0312
0,150	53,97	1,01403	10,0204	225,94	2598,3	2372,4	0,7548	8,0071
0,160	55,31	1,01470	9,4309	231,55	2600,7	2369,1	0,7720	7,9847
0,170	56,59	1,01534	8,9089	236,88	2602,9	2366,0	0,7882	7,9636
0,180	57,80	1,01596	8,4433	241,95	2605,0	2363,1	0,8035	7,9437
0,190	58,95	1,01656	8,0254	246,78	2607,0	2360,2	0,8181	7,9250
0,20	60,06	1,01714	7,6482	251,40	2608,9	2357,5	0,8320	7,9072
0,22	62,13	1,01826	6,9938	260,08	2612,6	2352,5	0,8579	7,8743
0,24	64,05	1,01932	6,4455	268,12	2615,9	2347,8	0,8818	7,8442
0,26	65,84	1,02033	5,9793	275,61	2619,0	2343,4	0,9040	7,8167
0,28	67,52	1,02130	5,5779	282,62	2621,8	2339,2	0,9246	7,7912
0,30	69,10	1,02222	5,2286	289,23	2624,6	2335,3	0,9439	7,7675
0,32	70,59	1,02311	4,9216	295,47	2627,1	2331,6	0,9621	7,7453
0,34	72,00	1,02396	4,6498	301,40	2629,5	2328,1	0,9793	7,7245
0,36	73,35	1,02479	4,4073	307,04	2631,8	2324,8	0,9956	7,7050
0,38	74,63	1,02559	4,1897	312,42	2634,0	2321,6	1,0111	7,6865
0,40	75,86	1,02636	3,9931	317,57	2636,1	2318,5	1,0259	7,6690
0,42	77,03	1,02711	3,8147	322,50	2638,0	2315,5	1,0400	7,6523
0,44	78,17	1,02784	3,6521	327,25	2639,9	2312,7	1,0535	7,6365
0,46	79,25	1,02855	3,5032	331,82	2641,8	2309,9	1,0665	7,6213
0,48	80,30	1,02924	3,3664	336,22	2643,5	2307,3	1,0790	7,6068
0,50	81,32	1,02991	3,2401	340,48	2645,2	2304,7	1,0910	7,5930
0,55	83,71	1,03153	2,9636	350,52	2649,2	2298,7	1,1192	7,5606
0,60	85,93	1,03306	2,7318	359,84	2652,9	2293,0	1,1452	7,5311
0,65	87,99	1,03451	2,5347	368,53	2656,2	2287,7	1,1694	7,5040
0,70	89,93	1,03589	2,3649	376,68	2659,4	2282,7	1,1919	7,4790

A.2.2 Drucktabelle des gesättigten Wassers

Druck	Temp.	spez. Volumen		Enthalpie		Verd.-Enth.	Entropie	
bar	°C	10^{-3} m³/kg	m³/kg	kJ/kg		kJ/kg	kJ/(kg K)	
p	ϑ_s	v'	v''	h'	h''	Δh_v	s'	s''
0,75	91,76	1,03722	2,2171	384,37	2662,4	2278,0	1,2130	7,4557
0,80	93,49	1,03849	2,0872	391,64	2665,2	2273,5	1,2328	7,4339
0,85	95,13	1,03972	1,9721	398,55	2667,8	2269,3	1,2516	7,4135
0,90	96,69	1,04090	1,8695	405,13	2670,3	2265,2	1,2694	7,3942
0,95	98,18	1,04204	1,7773	411,42	2672,7	2261,3	1,2864	7,3760
1,00	99,61	1,04315	1,6940	417,44	2674,9	2257,5	1,3026	7,3588
1,10	102,29	1,04526	1,5496	428,77	2679,2	2250,4	1,3328	7,3268
1,20	104,78	1,04727	1,4284	439,30	2683,1	2243,8	1,3608	7,2976
1,30	107,11	1,04917	1,3254	449,13	2686,6	2237,5	1,3867	7,2708
1,40	109,29	1,05098	1,2366	458,37	2690,0	2231,6	1,4109	7,2460
1,50	111,35	1,05272	1,1594	467,08	2693,1	2226,0	1,4335	7,2229
1,60	113,30	1,05440	1,0914	475,34	2696,0	2220,7	1,4549	7,2014
1,70	115,15	1,05601	1,0312	483,18	2698,8	2215,6	1,4752	7,1811
1,80	116,91	1,05756	0,9775	490,67	2701,4	2210,7	1,4944	7,1620
1,90	118,60	1,05906	0,9293	497,82	2703,9	2206,1	1,5127	7,1440
2,00	120,21	1,06052	0,8857	504,68	2706,2	2201,6	1,5301	7,1269
2,20	123,25	1,06331	0,8101	517,62	2710,6	2193,0	1,5628	7,0951
2,40	126,07	1,06595	0,7467	529,64	2714,6	2185,0	1,5930	7,0660
2,60	128,71	1,06846	0,6928	540,88	2718,3	2177,4	1,6210	7,0393
2,80	131,19	1,07087	0,6463	551,46	2721,7	2170,3	1,6472	7,0146
3,00	133,53	1,07318	0,6058	561,46	2724,9	2163,4	1,6718	6,9916
3,20	135,74	1,07540	0,5702	570,93	2727,9	2156,9	1,6950	6,9700
3,40	137,85	1,07754	0,5387	579,96	2730,6	2150,7	1,7169	6,9498
3,60	139,85	1,07961	0,5105	588,57	2733,3	2144,7	1,7378	6,9307
3,80	141,77	1,08161	0,4852	596,81	2735,7	2138,9	1,7576	6,9126
4,00	143,61	1,08356	0,4624	604,72	2738,1	2133,3	1,7766	6,8954
4,00	143,61	1,08356	0,4624	604,72	2738,1	2133,3	1,7766	6,8954
4,20	145,38	1,08545	0,4417	612,33	2740,3	2127,9	1,7948	6,8791
4,40	147,08	1,08729	0,4227	619,66	2742,1	2122,7	1,8122	6,8635
4,60	148,72	1,08909	0,4054	626,73	2744,4	2117,6	1,8289	6,8486
4,80	150,30	1,09084	0,3895	633,57	2746,3	2112,7	1,8450	6,8343
5,00	151,84	1,09256	0,3748	640,19	2748,1	2107,9	1,8606	6,8206
5,5	155,46	1,0967	0,3426	655,88	2752,3	2096,5	1,8972	6,7885
6,0	158,83	1,1006	0,3156	670,50	2756,1	2085,6	1,9311	6,7592
6,5	161,99	1,1044	0,2926	684,22	2759,6	2075,4	1,9626	6,7321

A.2.2 Drucktabelle des gesättigten Wassers

Druck	Temp.	spez. Volumen		Enthalpie		Verd.-Enth.	Entropie	
bar	°C	10^{-3} m³/kg	m³/kg	kJ/kg		kJ/kg	kJ/(kg K)	
p	ϑ_s	v'	v''	h'	h''	Δh_v	s'	s''
7,0	164,95	1,1080	0,2728	697,14	2762,7	2065,6	1,9921	6,7070
7,5	167,76	1,1114	0,2555	709,38	2765,6	2056,3	2,0198	6,6835
8,0	170,41	1,1148	0,2403	721,02	2768,3	2047,3	2,0460	6,6615
8,5	172,94	1,1180	0,2269	732,11	2770,8	2038,6	2,0708	6,6408
9,0	175,36	1,1212	0,2149	742,72	2773,0	2030,3	2,0944	6,6212
9,5	177,67	1,1242	0,2041	752,90	2775,2	2022,3	2,1169	6,6027
10,0	179,89	1,1272	0,1943	762,68	2777,1	2014,4	2,1384	6,5850
11,0	184,07	1,1330	0,1774	781,20	2780,7	1999,5	2,1789	6,5520
12,0	187,96	1,1385	0,1632	798,50	2783,8	1985,3	2,2163	6,5217
13,0	191,61	1,1438	0,1512	814,76	2786,5	1971,7	2,2512	6,4936
14,0	195,05	1,1489	0,1408	830,13	2788,9	1958,8	2,2839	6,4675
15,0	198,30	1,1539	0,1317	844,72	2791,0	1946,3	2,3147	6,4431
16,0	201,38	1,1587	0,1237	858,61	2792,9	1934,3	2,3438	6,4200
17,0	204,31	1,1634	0,1167	871,89	2794,5	1922,6	2,3715	6,3983
18,0	207,12	1,1679	0,1104	884,61	2796,0	1911,4	2,3978	6,3776
19,0	209,81	1,1724	0,1047	896,84	2797,3	1900,4	2,4229	6,3579
20,0	212,38	1,1768	0,0996	908,62	2798,4	1889,8	2,4470	6,3392
22,0	217,26	1,1852	0,0907	930,98	2800,2	1869,2	2,4924	6,3040
24,0	221,80	1,1934	0,0832	951,95	2801,5	1849,6	2,5344	6,2714
26,0	226,05	1,2014	0,0769	971,74	2802,5	1830,7	2,5738	6,2411
28,0	230,06	1,2091	0,0714	990,50	2803,0	1812,5	2,6107	6,2126
30,0	233,86	1,2167	0,0667	1008,37	2803,3	1794,9	2,6456	6,1858
32,0	237,46	1,2241	0,0625	1025,45	2803,2	1777,8	2,6787	6,1604
34,0	240,90	1,2314	0,0588	1041,83	2803,0	1761,1	2,7102	6,1362
36,0	244,19	1,2385	0,0554	1057,57	2802,5	1744,9	2,7403	6,1131
38,0	247,33	1,2456	0,0525	1072,76	2801,8	1729,0	2,7690	6,0910
40,0	250,36	1,2526	0,0498	1087,43	2800,9	1713,5	2,7967	6,0697
42,0	253,27	1,2595	0,0473	1101,63	2799,9	1698,2	2,8232	6,0492
44,0	256,07	1,2663	0,0451	1115,40	2798,7	1683,2	2,8488	6,0294
46,0	258,78	1,2730	0,0431	1128,79	2797,3	1668,5	2,8736	6,0103
48,0	261,40	1,2797	0,0412	1141,81	2795,8	1654,0	2,8975	5,9917
50,0	263,94	1,2864	0,0394	1154,50	2794,2	1639,7	2,9207	5,9737
60,0	275,59	1,3193	0,0324	1213,73	2784,6	1570,8	3,0274	5,8901
70,0	285,83	1,3519	0,0274	1267,44	2772,6	1505,1	3,1220	5,8146
80,0	295,01	1,3847	0,0235	1317,08	2758,6	1441,5	3,2077	5,7448

A.2.2 Drucktabelle des gesättigten Wassers

Druck	Temp.	spez. Volumen		Enthalpie		Verd.-Enth.	Entropie	
bar	°C	10^{-3} m³/kg	m³/kg	kJ/kg		kJ/kg	kJ/(kg K)	
p	ϑ_s	v'	v''	h'	h''	Δh_v	s'	s''
90,0	303,35	1,4181	0,0205	1363,65	2742,9	1379,2	3,2866	5,6790
100,0	311,00	1,4526	0,0180	1407,87	2725,5	1317,6	3,3603	5,6159
110,0	318,08	1,4885	0,0160	1450,28	2706,4	1256,1	3,4300	5,5545
120,0	324,68	1,5263	0,0143	1491,33	2685,6	1194,3	3,4965	5,4941
130,0	330,86	1,5665	0,0128	1531,40	2662,9	1131,5	3,5606	5,4339
140,0	336,67	1,6097	0,0115	1570,88	2638,1	1067,2	3,6230	5,3730
150,0	342,16	1,6570	0,0103	1610,15	2610,9	1000,7	3,6844	5,3108
160,0	347,36	1,7095	0,0093	1649,67	2580,8	931,1	3,7457	5,2463
170,0	352,29	1,7693	0,0084	1690,03	2547,4	857,4	3,8077	5,1785
180,0	356,99	1,8395	0,0075	1732,02	2509,5	777,5	3,8717	5,1055
190,0	361,47	1,9254	0,0067	1776,89	2465,4	688,5	3,9396	5,0246
200,0	365,75	2,0386	0,0059	1827,10	2411,4	584,3	4,0154	4,9299
210,0	369,83	2,2118	0,0050	1889,39	2337,5	448,2	4,1092	4,8062
220,0	373,71	2,7503	0,0036	2021,91	2164,2	142,3	4,3109	4,5308
220,64	373,946	3,1056	0,0031	2087,55	2087,55	0,0	4,4120	4,4120

Quelle: Berechnet nach IAPWS-IF97 [10].

A.2.3 Unterkühltes Wasser und überhitzter Dampf

T	v	h	s	T	v	h	s
°C	m³/kg	kJ/kg	kJ/(kg K)	°C	m³/kg	kJ/kg	kJ/(kg K)
p=0,00611 bar, ϑ_s=0,01 °C				p=0,01 bar, ϑ_s=6,67 °C			
0,01	206,22	2500,9	9,1560	0,01	0,001000	0,0	0,0000
20	221,36	2538,4	9,2883	20	135,22	2538,2	9,0604
40	236,49	2575,8	9,4118	40	144,47	2575,7	9,1841
60	251,61	2613,3	9,5278	60	153,72	2613,2	9,3002
80	266,72	2650,8	9,6374	80	162,96	2650,8	9,4099
100	281,84	2688,6	9,7413	100	172,19	2688,5	9,5138
120	296,95	2726,5	9,8402	120	181,43	2726,4	9,6128
140	312,06	2764,6	9,9347	140	190,66	2764,5	9,7073
160	327,17	2802,8	10,0252	160	199,90	2802,8	9,7978
180	342,28	2841,3	10,1120	180	209,13	2841,3	9,8846
200	357,39	2880,0	10,1956	200	218,36	2880,0	9,9682
220	372,50	2918,9	10,2762	220	227,59	2918,9	10,0488
240	387,61	2958,1	10,3540	240	236,82	2958,1	10,1266
260	402,71	2997,5	10,4293	260	246,05	2997,5	10,2019
280	417,82	3037,1	10,5022	280	255,29	3037,1	10,2748
300	432,93	3077,0	10,5730	300	264,52	3077,0	10,3456
320	448,04	3117,1	10,6418	320	273,75	3117,1	10,4144
340	463,14	3157,4	10,7088	340	282,98	3157,4	10,4814
360	478,25	3198,1	10,7739	360	292,21	3198,1	10,5466
380	493,36	3238,9	10,8375	380	301,44	3238,9	10,6101
400	508,47	3280,1	10,8995	400	310,67	3280,1	10,6722
420	523,58	3321,5	10,9602	420	319,90	3321,5	10,7328
440	538,68	3363,2	11,0194	440	329,13	3363,1	10,7920
460	553,79	3405,1	11,0774	460	338,36	3405,1	10,8500
480	568,90	3447,3	11,1342	480	347,60	3447,3	10,9068
500	584,01	3489,8	11,1899	500	356,83	3489,8	10,9625
520	599,11	3532,5	11,2445	520	366,06	3532,5	11,0171
540	614,22	3575,6	11,2981	540	375,29	3575,6	11,0707
560	629,33	3618,9	11,3507	560	384,52	3618,9	11,1233
580	644,43	3662,5	11,4024	580	393,75	3662,5	11,1750
600	659,54	3706,3	11,4532	600	402,98	3706,3	11,2258
620	674,65	3750,5	11,5032	620	412,21	3750,5	11,2758
640	689,76	3794,9	11,5524	640	421,44	3794,9	11,3250
660	704,86	3839,7	11,6009	660	430,67	3839,7	11,3735
680	719,97	3884,7	11,6486	680	439,90	3884,7	11,4212
700	735,08	3930,0	11,6956	700	449,13	3930,0	11,4682

A.2.3 Unterkühltes Wasser und überhitzter Dampf

T	v	h	s	T	v	h	s
°C	m³/kg	kJ/kg	kJ/(kg K)	°C	m³/kg	kJ/kg	kJ/(kg K)
p=0,05 bar $\vartheta_s = 32{,}88$°C				p=0,1 bar $\vartheta_s = 45{,}81$°C			
0,01	0,001000	0,0	0,0000	0,01	0,001000	0,0	0,0000
20	0,001002	83,9	0,2965	20	0,001002	83,9	0,2965
40	28,85	2574,4	8,4379	40	0,001008	167,5	0,5724
60	30,71	2612,3	8,5553	60	15,34	2611,2	8,2326
80	32,57	2650,1	8,6656	80	16,27	2649,3	8,3438
100	34,42	2688,0	8,7700	100	17,20	2687,4	8,4488
120	36,27	2726,1	8,8692	120	18,12	2725,6	8,5484
140	38,12	2764,2	8,9639	140	19,05	2763,8	8,6433
160	39,97	2802,6	9,0545	160	19,98	2802,2	8,7340
180	41,82	2841,1	9,1415	180	20,90	2840,8	8,8211
200	43,66	2879,8	9,2251	200	21,83	2879,6	8,9048
220	45,51	2918,8	9,3057	220	22,75	2918,6	8,9855
240	47,36	2957,9	9,3836	240	23,67	2957,8	9,0634
260	49,20	2997,3	9,4589	260	24,60	2997,2	9,1388
280	51,05	3037,0	9,5319	280	25,52	3036,8	9,2118
300	52,90	3076,9	9,6027	300	26,45	3076,7	9,2827
320	54,75	3117,0	9,6715	320	27,37	3116,9	9,3515
340	56,59	3157,4	9,7385	340	28,29	3157,3	9,4185
360	58,44	3198,0	9,8037	360	29,22	3197,9	9,4837
380	60,28	3238,9	9,8673	380	30,14	3238,8	9,5473
400	62,13	3280,0	9,9293	400	31,06	3279,9	9,6093
420	63,98	3321,4	9,9899	420	31,99	3321,3	9,6699
440	65,82	3363,1	10,0492	440	32,91	3363,0	9,7292
460	67,67	3405,0	10,1072	460	33,83	3405,0	9,7872
480	69,52	3447,2	10,1640	480	34,76	3447,2	9,8440
500	71,36	3489,7	10,2197	500	35,68	3489,7	9,8997
520	73,21	3532,5	10,2743	520	36,60	3532,4	9,9543
540	75,06	3575,5	10,3278	540	37,53	3575,5	10,0079
560	76,90	3618,8	10,3805	560	38,45	3618,8	10,0605
580	78,75	3662,4	10,4322	580	39,37	3662,4	10,1122
600	80,59	3706,3	10,4830	600	40,30	3706,3	10,1631
620	82,44	3750,5	10,5330	620	41,22	3750,4	10,2131
640	84,29	3794,9	10,5822	640	42,14	3794,9	10,2623
660	86,13	3839,6	10,6307	660	43,07	3839,6	10,3107
680	87,98	3884,6	10,6784	680	43,99	3884,6	10,3585

A.2.3 Unterkühltes Wasser und überhitzter Dampf

T	v	h	s	T	v	h	s
°C	m³/kg	kJ/kg	kJ/(kg K)	°C	m³/kg	kJ/kg	kJ/(kg K)
700	89,83	3929,9	10,7254	700	44,91	3929,9	10,4055
p=0,2 bar ϑ_s = 60,60 °C				p=0,5 bar ϑ_s= 81,32 °C			
0,01	0,001000	0,0	0,0000	0,01	0,001000	0,1	0,0000
20	0,001002	83,9	0,2965	20	0,001002	84,0	0,2965
40	0,001008	167,6	0,5724	40	0,001008	167,6	0,5724
60	0,001017	251,2	0,8312	60	0,001017	251,2	0,8312
80	8,118	2647,7	8,0202	80	0,001029	335,0	1,0754
100	8,586	2686,2	8,1262	100	3,419	2682,4	7,6952
120	9,052	2724,6	8,2265	120	3,608	2721,7	7,7977
140	9,517	2763,1	8,3219	140	3,796	2760,7	7,8946
160	9,981	2801,6	8,4130	160	3,983	2799,7	7,9867
180	10,444	2840,3	8,5003	180	4,170	2838,7	8,0747
200	10,907	2879,1	8,5842	200	4,356	2877,8	8,1591
220	11,370	2918,2	8,6650	220	4,542	2917,0	8,2403
240	11,833	2957,4	8,7430	240	4,728	2956,4	8,3186
260	12,295	2996,9	8,8185	260	4,913	2996,0	8,3943
280	12,758	3036,6	8,8915	280	5,099	3035,8	8,4676
300	13,220	3076,5	8,9624	300	5,284	3075,8	8,5386
320	13,682	3116,7	9,0313	320	5,469	3116,0	8,6076
340	14,144	3157,1	9,0983	340	5,654	3156,5	8,6747
360	14,606	3197,7	9,1635	360	5,840	3197,2	8,7400
380	15,068	3238,6	9,2272	380	6,025	3238,1	8,8037
400	15,530	3279,8	9,2892	400	6,209	3279,3	8,8658
420	15,992	3321,2	9,3499	420	6,394	3320,8	8,9265
440	16,453	3362,9	9,4092	440	6,579	3362,5	8,9859
460	16,915	3404,8	9,4672	460	6,764	3404,5	9,0439
480	17,377	3447,1	9,5240	480	6,949	3446,7	9,1008
500	17,839	3489,6	9,5797	500	7,134	3489,2	9,1565
520	18,300	3532,3	9,6343	520	7,319	3532,0	9,2111
540	18,762	3575,4	9,6879	540	7,503	3575,1	9,2648
560	19,224	3618,7	9,7405	560	7,688	3618,4	9,3174
580	19,686	3662,3	9,7923	580	7,873	3662,1	9,3691
600	20,147	3706,2	9,8431	600	8,058	3706,0	9,4200
620	20,609	3750,4	9,8931	620	8,243	3750,1	9,4700
640	21,071	3794,8	9,9423	640	8,427	3794,6	9,5193
660	21,532	3839,5	9,9908	660	8,612	3839,3	9,5677

A.2.3 Unterkühltes Wasser und überhitzter Dampf

T	v	h	s	T	v	h	s
°C	m³/kg	kJ/kg	kJ/(kg K)	°C	m³/kg	kJ/kg	kJ/(kg K)
680	21,994	3884,6	10,0385	680	8,797	3884,4	9,6155
700	22,455	3929,8	10,0855	700	8,981	3929,7	9,6625
$p=1$ bar $\vartheta_s = 99,61$°C				$p=2$ bar $\vartheta_s = 120,21$°C			
0,01	0,001000	0,1	0,0000	0,01	0,001000	0,2	0,0000
20	0,001002	84,0	0,2965	20	0,001002	84,1	0,2965
40	0,001008	167,6	0,5724	40	0,001008	167,7	0,5724
60	0,001017	251,2	0,8312	60	0,001017	251,3	0,8311
80	*0,001029*	*335,0*	*1,0754*	80	0,001029	335,0	1,0754
100	1,696	2675,8	7,3610	100	0,001043	419,2	1,3069
120	1,793	2716,6	7,4676	*120*	*0,001060*	*503,8*	*1,5278*
140	1,889	2756,7	7,5671	140	0,935	2748,3	7,2312
160	1,984	2796,4	7,6610	160	0,984	2789,7	7,3290
180	2,079	2836,0	7,7503	180	1,033	2830,4	7,4209
200	2,172	2875,5	7,8356	200	1,081	2870,8	7,5081
220	2,266	2915,0	7,9174	220	1,128	2911,0	7,5914
240	2,360	2954,7	7,9962	240	1,175	2951,2	7,6712
260	2,453	2994,4	8,0723	260	1,222	2991,4	7,7481
280	2,546	3034,4	8,1458	280	1,269	3031,7	7,8223
300	2,639	3074,5	8,2171	300	1,316	3072,1	7,8940
320	2,732	3114,9	8,2863	320	1,363	3112,7	7,9636
340	2,825	3155,5	8,3536	340	1,410	3153,4	8,0312
360	2,917	3196,2	8,4190	360	1,456	3194,4	8,0970
380	3,010	3237,3	8,4828	380	1,503	3235,6	8,1610
400	3,103	3278,5	8,5451	400	1,549	3277,0	8,2235
420	3,195	3320,1	8,6059	420	1,596	3318,6	8,2844
440	3,288	3361,8	8,6653	440	1,642	3360,5	8,3440
460	3,381	3403,9	8,7234	460	1,689	3402,6	8,4022
480	3,473	3446,2	8,7803	480	1,735	3445,0	8,4593
500	3,566	3488,7	8,8361	500	1,781	3487,6	8,5151
520	3,658	3531,5	8,8907	520	1,828	3530,5	8,5699
540	3,751	3574,6	8,9444	540	1,874	3573,7	8,6236
560	3,843	3618,0	8,9971	560	1,920	3617,1	8,6764
580	3,936	3661,6	9,0489	580	1,967	3660,8	8,7282
600	4,028	3705,6	9,0998	600	2,013	3704,8	8,7792
620	4,120	3749,8	9,1498	620	2,059	3749,0	8,8293
640	4,213	3794,3	9,1991	640	2,106	3793,6	8,8786

A.2.3 Unterkühltes Wasser und überhitzter Dampf

T	v	h	s	T	v	h	s
°C	m³/kg	kJ/kg	kJ/(kg K)	°C	m³/kg	kJ/kg	kJ/(kg K)
660	4,305	3839,0	9,2476	660	2,152	3838,4	8,9271
680	4,398	3884,1	9,2953	680	2,198	3883,4	8,9749
700	4,490	3929,4	9,3424	700	2,244	3928,8	9,0220
p=3 bar ϑ_s = 133,53°C				p=4 bar ϑ_s = 143,61°C			
0,01	0,001000	0,3	0,0000	0,01	0,001000	0,4	0,0000
20	0,001002	84,2	0,2964	20	0,001002	84,3	0,2964
40	0,001008	167,8	0,5723	40	0,001008	167,9	0,5723
60	0,001017	251,4	0,8311	60	0,001017	251,5	0,8310
80	0,001029	335,1	1,0752	80	0,001029	335,2	1,0752
100	0,001043	419,2	1,3069	100	0,001043	419,3	1,3068
120	*0,001060*	*503,9*	*1,5277*	120	0,001060	503,9	1,5276
140	0,6170	2739,4	7,0269	*140*	*0,001080*	*589,2*	*1,7392*
160	0,6508	2782,6	7,1291	160	0,4839	2775,2	6,9828
180	0,6839	2824,6	7,2239	180	0,5094	2818,6	7,0809
200	0,7164	2866,0	7,3132	200	0,5343	2861,0	7,1724
220	0,7486	2906,9	7,3979	220	0,5589	2902,7	7,2587
240	0,7806	2947,6	7,4789	240	0,5831	2944,0	7,3408
260	0,8123	2988,2	7,5566	260	0,6072	2985,1	7,4194
280	0,8439	3028,9	7,6314	280	0,6311	3026,1	7,4949
300	0,8753	3069,6	7,7037	300	0,6549	3067,1	7,5677
320	0,9067	3110,4	7,7737	320	0,6786	3108,2	7,6381
340	0,9380	3151,4	7,8417	340	0,7022	3149,4	7,7064
360	0,9692	3192,6	7,9077	360	0,7257	3190,7	7,7728
380	1,0004	3233,9	7,9720	380	0,7492	3232,2	7,8373
400	1,0315	3275,4	8,0346	400	0,7726	3273,9	7,9001
420	1,0626	3317,2	8,0957	420	0,7960	3315,7	7,9614
440	1,0937	3359,2	8,1554	440	0,8194	3357,8	8,0213
460	1,1247	3401,4	8,2138	460	0,8428	3400,1	8,0798
480	1,1557	3443,8	8,2710	480	0,8661	3442,7	8,1371
500	1,1867	3486,6	8,3269	500	0,8894	3485,5	8,1931
520	1,2177	3529,5	8,3818	520	0,9126	3528,5	8,2481
540	1,2486	3572,8	8,4356	540	0,9359	3571,8	8,3020
560	1,2796	3616,2	8,4885	560	0,9591	3615,4	8,3549
580	1,3105	3660,0	8,5404	580	0,9824	3659,2	8,4069
600	1,3414	3704,0	8,5914	600	1,0056	3703,2	8,4579
620	1,3723	3748,3	8,6415	620	1,0288	3747,6	8,5081
640	1,4032	3792,9	8,6909	640	1,0520	3792,2	8,5575

A.2.3 Unterkühltes Wasser und überhitzter Dampf

T	v	h	s	T	v	h	s
°C	m³/kg	kJ/kg	kJ/(kg K)	°C	m³/kg	kJ/kg	kJ/(kg K)
660	1,4341	3837,7	8,7394	660	1,0752	3837,1	8,6061
680	1,4649	3882,8	8,7873	680	1,0984	3882,2	8,6540
700	1,4958	3928,2	8,8344	700	1,1215	3927,6	8,7012
$p=5$ bar $\vartheta_s=151,85$°C				$p=6$ bar $\vartheta_s=158,83$°C			
0,01	0,001000	0,5	0,0000	0,01	0,001000	0,6	0,0000
20	0,001002	84,4	0,2964	20	0,001002	84,5	0,2964
40	0,001008	168,0	0,5722	40	0,001008	168,1	0,5722
60	0,001017	251,6	0,8310	60	0,001017	251,6	0,8309
80	0,001029	335,3	1,0751	80	0,001029	335,4	1,0750
100	0,001043	419,4	1,3067	100	0,001043	419,5	1,3066
120	0,001060	504,0	1,5275	120	0,001060	504,1	1,5275
140	*0,001080*	*589,3*	*1,7391*	*140*	*0,001080*	*589,4*	*1,7390*
160	0,3837	2767,4	6,8655	160	0,3167	2759,0	6,7658
180	0,4047	2812,4	6,9672	180	0,3347	2806,0	6,8720
200	0,4250	2855,9	7,0611	200	0,3521	2850,7	6,9684
220	0,4450	2898,4	7,1491	220	0,3690	2894,0	7,0581
240	0,4647	2940,3	7,2324	240	0,3857	2936,6	7,1427
260	0,4841	2981,9	7,3119	260	0,4021	2978,6	7,2231
280	0,5034	3023,3	7,3881	280	0,4183	3020,4	7,3001
300	0,5226	3064,6	7,4614	300	0,4344	3062,1	7,3740
320	0,5417	3105,9	7,5323	320	0,4504	3103,7	7,4453
340	0,5607	3147,3	7,6010	340	0,4663	3145,3	7,5143
360	0,5796	3188,8	7,6676	360	0,4822	3187,0	7,5812
380	0,5985	3230,5	7,7323	380	0,4980	3228,8	7,6463
400	0,6173	3272,3	7,7954	400	0,5137	3270,7	7,7095
420	0,6361	3314,3	7,8569	420	0,5294	3312,8	7,7712
440	0,6548	3356,5	7,9169	440	0,5451	3355,1	7,8314
460	0,6736	3398,9	7,9756	460	0,5608	3397,7	7,8901
480	0,6923	3441,5	8,0329	480	0,5764	3440,4	7,9476
500	0,7109	3484,4	8,0891	500	0,5920	3483,3	8,0039
520	0,7296	3527,5	8,1442	520	0,6076	3526,5	8,0591
540	0,7483	3570,9	8,1981	540	0,6232	3569,9	8,1131
560	0,7669	3614,5	8,2511	560	0,6387	3613,6	8,1662
580	0,7855	3658,3	8,3031	580	0,6542	3657,5	8,2183
600	0,8041	3702,5	8,3543	600	0,6698	3701,7	8,2694
620	0,8227	3746,8	8,4045	620	0,6853	3746,1	8,3197
640	0,8413	3791,5	8,4539	640	0,7008	3790,8	8,3692

A.2.3 Unterkühltes Wasser und überhitzter Dampf

T	v	h	s	T	v	h	s
°C	m³/kg	kJ/kg	kJ/(kg K)	°C	m³/kg	kJ/kg	kJ/(kg K)
660	0,8598	3836,4	8,5026	660	0,7163	3835,8	8,4179
680	0,8784	3881,6	8,5505	680	0,7318	3881,0	8,4659
700	0,8970	3927,0	8,5977	700	0,7473	3926,5	8,5131
$p=8$ bar $\vartheta_s =170,41$°C				$p=10$ bar $\vartheta_s =179,89$°C			
0,01	0,001000	0,8	0,0001	0,01	0,001000	1,0	0,0001
20	0,001001	84,7	0,2963	20	0,001001	84,9	0,2963
40	0,001008	168,2	0,5721	40	0,001007	168,4	0,5720
60	0,001017	251,8	0,8308	60	0,001017	252,0	0,8307
80	0,001029	335,5	1,0749	80	0,001029	335,7	1,0748
100	0,001043	419,6	1,3065	100	0,001043	419,8	1,3063
120	0,001060	504,2	1,5273	120	0,001060	504,3	1,5271
140	0,001079	589,5	1,7388	140	0,001079	589,6	1,7386
160	*0,001102*	*675,7*	*1,9426*	*160*	*0,001102*	*675,8*	*1,9423*
180	0,2472	2792,4	6,7154	180	0,1944	2777,4	6,5857
200	0,2609	2839,8	6,8176	200	0,2060	2828,3	6,6955
220	0,2740	2885,0	6,9112	220	0,2170	2875,6	6,7934
240	0,2869	2928,9	6,9985	240	0,2276	2921,0	6,8837
260	0,2995	2972,0	7,0810	260	0,2379	2965,2	6,9683
280	0,3119	3014,6	7,1594	280	0,2480	3008,7	7,0484
300	0,3242	3056,9	7,2345	300	0,2580	3051,7	7,1247
320	0,3363	3099,1	7,3068	320	0,2678	3094,4	7,1979
340	0,3484	3141,1	7,3765	340	0,2776	3136,9	7,2685
360	0,3604	3183,2	7,4441	360	0,2873	3179,4	7,3366
380	0,3724	3225,3	7,5096	380	0,2970	3221,9	7,4026
400	0,3843	3267,6	7,5733	400	0,3066	3264,4	7,4668
420	0,3961	3309,9	7,6353	420	0,3162	3307,0	7,5292
440	0,4080	3352,5	7,6958	440	0,3257	3349,8	7,5900
460	0,4198	3395,2	7,7548	460	0,3352	3392,7	7,6493
480	0,4316	3438,1	7,8126	480	0,3447	3435,7	7,7073
500	0,4433	3481,2	7,8690	500	0,3541	3479,0	7,7640
520	0,4551	3524,5	7,9244	520	0,3635	3522,5	7,8195
540	0,4668	3568,0	7,9786	540	0,3730	3566,2	7,8739
560	0,4785	3611,8	8,0318	560	0,3824	3610,1	7,9272
580	0,4902	3655,8	8,0840	580	0,3917	3654,2	7,9795
600	0,5019	3700,1	8,1353	600	0,4011	3698,6	8,0309
620	0,5135	3744,6	8,1857	620	0,4105	3743,2	8,0815

A.2.3 Unterkühltes Wasser und überhitzter Dampf

T	v	h	s	T	v	h	s
°C	m³/kg	kJ/kg	kJ/(kg K)	°C	m³/kg	kJ/kg	kJ/(kg K)
640	0,5252	3789,4	8,2353	640	0,4198	3788,0	8,1311
660	0,5368	3834,4	8,2841	660	0,4292	3833,1	8,1800
680	0,5485	3879,7	8,3321	680	0,4385	3878,5	8,2281
700	0,5601	3925,3	8,3794	700	0,4478	3924,1	8,2755
$p=20$ bar $\vartheta_s = 212,39$°C				$p=30$ bar $\vartheta_s = 233,86$°C			
0,01	0,000999	2,0	0,0001	0,01	0,000999	3,0	0,0002
20	0,001001	85,8	0,2961	20	0,001000	86,7	0,2959
40	0,001007	169,3	0,5717	40	0,001007	170,2	0,5713
60	0,001016	252,8	0,8302	60	0,001016	253,7	0,8296
80	0,001028	336,5	1,0741	80	0,001028	337,3	1,0734
100	0,001042	420,5	1,3055	100	0,001042	421,3	1,3048
120	0,001059	505,1	1,5262	120	0,001059	505,8	1,5253
140	0,001079	590,3	1,7376	140	0,001078	590,9	1,7365
160	0,001101	676,4	1,9411	160	0,001100	677,0	1,9399
180	0,001127	763,7	2,1382	180	0,001126	764,2	2,1368
220	0,1022	2821,7	6,3868	220	0,001189	943,8	2,5165
240	0,1085	2877,2	6,4972	240	0,0682	2824,6	6,2275
260	0,1144	2928,5	6,5952	260	0,0729	2886,4	6,3458
280	0,1200	2977,2	6,6850	280	0,0772	2942,2	6,4485
300	0,1255	3024,3	6,7685	300	0,0812	2994,3	6,5412
320	0,1308	3070,2	6,8472	320	0,0850	3044,2	6,6267
340	0,1360	3115,3	6,9221	340	0,0887	3092,4	6,7066
360	0,1411	3159,9	6,9937	360	0,0924	3139,5	6,7822
380	0,1462	3204,2	7,0625	380	0,0959	3185,8	6,8542
400	0,1512	3248,2	7,1290	400	0,0994	3231,6	6,9233
420	0,1562	3292,2	7,1933	420	0,1028	3277,0	6,9897
440	0,1611	3336,1	7,2558	440	0,1062	3322,1	7,0540
460	0,1660	3380,0	7,3165	460	0,1096	3367,2	7,1162
480	0,1708	3424,0	7,3757	480	0,1129	3412,1	7,1767
500	0,1757	3468,1	7,4335	500	0,1162	3457,0	7,2356
520	0,1805	3512,3	7,4899	520	0,1195	3502,0	7,2930
540	0,1853	3556,6	7,5451	540	0,1227	3547,0	7,3491
560	0,1901	3601,2	7,5992	560	0,1260	3592,2	7,4039
580	0,1949	3645,8	7,6522	580	0,1292	3637,4	7,4576
600	0,1996	3690,7	7,7042	600	0,1324	3682,8	7,5102
620	0,2044	3735,8	7,7552	620	0,1357	3728,4	7,5617
640	0,2091	3781,1	7,8054	640	0,1389	3774,1	7,6124

A.2.3 Unterkühltes Wasser und überhitzter Dampf

T	v	h	s	T	v	h	s
°C	m³/kg	kJ/kg	kJ/(kg K)	°C	m³/kg	kJ/kg	kJ/(kg K)
660	0,2138	3826,6	7,8547	660	0,1420	3820,0	7,6621
680	0,2185	3872,3	7,9032	680	0,1452	3866,1	7,7109
700	0,2233	3918,2	7,9509	700	0,1484	3912,3	7,7590
$p=50$ bar $\vartheta_s = 236,94$°C				$p=80$ bar $\vartheta_s = 295,01$°C			
0,01	0,000998	5,1	0,0003	0,01	0,000996	8,1	0,0004
20	0,001000	88,6	0,2955	20	0,000998	91,4	0,2948
40	0,001006	172,0	0,5705	40	0,001004	174,6	0,5693
60	0,001015	255,3	0,8286	60	0,001014	257,8	0,8270
80	0,001027	338,9	1,0721	80	0,001025	341,3	1,0702
100	0,001041	422,8	1,3032	100	0,001039	425,0	1,3009
120	0,001058	507,2	1,5235	120	0,001056	509,3	1,5208
140	0,001077	592,2	1,7345	140	0,001075	594,2	1,7314
160	0,001099	678,1	1,9376	160	0,001097	679,9	1,9341
180	0,001124	765,2	2,1341	180	0,001122	766,8	2,1301
200	0,001153	853,8	2,3254	200	0,001150	855,1	2,3207
220	0,001187	944,4	2,5129	220	0,001183	945,3	2,5074
240	0,001227	1037,7	2,6983	240	0,001222	1038,0	2,6918
260	*0,001275*	*1134,8*	*2,8839*	260	0,001269	1134,3	2,8759
280	0,04227	2858,1	6,0909	*280*	*0,001328*	*1235,8*	*3,0627*
300	0,04535	2925,6	6,2109	300	0,02428	2786,4	5,7935
320	0,04813	2986,2	6,3148	320	0,02684	2878,4	5,9514
340	0,05073	3042,4	6,4080	340	0,02899	2953,9	6,0766
360	0,05319	3095,6	6,4934	360	0,03092	3020,6	6,1837
380	0,05555	3146,8	6,5731	380	0,03268	3081,8	6,2789
400	0,05784	3196,6	6,6481	400	0,03435	3139,3	6,3657
420	0,06007	3245,3	6,7194	420	0,03593	3194,2	6,4461
440	0,06225	3293,3	6,7877	440	0,03745	3247,3	6,5215
460	0,06439	3340,7	6,8532	460	0,03893	3298,9	6,5929
480	0,06650	3387,7	6,9165	480	0,04036	3349,5	6,6611
500	0,06858	3434,5	6,9778	500	0,04177	3399,4	6,7264
520	0,07064	3481,1	7,0373	520	0,04315	3448,6	6,7893
540	0,07268	3527,5	7,0952	540	0,04450	3497,5	6,8501
560	0,07470	3574,0	7,1516	560	0,04584	3546,0	6,9091
580	0,07671	3620,4	7,2066	580	0,04716	3594,3	6,9663
600	0,07870	3666,8	7,2604	600	0,04846	3642,4	7,0221
620	0,08068	3713,3	7,3131	620	0,04975	3690,5	7,0765

A.2.3 Unterkühltes Wasser und überhitzter Dampf

T	v	h	s	T	v	h	s
°C	m³/kg	kJ/kg	kJ/(kg K)	°C	m³/kg	kJ/kg	kJ/(kg K)
640	0,08265	3759,9	7,3647	640	0,05104	3738,4	7,1296
660	0,08462	3806,6	7,4153	660	0,05231	3786,4	7,1816
680	0,08657	3853,5	7,4650	680	0,05357	3834,4	7,2325
700	0,08851	3900,5	7,5137	700	0,05483	3882,4	7,2823
$p=100$ bar $\vartheta_s = 311,00$°C				$p=160$ bar $\vartheta_s = 347,36$°C			
0,01	0,000995	10,1	0,0005	0,01	0,000992	16,1	0,0006
20	0,000997	93,3	0,2944	20	0,000995	98,9	0,2930
40	0,001003	176,4	0,5685	40	0,001001	181,7	0,5662
60	0,001013	259,5	0,8259	60	0,001010	264,5	0,8228
80	0,001024	342,9	1,0689	80	0,001022	347,6	1,0650
100	0,001038	426,5	1,2994	100	0,001036	431,1	1,2948
120	0,001055	510,7	1,5190	120	0,001052	515,0	1,5138
140	0,001074	595,5	1,7294	140	0,001070	599,5	1,7234
160	0,001095	681,1	1,9318	160	0,001091	684,7	1,9250
180	0,001120	767,8	2,1274	180	0,001115	771,0	2,1197
200	0,001148	855,9	2,3177	200	0,001143	858,6	2,3088
220	0,001181	945,9	2,5039	220	0,001174	947,8	2,4935
240	0,001219	1038,3	2,6876	240	0,001211	1039,3	2,6754
260	0,001265	1134,1	2,8708	260	0,001254	1133,8	2,8560
280	0,001323	1234,8	3,0561	280	0,001323	1234,8	3,0561
340	0,02149	2882,1	5,8780	340	0,001616	1587,3	3,6445
360	0,02333	2962,6	6,0073	360	0,01106	2715,6	5,4616
380	0,02495	3033,1	6,1170	380	0,01288	2848,3	5,6680
400	0,02644	3097,4	6,2139	400	0,01428	2947,5	5,8177
420	0,02783	3157,5	6,3019	420	0,01548	3030,9	5,9399
440	0,02915	3214,6	6,3831	440	0,01655	3105,0	6,0453
460	0,03041	3269,5	6,4591	460	0,01753	3173,0	6,1393
480	0,03163	3322,9	6,5310	480	0,01845	3236,7	6,2251
500	0,03281	3375,1	6,5993	500	0,01932	3297,3	6,3045
520	0,03397	3426,3	6,6648	520	0,02016	3355,6	6,3790
540	0,03510	3476,9	6,7277	540	0,02096	3412,1	6,4494
560	0,03621	3526,9	6,7885	560	0,02174	3467,3	6,5164
580	0,03730	3576,5	6,8474	580	0,02250	3521,4	6,5805
600	0,03838	3625,8	6,9045	600	0,02324	3574,6	6,6422
620	0,03944	3674,9	6,9601	620	0,02396	3627,2	6,7018
640	0,04049	3723,9	7,0143	640	0,02467	3679,2	6,7594

A.2.3 Unterkühltes Wasser und überhitzter Dampf

T	v	h	s	T	v	h	s
°C	m³/kg	kJ/kg	kJ/(kg K)	°C	m³/kg	kJ/kg	kJ/(kg K)
660	0,04154	3772,7	7,0672	660	0,02537	3730,9	6,8153
680	0,04257	3821,5	7,1189	680	0,02607	3782,2	6,8697
700	0,04359	3870,3	7,1696	700	0,02675	3833,3	6,9228
$p=200$ bar $\vartheta_s = 365,75°C$				$p=500$ bar			
0,01	0,000990	20,1	0,0006	0,01	0,000977	49,2	−0,0009
20	0,000993	102,6	0,2921	20	0,000980	130,0	0,2845
40	0,000999	185,2	0,5646	40	0,000987	211,3	0,5528
60	0,001008	267,9	0,8207	60	0,000996	2 92,9	0,8054
80	0,001020	350,8	1,0625	80	0,001007	374,7	1,0440
100	0,001034	434,1	1,2918	100	0,001020	456,9	1,2703
120	0,001050	517,8	1,5104	120	0,001035	539,4	1,4858
140	0,001068	602,1	1,7195	140	0,001052	622,4	1,6917
160	0,001089	687,2	1,9205	160	0,001070	706,0	1,8891
180	0,001112	773,2	2,1146	180	0,001091	790,2	2,0793
200	0,001139	860,4	2,3030	200	0,001115	875,3	2,2631
220	0,001170	949,2	2,4868	220	0,001141	961,5	2,4415
240	0,001205	1040,1	2,6675	240	0,001171	1049,0	2,6155
260	0,001247	1133,8	2,8466	260	0,001204	1138,3	2,7861
280	0,001298	1231,3	3,0261	280	0,001243	1229,7	2,9543
300	0,001361	1334,1	3,2087	300	0,001288	1323,7	3,1214
320	0,001445	1445,3	3,3993	320	0,001341	1421,2	3,2885
340	0,001569	1571,5	3,6085	340	0,001405	1523,1	3,4574
360	*0,001825*	*1740,1*	*3,8787*	360	0,001485	1630,6	3,6300
380	0,00826	2659,2	5,3144	380	0,001588	1746,5	3,8101
400	0,00995	2816,8	5,5525	400	0,001731	1874,3	4,0028
420	0,01120	2928,5	5,7160	420	0,001940	2020,1	4,2161
440	0,01225	3020,3	5,8466	440	0,002266	2190,5	4,4585
460	0,01317	3100,6	5,9577	460	0,002745	2380,5	4,7212
480	0,01401	3173,4	6,0558	480	0,003319	2563,9	4,9680
500	0,01479	3241,2	6,1445	500	0,003889	2722,5	5,1759
520	0,01553	3305,2	6,2263	520	0,004417	2857,4	5,3482
540	0,01623	3366,4	6,3026	540	0,004896	2973,2	5,4924
560	0,01690	3425,6	6,3744	560	0,005332	3075,4	5,6166
580	0,01755	3483,0	6,4426	580	0,005734	3167,7	5,7261
600	0,01818	3539,2	6,5077	600	0,006109	3252,6	5,8245

A.2.3 Unterkühltes Wasser und überhitzter Dampf

T	v	h	s	T	v	h	s
°C	m³/kg	kJ/kg	kJ/(kg K)	°C	m³/kg	kJ/kg	kJ/(kg K)
620	0,01880	3594,4	6,5701	620	0,006461	3332,0	5,9145
640	0,01940	3648,7	6,6303	640	0,006796	3407,2	5,9977
660	0,01999	3702,3	6,6884	660	0,007115	3479,0	6,0755
680	0,02056	3755,5	6,7447	680	0,007422	3548,0	6,1487
700	0,02113	3808,2	6,7994	700	0,007718	3614,8	6,2180
720	0,02169	3860,5	6,8527	720	0,008004	3679,6	6,2840
740	0,02225	3912,6	6,9046	740	0,008281	3743,0	6,3471
760	0,02279	3964,4	6,9553	760	0,008552	3805,0	6,4078
780	0,02333	4016,1	7,0048	780	0,008816	3865,9	6,4662
800	0,02387	4067,7	7,0534	800	0,009074	3926,0	6,5226

Quelle: Berechnet nach IAPWS-IF97 [10].

A.2.4 Wasser als inkompressible (ideale) Flüssigkeit

ϑ	v	ρ	c_p	c_v	h	s_T
°C	10^{-3} m³/kg	kg/m³	kJ/(kg K)	kJ/(kg K)	kJ/kg	kJ/(kg K)
0	1,00021	999,79	4,2199	4,2199	h0=0	s0=0
2	1,00011	999,89	4,2134	4,1958	8,39	0,0306
4	1,00007	999,93	4,2078	4,2032	16,81	0,0611
6	1,00011	999,89	4,2031	4,2039	25,22	0,0913
8	1,00020	999,80	4,1992	4,2033	33,63	0,1213
10	1,00035	999,65	4,1958	4,2021	42,02	0,1511
12	1,00055	999,45	4,1930	4,2008	50,41	0,1806
14	1,00080	999,20	4,1905	4,1995	58,79	0,2099
16	1,00110	998,90	4,1884	4,1983	67,17	0,2390
18	1,00145	998,55	4,1866	4,1971	75,55	0,2678
20	1,00184	998,16	4,1851	4,1960	83,92	0,2965
22	1,00228	997,73	4,1838	4,1950	92,29	0,3250
24	1,00275	997,25	4,1827	4,1940	100,66	0,3532
26	1,00327	996,74	4,1817	4,1931	109,02	0,3813
28	1,00382	996,19	4,1809	4,1923	117,38	0,4091
30	1,00441	995,61	4,1803	4,1915	125,75	0,4368
32	1,00504	994,99	4,1798	4,1908	134,11	0,4643
34	1,00570	994,34	4,1794	4,1902	142,47	0,4916
36	1,00639	993,65	4,1791	4,1896	150,82	0,5187
38	1,00712	992,93	4,1789	4,1890	159,18	0,5457
40	1,00788	992,18	4,1788	4,1885	167,54	0,5724
42	1,00867	991,40	4,1788	4,1881	175,90	0,5990
44	1,00949	990,60	4,1789	4,1877	184,26	0,6255
46	1,01034	989,76	4,1791	4,1873	192,62	0,6517
48	1,01123	988,90	4,1794	4,1870	200,98	0,6778
50	1,01214	988,01	4,1798	4,1867	209,34	0,7038
55	1,01454	985,67	4,1811	4,1862	230,24	0,7680
60	1,01711	983,18	4,1829	4,1859	251,15	0,8312
65	1,01985	980,53	4,1853	4,1858	272,08	0,8935
70	1,02276	977,75	4,1882	4,1860	293,02	0,9550
75	1,02582	974,83	4,1917	4,1863	313,97	1,0156
80	1,02904	971,78	4,1956	4,1869	334,95	1,0754
85	1,03242	968,60	4,2001	4,1876	355,95	1,1344
90	1,03594	965,30	4,2051	4,1885	376,97	1,1927
95	1,03962	961,89	4,2106	4,1897	398,02	1,2502
100	1,04346	958,35	4,2166	4,1910	419,10	1,3070
110	1,05158	950,95	4,2304	4,1942	461,36	1,4187

A.2.4 Wasser als inkompressible (ideale) Flüssigkeit

ϑ	v	ρ	c_p	c_v	h	s_T
°C	10^{-3} m³/kg	kg/m³	kJ/(kg K)	kJ/(kg K)	kJ/kg	kJ/(kg K)
120	1,06033	943,11	4,2464	4,1982	503,78	1,5278
130	1,06971	934,83	4,2648	4,2030	546,39	1,6346
140	1,07976	926,13	4,2860	4,2086	589,20	1,7393
150	1,09050	917,01	4,3103	4,2150	632,25	1,8420
160	1,10199	907,45	4,3379	4,2223	675,57	1,9428
170	1,11426	897,45	4,3695	4,2306	719,21	2,0419
180	1,12739	887,01	4,4056	4,2399	763,19	2,1395
190	1,14144	876,08	4,4468	4,2503	807,57	2,2358
200	1,15651	864,67	4,4940	4,2620	852,39	2,3308

Quelle: IAPWS-IF97 [7 und 10], berechnet mit Software der FH Zittau/Görlitz [7].

A.2.5 Sättigungswerte Eis/Wasserdampf

Temp.	Druck	spez. Volumen		spez. Enthalpie		spez. Subl. Enthalpie	spez. Entropie	
°C	Pa	dm³/kg	m³/kg	kJ/kg		kJ/kg	kJ/(kg K)	
ϑ_s	p_s	v_f	v''	h_f	h''	Δh_m	s_f	s''
0,01	611,657	1,0908	206,1	−333,4	2501,4	2834,8	−1,221	9,156
0	611,15	1,0908	206,3	−337,6	2497,7	2853,3	−1,221	9,157
−2	517,72	1,0904	241,7	−337,6	2497,7	2835,3	−1,237	9,219
−4	437,47	1,0901	283,8	−341,8	2494,0	2835,7	−1,253	9,283
−6	368,73	1,0898	334,2	−345,9	2490,3	2836,2	−1,268	9,348
−8	309,98	1,0894	394,4	−350,0	2486,6	2836,6	−1,284	9,414
−10	259,90	1,0891	466,7	−354,1	2482,9	2837,0	−1,299	9,481
−12	217,32	1,0888	553,7	−358,1	2479,2	2837,3	−1,315	9,550
−14	181,22	1,0884	658,8	−362,2	2475,5	2837,6	−1,331	9,619
−16	150,68	1,0881	786,0	−366,1	2471,8	2837,9	−1,346	9,690
−18	124,92	1,0878	940,5	−370,1	2468,1	2838,2	−1,362	9,762
−20	103,26	1,0874	1128,6	−374,0	2464,3	2838,4	−1,377	9,835
−22	85,10	1,0871	1358,4	−377,9	2460,6	2838,6	−1,393	9,909
−24	69,91	1,0868	1640,1	−381,8	2456,9	2838,7	−1,408	9,985
−26	57,25	1,0864	1986,4	−385,6	2453,2	2838,9	−1,424	10,062
−28	46,73	1,0861	2413,7	−389,5	2449,5	2839,0	−1,439	10,141
−30	38,01	1,0858	2943,0	393,2	2445,8	2839,0	1,455	10,221
−32	30,82	1,0854	3600,0	397,0	2442,1	2839,1	−1,471	10,303
−34	24,90	1,0851	4419,0	−400,7	2438,4	2839,1	−1,486	10,386
−36	20,04	1,0848	5444,0	−404,4	2434,7	2839,1	−1,501	10,470
−38	16,07	1,0844	6731,0	−408,1	2430,9	2839,0	−1,517	10,556
−40	12,84	1,0841	8354,0	−411,7	2427,2	2838,9	−1,532	10,64

Quelle [12, 13].

A.3 Eigenschaften des gesättigten Ammoniaks (NH₃)

A.3.1 Temperaturtabelle des gesättigen Ammoniaks

Temp.	Druck	spez. Volumen		spez. Enthalpie		spez. Verd. Enth	spez. Entropie	
°C	bar	10^{-3}m³/kg	m³/kg	kJ/kg		kJ/kg	kJ/(kg K)	
ϑ_s	p_s	v'	v''	h'_f	h''	Δh_v	s'	s''
−70	0,1094	1,3798	9,00725	110,81	1355,55	1466,37	0,3094	6,9087
−68	0,1265	1,3840	7,86410	102,31	1359,24	1461,55	0,2677	6,8565
−66	0,1457	1,3882	6,88684	93,78	1362,90	1456,69	0,2264	6,8056
−64	0,1674	1,3925	6,04872	85,23	1366,54	1451,77	0,1853	6,7559
−62	0,1917	1,3969	5,32769	76,66	1370,15	1446,81	0,1446	6,7075
−60	0,2189	1,4013	4,70552	68,06	1373,73	1441,80	0,1040	6,6602
−58	0,2493	1,4058	4,16708	59,44	1377,29	1436,73	0,0638	6,6140
−56	0,2832	1,4103	3,69977	50,80	1380,81	1431,61	0,0238	6,5689
−54	0,3207	1,4149	3,29308	42,13	1384,30	1426,43	0,0159	6,5248
−52	0,3624	1,4196	2,93819	33,44	1387,76	1421,20	0,0553	6,4817
−50	0,4084	1,4243	2,62769	24,73	1391,19	1415,91	0,0945	6,4396
−48	0,4591	1,4291	2,35535	15,99	1394,58	1410,57	0,1334	6,3984
−46	0,5150	1,4340	2,11589	7,23	1397,93	1405,16	0,1721	6,3582
−44	0,5763	1,4389	1,90483	1,55	1401,25	1399,70	0,2106	6,3188
−42	0,6435	1,4439	1,71837	10,35	1404,52	1394,18	0,2488	6,2803
−40	0,7169	1,4490	1,55328	19,17	1407,76	1388,59	0,2867	6,2425
−38	0,7971	1,4541	1,40677	28,01	1410,96	1382,95	0,3245	6,2056
−36	0,8845	1,4593	1,27649	36,88	1414,11	1377,23	0,3619	6,1694
−34	0,9795	1,4645	1,16039	45,77	1417,23	1371,46	0,3992	6,1339
−32	1,0826	1,4699	1,05672	54,67	1420,29	1365,62	0,4362	6,0992
−30	1,1943	1,4753	0,96397	63,60	1423,31	1359,71	0,4730	6,0651
−28	1,3151	1,4808	0,88082	72,55	1426,28	1353,73	0,5096	6,0317
−26	1,4457	1,4863	0,80615	81,52	1429,21	1347,69	0,5460	5,9989
−24	1,5864	1,4920	0,73896	90,51	1432,08	1341,57	0,5821	5,9667
−22	1,7379	1,4977	0,67841	99,52	1434,91	1335,39	0,6180	5,9351
−20	1,9008	1,5035	0,62373	108,55	1437,68	1329,13	0,6538	5,9041
−18	2,0756	1,5093	0,57428	117,60	1440,39	1322,79	0,6893	5,8736
−16	2,2630	1,5153	0,52949	126,67	1443,06	1316,39	0,7246	5,8437
−14	2,4637	1,5213	0,48885	135,76	1445,66	1309,90	0,7597	5,8143
−12	2,6781	1,5274	0,45192	144,88	1448,21	1303,34	0,7946	5,7853
−10	2,9071	1,5336	0,41830	154,01	1450,70	1296,69	0,8293	5,7569
−8	3,1513	1,5399	0,38767	163,16	1453,14	1289,97	0,8638	5,7289
−6	3,4114	1,5463	0,35970	172,34	1455,51	1283,17	0,8981	5,7013

Temp.	Druck	spez. Volumen		spez. Enthalpie		spez. Verd. Enth	spez. Entropie	
°C	bar	$10^{-3}m^3/kg$	m^3/kg	kJ/kg		kJ/kg	kJ/(kg K)	
ϑ_s	p_s	v'	v''	h'_f	h''	Δh_v	s'	s''
−4	3,6880	1,5528	0,33414	181,54	1457,81	1276,28	0,9323	5,6741
−2	3,9819	1,5593	0,31074	190,76	1460,06	1269,30	0,9662	5,6474
0	4,2939	1,5660	0,28930	200,00	1462,24	1262,24	1,0000	5,6210
2	4,6246	1,5728	0,26962	209,27	1464,35	1255,09	1,0336	5,5951
4	4,9748	1,5796	0,25153	218,55	1466,40	1247,84	1,0670	5,5695
6	5,3454	1,5866	0,23489	227,87	1468,37	1240,51	1,1003	5,5442
8	5,7370	1,5937	0,21956	237,20	1470,28	1233,08	1,1334	5,5192
10	6,1505	1,6009	0,20543	246,57	1472,11	1225,55	1,1664	5,4946
12	6,5867	1,6082	0,19237	255,95	1473,88	1217,92	1,1992	5,4703
14	7,0463	1,6157	0,18031	265,37	1475,56	1210,19	1,2318	5,4463
16	7,5304	1,6233	0,16914	274,81	1477,17	1202,36	1,2643	5,4226
18	8,0395	1,6310	0,15879	284,28	1478,70	1194,42	1,2967	5,3991
20	8,5748	1,6388	0,14920	293,78	1480,16	1186,37	1,3289	5,3759
20	8,5748	1,6388	0,14920	293,78	1480,16	1186,37	1,3289	5,3759
22	9,1369	1,6468	0,14029	303,31	1481,53	1178,22	1,3610	5,3529
24	9,7268	1,6549	0,13201	312,87	1482,82	1169,94	1,3929	5,3301
26	10,3453	1,6632	0,12431	322,47	1484,02	1161,55	1,4248	5,3076
28	10,9934	1,6716	0,11714	332,09	1485,14	1153,04	1,4565	5,2853
30	11,6720	1,6802	0,11046	341,76	1486,17	1144,41	1,4881	5,2631
32	12,3819	1,6890	0,10422	351,45	1487,11	1135,65	1,5196	5,2412
34	13,1241	1,6979	0,09840	361,19	1487,95	1126,76	1,5509	5,2194
36	13,8996	1,7070	0,09296	370,96	1488,70	1117,74	1,5822	5,1978
38	14,7093	1,7163	0,08787	380,78	1489,36	1108,58	1,6134	5,1763
40	15,5542	1,7258	0,08310	390,64	1489,91	1099,27	1,6446	5,1549
42	16,4352	1,7355	0,07864	400,54	1490,36	1089,82	1,6756	5,1337
44	17,3533	1,7454	0,07445	410,48	1490,70	1080,22	1,7065	5,1126
46	18,3095	1,7556	0,07052	420,48	1490,94	1070,46	1,7374	5,0915
48	19,3048	1,7660	0,06682	430,52	1491,06	1060,54	1,7683	5,0706
50	20,3403	1,7766	0,06335	440,62	1491,07	1050,46	1,7990	5,0497
52	21,4169	1,7875	0,06008	450,77	1490,97	1040,20	1,8297	5,0289
54	22,5357	1,7987	0,05701	460,98	1490,73	1029,76	1,8604	5,0081
56	23,6978	1,8102	0,05411	471,24	1490,38	1019,13	1,8911	4,9873
58	24,9042	1,8219	0,05138	481,57	1489,89	1008,32	1,9217	4,9666
60	26,1560	1,8340	0,04880	491,97	1489,27	997,30	1,9523	4,9458
62	27,4543	1,8465	0,04636	502,43	1488,50	986,07	1,9829	4,9251
64	28,8002	1,8593	0,04406	512,97	1487,60	974,63	2,0135	4,9043
66	30,1948	1,8724	0,04188	523,58	1486,54	962,96	2,0441	4,8834

Temp.	Druck	spez. Volumen		spez. Enthalpie		spez. Verd. Enth	spez. Entropie	
°C	bar	10^{-3}m³/kg	m³/kg	kJ/kg		kJ/kg	kJ/(kg K)	
ϑ_s	p_s	v'	v''	h'_f	h''	Δh_v	s'	s''
68	31,6393	1,8860	0,03982	534,27	1485,32	951,05	2,0747	4,8625
70	33,1348	1,9000	0,03787	545,04	1483,94	938,90	2,1054	4,8415
72	34,6825	1,9145	0,03602	555,90	1482,39	926,48	2,1361	4,8204
74	36,2837	1,9294	0,03426	566,86	1480,66	913,80	2,1669	4,7992
76	37,9394	1,9449	0,03260	577,91	1478,74	900,83	2,1977	4,7778
78	39,6510	1,9609	0,03101	589,07	1476,63	887,55	2,2286	4,7562
80	41,4198	1,9776	0,02951	600,34	1474,31	873,97	2,2596	4,7344
82	43,2470	1,9948	0,02808	611,73	1471,77	860,04	2,2908	4,7124
84	45,1340	2,0128	0,02672	623,24	1469,00	845,76	2,3220	4,6901
86	47,0820	2,0315	0,02542	634,88	1465,99	831,11	2,3534	4,6675
88	49,0926	2,0510	0,02418	646,67	1462,73	816,06	2,3850	4,6446
90	51,1672	2,0714	0,02300	658,61	1459,19	800,58	2,4168	4,6213
92	53,3071	2,0928	0,02187	670,71	1455,35	784,65	2,4488	4,5976
94	55,5141	2,1152	0,02079	682,98	1451,20	768,22	2,4810	4,5734
96	57,7895	2,1388	0,01976	695,44	1446,72	751,28	2,5136	4,5487
98	60,1351	2,1637	0,01877	708,11	1441,87	733,76	2,5464	4,5234
100	62,5526	2,1899	0,01782	721,00	1436,63	715,63	2,5797	4,4975
102	65,0437	2,2178	0,01691	734,14	1430,96	696,83	2,6133	4,4708
104	67,6103	2,2474	0,01603	747,54	1424,83	677,29	2,6474	4,4432
106	70,2544	2,2791	0,01519	761,24	1418,17	656,93	2,6821	4,4147
108	72,9780	2,3130	0,01438	775,27	1410,95	635,67	2,7173	4,3851
110	75,7833	2,3496	0,01360	789,68	1403,08	613,39	2,7533	4,3543
110	75,7833	2,3496	0,01360	789,68	1403,08	613,39	2,7533	4,3543
112	78,6727	2,3893	0,01284	804,52	1394,48	589,96	2,7902	4,3219
114	81,6488	2,4326	0,01210	819,86	1385,06	565,20	2,8280	4,2879
116	84,7141	2,4804	0,01138	835,78	1374,67	538,89	2,8671	4,2519
118	87,8718	2,5338	0,01068	852,41	1363,14	510,73	2,9077	4,2134
120	91,1251	2,5941	0,00999	869,92	1350,23	480,30	2,9502	4,1719
122	94,4778	2,6638	0,00931	888,58	1335,58	447,01	2,9953	4,1266
124	97,9339	2,7466	0,00863	908,79	1318,68	409,89	3,0440	4,0761
126	101,4985	2,8494	0,00793	931,29	1298,61	367,33	3,0980	4,0183
128	105,1771	2,9870	0,00720	957,61	1273,64	316,03	3,1611	3,9489
130	108,9763	3,2022	0,00638	992,03	1239,34	247,32	3,2437	3,8572
132	112,8986	3,8043	0,00515	1062,80	1171,33	108,52	3,4155	3,6833
132,36	113,6114	4,4543	0,00445	1120,52	1120,52	0,00	3,5571	3,5571

Quelle: [16], berechnet mit Software der FH Zittau/Görlitz [8].

A.3.2 Drucktabelle des gesättigten Ammoniaks

Druck	Temp.	spez. Volumen		spez. Enthalpie		spez. Verd.-Enth.		spez. Entropie
bar	°C	10^{-3} m³/kg	m³/kg	kJ/kg		kJ/kg		kJ/(kg K)
P_s	ϑ_s	v'	v''	h'	h''	Δh_v	s'	s''
0,10	−71,22	1,3773	9,8000	−115,99	1353,29	1469,28	−0,3349	9,8000
0,15	−65,59	1,3891	6,7032	−92,02	1363,66	1455,68	−0,2179	6,7032
0,10	−71,22	1,3773	9,8000	−115,99	1353,29	1469,28	−0,3349	9,8000
0,11	−69,93	1,3800	8,9626	−110,50	1355,69	1466,19	−0,3079	8,9626
0,12	−68,73	1,3825	8,2610	−105,42	1357,90	1463,32	−0,2829	8,2610
0,13	−67,62	1,3848	7,6643	−100,67	1359,95	1460,62	−0,2598	7,6643
0,14	−66,57	1,3870	7,1504	−96,22	1361,86	1458,08	−0,2382	7,1504
0,15	−65,59	1,3891	6,7032	−92,02	1363,66	1455,68	−0,2179	6,7032
0,16	−64,66	1,3911	6,3102	−88,04	1365,35	1453,39	−0,1988	6,3102
0,17	−63,78	1,3930	5,9622	−84,27	1366,95	1451,22	−0,1807	5,9622
0,18	−62,94	1,3949	5,6517	−80,67	1368,47	1449,14	−0,1636	5,6517
0,19	−62,13	1,3966	5,3729	−77,24	1369,91	1447,15	−0,1473	5,3729
0,20	−61,37	1,3983	5,1212	−73,94	1371,29	1445,23	−0,1317	5,1212
0,22	−59,93	1,4015	4,6844	−67,75	1373,86	1441,61	−0,1026	4,6844
0,24	−58,59	1,4045	4,3183	−61,99	1376,24	1438,23	−0,0757	4,3183
0,26	−57,35	1,4073	4,0070	−56,62	1378,44	1435,06	−0,0507	4,0070
0,28	−56,18	1,4099	3,7388	−51,57	1380,50	1432,07	−0,0274	3,7388
0,30	−55,08	1,4124	3,5053	−46,80	1382,42	1429,23	−0,0055	3,5053
0,32	−54,04	1,4148	3,3001	−42,29	1384,24	1426,53	0,0151	3,3001
0,34	−53,05	1,4171	3,1184	−38,00	1385,95	1423,95	0,0346	3,1184
0,36	−52,11	1,4193	2,9562	−33,91	1387,57	1421,49	0,0532	2,9562
0,38	−51,21	1,4215	2,8106	−30,00	1389,12	1419,12	0,0708	2,8106
0,40	−50,35	1,4235	2,6790	−26,25	1390,59	1416,84	0,0877	2,6790
0,42	−49,52	1,4255	2,5597	−22,65	1392,00	1414,65	0,1038	2,5597
0,44	−48,73	1,4274	2,4508	−19,19	1393,34	1412,53	0,1192	2,4508
0,46	−47,97	1,4292	2,3511	−15,85	1394,63	1410,48	0,1341	2,3511
0,48	−47,23	1,4310	2,2595	−12,62	1395,87	1408,49	0,1484	2,2595
0,50	−46,52	1,4327	2,1749	−9,50	1397,07	1406,57	0,1621	2,1749
0,55	−44,83	1,4368	1,9897	−2,12	1399,87	1401,99	0,1946	1,9897
0,60	−43,27	1,4407	1,8344	4,74	1402,44	1397,70	0,2245	1,8344
0,65	−41,81	1,4444	1,7022	11,17	1404,83	1393,66	0,2523	1,7022
0,70	−40,45	1,4478	1,5883	17,20	1407,05	1389,84	0,2783	1,5883
0,75	−39,15	1,4511	1,4892	22,91	1409,12	1386,21	0,3027	1,4892
0,80	−37,93	1,4543	1,4020	28,32	1411,07	1382,75	0,3258	1,4020
0,85	−36,77	1,4573	1,3248	33,47	1412,91	1379,44	0,3476	1,3248

Druck	Temp.	spez. Volumen		spez. Enthalpie		spez. Verd.-Enth.		spez. Entropie
bar	°C	10^{-3} m³/kg	m³/kg	kJ/kg		kJ/kg		kJ/(kg K)
P_s	ϑ_s	v'	v''	h'	h''	Δh_v	s'	s''
0,90	−35,66	1,4602	1,2559	38,38	1414,64	1376,26	0,3683	1,2559
0,95	−34,60	1,4630	1,1940	43,09	1416,29	1373,21	0,3880	1,1940
1,0	−33,59	1,4656	1,1381	47,60	1417,86	1370,26	0,4068	1,1381
1,1	−31,68	1,4708	1,0410	56,11	1420,78	1364,67	0,4422	1,0410
1,2	−29,90	1,4756	0,9597	64,04	1423,46	1359,42	0,4748	0,9597
1,3	−28,24	1,4801	0,8904	71,47	1425,93	1354,46	0,5052	0,8904
1,4	−26,68	1,4844	0,8307	78,46	1428,22	1349,76	0,5336	0,8307
1,5	−25,21	1,4885	0,7788	85,07	1430,35	1345,28	0,5603	0,7788
1,6	−23,81	1,4925	0,7331	91,35	1432,35	1341,00	0,5855	0,7331
1,7	−22,49	1,4963	0,6926	97,33	1434,22	1336,90	0,6093	0,6926
1,8	−21,22	1,4999	0,6564	103,04	1435,99	1332,95	0,6320	0,6564
1,9	−20,01	1,5034	0,6240	108,51	1437,66	1329,16	0,6536	0,6240
2,0	−18,85	1,5068	0,5946	113,76	1439,25	1325,49	0,6742	0,5946
0,10	−71,22	1,3773	9,8000	−115,99	1353,29	1469,28	−0,3349	9,8000
0,15	−65,59	1,3891	6,7032	−92,02	1363,66	1455,68	−0,2179	6,7032
0,10	−71,22	1,3773	9,8000	−115,99	1353,29	1469,28	−0,3349	9,8000
0,11	−69,93	1,3800	8,9626	−110,50	1355,69	1466,19	−0,3079	8,9626
0,12	−68,73	1,3825	8,2610	−105,42	1357,90	1463,32	−0,2829	8,2610
0,13	−67,62	1,3848	7,6643	−100,67	1359,95	1460,62	−0,2598	7,6643
0,14	−66,57	1,3870	7,1504	−96,22	1361,86	1458,08	−0,2382	7,1504
0,15	−65,59	1,3891	6,7032	−92,02	1363,66	1455,68	−0,2179	6,7032
0,16	−64,66	1,3911	6,3102	−88,04	1365,35	1453,39	−0,1988	6,3102
0,17	−63,78	1,3930	5,9622	−84,27	1366,95	1451,22	−0,1807	5,9622
0,18	−62,94	1,3949	5,6517	−80,67	1368,47	1449,14	−0,1636	5,6517
0,19	−62,13	1,3966	5,3729	−77,24	1369,91	1447,15	−0,1473	5,3729
0,20	−61,37	1,3983	5,1212	−73,94	1371,29	1445,23	−0,1317	5,1212
0,22	−59,93	1,4015	4,6844	−67,75	1373,86	1441,61	−0,1026	4,6844
0,24	−58,59	1,4045	4,3183	−61,99	1376,24	1438,23	−0,0757	4,3183
0,26	−57,35	1,4073	4,0070	−56,62	1378,44	1435,06	−0,0507	4,0070
0,28	−56,18	1,4099	3,7388	−51,57	1380,50	1432,07	−0,0274	3,7388
0,30	−55,08	1,4124	3,5053	−46,80	1382,42	1429,23	−0,0055	3,5053
0,32	−54,04	1,4148	3,3001	−42,29	1384,24	1426,53	0,0151	3,3001
0,34	−53,05	1,4171	3,1184	−38,00	1385,95	1423,95	0,0346	3,1184
0,36	−52,11	1,4193	2,9562	−33,91	1387,57	1421,49	0,0532	2,9562
0,38	−51,21	1,4215	2,8106	−30,00	1389,12	1419,12	0,0708	2,8106
0,40	−50,35	1,4235	2,6790	−26,25	1390,59	1416,84	0,0877	2,6790
0,42	−49,52	1,4255	2,5597	−22,65	1392,00	1414,65	0,1038	2,5597

Druck	Temp.	spez. Volumen		spez. Enthalpie		spez. Verd.-Enth.		spez. Entropie
bar	°C	10^{-3} m³/kg	m³/kg	kJ/kg		kJ/kg		kJ/(kg K)
P_s	ϑ_s	v'	v''	h'	h''	Δh_v	s'	s''
0,44	−48,73	1,4274	2,4508	−19,19	1393,34	1412,53	0,1192	2,4508
0,46	−47,97	1,4292	2,3511	−15,85	1394,63	1410,48	0,1341	2,3511
0,48	−47,23	1,4310	2,2595	−12,62	1395,87	1408,49	0,1484	2,2595
0,50	−46,52	1,4327	2,1749	−9,50	1397,07	1406,57	0,1621	2,1749
0,55	−44,83	1,4368	1,9897	−2,12	1399,87	1401,99	0,1946	1,9897
0,60	−43,27	1,4407	1,8344	4,74	1402,44	1397,70	0,2245	1,8344
0,65	−41,81	1,4444	1,7022	11,17	1404,83	1393,66	0,2523	1,7022
0,70	−40,45	1,4478	1,5883	17,20	1407,05	1389,84	0,2783	1,5883
0,75	−39,15	1,4511	1,4892	22,91	1409,12	1386,21	0,3027	1,4892
0,80	−37,93	1,4543	1,4020	28,32	1411,07	1382,75	0,3258	1,4020
0,85	−36,77	1,4573	1,3248	33,47	1412,91	1379,44	0,3476	1,3248
0,90	−35,66	1,4602	1,2559	38,38	1414,64	1376,26	0,3683	1,2559
0,95	−34,60	1,4630	1,1940	43,09	1416,29	1373,21	0,3880	1,1940
1,0	−33,59	1,4656	1,1381	47,60	1417,86	1370,26	0,4068	1,1381
1,1	−31,68	1,4708	1,0410	56,11	1420,78	1364,67	0,4422	1,0410
1,2	−29,90	1,4756	0,9597	64,04	1423,46	1359,42	0,4748	0,9597
1,3	−28,24	1,4801	0,8904	71,47	1425,93	1354,46	0,5052	0,8904
1,4	−26,68	1,4844	0,8307	78,46	1428,22	1349,76	0,5336	0,8307
1,5	−25,21	1,4885	0,7788	85,07	1430,35	1345,28	0,5603	0,7788
1,6	−23,81	1,4925	0,7331	91,35	1432,35	1341,00	0,5855	0,7331
1,7	−22,49	1,4963	0,6926	97,33	1434,22	1336,90	0,6093	0,6926
1,8	−21,22	1,4999	0,6564	103,04	1435,99	1332,95	0,6320	0,6564
1,9	−20,01	1,5034	0,6240	108,51	1437,66	1329,16	0,6536	0,6240
2,0	−18,85	1,5068	0,5946	113,76	1439,25	1325,49	0,6742	0,5946

Quelle: [16], berechnet mit Software der FH Zittau/Görlitz [8].

A.4 Eigenscahften des Iso-Butans (C_4H_{10}) im Sättigungszustand

A.4.1 Temperaturtabelle des gesättigten Iso-Buthans

Temp.	Druck	spez. Volumen		spez. Enthalpie		spez. Verd.-Enth.	spez. Entropie	
°C	bar	10^{-3} m³/kg	m³/kg	kJ/kg		kJ/kg	kJ/(kg K)	
ϑ_s	p_s	v'	v''	h'	h''	Δh_v	s'	s''
−60	0,0927	1,5514	3,2662	71,41	475,86	404,44	0,4708	2,3683
−58	0,1049	1,5563	2,9102	75,45	478,36	402,91	0,4897	2,3624
−56	0,1185	1,5612	2,5995	79,51	480,88	401,37	0,5084	2,3568
−54	0,1334	1,5661	2,3276	83,58	483,41	399,83	0,5271	2,3515
−52	0,1499	1,5711	2,0891	87,66	485,94	398,28	0,5456	2,3466
−50	0,1680	1,5762	1,8793	91,76	488,49	396,73	0,5640	2,3419
−48	0,1878	1,5813	1,6943	95,88	491,04	395,16	0,5824	2,3375
−46	0,2095	1,5865	1,5308	100,01	493,61	393,59	0,6007	2,3334
−44	0,2332	1,5917	1,3859	104,16	496,18	392,02	0,6188	2,3296
−42	0,2589	1,5969	1,2573	108,33	498,76	390,43	0,6369	2,3260
−40	0,2870	1,6022	1,1428	112,51	501,35	388,84	0,6549	2,3227
−38	0,3175	1,6076	1,0407	116,71	503,95	387,23	0,6728	2,3196
−36	0,3504	1,6130	0,9494	120,93	506,55	385,62	0,6907	2,3167
−34	0,3861	1,6185	0,8677	125,16	509,16	384,00	0,7084	2,3141
−32	0,4247	1,6241	0,7944	129,41	511,78	382,36	0,7261	2,3117
−30	0,4662	1,6297	0,7284	133,68	514,40	380,72	0,7437	2,3095
−28	0,5109	1,6354	0,6691	137,97	517,03	379,06	0,7612	2,3075
−26	0,5589	1,6411	0,6155	142,27	519,67	377,39	0,7787	2,3057
−24	0,6104	1,6469	0,5671	146,60	522,31	375,71	0,7961	2,3040
−22	0,6657	1,6528	0,5232	150,94	524,96	374,02	0,8134	2,3026
−20	0,7247	1,6587	0,4834	155,30	527,61	372,31	0,8306	2,3013
−18	0,7878	1,6647	0,4473	159,68	530,26	370,58	0,8478	2,3003
−16	0,8552	1,6708	0,4144	164,08	532,93	368,85	0,8650	2,2993
−14	0,9269	1,6770	0,3844	168,50	535,59	367,09	0,8820	2,2986
−12	1,0033	1,6832	0,3571	172,94	538,26	365,32	0,8990	2,2980
−10	1,0845	1,6895	0,3320	177,40	540,93	363,54	0,9160	2,2975
−8	1,1707	1,6959	0,3092	181,87	543,61	361,73	0,9329	2,2972
−6	1,2620	1,7024	0,2882	186,37	546,29	359,91	0,9498	2,2970
−4	1,3589	1,7090	0,2689	190,89	548,97	358,07	0,9666	2,2969
−2	1,4613	1,7157	0,2512	195,44	551,65	356,22	0,9833	2,2970
0	1,5696	1,7224	0,2349	200,00	554,34	354,34	1,0000	2,2972
2	1,6839	1,7293	0,2199	204,59	557,02	352,44	1,0167	2,2975

Temp.	Druck	spez. Volumen		spez. Enthalpie		spez. Verd.-Enth.	spez. Entropie	
°C	bar	10^{-3} m³/kg	m³/kg	kJ/kg		kJ/kg	kJ/(kg K)	
ϑ_s	p_s	v'	v''	h'	h''	Δh_v	s'	s''
4	1,8045	1,7362	0,2060	209,19	559,71	350,52	1,0333	2,2980
6	1,9316	1,7433	0,1932	213,82	562,40	348,58	1,0498	2,2985
8	2,0654	1,7504	0,1814	218,47	565,09	346,61	1,0663	2,2992
10	2,2062	1,7577	0,1704	223,15	567,78	344,63	1,0828	2,2999
12	2,3541	1,7651	0,1603	227,85	570,47	342,62	1,0993	2,3008
14	2,5095	1,7726	0,1509	232,57	573,15	340,58	1,1157	2,3018
16	2,6725	1,7802	0,1421	237,32	575,84	338,52	1,1320	2,3028
18	2,8433	1,7879	0,1339	242,09	578,52	336,44	1,1484	2,3039
20	3,0223	1,7958	0,1264	246,88	581,21	334,33	1,1647	2,3051
22	3,2096	1,8038	0,1193	251,70	583,89	332,19	1,1810	2,3064
24	3,4055	1,8119	0,1127	256,55	586,56	330,02	1,1972	2,3078
26	3,6103	1,8202	0,1066	261,42	589,24	327,82	1,2134	2,3092
28	3,8242	1,8286	0,1008	266,32	591,91	325,59	1,2296	2,3108
30	4,0473	1,8372	0,0954	271,24	594,57	323,33	1,2458	2,3123
32	4,2801	1,8459	0,0904	276,19	597,23	321,04	1,2619	2,3140
34	4,5227	1,8548	0,0857	281,17	599,88	318,71	1,2780	2,3157
36	4,7754	1,8639	0,0812	286,18	602,53	316,35	1,2941	2,3174
38	5,0385	1,8731	0,0771	291,22	605,17	313,95	1,3102	2,3192
40	5,3122	1,8826	0,0732	296,28	607,80	311,52	1,3263	2,3211
42	5,5968	1,8922	0,0695	301,37	610,43	309,05	1,3423	2,3230
44	5,8925	1,9020	0,0660	306,50	613,04	306,54	1,3583	2,3249
46	6,1996	1,9121	0,0628	311,65	615,64	303,99	1,3744	2,3269
48	6,5184	1,9224	0,0597	316,84	618,24	301,40	1,3904	2,3289
50	6,8491	1,9328	0,0568	322,06	620,82	298,76	1,4064	2,3309
52	7,1921	1,9436	0,0541	327,31	623,39	296,08	1,4224	2,3330
54	7,5475	1,9546	0,0515	332,60	625,95	293,35	1,4384	2,3351
56	7,9158	1,9658	0,0491	337,91	628,49	290,58	1,4543	2,3372
58	8,2971	1,9774	0,0468	343,27	631,02	287,75	1,4703	2,3393
60	8,6918	1,9892	0,0446	348,66	633,53	284,87	1,4863	2,3414
62	9,1001	2,0014	0,0425	354,08	636,02	281,94	1,5023	2,3435
64	9,5224	2,0138	0,0406	359,55	638,49	278,94	1,5183	2,3457
66	9,9588	2,0267	0,0387	365,05	640,94	275,89	1,5343	2,3478
68	10,4099	2,0398	0,0369	370,59	643,36	272,78	1,5503	2,3499
70	10,8757	2,0534	0,0352	376,17	645,76	269,60	1,5664	2,3520
72	11,3567	2,0674	0,0337	381,79	648,14	266,35	1,5824	2,3541
74	11,8532	2,0818	0,0321	387,46	650,48	263,02	1,5985	2,3562
76	12,3654	2,0967	0,0307	393,17	652,79	259,62	1,6146	2,3582

Temp.	Druck	spez. Volumen		spez. Enthalpie		spez. Verd.-Enth.	spez. Entropie	
°C	bar	10^{-3} m³/kg	m³/kg	kJ/kg		kJ/kg	kJ/(kg K)	
ϑ_s	p_s	v'	v''	h'	h''	Δh_v	s'	s''
78	12,8937	2,1121	0,0293	398,93	655,07	256,14	1,6307	2,3602
80	13,4385	2,1280	0,0280	404,73	657,31	252,58	1,6469	2,3621
82	14,0000	2,1445	0,0267	410,59	659,51	248,93	1,6631	2,3640
84	14,5786	2,1616	0,0255	416,49	661,67	245,18	1,6793	2,3658
86	15,1747	2,1793	0,0244	422,45	663,78	241,33	1,6956	2,3675
88	15,7886	2,1978	0,0233	428,47	665,84	237,38	1,7119	2,3692
90	16,4207	2,2170	0,0223	434,54	667,85	233,31	1,7283	2,3708
92	17,0713	2,2371	0,0213	440,67	669,80	229,13	1,7447	2,3722
94	17,7409	2,2581	0,0203	446,87	671,69	224,82	1,7613	2,3736
96	18,4298	2,2801	0,0194	453,14	673,51	220,37	1,7779	2,3748
98	19,1385	2,3032	0,0185	459,48	675,26	215,77	1,7946	2,3759
100	19,8673	2,3275	0,0176	465,90	676,92	211,02	1,8114	2,3769
102	20,6167	2,3532	0,0168	472,41	678,50	206,10	1,8283	2,3776
104	21,3872	2,3804	0,0160	479,00	679,98	200,98	1,8453	2,3782
106	22,1792	2,4093	0,0153	485,68	681,35	195,67	1,8625	2,3785
108	22,9933	2,4402	0,0145	492,48	682,60	190,12	1,8798	2,3786
110	23,8299	2,4733	0,0138	499,39	683,71	184,33	1,8974	2,3785
112	24,6896	2,5089	0,0131	506,42	684,67	178,25	1,9151	2,3779
114	25,5730	2,5476	0,0125	513,61	685,45	171,85	1,9332	2,3770
116	26,4807	2,5899	0,0118	520,95	686,03	165,07	1,9515	2,3757
118	27,4134	2,6364	0,0112	528,49	686,36	157,87	1,9702	2,3738
120	28,3718	2,6883	0,0105	536,25	686,40	150,15	1,9893	2,3712
122	29,3568	2,7469	0,0099	544,28	686,09	141,81	2,0090	2,3679
124	30,3692	2,8142	0,0093	552,65	685,33	132,68	2,0294	2,3635
126	31,4102	2,8934	0,0087	561,46	683,97	122,51	2,0508	2,3577
128	32,4809	2,9900	0,0081	570,88	681,78	110,91	2,0736	2,3500
130	33,5830	3,1146	0,0074	581,23	678,32	97,09	2,0985	2,3393
132	34,7188	3,2937	0,0067	593,30	672,49	79,20	2,1274	2,3229
134	35,8924	3,6558	0,0056	610,73	659,38	48,65	2,1693	2,2888
134,66	36,2900	4,4329	0,0044	633,89	633,94	0,04	2,2258	2,2259

Quelle: [17], berechnet mit Software der FH Zittau/Görlitz [8].

A.4.2 Drucktabelle des gesättigten Iso-Butans

Druck	Temp.	spez. Volumen		spez. Enthalpie		spez. Verd.-Enth.	spez. Entropie	
bar	°C	10^{-3} m³/kg	m³/kg	kJ/kg		kJ/kg	kJ/(kg K)	
p_s	ϑ_s	v'	v''	h'	h''	Δh_v	s'	s''
0,10	−71,22	1,3773	9,8000	−115,99	1353,29	1469,28	−0,3349	9,8000
0,15	−65,59	1,3891	6,7032	−92,02	1363,66	1455,68	−0,2179	6,7032
0,10	−58,78	1,5544	3,0433	73,87	477,38	403,51	0,4823	2,3646
0,11	−57,23	1,5582	2,7851	77,02	479,33	402,32	0,4969	2,3602
0,12	−55,79	1,5617	2,5686	79,94	481,15	401,21	0,5104	2,3562
0,13	−54,44	1,5650	2,3844	82,68	482,85	400,17	0,5230	2,3526
0,14	−53,18	1,5682	2,2257	85,26	484,45	399,19	0,5347	2,3494
0,15	−51,99	1,5712	2,0875	87,69	485,96	398,27	0,5457	2,3465
0,16	−50,86	1,5740	1,9660	90,00	487,40	397,39	0,5561	2,3439
0,17	−49,79	1,5767	1,8583	92,20	488,76	396,56	0,5660	2,3414
0,18	−48,76	1,5793	1,7623	94,31	490,07	395,76	0,5754	2,3392
0,19	−47,79	1,5818	1,6759	96,32	491,32	395,00	0,5843	2,3371
0,20	−46,85	1,5843	1,5980	98,25	492,51	394,26	0,5929	2,3351
0,22	−45,09	1,5888	1,4627	101,90	494,78	392,88	0,6089	2,3316
0,24	−43,45	1,5931	1,3492	105,30	496,89	391,58	0,6238	2,3286
0,26	−41,92	1,5971	1,2525	108,49	498,86	390,37	0,6376	2,3259
0,28	−40,48	1,6010	1,1693	111,50	500,72	389,22	0,6506	2,3235
0,30	−39,13	1,6046	1,0968	114,34	502,48	388,14	0,6627	2,3213
0,32	−37,84	1,6081	1,0330	117,05	504,15	387,11	0,6743	2,3194
0,34	−36,62	1,6114	0,9765	119,63	505,75	386,12	0,6852	2,3176
0,36	−35,45	1,6146	0,9260	122,09	507,27	385,17	0,6956	2,3160
0,38	−34,33	1,6176	0,8807	124,46	508,72	384,27	0,7055	2,3145
0,40	−33,26	1,6206	0,8397	126,73	510,12	383,40	0,7149	2,3132
0,42	−32,23	1,6234	0,8025	128,91	511,47	382,56	0,7240	2,3120
0,44	−31,24	1,6262	0,7686	131,03	512,77	381,74	0,7328	2,3108
0,46	−30,29	1,6289	0,7375	133,06	514,02	380,96	0,7412	2,3098
0,48	−29,37	1,6315	0,7090	135,04	515,23	380,20	0,7493	2,3088
0,50	−28,47	1,6340	0,6826	136,95	516,41	379,46	0,7571	2,3079
0,55	−26,36	1,6401	0,6248	141,50	519,19	377,69	0,7755	2,3060
0,60	−24,39	1,6458	0,5762	145,74	521,79	376,04	0,7926	2,3044
0,65	−22,55	1,6511	0,5349	149,74	524,22	374,49	0,8086	2,3030
0,70	−20,82	1,6563	0,4993	153,51	526,52	373,01	0,8236	2,3018
0,75	−19,18	1,6612	0,4682	157,09	528,69	371,61	0,8377	2,3009
0,80	−17,63	1,6659	0,4409	160,49	530,76	370,26	0,8510	2,3001

Druck	Temp.	spez. Volumen		spez. Enthalpie		spez. Verd.-Enth.	spez. Entropie	
bar	°C	10^{-3} m³/kg	m³/kg	kJ/kg		kJ/kg	kJ/(kg K)	
p_s	ϑ_s	v'	v''	h'	h''	Δh_v	s'	s''
0,85	− 16,15	1,6704	0,4167	163,75	532,73	368,98	0,8637	2,2994
0,90	− 14,74	1,6747	0,3951	166,87	534,61	367,74	0,8758	2,2988
0,95	− 13,38	1,6789	0,3757	169,87	536,41	366,55	0,8873	2,2984
1,00	− 12,08	1,6830	0,3582	172,75	538,15	365,40	0,8983	2,2980
1,10	− 9,63	1,6907	0,3277	178,22	541,43	363,21	0,9191	2,2974
1,20	− 7,35	1,6981	0,3021	183,35	544,49	361,14	0,9384	2,2971
1,30	− 5,20	1,7050	0,2803	188,17	547,36	359,18	0,9565	2,2970
1,40	− 3,18	1,7117	0,2615	192,75	550,06	357,32	0,9734	2,2970
1,50	− 1,27	1,7181	0,2451	197,09	552,63	355,53	0,9894	2,2971
1,60	0,54	1,7243	0,2307	201,24	555,07	353,82	1,0045	2,2973
1,70	2,27	1,7302	0,2179	205,21	557,39	352,18	1,0189	2,2976
1,80	3,93	1,7360	0,2065	209,02	559,61	350,59	1,0327	2,2980
1,90	5,51	1,7416	0,1963	212,69	561,74	349,05	1,0458	2,2984
2,00	7,03	1,7470	0,1870	216,23	563,79	347,57	1,0584	2,2989
2,2	9,91	1,7574	0,1709	222,95	567,66	344,71	1,0821	2,2999
2,4	12,60	1,7673	0,1574	229,26	571,27	342,01	1,1042	2,3011
2,6	15,12	1,7768	0,1459	235,23	574,66	339,43	1,1249	2,3023
2,8	17,50	1,7860	0,1359	240,89	577,86	336,96	1,1443	2,3036
3,0	19,76	1,7948	0,1273	246,29	580,88	334,59	1,1627	2,3050
3,2	21,90	1,8034	0,1196	251,46	583,75	332,29	1,1801	2,3064
3,4	23,94	1,8117	0,1129	256,41	586,49	330,08	1,1968	2,3078
3,6	25,90	1,8198	0,1068	261,18	589,10	327,93	1,2126	2,3092
3,8	27,78	1,8277	0,1014	265,77	591,61	325,84	1,2278	2,3106
4,0	29,58	1,8354	0,0965	270,21	594,01	323,80	1,2424	2,3120
4,2	31,32	1,8429	0,0921	274,51	596,33	321,82	1,2564	2,3134
4,4	33,00	1,8503	0,0880	278,68	598,55	319,88	1,2700	2,3148
4,6	34,62	1,8576	0,0843	282,72	600,70	317,98	1,2830	2,3162
4,8	36,19	1,8648	0,0808	286,66	602,78	316,12	1,2957	2,3176
5,0	37,71	1,8718	0,0777	290,49	604,79	314,30	1,3079	2,3189
5,5	41,33	1,8890	0,0707	299,66	609,55	309,88	1,3369	2,3223
6,0	44,71	1,9056	0,0649	308,32	613,96	305,64	1,3640	2,3256
6,5	47,89	1,9218	0,0599	316,55	618,09	301,55	1,3895	2,3288
7,0	50,89	1,9376	0,0556	324,39	621,97	297,58	1,4135	2,3318
7,5	53,74	1,9531	0,0519	331,90	625,61	293,72	1,4363	2,3348
8,0	56,45	1,9684	0,0486	339,11	629,06	289,95	1,4579	2,3376
8,5	59,04	1,9835	0,0456	346,06	632,32	286,26	1,4786	2,3404

Druck	Temp.	spez. Volumen		spez. Enthalpie		spez. Verd.-Enth.	spez. Entropie	
bar	°C	10^{-3} m³/kg	m³/kg	kJ/kg		kJ/kg	kJ/(kg K)	
p_s	ϑ_s	v'	v''	h'	h''	Δh_v	s'	s''
9,0	61,52	1,9984	0,0430	352,77	635,42	282,65	1,4984	2,3430
9,5	63,90	2,0132	0,0407	359,26	638,36	279,10	1,5175	2,3456
10,0	66,19	2,0279	0,0385	365,56	641,16	275,61	1,5358	2,3480
11,0	70,52	2,0570	0,0348	377,64	646,39	268,75	1,5706	2,3526
12,0	74,58	2,0861	0,0317	389,11	651,15	262,04	1,6032	2,3567
13,0	78,40	2,1152	0,0290	400,07	655,52	255,45	1,6339	2,3605
14,0	82,00	2,1445	0,0267	410,59	659,51	248,93	1,6631	2,3640
15,0	85,42	2,1741	0,0247	420,72	663,17	242,46	1,6909	2,3670
16,0	88,68	2,2042	0,0229	430,51	666,53	236,02	1,7174	2,3697
17,0	91,78	2,2349	0,0214	440,01	669,59	229,59	1,7430	2,3721
18,0	94,76	2,2663	0,0199	449,25	672,39	223,15	1,7676	2,3741
19,0	97,61	2,2986	0,0187	458,25	674,93	216,67	1,7913	2,3757
20,0	100,36	2,3320	0,0175	467,06	677,21	210,15	1,8144	2,3770
22,0	105,55	2,4027	0,0154	484,18	681,06	196,88	1,8586	2,3785
24,0	110,40	2,4802	0,0137	500,78	683,92	183,14	1,9009	2,3784
26,0	114,95	2,5671	0,0122	517,07	685,75	168,69	1,9418	2,3764
28,0	119,23	2,6676	0,0108	533,24	686,43	153,19	1,9819	2,3723
30,0	123,28	2,7887	0,0095	549,58	685,66	136,08	2,0220	2,3652
32,0	127,11	2,9443	0,0084	566,59	682,88	116,29	2,0632	2,3538
34,0	130,74	3,1721	0,0072	585,43	676,54	91,11	2,1085	2,3341
36,0	134,18	3,7237	0,0055	613,29	656,88	43,59	2,1755	2,2825
36,29	134,66	4,4329	0,0044	633,89	633,94	0,04	2,2258	2,2259

Quelle: [17], berechnet mit Software der FH Zittau/Görlitz [8].

A.5 Eigennschaften des Propans (C$_3$H$_8$) im Sättigungszustand

A.5.1 Temperaturtabelle des gesättigten Propans

Temp.	Druck	spez. Volumen		spez. Enthalpie		spez. Verd.-Enth.	spez. Entropie	
°C	bar	10^{-3} m³/kg	m³/kg	kJ/kg		kJ/kg	kJ/(kg K)	
ϑ	p_s	v'	v''	h'	h''	Δh_v	s'	s''
−80	0,1305	1,6059	2,7686	17,51	480,15	462,64	0,2167	2,7686
−78	0,1488	1,6114	2,4515	21,73	482,54	460,82	0,2385	2,4515
−76	0,1691	1,6169	2,1769	25,96	484,94	458,98	0,2600	2,1769
−74	0,1916	1,6226	1,9385	30,21	487,35	457,14	0,2815	1,9385
−72	0,2166	1,6282	1,7309	34,47	489,76	455,28	0,3027	1,7309
−70	0,2441	1,6340	1,5494	38,75	492,17	453,42	0,3239	1,5494
−68	0,2743	1,6398	1,3905	43,04	494,59	451,55	0,3448	1,3905
−66	0,3075	1,6456	1,2509	47,34	497,00	449,66	0,3657	1,2509
−64	0,3439	1,6516	1,1279	51,66	499,42	447,76	0,3864	1,1279
−62	0,3836	1,6576	1,0193	56,00	501,84	445,85	0,4070	1,0193
−60	0,4269	1,6637	0,9231	60,35	504,27	443,92	0,4275	0,9231
−58	0,4741	1,6698	0,8378	64,71	506,69	441,98	0,4478	0,8378
−56	0,5253	1,6760	0,7618	69,09	509,12	440,02	0,4681	0,7618
−54	0,5808	1,6823	0,6941	73,49	511,54	438,05	0,4882	0,6941
−52	0,6408	1,6887	0,6337	77,91	513,96	436,05	0,5082	0,6337
−50	0,7057	1,6951	0,5795	82,34	516,39	434,04	0,5281	0,5795
−48	0,7756	1,7017	0,5309	86,79	518,81	432,01	0,5479	0,5309
−46	0,8508	1,7083	0,4872	91,26	521,22	429,96	0,5676	0,4872
−44	0,9316	1,7150	0,4478	95,75	523,64	427,89	0,5872	0,4478
−42	1,0183	1,7218	0,4123	100,25	526,05	425,80	0,6067	0,4123
−40	1,1112	1,7287	0,3802	104,78	528,46	423,69	0,6261	0,3802
−38	1,2105	1,7357	0,3511	109,32	530,87	421,55	0,6455	0,3511
−36	1,3166	1,7427	0,3247	113,89	533,27	419,38	0,6647	0,3247
−34	1,4297	1,7499	0,3006	118,47	535,67	417,20	0,6839	0,3006
−32	1,5502	1,7572	0,2788	123,08	538,06	414,98	0,7030	0,2788
−30	1,6783	1,7646	0,2588	127,71	540,44	412,74	0,7220	0,2588
−28	1,8144	1,7721	0,2406	132,35	542,82	410,47	0,7410	0,2406
−26	1,9588	1,7798	0,2240	137,03	545,19	408,17	0,7598	0,2240
−24	2,1119	1,7875	0,2087	141,72	547,56	405,84	0,7786	0,2087
−22	2,2739	1,7954	0,1947	146,44	549,91	403,48	0,7974	0,1947
−20	2,4452	1,8034	0,1818	151,18	552,26	401,08	0,8161	0,1818
−18	2,6261	1,8115	0,1700	155,94	554,60	398,65	0,8347	0,1700

Temp.	Druck	spez. Volumen		spez. Enthalpie		spez. Verd.-Enth.	spez. Entropie	
°C	bar	10^{-3} m³/kg	m³/kg	kJ/kg		kJ/kg	kJ/(kg K)	
ϑ	p_s	v'	v''	h'	h''	Δh_v	s'	s''
−16	2,8170	1,8198	0,1591	160,73	556,93	396,19	0,8532	0,1591
−14	3,0181	1,8282	0,1490	165,55	559,24	393,69	0,8717	0,1490
−12	3,2300	1,8368	0,1397	170,39	561,55	391,16	0,8902	0,1397
−10	3,4528	1,8455	0,1311	175,25	563,84	388,59	0,9086	0,1311
−8	3,6870	1,8544	0,1232	180,15	566,12	385,98	0,9270	0,1232
−6	3,9330	1,8634	0,1158	185,07	568,39	383,32	0,9453	0,1158
−4	4,1910	1,8726	0,1089	190,02	570,65	380,63	0,9636	0,1089
−2	4,4614	1,8820	0,1026	194,99	572,88	377,89	0,9818	0,1026
0	4,7446	1,8916	0,0967	200,00	575,11	375,11	1,0000	0,0967
2	5,0411	1,9014	0,0912	205,04	577,32	372,28	1,0182	0,0912
4	5,3511	1,9113	0,0860	210,10	579,51	369,40	1,0363	0,0860
6	5,6750	1,9215	0,0812	215,20	581,68	366,48	1,0544	0,0812
8	6,0132	1,9319	0,0768	220,33	583,83	363,50	1,0725	0,0768
10	6,3661	1,9426	0,0726	225,49	585,97	360,48	1,0905	0,0726
12	6,7341	1,9535	0,0687	230,69	588,08	357,39	1,1086	0,0687
14	7,1175	1,9646	0,0650	235,92	590,17	354,25	1,1266	0,0650
16	7,5168	1,9760	0,0616	241,18	592,24	351,06	1,1446	0,0616
18	7,9324	1,9876	0,0584	246,49	594,29	347,80	1,1626	0,0584
20	8,3646	1,9996	0,0553	251,82	596,31	344,48	1,1805	0,0553
22	8,8139	2,0119	0,0525	257,20	598,30	341,10	1,1985	0,0525
24	9,2807	2,0244	0,0498	262,62	600,26	337,65	1,2165	0,0498
26	9,7653	2,0374	0,0473	268,07	602,20	334,12	1,2345	0,0473
28	10,2683	2,0506	0,0449	273,57	604,10	330,53	1,2524	0,0449
30	10,7899	2,0643	0,0427	279,11	605,97	326,86	1,2704	0,0427
32	11,3307	2,0784	0,0405	284,69	607,80	323,11	1,2884	0,0405
34	11,8911	2,0928	0,0385	290,32	609,59	319,27	1,3064	0,0385
36	12,4715	2,1078	0,0366	296,00	611,34	315,35	1,3244	0,0366
38	13,0724	2,1232	0,0349	301,72	613,05	311,33	1,3425	0,0349
40	13,6942	2,1391	0,0332	307,50	614,71	307,21	1,3606	0,0332
42	14,3374	2,1555	0,0316	313,33	616,32	303,00	1,3787	0,0316
44	15,0025	2,1726	0,0300	319,21	617,88	298,67	1,3968	0,0300
46	15,6899	2,1902	0,0286	325,15	619,38	294,23	1,4150	0,0286
48	16,4001	2,2086	0,0272	331,15	620,82	289,66	1,4333	0,0272
50	17,1336	2,2276	0,0259	337,22	622,19	284,97	1,4516	0,0259
52	17,8910	2,2475	0,0246	343,35	623,49	280,14	1,4700	0,0246
54	18,6727	2,2682	0,0235	349,54	624,71	275,17	1,4885	0,0235

Temp.	Druck	spez. Volumen		spez. Enthalpie		spez. Verd.-Enth.	spez. Entropie	
°C	bar	10^{-3} m³/kg	m³/kg	kJ/kg		kJ/kg	kJ/(kg K)	
ϑ	p_s	v'	v''	h'	h''	Δh_v	s'	s''
56	19,4793	2,2898	0,0223	355,82	625,85	270,04	1,5070	0,0223
58	20,3114	2,3124	0,0212	362,17	626,91	264,74	1,5257	0,0212
60	21,1696	2,3362	0,0202	368,60	627,86	259,26	1,5444	0,0202
62	22,0543	2,3612	0,0192	375,12	628,71	253,59	1,5633	0,0192
64	22,9663	2,3877	0,0183	381,74	629,45	247,71	1,5824	0,0183
66	23,9062	2,4156	0,0174	388,46	630,06	241,60	1,6016	0,0174
68	24,8747	2,4453	0,0165	395,30	630,53	235,24	1,6210	0,0165
70	25,8725	2,4770	0,0156	402,25	630,85	228,60	1,6406	0,0156
72	26,9002	2,5109	0,0148	409,34	631,00	221,65	1,6605	0,0148
74	27,9588	2,5475	0,0141	416,59	630,95	214,36	1,6806	0,0141
76	29,0491	2,5871	0,0133	424,00	630,67	206,67	1,7011	0,0133
78	30,1719	2,6304	0,0126	431,61	630,13	198,52	1,7220	0,0126
80	31,3282	2,6781	0,0118	439,45	629,29	189,85	1,7434	0,0118
82	32,5192	2,7312	0,0111	447,55	628,09	180,54	1,7653	0,0111
84	33,7460	2,7912	0,0105	455,97	626,44	170,47	1,7880	0,0105
86	35,0099	2,8601	0,0098	464,80	624,22	159,43	1,8117	0,0098
88	36,3126	2,9413	0,0091	474,15	621,27	147,12	1,8366	0,0091
90	37,6560	3,0404	0,0084	484,23	617,29	133,06	1,8633	0,0084
92	39,0423	3,1685	0,0077	495,44	611,72	116,29	1,8929	0,0077
94	40,4751	3,3534	0,0069	508,71	603,27	94,56	1,9279	0,0069
96	41,9604	3,7294	0,0058	528,43	586,04	57,60	1,9800	0,0058
96,675	42,4766	4,4975	0,0045	554,58	554,58	0,00	2,0502	0,0045

Quelle: [17], berechnet mit Software der FH Zittau/Görlitz [8].

A.5.2 Drucktabelle des gesättigten Propans

Druck	Temp.	spez. Volumen		spez. Enthalpie		spez. Verd.- Enth.	spez. Entropie	
bar	°C	10^{-3} m³/kg	m³/kg	kJ/kg		kJ/kg	kJ/(kg K)	
P_s	ϑ	v'	v''	h'	h''	Δh_v	s'	s''
0,10	−83,92	1,5952	3,5448	9,27	475,47	466,20	0,1737	3,5448
0,11	−82,54	1,5990	3,2445	12,17	477,12	464,95	0,1889	3,2445
0,12	−81,25	1,6024	2,9927	14,86	478,65	463,78	0,2030	2,9927
0,13	−80,06	1,6057	2,7784	17,38	480,08	462,69	0,2161	2,7784
0,14	−78,93	1,6088	2,5937	19,76	481,43	461,67	0,2283	2,5937
0,15	−77,87	1,6117	2,4329	22,00	482,70	460,70	0,2398	2,4329
0,16	−76,87	1,6145	2,2916	24,12	483,90	459,78	0,2507	2,2916
0,17	−75,92	1,6172	2,1663	26,14	485,04	458,90	0,2609	2,1663
0,18	−75,01	1,6197	2,0545	28,07	486,14	458,07	0,2707	2,0545
0,19	−74,14	1,6222	1,9540	29,92	487,18	457,27	0,2800	1,9540
0,20	−73,31	1,6245	1,8633	31,69	488,18	456,50	0,2888	1,8633
0,22	−71,74	1,6290	1,7058	35,03	490,07	455,04	0,3055	1,7058
0,24	−70,28	1,6332	1,5737	38,14	491,83	453,69	0,3209	1,5737
0,26	−68,92	1,6371	1,4612	41,06	493,47	452,41	0,3352	1,4612
0,28	−67,64	1,6408	1,3643	43,81	495,02	451,21	0,3486	1,3643
0,30	−66,44	1,6444	1,2798	46,40	496,48	450,07	0,3612	1,2798
0,32	−65,29	1,6477	1,2056	48,87	497,86	448,99	0,3730	1,2056
0,34	−64,20	1,6510	1,1398	51,22	499,18	447,96	0,3843	1,1398
0,36	−63,17	1,6541	1,0810	53,47	500,43	446,97	0,3950	1,0810
0,38	−62,17	1,6571	1,0282	55,62	501,63	446,02	0,4052	1,0282
0,40	−61,22	1,6599	0,9805	57,69	502,79	445,10	0,4150	0,9805
0,42	−60,31	1,6627	0,9372	59,67	503,89	444,22	0,4243	0,9372
0,44	−59,43	1,6654	0,8977	61,59	504,96	443,37	0,4333	0,8977
0,46	−58,58	1,6680	0,8615	63,44	505,99	442,54	0,4419	0,8615
0,48	−57,76	1,6705	0,8282	65,24	506,98	441,75	0,4503	0,8282
0,50	−56,97	1,6730	0,7975	66,97	507,94	440,97	0,4583	0,7975
0,55	−55,09	1,6789	0,7301	71,09	510,22	439,12	0,4772	0,7301
0,60	−53,34	1,6844	0,6735	74,94	512,34	437,39	0,4948	0,6735
0,65	−51,71	1,6896	0,6254	78,56	514,32	435,76	0,5111	0,6254
0,70	−50,17	1,6946	0,5839	81,97	516,18	434,21	0,5264	0,5839
0,75	−48,71	1,6993	0,5477	85,20	517,94	432,74	0,5408	0,5477
0,80	−47,33	1,7039	0,5159	88,28	519,61	431,33	0,5545	0,5159
0,85	−46,02	1,7082	0,4876	91,21	521,20	429,99	0,5674	0,4876
0,90	−44,77	1,7124	0,4624	94,03	522,72	428,69	0,5797	0,4624

Druck	Temp.	spez. Volumen		spez. Enthalpie		spez. Verd.-Enth.	spez. Entropie	
bar	°C	10^{-3} m³/kg	m³/kg	kJ/kg		kJ/kg	kJ/(kg K)	
P_s	ϑ	v'	v''	h'	h''	Δh_v	s'	s''
0,95	−43,56	1,7165	0,4398	96,73	524,17	427,44	0,5915	0,4398
1,00	−42,41	1,7204	0,4193	99,33	525,56	426,23	0,6027	0,4193
1,10	−40,23	1,7279	0,3838	104,25	528,18	423,93	0,6239	0,3838
1,20	−38,21	1,7349	0,3539	108,86	530,62	421,77	0,6435	0,3539
1,30	−36,30	1,7417	0,3285	113,19	532,91	419,71	0,6618	0,3285
1,40	−34,51	1,7481	0,3066	117,30	535,05	417,76	0,6790	0,3066
1,50	−32,82	1,7542	0,2875	121,19	537,08	415,89	0,6952	0,2875
1,60	−31,21	1,7601	0,2707	124,91	539,01	414,10	0,7105	0,2707
1,70	−29,67	1,7658	0,2557	128,46	540,83	412,37	0,7251	0,2557
1,80	−28,21	1,7713	0,2424	131,87	542,58	410,70	0,7390	0,2424
1,90	−26,80	1,7767	0,2304	135,15	544,25	409,09	0,7523	0,2304
2,00	−25,45	1,7819	0,2196	138,31	545,84	407,53	0,7650	0,2196
2,2	−22,90	1,7918	0,2008	144,32	548,86	404,54	0,7890	0,2008
2,4	−20,52	1,8013	0,1850	149,95	551,65	401,70	0,8112	0,1850
2,6	−18,28	1,8104	0,1716	155,27	554,27	399,00	0,8321	0,1716
2,8	−16,17	1,8191	0,1600	160,32	556,72	396,41	0,8516	0,1600
3,0	−14,18	1,8275	0,1499	165,12	559,04	393,92	0,8701	0,1499
3,2	−12,28	1,8356	0,1410	169,72	561,23	391,51	0,8877	0,1410
3,4	−10,47	1,8434	0,1331	174,12	563,31	389,19	0,9043	0,1331
3,6	−8,73	1,8511	0,1260	178,35	565,29	386,94	0,9203	0,1260
3,8	−7,07	1,8586	0,1197	182,43	567,18	384,75	0,9355	0,1197
4,0	−5,47	1,8658	0,1139	186,37	568,99	382,61	0,9501	0,1139
4,2	−3,93	1,8729	0,1087	190,19	570,72	380,54	0,9642	0,1087
4,4	−2,45	1,8799	0,1040	193,88	572,39	378,51	0,9777	0,1040
4,6	−1,01	1,8867	0,0996	197,47	573,99	376,52	0,9908	0,0996
4,8	0,38	1,8934	0,0956	200,96	575,53	374,57	1,0035	0,0956
5,0	1,73	1,9000	0,0919	204,35	577,02	372,67	1,0157	0,0919
5,5	4,93	1,9161	0,0838	212,47	580,52	368,05	1,0447	0,0838
6,0	7,92	1,9315	0,0769	220,13	583,75	363,62	1,0718	0,0769
6,5	10,74	1,9466	0,0711	227,40	586,75	359,35	1,0972	0,0711
7,0	13,40	1,9612	0,0661	234,33	589,54	355,21	1,1211	0,0661
7,5	15,92	1,9755	0,0617	240,97	592,16	351,19	1,1438	0,0617
8,0	18,32	1,9895	0,0579	247,33	594,61	347,28	1,1654	0,0579
8,5	20,61	2,0033	0,0544	253,46	596,92	343,46	1,1860	0,0544
9,0	22,81	2,0169	0,0514	259,38	599,09	339,71	1,2058	0,0514
9,5	24,91	2,0303	0,0486	265,10	601,15	336,04	1,2247	0,0486

Druck	Temp.	spez. Volumen		spez. Enthalpie		spez. Verd.-Enth.	spez. Entropie	
bar	°C	10^{-3} m³/kg	m³/kg	kJ/kg		kJ/kg	kJ/(kg K)	
P_s	ϑ	v'	v''	h'	h''	Δh_v	s'	s''
10,0	26,94	2,0436	0,0461	270,66	603,10	332,44	1,2429	0,0461
11,0	30,79	2,0698	0,0418	281,30	606,69	325,39	1,2775	0,0418
12,0	34,38	2,0956	0,0382	291,40	609,93	318,53	1,3098	0,0382
13,0	37,76	2,1213	0,0351	301,04	612,85	311,81	1,3403	0,0351
14,0	40,96	2,1469	0,0324	310,29	615,49	305,20	1,3692	0,0324
15,0	43,99	2,1725	0,0300	319,19	617,88	298,69	1,3968	0,0300
16,0	46,88	2,1982	0,0280	327,79	620,02	292,23	1,4231	0,0280
17,0	49,64	2,2241	0,0261	336,12	621,95	285,83	1,4483	0,0261
18,0	52,28	2,2503	0,0245	344,22	623,67	279,45	1,4726	0,0245
19,0	54,82	2,2769	0,0230	352,10	625,19	273,09	1,4960	0,0230
20,0	57,26	2,3039	0,0216	359,80	626,53	266,72	1,5187	0,0216
22,0	61,88	2,3597	0,0193	374,73	628,66	253,94	1,5622	0,0193
24,0	66,20	2,4184	0,0173	389,13	630,11	240,99	1,6035	0,0173
26,0	70,25	2,4811	0,0155	403,14	630,88	227,74	1,6431	0,0155
28,0	74,08	2,5489	0,0140	416,87	630,94	214,07	1,6814	0,0140
30,0	77,70	2,6236	0,0127	430,45	630,23	199,79	1,7188	0,0127
32,0	81,14	2,7075	0,0114	444,01	628,66	184,65	1,7558	0,0114
34,0	84,41	2,8044	0,0103	457,73	626,04	168,31	1,7928	0,0103
36,0	87,53	2,9207	0,0093	471,87	622,05	150,18	1,8305	0,0093
38,0	90,50	3,0692	0,0082	486,92	616,07	129,15	1,8704	0,0082
40,0	93,34	3,2831	0,0072	504,02	606,52	102,50	1,9155	0,0072
42,0	96,05	3,7482	0,0057	529,24	585,21	55,97	1,9822	0,0057
42,4766	96,675	4,4975	0,0045	554,58	554,58	0,00	2,0502	0,0045

Quelle: [17], berechnet mit Software der FH Zittau/Görlitz [8].

A.6 Eigenschaften von R134a CH$_2$F–CF$_3$) im Sättigungszustand

A.6.1 Temperaturtabelle des gesättigten R134a

Temp.	Druck	spez. Volumen		spez. Enthalpie		spez. Verd.-Enth.	spez. Entropie	
°C	bar	10⁻³ m³/kg	m³/kg	kJ/kg		kJ/kg	kJ/(kg K)	
ϑ	p_s	v'	v''	h'	h''	Δh_v	s'	s''
70	0,0800	0,6658	2,0552	111,20	355,02	243,82	0,6262	1,8262
−68	0,0923	0,6683	1,7957	113,62	356,27	242,65	0,6381	1,8207
−66	0,1063	0,6707	1,5739	116,05	357,53	241,48	0,6498	1,8155
−64	0,1220	0,6732	1,3837	118,48	358,79	240,30	0,6615	1,8104
−62	0,1395	0,6757	1,2200	120,92	360,05	239,13	0,6731	1,8056
−60	0,1591	0,6783	1,0788	123,36	361,31	237,95	0,6846	1,8009
−58	0,1809	0,6808	0,9565	125,81	362,58	236,76	0,6961	1,7965
−56	0,2051	0,6834	0,8504	128,27	363,84	235,57	0,7074	1,7923
−54	0,2320	0,6861	0,7579	130,73	365,11	234,38	0,7187	1,7882
−52	0,2616	0,6887	0,6772	133,20	366,38	233,18	0,7299	1,7843
−50	0,2943	0,6914	0,6065	135,67	367,65	231,98	0,7410	1,7806
−48	0,3303	0,6941	0,5445	138,15	368,92	230,77	0,7521	1,7771
−46	0,3698	0,6969	0,4899	140,64	370,19	229,55	0,7631	1,7737
−44	0,4130	0,6997	0,4417	143,14	371,47	228,33	0,7740	1,7705
−42	0,4602	0,7025	0,3991	145,64	372,74	227,10	0,7848	1,7674
−40	0,5117	0,7054	0,3614	148,14	374,00	225,86	0,7956	1,7644
−38	0,5677	0,7083	0,3278	150,66	375,27	224,61	0,8063	1,7616
−36	0,6286	0,7112	0,2979	153,18	376,54	223,36	0,8170	1,7589
−34	0,6946	0,7142	0,2713	155,71	377,80	222,09	0,8276	1,7563
−32	0,7660	0,7172	0,2475	158,25	379,06	220,82	0,8381	1,7539
−30	0,8432	0,7203	0,2261	160,79	380,32	219,53	0,8486	1,7515
−28	0,9264	0,7234	0,2069	163,34	381,58	218,23	0,8591	1,7493
−26	1,0160	0,7265	0,1897	165,90	382,83	216,92	0,8694	1,7472
−24	1,1124	0,7297	0,1742	168,47	384,07	215,60	0,8798	1,7451
−22	1,2158	0,7329	0,1602	171,05	385,32	214,27	0,8900	1,7432
−20	1,3267	0,7362	0,1475	173,64	386,56	212,92	0,9002	1,7414
−18	1,4454	0,7396	0,1360	176,23	387,79	211,56	0,9104	1,7396
−16	1,5722	0,7430	0,1256	178,83	389,02	210,19	0,9205	1,7379
−14	1,7076	0,7464	0,1161	181,44	390,24	208,80	0,9306	1,7363
−12	1,8519	0,7499	0,1075	184,07	391,46	207,39	0,9407	1,7348
−10	2,0055	0,7535	0,0996	186,70	392,67	205,97	0,9506	1,7334
−8	2,1689	0,7571	0,0924	189,34	393,87	204,53	0,9606	1,7320

Temp.	Druck	spez. Volumen		spez. Enthalpie		spez. Verd.- Enth.	spez. Entropie	
°C	bar	10^{-3} m³/kg	m³/kg	kJ/kg		kJ/kg	kJ/(kg K)	
ϑ	p_s	v'	v''	h'	h''	Δh_v	s'	s''
−6	2,3423	0,7608	0,0859	191,99	395,07	203,08	0,9705	1,7307
−4	2,5264	0,7646	0,0799	194,65	396,25	201,61	0,9804	1,7294
−2	2,7214	0,7684	0,0744	197,32	397,43	200,11	0,9902	1,7282
0	2,9278	0,7723	0,0693	200,00	398,60	198,60	1,0000	1,7271
2	3,1460	0,7763	0,0647	202,69	399,77	197,07	1,0098	1,7260
4	3,3766	0,7804	0,0604	205,40	400,92	195,52	1,0195	1,7250
6	3,6198	0,7845	0,0564	208,11	402,06	193,95	1,0292	1,7240
8	3,8762	0,7887	0,0528	210,84	403,20	192,36	1,0388	1,7230
10	4,1462	0,7930	0,0494	213,58	404,32	190,74	1,0485	1,7221
12	4,4304	0,7975	0,0463	216,33	405,43	189,10	1,0581	1,7212
14	4,7291	0,8020	0,0434	219,09	406,53	187,43	1,0677	1,7204
16	5,0429	0,8066	0,0408	221,87	407,61	185,74	1,0772	1,7196
18	5,3722	0,8113	0,0383	224,66	408,69	184,02	1,0867	1,7188
20	5,7176	0,8161	0,0360	227,47	409,75	182,28	1,0962	1,7180
22	6,0795	0,8210	0,0339	230,29	410,79	180,50	1,1057	1,7173
24	6,4584	0,8261	0,0319	233,12	411,82	178,70	1,1152	1,7166
26	6,8549	0,8313	0,0300	235,97	412,84	176,86	1,1246	1,7159
28	7,2694	0,8367	0,0283	238,84	413,84	175,00	1,1341	1,7152
30	7,7026	0,8421	0,0266	241,72	414,82	173,09	1,1435	1,7145
32	8,1549	0,8478	0,0251	244,62	415,78	171,16	1,1529	1,7138
34	8,6268	0,8536	0,0237	247,54	416,72	169,18	1,1623	1,7131
36	9,1190	0,8595	0,0224	250,48	417,65	167,17	1,1717	1,7124
38	9,6320	0,8657	0,0211	253,43	418,55	165,11	1,1811	1,7117
40	10,1664	0,8720	0,0200	256,41	419,43	163,02	1,1905	1,7110
42	10,7226	0,8786	0,0189	259,41	420,28	160,88	1,1999	1,7103
44	11,3014	0,8854	0,0178	262,43	421,11	158,69	1,2092	1,7096
46	11,9034	0,8924	0,0169	265,47	421,92	156,45	1,2186	1,7088
48	12,5290	0,8997	0,0160	268,53	422,69	154,16	1,2280	1,7081
50	13,1790	0,9072	0,0151	271,62	423,44	151,81	1,2375	1,7072
52	13,8540	0,9150	0,0143	274,74	424,15	149,41	1,2469	1,7064
54	14,5547	0,9232	0,0135	277,89	424,83	146,94	1,2563	1,7055
56	15,2817	0,9317	0,0128	281,06	425,47	144,41	1,2658	1,7045
58	16,0357	0,9405	0,0121	284,27	426,07	141,81	1,2753	1,7035
60	16,8174	0,9498	0,0114	287,50	426,63	139,13	1,2848	1,7024
62	17,6275	0,9595	0,0108	290,78	427,14	136,37	1,2944	1,7013
64	18,4668	0,9697	0,0102	294,09	427,61	133,52	1,3040	1,7000

Temp.	Druck	spez. Volumen		spez. Enthalpie		spez. Verd.-Enth.	spez. Entropie	
°C	bar	10^{-3} m³/kg	m³/kg	kJ/kg		kJ/kg	kJ/(kg K)	
ϑ	p_s	v'	v''	h'	h''	Δh_v	s'	s''
66	19,3360	0,9804	0,0097	297,44	428,02	130,57	1,3137	1,6987
68	20,2361	0,9918	0,0092	300,84	428,37	127,53	1,3234	1,6972
70	21,1677	1,0038	0,0087	304,28	428,65	124,37	1,3332	1,6956
72	22,1318	1,0165	0,0082	307,78	428,86	121,09	1,3430	1,6939
74	23,1292	1,0301	0,0077	311,33	429,00	117,67	1,3530	1,6920
76	24,1611	1,0447	0,0073	314,94	429,04	114,10	1,3631	1,6899
78	25,2283	1,0603	0,0069	318,63	428,99	110,36	1,3733	1,6876
80	26,3319	1,0773	0,0064	322,39	428,81	106,42	1,3836	1,6850
82	27,4733	1,0958	0,0061	326,24	428,51	102,27	1,3942	1,6821
84	28,6535	1,1162	0,0057	330,20	428,05	97,85	1,4049	1,6789
86	29,8740	1,1388	0,0053	334,28	427,41	93,13	1,4159	1,6752
88	31,1364	1,1643	0,0050	338,51	426,55	88,04	1,4273	1,6710
90	32,4424	1,1936	0,0046	342,93	425,41	82,48	1,4390	1,6662
92	33,7942	1,2278	0,0043	347,59	423,91	76,33	1,4514	1,6604
94	35,1940	1,2694	0,0039	352,58	421,92	69,34	1,4645	1,6534
96	36,6453	1,3226	0,0036	358,07	419,18	61,11	1,4789	1,6445
98	38,1523	1,3976	0,0032	364,47	415,13	50,66	1,4957	1,6322
100	39,7228	1,5360	0,0027	373,31	407,72	34,41	1,5188	1,6110
101,03	40,5659	1,9326	1,9326	388,95	388,95	0,00	1,5603	1,5603

Quelle: [15], berechnet mit Software der FH Zittau/Görlitz [8].

A.6.2 Drucktabelle des gesättigten R134a

Druck	Temp.	spez. Volumen		spez. Enthalpie		spez. Verd.-Enth.	spez. Entropie	
bar	°C	10^{-3} m³/kg	m³/kg	kJ/kg		kJ/kg	kJ/(kg K)	
P_s	ϑ	v'	v''	h'	h''	Δh_v	s'	s''
0,08	−69,99	0,6658	2,0542	111,21	355,02	243,82	0,6262	1,8262
0,09	−68,36	0,6678	1,8395	113,18	356,05	242,86	0,6359	1,8217
0,10	−66,87	0,6697	1,6665	114,99	356,98	241,99	0,6447	1,8177
0,11	−65,51	0,6713	1,5242	116,65	357,84	241,19	0,6527	1,8142
0,12	−64,24	0,6729	1,4049	118,19	358,64	240,44	0,6601	1,8110
0,13	−63,06	0,6744	1,3034	119,63	359,38	239,75	0,6670	1,8081
0,14	−61,95	0,6758	1,2160	120,98	360,08	239,10	0,6734	1,8054
0,15	−60,90	0,6771	1,1399	122,26	360,74	238,48	0,6794	1,8030
0,16	−59,91	0,6784	1,0731	123,47	361,37	237,89	0,6851	1,8007
0,17	−58,97	0,6796	1,0139	124,62	361,96	237,34	0,6905	1,7986
0,18	−58,08	0,6807	0,9611	125,72	362,53	236,81	0,6956	1,7967
0,19	−57,23	0,6818	0,9136	126,76	363,07	236,30	0,7005	1,7948
0,20	−56,41	0,6829	0,8708	127,77	363,58	235,82	0,7051	1,7931
0,21	−55,62	0,6839	0,8319	128,73	364,08	235,35	0,7095	1,7915
0,23	−54,14	0,6859	0,7640	130,56	365,02	234,47	0,7179	1,7885
0,25	−52,76	0,6877	0,7067	132,26	365,90	233,64	0,7256	1,7858
0,27	−51,47	0,6894	0,6576	133,85	366,72	232,86	0,7328	1,7833
0,29	−50,26	0,6911	0,6150	135,36	367,49	232,13	0,7396	1,7811
0,31	−49,11	0,6926	0,5778	136,78	368,22	231,44	0,7460	1,7790
0,33	−48,02	0,6941	0,5450	138,13	368,91	230,78	0,7520	1,7771
0,35	−46,98	0,6955	0,5158	139,42	369,57	230,15	0,7577	1,7753
0,37	−45,99	0,6969	0,4896	140,66	370,20	229,55	0,7631	1,7737
0,39	−45,04	0,6982	0,4661	141,84	370,80	228,97	0,7683	1,7721
0,41	−44,13	0,6995	0,4447	142,97	371,38	228,41	0,7733	1,7707
0,43	−43,26	0,7007	0,4253	144,06	371,94	227,88	0,7780	1,7693
0,45	−42,42	0,7019	0,4076	145,11	372,47	227,36	0,7826	1,7680
0,47	−41,61	0,7031	0,3913	146,13	372,99	226,86	0,7870	1,7668
0,49	−40,82	0,7042	0,3763	147,11	373,48	226,37	0,7912	1,7656
0,51	−40,06	0,7053	0,3625	148,06	373,96	225,90	0,7953	1,7645
0,56	−38,27	0,7079	0,3321	150,32	375,10	224,78	0,8049	1,7620
0,61	−36,59	0,7103	0,3065	152,43	376,16	223,73	0,8138	1,7597
0,66	−35,03	0,7126	0,2846	154,41	377,15	222,74	0,8222	1,7576
0,71	−33,56	0,7148	0,2658	156,27	378,08	221,81	0,8299	1,7558
0,76	−32,16	0,7169	0,2493	158,04	378,96	220,92	0,8373	1,7541

Druck	Temp.	spez. Volumen		spez. Enthalpie		spez. Verd.-Enth.	spez. Entropie	
bar	°C	10^{-3} m³/kg	m³/kg	kJ/kg		kJ/kg	kJ/(kg K)	
P_s	ϑ	v'	v''	h'	h''	Δh_v	s'	s''
0,81	−30,84	0,7190	0,2348	159,72	379,79	220,07	0,8442	1,7525
0,86	−29,58	0,7209	0,2219	161,32	380,58	219,26	0,8508	1,7511
0,91	−28,38	0,7228	0,2105	162,86	381,34	218,48	0,8571	1,7497
0,96	−27,23	0,7246	0,2001	164,32	382,06	217,73	0,8630	1,7485
1,01	−26,13	0,7263	0,1908	165,74	382,75	217,01	0,8688	1,7473
1,20	−22,30	0,7325	0,1621	170,67	385,13	214,47	0,8885	1,7435
1,30	−20,47	0,7355	0,1503	173,03	386,27	213,24	0,8979	1,7418
1,40	−18,75	0,7383	0,1402	175,26	387,33	212,07	0,9066	1,7403
1,50	−17,12	0,7411	0,1313	177,37	388,33	210,96	0,9149	1,7389
1,60	−15,58	0,7437	0,1235	179,38	389,28	209,89	0,9227	1,7376
1,70	−14,11	0,7462	0,1166	181,30	390,17	208,87	0,9301	1,7364
1,80	−12,70	0,7487	0,1104	183,14	391,03	207,89	0,9371	1,7354
1,90	−11,36	0,7511	0,1049	184,91	391,84	206,94	0,9439	1,7344
2,00	−10,07	0,7534	0,0999	186,60	392,62	206,02	0,9503	1,7334
2,10	−8,83	0,7556	0,0953	188,24	393,37	205,13	0,9565	1,7326
2,30	−6,48	0,7599	0,0874	191,35	394,78	203,43	0,9681	1,7310
2,50	−4,28	0,7641	0,0807	194,27	396,09	201,81	0,9790	1,7296
2,70	−2,21	0,7680	0,0749	197,03	397,31	200,27	0,9892	1,7284
2,90	−0,26	0,7718	0,0700	199,65	398,45	198,80	0,9987	1,7272
3,10	1,59	0,7755	0,0656	202,14	399,53	197,39	1,0077	1,7262
3,30	3,35	0,7790	0,0617	204,51	400,54	196,03	1,0163	1,7253
3,50	5,03	0,7825	0,0583	206,79	401,51	194,72	1,0245	1,7244
3,70	6,64	0,7858	0,0553	208,98	402,42	193,45	1,0323	1,7237
3,90	8,18	0,7891	0,0525	211,08	403,30	192,21	1,0397	1,7229
4,10	9,66	0,7923	0,0500	213,12	404,13	191,01	1,0469	1,7223
4,30	11,09	0,7954	0,0477	215,08	404,93	189,85	1,0537	1,7216
4,50	12,48	0,7985	0,0456	216,98	405,69	188,71	1,0604	1,7210
4,70	13,81	0,8015	0,0437	218,83	406,42	187,59	1,0667	1,7205
4,90	15,10	0,8045	0,0420	220,62	407,13	186,51	1,0729	1,7199
5,10	16,35	0,8074	0,0403	222,36	407,80	185,44	1,0789	1,7194
5,60	19,33	0,8145	0,0367	226,53	409,39	182,87	1,0931	1,7183
6,10	22,11	0,8213	0,0337	230,44	410,85	180,41	1,1063	1,7173
6,60	24,72	0,8280	0,0312	234,15	412,19	178,04	1,1186	1,7163
7,10	27,19	0,8345	0,0289	237,68	413,44	175,75	1,1303	1,7154
7,60	29,53	0,8408	0,0270	241,05	414,59	173,54	1,1413	1,7146
8,10	31,76	0,8471	0,0253	244,28	415,67	171,39	1,1518	1,7139
8,60	33,89	0,8532	0,0238	247,38	416,67	169,29	1,1618	1,7132

Druck	Temp.	spez. Volumen		spez. Enthalpie		spez. Verd.-Enth.	spez. Entropie	
bar	°C	10^{-3} m³/kg	m³/kg	kJ/kg		kJ/kg	kJ/(kg K)	
P_s	ϑ	v'	v''	h'	h''	Δh_v	s'	s''
9,10	35,92	0,8593	0,0224	250,37	417,61	167,25	1,1713	1,7125
9,60	37,88	0,8653	0,0212	253,25	418,49	165,24	1,1805	1,7118
10,10	39,76	0,8713	0,0201	256,05	419,32	163,28	1,1893	1,7111
12,00	46,31	0,8935	0,0167	265,95	422,04	156,09	1,2201	1,7087
13,00	49,46	0,9051	0,0153	270,78	423,24	152,46	1,2349	1,7075
14,00	52,42	0,9167	0,0141	275,40	424,30	148,90	1,2489	1,7062
15,00	52,42	0,9167	0,0141	275,40	424,30	148,90	1,2489	1,7062
16,00	55,23	0,9283	0,0131	279,83	425,23	145,39	1,2621	1,7049
17,00	57,90	0,9401	0,0121	284,10	426,04	141,94	1,2748	1,7036
18,00	60,45	0,9519	0,0113	288,24	426,75	138,51	1,2870	1,7022
19,00	62,89	0,9640	0,0106	292,25	427,36	135,11	1,2987	1,7007
20,00	65,23	0,9762	0,0099	296,15	427,87	131,72	1,3099	1,6992
21,00	67,48	0,9888	0,0093	299,95	428,28	128,33	1,3209	1,6976
23,00	71,73	1,0147	0,0082	307,30	428,84	121,54	1,3417	1,6941
25,00	75,69	1,0423	0,0073	314,38	429,04	114,66	1,3615	1,6902
27,00	79,40	1,0721	0,0066	321,25	428,88	107,63	1,3805	1,6858
29,00	82,90	1,1047	0,0059	328,01	428,33	100,32	1,3990	1,6807
31,00	84,57	1,1224	0,0056	331,35	427,89	96,54	1,4080	1,6779
33,00	89,33	1,1833	0,0047	341,42	425,83	84,40	1,4350	1,6679
35,00	92,30	1,2335	0,0042	348,31	423,65	75,34	1,4533	1,6594
37,00	95,12	1,2973	0,0037	355,58	420,50	64,92	1,4724	1,6487
39,00	97,80	1,3885	0,0032	363,77	415,63	51,86	1,4938	1,6336
41,00	100,34	1,5807	0,0026	375,59	405,47	29,88	1,5248	1,6048
40,5659	101,03	1,9326	1,9326	388,95	388,95	0,00	1,5603	1,5603

Quelle: [15], berechnet mit Software der FH Zittau/Görlitz [8].

A.7 Berechnete Stoffwerte idealer Gase

A.7.1 Berechnete energetische Stoffwerte idealer Gase

	Stickstoff				Sauerstoff			
ϑ	c_p	$\overline{c_p}$	h	s_0	c_p	$\overline{c_p}$	h	s_0
°C	kJ/(kg K)		kJ/kg	kJ/(kg K)	kJ/(kg K)		kJ/kg	kJ/(kg K)
−60	1,0392	1,0392	−62,350	−0,2577	0,9105	0,9123	−54,74	−0,2263
−40	1,0391	1,0392	−41,566	−0,1645	0,9115	0,9130	−36,52	−0,1446
−20	1,0391	1,0392	−20,784	−0,0790	0,9129	0,9138	−18,28	−0,0695
0	1,0393	1,0393	0,000	0,0000	0,9148	0,9148	0,00	0,0000
20	1,0396	1,0395	20,789	0,0735	0,9173	0,9160	18,32	0,0647
40	1,0400	1,0396	41,585	0,1421	0,9205	0,9174	36,70	0,1254
60	1,0406	1,0399	62,391	0,2065	0,9243	0,9191	55,15	0,1825
80	1,0413	1,0401	83,209	0,2672	0,9287	0,9209	73,68	0,2365
100	1,0423	1,0405	104,05	0,3246	0,9336	0,9230	92,30	0,2878
150	1,0461	1,0416	156,25	0,4558	0,9477	0,9288	139,32	0,4060
200	1,0519	1,0434	208,69	0,5730	0,9631	0,9354	187,09	0,5127
250	1,0597	1,0459	261,47	0,6790	0,9791	0,9426	235,64	0,6102
300	1,0692	1,0490	314,69	0,7762	0,9948	0,9500	284,99	0,7003
350	1,0799	1,0526	368,41	0,8660	1,0097	0,9575	335,11	0,7842
400	1,0915	1,0567	422,69	0,9498	1,0237	0,9649	385,95	0,8626
450	1,1035	1,0613	477,57	1,0284	1,0367	0,9721	437,46	0,9364
500	1,1156	1,0661	533,04	1,1026	1,0485	0,9792	489,60	1,0061
550	1,1276	1,0711	589,13	1,1729	1,0592	0,9860	542,30	1,0722
600	1,1394	1,0763	645,80	1,2397	1,0690	0,9925	595,51	1,1349
650	1,1507	1,0816	703,06	1,3035	1,0779	0,9987	649,18	1,1947
700	1,1616	1,0870	760,87	1,3645	1,0860	1,0047	703,28	1,2518
750	1,1720	1,0923	819,21	1,4229	1,0934	1,0104	757,77	1,3064
800	1,1817	1,0976	878,05	1,4791	1,1001	1,0158	812,61	1,3587
850	1,1909	1,1028	937,37	1,5331	1,1064	1,0209	867,78	1,4090
900	1,1996	1,1079	997,14	1,5852	1,1121	1,0258	923,24	1,4573
950	1,2077	1,1130	1 057,32	1,6354	1,1175	1,0305	978,98	1,5038
950	1,2077	1,1130	1057,32	1,6354	1,1175	1,0305	978,98	1,5038
1000	1,2153	1,1179	1117,90	1,6839	1,1226	1,0350	1034,98	1,5487
1100	1,2290	1,1274	1240,13	1,7764	1,1319	1,0434	1147,72	1,6339
1200	1,2409	1,1364	1363,64	1,8632	1,1405	1,0511	1261,34	1,7138
1300	1,2514	1,1448	1488,27	1,9450	1,1486	1,0583	1375,80	1,7889
1400	1,2606	1,1528	1613,88	2,0224	1,1564	1,0650	1491,05	1,8600
1500	1,2687	1,1602	1740,36	2,0958	1,1640	1,0714	1607,07	1,9273
1600	1,2759	1,1672	1867,60	2,1657	1,1714	1,0774	1723,84	1,9914

	Stickstoff				Sauerstoff			
ϑ	c_p	$\overline{c_p}$	h	s_0	c_p	$\overline{c_p}$	h	s_0
°C	kJ/(kg K)		kJ/kg	kJ/(kg K)	kJ/(kg K)		kJ/kg	kJ/(kg K)
1700	1,2824	1,1738	1995,52	2,2322	1,1788	1,0831	1841,35	2,0525
1800	1,2881	1,1800	2124,05	2,2957	1,1861	1,0887	1959,59	2,1110
1900	1,2933	1,1859	2253,12	2,3565	1,1933	1,0940	2078,57	2,1670
2000	1,2980	1,1913	2382,69	2,4148	1,2005	1,0991	2198,26	2,2208
2100	1,3022	1,1965	2512,71	2,4708	1,2077	1,1041	2318,67	2,2727
2200	1,3061	1,2014	2643,13	2,5246	1,2147	1,1090	2439,79	2,3227
2300	1,3097	1,2061	2773,92	2,5765	1,2216	1,1137	2561,61	2,3710
2400	1,3129	1,2104	2905,05	2,6265	1,2284	1,1184	2684,11	2,4177
2500	1,3159	1,2146	3036,50	2,6747	1,2351	1,1229	2807,29	2,4629
2600	1,3187	1,2185	3168,23	2,7214	1,2416	1,1274	2931,12	2,5068
2700	1,3212	1,2223	3300,22	2,7666	1,2479	1,1317	3055,60	2,5494

Die Entropiewerte s_0 gelten beim Normaldruck von $p_0 = 1,01325$ bar.

A.7.1 Berechnete energetische Stoffwerte idealer Gase (Fortsetzung 1)

	Kohlenmonoxid				Kohlendioxid			
ϑ	c_p	$\overline{c_p}$	h	s_0	c_p	$\overline{c_p}$	h	s_0
°C	kJ/(kg K)		kJ/kg	kJ/(kg K)	kJ/(kg K)		kJ/kg	kJ/(kg K)
−60	1,0392	1,0392	−62,350	−0,2577	0,9105	0,9123	−54,74	−0,2263
−60	1,0390	1,0391	−62,35	−0,2577	0,7501	0,7838	−47,03	−0,1941
−40	1,0390	1,0392	−41,57	−0,1645	0,7726	0,7951	−31,80	−0,1258
−20	1,0392	1,0393	−20,79	−0,0790	0,7952	0,8063	−16,13	−0,0613
0	1,0394	1,0394	0,00	0,0000	0,8173	0,8173	0,00	0,0000
20	1,0399	1,0396	20,79	0,0735	0,8387	0,8280	16,56	0,0585
40	1,0405	1,0399	41,60	0,1421	0,8593	0,8386	33,54	0,1145
60	1,0415	1,0403	62,42	0,2066	0,8791	0,8488	50,93	0,1683
80	1,0427	1,0407	83,26	0,2673	0,8980	0,8588	68,70	0,2201
100	1,0443	1,0413	104,13	0,3248	0,9161	0,8684	86,84	0,2701
150	1,0500	1,0431	156,47	0,4564	0,9580	0,8914	133,72	0,3879
200	1,0581	1,0458	209,16	0,5741	0,9955	0,9129	182,57	0,4970
250	1,0683	1,0493	262,32	0,6809	1,0295	0,9328	233,21	0,5987
300	1,0800	1,0534	316,02	0,7789	1,0602	0,9515	285,46	0,6941
350	1,0927	1,0581	370,33	0,8698	1,0881	0,9691	339,18	0,7840
400	1,1058	1,0632	425,30	0,9546	1,1136	0,9856	394,24	0,8689
450	1,1191	1,0687	480,92	1,0343	1,1369	1,0011	450,51	0,9496
500	1,1321	1,0744	537,20	1,1096	1,1582	1,0158	507,89	1,0263
550	1,1448	1,0802	594,13	1,1809	1,1776	1,0296	566,29	1,0995
600	1,1569	1,0861	651,67	1,2488	1,1954	1,0427	625,63	1,1694
650	1,1684	1,0920	709,81	1,3135	1,2117	1,0551	685,81	1,2365
700	1,1793	1,0979	768,50	1,3754	1,2267	1,0668	746,78	1,3008
750	1,1894	1,1036	827,72	1,4348	1,2404	1,0779	808,46	1,3626
800	1,1989	1,1093	887,43	1,4917	1,2530	1,0885	870,80	1,4221
850	1,2077	1,1148	947,60	1,5465	1,2645	1,0985	933,74	1,4794
900	1,2159	1,1202	1008,19	1,5993	1,2752	1,1080	997,24	1,5347
950	1,2235	1,1255	1069,18	1,6502	1,2850	1,1171	1061,24	1,5881
1000	1,2306	1,1305	1130,54	1,6994	1,2940	1,1257	1125,72	1,6398
1100	1,2433	1,1402	1254,25	1,7929	1,3100	1,1418	1255,94	1,7382
1200	1,2543	1,1493	1379,14	1,8807	1,3237	1,1564	1387,64	1,8308
1300	1,2638	1,1577	1505,05	1,9634	1,3355	1,1697	1520,62	1,9181
1400	1,2722	1,1656	1631,86	2,0416	1,3458	1,1819	1654,69	2,0008
1500	1,2796	1,1730	1759,46	2,1156	1,3547	1,1932	1789,73	2,0792
1600	1,2862	1,1799	1887,76	2,1860	1,3626	1,2035	1925,60	2,1537
1700	1,2921	1,1863	2016,69	2,2531	1,3696	1,2131	2062,21	2,2247
1800	1,2974	1,1923	2146,17	2,3171	1,3758	1,2219	2199,48	2,2926

	Kohlenmonoxid				Kohlendioxid			
ϑ	c_p	$\overline{c_p}$	h	s_0	c_p	$\overline{c_p}$	h	s_0
°C	kJ/(kg K)		kJ/kg	kJ/(kg K)	kJ/(kg K)		kJ/kg	kJ/(kg K)
1900	1,3022	1,1980	2276,16	2,3783	1,3814	1,2302	2337,35	2,3576
2000	1,3066	1,2033	2406,60	2,4370	1,3865	1,2379	2475,74	2,4198
2100	1,3105	1,2083	2537,46	2,4933	1,3911	1,2451	2614,63	2,4796
2200	1,3141	1,2130	2668,69	2,5475	1,3953	1,2518	2753,95	2,5371
2300	1,3173	1,2175	2800,26	2,5997	1,3992	1,2581	2893,68	2,5925
2400	1,3203	1,2217	2932,14	2,6499	1,4029	1,2641	3033,79	2,6459
2500	1,3230	1,2257	3064,31	2,6985	1,4062	1,2697	3174,24	2,6975
2600	1,3254	1,2295	3196,73	2,7454	1,4093	1,2750	3315,02	2,7474
2700	1,3277	1,2331	3329,39	2,7908	1,4123	1,2800	3456,11	2,7956

Die Entropiewerte s_0 gelten beim Normaldruck von $p_0 = 1,01325$ bar.

A.7.1 Berechnete energetische Stoffwerte idealer Gase (Fortsetzung 2)

	Schwefeldioxid				*Wasserdampf*			
ϑ	c_p	$\overline{c_p}$	h	s_0	c_p	$\overline{c_p}$	h	s_0
°C	kJ/(kg K)		kJ/kg	kJ/(kg K)	kJ/(kg K)		kJ/kg	kJ/(kg K)
−60	0,5749	0,5913	−35,480	−0,1465	1,8515	1,8547	2389,63	6,3368
−40	0,5858	0,5968	−23,870	−0,0945	1,8533	1,8560	2426,67	6,5029
−20	0,5968	0,6025	−12,050	−0,0458	1,8558	1,8575	2463,76	6,6555
0	0,6079	0,6079	0,000	0,0000	1,8589	1,8589	2500,91	6,7968
20	0,6191	0,6135	12,270	0,0433	1,8629	1,8610	2538,13	6,9282
40	0,6303	0,6190	24,760	0,0846	1,8681	1,8633	2575,44	7,0514
60	0,6415	0,6247	37,480	0,1239	1,8743	1,8658	2612,86	7,1672
80	0,6526	0,6303	50,420	0,1617	1,8816	1,8689	2650,42	7,2767
100	0,6635	0,6358	63,58	0,1979	1,8898	1,8722	2688,13	7,3806
150	0,6897	0,6495	97,42	0,2830	1,9134	1,8819	2783,19	7,6196
200	0,7138	0,6626	132,52	0,3613	1,9402	1,8931	2879,52	7,8348
250	0,7354	0,6750	168,76	0,4341	1,9690	1,9054	2977,25	8,0311
300	0,7546	0,6867	206,02	0,5021	1,9993	1,9185	3076,45	8,2121
350	0,7714	0,6977	244,18	0,5660	2,0308	1,9323	3177,20	8,3807
400	0,7862	0,7078	283,13	0,6261	2,0633	1,9466	3279,55	8,5386
450	0,7992	0,7173	322,77	0,6829	2,0968	1,9614	3383,54	8,6876
500	0,8106	0,7260	363,02	0,7367	2,1310	1,9767	3489,24	8,8290
550	0,8205	0,7342	403,80	0,7878	2,1659	1,9923	3596,66	8,9636
600	0,8293	0,7418	445,06	0,8365	2,2013	2,0082	3705,84	9,0923
650	0,8371	0,7488	486,72	0,8829	2,2371	2,0244	3816,80	9,2159
700	0,8440	0,7554	528,75	0,9272	2,2729	2,0409	3929,55	9,3348
750	0,8502	0,7615	571,11	0,9696	2,3088	2,0576	4044,09	9,4496
800	0,8557	0,7672	613,76	1,0103	2,3446	2,0744	4160,43	9,5606
850	0,8606	0,7726	656,67	1,0494	2,3800	2,0913	4278,54	9,6682
900	0,8651	0,7776	699,81	1,0870	2,4149	2,1083	4398,42	9,7726
950	0,8691	0,7823	743,17	1,1232	2,4494	2,1254	4520,03	9,8741
1000	0,8728	0,7867	786,72	1,1581	2,4831	2,1424	4643,34	9,9729
1100	0,8792	0,7948	874,33	1,2243	2,5483	2,1764	4894,94	10,1631
1200	0,8847	0,8021	962,53	1,2863	2,6101	2,2100	5152,89	10,3444
1300	0,8893	0,8086	1051,24	1,3446	2,6681	2,2430	5416,83	10,5178
1400	0,8934	0,8146	1140,38	1,3995	2,7223	2,2753	5686,38	10,6839
1500	0,8970	0,8199	1229,90	1,4515	2,7726	2,3068	5961,16	10,8433
1600	0,9001	0,8248	1319,75	1,5008	2,8192	2,3374	6240,78	10,9967
1700	0,9029	0,8294	1409,91	1,5477	2,8623	2,3670	6524,89	11,1445
1800	0,9055	0,8335	1500,34	1,5924	2,9021	2,3957	6813,14	11,2870
1900	0,9079	0,8374	1591,01	1,6351	2,9387	2,4233	7105,20	11,4246

ϑ	Schwefeldioxid				Wasserdampf			
	c_p	$\overline{c_p}$	h	s_0	c_p	$\overline{c_p}$	h	s_0
°C	kJ(kg K)		kJ/kg	kJ/(kg K)	kJ/(kg K)		kJ/kg	kJ/(kg K)
2000	0,9101	0,8410	1681,91	1,6760	2,9726	2,4499	7400,79	11,5576
2100	0,9121	0,8443	1773,02	1,7152	3,0039	2,4756	7699,63	11,6862
2200	0,9141	0,8474	1864,33	1,7529	3,0328	2,5003	8001,48	11,8108
2300	0,9159	0,8504	1955,83	1,7892	3,0596	2,5240	8306,12	11,9315
2400	0,9177	0,8531	2047,52	1,8241	3,0844	2,5468	8613,33	12,0487
2500	0,9195	0,8557	2139,37	1,8579	3,1075	2,5688	8922,95	12,1624
2600	0,9211	0,8582	2231,40	1,8905	3,1290	2,5900	9234,79	12,2728
2700	0,9228	0,8606	2323,60	1,9220	3,1490	2,6103	9548,70	12,3802

Die Entropiewerte s_0 gelten beim Normaldruck von $p_0 = 1,01325$ bar.

A.7.1 Berechnete energetische Stoffwerte idealer Gase (Fortsetzung 3)

	Luft (Trocken)				Luftstickstoff			
ϑ	c_p	$\overline{c_p}$	h	s_0	c_p	$\overline{c_p}$	h	s_0
°C	kJ/(kg K)		kJ/kg	kJ/(kg K)	kJ/(kg K)		kJ/kg	kJ/(kg K)
−60	1,0027	1,0032	−60,19	−0,0868	1,0305	1,0305	−61,83	−0,2366
−40	1,0029	1,0033	−40,13	0,0031	1,0304	1,0305	−41,22	−0,1442
−20	1,0032	1,0035	−20,07	0,0857	1,0304	1,0305	−20,61	−0,0594
0	1,0038	1,0038	0,00	0,1620	1,0306	1,0306	0,00	0,0190
20	1,0046	1,0040	20,08	0,2329	1,0309	1,0307	20,61	0,0918
40	1,0057	1,0048	40,19	0,2992	1,0313	1,0309	41,24	0,1598
60	1,007	1,0052	60,31	0,3615	1,0319	1,0311	61,87	0,2237
80	1,0085	1,0059	80,47	0,4203	1,0326	1,0314	82,51	0,2839
100	1,0104	1,0066	100,66	0,4759	1,0336	1,0317	103,17	0,3408
150	1,0165	1,0088	151,32	0,6033	1,0373	1,0329	154,94	0,4710
200	1,0245	1,0117	202,34	0,7173	1,0430	1,0347	206,93	0,5871
250	1,0341	1,0152	253,80	0,8206	1,0507	1,0371	259,27	0,6923
300	1,0449	1,0192	305,77	0,9155	1,0600	1,0401	312,03	0,7886
350	1,0565	1,0237	358,30	1,0034	1,0705	1,0437	365,29	0,8776
400	1,0684	1,0286	411,42	1,0854	1,0819	1,0477	419,10	0,9607
450	1,0805	1,0336	465,14	1,1624	1,0937	1,0522	473,48	1,0386
500	1,0924	1,0389	519,47	1,2350	1,1056	1,0569	528,47	1,1121
550	1,1040	1,0443	574,38	1,3038	1,1174	1,0619	584,04	1,1818
600	1,1151	1,0498	629,86	1,3692	1,1290	1,0670	640,21	1,2480
650	1,1258	1,0552	685,88	1,4316	1,1402	1,0722	696,94	1,3112
700	1,1358	1,0606	742,42	1,4913	1,1509	1,0775	754,22	1,3716
750	1,1454	1,0659	799,46	1,5484	1,1610	1,0827	812,02	1,4296
800	1,1543	1,0712	856,95	1,6033	1,1706	1,0879	870,31	1,4852
850	1,1627	1,0763	914,88	1,6560	1,1797	1,0930	929,07	1,5387
900	1,1706	1,0813	973,21	1,7069	1,1882	1,0981	988,27	1,5903
950	1,1779	1,0862	1031,93	1,7559	1,1962	1,1030	1047,88	1,6400
1000	1,1848	1,0910	1091,00	1,8032	1,2036	1,1079	1107,88	1,6881
1100	1,1974	1,1001	1210,12	1,8933	1,2171	1,1172	1228,93	1,7796
1200	1,2084	1,1087	1330,42	1,9778	1,2289	1,1260	1351,24	1,8656
1300	1,2182	1,1167	1451,76	2,0575	1,2392	1,1343	1474,65	1,9466
1400	1,2270	1,1243	1574,03	2,1329	1,2482	1,1422	1599,03	2,0233
1500	1,2348	1,1314	1697,12	2,2043	1,2562	1,1495	1724,26	2,0960
1600	1,2420	1,1381	1820,97	2,2723	1,2633	1,1564	1850,24	2,1651
1700	1,2486	1,1444	1945,51	2,3370	1,2696	1,1629	1976,89	2,2310
1800	1,2546	1,1504	2070,67	2,3989	1,2752	1,1690	2104,13	2,2939
1900	1,2602	1,1560	2196,41	2,4581	1,2803	1,1747	2231,92	2,3541

	Luft (Trocken)				Luftstickstoff			
ϑ	c_p	$\overline{c_p}$	h	s_0	c_p	$\overline{c_p}$	h	s_0
°C	kJ/(kg K)		kJ/kg	kJ/(kg K)	kJ/(kg K)		kJ/kg	kJ/(kg K)
2000	1,2654	1,1613	2322,69	2,5150	1,2850	1,1801	2360,19	2,4118
2100	1,2703	1,1664	2449,48	2,5695	1,2891	1,1852	2488,89	2,4672
2200	1,2748	1,1712	2576,74	2,6221	1,2929	1,1900	2618,00	2,5205
2300	1,2791	1,1758	2704,44	2,6727	1,2964	1,1946	2747,47	2,5718
2400	1,2831	1,1802	2832,55	2,7215	1,2996	1,1989	2877,28	2,6213
2500	1,2869	1,1844	2961,06	2,7687	1,3026	1,2030	3007,39	2,6691
2600	1,2905	1,1884	3089,93	2,8144	1,3053	1,2068	3137,78	2,7153
2700	1,2939	1,1923	3219,16	2,8586	1,3078	1,2105	3268,44	2,7600

Die Entropiewerte s_0 gelten beim Normaldruck von $p_0 = 1,01325$ bar.
Quelle: [11], berechnet mit den angebenen Gleichungen.

A.7.2 Absolute, normierte spezifische Entropie s^0 idealer Gase

ϑ	N_2	O_2	CO	CO_2	H_2O	SO_2	Luft	N_{2*}
°C					kJ/(kg K)			
−100	6,2752	5,9152	6,4890	4,4389	9,4736	3,5569	6,3193	6,2492
−80	6,3888	6,0146	6,6024	4,5173	9,6759	3,6180	6,4288	6,3618
−60	6,4911	6,1043	6,7048	4,5901	9,8583	3,6741	6,5276	6,4633
−40	6,5843	6,1860	6,7980	4,6583	10,0245	3,7261	6,6175	6,5557
−20	6,6698	6,2611	6,8836	4,7227	10,1771	3,7748	6,7001	6,6405
0	6,7489	6,3305	6,9626	4,7839	10,3184	3,8206	6,7764	6,7188
20	6,8223	6,3953	7,0361	4,8424	10,4499	3,8640	6,8473	6,7917
40	6,8909	6,4559	7,1048	4,8984	10,5730	3,9053	6,9136	6,8597
60	6,9553	6,5130	7,1693	4,9521	10,6889	3,9447	6,9759	6,9236
80	7,0160	6,5670	7,2300	5,0039	10,7983	3,9824	7,0347	6,9837
100	7,0734	6,6183	7,2875	5,0538	10,9022	4,0187	7,0903	7,0406
150	7,2047	6,7366	7,4192	5,1716	11,1413	4,1039	7,2177	7,1708
200	7,3218	6,8433	7,5370	5,2806	11,3564	4,1824	7,3316	7,2869
250	7,4279	6,9408	7,6438	5,3822	11,5527	4,2553	7,4350	7,3921
300	7,5250	7,0309	7,7418	5,4775	11,7338	4,3234	7,5299	7,4884
350	7,6149	7,1147	7,8327	5,5673	11,9023	4,3874	7,6178	7,5775
400	7,6987	7,1932	7,9175	5,6523	12,0603	4,4476	7,6998	7,6605
450	7,7773	7,2670	7,9972	5,7329	12,2093	4,5046	7,7767	7,7385
500	7,8515	7,3367	8,0724	5,8096	12,3506	4,5586	7,8494	7,8120
600	7,9886	7,4655	8,2116	5,9527	12,6140	4,6586	7,9836	7,9479
700	8,1133	7,5824	8,3382	6,0840	12,8564	4,7497	8,1057	8,0715
800	8,2279	7,6893	8,4545	6,2053	13,0820	4,8331	8,2177	8,1850
900	8,3340	7,7878	8,5621	6,3179	13,2937	4,9102	8,3213	8,2901
1000	8,4327	7,8793	8,6622	6,4230	13,4936	4,9816	8,4176	8,3879
1100	8,5251	7,9645	8,7557	6,5214	13,6833	5,0482	8,5077	8,4794
1200	8,6119	8,0444	8,8435	6,6139	13,8640	5,1106	8,5922	8,5654
1300	8,6938	8,1196	8,9262	6,7012	14,0365	5,1692	8,6719	8,6464
1400	8,7712	8,1906	9,0044	6,7839	14,2015	5,2245	8,7473	8,7231
1500	8,8446	8,2580	9,0785	6,8622	14,3598	5,2769	8,8187	8,7958
1600	8,9144	8,3221	9,1489	6,9368	14,5118	5,3266	8,8867	8,8649
1700	8,9810	8,3832	9,2160	7,0078	14,6581	5,3738	8,9515	8,9308
1800	9,0445	8,4417	9,2800	7,0757	14,7989	5,4190	9,0133	8,9937
1900	9,1053	8,4977	9,3412	7,1407	14,9348	5,4621	9,0726	9,0539
2000	9,1636	8,5516	9,3999	7,2030	15,0659	5,5034	9,1294	9,1116
2100	9,2196	8,6035	9,4562	7,2628	15,1927	5,5431	9,1840	9,1670
2200	9,2734	8,6535	9,5104	7,3203	15,3153	5,5812	9,2365	9,2203
2300	9,3252	8,7018	9,5625	7,3757	15,4340	5,6180	9,2872	9,2716

$$s^0 = s_0 + R \cdot 1000 \cdot \left[\sum_{i=1}^{12} \frac{C_i}{i-6} \cdot \left(T_R^{i-6} - T_{R0}^{i-6} \right) + C_6 \cdot \ln(T_R / T_{R25}) \right]$$

$$s(\vartheta_2, p_2) - s(\vartheta_1, p_1) = s^0(\vartheta_2) - s^0(\vartheta_1) - R \cdot \ln(p_2 / p_1)$$

Berechnet nach [3].

A.8 Trockene Luft als reales Gas

A.8.1 Spezifisches Volumen v in m³/kg

ϑ	p in MPa										
°C	0,1	0,5	1	1,5	2	2,5	3	3,5	4	4,5	5
−30	0,69737	0,13888	0,06908	0,04582	0,03420	0,02723	0,02259	0,01928	0,01680	0,01487	0,01333
−20	0,72619	0,14473	0,07206	0,04784	0,03574	0,02849	0,02365	0,02020	0,01762	0,01561	0,01401
−10	0,75500	0,15057	0,07503	0,04985	0,03727	0,02973	0,02470	0,02112	0,01843	0,01634	0,01468
0	0,78379	0,15640	0,07798	0,05185	0,03879	0,03096	0,02575	0,02202	0,01923	0,01707	0,01534
5	0,79819	0,15931	0,07946	0,05285	0,03955	0,03158	0,02627	0,02247	0,01963	0,01743	0,01566
10	0,81259	0,16222	0,08093	0,05385	0,04031	0,03219	0,02678	0,02292	0,02003	0,01778	0,01599
15	0,82698	0,16513	0,08241	0,05484	0,04106	0,03280	0,02730	0,02337	0,02042	0,01814	0,01631
20	0,84137	0,16803	0,08388	0,05583	0,04182	0,03341	0,02781	0,02381	0,02082	0,01849	0,01663
25	0,85576	0,17094	0,08535	0,05682	0,04257	0,03402	0,02832	0,02426	0,02121	0,01884	0,01695
30	0,87015	0,17384	0,08682	0,05781	0,04332	0,03462	0,02883	0,02470	0,02160	0,01919	0,01727
35	0,88454	0,17675	0,08828	0,05880	0,04407	0,03523	0,02934	0,02514	0,02199	0,01954	0,01759
40	0,89892	0,17965	0,08975	0,05979	0,04481	0,03583	0,02985	0,02558	0,02238	0,01989	0,01790
45	0,91331	0,18255	0,09121	0,06078	0,04556	0,03644	0,03036	0,02602	0,02276	0,02024	0,01822
50	0,92769	0,18545	0,09268	0,06176	0,04631	0,03704	0,03086	0,02645	0,02315	0,02058	0,01853
60	0,95646	0,19124	0,09560	0,06373	0,04779	0,03824	0,03187	0,02733	0,02392	0,02127	0,01915
70	0,98522	0,19704	0,09852	0,06569	0,04928	0,03944	0,03288	0,02819	0,02468	0,02196	0,01977
80	1,0140	0,20283	0,10144	0,06765	0,05076	0,04063	0,03388	0,02906	0,02545	0,02264	0,02039
90	1,0427	0,20861	0,10435	0,06961	0,05224	0,04182	0,03488	0,02992	0,02620	0,02332	0,02101
100	1,0715	0,21439	0,10727	0,07156	0,05371	0,04301	0,03587	0,03078	0,02696	0,02399	0,02162
120	1,1290	0,22595	0,11308	0,07546	0,05666	0,04538	0,03786	0,03249	0,02847	0,02534	0,02284
140	1,1865	0,23750	0,11889	0,07936	0,05959	0,04774	0,03984	0,03419	0,02996	0,02667	0,02404
160	1,2440	0,24905	0,12469	0,08324	0,06252	0,05009	0,04181	0,03589	0,03145	0,02800	0,02525
180	1,3014	0,26058	0,13048	0,08712	0,06544	0,05244	0,04377	0,03758	0,03294	0,02933	0,02644
200	1,3589	0,27212	0,13627	0,09100	0,06836	0,05478	0,04573	0,03926	0,03442	0,03065	0,02764
250	1,5026	0,30093	0,15073	0,10066	0,07563	0,06062	0,05061	0,04346	0,03810	0,03393	0,03060
300	1,6462	0,32972	0,16516	0,11031	0,08289	0,06644	0,05547	0,04764	0,04176	0,03719	0,03354
350	1,7898	0,35849	0,17958	0,11994	0,09013	0,07224	0,06031	0,05180	0,04541	0,04044	0,03647
400	1,9334	0,38726	0,19399	0,12956	0,09735	0,07803	0,06515	0,05595	0,04905	0,04368	0,03939
450	2,0770	0,41601	0,20838	0,13918	0,10457	0,08381	0,06997	0,06009	0,05268	0,04691	0,04230
500	2,2206	0,44476	0,22278	0,14878	0,11179	0,08959	0,07479	0,06423	0,05630	0,05014	0,04520
550	2,3642	0,47350	0,23716	0,15838	0,11899	0,09536	0,07961	0,07248	0,06353	0,05657	0,05100
650	2,6514	0,53097	0,26592	0,17757	0,13340	0,10689	0,08922	0,07660	0,06714	0,05978	0,05389
700	2,7950	0,55970	0,28029	0,18716	0,14059	0,11265	0,09403	0,08072	0,07075	0,06299	0,05678
750	2,9385	0,58843	0,29467	0,19675	0,14779	0,11841	0,09883	0,08484	0,07435	0,06619	0,05966
800	3,0821	0,61715	0,30904	0,20633	0,15498	0,12417	0,10363	0,08896	0,07795	0,06940	0,06255
850	3,2257	0,64588	0,32340	0,21591	0,16217	0,12992	0,10842	0,09307	0,08155	0,07260	0,06543

ϑ	p in MPa										
°C	0,1	0,5	1	1,5	2	2,5	3	3,5	4	4,5	5
900	3,3693	0,67460	0,33777	0,22549	0,16936	0,13567	0,11322	0,09718	0,08515	0,07580	0,06831
950	3,5128	0,70332	0,35214	0,23507	0,17654	0,14143	0,11801	0,10129	0,08875	0,07900	0,07119
1000	3,6564	0,73204	0,36650	0,24465	0,18373	0,14718	0,12281	0,10540	0,09235	0,08219	0,07407
1050	3,8000	0,76076	0,38086	0,25423	0,19091	0,15293	0,12760	0,10951	0,09594	0,08539	0,07695
1100	3,9435	0,78948	0,39522	0,26381	0,19810	0,15867	0,13239	0,11362	0,09954	0,08859	0,07983
1150	4,0871	0,81820	0,40959	0,27338	0,20528	0,16442	0,13718	0,11772	0,10313	0,09178	0,08270
1200	4,2306	0,84691	0,42395	0,28296	0,21246	0,17017	0,14197	0,12183	0,10673	0,09498	0,08558
1250	4,3742	0,87563	0,43831	0,29253	0,21965	0,17591	0,14676	0,12594	0,11032	0,09817	0,08845
1300	4,5178	0,90434	0,45267	0,30211	0,22683	0,18166	0,15155	0,13004	0,11391	0,10137	0,09133
1350	4,6613	0,93306	0,46703	0,31168	0,23401	0,18741	0,15634	0,13415	0,11750	0,10456	0,09420
1400	4,8049	0,96177	0,48138	0,32125	0,24119	0,19315	0,16113	0,13825	0,12109	0,10775	0,09708
1450	4,9485	0,99049	0,49574	0,33083	0,24837	0,19890	0,16591	0,14235	0,12469	0,11094	0,09995
1500	5,0920	1,01920	0,51010	0,34040	0,25555	0,20464	0,17070	0,14646	0,12828	0,11414	0,10282
1550	5,2356	1,04791	0,52446	0,34997	0,26273	0,21038	0,17549	0,15056	0,13187	0,11733	0,10570
1600	5,3791	1,07663	0,53882	0,35954	0,26991	0,21613	0,18027	0,15467	0,13546	0,12052	0,10857
1650	5,5227	1,10534	0,55317	0,36912	0,27709	0,22187	0,18506	0,15877	0,13905	0,12371	0,11144
1700	5,6663	1,13405	0,56753	0,37869	0,28427	0,22762	0,18985	0,16287	0,14264	0,12690	0,11431

Quelle: [15], berechnet mit Software der FH Zittau/Görlitz [8].

A.8.2 Spez. isobare Wärmekapazität

$$c_p \text{ in kJ/(kg K)}$$

ϑ	\multicolumn{11}{c	}{p in MPa}
°C	0,1	0,5	1	1,5	2	2,5	3	3,5	4	4,5	5
−30	1,0058	1,0164	1,0300	1,0440	1,0582	1,0727	1,0876	1,1026	1,1179	1,1334	1,1490
−20	1,0057	1,0154	1,0276	1,0401	1,0527	1,0656	1,0787	1,0919	1,1053	1,1188	1,1325
−10	1,0058	1,0145	1,0256	1,0368	1,0482	1,0597	1,0713	1,0831	1,0949	1,1068	1,1188
0	1,0059	1,0139	1,0239	1,0341	1,0443	1,0547	1,0651	1,0756	1,0862	1,0968	1,1075
5	1,0060	1,0136	1,0232	1,0329	1,0426	1,0525	1,0624	1,0724	1,0824	1,0925	1,1025
10	1,0061	1,0134	1,0225	1,0318	1,0411	1,0505	1,0599	1,0694	1,0789	1,0884	1,0980
15	1,0062	1,0132	1,0220	1,0308	1,0397	1,0486	1,0576	1,0666	1,0757	1,0847	1,0938
20	1,0064	1,0130	1,0215	1,0299	1,0384	1,0469	1,0555	1,0641	1,0727	1,0813	1,0899
25	1,0065	1,0129	1,0210	1,0291	1,0372	1,0454	1,0536	1,0618	1,0700	1,0782	1,0863
30	1,0067	1,0129	1,0206	1,0284	1,0362	1,0440	1,0518	1,0596	1,0674	1,0752	1,0830
35	1,0069	1,0128	1,0203	1,0277	1,0352	1,0427	1,0501	1,0576	1,0651	1,0726	1,0800
40	1,0071	1,0128	1,0200	1,0271	1,0343	1,0415	1,0486	1,0558	1,0630	1,0701	1,0772
45	1,0074	1,0129	1,0197	1,0266	1,0335	1,0404	1,0473	1,0541	1,0610	1,0678	1,0746
50	1,0077	1,0129	1,0196	1,0262	1,0328	1,0394	1,0460	1,0526	1,0591	1,0657	1,0722
60	1,0082	1,0132	1,0193	1,0254	1,0316	1,0377	1,0438	1,0499	1,0559	1,0619	1,0679
70	1,0089	1,0135	1,0192	1,0249	1,0306	1,0363	1,0419	1,0476	1,0532	1,0588	1,0643
80	1,0097	1,0140	1,0193	1,0246	1,0299	1,0352	1,0405	1,0457	1,0509	1,0561	1,0612
90	1,0105	1,0145	1,0195	1,0245	1,0295	1,0344	1,0393	1,0442	1,0490	1,0538	1,0586
100	1,0115	1,0152	1,0199	1,0246	1,0292	1,0338	1,0384	1,0429	1,0475	1,0519	1,0564
120	1,0136	1,0169	1,0210	1,0252	1,0292	1,0333	1,0373	1,0413	1,0453	1,0492	1,0531
140	1,0160	1,0190	1,0227	1,0263	1,0300	1,0336	1,0371	1,0407	1,0442	1,0477	1,0511
160	1,0188	1,0214	1,0247	1,0280	1,0313	1,0345	1,0377	1,0408	1,0440	1,0471	1,0501
180	1,0218	1,0242	1,0272	1,0302	1,0331	1,0360	1,0388	1,0417	1,0445	1,0473	1,0500
200	1,0252	1,0274	1,0301	1,0327	1,0354	1,0380	1,0405	1,0431	1,0456	1,0482	1,0507
250	1,0347	1,0364	1,0385	1,0406	1,0427	1,0448	1,0468	1,0488	1,0508	1,0528	1,0548
300	1,0454	1,0467	1,0485	1,0502	1,0519	1,0535	1,0552	1,0568	1,0584	1,0600	1,0616
350	1,0568	1,0580	1,0594	1,0608	1,0622	1,0636	1,0649	1,0663	1,0676	1,0689	1,0703
400	1,0688	1,0697	1,0709	1,0721	1,0732	1,0744	1,0755	1,0767	1,0778	1,0789	1,0800
450	1,0808	1,0816	1,0826	1,0836	1,0846	1,0856	1,0865	1,0875	1,0884	1,0894	1,0903
500	1,0927	1,0934	1,0942	1,0951	1,0959	1,0968	1,0976	1,0984	1,0992	1,1000	1,1008
550	1,1044	1,1050	1,1058	1,1065	1,1072	1,1079	1,1086	1,1093	1,1100	1,1107	1,1114
600	1,1157	1,1162	1,1169	1,1175	1,1181	1,1187	1,1194	1,1200	1,1206	1,1212	1,1218
650	1,1265	1,1270	1,1276	1,1281	1,1287	1,1292	1,1298	1,1303	1,1308	1,1314	1,1319
700	1,1370	1,1374	1,1378	1,1383	1,1388	1,1393	1,1398	1,1403	1,1407	1,1412	1,1417
750	1,1469	1,1473	1,1477	1,1482	1,1486	1,1490	1,1494	1,1499	1,1503	1,1507	1,1511

					c_p in kJ/(kg K)						
ϑ						p in MPa					
°C	0,1	0,5	1	1,5	2	2,5	3	3,5	4	4,5	5
800	1,1565	1,1569	1,1572	1,1576	1,1580	1,1584	1,1588	1,1591	1,1595	1,1599	1,1603
850	1,1658	1,1661	1,1664	1,1668	1,1671	1,1675	1,1678	1,1681	1,1685	1,1688	1,1691
900	1,1748	1,1750	1,1753	1,1757	1,1760	1,1763	1,1766	1,1769	1,1772	1,1775	1,1778
950	1,1835	1,1838	1,1840	1,1843	1,1846	1,1849	1,1851	1,1854	1,1857	1,1860	1,1862
1000	1,1921	1,1923	1,1926	1,1928	1,1931	1,1933	1,1936	1,1938	1,1941	1,1943	1,1946
1050	1,2006	1,2008	1,2010	1,2012	1,2015	1,2017	1,2019	1,2021	1,2024	1,2026	1,2028
1100	1,2090	1,2092	1,2094	1,2096	1,2098	1,2100	1,2102	1,2104	1,2106	1,2108	1,2110
1150	1,2174	1,2175	1,2177	1,2179	1,2181	1,2183	1,2185	1,2186	1,2188	1,2190	1,2192
1200	1,2259	1,2259	1,2261	1,2262	1,2264	1,2266	1,2267	1,2269	1,2271	1,2272	1,2274
1250	1,2344	1,2343	1,2345	1,2346	1,2347	1,2349	1,2350	1,2352	1,2353	1,2355	1,2356
1300	1,2430	1,2428	1,2429	1,2430	1,2432	1,2433	1,2434	1,2436	1,2437	1,2438	1,2440
1350	1,2518	1,2514	1,2515	1,2515	1,2516	1,2518	1,2519	1,2520	1,2521	1,2522	1,2524
1400	1,2609	1,2602	1,2601	1,2602	1,2602	1,2603	1,2604	1,2605	1,2606	1,2607	1,2608
1450	1,2704	1,2692	1,2690	1,2689	1,2690	1,2690	1,2691	1,2692	1,2693	1,2693	1,2694
1500	1,2803	1,2783	1,2780	1,2779	1,2778	1,2779	1,2779	1,2780	1,2780	1,2781	1,2782
1550	1,2908	1,2879	1,2872	1,2870	1,2869	1,2869	1,2869	1,2869	1,2869	1,2870	1,2870
1600	1,3022	1,2977	1,2967	1,2964	1,2962	1,2961	1,2960	1,2960	1,2960	1,2960	1,2960
1650	1,3147	1,3081	1,3066	1,3060	1,3057	1,3055	1,3054	1,3053	1,3052	1,3052	1,3052
1700	1,3285	1,3191	1,3169	1,3160	1,3155	1,3152	1,3150	1,3148	1,3147	1,3146	1,3146

Quelle: [15], berechnet mit Software der FH Zittau/Görlitz [8].

A.8.3 Spezifische Enthalpie

h in kJ/kg

ϑ						p in MPa					
°C	0,1	0,5	1	1,5	2	2,5	3	3,5	4	4,5	5
−30	−30,170	−31,539	−33,247	−34,952	−36,653	−38,350	−40,041	−41,727	−43,406	−45,077	−46,738
−20	−20,112	−21,380	−22,960	−24,533	−26,099	−27,659	−29,211	−30,756	−32,292	−33,818	−35,334
−10	−10,055	−11,231	−12,694	−14,149	−15,596	−17,034	−18,463	−19,882	−21,292	−22,691	−24,079
0	0,00363	−1,0894	−2,4471	−3,7952	−5,1337	−6,4625	−7,7813	−9,0898	−10,388	−11,674	−12,949
5	5,0333	3,9792	2,6706	1,3721	0,0837	−1,1946	−2,4625	−3,7199	−4,966	−6,201	−7,425
10	10,063	9,0466	7,7849	6,5337	5,2930	4,0628	2,8432	1,6345	0,437	−0,749	−1,924
15	15,094	14,113	12,896	11,690	10,495	9,311	8,137	6,974	5,823	4,683	3,556
20	20,126	19,179	18,005	16,842	15,690	14,549	13,420	12,301	11,194	10,098	9,015
25	25,158	24,243	23,111	21,989	20,879	19,780	18,692	17,616	16,551	15,497	14,455
30	30,191	29,308	28,215	27,133	26,063	25,004	23,956	22,919	21,894	20,880	19,878
35	35,225	34,372	33,317	32,273	31,241	30,220	29,211	28,212	27,225	26,250	25,286
40	40,260	39,437	38,418	37,410	36,415	35,430	34,457	33,496	32,545	31,606	30,679
45	45,296	44,501	43,517	42,545	41,584	40,635	39,697	38,770	37,855	36,951	36,058
50	50,334	49,565	48,615	47,677	46,750	45,834	44,930	44,037	43,155	42,285	41,425
60	60,413	59,696	58,809	57,935	57,071	56,219	55,379	54,549	53,730	52,922	52,125
70	70,499	69,829	69,002	68,186	67,382	66,589	65,807	65,036	64,275	63,525	62,786
80	80,592	79,966	79,195	78,434	77,685	76,946	76,219	75,502	74,795	74,099	73,413
90	90,693	90,109	89,389	88,680	87,982	87,294	86,617	85,951	85,294	84,648	84,012
100	100,80	100,26	99,586	98,925	98,275	97,635	97,005	96,386	95,776	95,177	94,587
120	121,05	120,58	119,99	119,42	118,86	118,30	117,76	117,23	116,70	116,19	115,68
140	141,35	140,94	140,43	139,94	139,45	138,97	138,50	138,05	137,60	137,15	136,72
160	161,70	161,34	160,90	160,48	160,06	159,65	159,25	158,86	158,48	158,10	157,73
180	182,10	181,80	181,42	181,06	180,70	180,35	180,01	179,68	179,36	179,04	178,73
200	202,57	202,31	202,00	201,69	201,39	201,09	200,81	200,53	200,26	199,99	199,74
250	254,06	253,90	253,70	253,51	253,33	253,15	252,98	252,82	252,66	252,51	252,36
300	306,06	305,97	305,87	305,78	305,69	305,60	305,52	305,45	305,38	305,32	305,26
350	358,61	358,59	358,57	358,55	358,53	358,53	358,52	358,52	358,53	358,54	358,55
400	411,75	411,78	411,82	411,87	411,92	411,97	412,03	412,10	412,16	412,23	412,31
450	465,49	465,56	465,66	465,76	465,86	465,97	466,08	466,20	466,32	466,44	466,56
500	519,83	519,94	520,08	520,23	520,38	520,53	520,69	520,84	521,01	521,17	521,34
550	574,76	574,91	575,09	575,27	575,46	575,65	575,85	576,04	576,24	576,45	576,65
600	630,27	630,44	630,65	630,87	631,10	631,32	631,55	631,78	632,01	632,25	632,48
650	686,32	686,52	686,77	687,02	687,27	687,52	687,78	688,04	688,30	688,56	688,82
700	742,91	743,13	743,40	743,68	743,96	744,24	744,52	744,80	745,09	745,38	745,66
750	800,01	800,25	800,54	800,84	801,14	801,45	801,75	802,06	802,37	802,67	802,99
800	857,60	857,85	858,17	858,49	858,81	859,13	859,46	859,78	860,11	860,44	860,77
850	915,66	915,93	916,26	916,60	916,94	917,28	917,62	917,97	918,31	918,66	919,01

	h in kJ/kg									
ϑ	p in MPa									
°C	0,1	0,5	1	1,5	2	2,5	3	3,5	4	4,5	5
900	974,18	974,46	974,81	975,16	975,52	975,88	976,23	976,59	976,95	977,32	977,68
950	1033,1	1033,4	1033,8	1034,2	1034,5	1034,9	1035,3	1035,7	1036,0	1036,4	1036,8
1000	1092,5	1092,8	1093,2	1093,6	1094,0	1094,4	1094,7	1095,1	1095,5	1095,9	1096,3
1050	1152,3	1152,7	1153,1	1153,4	1153,8	1154,2	1154,6	1155,0	1155,4	1155,8	1156,2
1100	1212,6	1212,9	1213,3	1213,7	1214,1	1214,5	1214,9	1215,3	1215,8	1216,2	1216,6
1150	1273,2	1273,6	1274,0	1274,4	1274,8	1275,2	1275,7	1276,1	1276,5	1276,9	1277,3
1200	1334,3	1334,7	1335,1	1335,5	1335,9	1336,4	1336,8	1337,2	1337,6	1338,1	1338,5
1250	1395,8	1396,2	1396,6	1397,0	1397,5	1397,9	1398,3	1398,8	1399,2	1399,6	1400,1
1300	1457,8	1458,1	1458,5	1459,0	1459,4	1459,8	1460,3	1460,7	1461,2	1461,6	1462,1
1350	1520,1	1520,4	1520,9	1521,3	1521,8	1522,2	1522,7	1523,1	1523,6	1524,0	1524,5
1400	1582,9	1583,2	1583,7	1584,1	1584,6	1585,0	1585,5	1585,9	1586,4	1586,8	1587,3
1450	1646,2	1646,5	1646,9	1647,3	1647,8	1648,2	1648,7	1649,2	1649,6	1650,1	1650,5
1500	1710,0	1710,1	1710,5	1711,0	1711,4	1711,9	1712,4	1712,8	1713,3	1713,8	1714,2
1550	1774,2	1774,3	1774,7	1775,1	1775,6	1776,0	1776,5	1776,9	1777,4	1777,9	1778,3
1600	1839,0	1838,9	1839,2	1839,7	1840,1	1840,6	1841,0	1841,5	1842,0	1842,4	1842,9
1650	1904,4	1904,0	1904,3	1904,7	1905,1	1905,6	1906,0	1906,5	1907,0	1907,4	1907,9
1700	1970,5	1969,7	1969,9	1970,2	1970,6	1971,1	1971,5	1972,0	1972,4	1972,9	1973,4

$h_0 = 0$ bei $p_0 = 1,01325$ bar, $\vartheta_0 = 0°C$.

A.8.4 Spezifische Entropie

s in kJ/(kg K)

ϑ					p in MPa						
°C	0,1	0,5	1	1,5	2	2,5	3	3,5	4	4,5	5
−30	0,0486	−0,4179	−0,6224	−0,7444	−0,8325	−0,9021	−0,9600	−1,0098	−1,0537	−1,0931	−1,1288
−20	0,0891	−0,3770	−0,5810	−0,7024	−0,7900	−0,8590	−0,9164	−0,9656	−1,0089	−1,0477	−1,0829
−10	0,1281	−0,3377	−0,5412	−0,6622	−0,7493	−0,8179	−0,8747	−0,9235	−0,9663	−1,0046	−1,0393
0	0,1656	−0,2998	−0,5030	−0,6235	−0,7103	−0,7784	−0,8349	−0,8832	−0,9256	−0,9635	−0,9977
5	0,1838	−0,2814	−0,4844	−0,6048	−0,6913	−0,7593	−0,8156	−0,8637	−0,9060	−0,9436	−0,9777
10	0,2018	−0,2634	−0,4662	−0,5864	−0,6728	−0,7406	−0,7967	−0,8447	−0,8867	−0,9242	−0,9581
15	0,2194	−0,2456	−0,4483	−0,5684	−0,6546	−0,7222	−0,7782	−0,8260	−0,8678	−0,9052	−0,9389
20	0,2367	−0,2282	−0,4307	−0,5506	−0,6367	−0,7042	−0,7600	−0,8076	−0,8494	−0,8865	−0,9201
25	0,2537	−0,2111	−0,4135	−0,5332	−0,6191	−0,6865	−0,7421	−0,7897	−0,8312	−0,8683	−0,9017
30	0,2704	−0,1942	−0,3965	−0,5161	−0,6019	−0,6691	−0,7246	−0,7720	−0,8135	−0,8504	−0,8837
35	0,2869	−0,1777	−0,3798	−0,4993	−0,5850	−0,6521	−0,7074	−0,7547	−0,7960	−0,8328	−0,8660
40	0,3031	−0,1614	−0,3634	−0,4828	−0,5683	−0,6353	−0,6905	−0,7377	−0,7789	−0,8156	−0,8486
45	0,3191	−0,1453	−0,3472	−0,4665	−0,5519	−0,6188	−0,6739	−0,7210	−0,7621	−0,7986	−0,8316
50	0,3348	−0,1295	−0,3313	−0,4505	−0,5358	−0,6026	−0,6576	−0,7046	−0,7456	−0,7820	−0,8149
60	0,3655	−0,0987	−0,3002	−0,4192	−0,5044	−0,5709	−0,6258	−0,6725	−0,7133	−0,7496	−0,7822
70	0,3953	−0,0687	−0,2701	−0,3889	−0,4739	−0,5403	−0,5949	−0,6415	−0,6821	−0,7182	−0,7507
80	0,4243	−0,0396	−0,2408	−0,3595	−0,4443	−0,5105	−0,5650	−0,6114	−0,6519	−0,6878	−0,7202
90	0,4525	−0,0112	−0,2124	−0,3309	−0,4155	−0,4816	−0,5360	−0,5823	−0,6226	−0,6584	−0,6906
100	0,4800	0,0163	−0,1847	−0,3030	−0,3876	−0,4535	−0,5078	−0,5539	−0,5941	−0,6298	−0,6619
120	0,5329	0,0694	−0,1314	−0,2495	−0,3338	−0,3996	−0,4536	−0,4995	−0,5395	−0,5749	−0,6068
140	0,5832	0,1199	−0,0807	−0,1986	−0,2827	−0,3483	−0,4021	−0,4479	−0,4877	−0,5229	−0,5546
160	0,6313	0,1681	−0,0323	−0,1501	−0,2340	−0,2994	−0,3531	−0,3987	−0,4383	−0,4734	−0,5049
180	0,6774	0,2143	0,0140	−0,1036	−0,1874	−0,2527	−0,3062	−0,3517	−0,3912	−0,4261	−0,4575
200	0,7216	0,2586	0,0584	−0,0591	−0,1428	−0,2079	−0,2613	−0,3067	−0,3460	−0,3809	−0,4122
250	0,8250	0,3622	0,1623	0,0450	−0,0384	−0,1033	−0,1565	−0,2016	−0,2408	0,2754	−0,3065
300	0,9199	0,4573	0,2576	0,1404	0,0572	−0,0076	−0,0606	−0,1055	−0,1445	−0,1790	−0,2099
350	1,0078	0,5453	0,3457	0,2287	0,1456	0,0809	0,0281	−0,0167	−0,0556	−0,0900	−0,1208
400	1,0899	0,6274	0,4279	0,3110	0,2280	0,1634	0,1106	0,0659	0,0272	−0,0071	−0,0378
450	1,1669	0,7044	0,5050	0,3882	0,3053	0,2408	0,1881	0,1435	0,1048	0,0706	0,0400
500	1,2395	0,7771	0,5778	0,4611	0,3781	0,3138	0,2611	0,2165	0,1779	0,1438	0,1132
550	1,3083	0,8460	0,6467	0,5301	0,4472	0,3828	0,3302	0,2857	0,2471	0,2130	0,1825
600	1,3738	0,9115	0,7123	0,5956	0,5128	0,4485	0,3959	0,3514	0,3129	0,2788	0,2484
650	1,4362	0,9740	0,7748	0,6581	0,5753	0,5111	0,4585	0,4141	0,3756	0,3415	0,3111
700	1,4959	1,0337	0,8345	0,7179	0,6351	0,5709	0,5184	0,4740	0,4355	0,4015	0,3711
750	1,5531	1,0909	0,8918	0,7752	0,6924	0,6282	0,5757	0,5313	0,4928	0,4589	0,4285
800	1,6081	1,1459	0,9467	0,8302	0,7475	0,6833	0,6308	0,5864	0,5479	0,5140	0,4836
850	1,6609	1,1988	0,9996	0,8831	0,8004	0,7362	0,6838	0,6394	0,6009	0,5670	0,5367

					s in kJ/(kg K)						
ϑ						*p* in MPa					
°C	0,1	0,5	1	1,5	2	2,5	3	3,5	4	4,5	5
900	1,7119	1,2497	1,0506	0,9341	0,8514	0,7872	0,7348	0,6904	0,6520	0,6181	0,5877
950	1,7611	1,2989	1,0998	0,9833	0,9006	0,8365	0,7841	0,7397	0,7013	0,6674	0,6371
1000	1,8087	1,3465	1,1474	1,0309	0,9482	0,8841	0,8317	0,7873	0,7489	0,7150	0,6847
1050	1,8547	1,3926	1,1935	1,0770	0,9943	0,9302	0,8778	0,8335	0,7951	0,7612	0,7309
1100	1,8993	1,4372	1,2381	1,1217	1,0390	0,9749	0,9225	0,8781	0,8398	0,8059	0,7756
1150	1,9427	1,4805	1,2815	1,1650	1,0824	1,0182	0,9658	0,9215	0,8831	0,8493	0,8190
1200	1,9848	1,5226	1,3236	1,2071	1,1245	1,0604	1,0080	0,9637	0,9253	0,8914	0,8611
1250	2,0258	1,5636	1,3646	1,2481	1,1655	1,1014	1,0490	1,0047	0,9663	0,9324	0,9022
1300	2,0657	1,6035	1,4045	1,2880	1,2054	1,1413	1,0889	1,0446	1,0062	0,9724	0,9421
1350	2,1046	1,6424	1,4434	1,3269	1,2443	1,1802	1,1278	1,0835	1,0452	1,0113	0,9810
1400	2,1425	1,6804	1,4813	1,3649	1,2823	1,2182	1,1658	1,1215	1,0831	1,0493	1,0190
1450	2,1796	1,7175	1,5184	1,4020	1,3193	1,2552	1,2029	1,1586	1,1202	1,0864	1,0561
1500	2,2159	1,7537	1,5546	1,4382	1,3556	1,2915	1,2391	1,1948	1,1565	1,1226	1,0924
1550	2,2515	1,7892	1,5901	1,4736	1,3910	1,3269	1,2746	1,2303	1,1919	1,1581	1,1278
1600	2,2863	1,8239	1,6248	1,5084	1,4257	1,3616	1,3093	1,2650	1,2266	1,1928	1,1625
1650	2,3205	1,8580	1,6588	1,5424	1,4597	1,3956	1,3433	1,2990	1,2606	1,2268	1,1965
1700	2,3541	1,8914	1,6922	1,5757	1,4931	1,4290	1,3766	1,3323	1,2940	1,2601	1,2298

$s_0 = 0,1618$ kJ/(kg K) bei $p_0 = 1,01325$ bar, $\vartheta_0 = 0\,°C$

A.9 Eigenschaften ausgewählter Brennstoffe

	Fettkohle	Flammkohle	Braunkohle	Diesel (Heizöl)	Benzin	
c	0,813	0,729	0,280	0,859	0,837	
h	0,045	0,047	0,020	0,135	0,143	
s	0,007	0,016	0,003	0,004	–	
o	0,040	0,088	0,101	0,002	0,020	
n	0,015	0,015	0,003	–	–	
w	0,035	0,040	0,555	–	–	
a	0,045	0,065	0,038	–	–	
l_{min}	10,7548	9,6883	3,4841	14,5199	14,4465	
m_R	11,7548	10,6883	4,4841	15,5199	15,4465	
m_{Rt}	11,2727	10,2003	3,7504	14,3139	14,1685	
x_{CO2}	0,2544	0,2515	0,2308	0,2028	0,1985	
x_{H2O}	0,0433	0,0433	0,1650	0,0777	0,0827	
x_{SO2}	0,0012	0,0030	0,0013	0,0005	0,0000	
x_{N2*}	0,7011	0,7022	0,6029	0,7190	0,7187	
h_u	32,1	28,4	8,06	42,9	42,6	MJ/kg
h_o	33,2	29,5	9,85	45,8	45,7	MJ/kg
M	30,5865	30,2485	28,1775	29,0199	28,8755	kg/kmol
R	274,10	274,87	295,07	286,51	287,94	J/(kg K)

c, h, s, o, n, w, a sind Massenanteile von Kohlenstoff, Wasserstoff, Schwefel, Sauerstoff, Stickstoff, Wasser und Asche aus der Elementaranalyse.

A.9 Eigenschaften ausgewählter Brennstoffe (Fortsetzung)

	Erdgas		
	L	H	
r_{CH4}	0,82	0,93	
r_{C2H6}	0,02	0,03	
r_{C3H8}	0,01	0,01	
r_{C4H10}	–	0,01	
r_{N2}	0,14	0,01	
r_{CO2}	0,01	0,01	
	8,399	9,9261	
n_R	9,4190	10,9661	
y_{CO2}	0,09555	0,09757	
y_{H2O}	0,18473	0,18603	
y_{N2*}	0,71972	0,71640	
x_{CO2}	0,1513	0,1544	
x_{H2O}	0,1197	0,1205	
x_{N2*}	0,7290	0,7251	
l_{min}	13,1058	16,3666	
h_u	38,1	47,6	MJ/kg
h_o	43,3	54,1	MJ/kg
R	299,12	298,92	J/(kg K)

r_{CH4} Raumanteil der Komponente CH_4 usw.
Quelle [1, 2].

A.10 Zustandsgrößen stöchiometrischer Verbrennungsgase

Ohne Berücksichtigung der Dissoziation

Temp.	Benzin				Heizöl			
°C	kJ/ (kg K)	kJ/ (kg K)	kJ/kg	kJ/ (kg K)	kJ/ (kg K)	kJ/ (kg K)	kJ/kg	kJ/ (kg K)
ϑ	c_p	$\overline{c_p}$	h	s_0	c_p	$\overline{c_p}$	h	s_0
0	1,0567	1,0567	206,91	0,3304	1,0515	1,0515	194,40	0,2988
10	1,0591	1,0579	217,49	0,3684	1,0539	1,0527	204,93	0,3367
20	1,0616	1,0592	228,09	0,4052	1,0564	1,0539	215,48	0,3733
30	1,0640	1,0604	238,72	0,4408	1,0588	1,0551	226,06	0,4088
40	1,0664	1,0616	249,37	0,4754	1,0613	1,0564	236,66	0,4432
50	1,0688	1,0628	260,05	0,5090	1,0637	1,0576	247,28	0,4766
60	1,0712	1,0640	270,75	0,5416	1,0662	1,0588	257,93	0,5090
70	1,0737	1,0652	281,47	0,5733	1,0686	1,0600	268,61	0,5406
80	1,0761	1,0664	292,22	0,6042	1,0711	1,0613	279,31	0,5713
90	1,0786	1,0676	302,99	0,6343	1,0736	1,0625	290,03	0,6013
100	1,0811	1,0688	313,79	0,6636	1,0761	1,0637	300,78	0,6305
120	1,0862	1,0713	335,46	0,7202	1,0812	1,0662	322,35	0,6868
140	1,0914	1,0738	357,24	0,7742	1,0864	1,0687	344,03	0,7406
160	1,0967	1,0763	379,12	0,8259	1,0918	1,0713	365,81	0,7920
180	1,1022	1,0789	401,11	0,8755	1,0973	1,0739	387,70	0,8414
200	1,1078	1,0815	423,21	0,9233	1,1029	1,0765	409,70	0,8890
220	1,1136	1,0841	445,42	0,9692	1,1087	1,0792	431,82	0,9347
240	1,1194	1,0868	467,75	1,0136	1,1146	1,0819	454,05	0,9789
260	1,1255	1,0896	490,20	1,0565	1,1206	1,0846	476,40	1,0217
280	1,1316	1,0924	512,77	1,0981	1,1267	1,0874	498,88	1,0630
300	1,1378	1,0952	535,46	1,1384	1,1329	1,0902	521,47	1,1032
350	1,1535	1,1024	592,74	1,2342	1,1486	1,0974	578,51	1,1986
400	1,1694	1,1098	650,81	1,3238	1,1645	1,1048	636,34	1,2878
450	1,1853	1,1173	709,68	1,4082	1,1803	1,1123	694,95	1,3718
500	1,2009	1,1249	769,34	1,4879	1,1958	1,1199	754,36	1,4512
600	1,2309	1,1401	890,94	1,6358	1,2257	1,1351	875,45	1,5985
700	1,2588	1,1551	1015,45	1,7708	1,2533	1,1500	999,42	1,7329
800	1,2841	1,1696	1142,61	1,8952	1,2784	1,1645	1126,03	1,8567
900	1,3070	1,1836	1272,19	2,0106	1,3010	1,1785	1255,02	1,9716
1000	1,3274	1,1970	1403,93	2,1183	1,3212	1,1918	1386,16	2,0789
1100	1,3457	1,2097	1537,60	2,2194	1,3393	1,2044	1519,20	2,1795
1200	1,3620	1,2217	1673,00	2,3146	1,3553	1,2163	1653,94	2,2742

Zusammensetzung	c	h	s	o	n	w	a	
Benzin	0,837	0,143	–	0,020	–	–	–	
Herzöl	0,859	0,135	0,004	0,002	–	–	–	

Die Stoffwerte gelten beim Druck von $p_0 = 1{,}01325$ bar.
Quelle [11 und 1].

A.10 Zustandsgrößen stöchiometrischer Verbrennungsgase (Fortsetzung)

Ohne Berücksichtigung der Dissoziation

Temp.	Steinkohle				Erdgas			
°C	kJ/ (kg K)	kJ/ (kg K)	kJ/kg	kJ/ (kg K)	kJ/ (kg K)	kJ/ (kg K)	kJ/kg	kJ/ (kg K)
ϑ	c_p	$\overline{c_p}$	h	s_0	c_p	$\overline{c_p}$	h	s_0
0	0,9973	0,9973	85,56	0,0343	1,0115	1,0115	108,30	0,0838
10	1,0003	0,9988	95,55	0,0702	1,0145	1,0130	118,43	0,1202
20	1,0031	1,0003	105,56	0,1050	1,0174	1,0145	128,59	0,1555
30	1,0060	1,0017	115,61	0,1387	1,0202	1,0159	138,77	0,1897
40	1,0088	1,0031	125,68	0,1713	1,0231	1,0173	148,99	0,2228
50	1,0117	1,0046	135,79	0,2031	1,0259	1,0188	159,24	0,2550
60	1,0145	1,006	145,92	0,2340	1,0288	1,0202	169,51	0,2863
70	1,0173	1,0074	156,08	0,2640	1,0316	1,0216	179,81	0,3168
80	1,0201	1,0088	166,26	0,2933	1,0344	1,0230	190,14	0,3465
90	1,0228	1,0102	176,48	0,3218	1,0372	1,0245	200,50	0,3754
100	1,0256	1,0116	186,72	0,3496	1,0400	1,0259	210,89	0,4036
120	1,0312	1,0144	207,29	0,4033	1,0457	1,0287	231,74	0,4581
140	1,0368	1,0172	227,97	0,4546	1,0514	1,0315	252,71	0,5101
160	1,0425	1,0200	248,76	0,5038	1,0571	1,0344	273,80	0,5599
180	1,0483	1,0228	269,67	0,5510	1,0630	1,0372	295,00	0,6078
200	1,0542	1,0257	290,70	0,5964	1,0689	1,0401	316,32	0,6538
220	1,0601	1,0285	311,84	0,6401	1,0750	1,0430	337,75	0,6982
240	1,0662	1,0314	333,10	0,6824	1,0811	1,0459	359,32	0,7410
260	1,0723	1,0343	354,49	0,7233	1,0873	1,0489	381,00	0,7825
280	1,0784	1,0373	375,99	0,7629	1,0935	1,0518	402,81	0,8226
300	1,0846	1,0402	397,62	0,8013	1,0998	1,0548	424,74	0,8616
350	1,1002	1,0477	452,24	0,8926	1,1157	1,0624	480,13	0,9542
400	1,1158	1,0552	507,65	0,9782	1,1315	1,0700	536,31	1,0410
450	1,1312	1,0628	563,82	1,0587	1,1471	1,0777	593,27	1,1226
500	1,1462	1,0704	620,76	1,1348	1,1624	1,0854	651,01	1,1998
600	1,1745	1,0854	736,81	1,2759	1,1913	1,1007	768,71	1,3429
700	1,2003	1,100	855,57	1,4047	1,2176	1,1155	889,18	1,4735
800	1,2234	1,114	976,78	1,5232	1,2413	1,1298	1012,15	1,5938
900	1,2438	1,1273	1100,15	1,6331	1,2622	1,1434	1137,34	1,7053
1000	1,2617	1,1399	1225,45	1,7356	1,2808	1,1562	1264,51	1,8093
1100	1,2775	1,1517	1352,43	1,8316	1,2971	1,1683	1393,43	1,9068
1200	1,2914	1,1628	1480,89	1,9219	1,3115	1,1796	1523,87	1,9985

Zusam-mensetzung	c	h	s	o	n	w	a
Steinkohle	0,813	0,045	0,004	0,040	0,015	0,035	0,045

Erdgas	$r_{CH4}=0{,}82$	$r_{C2H6}=0{,}02$	$r_{CO2}=0{,}01$	$r_{C3H8}=0{,}01$	$r_{N2}=0{,}14$		

Die Stoffwerte gelten beim Druck von $p0 = 1{,}01325$ bar.
Quelle [11 und 11.1].

A.10.1 Absolute Entropie s^0 stöchiometrischer Rauchgase

ϑ	Steinkohle	Gasöl	Benzin	Erdgas L
°C	Fettkohle	Heizöl, Diesel		
0	0,1657	0,5095	0,5528	0,8789
20	0,2371	0,5839	0,6276	0,9566
40	0,3041	0,6538	0,6979	1,0294
60	0,3673	0,7197	0,7640	1,0980
80	0,4272	0,7820	0,8266	1,1628
100	0,4840	0,8411	0,8860	1,2243
150	0,6151	0,9772	1,0228	1,3656
200	0,7331	1,0996	1,1457	1,4925
250	0,8407	1,2111	1,2577	1,6081
300	0,9399	1,3138	1,3608	1,7144
350	1,0321	1,4092	1,4566	1,8131
400	1,1184	1,4985	1,5463	1,9054
450	1,1997	1,5825	1,6306	1,9923
500	1,2765	1,6619	1,7104	2,0744
600	1,4190	1,8092	1,8583	2,2266
700	1,5489	1,9436	1,9932	2,3657
800	1,6686	2,0674	2,1176	2,4938
900	1,7796	2,1823	2,2330	2,6128
1000	1,8830	2,2895	2,3408	2,7240
1100	1,9800	2,3901	2,4418	2,8284
1200	2,0712	2,4849	2,5370	2,9268
1300	2,1572	2,5743	2,6270	3,0199
1400	2,2387	2,6591	2,7122	3,1081
1500	2,3161	2,7397	2,7932	3,1921
1600	2,3897	2,8165	2,8704	3,2721
1700	2,4599	2,8898	2,9440	3,3486
1800	2,5270	2,9599	3,0145	3,4218
1900	2,5913	3,0270	3,0821	3,4919
2000	2,6530	3,0915	3,1469	3,5594
2100	2,7122	3,1535	3,2092	3,6242
2200	2,7692	3,2132	3,2693	3,6867
2300	2,8241	3,2707	3,3271	3,7469

Zusammensetzung	c	h	s	o	n	w	a
Heizöl	0,859	0,135	0,004	0,002	–	–	–
Steinkohle	0,813	0,045	0,007	0,040	0,015	0,035	0,045
Benzin	0,837	0,143	–	0,02	–	–	–
Erdgas	$r_{CH4}=0,82$		$r_{C2H6}=0,02$	$r_{CO2}=0,01$		$r_{C3H8}=0,01$	$r_{N2}=0,14$

Quelle [1].

A.11 Zustandsgrößen dissoziierten Verbrennungsgases des Heizöls
Unter Berücksichtigung der Dissoziation; Luftverhältnis l = 1,2

Druck ϑ °C	p_0	3 bar	10 bar	50 bar	n.d.	p_0	3 bar	10 bar	50 bar	N.d.
			c_p in					h in		
			J/(kg K)					J/kg		
0	1,0440	1,0440	1,0440	1,0440	1,0440	163,76	163,76	163,76	163,76	163,76
20	1,0482	1,0482	1,0482	1,0482	1,0482	184,68	184,68	184,68	184,68	184,68
40	1,0525	1,0525	1,0525	1,0525	1,0525	205,69	205,69	205,69	205,69	205,69
60	1,0568	1,0568	1,0568	1,0568	1,0568	226,78	226,78	226,78	226,78	226,78
80	1,0612	1,0612	1,0612	1,0612	1,0612	247,96	247,96	247,96	247,96	247,96
100	1,0658	1,0658	1,0658	1,0658	1,0658	269,23	269,23	269,23	269,23	269,23
150	1,0777	1,0777	1,0777	1,0777	1,0777	322,81	322,81	322,81	322,81	322,81
200	1,0906	1,0906	1,0906	1,0906	1,0906	377,02	377,02	377,02	377,02	377,02
250	1,1044	1,1044	1,1044	1,1044	1,1044	431,89	431,89	431,89	431,89	431,89
300	1,1190	1,1190	1,1190	1,1190	1,1190	487,47	487,47	487,47	487,47	487,47
350	1,1341	1,1341	1,1341	1,1341	1,1341	543,80	543,80	543,80	543,80	543,80
400	1,1493	1,1493	1,1493	1,1493	1,1493	600,88	600,88	600,88	600,88	600,88
450	1,1646	1,1646	1,1646	1,1646	1,1645	658,73	658,73	658,73	658,73	658,73
500	1,1796	1,1796	1,1796	1,1796	1,1795	717,34	717,34	717,34	717,34	717,33
600	1,2084	1,2084	1,2084	1,2084	1,2083	836,75	836,75	836,75	836,75	836,74
700	1,2351	1,2351	1,2351	1,2351	1,2348	958,94	958,94	958,94	958,94	958,91
800	1,2597	1,2597	1,2597	1,2597	1,2589	1083,70	1083,70	1083,70	1083,70	1083,62
900	1,2821	1,2821	1,2821	1,2821	1,2805	1210,81	1210,81	1210,81	1210,80	1210,61
1000	1,3029	1,3028	1,3027	1,3026	1,2997	1340,07	1340,06	1340,06	1340,05	1339,64
1100	1,3223	1,3221	1,3219	1,3217	1,3169	1471,34	1471,32	1471,30	1471,28	1470,48
1200	1,3413	1,3406	1,3401	1,3396	1,3322	1604,52	1604,45	1604,40	1604,35	1602,95
1300	1,3609	1,3592	1,3579	1,3569	1,3458	1739,62	1739,44	1739,30	1739,18	1736,86
1400	1,3832	1,3792	1,3764	1,3740	1,3579	1876,78	1876,34	1876,00	1875,72	1872,06
1500	1,4116	1,4028	1,3967	1,3918	1,3688	2016,45	2015,39	2014,63	2014,00	2008,40
1600	1,4522	1,4336	1,4209	1,4113	1,3786	2159,50	2157,13	2155,45	2154,13	2145,78
1700	1,5142	1,4771	1,4523	1,4339	1,3875	2307,58	2302,51	2299,02	2296,34	2284,10
1800	1,6117	1,5416	1,4954	1,4619	1,3956	2463,47	2453,19	2446,25	2441,05	2423,26
1900	1,7646	1,6387	1,5566	1,4982	1,4029	2631,65	2611,81	2598,61	2588,93	2563,19
2000	1,9985	1,7836	1,6445	1,5467	1,4096	2818,77	2782,30	2758,29	2740,98	2703,82
2100	2,3451	1,9953	1,7696	1,6120	1,4157	3034,14	2970,24	2928,42	2898,61	2845,09
2200	2,8390	2,2957	1,9443	1,7001	1,4214	3289,88	3183,03	3113,19	3063,77	2986,94
2300	3,5142	2,7077	2,1826	1,8174	1,4266	3600,44	3429,93	3317,98	3238,95	3129,35
2400	4,3963	3,2529	2,4986	1,9710	1,4314	3981,19	3721,64	3549,29	3427,27	3272,25
2500	5,4941	3,9473	2,9054	2,1680	1,4359	4445,74	4069,31	3814,52	3632,43	3415,61
2600	6,7900	4,7962	3,4126	2,4153	1,4400	5002,32	4482,99	4121,37	3858,65	3559,41

n. d. nicht dissoziiert

Zusammensertzung des Rauchgases

	N_2	O_2	CO_2	SO_2	Ar
Molanteile	0,73977	0,03308	0,12580	0,00032	0,00885
Massenanteile	0,71457	0,03649	0,17083	0,00043	0,01219

Zusammensetzung des Heizöls:	c	h	s	o
	0,859	0,135	0,004	0,002

B Diagramme

B.1 Realgasfaktoren

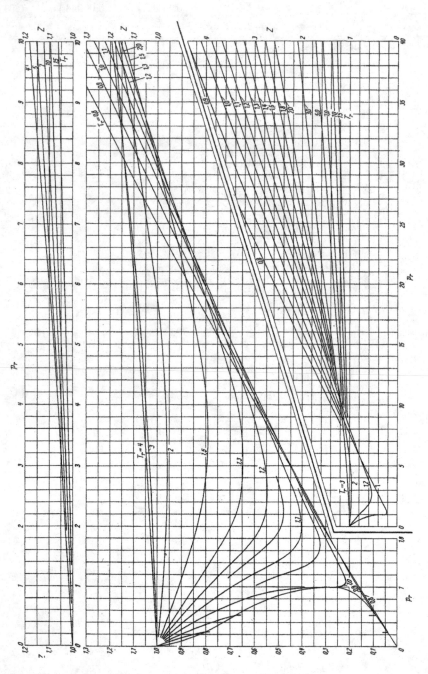

Quelle: [3.6]

B.2 Mollier-*h,s*-Diagramm für Wasserdampf

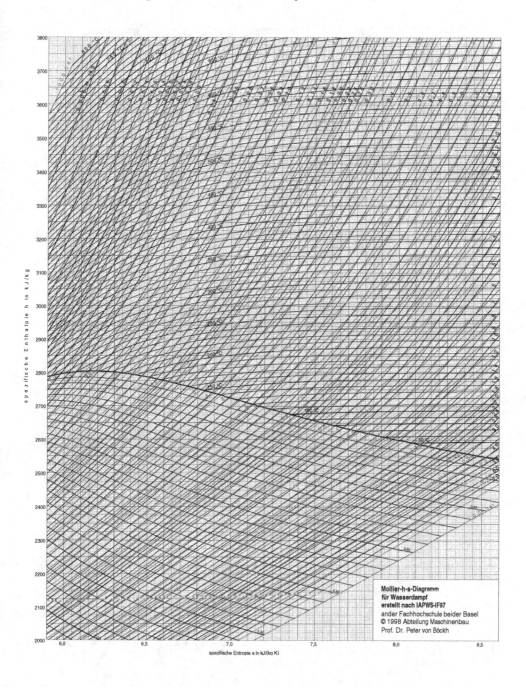

B.3 *T,s*-Diagramm des Wassers

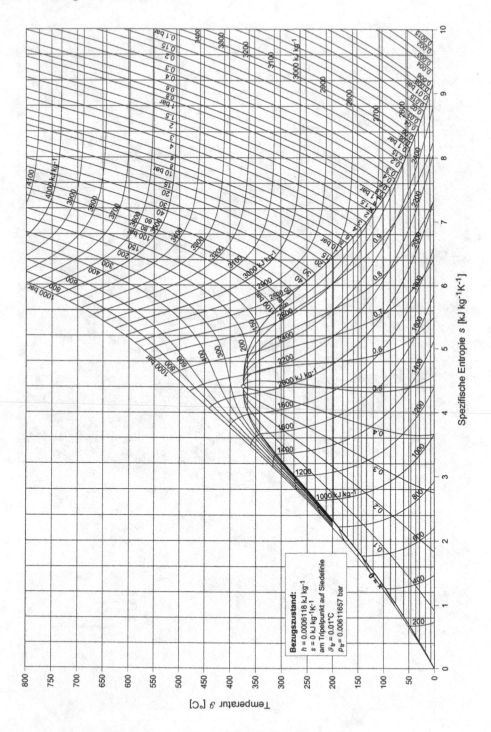

Quelle: FH Zittau/Görlitz, berechnet nach IAPWS-IF97 [2.14]

B.4 *h,x*-Diagramm feuchter Luft bis 100 °C

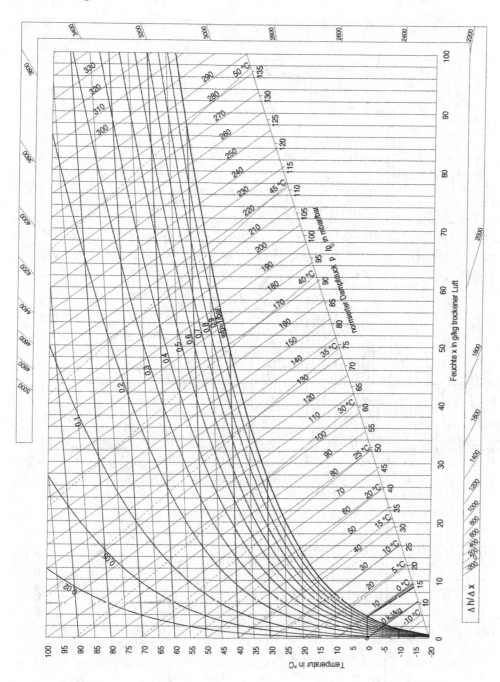

B.5 *h,x*-Diagramm feuchter Luft bis 60 °C

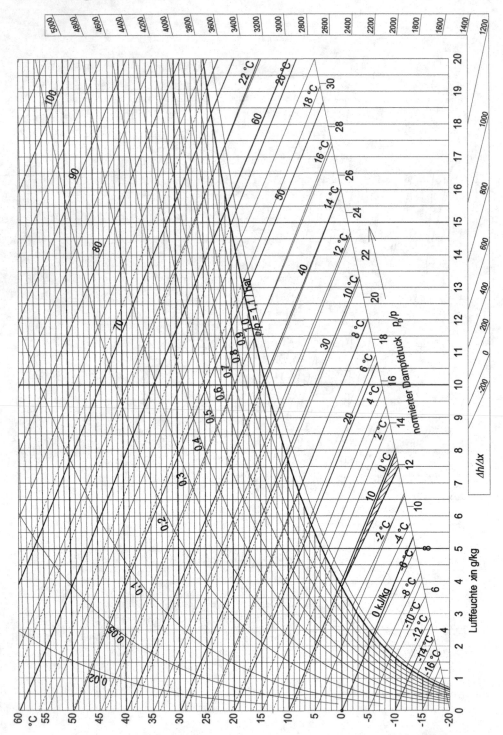

B.6 log *p,h*-Diagramm des Ammoniaks

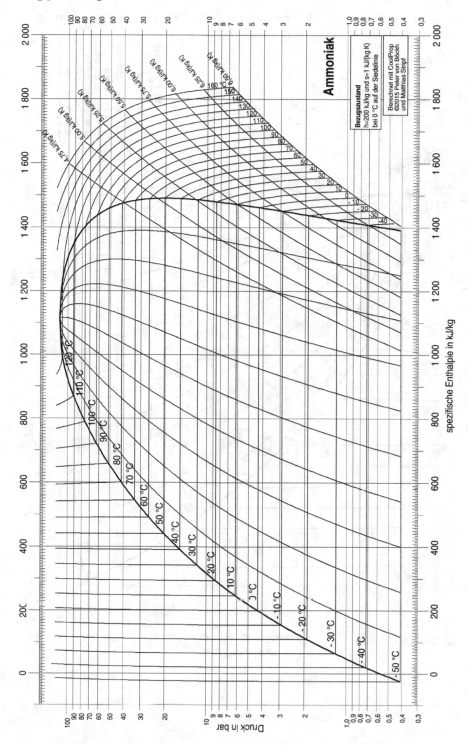

B.7 log *p,h*-Diagramm des R1234yf

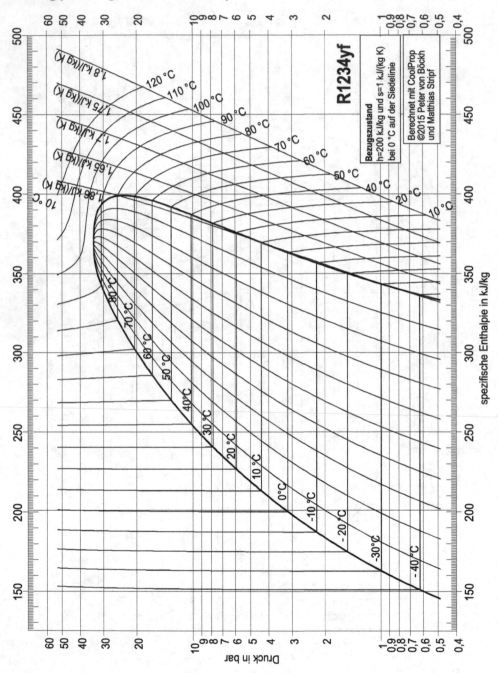

B.8 log *p,h*-Diagramm des Propans

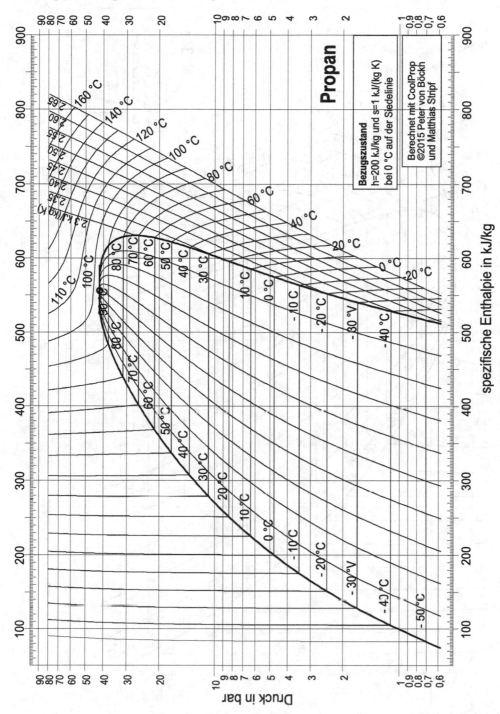

B.9 log *p,h*-Diagramm des Frigens R134a

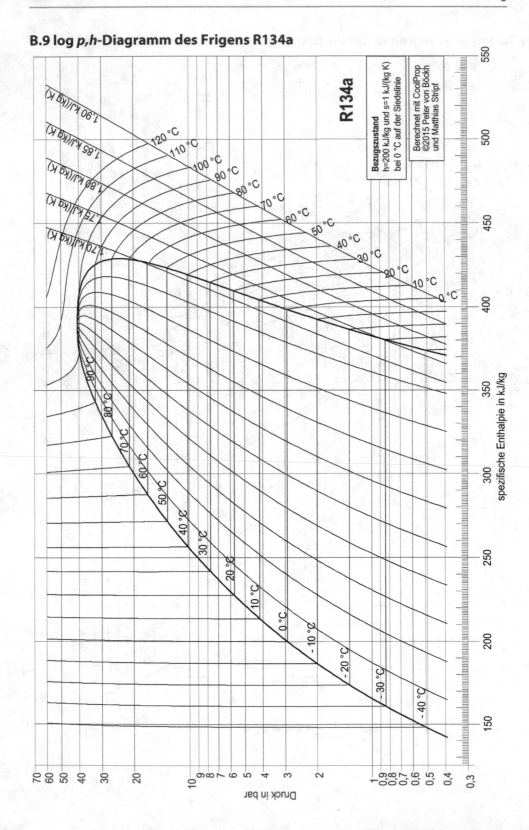

R134a

Bezugszustand
h=200 kJ/kg und s=1 kJ/(kg K)
bei 0 °C auf der Siedelinie

Berechnet mit CoolProp
©2015 Peter von Böckh
und Matthias Stripf

spezifische Enthalpie in kJ/kg

Druck in bar

Deutsch-Englisch-Glossar

A	
Abgas	Flue gas
Abgasverlust	Flue gas loss
Abgaswirkungsgrad	Flue gas efficiency
Absorber	Absorbent
Absorptionskältemaschine	Absorption refrigeration system
Adiabat	Adiabatic
Adiabate Flammentemperatur	Adiabatic flame temperature
Anergie, spezifische	Anergy, specific
Arbeit	Work
Effektive	Effective work
Arbeitsfähigkeit	Work availability
Arbeitszahl	COP (coefficient of performance)
Aspirationspsychrometer	Sling psychrometer
Ausschiebearbeit	Flow work at outlet
Ausgleichsprozesse	Development of equilibrium
Natürliche	Spontaneouse
B	
Bilanzgleichung	Equation of balance
Brennraum	Clearance volume
Brennstoff	Fuel
Brennstoffwirkungsgrad	Fuel efficiency
Brennstoffzelle	Fuel cell
Brennwert	Upper heating value
C	
Carnot-Wirkungsgrad	Carnot efficiency
Chemische Reaktion	Chemical reaction

© Springer-Verlag Berlin Heidelberg 2015
P. von Böckh, M. Stripf, *Technische Thermodynamik*, DOI 10.1007/978-3-662-46890-6

D	
Dampfdruckkurve	Steam pressure curve
Dampferzeuger	Steam generator
Dampfkraftprozess	Steam power process
Dampfkraftwerk	Steam power plant
Dampfkreisprozess	Steam power cycle
Desublimationsdruck	Desublimation pressure
Desublimationstemperatur	Desublimation temperature
Diabat	Diabatic
Dichte	Density
Dieselprozess	Diesel cycle
Idealer Vergleichsprozess	Air-standard Diesel cycle
Diffusor	Diffuser
Dissipation	Dissipation
Dissipationsarbeit	Work of dissipation
Dissipationsenergie	Energy of dissipation
Druck	Pressure
Effektiver mittlerer	Mean effective pressure
E	
Effektiver Druck	Mean effective pressure
Einphasengebiet	Single phase zone
Einschiebearbeit	Flow work at inlet
Einspritzverhältnis	Cutoff ratio
Elementaranalyse	Ultimate analysis
Energieanalyse	Energy balance
Im geschlossenen System	For closed systems
Im offenen System	For control volumes
Energiebilanz	Energy balance
Energieentwertung	Energy degradation
Energieerhaltungssatz	Conservation of energy principle
Energierückgewinn	Energy recovery
Enthalpie	Enthalpy
Entropie	Entropy
Entropiebilanz	Entropy balance
Im geschlossenen System	For closed systems
Im offenen System	For control volumes
Erhaltung der Energie	Conservation of energy
im geschlossenen System	For closed systems
im offenen System	For control volumes
Erhaltung der Masse	Conservation of mass
Erstarrungsdruck	Solidification pressure

Erstarrungstemperatur	Solidification temperature
Erster Hauptsatz der Thermodynamik	First law of thermodynamics
Für geschlossene Systeme	For closed systems
Für offene Systeme	For control volumes
Exergie	Availability
Exergieanalyse	Availability analysis
Exergieverlust	Availability destruction
F	
Fernheizung	District heating
Feuchte	Humidity
Absolute	Humidity ratio (specific humidity)
Relative	Relative humidity
Feuchte Luft	Moist air
Gesättigte	Saturated moist air
Flüssige Phase	Liquid phase
Flüssigkeitssäule	Liquid column
Frischdampf	Live steam
G	
Gasförmige Phase	Gas phase
Gaskonstante	Gas constant
Einer Gasmischung	Of an gas mixture
Individuelle	Individual
Universelle	Universal
Gasmischungen	Gas mixtures
Gleichgewichtszustand	Equilibrium state
Grenzdruckkurven	Pressure temperature diagram
GuD-Kraftwerk	Combined cycle
H	
Heizwert	Lower heating value
Hub	Stroke
Hubraum	Piston displacement
I	
Ideales Gas	Ideal gas
Innere Energie	Internal energy
Irreversibilität	Irreversibility
Isentropenexponent	Specific heat relations
J	
Jouleprozess	Air-standard Brayton cycle
K	
Kaltdampfprozess	Vapour-compression refrigeration
Kaltgasprozess	Gas-compression refrigeration

kinetische Energie	Kinetic energy
Kombikraftwerk (GuD-Kraftwerk)	Combined cycle power plant
Kompressionsverhältnis	Compression ratio
Kompressionsvolumen	Compression volume
Kondensationsdruck	Condensation pressure
Kondensationstemperatur	Condensation temperature
Kondensator	Condenser
Kontrollraum	Control volume
Kraft-Wärme-Kopplung	Cogeneration
Kraft-Wärmekopplungskraftwerk	Cogeneration power plant
Kreisprozess	Thermodynamic cycle
kritische Temperatur	Critical temperature
kritischer Druck	Critical pressure
kritischer Punkt	Critical point
Kühlgrenztemperatur	Wet-bulb temperature
Kühlwasseranlage	Cooling water plant
L	
Leistung	Power
Leistungsbilanz	Power balance
Leistungsziffer	Coefficient of performance, COP
Leistungsgrad	Coefficient of performance, COP
Der Kälteanlage	Refrigerator COP
Der Wärmepumpe	Heat pump COP
Luftverhältnis	Air-fuel ratio
M	
Massenanteil	Mass fraction, mass ratio
Massenanteil der Dampfphase	Mass ratio of vapor phase, steam quality
Massenbilanz	Mass balance
Massenerhaltungssatz	Conservation of mass principle
Massenstrom	Mass flow rate
Massenstrombilanz	Mass flow rate balance
Mindestluftmasse	Stoichiometric air-fuel ratio
Mischvorwärmer	Direct contact heater
Molanteil	Mole fraction
Molmasse	Molecular weight
Molvolumen	Molecular volume
N	
Nassdampfgebiet	Wet steam zone
Normalspannung	Normal stress
Normzustand	Standard state
Nullter Hauptsatz der Thermodynamik	Zeroth law of thermodynamics

O	
Oberflächenvorwärmer	Surface heater
Offenes System	Control volume
Ottoprozess	Otto cycle
Idealer Vergleichsprozess	Air-standard Otto cycle
P	
p,T-Diagramm	Pressure-temperature diagram
p,v-Diagramm	Pressure-specific volume diagram
p,v,T-Fläche	p,v,T surface
Partialdruck	Partial pressure
Phasengrenze	Phase boundary
Phasenübergang	Phase change
Polytropenexponent	Polytropic exponent
Potentielle Energie	Potential energy
Prozess	Process
Stationärer	Stationary process
Intern reversibler	Internally reversible process
Irreversibler	Irreversible process
Linksläufiger	Refrigeration and heat pump process
Quasistatischer	Quasistatic process
Rechtsläufiger	Power cycle
Prozessgröße	Process variables
R	
Rauchgas	Flue gas
Reales Gas	Real gas
Realgasfaktor	Real gas coefficient
Regenerationsgrad	Regenerator efficiency
Regenerativprozess	Regeneration cycle
Regenerator	Recuperator
Regerative Vorwärmung	Regenerative heating in steam turbine
	Cycle
Reservoir, thermisches	Thermal reservoir
S	
Sättigungsdruck	Saturation pressure
Sättigungstemperatur	Saturation temperature
Sättigungszustand	Sate of saturation
Schmelzdruck	Melting pressure
Schmelzdruckkurve	Melting pressure line
Schmelzgebiet	Solid-liquid zone
Schmelztemperatur	Melting temperature
Schub des Triebwerks	Thrust of a jet engine

Schubspannung	Sheer stress
Speisewaser	Feedwater
Speisewasserpumpe	Feedwater pump
spezifische Wärmekapaziät	Specific heat
spezifisches Volumen	Specific volume
Sublimationsdruck	Sublimation pressure
Sublimationsdruckkurve	Sublimation pressure line
Sublimationsgebiet	solid-vapor zone
System	System
abgeschlossenes	Isolated
geschlossenes	Closed
offenes	(Open) control volume
Systemgrenze	System boundary
T	
T, s-Diagramm	Temperature-entropy diagram
Taupunkt	Dew point
Temperatur	Temperature
Temperaturskala	Temperature scale
Thermodynamische	Thermodynamic temperature scale
Temperaturverhältnis	Temperature ratio
Thermisches Gleichgewicht	Thermal equilibrium
Thermodynamik	Thermodynamics
Totalenthalpie	Total enthalpy
Totpunkt	Dead centre
Unterer	Bottom dead centre
Oberer	Top dead centre
Triebwerkprozess	Aircraft engine cycle
Tripeldruck	Triple pressure
Turbine	Turbine
Turbostrahltriebwerk	Turbojet engine
U	
Überdruck	Gage pressure
Überhitzer	Superheater
Überhitzter Dampf	Superheated steam
Umgebung	Surroundings
Umkehrbarkeit der Prozesse	Reversibility of processes
Umwelt	Environment
Ungleichgewichtszustände	Non-equilibrium states
Unterkühlte Flüssigkeit	Subcooled liquid, subcooled condensate

V	
Verbrennung	Combustion
Unvollständige	Incomplete combustion
Vollständige	Complete combustion
Verbrennungsgas	Combustion gas, products of combustion
Stöchiometrisches	Stoichiometric combustion gas
Vebrennungsluft	Air for combustion
Verdampfungsdruck	Evaporation pressure
Verdampfungsenthalpie	Latent heat of evaporation
Verbrennungsmotor	Combustion engine
Verdampfungstemperatur	Evaporation temperature
Verdichtung	Compression
Verdichtungsverhältnis	Compression ratio
Viertaktmotor	Four-stroke engine
Volumen	Volume
Kritisches spezifisches	Specific critical volume
Spezifisches	Specific volume
Vorwärmer	Heater
Direktkontakt-	Direct-contact heater
Oberflächen-	Surface heater
W	
Wärme	Heat
Wärmeausdehnungskoeffizient	Coefficient of volume expansion
Wärmekapazität	Heat capacity
Spezifische	Specific heat
Spezifische isobare	Specific heat at constant pressure
Spezifische isochore	Specific heat at constant volume
Wärmequelle	Heat source
Wärmerekuperation	Heat recuperation
Wärmesenke	Heat sink
Wärmestrom	Heat flux
Wechselwirkung	Interaction
Wirkungsgrad	Efficiency
Effektiver	Effective efficiency
Exergetischer	Exergetic efficiency
Isentroper	Isentropic efficiency
Isentroper, einer Arbeitmaschine	Isentropic compression efficiency
Thermischer	Thermal efficiency

Z	
Zündgrenze	
Zündtemperatur	Ignition temperature
Zustand des Gleichgewichts	State of equilibrium
Zustandsgröße	Property, state of property
Extensive	Extensive property
Intensive	Intensive property
Zustandsänderung	Process, change of state
Isentrope	Isentropic process
Quasistatische	wQuasi static process
Zustandsgleichung	Equation of state
Zweiphasengebiet	Two phase region
Zweitaktmotor	Two-stroke engine
Zweiter Hauptsatz der Thermodynamik	Second law of thermodynamics
Zwischenerhitzung	Reheat
Zwischenkühlung	Recooling
Zwischenüberhitzer	Reheater
Zwischenüberhitzung	Reheat

Sachverzeichnis

Printed in the United States
By Bookmasters